高职高专“十一五”规划教材

SIEMENS NX6.0 中文版 零件造型与数控加工编程

李　锋　主编

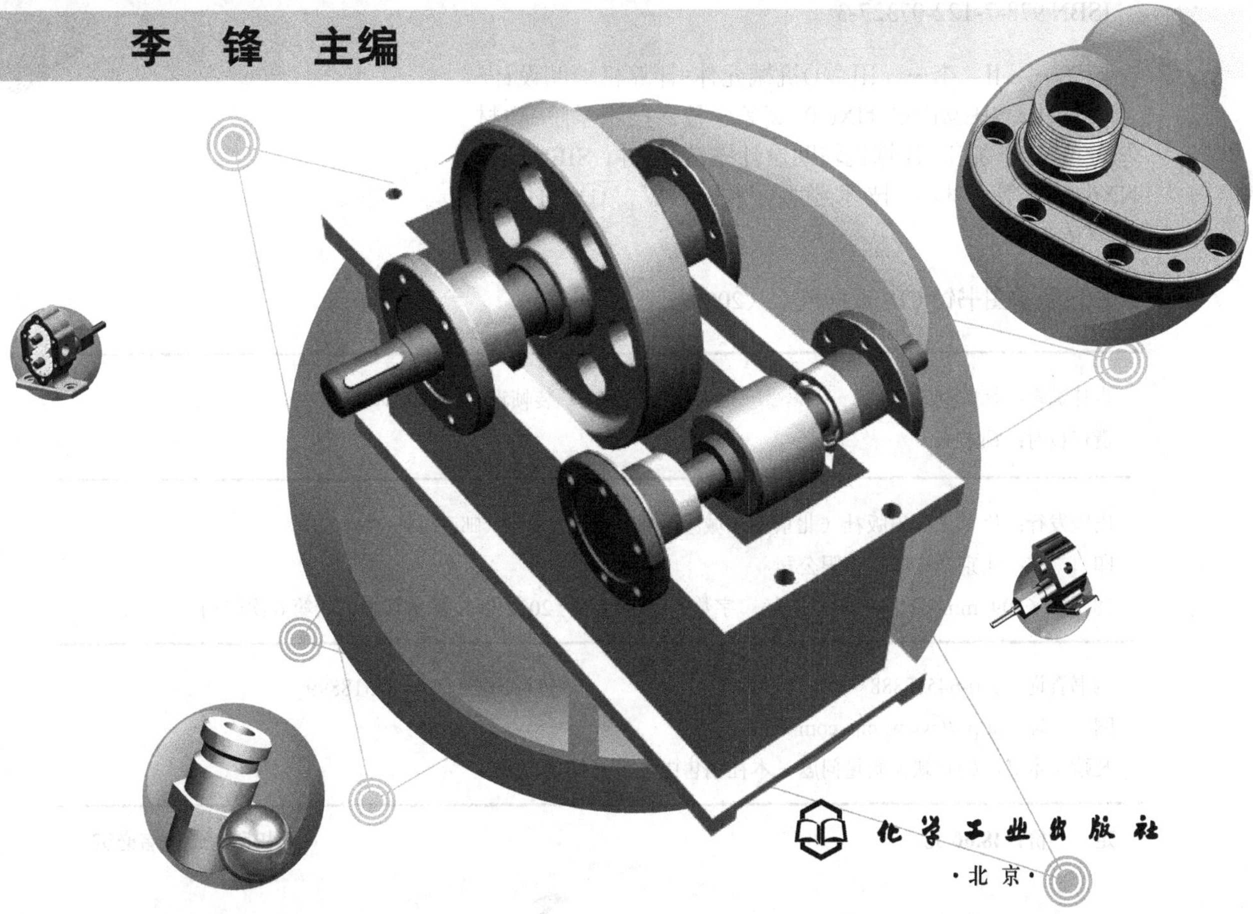

化学工业出版社
·北京·

本书以计算机辅助设计与辅助制造，实现数控加工自动编程，培养生产一线的数控加工自动编程员为目标，主要讲授运用 SIEMENS NX6.0 软件的“建模”、“注塑模向导”和“加工”三大模块，进行机械零件三维实体造型、注塑产品及其型腔、型芯模具的三维实体造型、构建数控铣削、车削加工刀轨操作与自动编制数控程序等方面的内容。

随书附有光盘，内容包括各项目中零件的实体造型、模具体造型与加工程序和加工仿真动画，为读者的学习提供一定的参考与帮助。

本书可作为大中专院校的相关专业教材，并可供从事产品设计、模具设计及生产一线的工程技术人员使用。

图书在版编目（CIP）数据

SIEMENS NX6.0 中文版零件造型与数控加工编程 / 李锋主编. —北京：化学工业出版社，2010.1（2022.8 重印）
高职高专“十一五”规划教材
ISBN 978-7-122-07327-3

Ⅰ. S… Ⅱ. 李… Ⅲ. ①机械元件-计算机辅助设计-应用软件，SIEMENS NX6.0-高等学校：技术学院-教材 ②数控机床-加工-计算机辅助设计-应用软件，SIEMENS NX6.0-高等学校：技术学院-教材 Ⅳ. ①TH13-39 ②TG659-39

中国版本图书馆 CIP 数据核字（2009）第 228482 号

责任编辑：韩庆利　　装帧设计：张　辉
责任校对：顾淑云

出版发行：化学工业出版社（北京市东城区青年湖南街 13 号　邮政编码 100011）
印　　装：北京建宏印刷有限公司
787mm×1092mm　1/16　印张 20½　字数 537 千字　　2022 年 8 月北京第 1 版第 6 次印刷

购书咨询：010-64518888　　售后服务：010-64518899
网　　址：http: // www. cip. com. cn
凡购买本书，如有缺损质量问题，本社销售中心负责调换。

定　　价：**48.00 元**

前　言

本教材以计算机辅助设计与辅助制造，实现数控加工自动编程，培养生产一线的数控加工自动编程员为目标，主要讲授运用 SIEMENS NX6.0 软件的“建模”、“注塑模向导”和“加工”三大模块，进行机械零件三维实体造型、注塑产品及其型腔、型芯模具的三维实体造型、构建数控铣削、车削加工刀轨操作与自动编制数控程序等方面的内容。

在教材的组织与编排上，以工作项目为导向，以“项目任务分析——相关知识简介——项目实施过程讲授——拓展训练”为线索，在构建数控加工程序的项目实施过程中，又以“制定产品加工工艺过程卡——构建产品三维实体——构建产品加工毛坯——构建数控加工刀轨操作与仿真加工——后处理，生成且修改 NC 程序”为工作阶段，使读者在学习本教材的过程中，对利用 CAD/CAM 软件进行自动编程的整个工作过程有一个完整的概念，逐步熟悉一个产品由图纸到加工出来应该考虑的问题和应该做的各种工作，逐步学习和训练软件中各种命令、工具的用法与技巧，并将数控技术专业关于产品的设计与制造工艺方面的专业知识有机结合，为其日后的自动编程员工作打下坚实的基础。

在每个工作任务实施结束之后，提供了与本项目紧密相关的知识与技能拓展训练项目，供读者对所学知识点、技能点的掌握程度的检验与提高。

本教材既收集了从事 CAD/CAM 教学与实际工作人员的研究成果，也体现了编者多年来的教学实践经验与体会。

随教材附光盘内容包括各项目中零件的实体造型、模具体造型与加工程序和加工仿真动画，为读者的学习提供一定的参考与帮助。

本教材的读者对象是大中专院校的数控技术专业学生及产品设计、模具设计及生产一线的工程技术人员。

本教材由李锋主编，参加编写的还有张恕、张建平。本教材的编写出版还得了许多部门的领导、老师们的大力协助，在此一并表示衷心感谢。

由于编者水平有限，教材中难免有许多不足之处，敬请广大读者多提宝贵意见。

编者

目　录

项目 1

安装与认识 SIEMENS NX6.0

一、项目分析

SIEMENS NX6.0 软件的前身是 UG NX5.0 软件，是计算机辅助设计与制造（CAD/CAM）软件中一个新版本，在我国机械制造行业有广泛的应用。本教材以典型实例为线索，着重讲授该软件中的机械零件实体造型、注塑制品实体造型及其模具造型、构建数控铣削加工刀轨与自动编程、构建车削加工刀轨与自动编程。

而对于初次接触 SIEMENS NX 软件的学习者来说，首要的任务是熟悉、掌握本软件安装、启动的方法、步骤，部件的创建、保存与打开方法、步骤，软件界面的设置与修改等基本操作；了解软件具有的主要功能与用途。

二、相关知识

1. 机械制造技术的基本知识

学习 SIEMENS NX6.0 软件，需要学习者具有一定的机械制造技术方面的理论与实践知识。如机械零件、注塑制品的二维、三维图纸的识读能力，一般机械零件的制造工艺，数控铣削机床、车削机床、加工中心加工产品的手工编程知识都是学好本课程的专业基础。愿学习者在学习本课程之前，重温机械制造技术的基本知识，顺利进入本课程的学习之中。

2. 计算机基本操作技术与技能

计算机基本操作技术与技能是学习 SIEMENS NX6.0 软件又一重要基础，本软件的安装、各种菜单、命令、工具的使用都与文字处理软件（如 Word）非常相似，具有文字处理软件操作技能的学习者，学习本课程会很容易进入学习状态；若学习者还具有如 AutoCAD 等软件的操作技能，将会使学习本软件更加容易与轻松。

三、项目实施

1. 安装、启动 SIEMENS NX6.0

（1）安装 SIEMENS NX6.0 的方法、步骤

① 复制“SIEMENS NX6.0”软件到计算机某一硬盘（如 F 盘，文件夹名为 SIEMENS NX6.0）；

② 修改协议文件控制。打开 SIEMENS NX6.0 文件夹，从 MAGNiTUDE 文件夹中用记事本程序打开 nx6.lic 文件，将原文件第一行中 SERVER 后的英文单词换成安装机的用户名，如安装机用户名“pc48”，则应改成：SERVER pc48 ID=20080618 28000。其他不变，保存文件，记住此时协议文件 nx6.lic 存储路径为 F:\ SIEMENS NX6.0\MAGNiTUDE\nx6.lic。

③ 安装协议程序。启动 F:\ SIEMENS NX6.0 中的安装程序“launch.exe”,进入初始安装界面，如图 1-1 所示，单击第二个按钮，安装协议程序“Install License Server”。

弹出选择程序语言对话框，选择“中文（中国）”，单击【确定】按钮后，按照安装提示

逐步安装，一般将程序安装到 D 盘，文件夹路径 D:\Program Files\UGS；

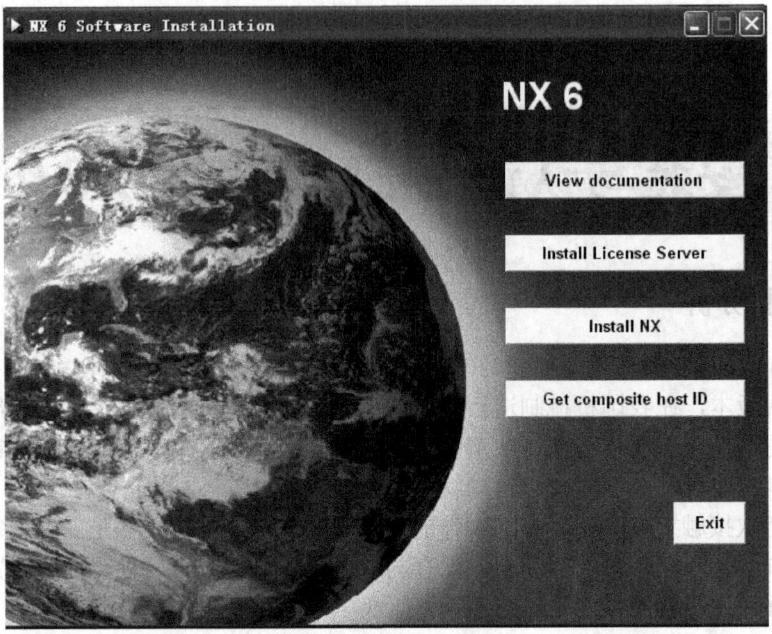

图 1-1　NX6 安装初始界面

当提示安装许可证文件时，单击【浏览】按钮，选择上步存储路径为 F:\ SIEMENS NX6.0\MAGNiTUDE\nx6.lic 文件。如图 1-2 所示。

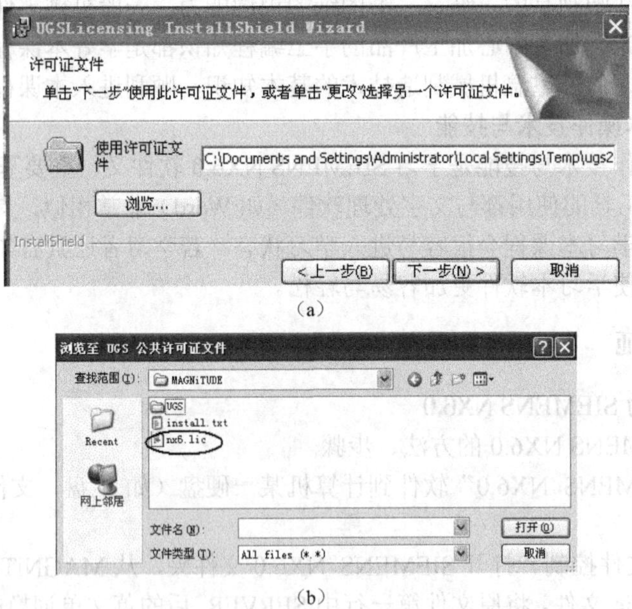

（a）

（b）

图 1-2　安装许可证文件对话框

按照安装向导提示，进行安装协议程序安装，直到单击【完成】按钮，返回图 1-1 所示安装程序的初始界面。

④ 安装主程序。单击图 1-1 对话框中的第三个按钮“Install NX”,进入安装主程序界面，

选择程序语言“中文”，安装目录路径与协议程序相同（D 盘，最好为同一文件夹, D:\Program Files\UGS）。然后按照提示，依次单击【下一步】按钮，直到单击【完成】按钮，返回图 1-1 所示初始安装界面，并关闭初始安装界面。

⑤ 复制、替换 UGS 动态链接库文件（LIBJAM.DLL）。

打开 F:\ SIEMENS NX6.0\MAGNiTUDE\UGS\UGII\文件夹，复制 LIBJAM.DLL（动态链接库文件）；

打开 D:\Program Files\UGS\NX6.0\UGⅡ文件夹，粘贴 LIBJAM.DLL，提示是否替换原文件，单击【是】按钮即可。

⑥ 运行许可证程序（LMTOOLS）。从“开始”、“程序”、“UGS 许可”级联菜单单击【LMTOOLS】菜单项，在弹出的对话框中，选择第一个单选项，如图 1-3 所示；再单击浏览【Browse】按钮，弹出在安装目录如 D:\Program Files\UGS\NX6.0\UGSLicensing 目录下选择文件对话框，如图 1-4 所示，选择文件“ugs2.lic”，单击【确定】按钮，返回图 1-3 所示对话框，即完成“LMTOOLS”的运行，单击【确定】按钮，关闭对话框。

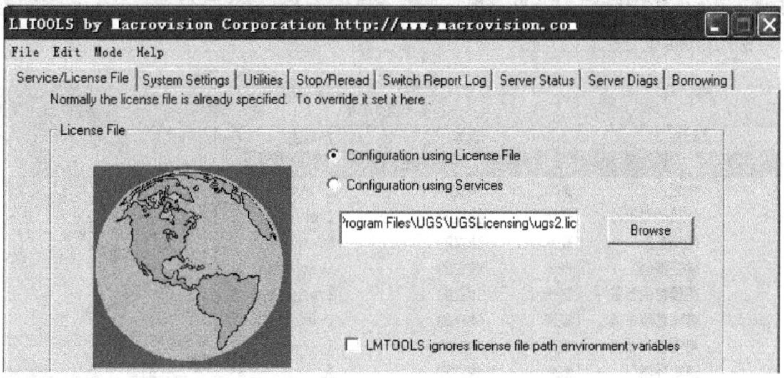

图 1-3 运行许可证程序（LMTOOLS）对话框

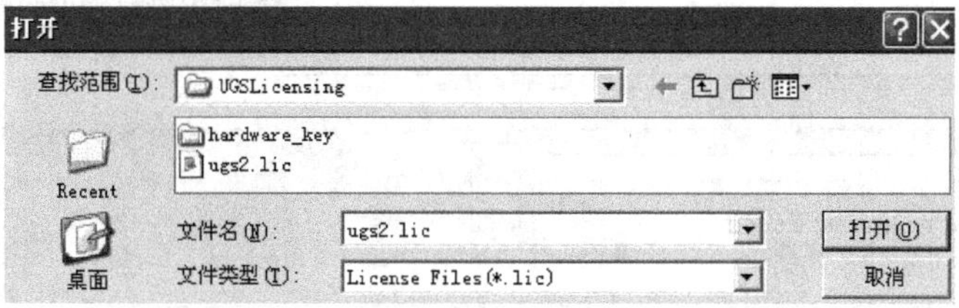

图 1-4 选择协议文件对话框

（2）启动 SIEMENS NX6.0

从“开始\程序\SIEMENS NX6.0”级联菜单单击“NX6.0”菜单项，即可启动 SIEMENS NX6.0（也可在桌面创建 NX6.0 快捷方式图标，直接单击启动）。

程序的启动过程可能需要 2～4 min 时间，要耐心等待，不可重复启动，那样会使等待时间更长。

SIEMENS NX6.0 启动后，弹出如图 1-5 所示界面，光标在基本概念框左侧“应用模块”、“角色”……上移动，会显示不同的基本概念介绍；单击导向条左侧图标，会显示不同的导向指示。

2. 建立、保存、打开文件

在图 1-5 所示界面中单击【文件】菜单下的【新建】菜单项，弹出图 1-6 所示界面。新建文件类型选项卡分为“模型”、“图纸”、“仿真”和“加工”四种。图示为“模型”选项卡，而模型模板又分为多种，如选取模型模板，则可直接进入“建模”模块。

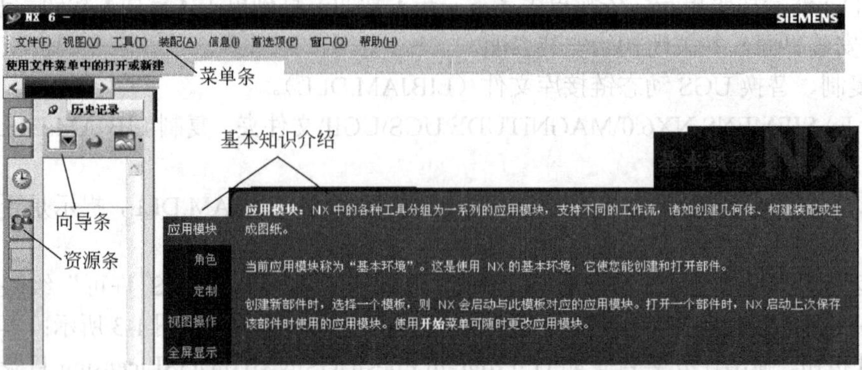

图 1-5 启动 SIEMENS NX6.0 软件后的初始界面

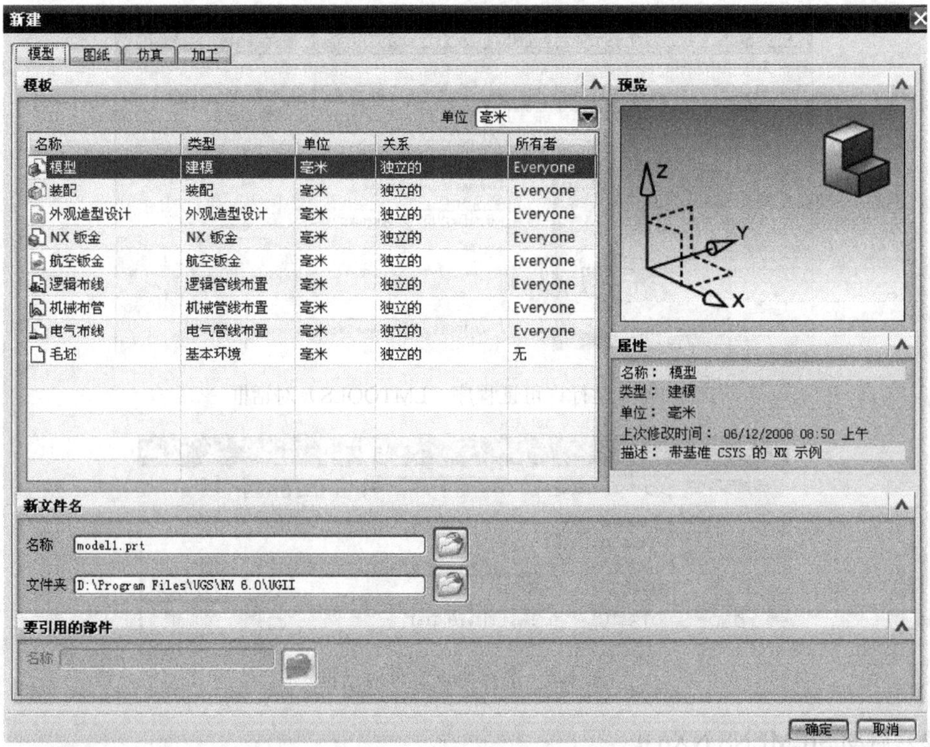

图 1-6 新建文件界面

在新文件名栏下，输入文件名后缀为“.prt”，默认文件名为 model1，可输入欲建模型的名称。强调一点，SIEMENS NX6.0 软件不认中文文件名，只认字母或数字构成的文件名。建议学习者用中文拼音给模型命名，以便识别。

新文件要指定文件夹及路径，一般应与 SIEMENS NX6.0 软件安装分开存放，如 SIEMENS NX6.0 软件安装在 D 盘，创建的模型文件存放在 E 盘。可单击此处的【文件夹】图标，创建新文件夹存放文件。

单击【确定】按钮，即可进入“建模”模块界面，如图 1-7 所示。本界面与 word 软件界面相似，其关于文件的保存、打开等基本操作也与 word 完全相同。

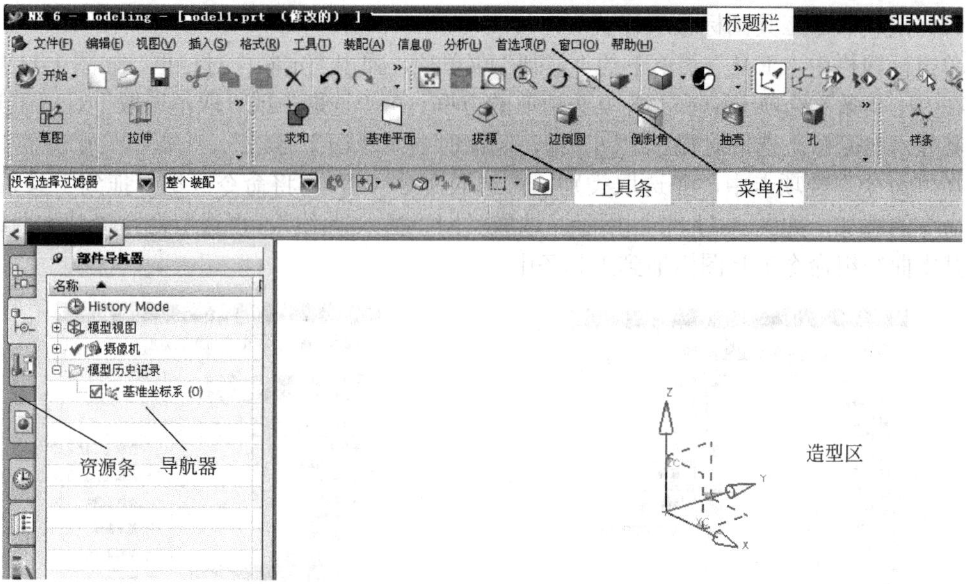

图 1-7　建模模块界面

3. 设置和修改建模界面

（1）命令工具图标的添加与移除

图 1-7 所示建模界面是一种基本界面，由于命令工具图标很多，软件采用了大部分命令工具图标“隐藏”方案，单击图标右侧的“黑三角”，弹出隐藏的命令工具图标，可以随时添加所需的命令工具，如图 1-8 所示。

命令工具图标下方显示命令的功能文字，便于初学者使用，但使得窗口的造型区域减小。对于熟悉命令工具图标的人员，可以关闭命令工具的文字显示，只当光标放到命令工具图标上时，才显示该图标的名称文字。关闭命令工具下方文字显示的方法是单击图 1-8 所示的“添加或移除按钮”右侧黑三角后，弹出的命令工具中取消“文本在图标下面”前的“√”号，如图 1-9 所示。

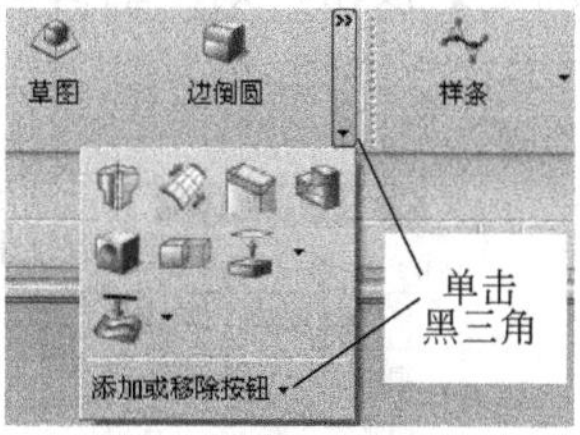

图 1-8　显示隐藏命令工具图标

图 1-9　取消命令工具图标下方文字操作

实际上，SIEMENS NX6.0 中已设定了常用的命令工具图标的显示模式（角色）。单击导航条中【角色】图标，选取“具有完整菜单的高级功能”角色选项，命令工具图标显示为紧凑形式，如图 1-10 所示。

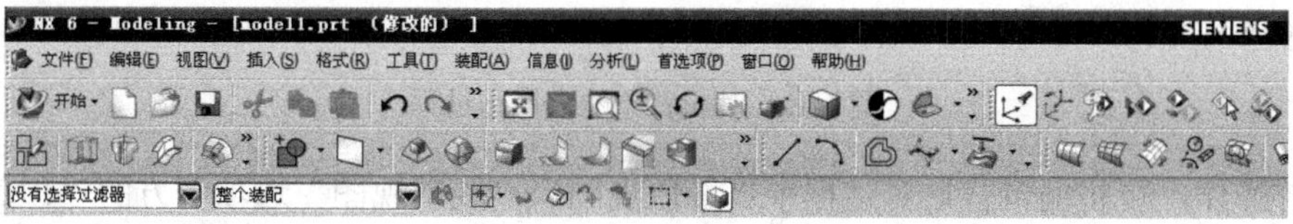

图 1-10　具有完整菜单的高级功能角色时命令工具显示样式

（2）定制命令工具图标显示样式

单击标题栏中“工具”菜单下的“定制”菜单项，弹出“定制”对话框，如图 1-11 所示。

在“工具条”选项卡中单击各复选项前的方框，可“选取”或“取消选取”对应工具条，以使其显示与隐藏，选取时显示“☑”号，隐藏时显示“□”号。

在“命令”选项卡中，先选取类别，再选取命令（组），将命令（组）拖到工具条中可实现命令的添加，如图 1-11（b）所示，选取类别“插入/曲线”，再选取命令“基本曲线”，可将基本曲线组命令工具图标拖到工具条中。

（a）工具条选项卡　　（b）命令选项卡

图 1-11　定制命令工具条对话框

（3）修改绘图区域背景

SIEMENS NX6.0 默认的绘图区域背景是一种渐变的灰色背景，如要将其改为其他颜色，如“纯白”色，可单击菜单栏中【首选项】菜单下【背景】菜单项，弹出如图 1-12（a）所示的“编辑背景”对话框；单击顶部右侧框方形按钮【 】，弹出如图 1-12（b）所示“颜色”对话框，单击“基本颜色”中“纯白”颜色框，单击【确定】按钮，则“编辑背景”对话框中顶部右侧方形按钮变为“纯白”色，如图 1-12（c）所示。

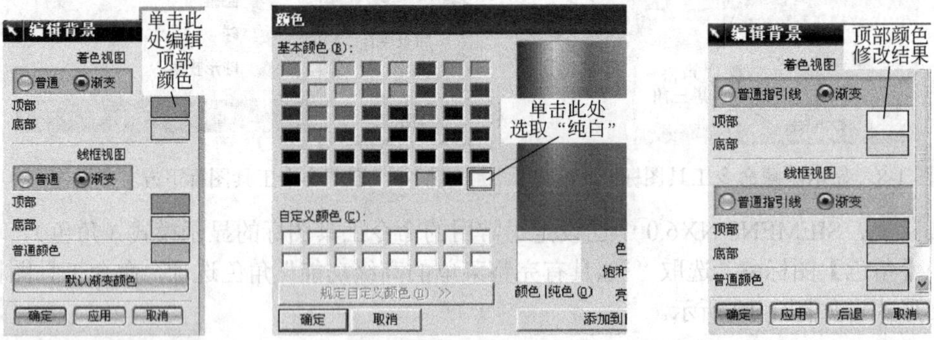

（a）编辑背景顶部颜色　　（b）选取“纯白”颜色　　（c）顶部变为纯白色

图 1-12　编辑背景颜色操作过程

同样操作，可将编辑背景对话框中“着色视图”、“线框视图”选项下方的“顶部”、“底部”、“普通颜色”各项右侧的方形按钮框都转换为“纯白”颜色。然后连续单击【确定】按钮，结束编辑背景颜色操作，绘图区域就由上深下淡的“渐变颜色”变为“纯白”背景色，如图 1-13 所示。

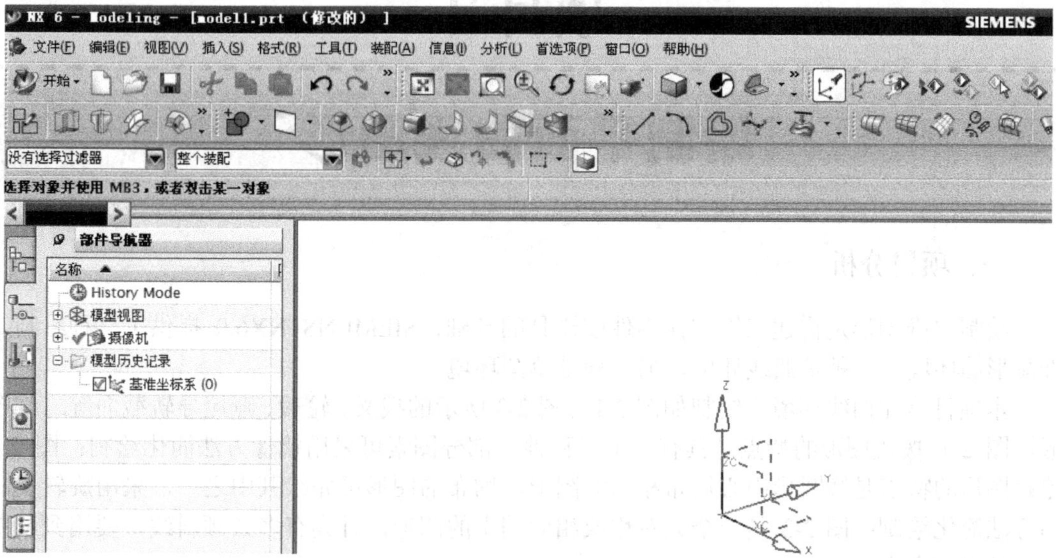

图 1-13 绘图区域背景设置成“纯白”颜色

四、拓展训练

1．安装 SIEMENS NX6.0 软件
2．显示与隐藏各种工具图标
3．打开关闭“装配”、“历史”、“部件”、“角色”导航条
4．定制具有自我特色的命令工具图标显示样式
5．编辑绘图区域背景颜色为白色或为其他单一颜色

项目 2

绘制平面曲线图形

一、项目分析

绘制二维图形是构建三维实体零件或模具的基础，SIEMENS NX6.0 提供了二种绘制二维图形的环境，一种是曲线环境，另一种是草图环境。

本项目是在曲线环境下绘制如图 2-1～图 2-3 所示的拨叉、轮毂、燕尾导轨截面等二维图形。图 2-1 拨叉图形的特点是具有上下对称性，部分图素可采用镜像方法简化绘制；图 2-2 轮毂图形的特点是绕圆形中心均布相同的图形，均布的图形可先绘其中之一，采用旋转复制的方法简化绘制；图 2-3 是一个无对称或相同图素的图形，且具有多条倾斜线，要用到绘制斜线的相关命令绘制。

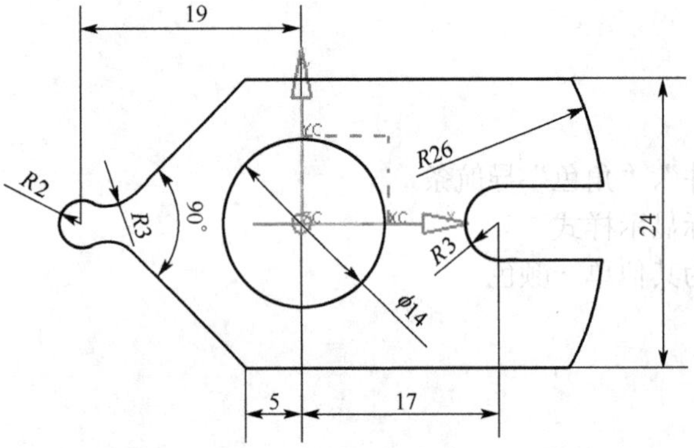

图 2-1 拨叉平面图形

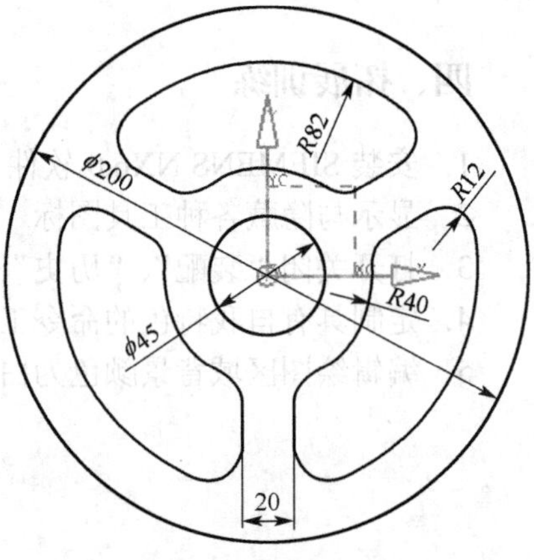

图 2-2 轮毂平面图形

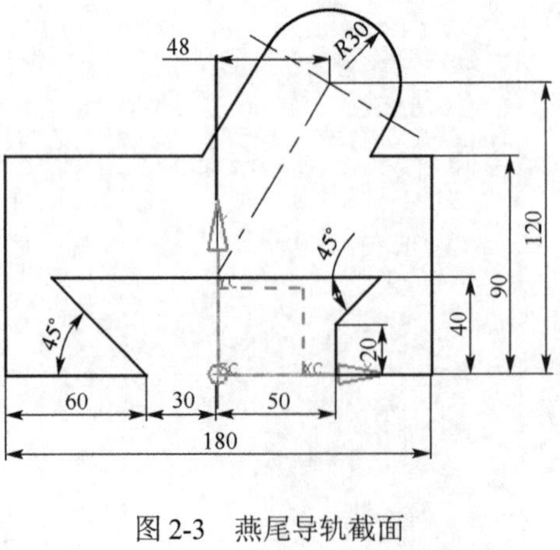

图 2-3 燕尾导轨截面

本项目的教学目标是通过绘制典型的二维图形，掌握直线、圆弧、倒角、分割、修剪、偏移、镜像、移动对象与变换等命令工具的使用方法与技能。

二、相关知识

在曲线环境下绘制图形，要求首先确定各种图素的基本参数，再根据基本参数绘制图素。因此要求具有正确地确定图素坐标、图素与图素间相互位置关系的知识与能力。

在 SIEMENS NX6.0 中，直线、圆弧与曲线编辑工具以不同组别进行了整合，直接单击【直线】工具图标、【圆弧】工具图标可启动这两个命令，也可分别在【基本曲线】工具图标、【直线和圆弧】工具图标中启动这两个命令，弹出的工具组图标如图 2-4 所示。

直线、圆弧的多个工具图标所打开的对话框不同，操作方式不同，要注意区别与运用。

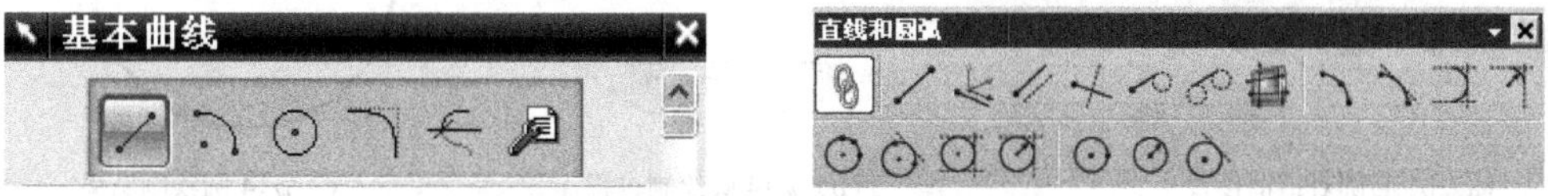

图 2-4　基本曲线工具组和直线圆弧工具组图标

运用【直线】、【圆弧】、【基本曲线】或【直线和圆弧】工具所绘制的图素，相互之间在连接过程中的编辑处理是绘图的一个重要方面，常用的曲线编辑工具是【倒圆角】、【修剪角】、【分割曲线】、【修剪曲线】、【偏移曲线】、【镜像曲线】及【变换】等。

三、项目实施

阶段 1：绘制拨叉平面图形

1. 创建“bocha”建模文件名

启动 SIEMENS NX6.0 软件，新建建模文件“bocha”，文件夹路径 E:\…\xiangmu1\。

2. 设置绘图环境

进入建模模块后，将绘图背景设置为“纯白”颜色。单击工具条中如图 2-5（a）所示位置的【俯视图】图标，或者在造型区域空白处单击右键，弹出快捷菜单，如图 2-5（b），选取“俯视图”，绘图区域由三维空间转换为 *XC-YC* 二维平面。

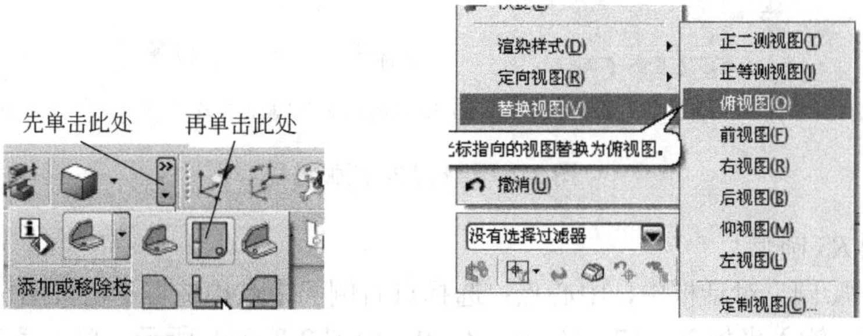

（a）　　　　　　　　　　（b）

图 2-5　选取顶视为绘图平面

3. 制定绘制拨叉图形方案

拨叉图形可先绘制各圆弧，再绘制水平直线，然后绘制斜线，最后修剪处理完成。

4. 绘制拨叉图形步骤

（1）绘制图形中ϕ14 圆弧

单击【圆弧】工具图标，弹出“圆弧/圆”对话框，选取类型“从中心开始的圆弧/圆”；中心点：单击坐标系原点；限制：√选“整圆”前复选框；取消“关联”复选框前√；半径：输入 7；其他取默认设置，回车，显示如图 2-6（a）、（b）所示；单击【应用】按钮，结果如图 2-6（c）所示，即完成ϕ14 整圆的绘制。

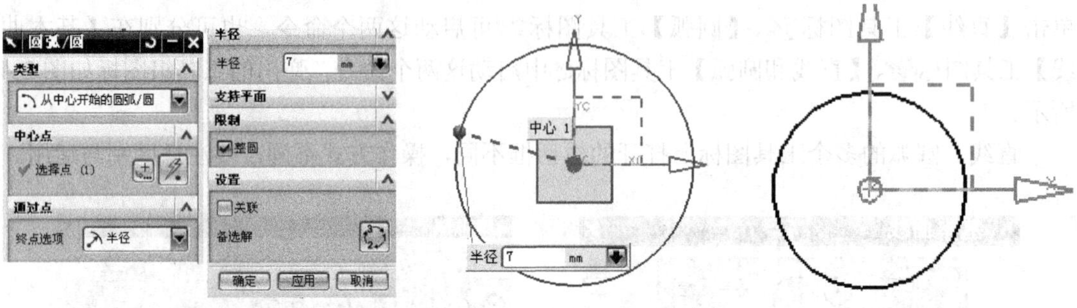

（a）圆弧/圆对话框设置　　（b）ϕ14 圆绘制过程　　（c）ϕ14 圆绘制结果

图 2-6　绘制ϕ14 圆操作过程

（2）绘制 *R*26 圆弧

单击图 2-6（a）圆弧/圆对话框中“整圆”前复选框，取消“√”。中心点：单击坐标系原点；半径：输入 26；回车，图形显示如图 2-7（a）所示；拖动圆弧的开始点和终点到拨叉 *R*26 圆弧的大体位置，如图 2-7（b）所示；单击【应用】按钮，结果如图 2-7（c）所示。

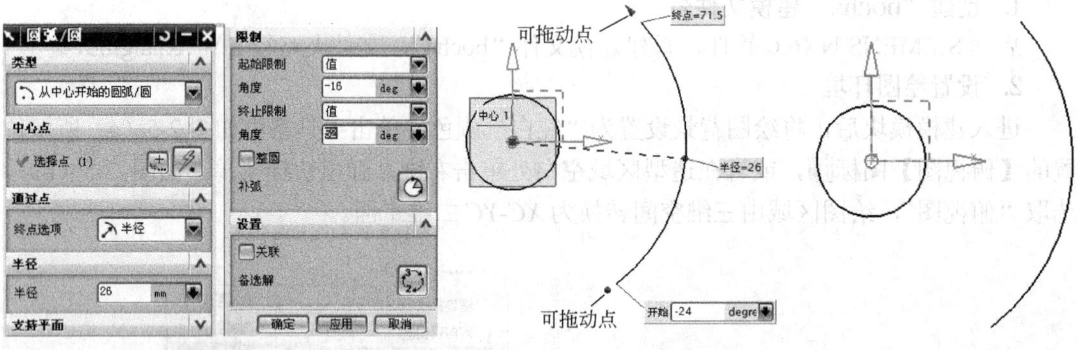

（a）圆弧/圆对话框设置　　（b）调整 *R*26 圆弧的起点、终点　　（c）*R*26 圆弧绘制结果

图 2-7　绘制 *R*26 圆弧过程

（3）绘制 *R*3 圆弧

单击“圆弧/圆”对话框中，中心点：选择点右侧的【点构造器】工具图标，弹出“点”构造器对话框，输入坐标 X：17，Y：0，Z：0，如图 2-8（a）所示；单击【确定】按钮，返回“圆弧/圆”对话框，输入半径：3，回车，拖动图形中圆弧的起点、终点到 *R*3 圆弧大体位置，如图 2-8（b）所示；单击【应用】按钮，结果如图 2-8（c）所示。

（4）绘制 *R*2 圆弧

单击“圆弧/圆”对话框中，中心点：选择点右侧的【点构造器】工具图标，弹出“点”

构造器对话框，输入坐标 X：–19，Y：0，Z：0，如图 2-9（a）所示；单击【确定】，返回“圆弧/圆”对话框，输入半径：2，回车，拖动图形中圆弧的起点、终点到 *R*2 圆弧大体位置，如图 2-9（b）所示；单击【确定】按钮，结果如图 2-9（c）所示。（注意对话框中有【确定】和【应用】按钮时的区别：若单击【应用】，只结束目前操作，该对话框不关闭；若单击【确定】按钮，结束目前操作且关闭该对话框。）

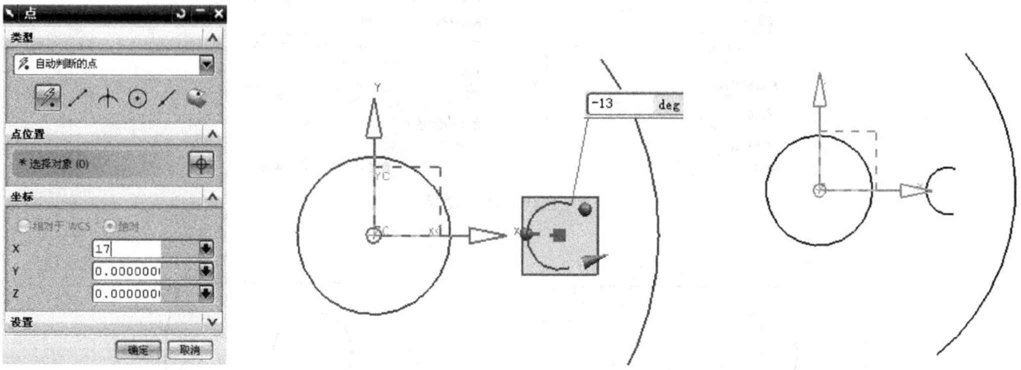

（a）点构造器对话框设置　（b）*R*3 圆弧绘制过程　（c）*R*3 圆弧绘制结果

图 2-8　绘制 *R*3 圆弧

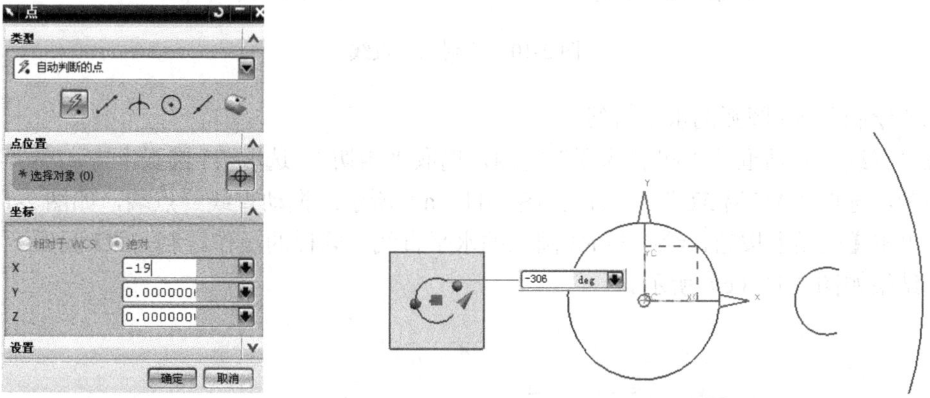

（a）点构造器对话框设置　（b）*R*2 圆弧绘制过程

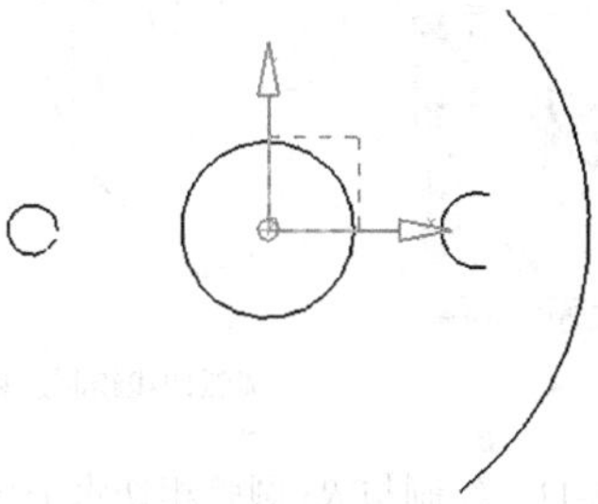

（c）*R*2 圆弧绘制结果

图 2-9　绘制 *R*3 圆弧

（5）绘制水平直线

单击【直线】工具图标，如图 2-10（a）所示。选择起点：单击“选择点”右侧点构造器图标，弹出“点”构造器对话框，输入直线起点 X：–5，Y：12，Z：0，单击【确定】按钮，返回绘图区，光标沿 *XC* 方向水平拖动形成水平直线，拖到与圆弧 *R*26 相交处，如图 2-10（b）所示；单击【应用】按钮，结果如图 2-10（c）所示。

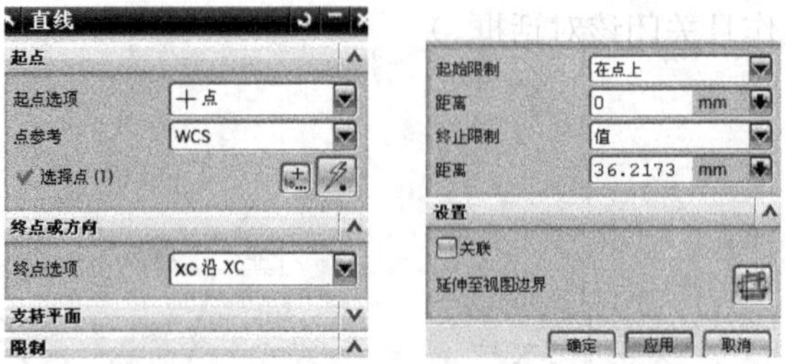

（a）直线对话框设置

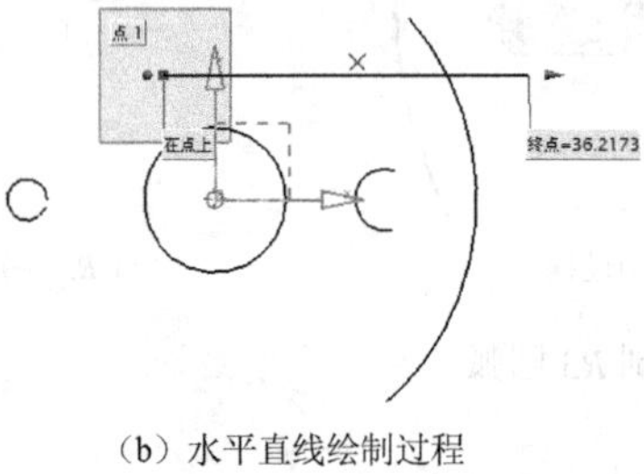

（b）水平直线绘制过程

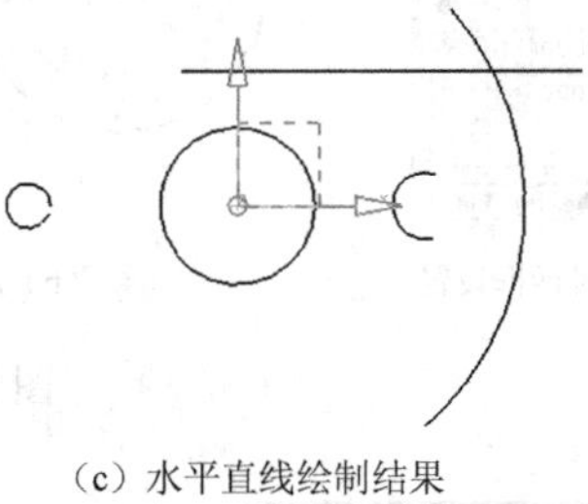

（c）水平直线绘制结果

图 2-10　绘制水平直线

（6）绘制与 *R*3 圆弧的水平直线

在“直线”对话框的“起点选项”右侧，选取“相切”，选取 *R*3 圆弧上方；在“终点选项”右侧，选取“*XC* 沿 *XC*”选项，如图 2-11（a）所示；拖动直线终点端，如图 2-11（b）所示；单击【应用】按钮，绘制与 *R*3 圆弧的水平直线。同样的操作绘制与 *R*3 圆弧下方相切直线，结果如图 2-11（c）所示。

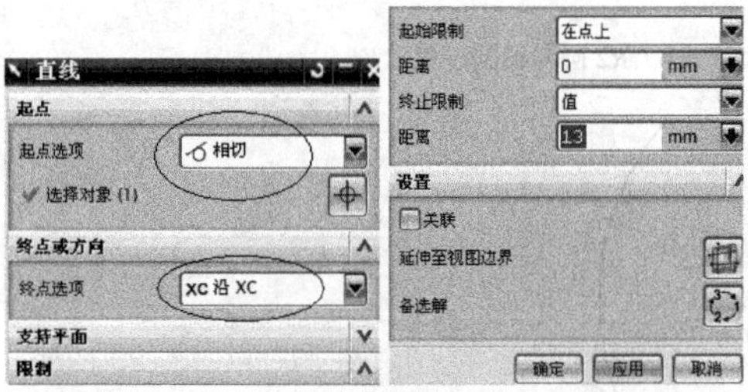

（a）直线对话框设置

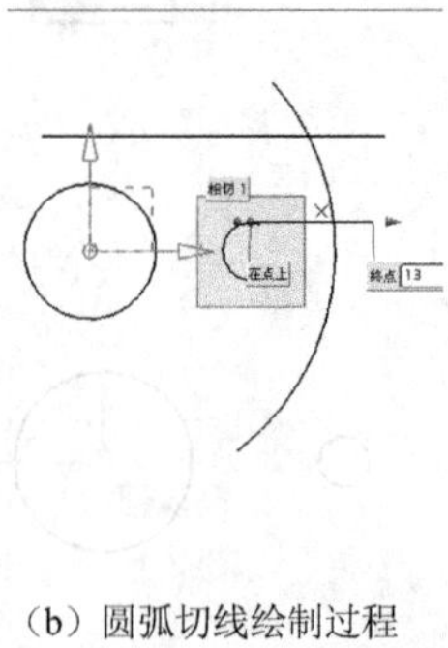

（b）圆弧切线绘制过程

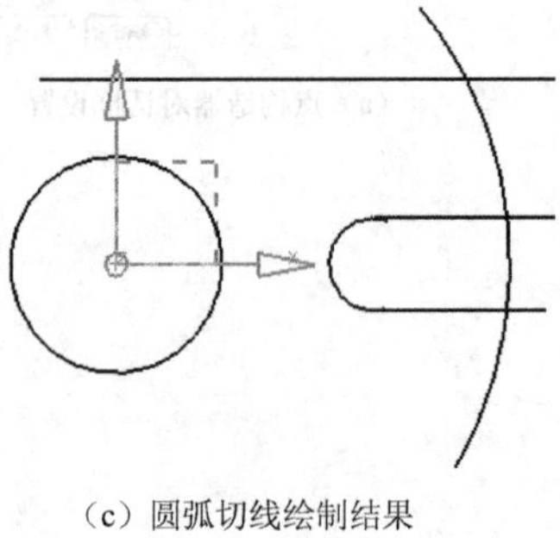

（c）圆弧切线绘制结果

图 2-11　绘制与 *R*3 圆弧相切水平直线

（7）绘制斜直线

直线起点选项：选取上方水平线左端点；终点选项：成一角度，选取水平线为角度起始线，输入角度：225，取消“关联”复选，以便于对直线的编辑修改，拖动终点箭头到 *R*2 圆弧处，如图 2-12（a）、（b）所示。单击【确定】按钮，结果如图 2-12（c）所示。

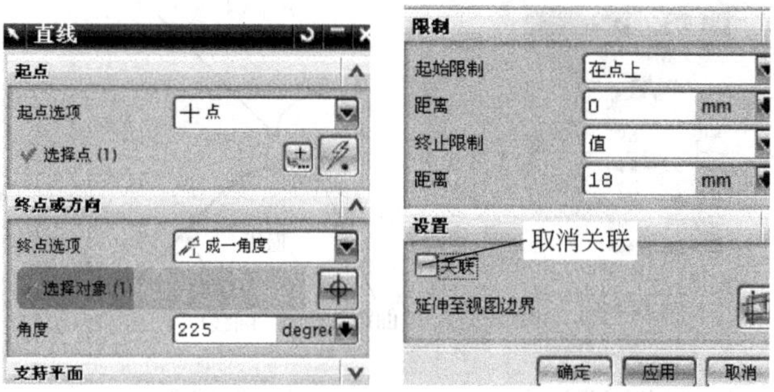

（a）直线对话框设置

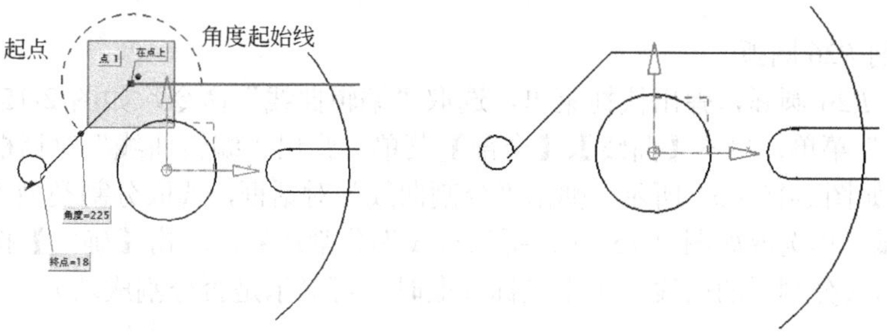

（b）斜直线绘制过程　　（c）斜直线绘制结果

图 2-12　绘制斜直线

（8）镜像上方折线

单击【镜像曲线】工具图标，弹出“镜像曲线”对话框，在设置选项组中，取消关联前复选“√”，对镜像对象的处理方法：取“保持”，如图 2-13（a）所示；旋转图形，以选取镜像平面为 *XC-ZC* 平面，如图 2-13（b）所示，单击【确定】按钮，结果如图 2-13（c）所示。

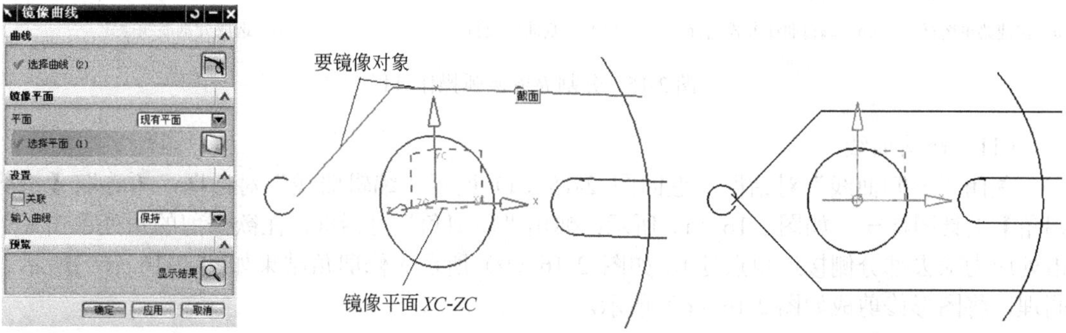

（a）镜像曲线对话框　　（b）选取镜像对象、镜像平面　　（c）镜像折线结果

图 2-13　绘制斜直线

（9）倒 *R*3 圆角

单击【基本曲线】工具图标，弹出“基本曲线”对话框，选取倒圆角图标，如图 2-14（a）所示。弹出“曲线倒圆”对话框，选取“2 曲线圆角”方法，输入半径：3，如图 2-14（b）所示；沿圆角逆时针方向依次选取曲线 1、2，再在圆角圆心大致位置单击，单击【确定】按钮，生成圆角如图 2-14（c）所示。同样操作，生成上方 *R*3 圆角，如图 2-14（d）所示。

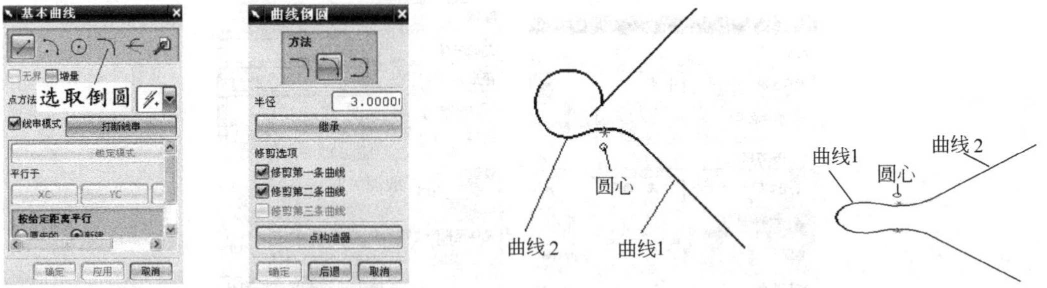

（a）基本曲线对话框　（b）倒圆对话框设置　（c）下方曲线倒圆　（d）上方曲线倒圆

图 2-14　倒 *R*3 圆角

（10）分割 *R*26 圆弧

右键选取 *R*26 圆弧，弹出快捷菜单，选取“编辑曲线”命令，如图 2-15（a）所示；或者打开“编辑”菜单，单击【曲线】、【全部】菜单，弹出“编辑曲线”对话框，单击【分割曲线】按钮，如图 2-15（b）所示。弹出“分割曲线”对话框，选取分割类型“按边界对象”，选取 *R*26 圆弧，再选取如图 2-15（c）所示直线为分割边界，单击【确定】按钮，结果如图 2-15（d）所示（分割后的曲线，再用光标选取时，可显示是否分割成功）。

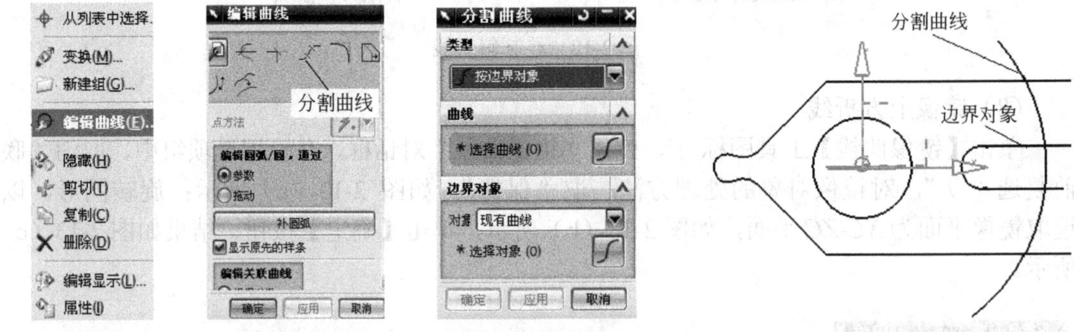

（a）快捷菜单选择　（b）编辑曲线方式选择　（c）分割曲线设置　（d）选取分割曲线操作

图 2-15　分割 *R*26 圆弧操作过程

（11）修剪曲线

关闭“分割曲线”对话框，返回图 2-15（a）所示“编辑曲线”对话框，再选取【修剪拐角】工具图标，如图 2-16（a）所示；弹出“修剪角”对话框，在欲修剪的角处单击（单击处应为除去部分侧接近角点处），如图 2-16（b）所示。修剪角结果如图 2-16（c）所示。同理，将图形修剪成如图 2-16（d）所示。

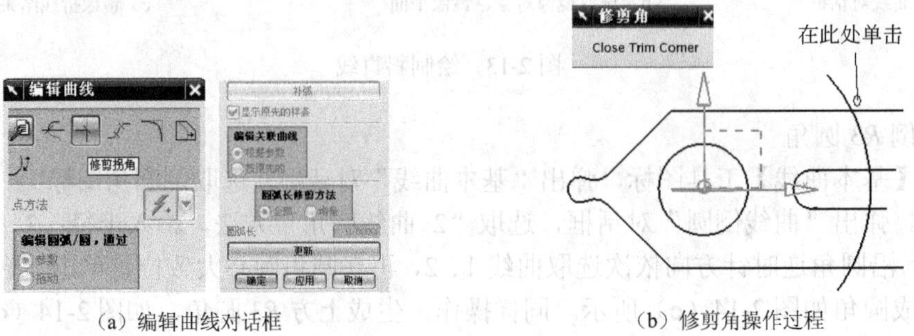

（a）编辑曲线对话框　（b）修剪角操作过程

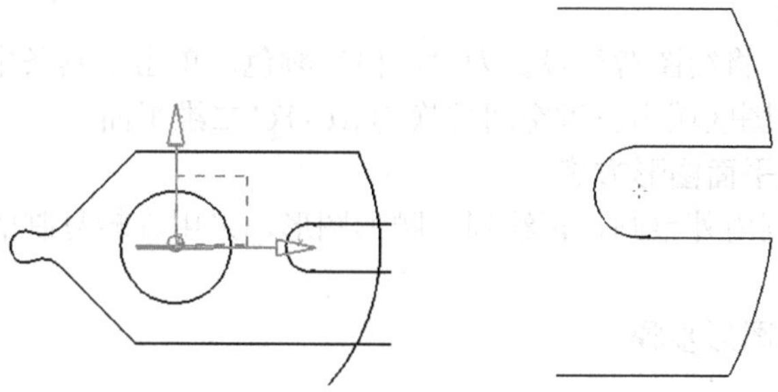

（c）修剪右上方角结果　　　　（d）修剪其他角结果

图 2-16　修剪曲线相交角

关闭“修剪拐角”对话框，返回图 2-15（a）所示“编辑曲线”对话框，选取【修剪曲线】工具图标，弹出“修剪曲线”对话框，设置：如图 2-17（a）所示，选取圆弧与直线相切处右侧为要修剪曲线，选取直线左端点为修剪边界，如图 2-17（b）所示，单击【应用】按钮，结果如图 2-17（c）所示。

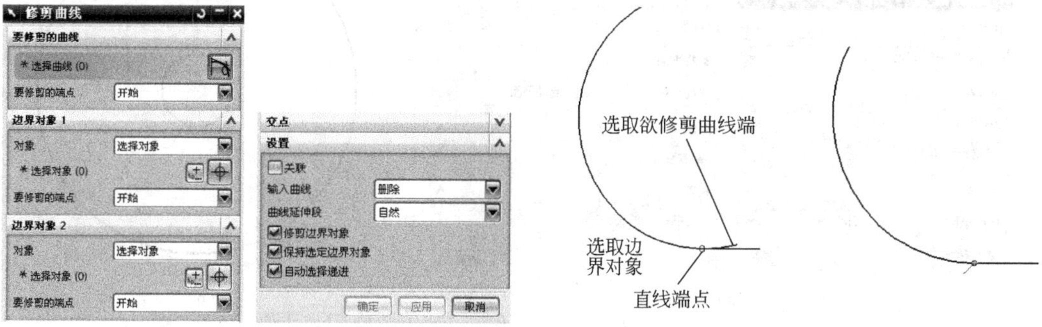

（a）修剪曲线对话框　　　　（b）修剪曲线选择过程　　　　（c）修剪下方曲线结果

图 2-17　修剪曲线

到此，拨叉平面图形绘制完成，结果如图 2-18 所示。

单击保存工具图标，对图形予以保存。

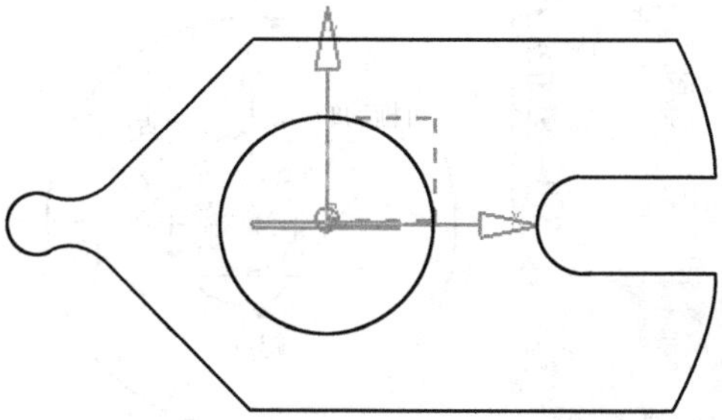

图 2-18　拨叉平面图形绘制结果

阶段 2：绘制轮毂平面图形

1. 创建“lungu.prt”建模文件名

启动 SIEMENS NX6.0 软件，新建建模文件“lungu.prt”，文件夹路径 E:\UG\xiangmu1\。

2. 设置绘图环境

进入建模模块后，将绘图背景设置为“纯白”颜色。单击工具条中如图 2-5 所示位置的【俯视图】图标，绘图区域由三维空间转换为 *XC-YC* 二维平面。

3. 制定绘制轮毂平面图形方案

轮毂图形可先绘制内外整圆，再绘制一腰形图形，采用旋转复制的方法生成其他两个腰形图形。

4. 绘制轮毂平面图形步骤

（1）绘制圆弧/圆

单击【圆弧/圆】工具图标，弹出“圆弧/圆”对话框，如图 2-19（a）所示。选取类型“从中心开始的圆弧/圆”；中心点：坐标原点；限制选项：勾选整圆；输入半径：22.5，单击【应用】按钮，绘制ϕ45 圆；再绘制同心圆，输入半径：100，单击【应用】按钮，绘制ϕ200 圆。如图 2-19（b）所示。

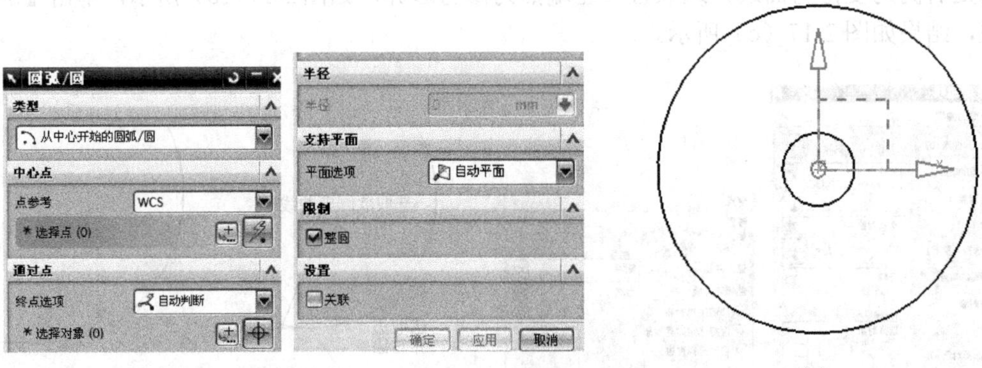

（a） （b）

图 2-19 绘制ϕ45、ϕ200 整圆

限制选项：取消勾选整圆，如图 2-20（a）所示；选取中心点：坐标原点；半径：输入 40，回车，拖动圆弧开始点、终点到如图 2-20（b）所示位置，单击【应用】按钮，绘制 *R*40 圆弧；同样操作，绘制 *R*82 圆弧，如图 2-20（c）所示。

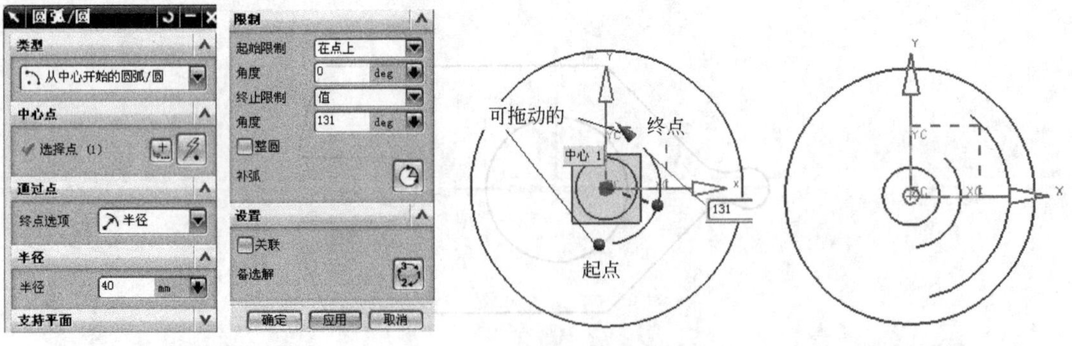

（a）圆弧/圆对话框 （b）绘制 *R*40 圆弧过程 （c）绘制圆弧结果

图 2-20 绘制 *R*40、*R*82 圆弧

（2）绘制直线

单击【直线】工具图标，弹出“直线”对话框，起点选择对象，单击【点】工具图标，

如图 2-21（a）所示；在弹出的“点”对话框中，输入坐标（–10,0,0），如图 2-21（b）所示，单击【确定】按钮，起点在图形中显示，返回“直线”对话框；自起点开始，向下铅垂拖动光标，如图 2-21（c）所示，单击【应用】按钮，完成直线绘制。如图 2-21（d）所示。

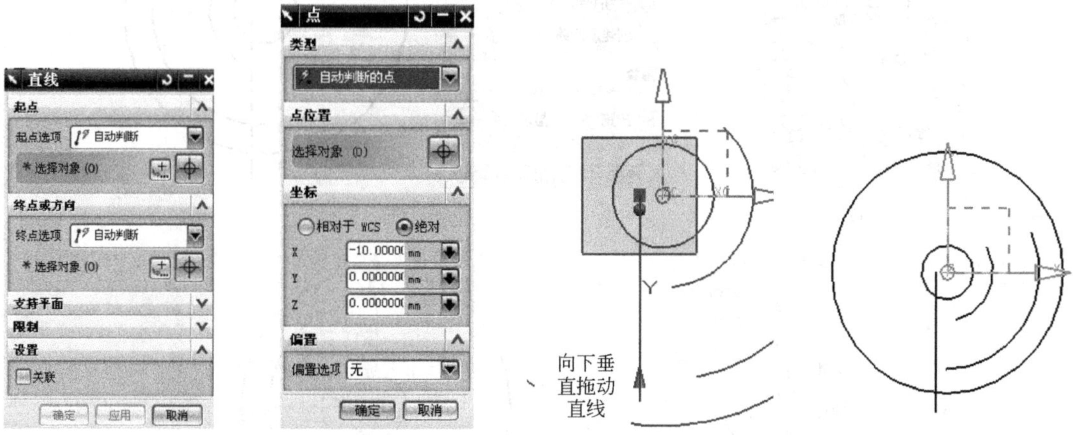

（a）　（b）　（c）　（d）

图 2-21　绘制铅垂线

（3）偏移铅垂线

单击【偏置曲线】工具图标，弹出“偏置曲线”对话框，如图 2-22（a）所示。类型选项：选取“距离”；曲线选项：选取铅垂线；输入偏置距离：20；偏置方向指定点：在铅垂线右侧单击一下，出现偏置箭头如图 2-22（b），再单击反向图标，箭头反向，如图 2-22（c）所示；在设置项关联中，选取“保持”，即保留原直线位置不变；单击【确定】按钮，完成偏置曲线操作，结果如图 2-22（d）所示。

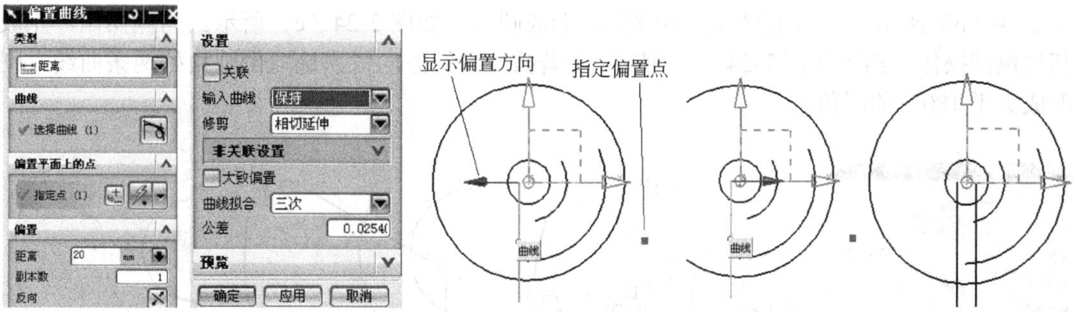

（a）　（b）　（c）　（d）

图 2-22　偏置铅垂直线

（4）旋转直线

单击标准工具条中【移动对象】按钮图标，弹出“移动对象”对话框，在变换选项组中，运动方式：角度；指定矢量：*Z* 轴；指定轴点：坐标原点（0,0,0）；角度：120；如图 2-23（a）所示；选取左侧的铅垂直线，如图 2-23（b）所示；在结果选项组中，选取“移动原先的”单选项；在设置选项组中，选取“移动父项”；勾选项“预览”，则显示结果如图 2-23（c）所示；单击【确定】按钮，完成旋转直线操作，结果如图 2-23（d）所示。

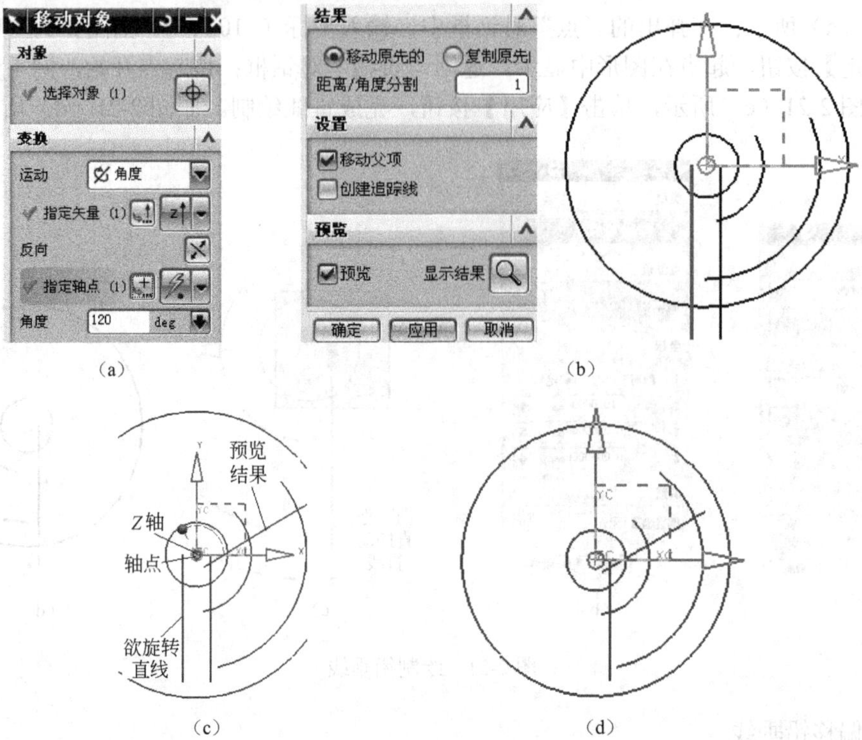

图 2-23　旋转复制铅垂直线 120°

（5）倒圆角

单击【基本曲线】工具图标，弹出“基本曲线”对话框，选取【曲线倒圆】工具图标，弹出“曲线倒圆”对话框，选取“2 曲线倒圆”方法，输入半径 12，勾选修剪第一、第二条曲线前复选项框，如图 2-24（a）所示。按逆时针方向依次选取倒圆角处两条曲线，如图 2-24（b）所示，再单击圆心大致位置，形成圆角，如图 2-24（c）所示。同样操作，完成其他倒圆操作，结果如图 2-24（d）所示。（若按顺时针方向依次选取倒圆角处两条曲线，则形成大于 180° 的圆角）。

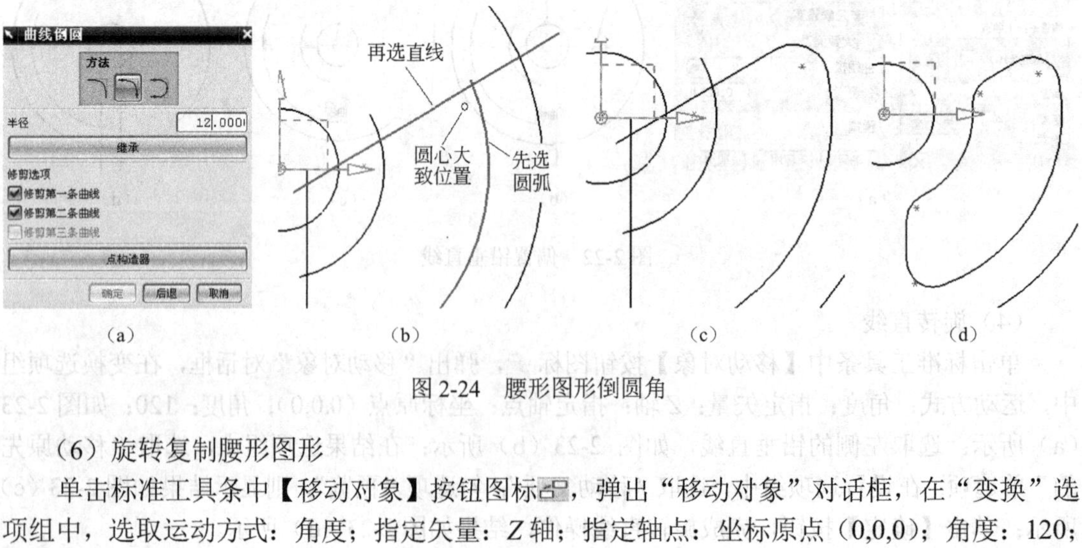

图 2-24　腰形图形倒圆角

（6）旋转复制腰形图形

单击标准工具条中【移动对象】按钮图标，弹出“移动对象”对话框，在“变换”选项组中，选取运动方式：角度；指定矢量：*Z* 轴；指定轴点：坐标原点（0,0,0）；角度：120；

在结果选项组中，选取“移动原先的”单选项；在设置选项组中，不选取“创建追踪线”；勾选项“预览”，如图 2-25（a）所示；选取腰形图形，则显示结果如图 2-25（b）所示；单击【确定】按钮，完成旋转直线操作，结果如图 2-25（c）所示。

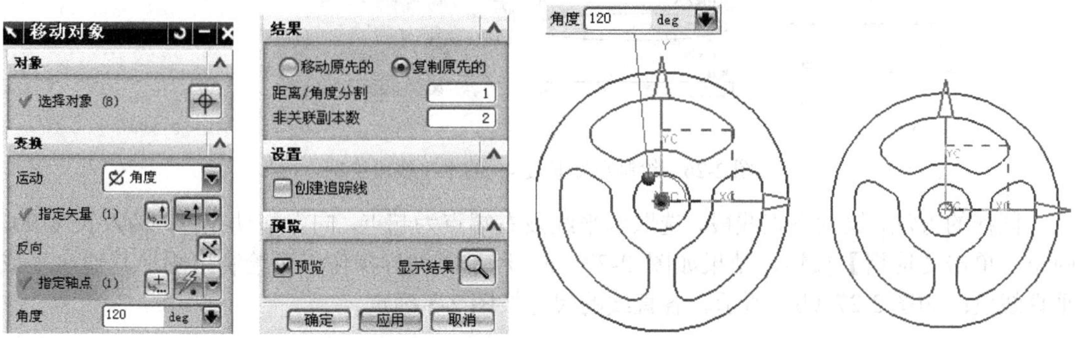

（a）（b）（c）

图 2-25 旋转复制腰形图形操作

阶段 3：绘制燕尾平面图形

1. 创建“yanwei.prt”建模文件名

启动 SIEMENS NX6.0 软件，新建建模文件“yanwei.prt”，文件夹路径 E:\UG\xiangmu1\。

2. 设置绘图环境

进入建模模块后，将绘图背景设置为“纯白”颜色。单击工具条中如图 2-5 所示位置的【顶视】图标，绘图区域由三维空间转换为 *XC-YC* 二维平面。

3. 绘制燕尾平面图形方案

燕尾导轨截面是由多条直线、圆弧组成的图形，可先绘制水平、垂直直线、圆弧，再绘制斜线，对于端点未知的线段，可先画出较长线段，最后进行修剪曲线处理而成。

4. 绘制燕尾平面图形步骤

（1）绘制直线

单击【直线】工具图标，弹出“直线”对话框，如图 2-26（a）所示，单击起点选择后【点构造器】工具图标，弹出“点”对话框，输入坐标（50,0,0），如图 2-26（b）所示，单击【确定】按钮，返回“直线”对话框，光标定点于坐标（50,0,0）点；将光标沿水平方向向右拖动，输入长度 40，回车，如图 2-26（c）所示；或在对话框中“终点或方向”选项中：选取“*XC* 沿 *XC*”；“限制”选项中输入距离 40，如图 2-26（d）所示，单击【应用】按钮，生成水平直线段，如图 2-26（e）所示。

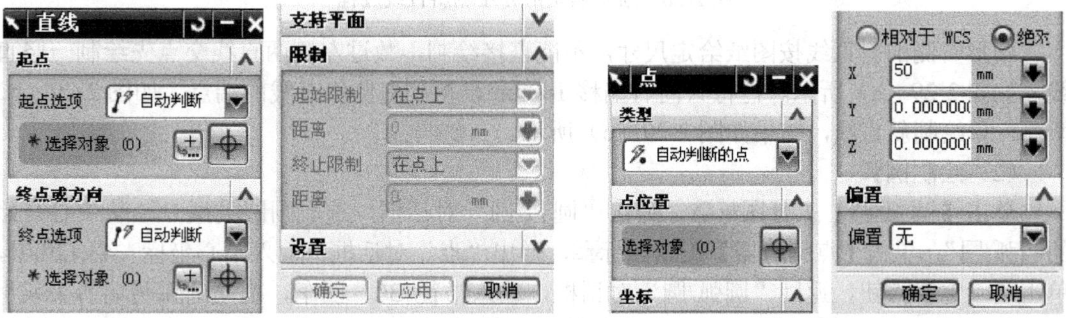

（a）（b）

图 2-26

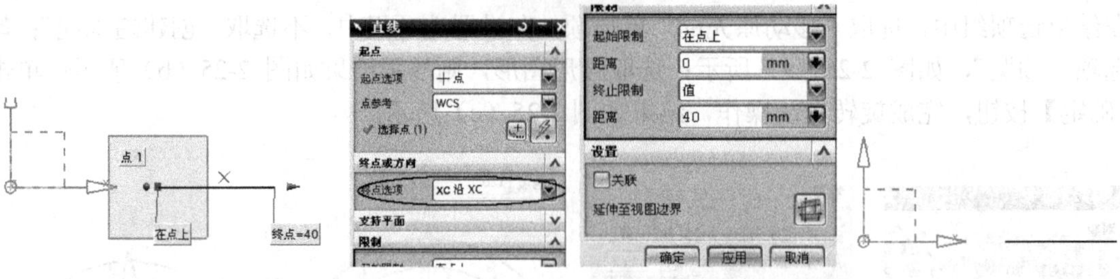

（c）　　（d）　　（e）

图 2-26　绘制已知长度 40 的水平线段绘制

同样的方法，绘制垂直线段，选取水平线段右端点为起点，向上拖动光标，输入长度 90，回车，单击【应用】按钮，结果如图 2-27（a）所示。同样操作，可绘制出图形其他水平或垂直线段；如图 2-27（b）所示。各直线的尺寸按图 2-3 确定。

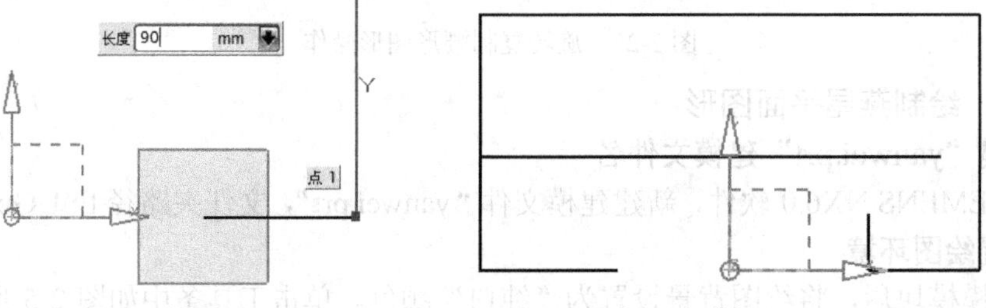

（a）　　（b）

图 2-27　正交直线绘制

绘制斜线段，可先确定起点，“终点或方向”选项中选取“成一角度”，如图 2-28（a）所示，选取一角度度量基准，拖动斜线段终点到一定位置实现，如图 2-28（b）所示，单击【应用】按钮，完成斜直线绘制。同理，可绘出燕尾内凹部分图形，如图 2-28（c）所示。

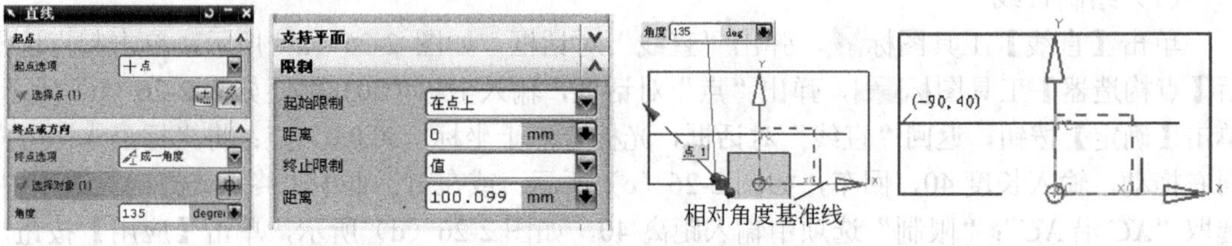

（a）　　（b）　　（c）

图 2-28　绘制燕尾部分左侧斜直线过程

图形右侧的斜直线按图纸给定尺寸，不能直接绘制，故过左侧两直线交点先绘制一竖直线，如图 2-29（a）所示。再将其向右偏移 140mm，得到右侧斜直线的端点，如图 2-29（b）所示。再绘制斜直线，结果如图 2-29（c）所示。

（2）绘制圆弧

单击【圆弧/圆】工具图标，弹出“圆弧/圆”对话框，选取画圆类型“从中心开始的圆弧/圆”，单击【点构造器】工具图标，弹出“点”对话框，输入圆心坐标（48,120,0），单击【确定】按钮，返回“圆弧/圆”对话框，输入半径 30，回车，拖动圆弧两端箭头或小球，使圆弧长度、方位大致与图纸要求相符，如图 2-30（a）所示，单击【应用】按钮，结果如图 2-30（b）所示。

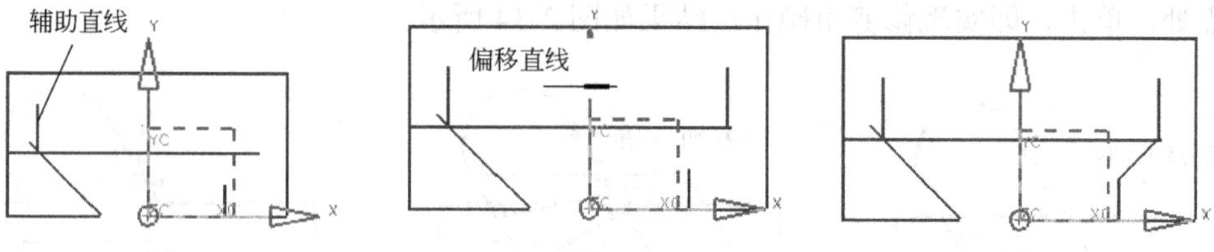

图 2-29　绘制燕尾部分右侧斜直线过程

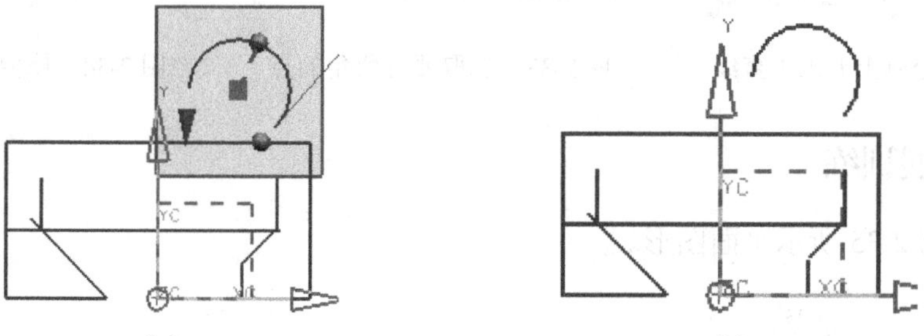

图 2-30　绘制圆弧

（3）绘制圆弧切线

过圆心坐标（48,120,0）和点（0,40,0）两点绘制辅助直线，如图 2-31（a）所示。作圆弧切线且平行于辅助直线，选取辅助直线，单击【偏置曲线】工具图标，在辅助直线一侧单击一点，出现偏置方向箭头，输入偏置距离 30，生成圆弧一侧的切线；将偏置距离改为 60，单击“偏置曲线”对话框中【反向】图标，单击【确定】，结果如图 2-31（b）所示。

（4）删除辅助斜直线

右键选取辅助斜直线，弹出快捷菜单，单击【删除】按钮，完成燕尾导轨截面图形绘制。如图 2-31（c）所示。

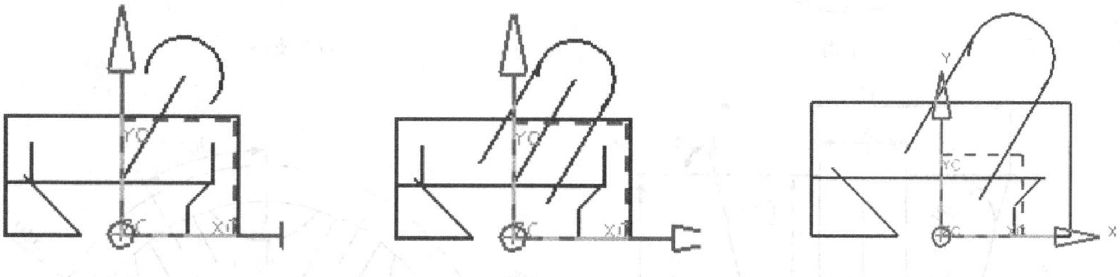

图 2-31　绘制圆弧切线

（5）分割直线

右键单击选取图形中任意线段，弹出快捷菜单，单击【编辑曲线】按钮，弹出“编辑曲线”对话框，单击【分割曲线】按钮，弹出“分割曲线”对话框，选取类型“按边界分割”，如图 2-32 所示选取要分割的直线和边界线，单击【确定】按钮，完成直线分割，用光标在分割的直线上晃动，可显示直线已被分割。

（6）修剪角

右键单击选取图形中任意线段，弹出快捷菜单，单击【编辑曲线】菜单项，弹出“编辑曲线”对话框，单击【修剪角】按钮，弹出“修剪角”对话框，将光标移近图 2-33 所示的某点处，单击，即实现修剪角操作，结果如图 2-34 所示。

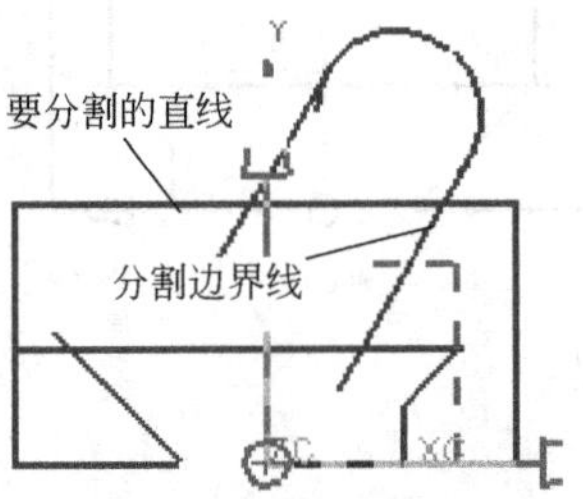

图 2-32 分割上方水平直线

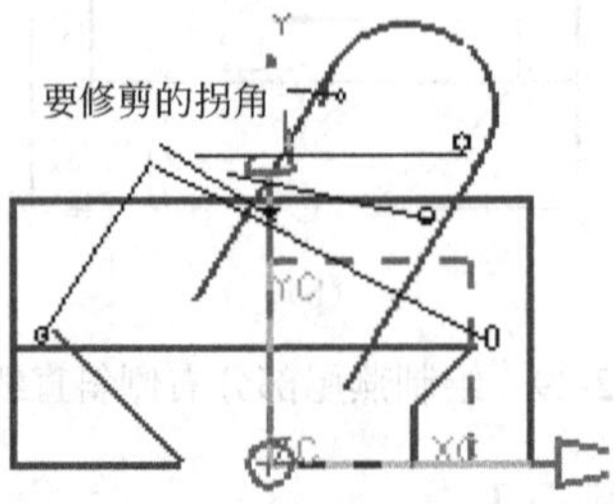

图 2-33 选取要修剪角的点

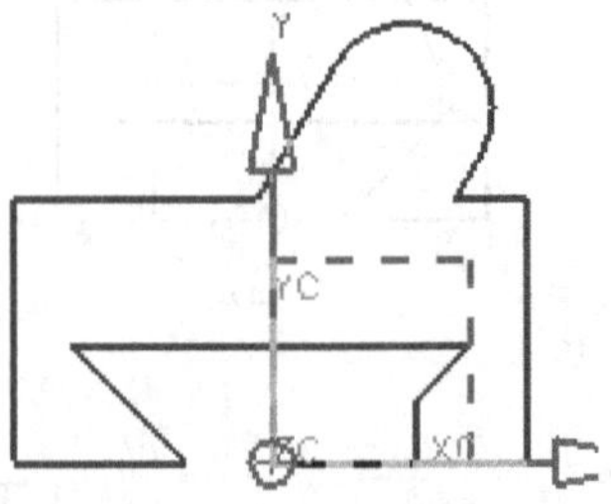

图 2-34 修剪角操作结果

四、拓展训练

绘制如图 2-35 所示平面图形。

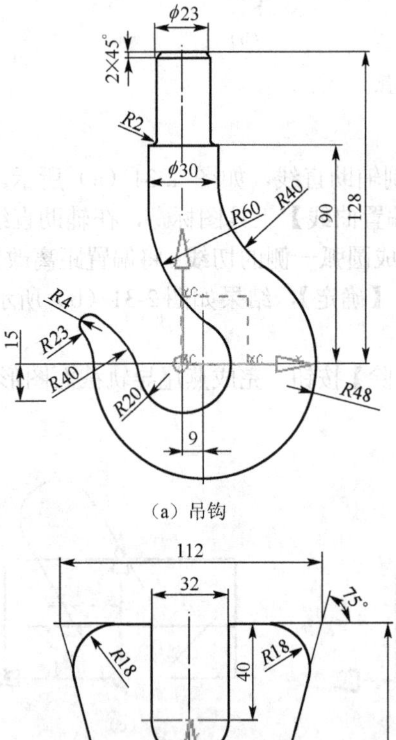

（a）吊钩

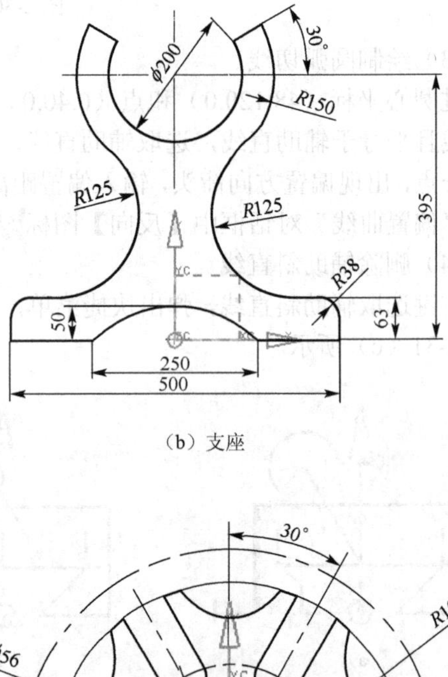

（b）支座

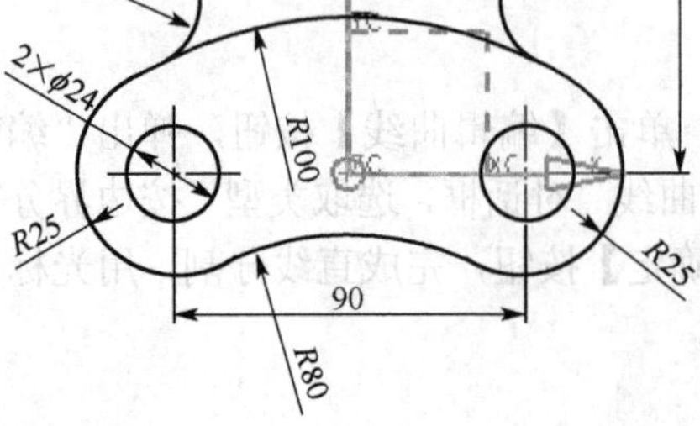

（c）拨块

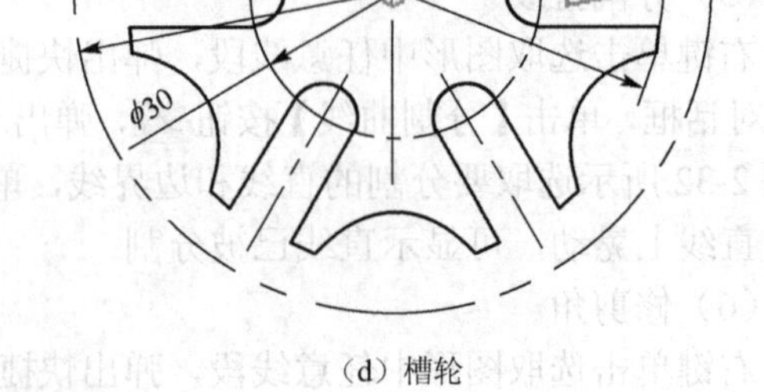

（d）槽轮

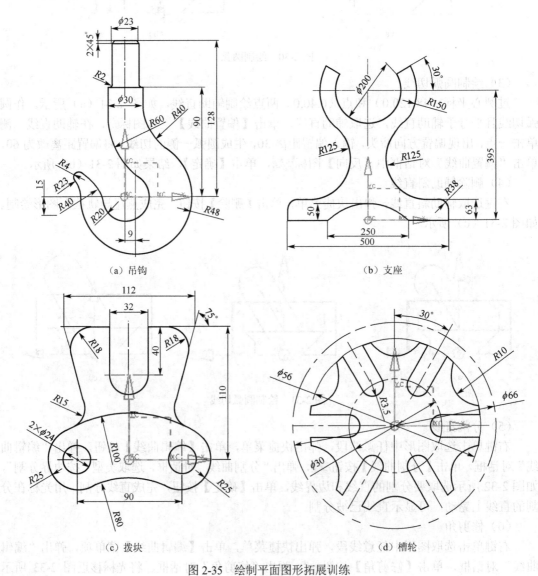

图 2-35 绘制平面图形拓展训练

项目 3

绘制二维草图

一、项目分析

本项目是用 SIEMENS NX6.0 软件的【草图】功能在“草图环境”下绘制如图 3-1～图 3-3 所示的平面图形。在这三幅图形中，可分为内部图形和外轮廓图形两大部分，图形的基准由各种中心线确定，图素都是基本的直线和圆弧，利用草图的参数驱动、易修改等特点，可达到快速高效绘图的目的。

本项目的教学重点是学习在草图环境下绘图的方法步骤，掌握直线、圆弧、倒角的画法，掌握标注尺寸、施加图素间约束的方法、步骤与技巧。

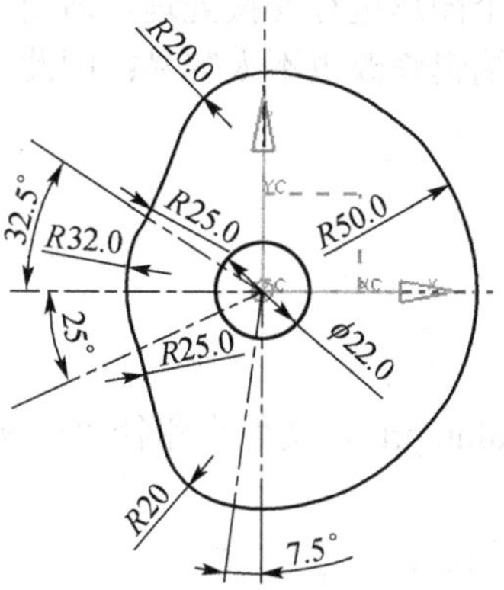

图 3-1 凸轮平面图形

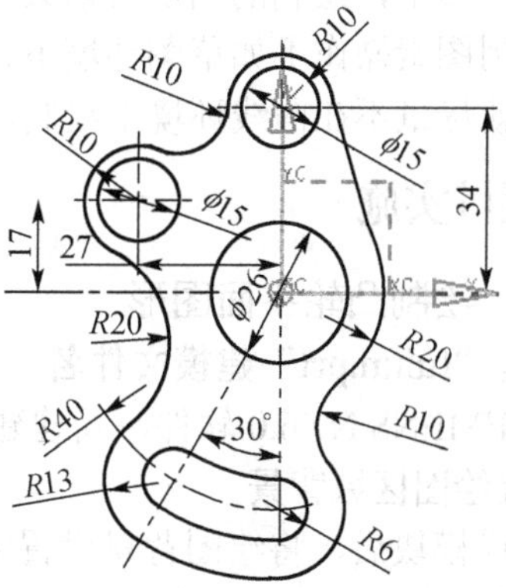

图 3-2 摆板平面图形

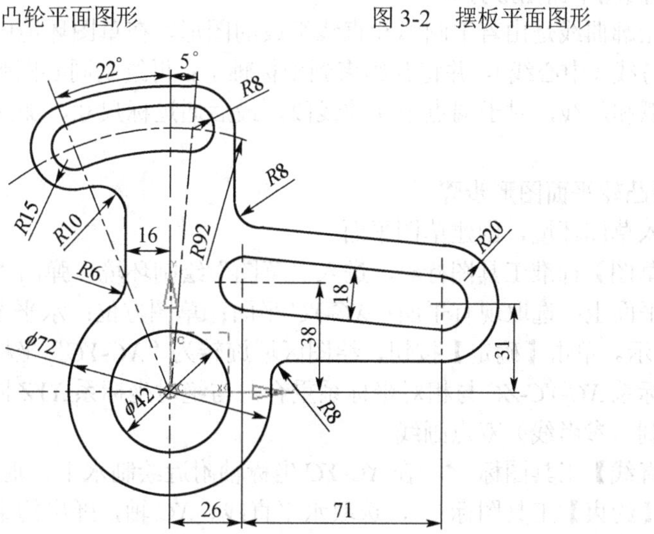

图 3-3 摇臂平面图形

二、相关知识

SIEMENS NX6.0 软件提供的“草图环境”是专门为绘制二维图形设计的环境，在设置的草图平面内，可先绘出图形的大体样子，通过施加相互位置约束和标注尺寸达到图样要求；当然，在绘制草图时，若已知各图素之间的相互位置约束关系，且施加这种约束关系很方便的话，如圆弧同心、直线平行、垂直等，应尽量在绘图过程中予以施加，这样可减小后续施加约束的工作量，提高绘图速度。

分析图形的设计基准及定位尺寸、定形尺寸，分清图中线段是已知线段、中间线段还是连接线段是绘图的基本前提；绘图的步骤一般是先绘制基准图素，再绘制定位尺寸和定形尺寸容易确定的图素，不太容易确定的线段，可先绘制大体图样，再通过施加几何约束和标注尺寸而最后确定图样形状与大小。

当退出草图环境，构建实体模型后，还可重新进入草图环境进行编辑修改，退出草图后，实体模型会自动按新草图进行重新构建，即具有很强的参数驱动功能，大大方便了机械零件与模具的设计工作。

在草图环境中绘制的图形是一个整体，退出草图环境后其图素不可分别进行变换、编辑操作。

在曲线环境下，绘制的图形可以某一图素或整个图形进行变换处理，适用于空间曲线的构建。但绘制图素操作不如草图环境下方便快捷，编辑修改也不太容易；因此，能用草图绘制的图形，就尽量不在曲线环境下绘制。

三、项目实施

阶段 1. 绘制凸轮平面图形

1. 创建“tulun.prt”建模文件名

启动 SIEMENS NX6.0 软件，新建建模文件“tulun.prt”，文件夹路径“…\xiangmu3\”。

2. 设置绘图区域背景

进入建模模块后，将绘图背景设置为“纯白”颜色。

3. 绘制凸轮平面图形方案

本凸轮轮廓曲线是由若干圆弧和直线组成的图形，在草图环境中，可先绘制水平、垂直直线作为参考线（中心线），并将其约束到坐标轴上；再绘制同心圆弧，然后绘制与同心圆弧相连接的圆弧和斜线，对于端点未知的线段，最后通过标尺寸、加约束、修剪处理而完成草图绘制。

4. 绘制凸轮平面图形步骤

（1）进入草图环境，创建草图平面

单击【草图】标准工具图标，进入“草图”绘制环境，弹出“创建草图”对话框，选取类型：在平面上；选取现有平面：*XC-YC* 平面；草图方位：水平参考方向，*XC*，如图 3-4（a）、（b）所示。单击【确定】按钮，绘图区域旋转为“*XC-YC*”坐标平面，如图 3-4（c）所示，草图坐标系 *XC-YC-ZC* 与相对坐标系重合，与绝对坐标系 *XYZ* 同方位。

（2）绘制（参考线）双点画线

单击【直线】工具图标，在 *XC-YC* 坐标轴附近绘制水平、垂直两直线，如图 3-5（a）所示；单击【约束】工具图标，选取水平直线、*XC* 轴，弹出约束选项条，单击【共线】工具按钮，水平直线被约束到 *XC* 轴上，如图 3-5（b）所示。

同样操作，选取垂直线、*YC* 轴，单击【共线】工具按钮，垂直直线被约束到 *YC* 轴上，如图 3-5（c）所示。

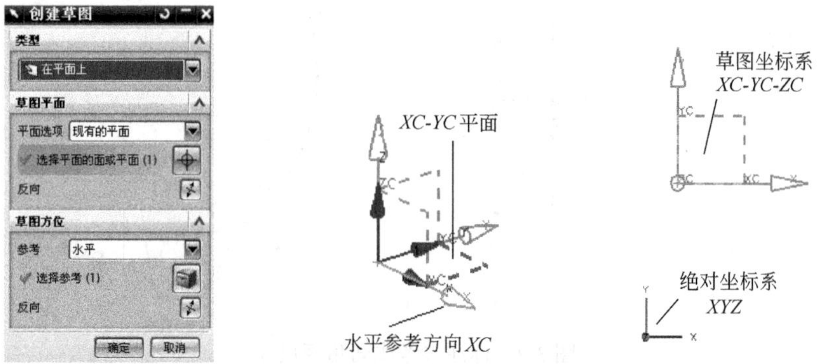

（a）　（b）　（c）

图 3-4　创建绘制草图环境

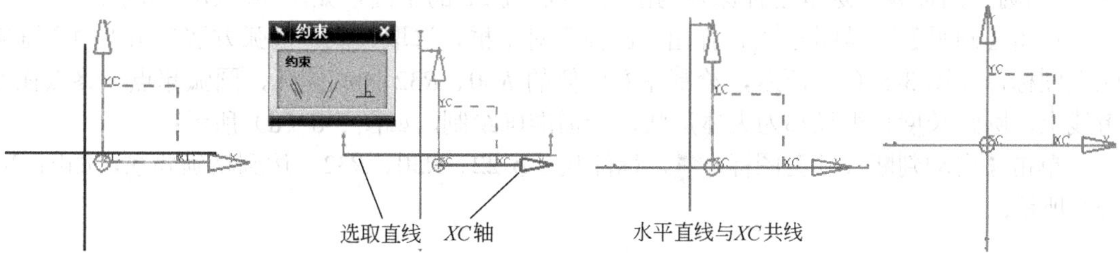

（a）绘制两正交直线　（b）水平线约束到 XC 轴上　（c）垂直线约束到 YC 轴上

图 3-5　约束两直线与坐标轴上

单击【转换至/自参考对象】工具图标，弹出“转换至/自参考对象”对话框，如图 3-6（a）所示；选取水平线，垂直线，单击【确定】按钮，则将其转换为（参考线）双点画线，如图 3-6（b）所示。

绘制其他参考线，单击【直线】工具图标，自两直线交点绘制三条直线，并将其转换成参考线，方位大致如图 3-6（c）所示。

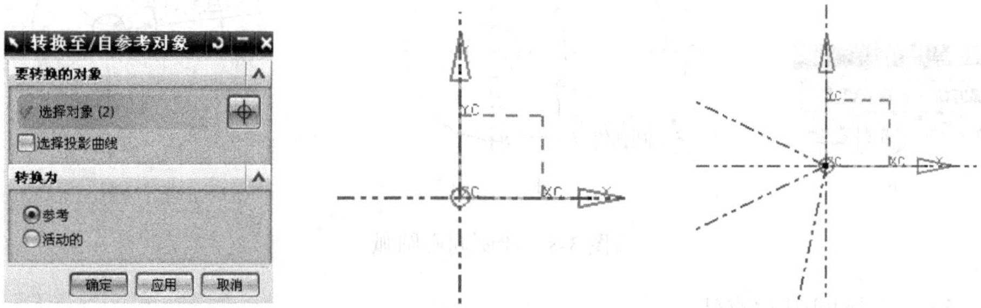

（a）　（b）　（c）

图 3-6　直线转换成（参考线）双点画线

单击【自动标注尺寸】工具图标，选取水平参考线与向左上的斜线，拖动光标到某一合适位置，单击，输入角度 32.5，标注角度尺寸如图 3-7（a）所示。同样操作标注其他尺寸如图 3-7（b）所示。

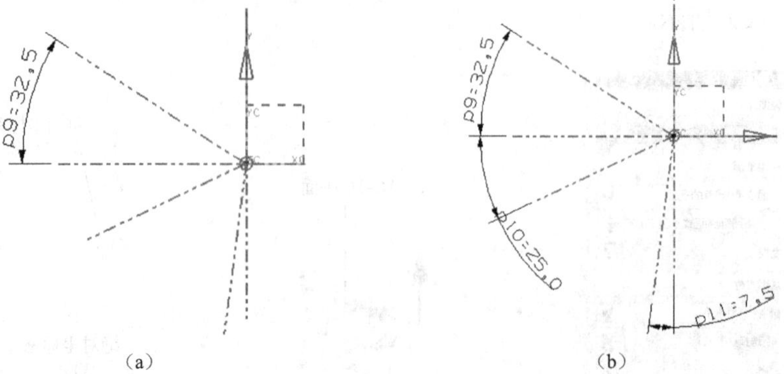

图 3-7　标注参考线间角度尺寸

（3）绘制同心圆弧

单击【圆】工具图标，弹出“圆”对话框如图 3-8（a）所示，选取绘制“圆方法”由“中心画圆”图标，选取坐标原点为圆心，绘制ϕ22 的整圆，如图 3-8（b）所示；

单击【圆弧】工具图标，弹出“圆弧”对话框，选取绘制“圆弧方法”由“中心画圆弧”图标，如图 3-8（c）所示，绘制左右两侧的 *R*50、*R*32 同心圆弧，圆弧起点、终点在参考线上，圆弧长度与半径都为大体形状，无需准确绘制，如图 3-8（d）所示；

单击【自动判断尺寸】图标，标注尺寸ϕ 22、*R*50、*R*32，达到精确要求，如图 3-8（e）所示。

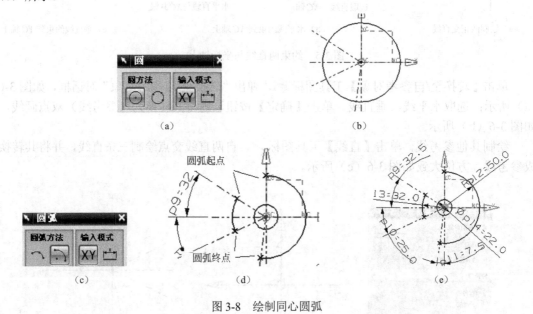

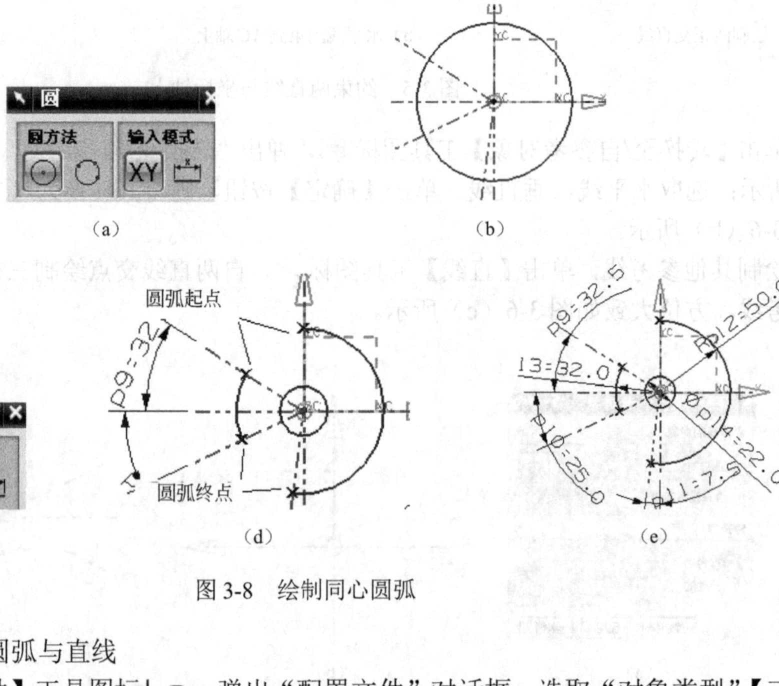

图 3-8　绘制同心圆弧

（4）绘制连接圆弧与直线

单击【配置文件】工具图标，弹出“配置文件”对话框，选取“对象类型”【三点画圆弧】工具图标，如图 3-9（a）所示；选取 *R*50 圆弧上端点为开始点，在其左下方单击选取一点为圆弧终点，移动光标，当绘制圆弧与 *R*50 圆弧上端点出现相切约束图标时，如图 3-9（b）所示，单击确定圆弧中点，形成圆弧。（【配置文件】工具图标可绘制连续线条，提高绘图效率。）

此时，“配置文件”对话框中“对象类型”自动转换为“直线”图标，拖动光标，在接近下方 *R*32 圆弧上端点附近单击，画出直线段，如图 3-9（c）所示；

此时“配置文件”对象类型仍为“直线”，单击“对象类型”中【三点画圆弧】工具图标，单击 *R*32 圆弧上方点为圆弧终点，弹出“快速拾取”菜单，从菜单中选取 *R*32 圆弧上方点为圆弧终点，如图 3-9（d）所示；向右上移动光标，使圆弧向下凹，如图 3-9（e）所示；单击鼠标中键，结束配置文件操作。

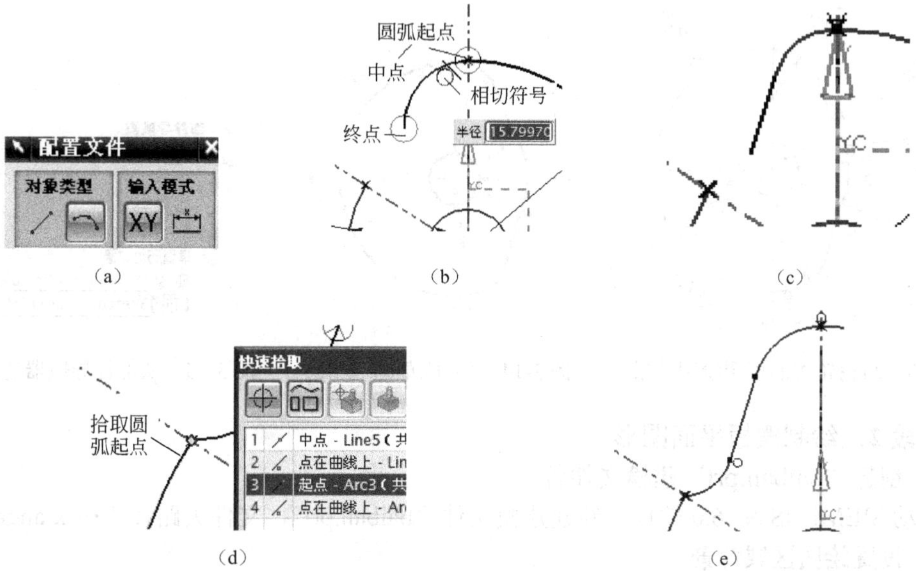

图 3-9　绘制凸轮左上方圆弧与直线轮廓

仿照绘制凸轮左上方圆弧与直线轮廓方法，绘制凸轮左下方圆弧与直线轮廓，结果如图 3-10 所示。

（5）施加约束、标注尺寸

单击【约束】工具图标，选取如图 3-11 所示圆弧的圆心（光标放在圆心处，圆弧以突出颜色显示），再单击垂直参考线，弹出约束选择框，单击【共线】按钮图标，即圆弧圆心被约束在垂直参考线上。同样，斜直线下方圆弧与 *R*32 圆弧施加相切约束，且圆心约束到参考线上，如图 3-12 所示。

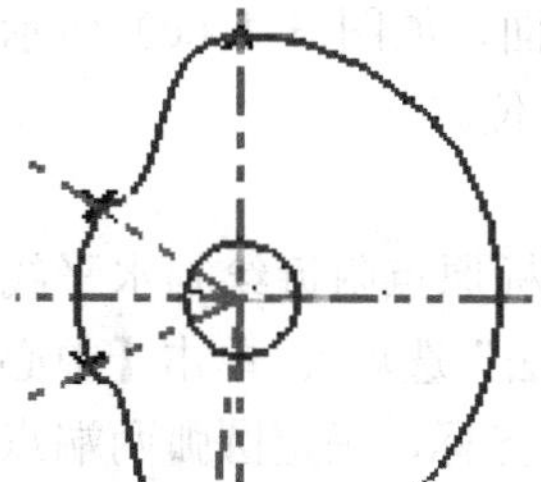

图 3-10　凸轮左下方圆弧与直线轮廓

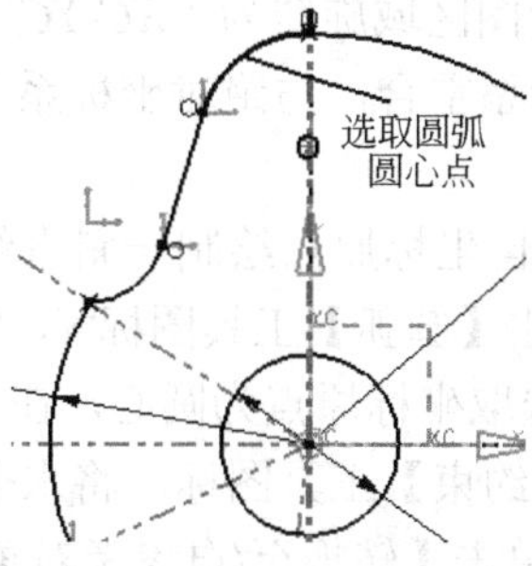

图 3-11 上方圆弧圆心约束到垂直线

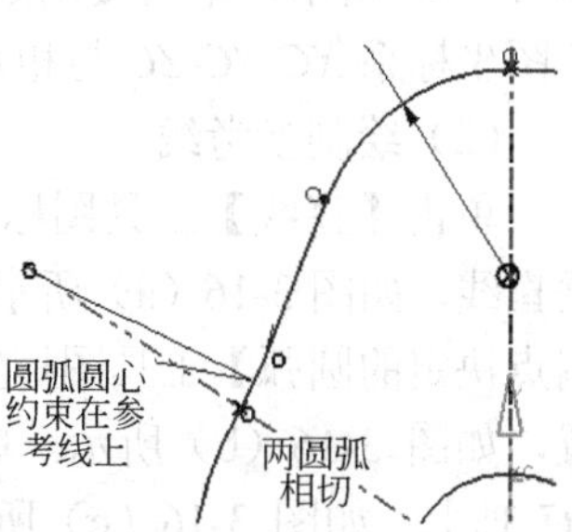

图 3-12 对圆弧施加两种约束

仿照上述操作，对凸轮左下方圆弧直线轮廓施加约束。

再分别对连接圆弧标注尺寸，结果如图 3-13 所示。

单击【完成草图】图标，退出草图环境，结果如图 3-14 所示，在草图环境中标注的尺寸，退出草图后不再显示。

草图是一个整体，若双击草图，或双击“部件导航器”中的草图序号（sketch(1) “sketch_000”），如图 3-15 所示，都可重新进入该草图，对其进行编辑操作。

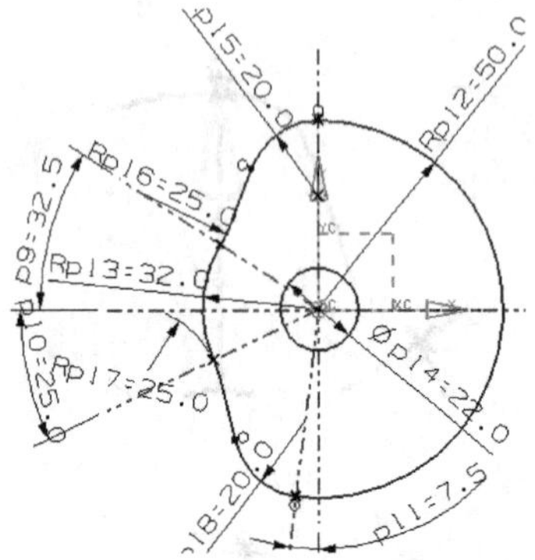

图 3-13　凸轮轮廓的草图绘制结果

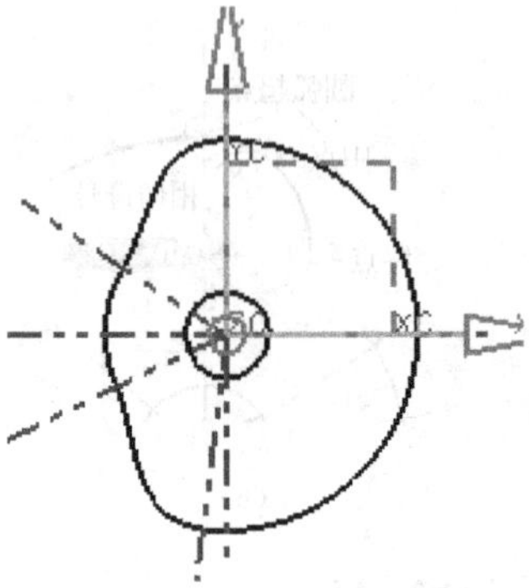

图 3-14　“完成草图”结果

图 3-15　从部件导航器选取草图

阶段 2．绘制摆板平面图形

1. 创建“baiban.prt”建模文件名

启动 SIEMENS NX6.0 软件，新建建模文件“baiban.prt”，文件夹路径“…\xiangmu3”。

2. 设置绘图区域背景

进入建模模块后，将绘图背景设置为“纯白”颜色。

3. 绘制摆板平面图形方案

本摆板平面图形是由内部图形与外轮廓图形组成的，在草图环境中，可先绘制水平、垂直、斜直线作为参考线（中心线），并将施加适当的约束；再绘制内部图形中已知圆心位置的圆弧，然后绘制外轮廓图形，最后通过标尺寸、加约束、修剪处理而完成草图绘制。

4. 绘制摆板平面图形步骤

（1）进入草图环境，创建草图平面

单击【草图】标准工具图标，进入“草图”绘制环境，弹出“创建草图”对话框，选取类型：在平面上；选取现有平面：*XC-YC* 平面；草图方位：水平参考方向：*XC*，如图 3-4（a）、（b）所示。单击【确定】，绘图区域旋转为“*XC-YC*”坐标平面，如图 3-4（c）所示，草图坐标系 *XC-YC-ZC* 与相对坐标系重合，与绝对坐标系 *XYZ* 同方位。

（2）绘制参考线

单击【直线】工具图标，自坐标原点绘制一斜直线，在坐标原点附近绘制水平线和垂直线，如图 3-16（a）所示。单击【圆弧】工具图标，“圆弧方法”选项 ：单击【中心和端点决定的圆弧】工具图标，选取坐标原点为圆心，在下方拖动光标，确定圆弧两端点位置，如图 3-16（b）所示。单击【约束】工具图标，将水平约束到 *XC* 轴上，铅垂线约束到 *YC* 轴上，如图 3-16（c）所示。单击【转换至/自参考对象】工具图标，选取两直线和圆弧，将其转换为参考线，如图 3-16（d）所示。

（3）标注参考线尺寸

单击【自动标注尺寸】工具图标，标注尺寸如图 3-16（e）所示。

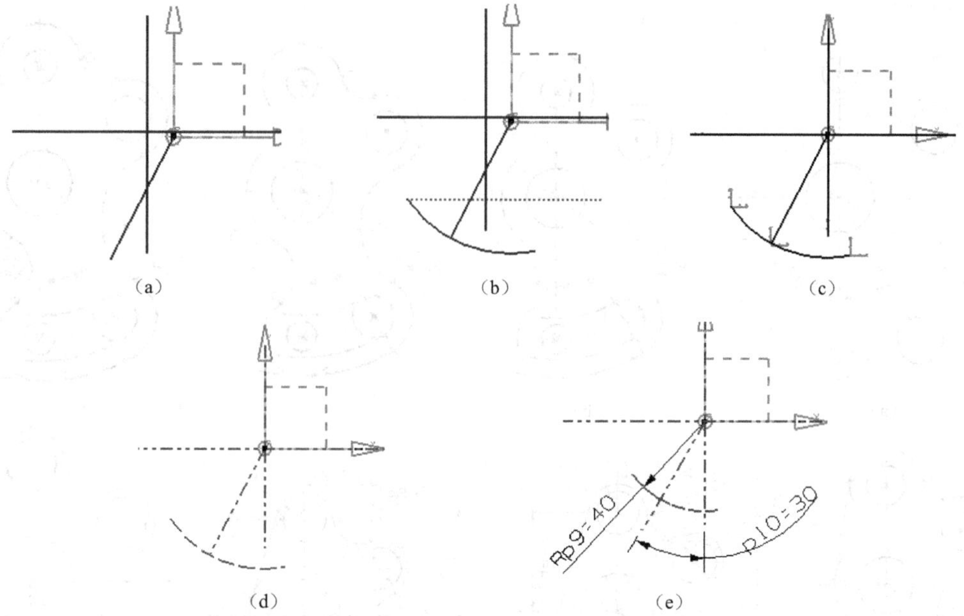

图 3-16 绘制参考线

（4）绘制已知圆心的圆、圆弧

单击【圆】工具图标，单击【交点】图标，在参考线交点处直接绘制圆，上方圆可直接在竖直参考线上画出，在左上方的圆可在大概位置随意绘制，如图 3-17（a）所示圆弧；

单击【圆弧】工具图标，选取【中心和圆弧端点决定圆弧】方式工具图标，绘制如图 3-17（b）所示圆弧；

（5）绘制未知圆心的圆弧

单击【倒圆角】工具图标，按逆时针方向形成圆弧走向依次选择倒圆弧的两个图素，且在形成的大概圆弧中心单击，构建圆角，如图 3-17（c）所示。

（6）绘制切线

单击【直线】工具图标，绘制右上侧两圆弧的切线，如图 3-17（d）所示。

（7）施加几何约束

单击【约束】工具图标，对未自动施加约束的连接线段施加相切约束，结果如图 3-17（e）所示。

（8）标注尺寸

单击【自动标注尺寸】工具图标，标注尺寸如图 3-17（f）所示。

（9）修剪多余线段

单击【快速修剪】工具图标，选取多余的圆弧段，结果如图 3-17（g）所示。

（10）完成草图

单击【完成草图】工具图标，退出草图环境，结果如图 3-17（h）所示。

阶段 3．绘制摇臂平面图形

1. 创建“yaobi.prt”建模文件名

启动 SIEMENS NX6.0 软件，新建建模文件“yaobi.prt”，文件夹路径“…\xiangmu3”。

2. 设置绘图区域背景

进入建模模块后，将绘图背景设置为“纯白”颜色。

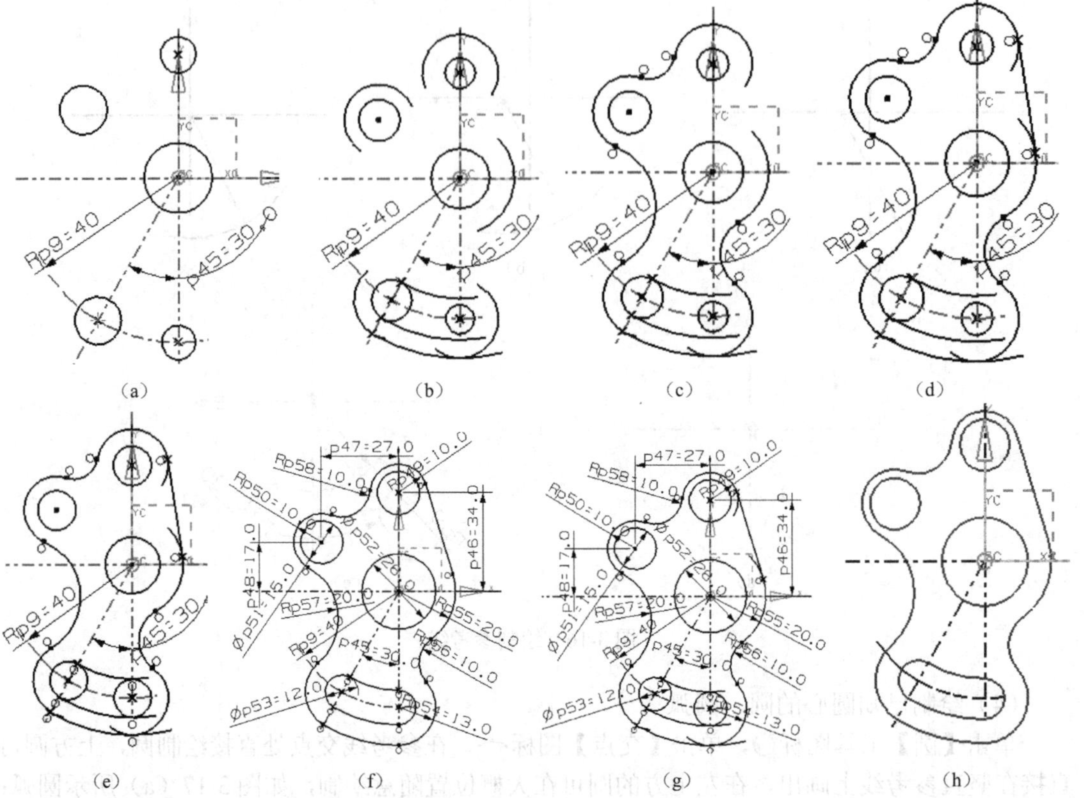

图 3-17 绘制摆板内部图形

3. 绘制摇臂平面图形方案

本摇臂图形是由内部图形与外轮廓图形组成的，在草图环境中，可先绘制水平、垂直、斜直线作为参考线（中心线），并将施加适当的约束；再绘制内部图形中已知圆心位置的圆弧，然后绘制外轮廓图形，最后通过标尺寸、加约束、修剪处理而完成草图绘制。

4. 绘制摇臂平面图形步骤

（1）进入草图环境，创建草图平面

单击【草图】标准工具图标，进入“草图”绘制环境，弹出“创建草图”对话框，选取类型：在平面上；选取现有平面：*XC-YC* 平面；草图方位：水平参考方向：*XC*，如图 3-4（a）、（b）所示。

单击【确定】按钮，绘图区域旋转为“*XC-YC*”坐标平面，如图 3-4（c）所示，草图坐标系 *XC-YC-ZC* 与相对坐标系重合，与绝对坐标系 *XYZ* 同方位。

（2）绘制参考线

单击【直线】工具图标，绘制直线如图 3-18（a）所示；单击【圆弧】工具图标，“圆弧方法”选项：单击【中心和端点决定的圆弧】工具图标，选取坐标原点为圆心，在上方拖动光标，确定圆弧两端点位置，如图 3-18（b）所示。

单击【约束】工具图标，将水平、垂直两直线分别约束到 *XC*、*YC* 坐标轴上，如图 3-18（c）所示；

单击【自动标注尺寸】工具图标，标注尺寸如图 3-18（d）所示。

单击【转换至/自参考对象】工具图标，选取两直线和圆弧，将其转换为参考线，如图 3-18（e）所示。

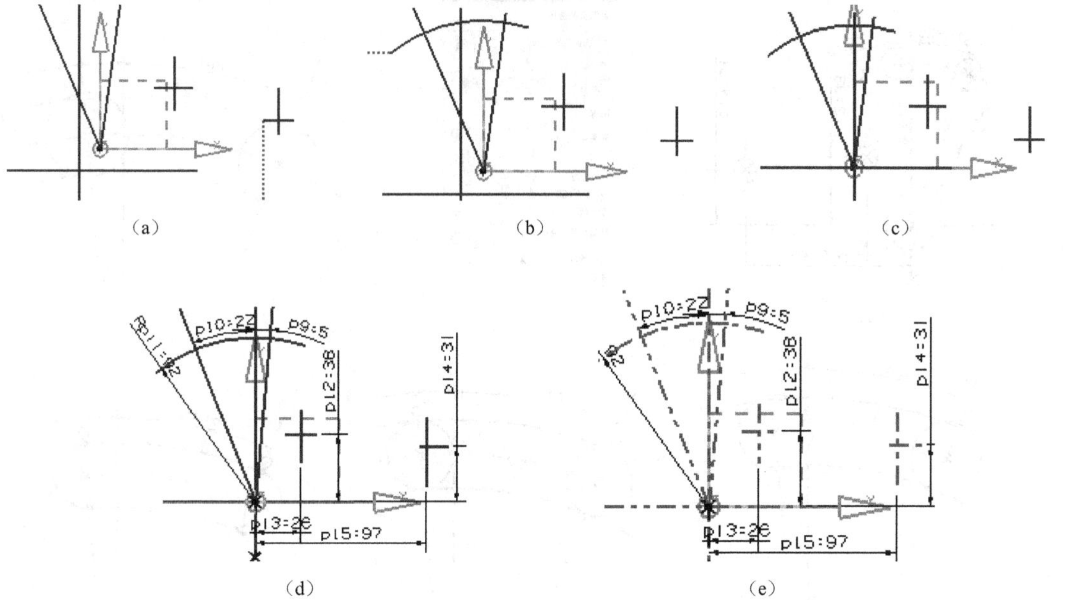

图 3-18 绘制参考线

（3）绘制摇臂内部图形

单击【圆】工具图标，在弹出的对话框中单击【中心和半径】工具图标，绘制摇臂图形中已知圆心位置的内部圆弧，如图 3-19（a）所示；

单击【偏置】工具图标，弹出“偏置曲线”对话框，设置如图 3-19（b）所示，选取 *R*92 圆弧进行对称偏置，如图 3-19（c）所示，单击【确定】，结果如图 3-19（d）所示；

单击【约束】工具图标，对偏置圆弧与两小圆施加相切约束，如图 3-19（e）所示；

单击【快速修剪】工具图标，修剪多余圆弧段，结果如图 3-19（f）所示；

单击【直线】工具图标，当光标移近圆弧出现相切图标时单击，可直接绘制摇臂右侧两小圆的切线，结果如图 3-19（g）所示；单击【约束】工具图标，对两小圆施加相等约束，且标注圆直径 18，结果如图 3-19（h）所示；

单击【快速修剪】工具图标，修剪两切线间的圆弧，结果如图 3-19（i）所示，即摇臂完成内部图形的绘制。

（4）绘制摇臂外轮廓图形

单击【偏置】工具图标，在弹出“偏置曲线”对话框中输入偏置距离：7，选取上方内部圆弧图形向外偏置；输入偏置距离：15，选取下方圆向外偏置；输入距离 11，选取右侧小圆弧向外偏置；

单击【自动标注尺寸】工具图标，标注下方圆直径 ϕ 42 尺寸，结果如图 3-20（a）所示；

单击【直线】工具图标，绘制三条直线，如图 3-20（b）所示；

单击【倒圆角】工具图标，且选取修剪方式倒圆角图标，分别在如图 3-20（c）的 4 处倒圆角；

单击【快速修剪】工具图标，修剪图形中多余线条，结果如图 3-20（d）所示；

单击【自动标注尺寸】工具图标，标注圆角等未标的尺寸，如图 3-20（e）所示；

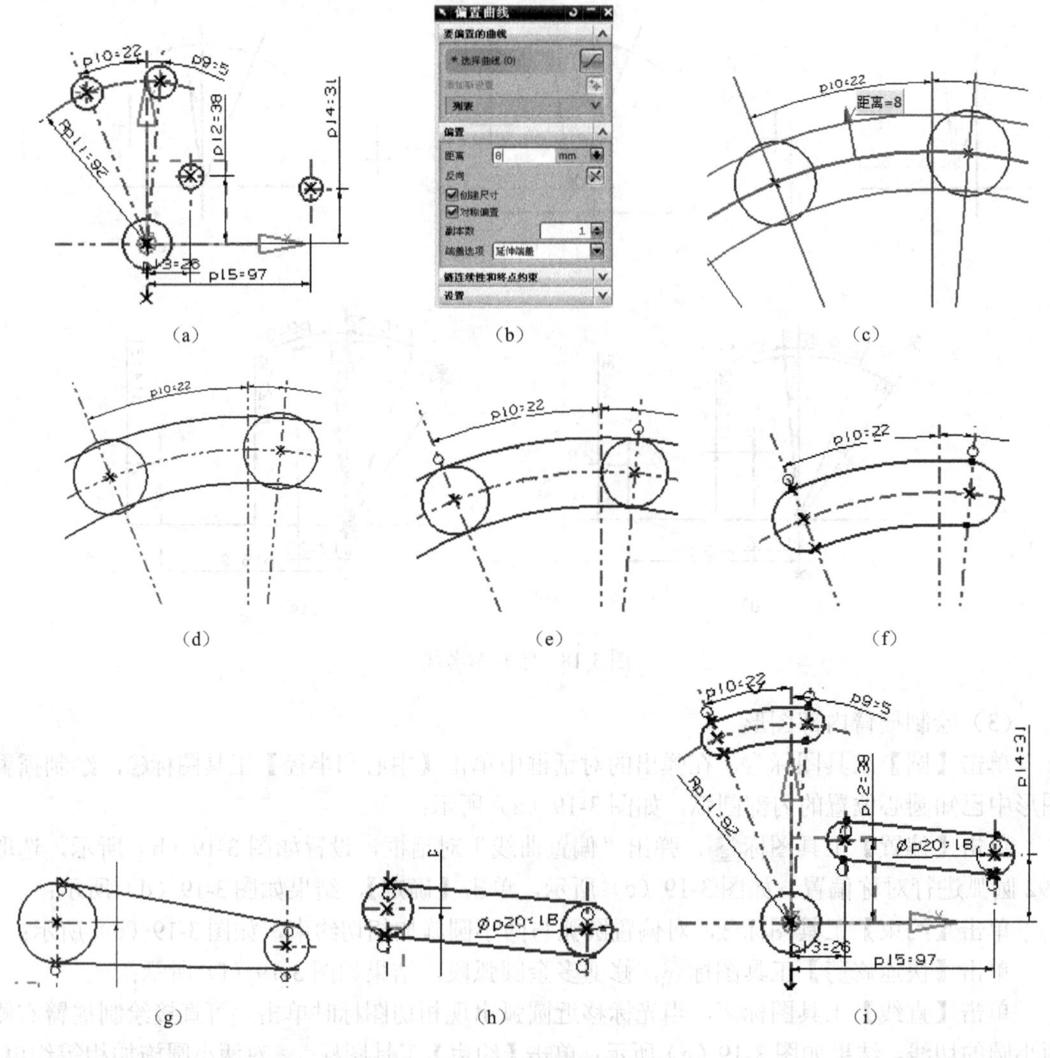

图 3-19 绘制摇臂内部图形

（5）退出草图环境

单击【完成草图】工具图标，退出草图环境，如图 3-20（f）所示，完成草图的绘制。

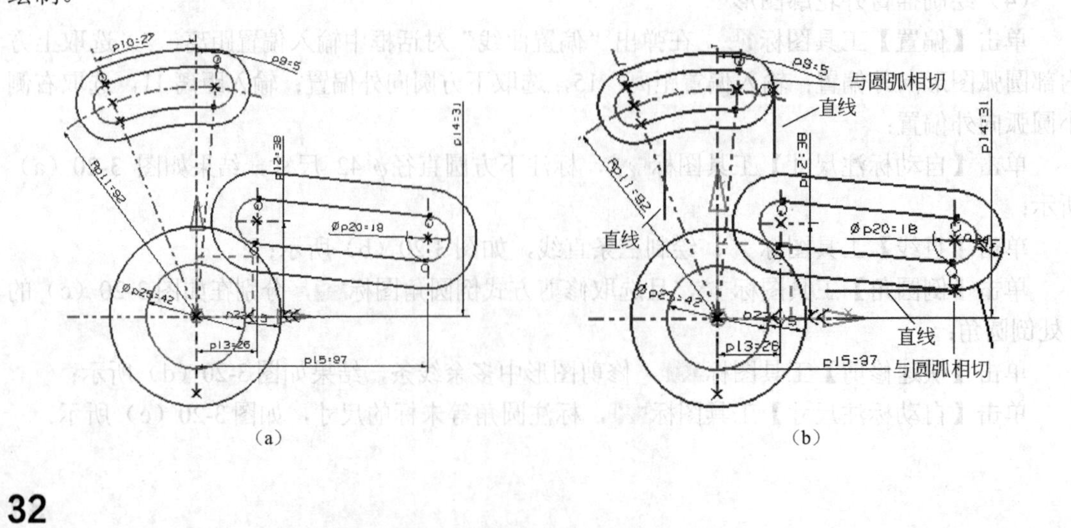

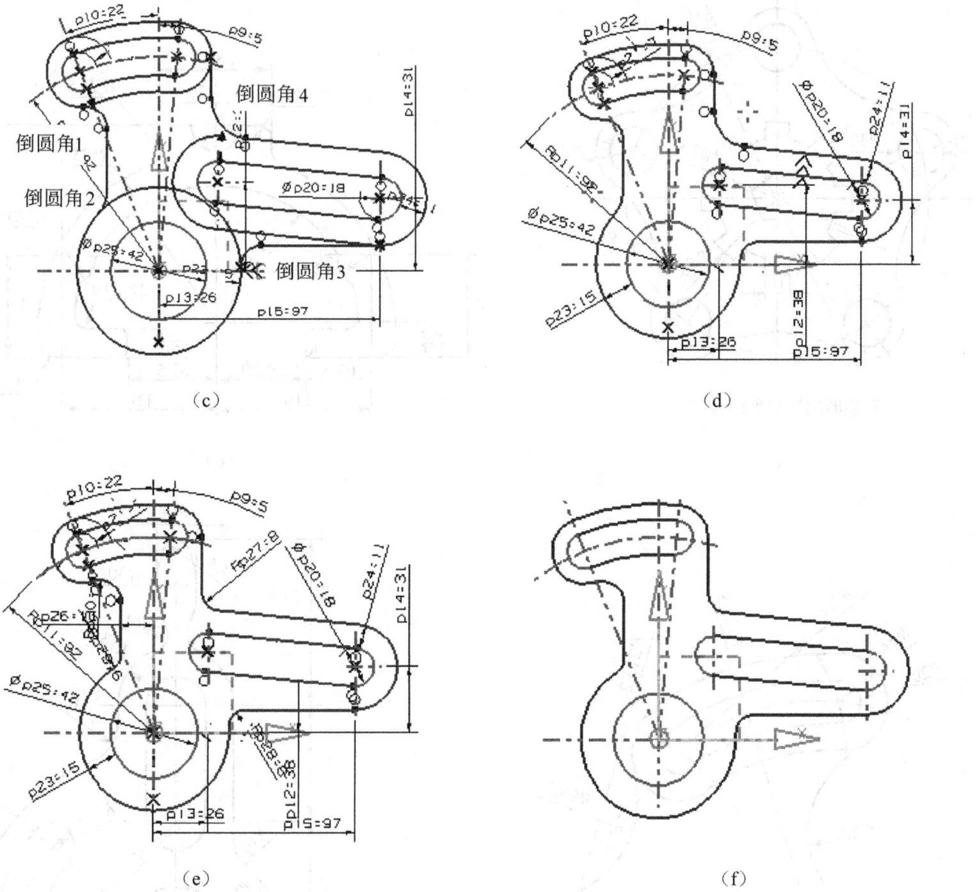

图 3-20 绘制摇臂外轮廓图形

四、拓展训练

在草图环境下，绘制图 3-21 所示平面图形。

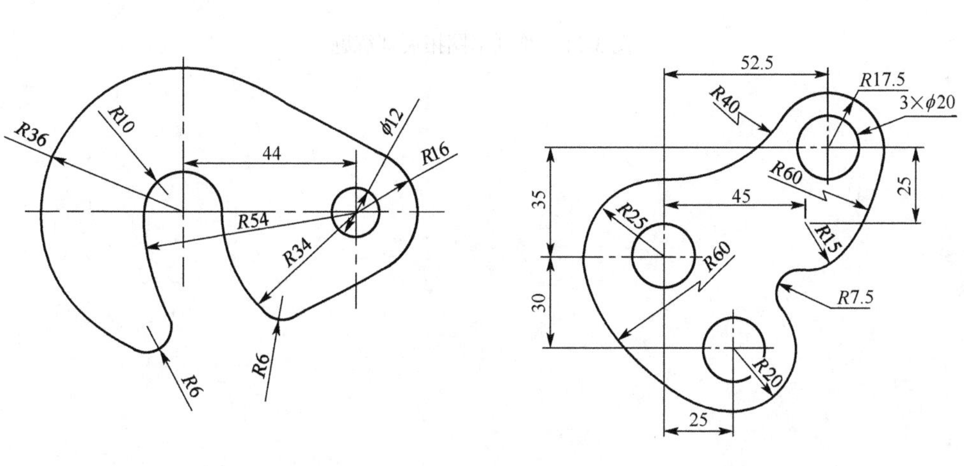

图 3-21

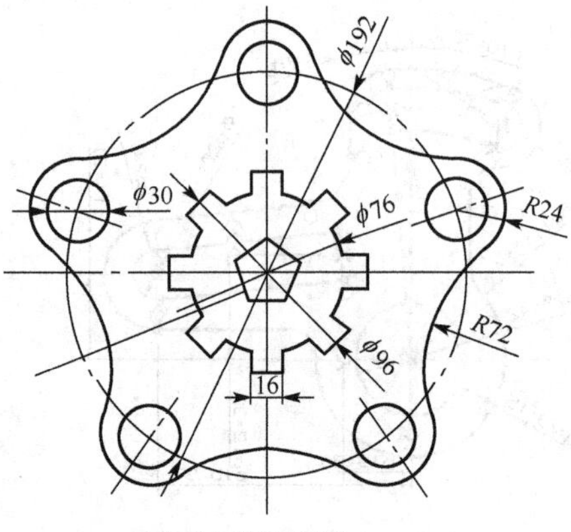

五边形内接圆半径为17

（c）

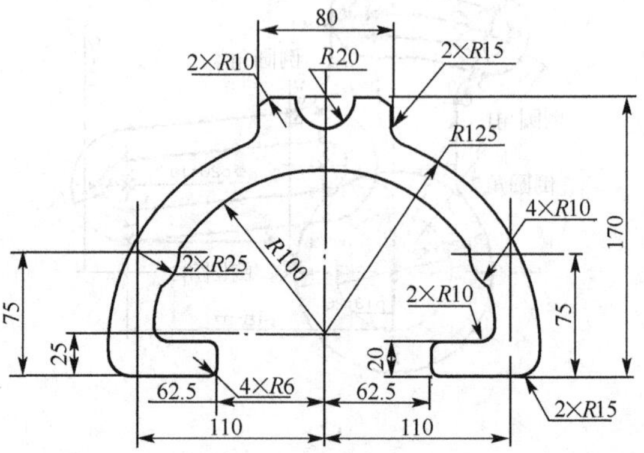

（d）

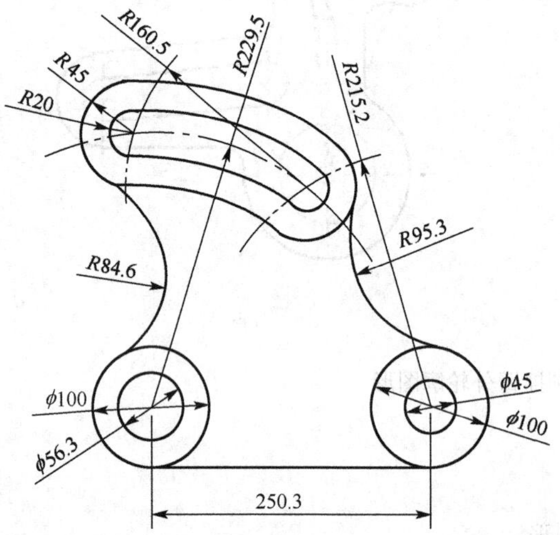

（e）

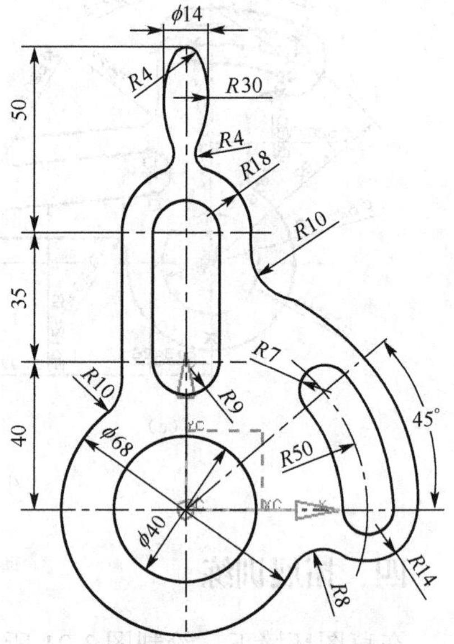

（f）

图 3-21　绘制草图拓展训练题

项目 4

构建简单机械零件实体

一、项目分析

机械零件实体一般都是由多个单一实体（如圆柱体、长方体、棱柱体、棱锥体）进行组合（叠加、切割等）而成的。而单一实体在 SIEMENS NX6.0 软件中的造型（或称建模）方法有两种：一是直接选用单一实体造型工具图标造型，二是先绘制单一实体的某一截面图形，再选用【拉伸】、【旋转】、【扫掠】等特征工具命令实现造型。本项目通过构建三个简单的机械零件实体（见图 4-1～图 4-3），分别掌握单一实体造型与多个单一实体组合造型的方法步骤与技巧。

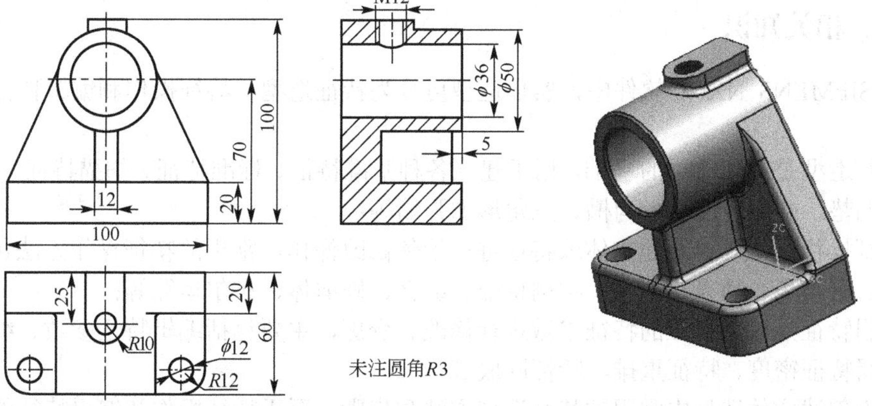

图 4-1　轴承座零件图

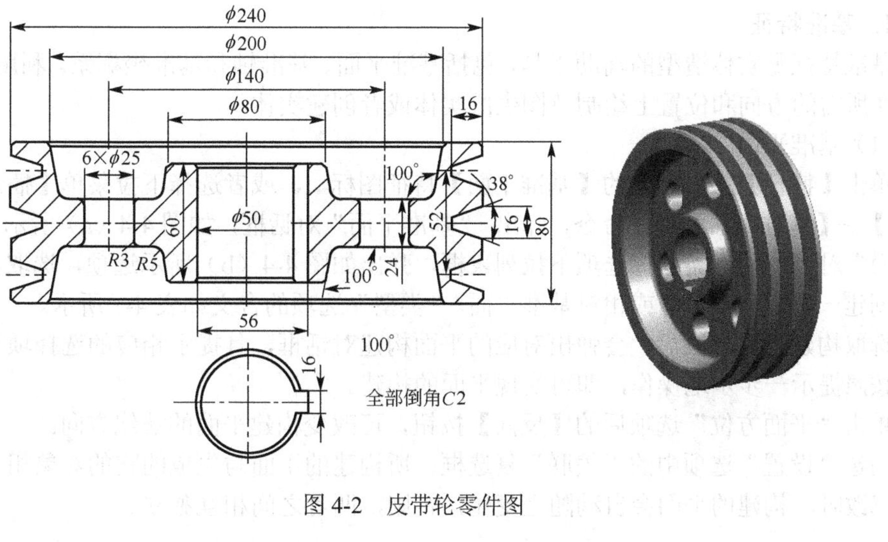

图 4-2　皮带轮零件图

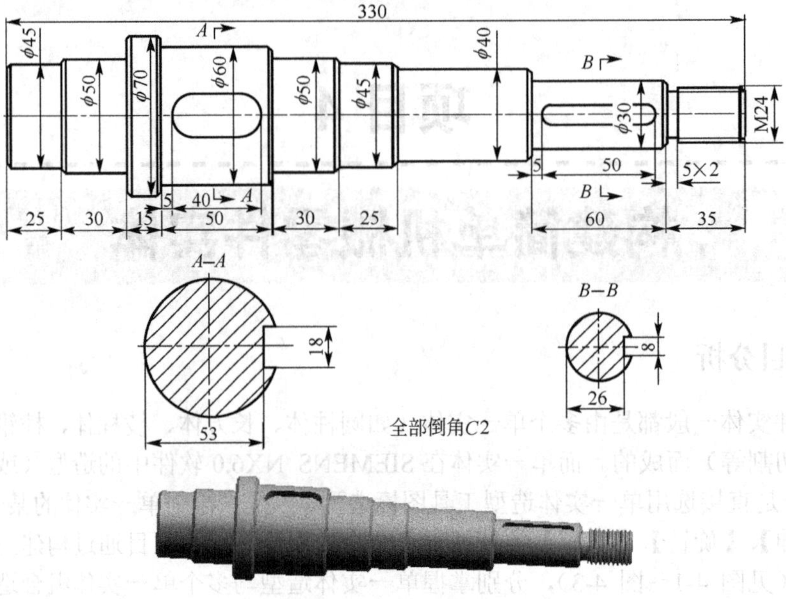

图 4-3　阶梯轴零件图

二、相关知识

在 SIEMENS NX6.0 软件中，实体造型可分为特征造型、特征操作和编辑特征三种方式进行。

特征造型是实体造型的基础，用于建立各种基准特征、标准特征、扫描特征、孔、圆台、腔体、凸垫、凸起、键槽、沟槽、三角形加强筋等；

特征操作是对已存在的实体或特征进行形体修改操作，常用的特征操作方法包括拔模、倒圆角、倒斜角、抽壳、螺纹、实例特征、缝合、修剪体、布尔运算等；

编辑特征是对已存在的特征参数进行修改、变更，主要包括编辑特征参数、编辑特征位置、编辑特征密度、特征重排、特征回放等。

下面叙述实体造型中常用的特征造型方法与步骤，至于特征操作和编辑特征的方法与步骤结合项目实施过程中的具体阶段叙述。

1. 基准特征

基准特征是实体造型的辅助工具，包括基准平面、基准轴和基准坐标系。利用基准特征，可以在所需的方向和位置上绘制草图生成实体或者创建实体。

（1）基准平面

单击【特征】工具栏上的【基准平面】特征图标，或者选择下拉菜单【插入】—【基准/点】—【基准平面】特征命令，弹出 “基准平面” 对话框，如图 4-4（a）所示。打开“基准平面” 对话框的“类型” 选项下拉列表框，弹出如图 4-4（b）所示选项，选取其中之一，可以创建一固定基准平面或相对基准平面。“类型” 选项的含义如表 4-1 所示。

选取构建平面方法后，会弹出对应的平面构建对话框，且提示相应的选择项与参数输入项，按照提示一步步地操作，即可实现平面的构建。

单击“平面方位”选项后的【反向】按钮，可改变构建平面的法线方向。

勾选“设置”选项中的“关联”复选框，所构建的平面与生成的它的对象相关联，当对象被修改时，构建的平面会自动随之变化，否则，两者之间相互独立。

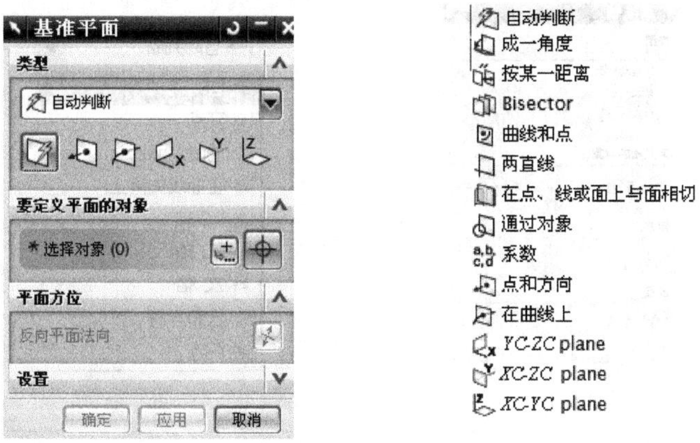

（a）　　　　（b）

图 4-4 构建基准平面对话框

表 4-1 基准平面构建“类型”选项说明

序号	图标	名　称	含　义
1		自动判断	根据选取对象不同，自动判断建立一个平面
2		成一角度	通过一条边线、轴线或草图线，并与一个平面或基准面成一定角度，创建一个新平面
3		按某一距离	通过选择平面图，设定一定的偏移距离创建一个新平面
4		Bisector	通过选择两个平面，在两平面的中间创建一个新平面
5		曲线和点	通过曲线和一个点创建一个新平面
6		两直线	通过选择两条现有直线来指定一个平面
7		在点线或面上与面相切	通过一个点、线或实体面来指定一个平面
8		通过对象	通过空间一个曲线来指定一个平面，注意不能选择直线
9		点和方向	通过一个点并沿指定方向来创建一个平面
10		系数	通过指定系数 *a*、*b*、*c*、*d* 来定义一个平面，平面方程由 $ax+by+cz=d$ 确定
11		在曲线上	通过一条曲线，并在设定的曲线位置处来创建一个平面
12		*YC-ZC* plane	指定一个 *XC* 坐标值为常数的平面，在 *XC* 输入框中输入固定值
13		*XC-ZC* plane	指定一个 *YC* 坐标值为常数的平面，在 *YC* 输入框中输入固定值
14		*XC-YC* plane	指定一个 *ZC* 坐标值为常数的平面，在 *ZC* 输入框中输入固定值

（2）基准轴

单击“特征”工具栏上的【基准轴】图标，或者选择下拉菜单【插入】、【基准/点】、【基准轴】命令，弹出 “基准轴”对话框，如图 4-5（a）所示。打开“基准轴”对话框的“类型”选项下拉列表框，弹出如图 4-5（b）所示选项，选取其中之一，可以创建一固定基准轴或相对基准轴。“类型”选项的含义如表 4-2 所示。

单击“轴方位”选项后的【反向】按钮，可改变构建轴的正方向。

勾选“设置”选项中的“关联”复选框，所构建的轴与生成的它的对象相关联，当对象被修改时，构建的轴会自动随之变化，否则，两者之间相互独立。

（3）基准坐标系（基准 CSYS）

单击“特征”工具栏上的【基准 CSYS】按钮，或者选择下拉菜单【插入】、【基准/点】、【基准 CSYS】命令，弹出“基准 CSYS”对话框，如图 4-6（a）所示。打开“基准 CSYS”

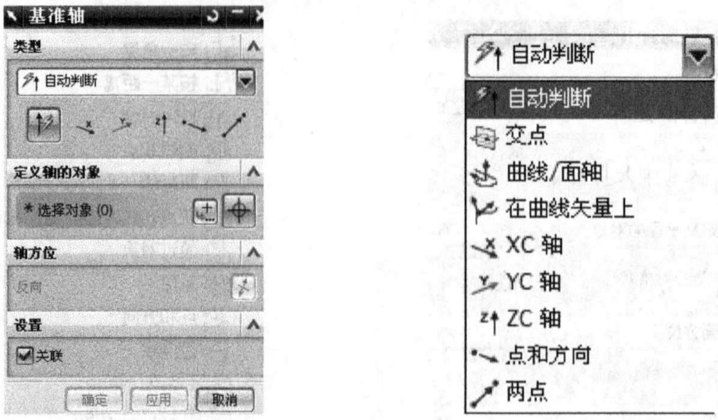

（a）　　　　　　　　　　（b）

图 4-5　构建基准轴对话框

表 4-2 基准轴构建“类型”选项说明

序号	图标	名　称	含　义
1		自动判断	根据选择对象自动确定约束类型来创建基准轴
2		交点	通过选择两个对象，利用两个对象的交线创建基准轴
3		曲线/面轴	通过选择的曲面的边界线或曲面的轴线创建基准轴
4		在曲线矢量上	通过选择一条参考曲线，建立平行于该曲线某点处的切矢量或法矢量的基准轴，当存在多个解时，可单击“循环解”按钮在多个解之间进行切换
5		*XC* 轴	通过当前的工作坐标系 *XC* 轴创建基准轴
6		*YC* 轴	通过当前的工作坐标系 *YC* 轴创建基准轴
7		*ZC* 轴	通过当前的工作坐标系 *ZC* 轴创建基准轴
8		点和方向	通过选择一个参考点和一个参考矢量，建立通过该点且平行于所选矢量的基准轴
9		两点	通过选择两个点，建立由第一个点指向第二个点的基准轴

对话框的“类型”选项下拉列表框，弹出如图 4-6（b）所示选项，选取其中之一，可以创建一坐标系。“类型”选项的含义如表 4-3 所示。

单击“参考 CSYS”选项组下的下拉列表框，可选择参考坐标系类型；

单击“操控器”后的“点构造器”图标，可构建坐标系的原点位置；单击显示的坐标系操控器中的小球，可使坐标系旋转一定角度，如图 4-6（c）所示。

勾选“设置”选项中的“关联”复选框，所构建的坐标系与生成的它的对象相关联，当对象被修改时，构建的坐标系会自动随之变化，否则，两者之间相互独立。

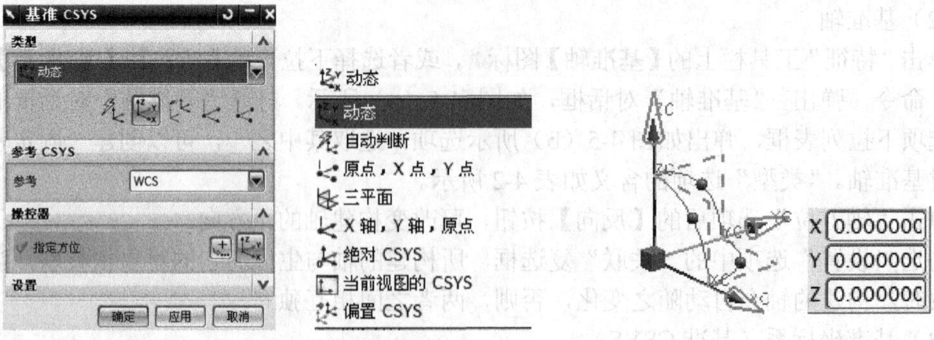

（a）　　　　　　（b）　　　　　　（c）

图 4-6　构建基准 CSYS 坐标系对话框

表 4-3 基准 CSYS 坐标系构建“类型”选项说明

序号	图标	名　称	含　义
1		自动判断	自动根据选择对象创建基准坐标系
2		动态	动态方式创建的坐标系可运用操控器进行动态调整方位和原点位置
3		原点、*X* 点、*Y* 点	选择三个点创建坐标系，第一个点为原点，第一个点到第二个点的方向为 *X* 轴方向，第一个点到第三个点的方向为 *Y* 轴方向，*Z* 轴由右手定则确定
4		三平面	选择三个相互垂直的平面创建坐标系，以三个平面的交点为原点，以第一个平面的法向为 *X* 轴方向，第二个平面图的法向为 *Y* 轴方向，*Z* 轴方向由右手定则确定
5		*X* 轴、*Y* 轴、原点	选择两正交直线建立坐标系，直线交点为坐标原点，第一条直线的方向为 *X* 方向，第二条直线的方向为 *Y* 轴方向，*Z* 轴方向由右手定则确定
6		绝对 CSYS	选择绝对坐标系为基准坐标系
7		当前视图的 CSYS	选择当前视图平面为基准坐标系，坐标系原点为视图原点，*X* 轴平行于视图底边，*Y* 轴平行于视图侧边，*Z* 轴方向由右手定则确定
8		偏置 CSYS	通过偏移当前坐标系定义工作坐标系，新坐标系各轴方向与原坐标系相同

2. 标准特征

标准特征主要包括长方体、圆柱体、圆锥体和球体特征。

（1）长方体

单击“特征”工具栏的【长方体】工具图标，或选择下拉菜单中的【插入】、【设计特征】、【长方体】命令，弹出“长方体”对话框，如图 4-7 所示，构建长方体的方法分为三类，分别以按钮图标显示，其具体构建方法、步骤的说明如表 4-4 所示。

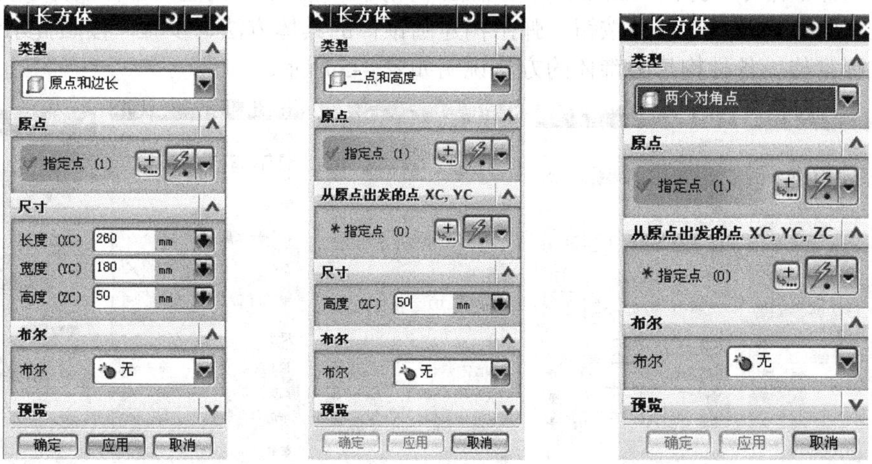

（a）　（b）　（c）

图 4-7 构建“长方体”对话框

表 4-4 长方体构建方法说明

序号	图标	方 法 名 称	含　义
1		原点、边长度	通过设置长方体的左、前、下方点（设置为原点）和三条边的长度构建长方体
2		两点、高度	通过定义两个点作为长方体底面的对角点，并指定高度构建长方体
3		两个对角点	通过定义两个点作为长方体的对角线的顶点来创建长方体

（2）圆柱体

单击【特征】工具栏的【圆柱体】工具图标，或选择下拉菜单中的【插入】、【设计特征】、【圆柱体】命令，弹出“圆柱体”对话框，如图 4-8 所示，构建圆柱体的方法分为二类，单击类型选项后的下拉列表框，可分别选取。

轴、直径和高度方式：通过设定圆柱底面直径和高度方式构建圆柱体；

圆弧和高度方式：通过设定圆柱底面圆的圆弧和高度构建圆柱体。

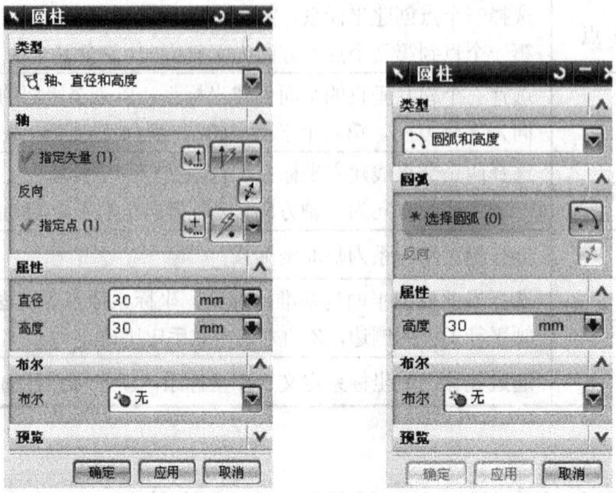

（a）　　（b）

图 4-8　构建圆柱体对话框

（3）圆锥体

单击“特征”工具栏的【圆锥体】工具图标，或选择下拉菜单中的【插入】、【设计特征】、【圆锥体】命令，弹出“圆锥体”对话框，如图 4-9 所示，构建圆锥体的方法分为五种，分别以按钮图标显示，单击各按钮，弹出构建圆锥体的具体方法、步骤，按照提示逐步操作即可构建圆锥体。各种构建圆锥体的方法说明如表 4-5 所示。

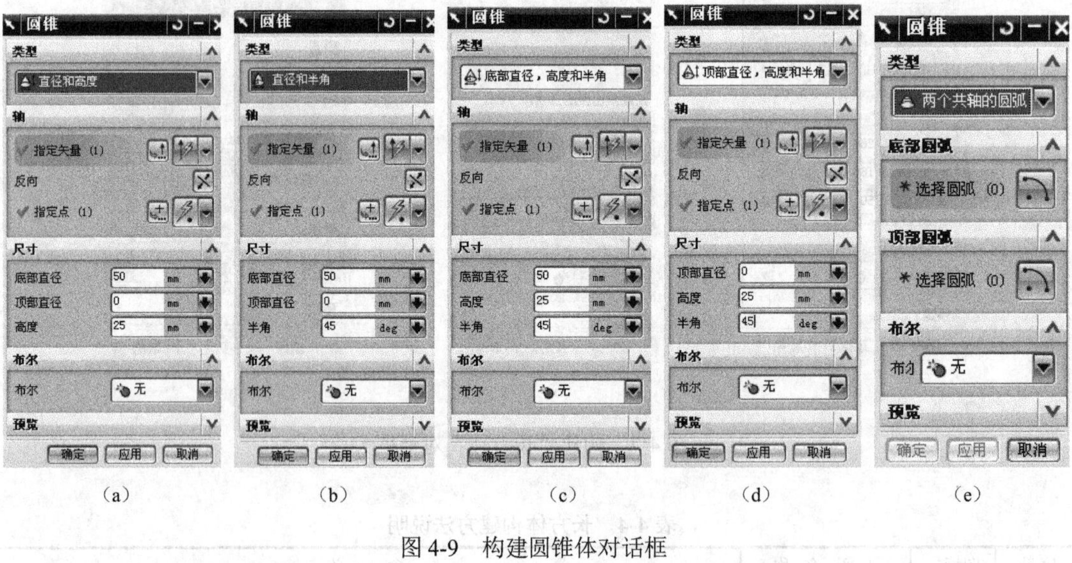

（a）　　（b）　　（c）　　（d）　　（e）

图 4-9　构建圆锥体对话框

表 4-5　构建圆锥体方法说明

序号	名　称	含　义
1	直径，高度	通过设定圆锥顶圆、底圆直径和高度来创建圆锥体
2	直径，半角	通过设定圆锥顶圆、底圆直径和圆锥半角来创建圆锥体
3	底部直径，高度，半角	通过设定圆锥底圆直径、圆锥高度和圆锥半角来创建圆锥体

续表

序号	名　称	含　义
4	顶部直径，高度，半角	通过设定圆锥顶圆直径圆锥高度和圆锥半角来创建圆锥体
5	两个共轴的圆弧	通过选择两段参考圆弧来创建圆锥体，第一个选取圆弧为圆锥底圆，过该圆弧中心的平面矢量为圆锥轴线方向，第二个圆弧中心到第一个圆弧所在平面的距离为圆锥体的高度

3. 扫掠特征

扫描特征是指将截面几何体沿引导线或一定的方向扫描生成实体特征的方法，包括拉伸、旋转、扫掠和管道等构建实体方法。

（1）拉伸

拉伸是将截面曲线沿指定方向拉伸指定距离来建立实体特征。用于创建截面形状不规则、在拉伸方向上各截面形状保持一致的实体特征。

单击【特征】工具栏的【拉伸】工具图标，或选择下拉菜单中的【插入】、【设计特征】、【拉伸】命令，弹出“拉伸”对话框，如图 4-10 所示。各选项组的名称与含义说明如表 4-6 所示。

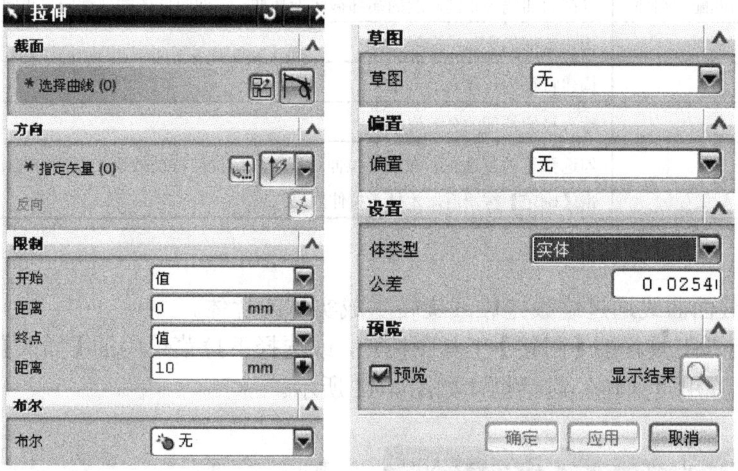

图 4-10　构建拉伸特征对话框

表 4-6　构建拉伸特征选项说明

选项组	选　择　项	说　明
截面	草图截面	单击，进入草图环境，绘制拉伸截面草图，完成草图后返回拉伸对话框
	曲线	单击，选择已有曲线或草图图形以定义拉伸截面
方向	矢量构造器、	单击，弹出“矢量构造器”，可构造截面拉伸矢量 单击下拉列表框，可选择拉伸矢量形式，与“矢量构造器”中选项相同
	反向	单击，可改变拉伸矢量的方向
限制	值	指定拉伸对象方向和距离，输入值可为正、负，都是相对拉伸截面所在平面而言，单位 mm，负值表示与拉伸方向相反的距离值
	对称值	将沿拉伸截面的两个方向对称拉伸相同距离
	直至下一个	将拉伸截面拉伸到下一个特征体
	直至选择对象	将拉伸截面拉伸到选定特征体
	直到被延伸	将拉伸截面从某个特征拉伸到另一个特征体
	贯通全部对象	将拉伸截面拉伸通过全部与其相交的特征体
布尔运算	无	直接创建实体或片体，绘图区域创建第一个实体特征时，只能是“无”，其他不可选

续表

选项组	选 择 项	说 明
布尔运算	求和	两个特征相交时，二者作布尔求和运算，形成一个整体
	求差	两个特征相交时，二者作布尔求差运算，保留二者相减后的部分
	求交	两个特征相交时，二者作布尔求交运算，保留二者相交的部分
偏置	单侧	在拉伸截面曲线内（输入负值）、外（输入正值）创建偏置一定距离的拉伸实体，内偏置形成实体截面比截面曲线包围面积小，外偏置形成实体截面比截面曲线包围面积大
	两侧	在拉伸截面曲线内外创建偏置不等距离的薄壁实体
	对称	在拉伸截面曲线内外创建偏置等距离的薄壁实体
草图	无	不创建拔模斜度
	从起始限制	从拉伸起始位置创建斜度，用于拉伸不是从截面曲线所在平面开始的情形
	从截面	从拉伸截面曲线位置创建斜度
	起始截面-非对称角	从截面曲线向两侧拉伸时，两侧斜度不对称，分别输入两个角度值
	起始截面-对称角	从截面曲线向两侧拉伸时，两侧斜度对称，输入一个角度值
	从截面匹配的端部	以截面曲线的正向斜度的端部截面为基准，截面负向的端部截面与正向端截面相同
设置	实体	构建特征为实体
	片体	构建特征为片体
	公差	输入拉伸特征的公差值
预览	显示结果	勾选预览前复选框，在图形拉伸过程中显示拉伸特征效果，取消勾选项复选框时，只有单击【确定】按钮后，才显示拉伸效果

（2）回转

回转是将截面曲线通过绕设定轴线旋转生成实体或片体。

单击“特征”工具栏的【回转】工具图标，或选择下拉菜单中的【插入】、【设计特征】、【回转】命令，弹出“回转”对话框，如图 4-11 所示。

图 4-11　构建回转特征对话框

各选项组的名称与含义说明与表 4-6 所述基本相同。其中“轴”选项中需指定旋转轴和旋转中心；限制选项中需指定旋转开始角度和终止角度，角度的正负按右手螺旋法则确定，符合右手螺旋法则的角度为正，反之为负。

（3）扫掠

扫掠是将截面线串沿引导线串运动生成实体或片体，当截面为封闭曲线时，扫掠取生成实体特征，反之生成曲面特征。

单击“特征”工具栏的【扫掠】工具图标，或选择下拉菜单中的【插入】、【设计特征】、【扫掠】命令，弹出“扫掠”对话框，如图 4-12 所示。下面介绍对话框中主要选项的含义与功能：

在“截面”组框中单击【截面】按钮，在图形区选择截面线串。如果有多条截面线串，在每选择一条截面线串后，在列表框中单击空白行表示增加新截面，注意截面线串的方向要相同，否则，创建的扫掠实体是扭曲体。若截面线串方向不同，单击【反向】按钮，翻转曲线方向。

在“引导线”组框中单击【引导线】按钮，在图形区选择引导线串。在几何上，引导线是母线，根据三点确定一个平面的原理，引导线最多 3 条。如果有多条引导线串，在每选择一条引导线串后，在列表框中单击空白行表示增加新引导线，注意引导线串的方向要相同，否则，创建的扫掠实体是扭曲体。若引导线串方向不同，单击【反向】按钮，翻转曲线方向。

在“截面选项”组框中，设置截面位置、对齐方法、定位方法、缩放方法。

“截面位置”选项：当选取的截面线串只有一条时，显示“截面位置”组框。选项有：

① 引导线任何位置：指扫掠体在引导线的两端点之间；

② 引导线末端：指扫掠体从截面线位置开始，而不在引导线的两端点之间。

“插值”选项：当选取的截面线串是一条以上时，显示“插值”组框。选项有：

① 线性：指从第一条截面线串到第二条截面线串的变化是线性的。

② 三次：指从第一条截面线串到第二条截面线串的变化是三次函数。

“对齐方法”选项：用于控制截面线串之间的对齐方式，选项有：

① 参数：沿着定义曲线通过相等参数区间将曲线的全长完全等分；

② 圆弧长：沿着定义曲线通过相等弧长区间将曲线的全长完全等分；

③ 根据点：用于在各截面线上定义点的位置，系统会根据定义点的位置产生薄体，各个截面上的点将被一条母线连接。

“定位方法”选项：当选取的引导线只有一条时，显示“定位方法”组框，含义是当截面线沿着引导线串移动时，系统必须建立沿引导线串的不同点处计算中间局部坐标系的一致方法，引导线串的切线矢量作为局部坐标系的一个轴，系统提供指定第二个轴矢量的各种方法如下。

① 固定：截面线串以其所在平面的法线方向，沿引导线移动生成简单的平行或平移形式扫掠体。

② 面的法向：局部坐标系的第二个轴与沿引导线串的各个点处的某曲面法向矢量一致。

③ 另一条曲线：定义平面上的曲线或实体边线为扫描体方位控制线。

④ 一个点：用于定义一点，使截面沿着引导线的长度延伸到该点的方向。

⑤ 强制方向：截面将以所指定的固定向量方向扫掠引导线。

“缩放方法”选项：当只指定一条引导线时，缩放选项用于设置截面线在通过引导线时，截面尺寸的缩放比例。具体选项介绍从略。

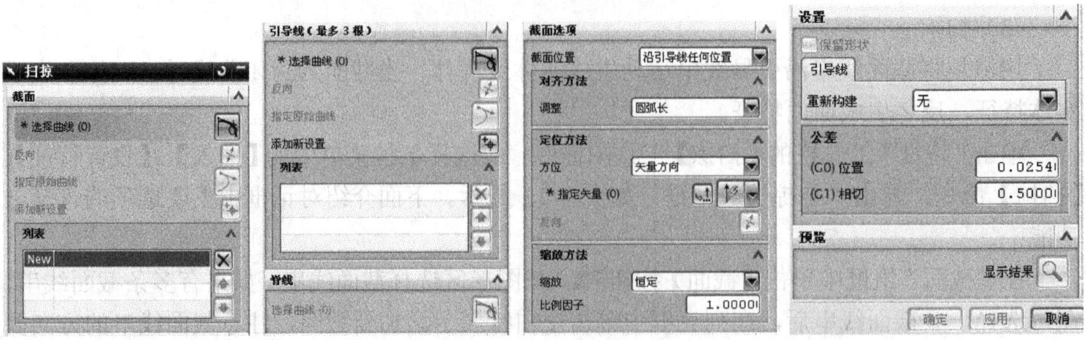

图 4-12　构建“扫掠”实体或曲面对话框

三、项目实施

阶段 1：构建轴承座实体

造型方案：由轴承座零件图 4-1 可知，轴承座可分解成多个简单实体，可通过逐一构建简单实体且进行叠加、切割或打孔，最后进行边倒圆，细小结构处理而成。具体构建步骤如下。

1. 构建轴承座底板

打开 SIEMENS NX6.0 软件，创建建模文件“…\xiangmu4\zhouchengzuo.prt”。

单击【草图】图标，进入草图环境，在 *XC-YC* 平面绘制草图“SKETCH_000”，如图 4-13 所示，单击【完成草图】图标，退出草图环境。

单击【拉伸】特征工具图标，选取草图“SKETCH_000”，向上拉伸，高度 20，单击【确定】，结果如图 4-14 所示。

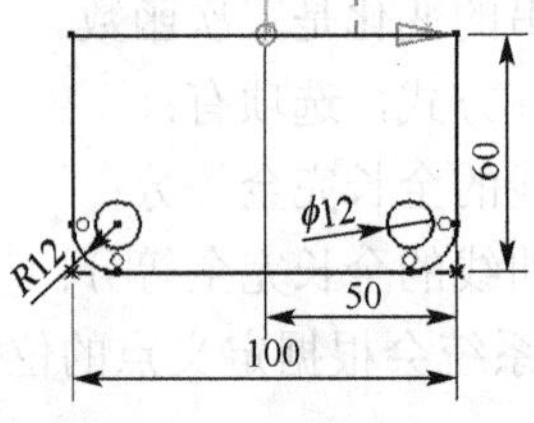

图 4-13　轴承底板草图

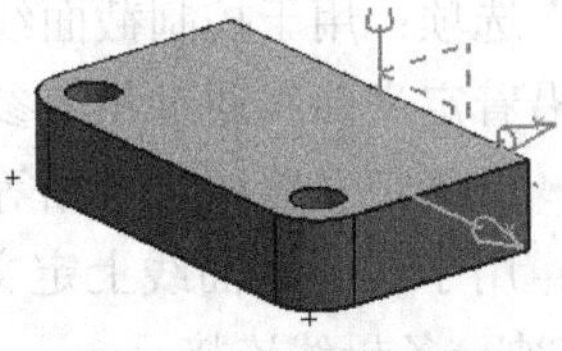

图 4-14　构建底板实体

2. 构建座支承板

单击【草图】图标，进入草图环境，在 *XC-ZC* 平面绘制草图“SKETCH_001”：单击【投影】工具图标，选取底板后侧棱边向草图面投影，绘出一水平线；

单击【圆弧】工具图标，选取圆弧方法图标，绘制圆弧；

单击【直线】工具图标，绘制水平线两端点到圆的切线；标注尺寸，如图 4-15 所示，单击【完成草图】图标，退出草图环境。

单击【拉伸】特征工具图标，选取草图“SKETCH_001”，向前拉伸，高度 20，在“布尔”选项组中选取“求和”，单击【确定】按钮，结果如图 4-16 所示。

3. 构建轴承座圆柱体

单击【草图】图标，进入草图环境，选取支板前平面绘制草图“SKETCH_002”：单击【圆】工具图标，选取“点+半径”绘圆方法图标，捕捉支板圆弧中心确定圆心，光标拖到支板的圆弧与直线切点处确定圆的直径，绘制圆，如图 4-17 所示；单击【完成草图】图标，退出草图环境。

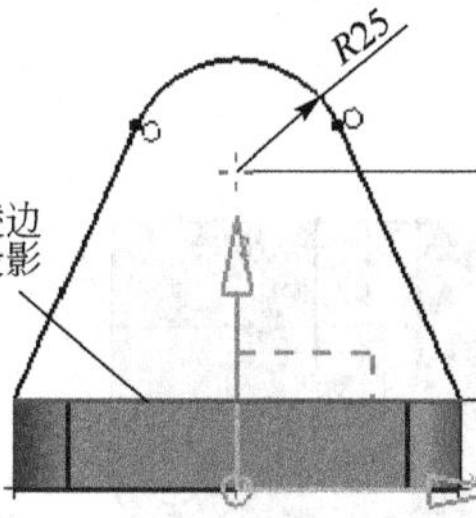

图 4-15　轴承支板草图

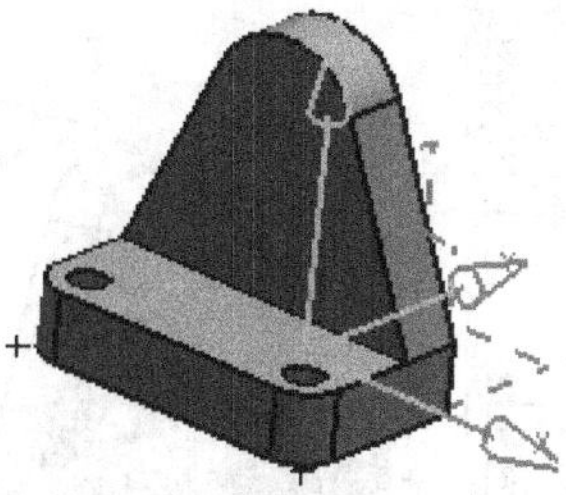

图 4-16　构建支板实体

单击【拉伸】特征工具图标，选取草图“SKETCH_002”，向前拉伸，高度 40，在“布尔”选项组中选取“求和”，单击【确定】按钮，结果如图 4-18 所示。

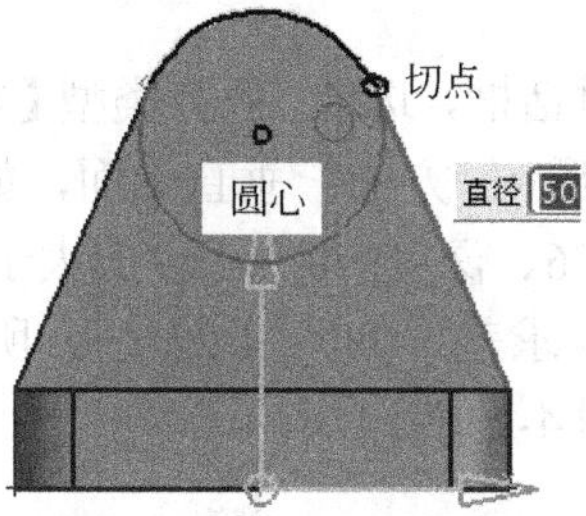

图 4-17　圆柱体草图

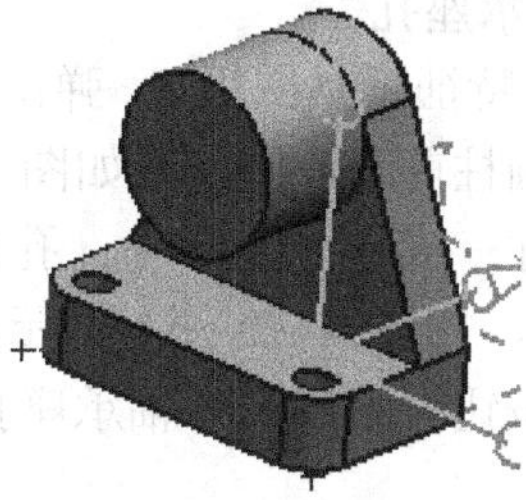

图 4-18　构建圆柱体

4. 构建支承筋板

单击【草图】图标，进入草图环境，选取 *ZC-YC* 平面绘制草图“SKETCH_003”：单击【投影】工具图标，选取底板上棱边和支板前棱边向草图面投影，绘出正交两直线；再绘制两直线，标尺寸，修剪矩形外线条，如图 4-19 所示；单击【完成草图】图标，退出草图环境。

单击【拉伸】特征工具图标，选取草图“SKETCH_003”，双向对称拉伸，距离 6，在“布尔”选项组中选取“求和”，单击【确定】按钮，结果如图 4-20 所示。

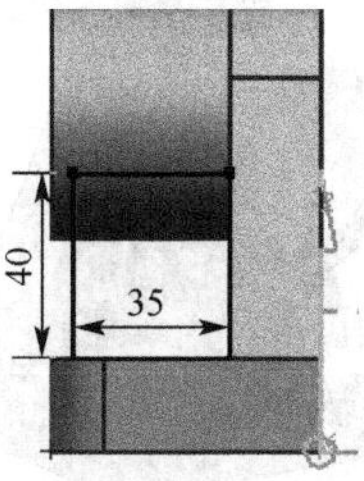

图 4-19　支承筋板草图

图 4-20　构建支承筋板实体

5. 构建注油凸台

单击【草图】图标，进入草图环境，创建与 *XC-YC* 平面和平行且相距 100 的草图平面，如图 4-21（a）、（b）所示，单击【确定】按钮，绘制草图“SKETCH_004”，如图 4-21（c）所示。单击【完成草图】图标，退出草图环境。

单击【拉伸】特征工具图标，选取草图“SKETCH_004”，向下拉伸，距离 30，在“布尔”选项组中选取“求和”，单击【确定】按钮，结果如图 4-21（d）所示。

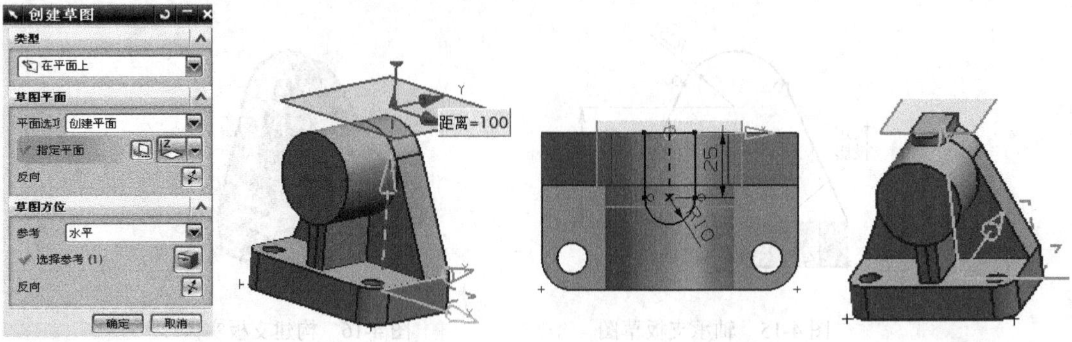

（a）　　（b）　　（c）　　（d）

图 4-21　构建注油凸台

6. 构建轴承座孔

单击【孔】特征工具图标，弹出“孔”特征对话框，选取“孔”类型【常规孔】图标 ⊍，指定点：选取圆柱前端面圆心，如图 4-22（d ）所示；方向：垂直于面，如图 4-22（a）所示；形状和尺寸：成形：简单 ⊍；孔尺寸：直径 36、深度 70（深度应大于轴承座板宽度，确保挖出穿孔），如图 4-22（b）所示；布尔运算：求差，如图 4-22（c）所示；单击对话框中的【应用】按钮，生成ϕ36 轴承座孔特征，如图 4-22（e）所示。

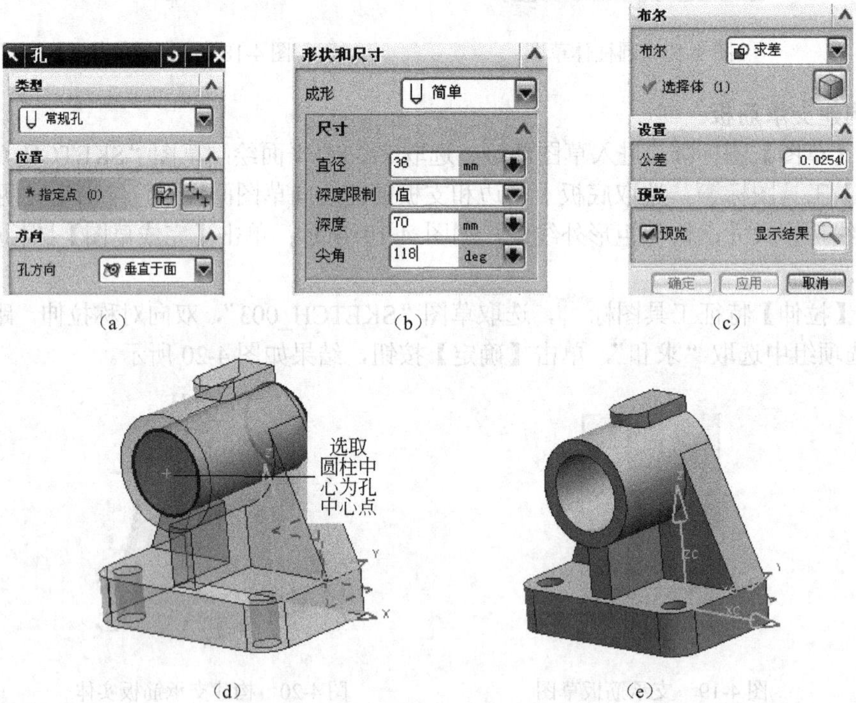

图 4-22　构建ϕ36 轴承座孔

7. 构建注油孔

仿照ϕ36 轴承座孔操作，在“孔”特征对话框中，选取“孔”类型【常规孔】图标 ⊍，输入孔尺寸：直径 10.5、深度 25（深度应大于注油孔凸台到轴承孔的距离，确保挖出穿孔）；选取注油放置面为凸台，上表面圆弧圆心为定位点，生成ϕ10.5 注油孔，如图 4-23 所示。

8. 构建铸造圆角

单击【边倒圆】特征编辑工具图标，弹出“边倒圆”对话框，输入半径 3，如图 4-24（a）所示；选取如图 4-24（b）所示棱边，单击【应用】按钮，构建边倒圆角；同样操作，可实现各棱边的倒圆角，结果如图 4-24（c）所示。（技巧：先后选取的棱边不同，边倒圆角操作的速度差别较大。如本例中，先选取支承板、筋板棱边倒圆角，形成多个棱边相切连接，则可提高倒圆角速度。）

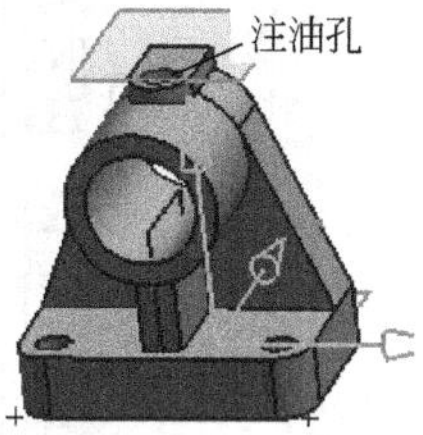

图 4-23 构建注油孔

9. 构建注油孔的内螺纹

单击【螺纹】特征工具图标，弹出“螺纹”对话框，选取“详细的”，选取螺纹底孔，则对话框中显示螺纹的详细参数，将长度值改大点，以保证螺纹线槽完整，如图 4-25（a）、（b）所示；单击【确定】按钮，完成螺纹创建，结果如图 4-25（c）所示。

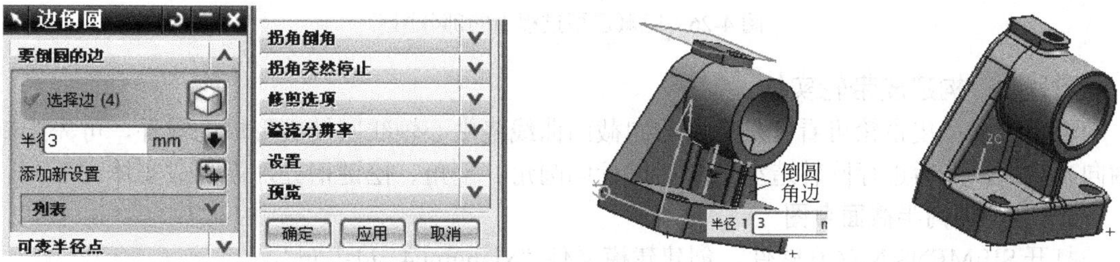

（a）（b）（c）

图 4-24 构建铸造圆角

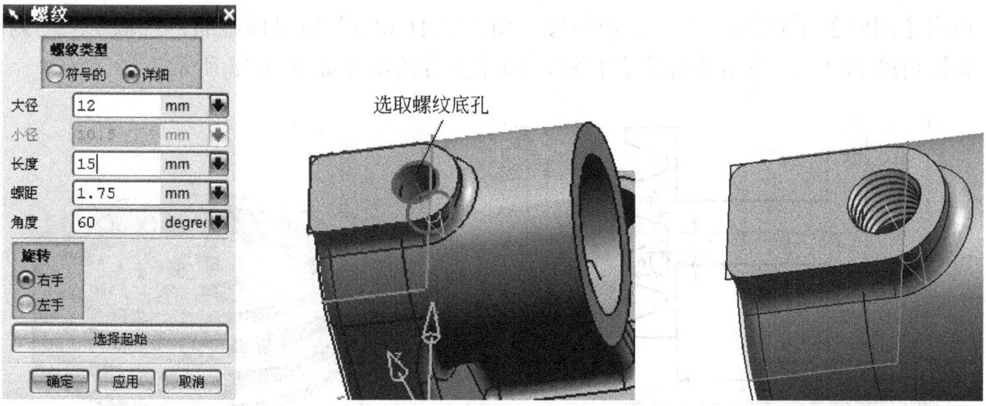

（a）（b）（c）

图 4-25 构建孔的螺纹特征

10. 机加工斜角

单击【倒斜角】特征编辑工具图标，分别选取轴承孔两端棱边，倒等边斜角 *C*2。

11. 隐藏草图

为了便于观察，隐藏构建轴承座过程中的坐标系、基准平面和草图，可在“资源条”中的“部件导航器”中，右键选取欲隐藏的图素名称，弹出快捷菜单，单击【隐藏】菜单项，实现隐藏操作，如图 4-26（a）所示，造型结果如图 4-26（b）所示。

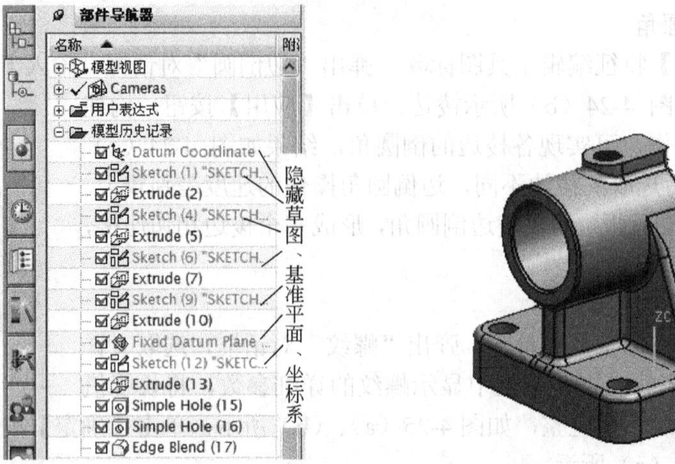

（a）　　　　　　　　（b）

图 4-26　隐藏造型过程中的部分图素

阶段 2：构建皮带轮实体

造型方案：皮带轮可看作是一个轴向截面曲线绕中心轴线回转而形成的零件，可先绘制轴向半截面，然后进行回转造型，最后进行倒圆角、倒角、挖键槽处理而形成实体。

1. 绘制轴向半截面草图

打开 SIEMENS NX6.0 软件，创建建模文件“xiangmu4/pidailun”。

单击【草图】图标，进入草图环境，在 *XC-ZC* 平面绘制草图“SKETCH_000”，如图 4-27 所示，单击【完成草图】图标，退出草图环境。

2. 构建回转实体

单击【回转】工具图标，选取草图“SKETCH_000”为回转截面，选取 *ZC* 轴为回转轴，旋转角度 360°，单击【确定】按钮，构建皮带轮实体如图 4-28 所示。

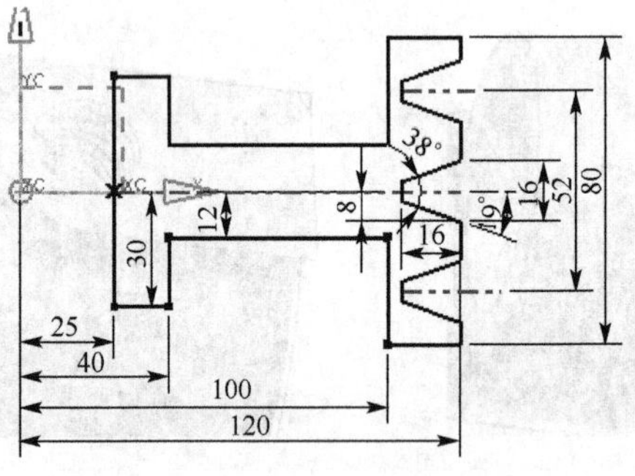

图 4-27　轴向半截面草图

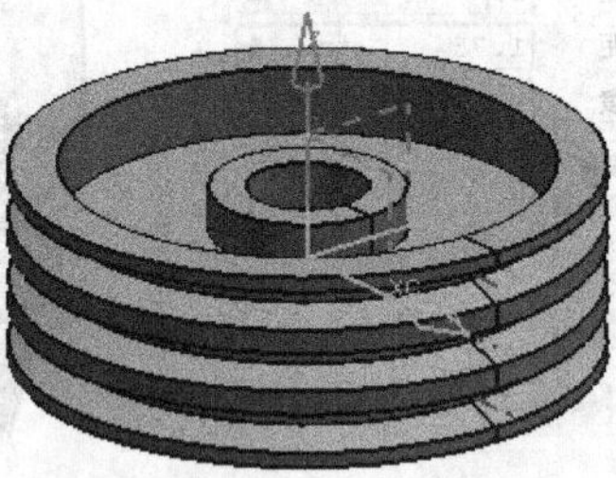

图 4-28　构建回转实体

3. 构建铸造拔模斜度

单击【拔模】工具图标，弹出“拔模”对话框，选择拔模类型“从边”，脱模方向选取 *ZC* 轴负向，固定边选取带轮缘内边棱圆。输入拔模角度–10，如图 4-29（a）、（b）所示，单击【应用】按钮，生成一拔模斜度。同样操作，构建皮带轮中铸造拔模斜度，如图 4-29（c）所示。

4. 打减重孔

单击【草图】图标，进入草图环境，选取皮带轮幅板面为草图平面，绘制草图

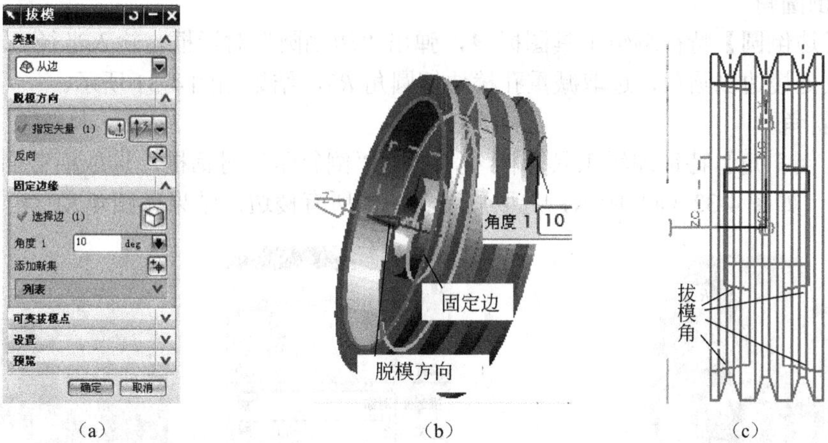

图 4-29　构建皮带轮铸拔模斜度

“SKETCH_001”，如图 4-30（a）所示，单击【完成草图】图标，退出草图环境。

单击【拉伸】图标，选取草图“SKETCH_001”，向下拉伸，距离 30，在“布尔”选项组中选取“求差”，单击【确定】按钮，结果如图 4-30（b）所示。

单击【实例】特征工具图标，弹出“实例”特征对话框，如图 4-30（c）所示；单击【圆形阵列】按钮，弹出【实例】过滤器，选取上一操作构建$\phi 25$孔特征，如图 4-30（d）所示；

单击【确定】按钮，弹出【实例】方法对话框，选取方法“常规”，输入数量：6，角度 60，如图 4-30（e）所示；

单击【确定】按钮，弹出【实例】分布方向对话框，如图 4-30（f）所示，选取“基准轴”选项，且在图形区域选取 *ZC* 轴；

单击【确定】按钮，弹出【实例创建】对话框，如图 4-30（g）所示；

单击【是】按钮，完成实例特征创建操作，结果如图 4-30（h）所示；且弹出实例特征创建记录，如图 4-30（i）所示。

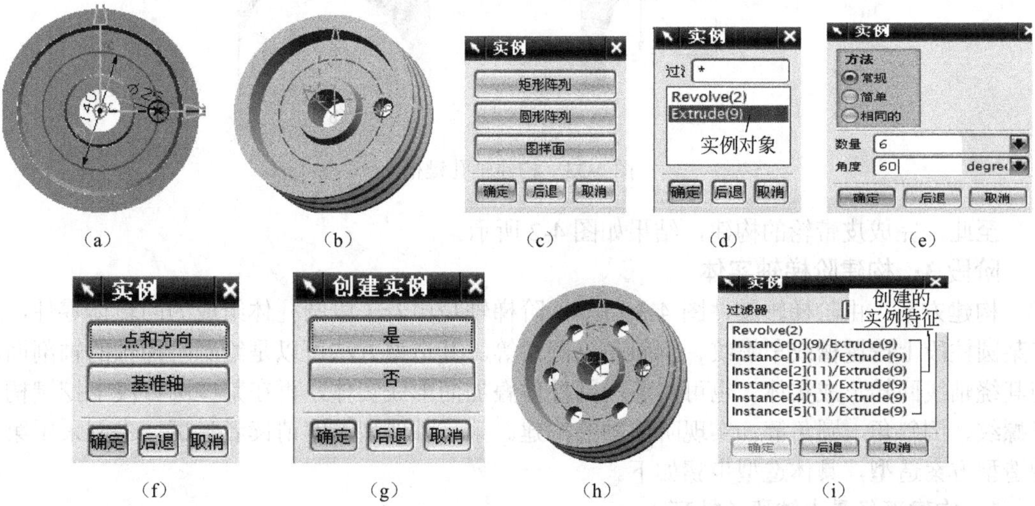

图 4-30　打减重孔操作

5. 边倒圆角

单击【边倒圆】特征编辑工具图标，弹出“边倒圆”对话框，输入半径 5，选取皮带轮两侧幅板处棱边倒圆角，选取减重孔棱边倒圆角 *R*3，结果如图 4-31 所示。

6. 倒斜角

单击【倒斜角】特征编辑工具图标，弹出“倒斜角”对话框，选取横截面“对称”，输入距离 2，如图 4-32（a）所示，选取皮带轮两侧所有棱边，结果如图 4-32（b）所示。

图 4-31　边倒圆角

（a）　（b）

图 4-32　棱边倒斜角

7. 挖键槽

单击【草图】图标，进入草图环境，选取皮带轮内孔端面为草图平面，绘制草图“SKETCH_002”，如图 4-33（a）所示，单击【完成草图】图标，退出草图环境。

单击【拉伸】特征工具图标，选取草图“SKETCH_002”，向下拉伸，距离 70，在“布尔”选项组中选取“求差”，单击【确定】按钮，生成键槽，隐藏草图和坐标系，结果如图 4-33（b）所示。

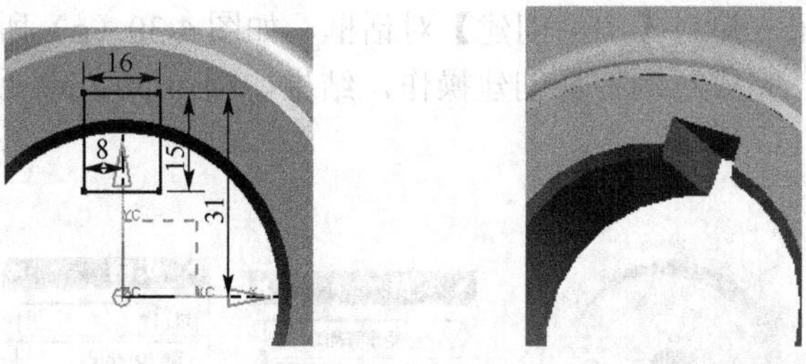

（a）　（b）

图 4-33　构建轴孔键槽

至此，完成皮带轮的构建，结果如图 4-2 所示。

阶段 3：构建阶梯轴实体

构建方案：由阶梯轴零件图 4-3 可知，阶梯轴是由若干段圆柱体组成的回转体零件，且在某圆柱段上挖键槽或车螺纹、倒斜角、圆角等。其造型方法可以是绘制阶梯轴的轴剖面，使其绕轴线回转形成实体，也可将逐段圆柱体叠加而形成实体，再在某些圆柱段上挖键槽或车螺纹、倒斜角、圆角等，实现阶梯轴的构建。第一种造型方案请读者尝试，本例采用第二种造型方案造型，具体造型步骤如下。

1. 构建直径最大轴段（轴环）

打开 SIEMENS NX6.0 软件，创建建模文件“…\xiangmu4\jietizhou.prt”。

单击【圆柱】特征工具图标，弹出“圆柱”对话框，选取“类型”：轴、直径和高度；选取 *XC* 轴为轴线方向，输入直径：70；高度：15；如图 4-34（a）、（b）所示，单击【应用】按钮，生成轴环实体，如图 4-34（c）所示。

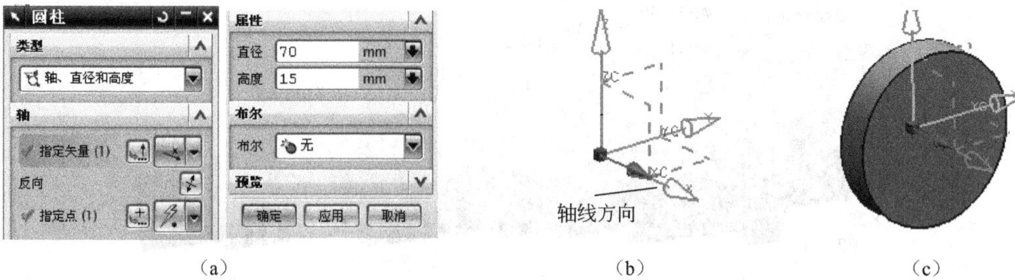

图 4-34　构建轴环实体

2. 依次叠加各轴段

单击【凸台】特征工具图标，弹出“凸台”对话框，如图 4-35（a）所示；选取凸台放置面为轴环右端面，如图 4-35（b）所示；输入直径 60，高度 50，单击【应用】按钮，弹出“定位”对话框，如图 4-35（c）、（d）所示；选取【点到点】定位方式图标，弹出“点到点”对话框，如图 4-35（e）所示；选取轴环（圆柱）右端面棱边为定位基准对象，如图 4-35（f）所示；弹出“设置圆弧的位置”对话框，如图 4-35（g）所示；单击【圆弧中心】按钮，叠加圆柱段 $\phi 60\times 50$，如图 4-35（h）所示。

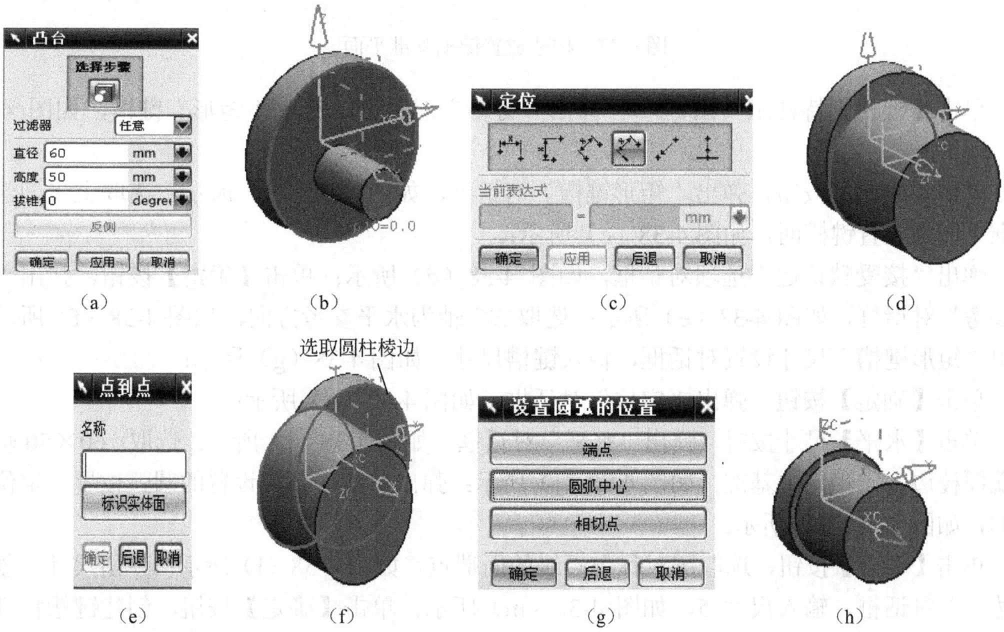

图 4-35　叠加圆柱段 $\phi 60\times 50$

仿照上述操作，依次叠加圆柱轴段 $\phi 60\times 50$、$\phi 50\times 30$、$\phi 45\times 25$、$\phi 40\times 60$、$\phi 30\times 60$、$\phi 24\times 35$、$\phi 50\times 30$、$\phi 45\times 25$。结果如图 4-36 所示。

3. 构建 $\phi 60\times 50$ 轴段键槽

单击【基准平面】特征图标，弹出“基准平面”对话框，选取“类型”：*XC-YC* plane，偏置距离：30，如图 4-37（a）、（b）所示；单击【确定】按钮，构建一放置键槽的基准平面，如图 4-37（c）所示。

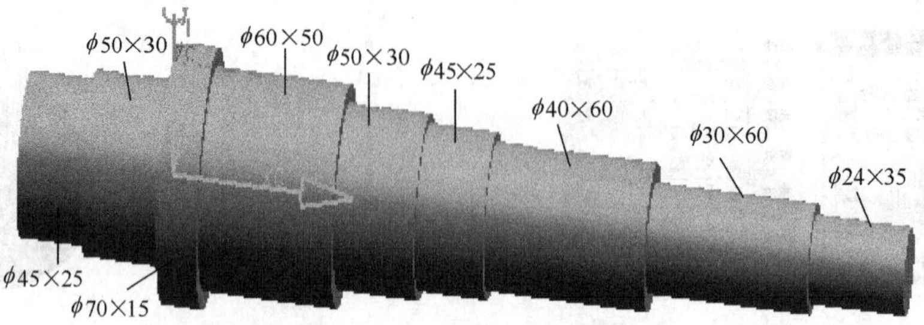

图 4-36　叠加各轴段

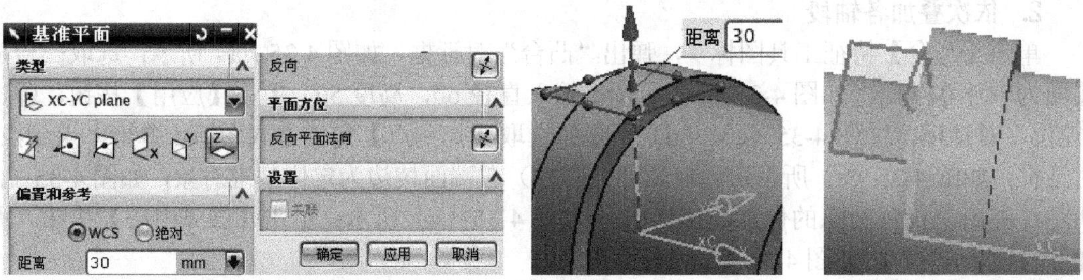

（a）　（b）　（c）

图 4-37　构建放置键槽基准平面

单击【键槽】特征工具图标，弹出“键槽”对话框，选取“矩形”键槽，如图 4-38（a）所示；

单击【确定】按钮，弹出“矩形键槽”对话框，如图 4-38（b）所示；选取上步创建的基准平面为放置键槽面，如图 4-38（c）所示；

弹出“接受默认边”选项对话框，如图 4-38（d）所示；单击【确定】按钮，弹出“水平参考”对话框，如图 4-38（e）所示；选取 *XC* 轴为水平参考方向，如图 4-38（f）所示；弹出“矩形键槽”尺寸设置对话框，输入键槽尺寸，如图 4-38（g）所示；

单击【确定】按钮，弹出“定位”对话框，如图 4-38（h）所示；

单击【水平】尺寸按钮，弹出“水平”对话框，如图 4-38（i）所示；选取φ60×50 轴段右端面棱边为水平定位基准，如图 4-38（j）所示；弹出键槽端部“设置的圆弧位置”定位对话框，如图 4-38（k）所示；

单击【端点】按钮，选取键对称中心线的面端点，如图 4-38（l）所示；弹出尺寸“创建表达式”对话框，输入尺寸 5，如图 4-38（m）所示；单击【确定】按钮，创建键槽特征，如图 4-38（n）所示。

仿照上述操作，在φ30×60 轴上构建平行 *XC-YC* 且相距 15 的基准平面，再构建矩形键槽宽 8mm、深 4mm、长 50mm，距轴段右端面 5mm。结果如图 4-39 所示。

4. 构建φ24×35 轴段退刀槽

单击【槽】特征图标（软件中译成“坡口焊”），弹出“槽”对话框，如图 4-40（a）所示；

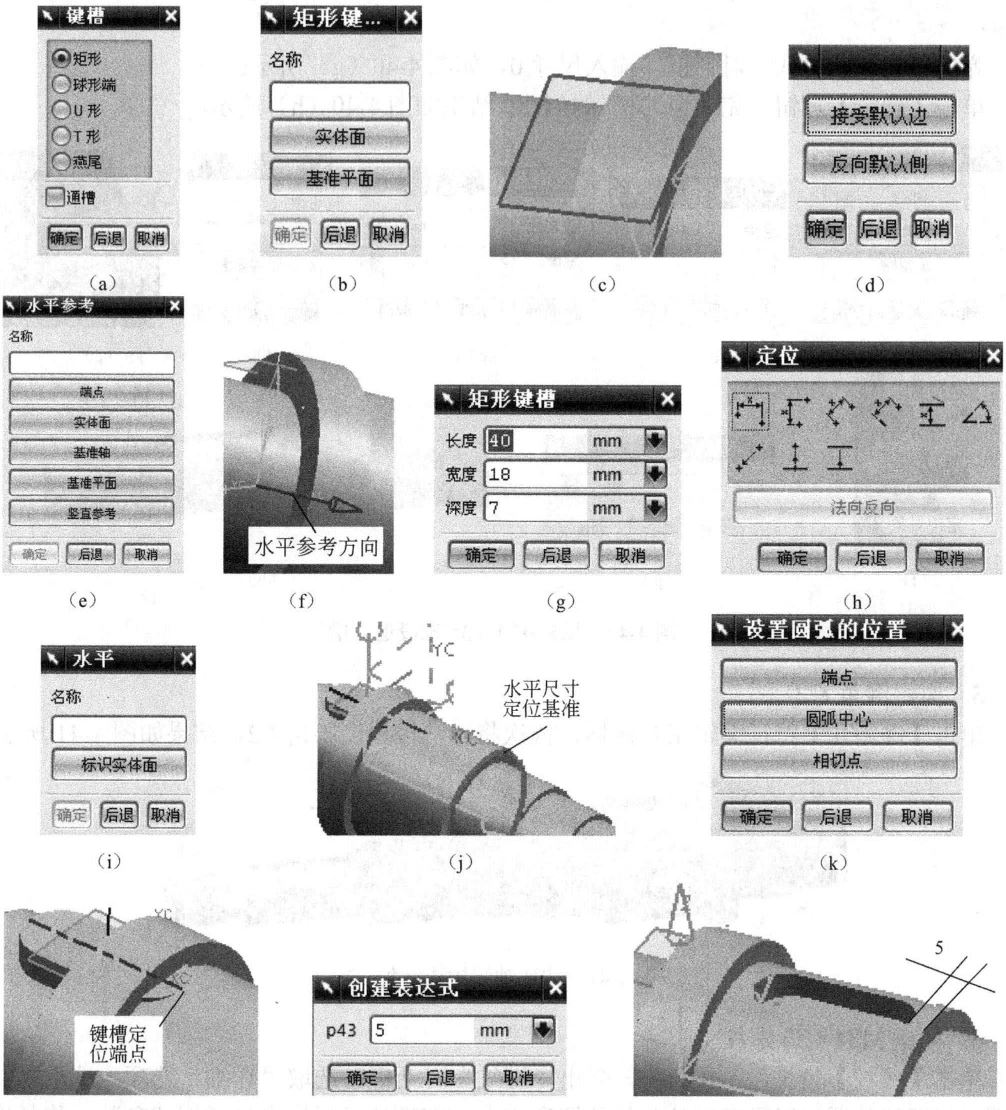

图 4-38 构建ϕ60×50 轴段键槽过程

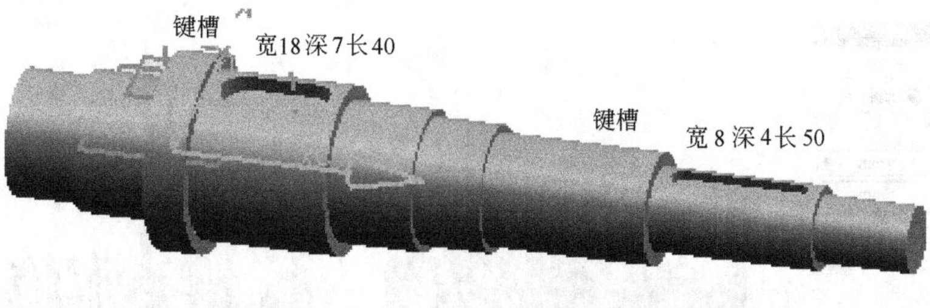

图 4-39 构建ϕ60×50 轴段、ϕ30×60 轴段键槽结果

单击【矩形】按钮，弹出“矩形槽”对话框，如图 4-40（b）所示；选取ϕ 24×35 轴段外圆柱面，弹出“矩形槽”尺寸设置对话框，输入尺寸参数如图 4-40（c）所示；

单击【确定】按钮，弹出“定位槽”对话框，4-40（d）所示；且显示槽位置如图 4-40（e）所示；选取定位基准为ϕ30×60 轴段右端棱边，定位对象是槽圆盘外棱边，如图 4-40（f）

所示；

弹出“创建表达式”对话框，输入尺寸 0，如图 4-40（g）所示；

单击【确定】按钮，完成退刀槽 的创建，结果如图 4-40（h）所示。

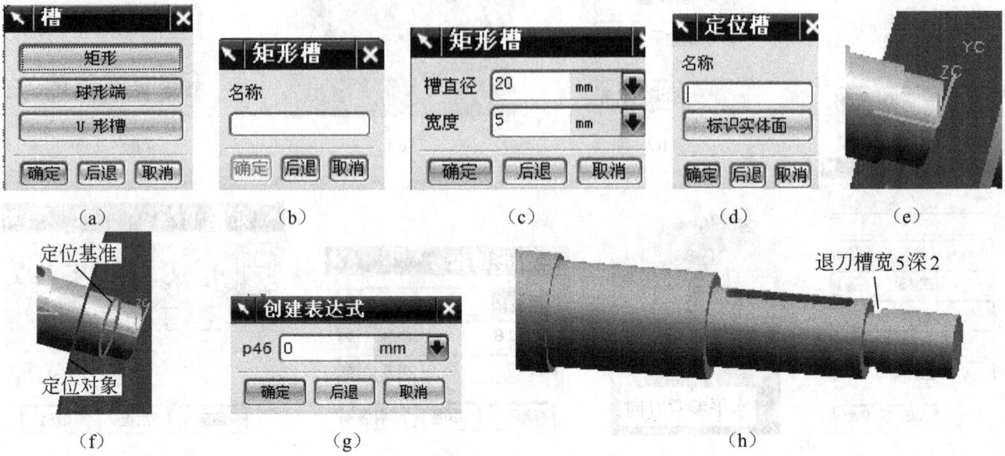

图 4-40　构建ϕ24×35 轴段退刀槽

5. 构建倒角 C2

单击【倒斜角】特征编辑工具图标，依次将轴端棱边倒斜角 C2，结果如图 4-41 所示。

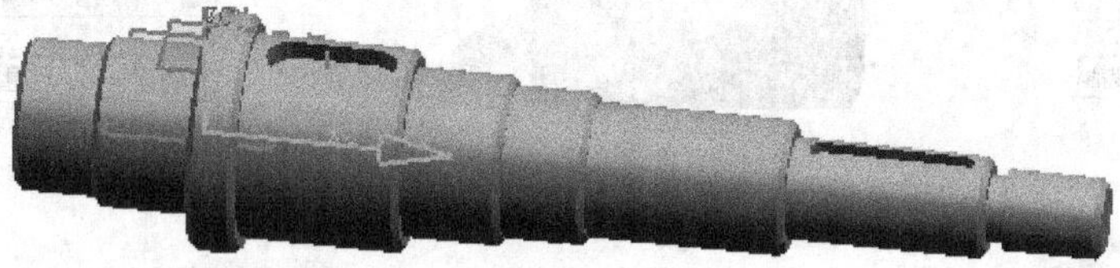

图 4-41　构建轴端棱边倒角 C2

6. 构建 M24×35 螺纹

单击【螺纹】特征工具图标，弹出“螺纹”对话框，选取“详细”选项，选取螺纹放置面，在螺纹放置轴段显示螺纹起始位置和方向，在螺纹对话框中显示螺纹参数，将长度加大，以保证螺纹槽完全贯通，如图 4-42（a）、（b）所示；单击【确定】按钮，构建螺纹如图 4-42（c）所示。

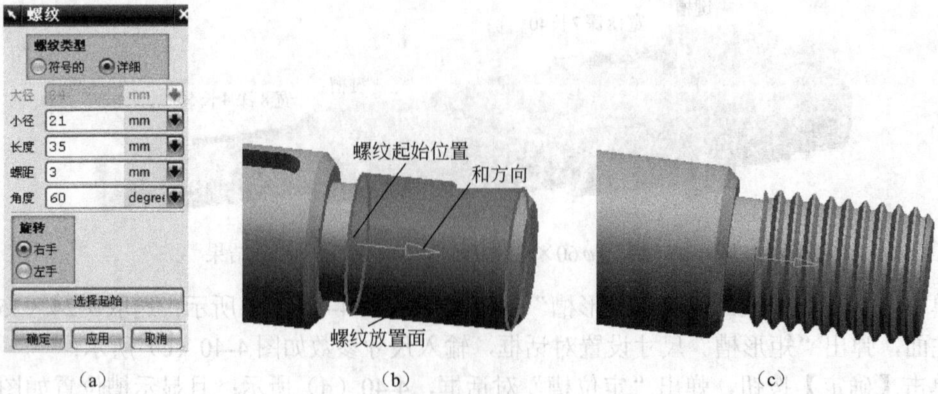

图 4-42　构建 M24×35 螺纹

至此，完成阶梯轴的构建，隐藏作图过程中坐标系和构建的基准平面，结果如图 4-3 所示。

四、拓展训练

请构建图 4-43 所示机件三维实体。

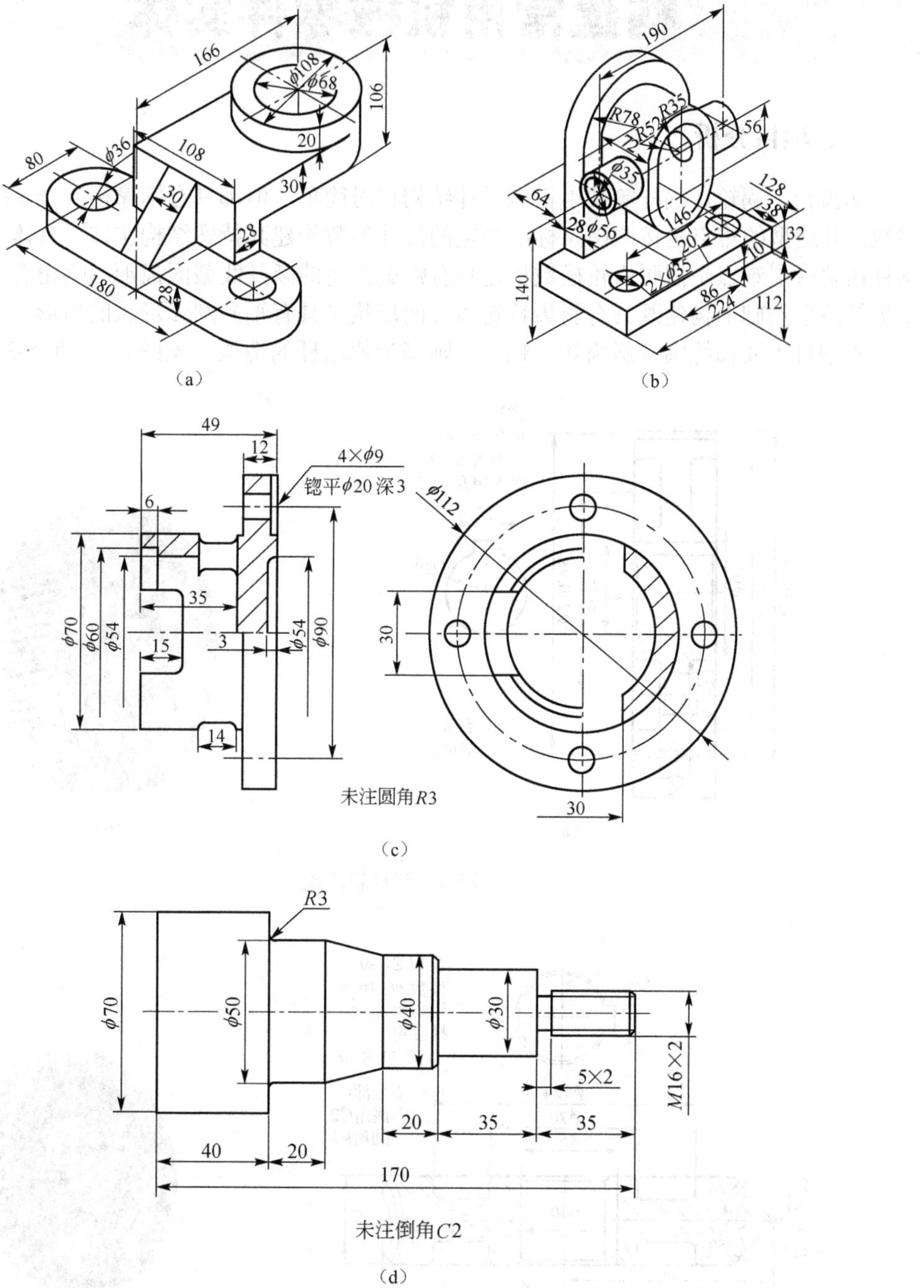

图 4-43 构建简单机件三维实体拓展训练题

项目 5

构建常用机械零件实体

一、项目分析

如齿轮、蜗轮、蜗杆等常用机械零件结构相对简单，但都具有国家标准规定的特殊尺寸参数，其造型的难点是按照国家标准规定的尺寸参数构建其特殊结构实体。具体来说，斜齿圆柱齿轮造型难点是按照齿轮模数构建具有螺旋升角的渐开线截面齿形；蜗轮造型难点是在斜齿轮造型基础上构建既具有斜齿轮轮齿截面形状又具有轴向圆弧形状的齿形。

本项目主要训练圆柱斜齿轮、蜗轮、阿基米德蜗杆的造型（见图 5-1～图 5-3）。

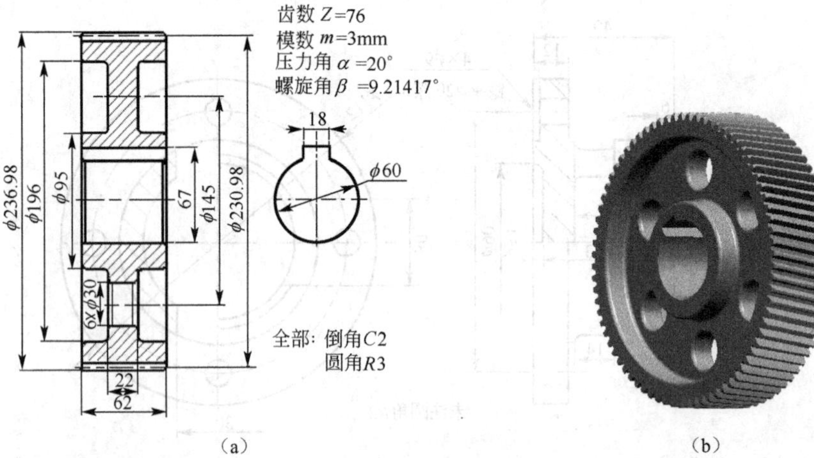

图 5-1　圆柱斜齿轮

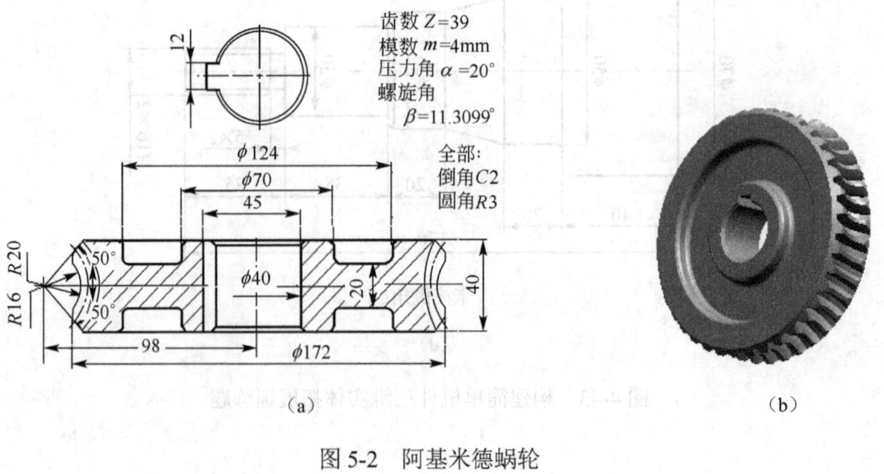

图 5-2　阿基米德蜗轮

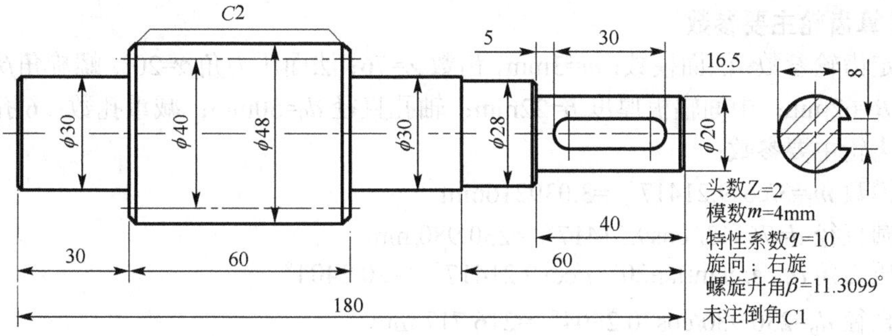

图 5-3 阿基米德蜗杆

二、相关知识

齿轮、蜗轮的轮齿截面具有渐开线形状，建立渐开线曲线需用 SIEMENS NX6.0 中的【表达式】工具，在表达式对话框中输入渐开线曲线的表达式，再运用【规律曲线】工具，即可构建渐开线，然后构建齿槽截面曲线，再沿齿槽轴向曲线（直齿轮为直线，斜齿轮、蜗轮都为螺旋线）扫掠，形成齿槽实体，从齿轮坯圆柱体中减去齿槽实体，便获得齿槽形状。

而在【表达式】工具中，用到了一个无量纲参数 t（$0<t<1$）（又称为基础变量），以表达曲线函数随之变化的关系，用到了一个中间变量 u，以表达规律曲线上动点在坐标系中角度 u 随 t 的变化规律，而位置坐标 x、y 表示随角度变量 u 变化时曲线上点的位置坐标。变量之间的几何含义如图 5-4（a）所示。软件中，参数 t 是一个可自动按一定规律取值的自变量，由给定的曲线始、终两点角度和曲线上动点 K（x，y）随角度的变化规律，自动生成规律曲线。

如渐开线曲线，滚动角 u 在一定范围内变化，参考图 5-4（b），动点 K 的坐标（x，y）可描述为：

a[度]　；b[度]　；　t=0（恒量）；$u=(1-t)*a+t*b$ [度]　；r_b [mm]　；

$x_t=r_b*\cos(u)+r_b*\mathrm{rad}(u)*\sin(u)$ [mm]；$y_t=r_b*\sin(u)-r_b*\mathrm{rad}(u)*\cos(u)$ [mm]

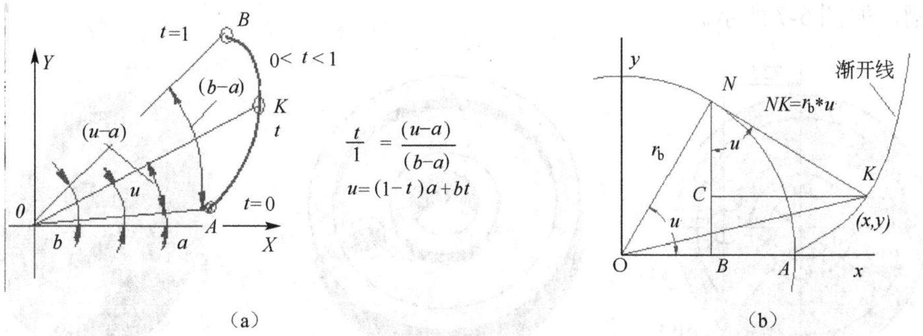

图 5-4 表达式中描述规律性曲线变量几何图示

三、项目实施

阶段 1：构建圆柱斜齿轮零件实体

构建方案：首先计算齿轮的主要参数，用【圆柱体】特征工具构建齿轮轮坯，再在【草图】环境绘制草图，构建齿轮辐板、轴孔键槽；再进行倒角、边倒圆角等细小结构处理；最后进行渐开线齿形构建。具体构建步骤如下。

1. 计算齿轮主要参数

若给定齿轮参数：法面模数：m=3mm，齿数 Z=76；法面压力角α=20°；螺旋角β=9.21417°；齿轮厚度 B=62mm；中间辐板厚度 b=22mm；轴孔直径 d_0=50mm；减重孔数：6,孔径 30mm。

计算齿轮主要参数：

端面模数 m_t=3/cos9.21417° =3.039216mm

分度圆直径 d=76×3/ cos9.21417° =230.980 mm

端面压力角 α_t =arctan(tan20° / cos9.21417°)=20.2404°

基圆直径 d_b=230.980/cos20.2404° =216.717 mm

齿顶圆直径 d_a=230.980+3×1×2=236.980mm

齿根圆直径 d_f=230.980–3×1.25×2=223.480mm

分度圆上齿槽角 θ=360° /76/2=2.3684°

螺旋线螺距 P=230.98π/tan(9.21417°)=4473.258mm

2. 构建齿轮轮坯

启动 SIEMENS NX6.0，新建文件夹“…\xiangmu5”、文件名 xiechilun.prt，进入建模模块。

单击“圆柱体”图标，在对话框中输入：直径为齿轮顶圆直径 d_a=236.980mm；高度为齿轮厚度 B=62mm；构图平面为 *XC-YC* 平面，定位在坐标系原点。

3. 构建切割辐板圆弧

单击曲线【圆弧】工具图标，绘制四个圆，分别是 ϕ195、ϕ95、ϕ60、ϕ30，如图 5-5 所示。

4. 切割辐板

选择 ϕ196、ϕ95 两圆，向圆柱体拉伸，距离从 0 到 20；布尔求差运算，生成一侧切割凹槽；选择 ϕ60、ϕ30 两圆，向圆柱体拉伸，距离从 0 到 70，布尔求差运算，生成轴孔、减重孔，如图 5-6 所示。

选择 ϕ196、ϕ95 两圆，向圆柱体拉伸，距离从 42 到 62；布尔求差运算，生成另一侧切割凹槽，如图 5-7 所示。

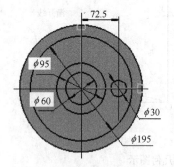

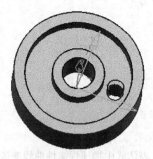

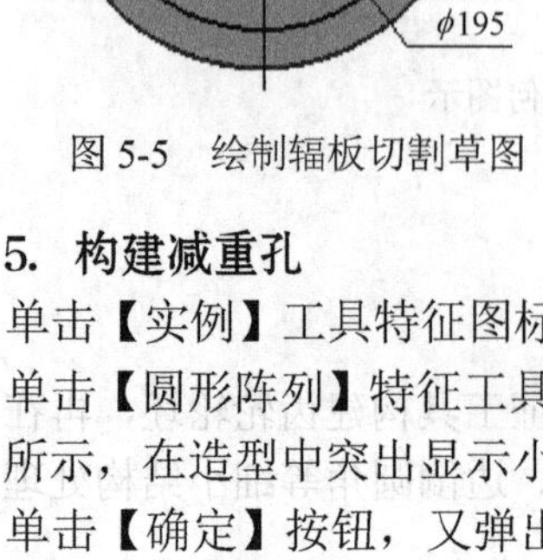

图 5-5 绘制辐板切割草图

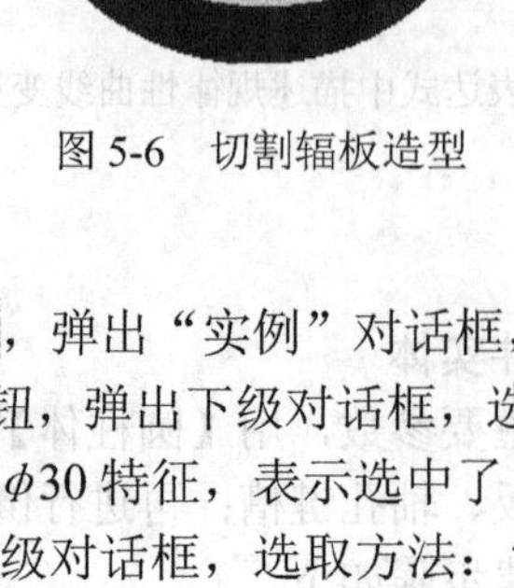
图 5-6 切割辐板造型

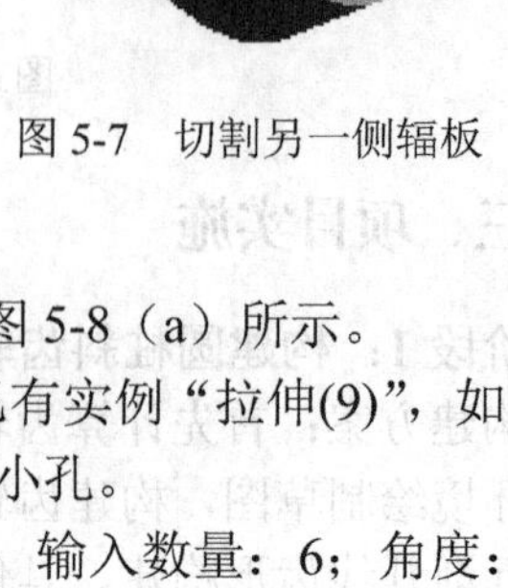
图 5-7 切割另一侧辐板

5. 构建减重孔

单击【实例】工具特征图标，弹出“实例”对话框，如图 5-8（a）所示。

单击【圆形阵列】特征工具按钮，弹出下级对话框，选择已有实例“拉伸(9)”，如图 5-8（b）所示，在造型中突出显示小孔 ϕ30 特征，表示选中了 ϕ30 小孔。

单击【确定】按钮，又弹出下级对话框，选取方法：常规；输入数量：6；角度：60；如图 5-8（c）所示。

单击【确定】按钮，又弹出下级对话框，如图 5-8（d）所示。

单击【基准轴】按钮，选取 *ZC* 轴为阵列中心轴，单击【确定】按钮，显示阵列结果，单击【确定】按钮，实现阵列圆孔操作，结果如图 5-8（e）所示。

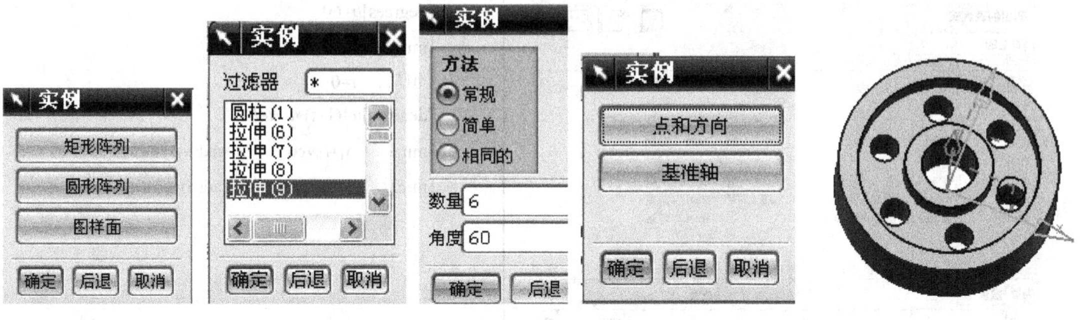

（a）　（b）　（c）　（d）　（e）

图 5-8　用【实例】特征工具构建减重孔

6. 构建细小结构

在部件导航器中，隐藏已绘制的各圆线框。

（1）构建倒斜角

单击【倒斜角】特征工具图标，选取齿轮两侧顶圆棱边、轴孔棱边倒 *C*2 斜角，如图 5-9 所示。

（2）构建边倒圆角

单击【边倒圆】特征工具图标，选取轮缘两内侧棱边、轴毂外棱边及辐板棱边倒 *R*3 圆角，如图 5-9 所示。

（3）构建轴孔键槽

单击【草图】图标，进入草图环境，在轴毂端面绘制键槽截面线框，退出草图后，向轮毂方向拉伸键槽草图截面，距离从 0 到 70，且作“布尔求差”运算，构建轴孔键槽，如图 5-9 所示。

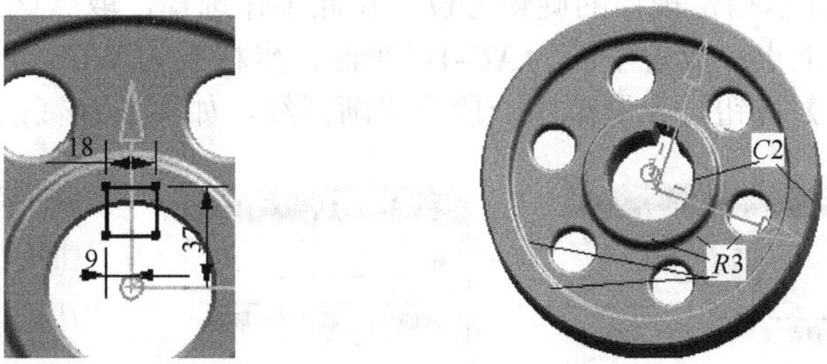

图 5-9　构建轴孔键槽及倒角、圆角

7. 构建齿轮轮齿

（1）设置齿廓渐开线表达式

从菜单栏单击【工具】、【表达式】打开“表达式”对话框，删除原来表达式中变量，建立如表 5-1 左栏所列的表达式。注意每个变量的单位，本例中，*t* 是无单位量（恒量），*a*、*b*、*u* 的单位是角度“度”，x_t、y_t 的单位是长度毫米“mm”。单击“表达式”对话框右上角【表达式导出到文件】图标，产生一个“*.exp”格式文件，且可用“记事本”打开，与渐开线有关的变量如表 5-1 右栏所示。

表 5-1　渐开线曲线表达式构建结果

表达式对话框	表达式导出到文件后记事本打开显示结果
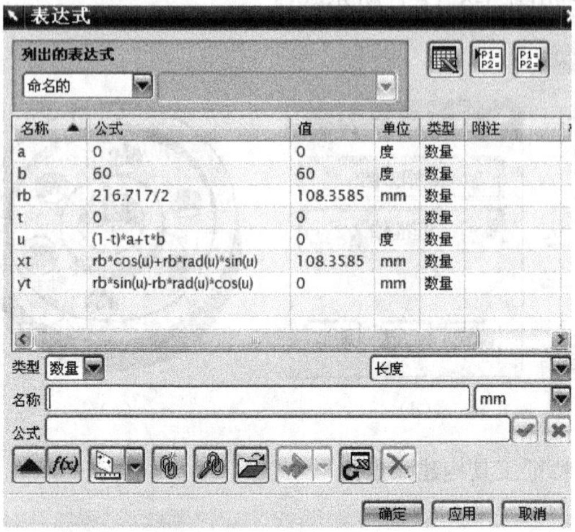	[degrees]a=0 [degrees]b=60 [mm]　r_b=216.717/2 （恒量）t=0 [degrees]u=(1−t)*a+t*b [mm]　$x_t=r_b*\cos(u)+r_b*\mathrm{rad}(u)*\sin(u)$ [mm]　$y_t=r_b*\sin(u)-r_b*\mathrm{rad}(u)*\cos(u)$

（2）绘制渐开线

隐藏齿轮坯实体，单击【规律曲线】图标，打开“规律函数”对话框，如图 5-10（a）所示；

单击【方程】按钮，弹出“规律曲线”对话框，取默认基础变量 t，如图 5-10（b）所示；

单击【确定】按钮，又弹出 x_t 变量，如图 5-10（c）所示；

单击【确定】按钮,又返回“规律函数” 对话框，仍单击【方程】按钮；重复弹出“规律曲线”对话框，取默认基础变量 t，单击【确定】按钮；又弹出 y_t 变量，如图 5-10（d）所示；

单击【确定】按钮，又返回“规律函数”对话框，单击【恒定】按钮，弹出“规律控制的”对话框，输入规律值 0（即 Z 坐标的变化规律为 0），如图 5-10（e）所示；

单击【确定】按钮，弹出“规律曲线”定义方位、点构造器和指定 CSYS 三个选项，如图 5-10（f）所示,以提示指定规律的旋转方位，在此不作选择，取默认设置（即方位在 X 轴正向，放置点为基圆上点；放置平面为 XC-YC 平面，坐标系为 WCS 坐标系）。

直接单击【确定】按钮，在屏幕中一段生成渐开线，如图 5-10（g）所示。

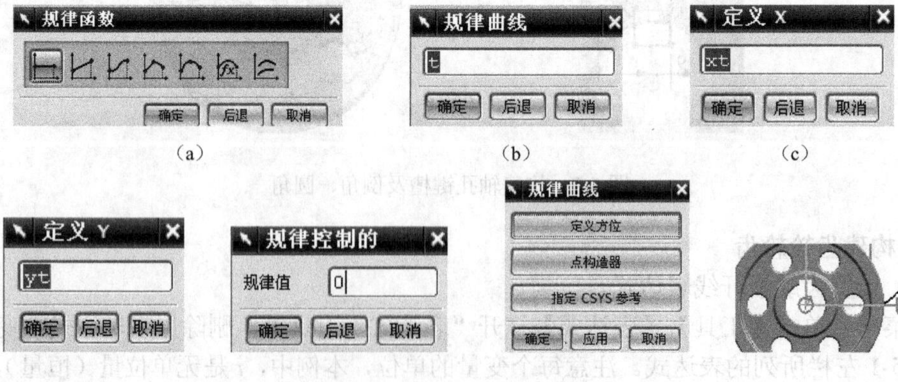

(d)　(e)　(f)　(g)

图 5-10 构建一段渐开线

（3）绘制齿根圆、分度圆和大于顶圆的圆

隐藏构建的实体，利用【圆弧/圆】曲线工具，绘制圆心在坐标系原点的齿根圆，半径 223.980/2；分度圆，半径 230.980/2；大于顶圆的圆，半径 240/2。结果如图 5-11 所示。

（4）绘制一辅助直线

过坐标系原点和分度圆与渐开线的交点，绘制一直线。

并将此直线旋转复制–2.3684°/2（齿槽角度的一半）。

再将渐开线以复制旋转直线为镜像轴进行镜像，结果如图 5-12 所示。

（5）构建齿槽封闭线框

隐藏两辅助直线，用【修剪角】工具修剪去大圆、齿根圆和两条渐开线所围图形以外的部分，构成封闭线框，如图 5-13 所示。

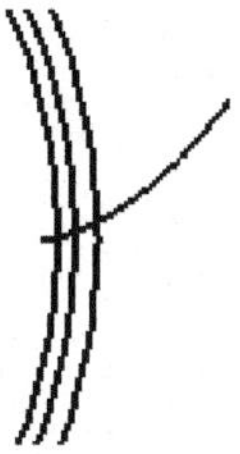

图 5-11 绘制三个圆

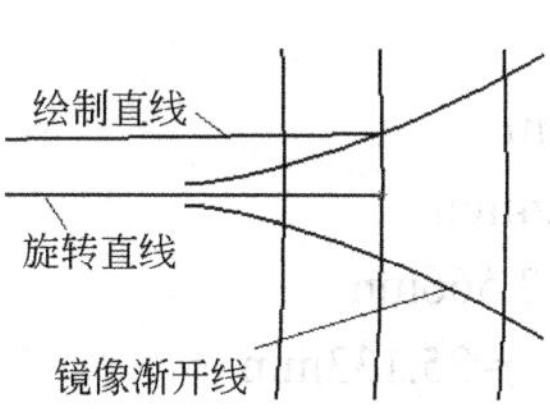

图 5-12 绘制并旋转直线、镜像渐开线

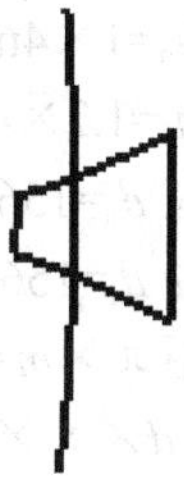

图 5-13 构建齿槽封闭线框

（6）构建齿槽方向螺旋线

单击“螺旋线”图标，弹出“螺旋线”对话框，输入参数如图 5-14（a）所示。单击【点构造器】按钮，选取螺旋线的回转中心为坐标原点（0,0,0）；返回“螺旋线”对话框，“定义方位”取默认方向（*ZC*）方向，单击【确定】按钮，结果如图 5-14（b）。

（7）切割第一个齿槽

取消实体隐藏，选取齿槽封闭线框，单击【扫掠】图标，提示选取引导线，选取封闭齿槽线框，又提示选取引导线，选取构建的一段螺旋线，又弹出偏置设置，偏置量全取 0，又提示布尔运算，选取布尔求差运算，构建第一个齿槽。

（8）切割全部齿槽

单击【实例】特征图标，弹出“实例”阵列方法，选择【圆周阵列】，弹出可引用的“实例”， 选取“扫掠操作”，轮坯中齿槽突出显示，单击【确定】按钮，弹出方法设置提示，选取“常规”，设置如图 5-15（a）所示。单击【确定】按钮，生成如图 5-15（b）所示斜齿轮。

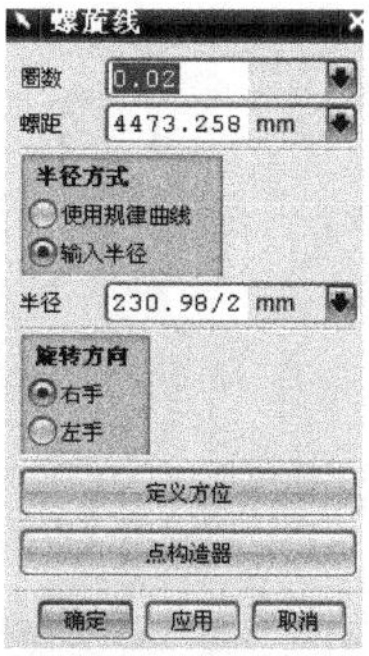

（a）

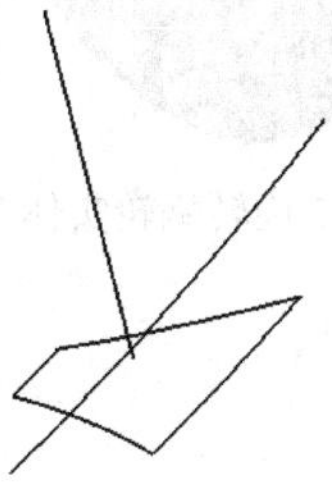

（b）

图 5-14 构建齿向螺旋线

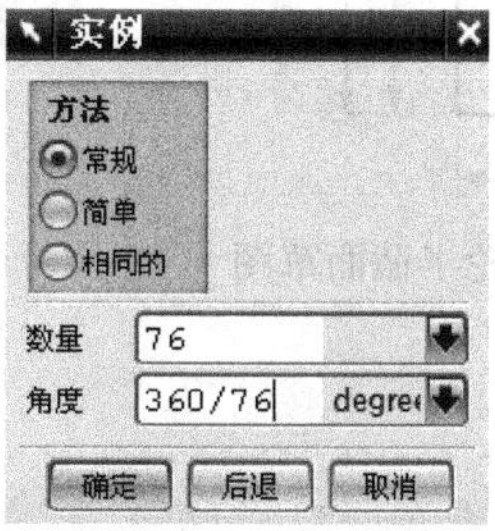

（a）

（b）

图 5-15 构建全部齿槽

隐藏坐标系与各种曲线，完成斜齿轮的构建，结果如图 5-1 所示。

阶段 2：构建蜗轮零件实体

造型方案：蜗轮是与齿轮类似盘形零件，与斜齿轮齿形不同之处在于齿形圆弧状变化，故其造型的难点除轮齿有螺旋齿向外，又增加了沿圆弧的变化。故与斜齿轮造型方案基本相同。

1. 蜗轮的主要几何尺寸

（1）设已知参数

阿基米德蜗轮的模数 m=4mm ,齿数 Z=39，传动中心距 L=98mm，螺旋角 11.3099°，轴孔直径 d_0=60mm，键槽宽 18mm，深 7mm，齿轮厚度 B=40mm，辐板厚度 20mm。

（2）计算几何尺寸参数

蜗轮分度圆直径 $d=Zm$=39×4=156mm

齿顶高 h_a=1×4mm

齿根高 h_f=1.2×4=4.8mm

顶圆直径 d_a=156+4×2=164mm

根圆直径 d_f=156–4.8×2=146.4mm

轴向齿距π×m=3.1416×4=12.566mm

螺距 $L_1=d$×π×tan(11.3099°)=25.133mm

半齿角 θ=360°/39/2=2.3077°

蜗杆传动中心距 L =98mm

蜗杆分度圆直径 d=4×10=40mm

2. 构建蜗轮轮坯实体

① 启动 SIEMENS NX6.0，在“…\xiangmu5”文件夹中新建部件文件“wolun.prt”，进入建模模块。

② 绘制蜗轮半截面草图。单击【草图】工具特征图标，进入草图环境，在 XC-ZC 平面绘制如图 5-16 所示蜗轮半截面草图，单击【完成草图】工具图标，退出草图环境。

③ 构建蜗轮基本实体。单击【回转】特征工具图标，选取蜗轮半截面草图，绕 XC 轴旋转 360°，基点为坐标系原点（0,0,0），创建旋转体，如图 5-17 所示。

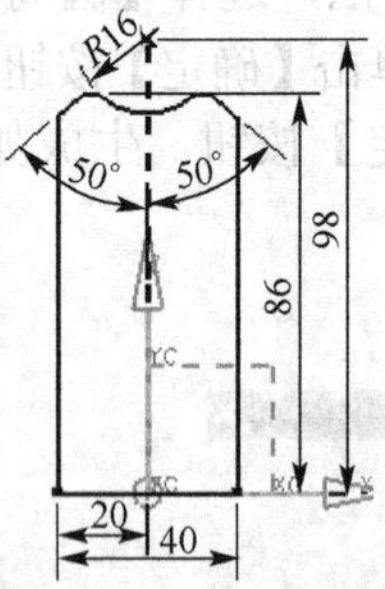

图 5-16　蜗轮半截面草图

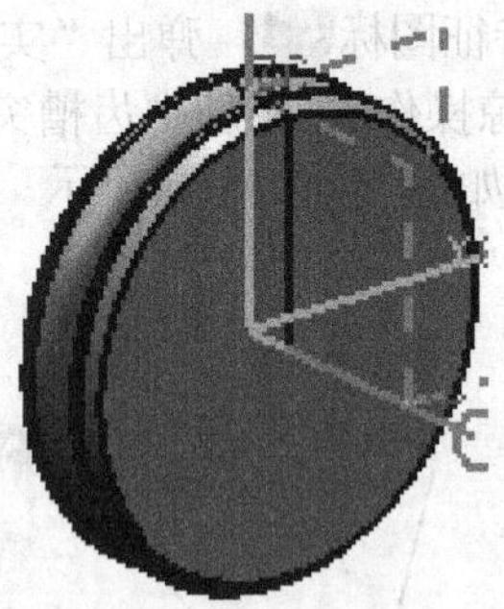

图 5-17 旋转蜗轮实体

3. 构建渐开线齿槽截面

方法同构建齿轮齿槽截面。

（1）建立渐开线表达式

从“工具”菜单栏下单击【表达式】菜单项，弹出“表达式 ”对话框，输入渐开线表达式，如表 5-2 所示。

表 5-2　表达式创建结果

表达式图示	表达式文档
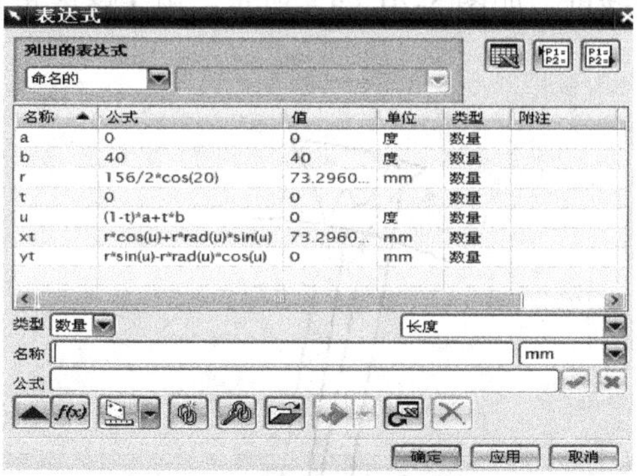	[degrees]　a=0 [degrees]　b=40 [mm]　r_b=156/2*cos(20) （恒量）　t=0 [degrees] u=(1−t)*a+t*b [mm]　x_t=r_b*cos(u)+r_b*rad(u)*sin(u) [mm]　y_t=r_b*sin(u)−r_b*rad(u)*cos(u)

（2）旋转当前工作坐标系

在“部件导航器”中右键单击回转的实体，单击【隐藏】按钮，将蜗轮轮坯隐藏；单击【实用工具】栏中的【旋转 WCS 绕…】工具图标，弹出“旋转坐标系”对话框，选取绕–*YC* 轴旋转 90°，再绕+*XC* 轴旋转 180°如图 5-18 所示。

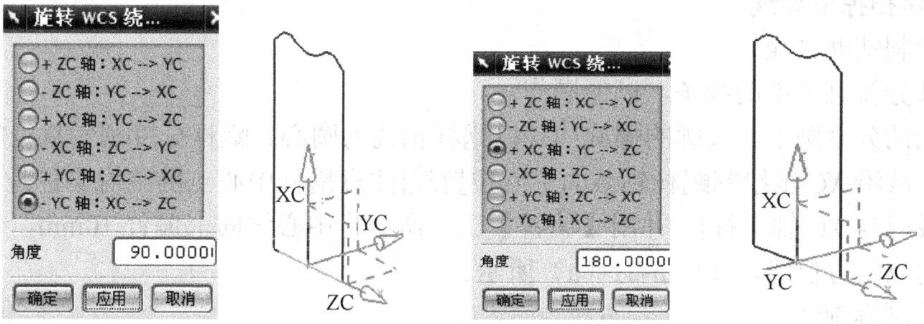

（a）　　（b）　　（c）　　（d）

图 5-18　旋转坐标系操作过程

（3）构建一条渐开线

单击【规律曲线】图标，与斜齿轮的渐开线创建过程完全一样，（参考图 5-10）选取【方程曲线】按钮，弹出的对话框连续【确认】四次，再单击【恒定】按钮，Z 值输入：0，再连续单击二次【确定】，生成如图 5-19（a）所示渐开线。

绘制分度圆、构建辅助直线、旋转辅助直线、镜像渐开线，以获得另一渐开线，方法与斜齿轮渐开线构建方法相同,具体步骤如图 5-19（b）～（e）所示。

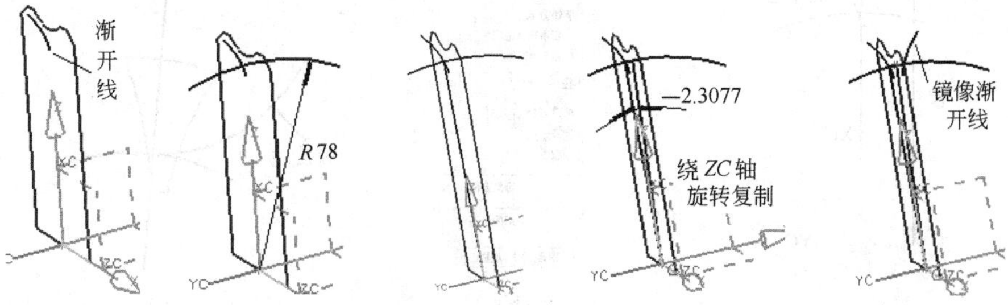

（a）　　（b）　　（c）　　（d）　　（e）

图 5-19　构建渐开线

（4）构建齿槽截面

以分度圆圆心为圆心，以渐开线端点为起点，绘制基圆圆弧 *R*146.2/2mm、大于顶圆的圆弧 *R*170/2mm，构成曲边四边形作为齿槽截面线框，如图 5-20（a）所示，用【修剪角】工具修剪多余圆弧段，结果如图 5-20（b）所示。

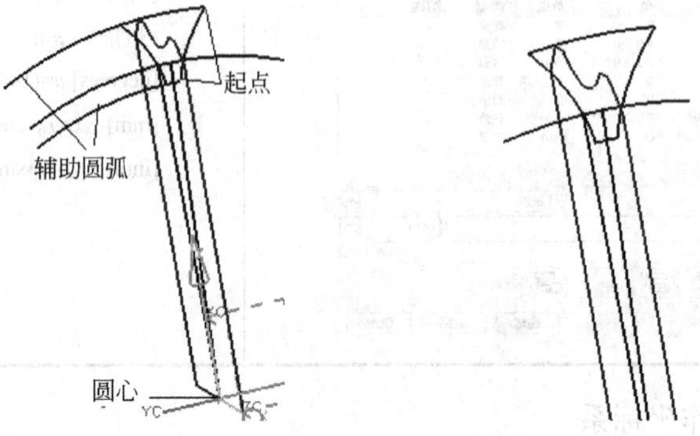

（a）　（b）

图 5-20　齿槽截面线框

4. 构建扫掠引导线

（1）绘制辅助直线

隐藏部分暂且不用的线条，以便操作。

在蜗轮的分度圆上，齿廓的螺旋线是以蜗杆轴线为圆心、蜗杆分度圆为直径的圆柱面上的螺旋线。故沿 *XC* 轴绘制蜗杆轴截面中心位置线[注意蜗杆中心点的绝对坐标是（0,0,98），绘制的直线应与 *YC* 轴平行]，并用【偏置】工具命令将中心线向上偏置 10mm，作为确定螺旋线放置起点的方位线，如图 5-21（a）所示。

（2）绘制螺旋线

单击【螺旋线】工具图标，弹出“螺旋线”对话框，设置参数如图 5-21（b）所示。

单击【点构造器】按钮，选取 5-21（a）中所示的蜗杆中心点；单击【定义方位】按钮，选择图 5-21（a）中所示的螺旋线的方位线，弹出“点构造器”对话框，显示螺旋线的轴心坐标，不作改动，单击【确定】按钮，又弹出“点构造器”对话框，仍不作改动，单击【确定】按钮，返回“螺旋线”对话框，单击【确定】按钮，构建一段螺旋线，如图 5-21（c）所示。

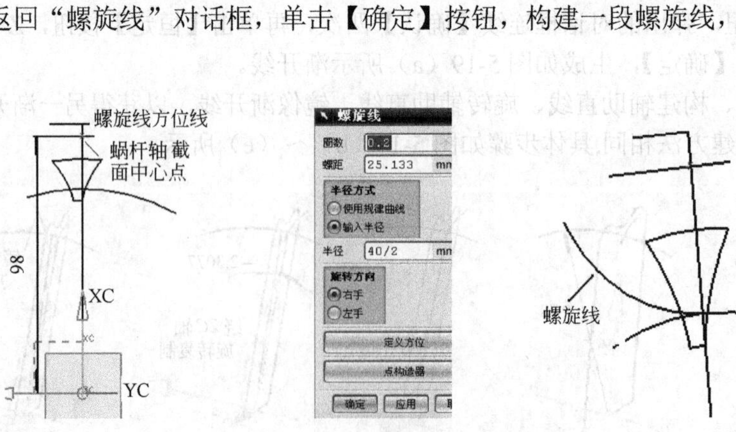

（a）　（b）　（c）

图 5-21　构建一段螺旋线

（3）旋转复制螺旋线

选取已构建的一段螺旋线，绕 *XC* 轴 180° 旋转复制，构成如图 5-22 所示螺旋线图形，两段螺旋线形成切割蜗轮齿槽的扫掠引导线。

5. 构建扫掠螺旋槽截面的实体

隐藏各条直线及蜗轮分度圆，单击【扫掠】特征工具图标，选取齿槽截面线框为扫掠截面，选取螺旋线段为引导线，“截面位置”选项设置为“沿引导线任何位置”；定位方式设置为“恒定”，其他参数取默认设置，单击【确定】按钮，构建扫掠实体，隐藏扫掠螺旋槽截面的实体时用到的线条，结果如图 5-23 所示。

显示蜗轮坯实体，结果如图 5-24 所示。

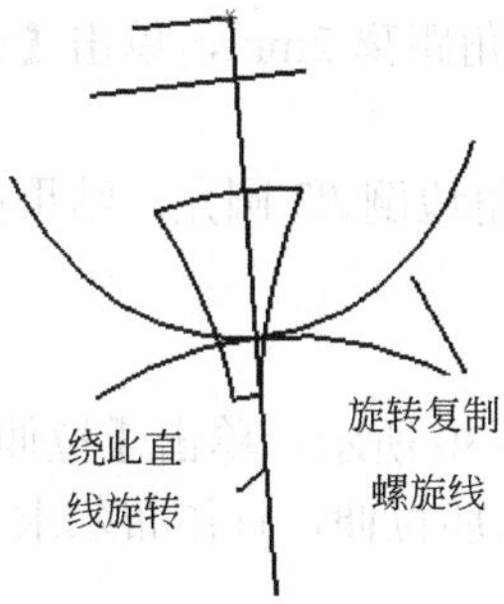

图 5-22 旋转复制螺旋线

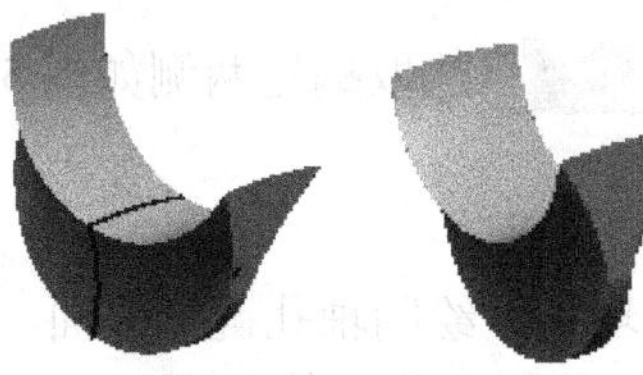

图 5-23 构建扫掠螺旋槽截面形成的实体

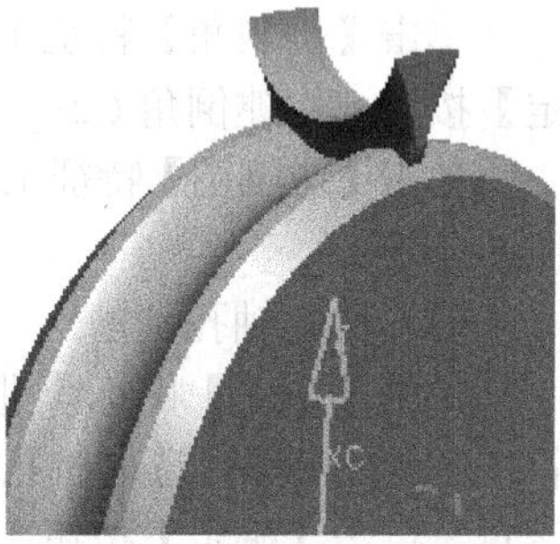

图 5-24 实体造型结果

6. 构建蜗轮齿槽

（1）旋转复制扫掠螺旋槽截面形成的实体

选取扫掠螺旋槽截面形成的实体，单击【移动对象】标准工具图标，弹出“移动对象”对话框，在变换选项组中，选择“角度”选项；指定矢量时，选取“*ZC*”轴图标；指定轴点时，选取坐标系原点坐标（0,0,0）；“角度”栏输入：360/39；结果选项组中，选取单选项“复制原先的”；“距离/角度分割”栏输入：1；“非关联副本数”栏输入：38； 单击【确定】按钮；则形成结果如图 5-25 所示。

（2）进行布尔求差运算

单击【布尔求差】图标，选取目标体为蜗轮坯体，刀具体为 39 个扫掠体（用部分窗选方式选取 39 个扫掠体），单击【确定】按钮，生成所有蜗轮齿槽，如图 5-26 所示。

7. 构建蜗轮其他结构

（1）构建减重辐板和轴孔

单击【圆/圆弧】工具图标，选择蜗轮端面为绘图面，绘制直径分别为 ϕ124、ϕ70、ϕ40 的圆，如图 5-27 所示。

单击【拉伸】特征工具图标，选取 ϕ124、ϕ70 两圆，向蜗轮实体拉伸，距离从 0 到 10，且作布尔求差运算，单击【确定】按钮，形成蜗轮一侧辐板形状；

再次选取 ϕ124、ϕ70 两圆，向蜗轮实体拉伸，距离从 30 到 40，且作布尔求差运算，单击【确定】按钮，形成蜗轮另一侧辐板形状；

选取 ϕ40 圆，向蜗轮实体拉伸，距离从 0 到 50，且作布尔求差运算，单击【确定】按钮，形成轴孔，结果如图 5-28 所示。

图 5-25　旋转复制扫掠体

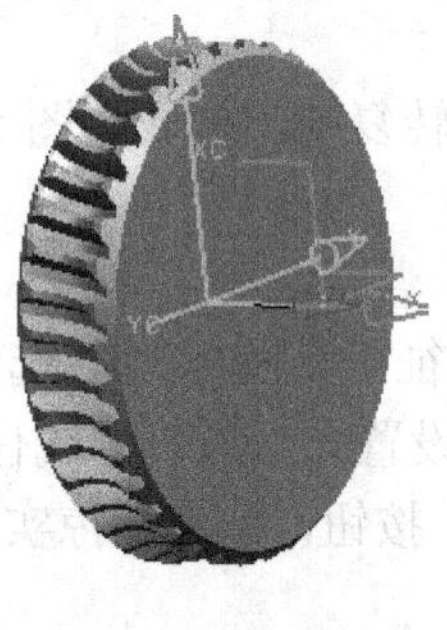

图 5-26　构建蜗轮槽

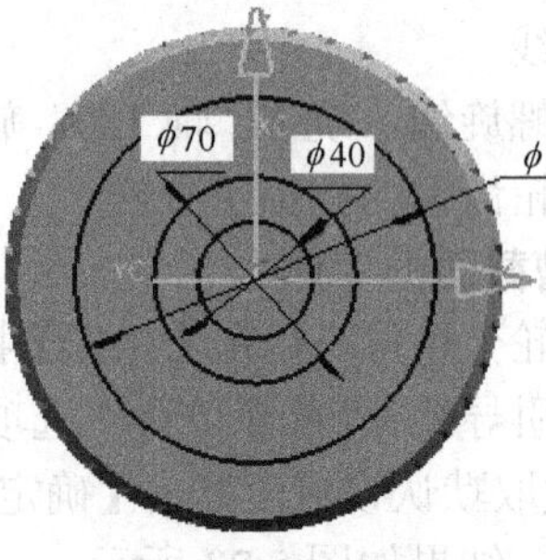

图 5-27　绘制三个圆

图 5-28　构建辐板

（2）构建倒斜角、边圆角

单击【倒斜角】特征工具图标，选取轴心孔两侧棱边，取倒角距离 2mm，单击【确定】按钮，构建倒角 *C*2；

单击【边倒圆】特征工具图标，选取蜗轮两侧如图 5-29 棱角边倒 *R*3 圆角，结果如图 5-29 所示。

（3）构建轴孔键槽

单击【草图】图标，进入草图环境，绘制轴孔键槽截面，如图 5-30 所示；单击【拉伸】特征工具图标，选取轴孔键槽截面线框，距离从 0 到 40，向蜗轮轮坯拉伸，且作布尔求差运算，单击【确定】按钮，构建键槽如图 5-31 所示。

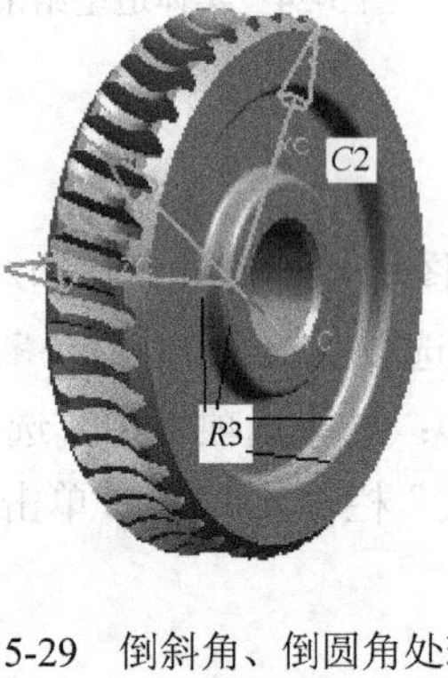

图 5-29　倒斜角、倒圆角处理

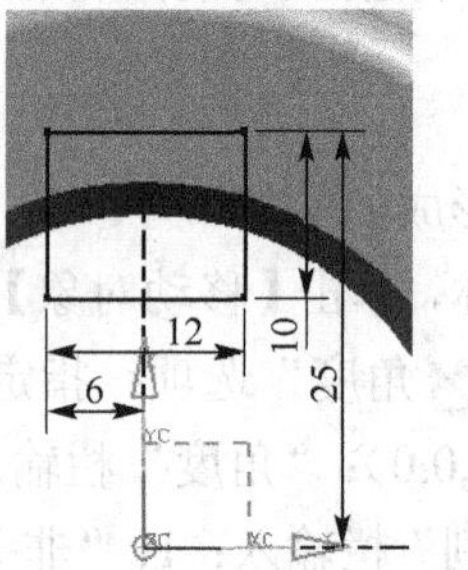

图 5-30　绘制键槽截面

图 5-31　构建键槽

隐藏键槽草图和坐标系，完成蜗轮实体的构建，结果如图 5-2 所示。

阶段 3：构建阿基米德蜗杆实体

构建方案：蜗杆属轴类零件，其主要特点是具有螺旋槽，键槽等结构。其圆柱体部分可用多种方法造型，螺旋槽可用由槽截面沿螺旋线扫掠方法切割圆柱构建，键槽可用专门的键槽特征工具构建。

具体构建步骤如下。

1. 参数计算

设给定蜗杆的已知参数：

模数 m=4mm；头数 Z=2；螺旋旋向：右旋；螺旋升角=11.3099°；直径系数 q=10；蜗杆传动中心距 L =98mm。

蜗杆几何尺寸参数计算：

分度圆直径 d=4×10=40mm；齿顶高 $h_a=m$=4mm；齿根高 $h_f=1.2m$=1.2×4=4.8mm；

顶圆直径 d_a=40+4×2=48mm；根圆直径 d_f=40–4.8×2=30.4mm；

轴向齿距=π×m=3.1416×4=12.566mm；

螺旋槽螺距=dπ×tan(11.3099°) =25.133mm

2. 构建圆柱体

启动 NX6.0，在“…\xiangmu5”文件夹中新建文件“wogan.prt”，进入建模模块。

单击【圆柱体】特征工具图标，采用直径、高度方式，圆柱直径 48mm，高度 60mm，基点(0,0,30)，轴线方向取 *ZC*，创建圆柱体。如图 5-32 所示。

3. 构建凸台

单击【凸台】特征工具图标，弹出“凸台”对话框，设置圆凸台参数如图 5-33（a）所示。在圆柱体的顶面和底面创建圆台，其定位时的选项应是“点-点”方式，分别选取已有圆柱的顶面和底面，且以圆心定位，构建 ϕ30×30 圆柱凸台如图 5-33（b）所示。

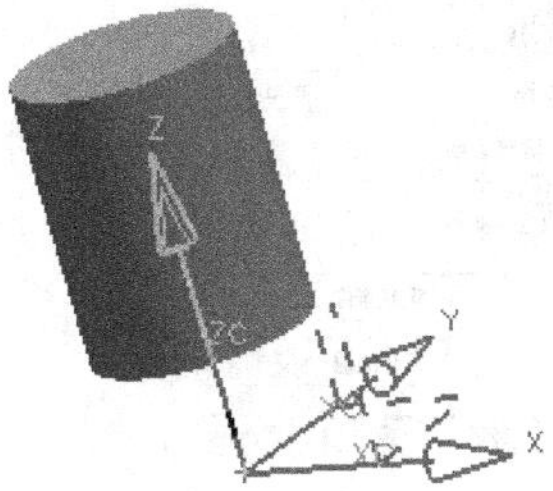

图 5-32　构建圆柱体

（a）　　（b）

图 5-33　构建 ϕ30×30 圆柱凸台

同样的方法，再构建 ϕ28×20、ϕ20×40 两个圆凸台，结果如图 5-34 所示。

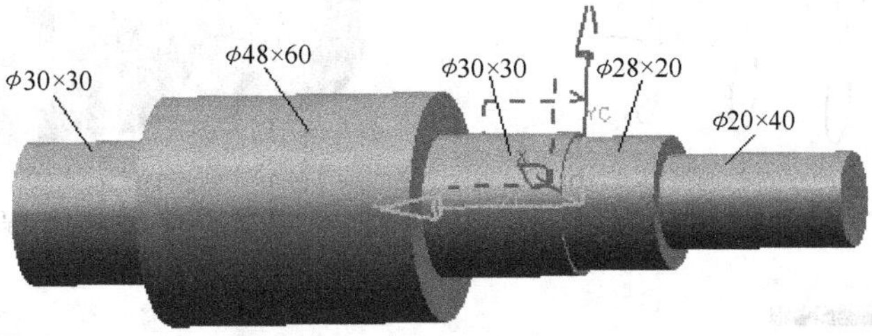

图 5-34 蜗杆主体构建结果

4. 绘制蜗杆螺旋槽截面

在“部件导航器”中，右键选取蜗杆主体，单击【隐藏】菜单项，以隐藏已构建的蜗杆主体；在 *ZC-XC* 平面内绘制蜗杆螺旋槽截面草图，如图 5-35 所示。

5. 绘制螺旋线

单击【螺旋线】工具图标，弹出“螺旋线”对话框，输入螺旋线参数如图 5-36 所示。定义方位与基准点都取默认值，即 *ZC* 轴向和坐标原点，单击【确定】按钮，绘制螺旋线，如图 5-37 所示。

6. 扫掠螺旋体

单击“扫掠”图标，弹出“扫掠”对话框，“选择截面线”：窗选方式选取图 5-35 所绘制的梯形线框，“选择引导线”：选取螺旋线；设置“定位方法”：矢量方向，在屏幕中选

取 *ZC* 轴，单击【确定】，扫掠一螺旋实体，如图 5-38 所示。

单击【移动对象】工具图标，在变换选项组中，运动方式选取“角度”，选取旋转轴为 *ZC* 轴，取轴点（0,0,0）；旋转角度：180；选取单选项【复制原先的】方式，非关联副本：1；设置结果如图 5-39（a）所示，单击【确定】按钮，形成另一螺旋体，如图 5-39（b）所示。

在“部件导航器”中，右键蜗杆主体，选取【显示】菜单项，以显示已构建的蜗杆主体；如图 5-39（c）所示。

7. 构建螺旋槽

单击【求差】特征操作工具图标，选取蜗杆主体为目标体，两个扫掠螺旋体为工具体，单击【确定】按钮，形成螺旋槽，如图 5-39（d）所示。

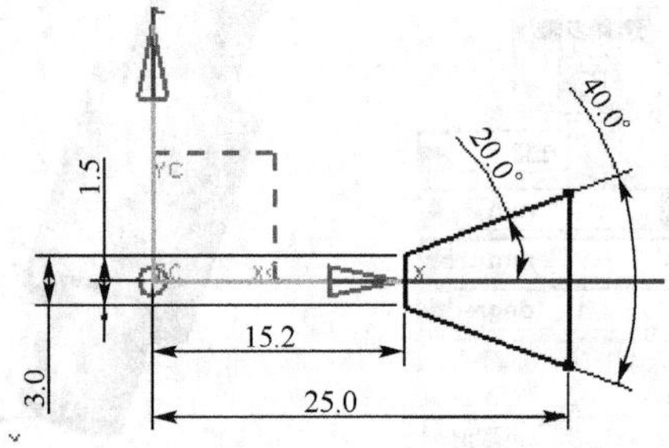

图 5-35　蜗杆螺旋槽截面草图

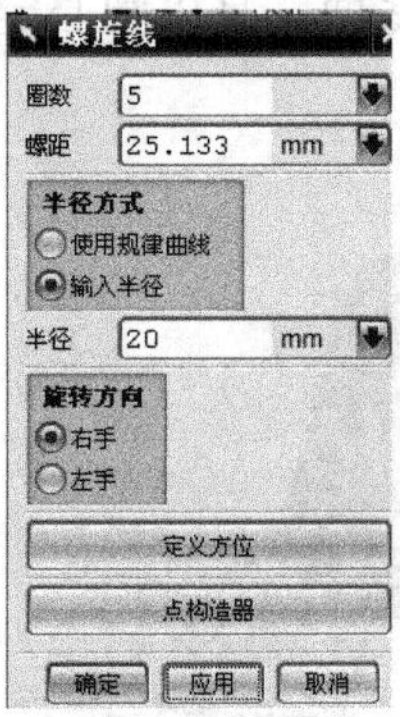

图 5-36　螺旋线参数设置

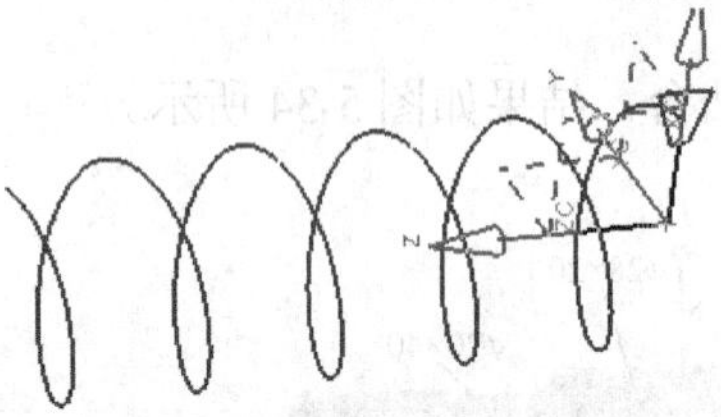

图 5-37　构建螺旋线

图 5-38　构建扫掠螺旋体

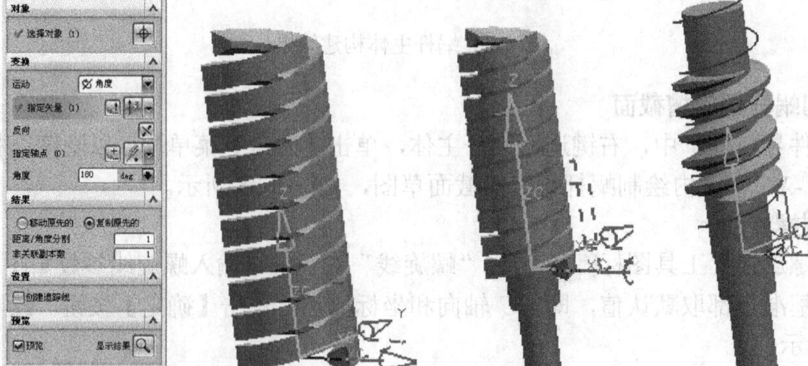

（a）　（b）　（c）　（d）

图 5-39　构建螺旋槽

8. 构建键槽

隐藏螺旋线与螺旋槽截面草图。

以 *XC-ZC* 为参照构建与直径 20 的圆柱部分相切的基准平面，操作过程：从菜单栏“插入”菜单下的级联菜单“基准/点”中单击【基准平面】菜单项，或直接单击【基准平面】工具图标，弹出“基准平面”对话框，选取 *XC-ZC* 为参考，在偏置中输入：10。单击【确定】按钮，即构建一 *XC-ZC* 平行的基准平面，如图 5-40（a）所示。

单击【键槽】特征编辑工具图标，选取“矩形”键，如图 5-40（b）所示。

单击【确定】按钮，提示选取基准平面图，选取新建的与 *XC-ZC* 平行的平面，弹出如图 5-40（c）所示对话框，且在放置键槽的平面处出现一指向轴体的箭头，如图 5-40（d）所示；

单击图 5-40（c）对话框中【确定】按钮，弹出“水平参考方向”对话框，选取 *ZC* 轴方向为水平参考方向，如图 5-40（d）所示；

单击【确定】按钮，弹出“矩形键槽”尺寸参数对话框，输入键长：30；宽：8；深度：3.5，如图 5-40（e）所示；

单击【确定】按钮，又弹出“定位”对话框和键放置状态图形，选取水平尺寸图标，再选取直径 20 圆柱右端面为键放置长度方向基准，如图 5-40（f）所示；

弹出键上“定位”方式选择对话框，单击【端点】按钮，选取键对称中心线的右端点，如图 5-40（f ）所示；弹出“定位尺寸”输入框，输入尺寸 5；（或单击【圆弧中心】按钮，选取键右端圆头棱边，选取定位尺寸 9）；

单击【确定】按钮，构建键槽如图 5-40（g）所示。

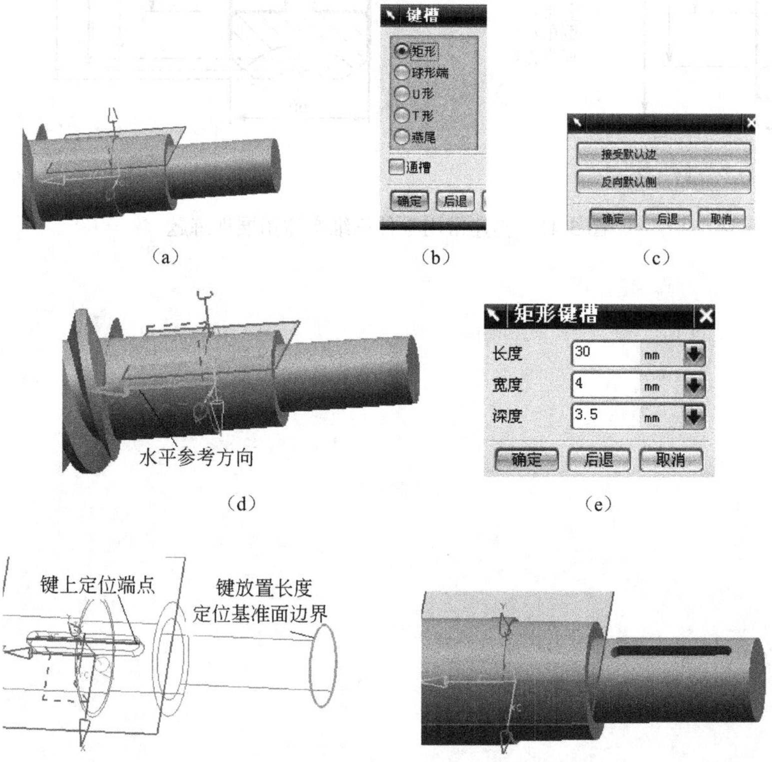

图 5-40　构建键槽

9. 倒角

对各圆柱段棱边倒角，$C1$。

隐藏基准坐标系和基准平面，完成蜗杆的创建，结果如图 5-3 所示。

四、拓展训练

请构建如图 5-41 所示圆柱直齿轮、阿基米德蜗轮零件三维实体。

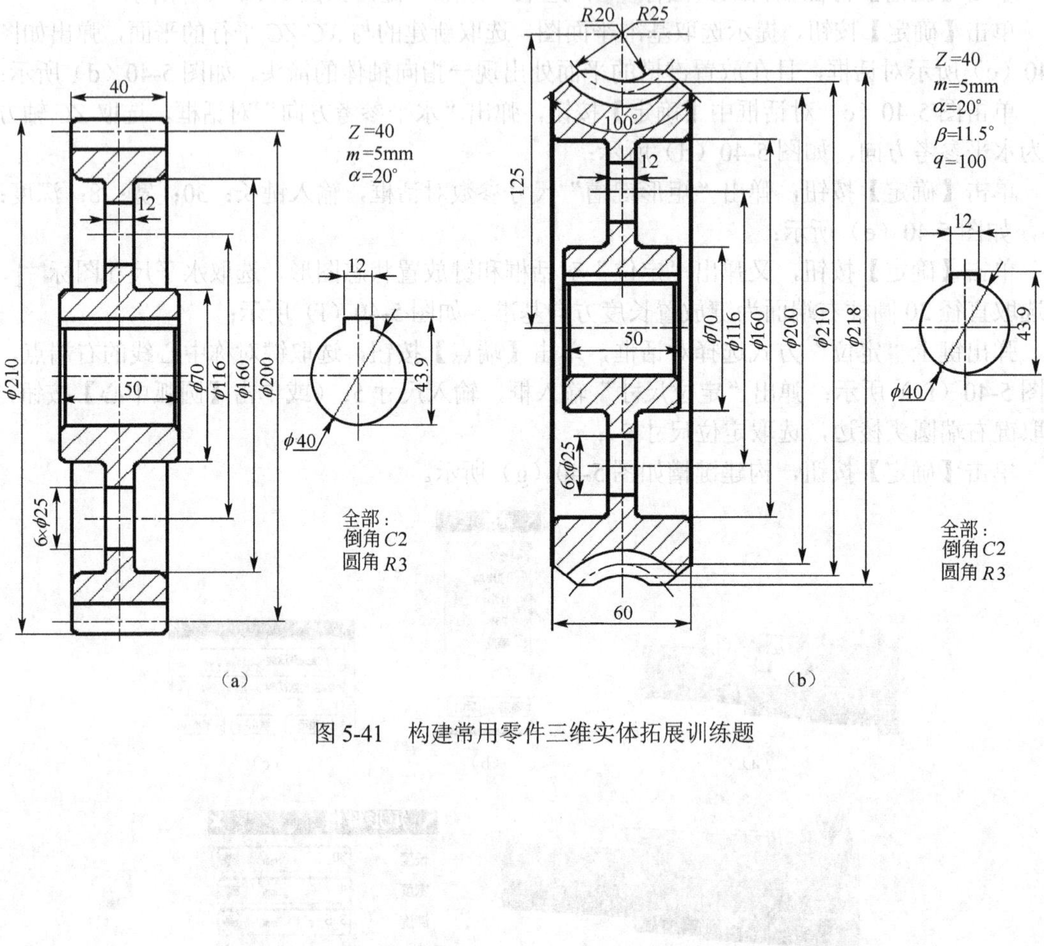

图 5-41　构建常用零件三维实体拓展训练题

项目 6

构建复杂机械零件实体

一、项目分析

本项目所要构建的机械零件是形状不规则，零件的各部分结构与正交投影面具有一定倾角，在构建各部分实体结构的过程中要用到坐标系的移动、旋转变换特征工具命令，因此，在造型前，要认真阅读零件图纸，想象零件各部分结构之间的空间相互位置关系，正确运用坐标系变换特征工具命令，以构建零件的实体。

本项目的教学目标是通过构建如图 6-1～图 6-3 所示的三个支架零件，使读者掌握坐标系变换技能，能够构建类似的形状不规则零件实体。

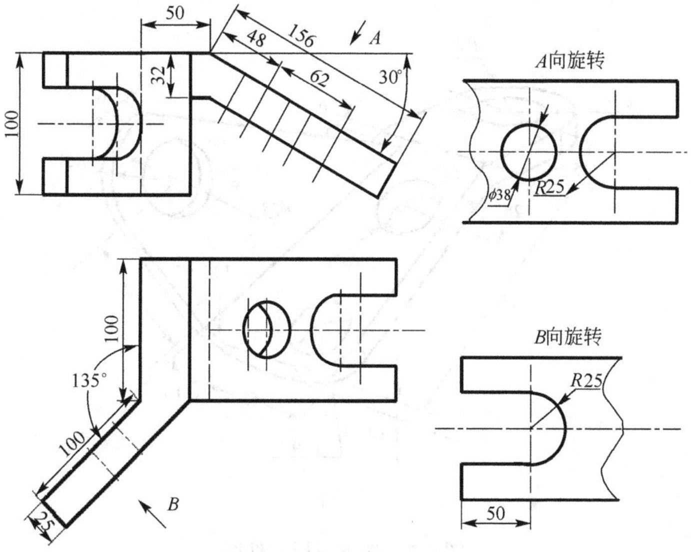

（a）

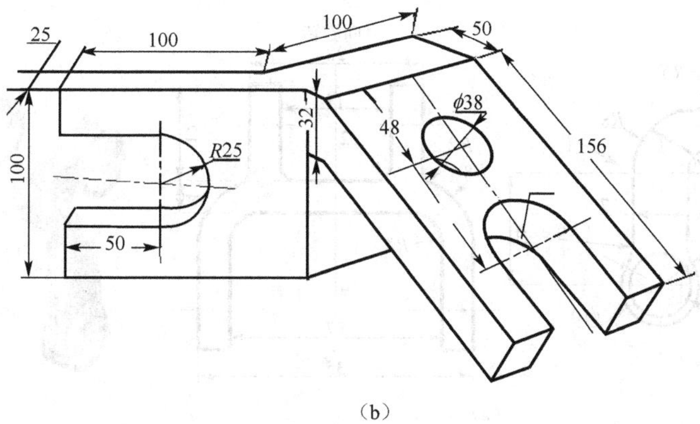

（b）

图 6-1　叉架零件图

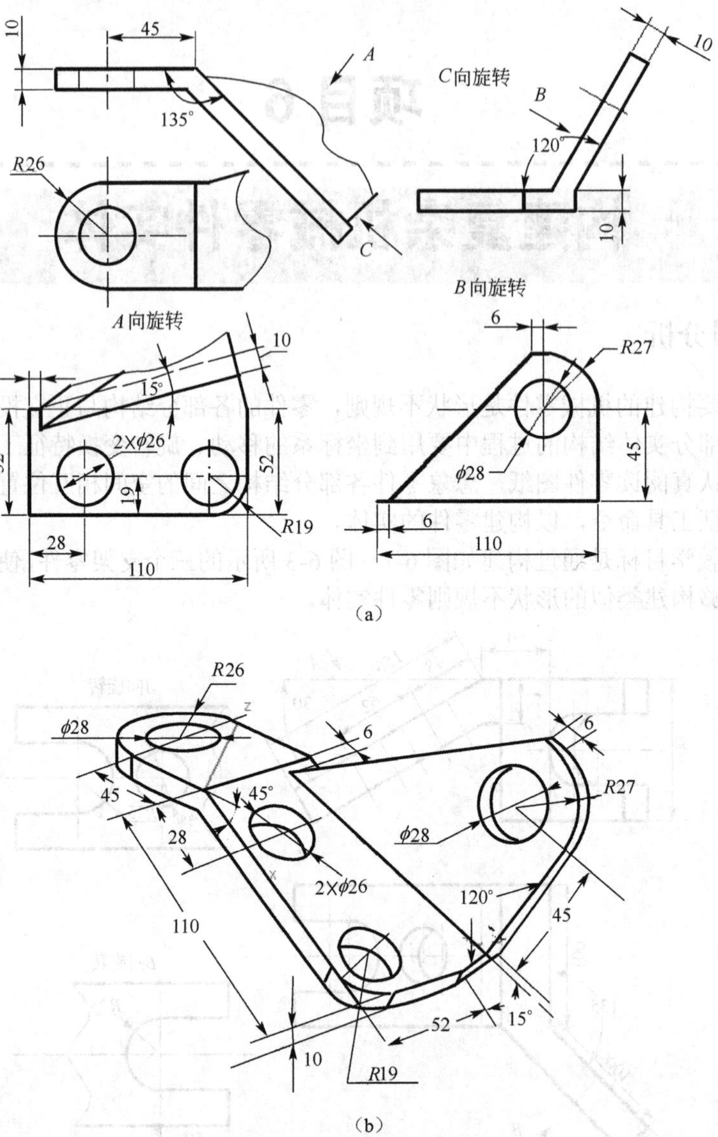

图 6-2　斜支撑板零件图

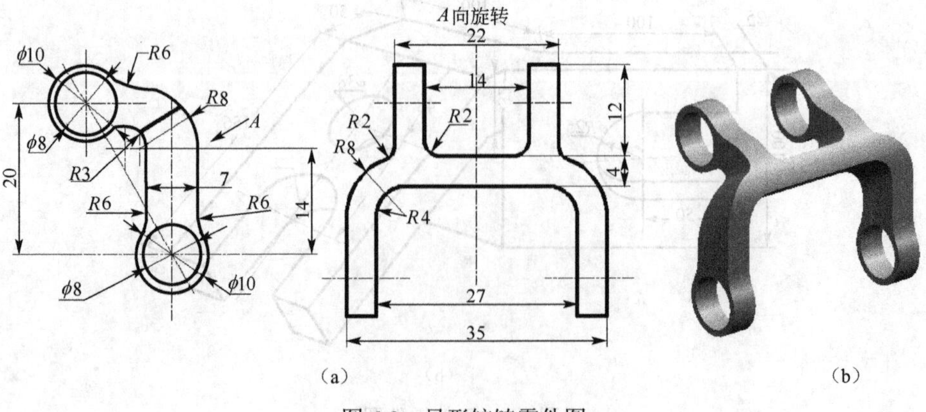

图 6-3　异形铰链零件图

二、相关知识

关于坐标系的操作可单击工具条中的【实用工具】栏，所具有的操作选项如图 6-4（a）所示。

单击【显示 WCS】实用工具图标，在绘图区域可显示或关闭 *XC-YC-ZC* 坐标系，若 *XC-YC-ZC* 坐标系处于显示状态，单击图标后，即不再显示 *XC-YC-ZC* 坐标系，再次单击图标，又显示 *XC-YC-ZC* 坐标系。

单击【WCS 原点】实用工具图标，弹出"点构造器"对话框，输入欲设置的 *XC-YC-ZC* 坐标系的原点，单击【确定】按钮，则在绘图区内使 *XC-YC-ZC* 坐标系原点移到了所指定的点，若未显示出来，可单击【显示 WCS】实用工具图标，即显示新的 *XC-YC-ZC* 坐标系原点位置。

单击【旋转 WCS】实用工具图标，弹出"旋转 WCS 绕…"对话框，输入围绕的旋转轴和角度，如图 6-4（b）所示，单击【确定】按钮，即实现 *XC-YC-ZC* 坐标系的旋转操作。

单击【WCS 方向】实用工具图标，弹出如图 6-4（c）所示"CSYS"对话框，可进行 *XC-YC-ZC* 坐标系的重新设置，实际上这个对话框包括了关于坐标系的所有变换操作。

单击【WCS 动态】实用工具图标，则显示 *XC-YC-ZC* 坐标系，且出现绿色"控制球"，如图 6-4（d）所示，用光标拖动控制球可实现 *XC-YC-ZC* 坐标系的旋转变换，拖动坐标系原点处小正方体，可使整个 *XC-YC-ZC* 坐标系移动。

单击【设置为绝对 WCS】实用工具图标，将已移动的 *XC-YC-ZC* 坐标系还原到与绝对坐标系 *XYZ* 重合的位置。

单击【更改 WCS XC 方向】实用工具图标，弹出"点构造器"对话框，输入一个点的坐标，即 *XC* 轴将通过这个点，注意，*XC* 轴方向不会因 *ZC* 值改变而改变，如图 6-4（e）所示为点构造器中输入（50,50,50）时，坐标系的变化情况。

单击【更改 WCS YC 方向】实用工具图标，弹出"点构造器"对话框，输入一个点的坐标，即 *YC* 轴将通过这个点，注意，*YC* 轴方向不会因 *ZC* 值改变而改变，如图 6-4（f）所示为点构造器中输入（50,50,50）时坐标系的变化情况。

单击【存储 WCS】实用工具图标，表示将现在的 *XC-YC-ZC* 坐标系保存起来。

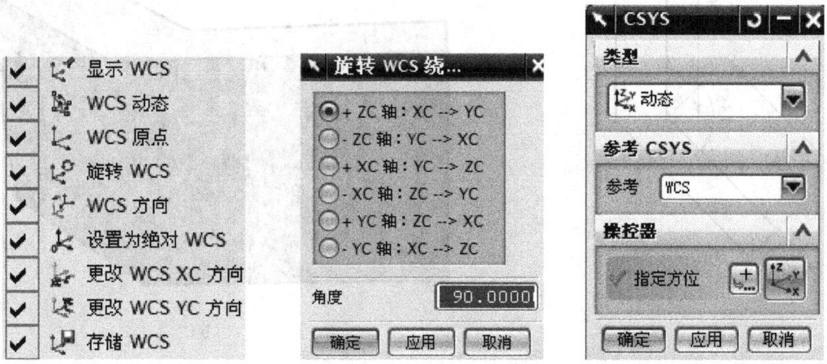

（a）　　（b）　　（c）

图 6-4

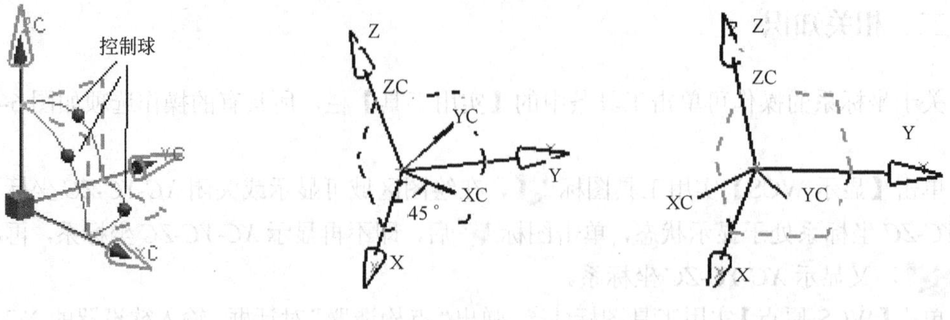

（d）　　（e）　　（f）

图 6-4　工作坐标系 WCS 变换工具使用说明

三、项目实施

阶段 1：构建叉架零件实体

构建方案：首先选择叉架零件的一个方向放置到顶（俯）视图状态，构建草图，拉伸造型，再依其他结构与已造型结构的角度关系，旋转 WCS 坐标系，再绘制草图、拉伸造型并作布尔求和运算，最后进行各板上孔槽的切割造型。

1. 构建 135° 折板

（1）绘制折板顶面草图

单击【草图】图标，选取 *XC-YC* 平面为草图构图平面，绘制如图 6-5（a）所示草图。

（2）拉伸草图，构建 135° 折板

单击【拉伸】特征工具图标，弹出“拉伸”对话框，选取已构建的草图为拉伸截面，在“拉伸”对话框的起点、终点框中输入 0mm、100mm，向下拉伸，形成实体如图 6-5（b）所示。

2. 构建右侧折板

（1）旋转工作坐标系

单击【旋转 WCS】实用工具图标，弹出“旋转 WCS 绕”对话框，选取+*XC* 轴：*YC*→*ZC*，角度：90，如图 6-6（a）所示，单击【确定】按钮，坐标系转成如图 6-6（b）所示。

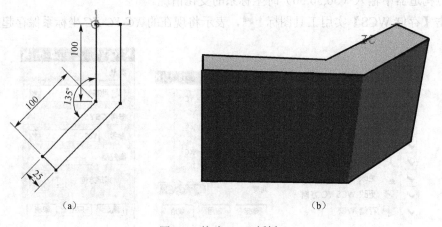

（a）　　（b）

图 6-5　构建 135° 折板

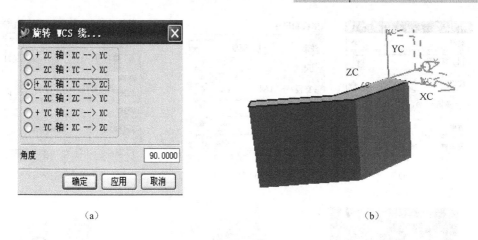

（a）　　（b）

图 6-6　旋转工作坐标系

（2）绘制右折板截面草图

单击【草图】图标，选取 *XC-YC* 平面为草图构图平面，并且以静态线框方式显示，绘制如图 6-7（a）所示草图“SKETCH.001”。

（3）拉伸草图，构建右侧折板

单击【拉伸】特征工具图标，弹出“拉伸”对话框，选取草图“SKETCH.001”为拉伸截面，在“拉伸”对话框的起点、终点框中输入 0mm、100mm，向+*ZC* 方向拉伸，如图 6-7（b）所示，且选取布尔“求差”运算，单击【确定】按钮，使本次拉伸实体与已有实体结合为一个整体，如图 6-7（c）所示。

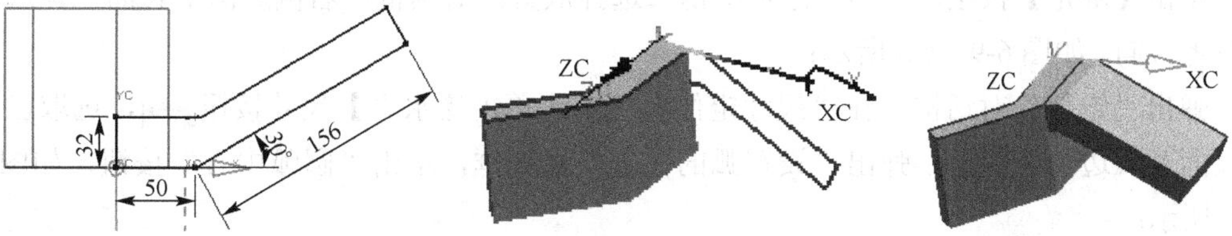

（a）　　（b）　　（c）

图 6-7　构建右侧折板

3. 构建 ϕ38 通孔

单击【孔】特征工具图标，弹出“孔”特征对话框，选择孔的类型为直孔⊍，形状和尺寸：⊍简单；输入直径：38；深度：50（大约能构造穿孔的深度值）。布尔运算：求差；具体设置如图 6-8（a）、（b）、（c）所示。

在位置选项组中，单击“指定点”选项，并选取孔放置面为实体左侧斜面上表面，则系统进入绘制“草图”环境，并弹出“点”构造器对话框，实体左侧斜面上表面任意单击，形成一点，关闭“点”构造器对话框，用【自动标注尺寸】工具标注如图 6-8（d）所示的孔定位尺寸，再单击【完成草图】工具图标，退出草图，返回“孔”特征对话框，实体中预览“孔特征”结果，如图 6-8（e）所示。

单击“孔”对话框中【确定】按钮，完成 ϕ38 穿孔的创建，如图 6-8（f）所示。

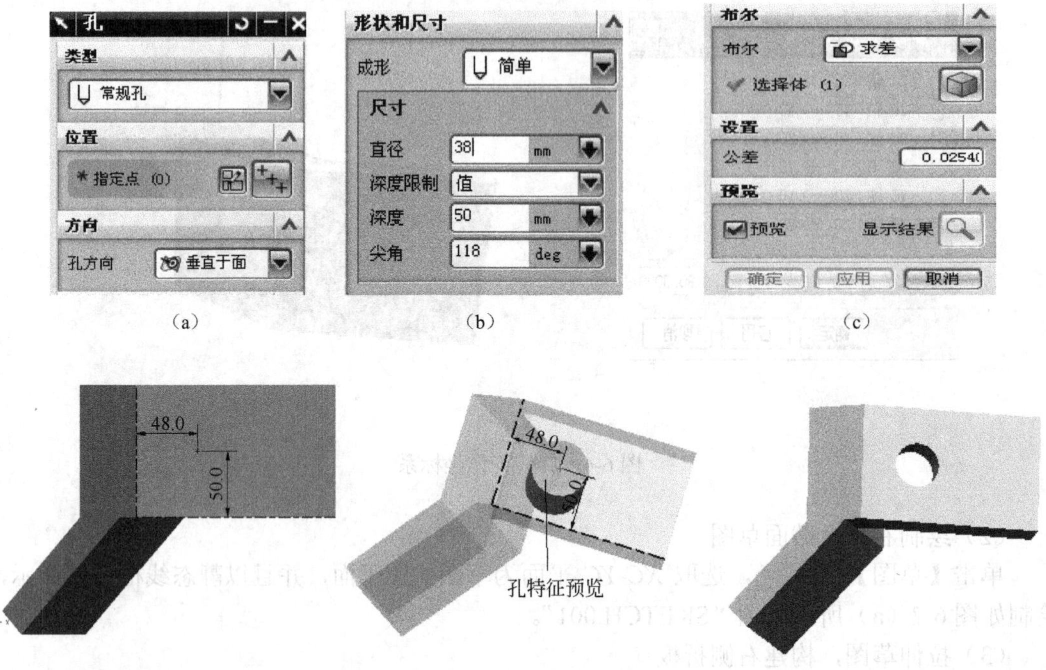

（a） （b） （c）

（d） （e） （f）

图 6-8 构建 ϕ38 通孔

4. 挖键槽

单击【键槽】特征工具图标，弹出“键槽”对话框，如图 6-9（a）所示，选取“矩形”；

单击【确定】按钮，弹出“矩形键槽”选择放置面对话框，右侧斜面上表面，再选取水平参考方向，如图 6-9（e）所示；

弹出“定位”对话框；在“尺寸定位”框中，单击【水平】尺寸按钮，选取已有孔上表面圆弧边缘为参考，弹出“设置弧的位置”对话框，单击“圆弧中心”按钮，如图 6-9（c）所示；

再次弹出水平定位框，依次选取键左侧圆弧边缘为参考，又弹出“设置圆弧位置”对话框，选取“圆弧中心”按钮，弹出的“创建表达式”对话框，输入：62，如图 6-9（d）所示，单击【确定】按钮，即确定了键槽的水平位置；

又返回“定位”对话框，单击【竖直】尺寸按钮，弹出“定位”对话框，分别选取斜板上表面下边缘及键长方向中心线，如图 6-9（e）所示；

在弹出“创建表达式”对话框中输入：50，单击【确定】按钮，完成键槽特征的构建，如图 6-9（f）所示。

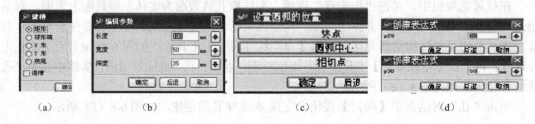

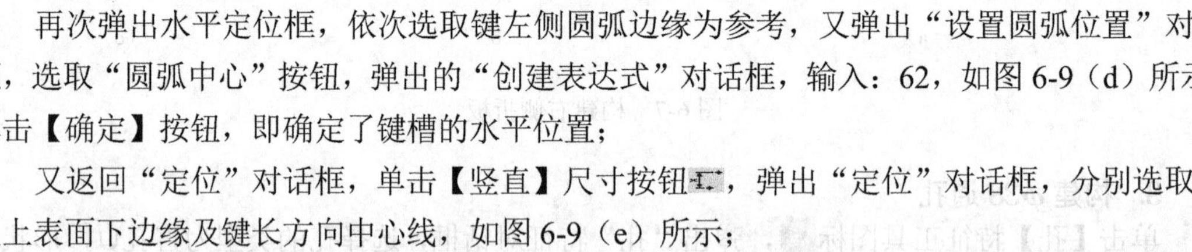

（a） （b） （c） （d）

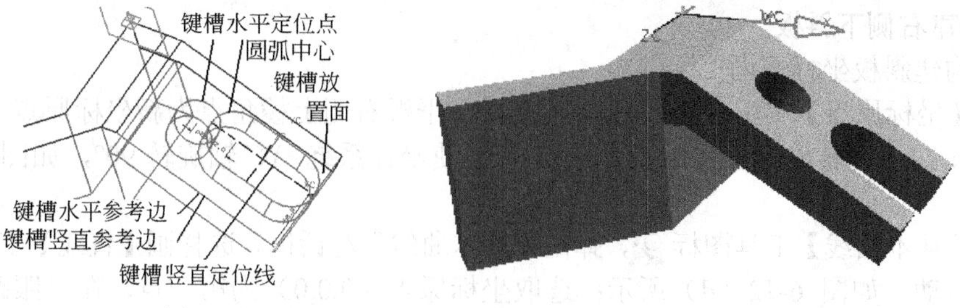

（e）　　　　　　　　　　　（f）

图 6-9　构建右侧折板键槽

用同样方法构建左侧立板上的键槽，矩形键槽参数：长 100、宽 50、深 35；水平、竖直定位尺寸均为 50，参考方向如图 6-10（a）所示，构建结果如图 6-10（b）所示。

至此，完成叉架零件实体构建，结果如图 6-10（c）所示。

（a）　　　　　　　　　　（b）　　　　　　　　　　（c）

图 6-10　构建左侧折板键槽

阶段 2：构建斜支板零件实体

构建方案：放置斜支板零件左侧平板于水平构图面内构建实体，然后以此板为基准，构建与其成 135°角的斜板实体，再以此斜板为基准，构建与其成 120°夹角的斜板，最后构建两斜板上的孔结构而完成斜支板零件实体的构建。

1. 构建左上平板实体

启动 SIEMENS NX6.0 软件，在“…\xiangmu6”文件夹中新建文件 xiezhiban.prt，单击【确定】按钮，进入建模模块。

单击【草图】工具图标，选择 *XC-YC* 为构图面，绘制草图如图 6-11（a）所示，单击【拉伸】特征工具图标，弹出“拉伸”对话框，选取草图“SKETCH.001”为拉伸截面，在“拉伸”对话框的起点、终点框中输入 0、10，向+*ZC* 方向拉伸，构建实体如图 6-11（b）所示。

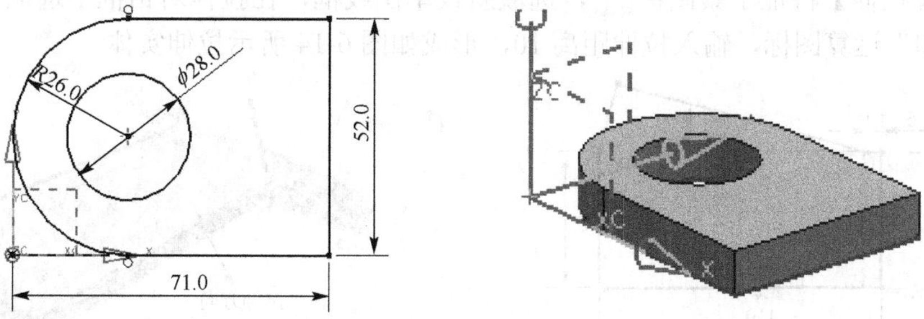

（a）　　　　　　　　　　　　（b）

图 6-11　左侧上平板实体造型

2. 构建右侧下斜板

（1）构建斜板坐标平面

单击【坐标原点】实用工具图标，选择上平板右侧上棱角点为新坐标原点，如图 6-12（a）所示;单击【旋转坐标】实用工具图标，使坐标系绕+*XC* 轴旋转 90°，如图 6-12（b）、（c）所示。

单击【基本曲线】工具图标，弹出“基本曲线”对话框，选择画【直线】工具图标，点方法：自动，如图 6-12（d）所示；选取坐标原点（0,0,0）为第一点，在“跟踪条”输入长 110，角度–45°（与 *XC* 轴夹角–45°），构建一直线，如图 6-12（e）所示。

单击【WCS 方向】实用工具图标，弹出“CSYS”构造器对话框，选择由 *X*、*Y* 轴定坐标轴方向图标，如图 6-12（f）所示，依次选取刚画直线、上夹板右侧上棱边，选取两棱边的交点为原点，构建新坐标系，如图 6-12（g）所示。

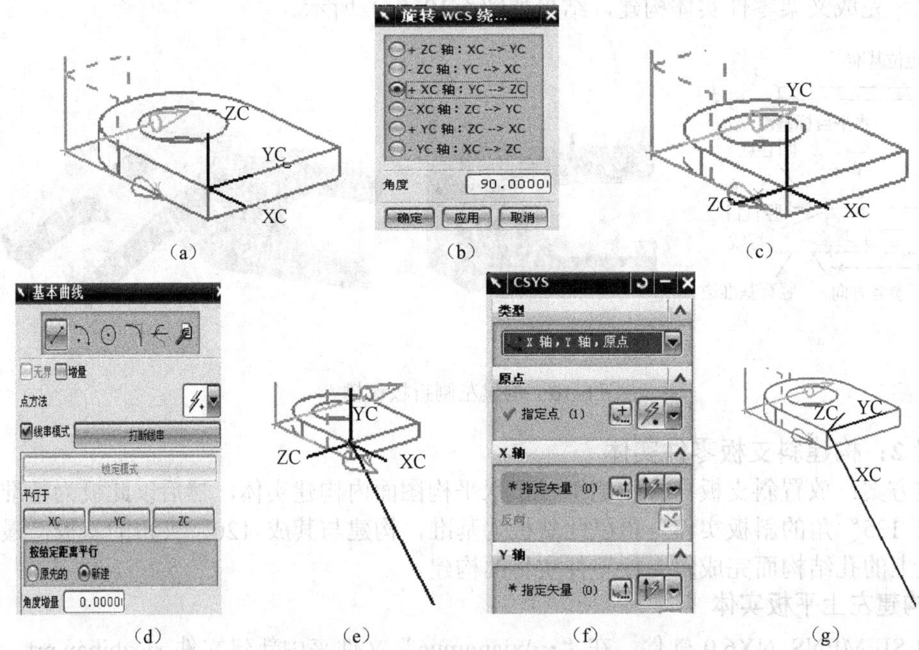

图 6-12　构建斜板坐标平面主要过程图例

（2）绘制斜板草图

在构建的新的坐标系的 *YC-XC* 平面内画斜板草图，如图 6-13 所示。

（3）拉伸实体，并作布尔并运算

单击【拉伸】特征工具图标，选取斜板草图线框，在拉伸对话框中选取拉伸方向、布尔“求和”运算图标，输入拉伸距离 10，形成如图 6-14 所示拉伸实体。

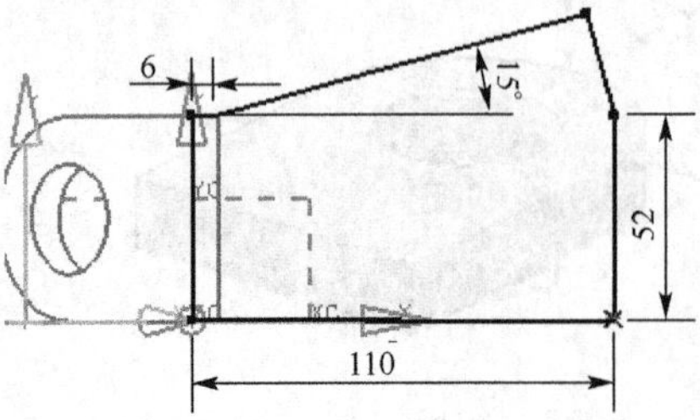

图 6-13　绘制斜板草图

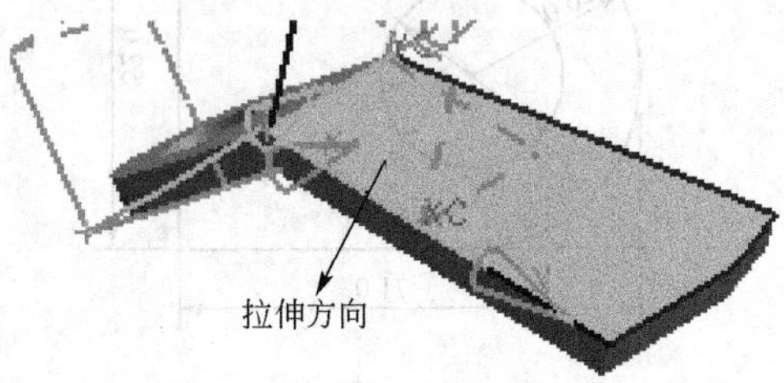

图 6-14　拉伸斜板实体

3. 构建后侧斜板

（1）构建工作坐标系

单击【WCS 移动】实用工具图标，弹出“CSYS”构造器对话框，选择由 *X*、*Y* 轴定坐标轴方向图标，依次选取斜板右上角的两棱边，选取两棱边的交点为原点，构建新坐标系，如图 6-15（a）、（b）所示；

单击【WCS 旋转】实用工具图标，在弹出的对话框中选取 + YC 轴：ZC --> XC，输入旋转 120°；单击【确定】按钮，完成后侧斜板所在工作坐标系的构建，如图 6-15（c）所示。

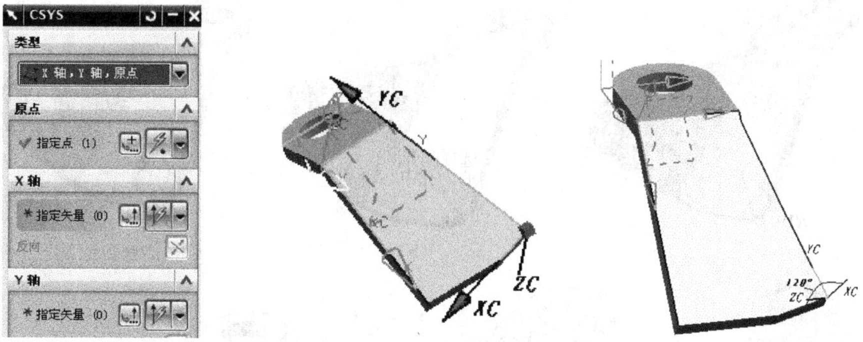

（a）（b）（c）

图 6-15 选取两棱边构建坐标系

（2）构建后侧斜板草图

单击【草图】工具图标，选择 *XC-YC* 为构图面，绘制草图，注意右上侧斜直线约束在已有实体的棱边端点，草图结果如图 6-16（a）所示。

（3）拉伸后侧斜板

单击【拉伸】特征工具图标，选取上步绘制的后侧板草图，向+*ZC* 方向拉伸长度 10mm，并与已有实体布尔并运算，造型结果如图 6-16（b）所示。

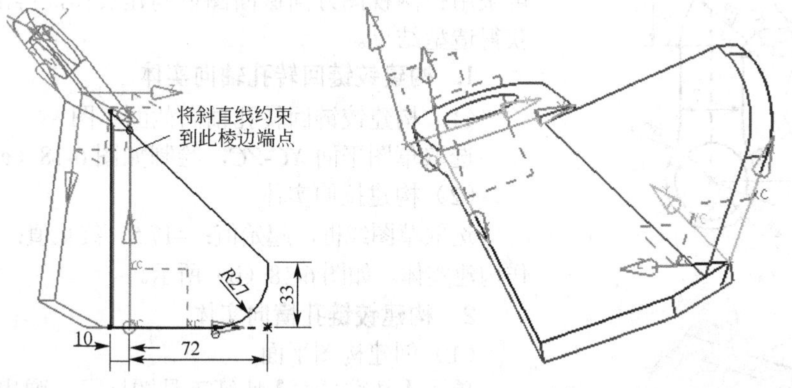

（a）（b）

图 6-16 拉伸后侧斜板

4. 倒圆角、两斜板上钻孔

（1）倒圆角 *R*19

单击【边倒圆】特征工具图标，前侧角棱倒圆角 *R*19，如图 6-17（a）所示。

（2）两斜板上构建 2× ϕ26 和 ϕ28 孔

单击【孔】特征工具图标，选择直孔类型，选择前斜板右前方圆角 *R*19 圆心中孔中心，构建一个 $\phi 26$ 圆孔，同理，选择后斜板 *R*27 圆角中心为孔中心构建 $\phi 28$ 圆孔。结果如图 6-17（b）、（c）所示。

另一 $\phi 26$ 孔构建：

孔特征工具法：上面为放置面，选择孔中心点时，进入草图环境，绘制孔中心点草图，标注尺寸如图 6-17（d）所示，完成草图后，预览孔特征状态如图 6-17（e）所示，单击“也”对话框中【确定】按钮，完成 $\phi 26$ 孔特征的创建，如图 6-17（f）所示。

至此，完成斜支撑板实体的构建，结果如图 6-2 所示。

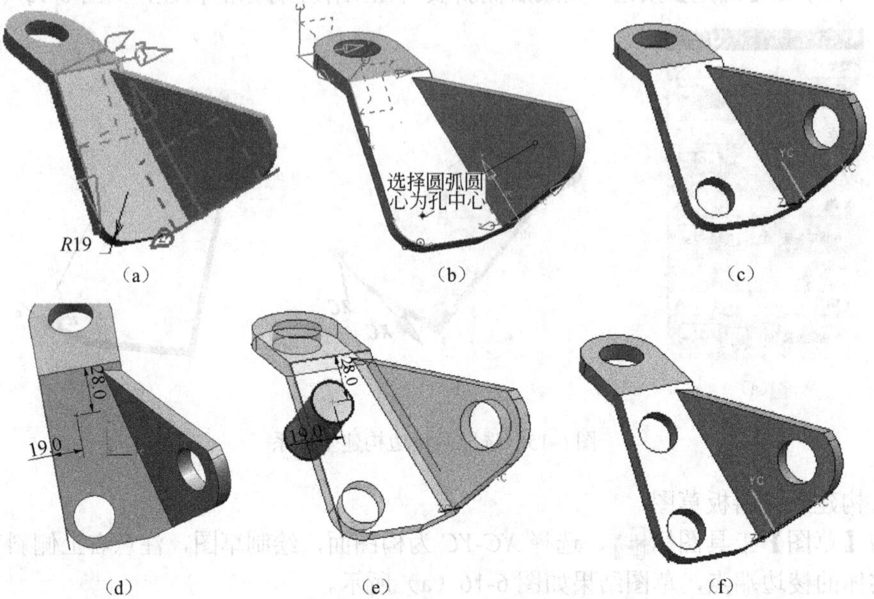

图 6-17　构建边倒圆角、圆孔特征操作

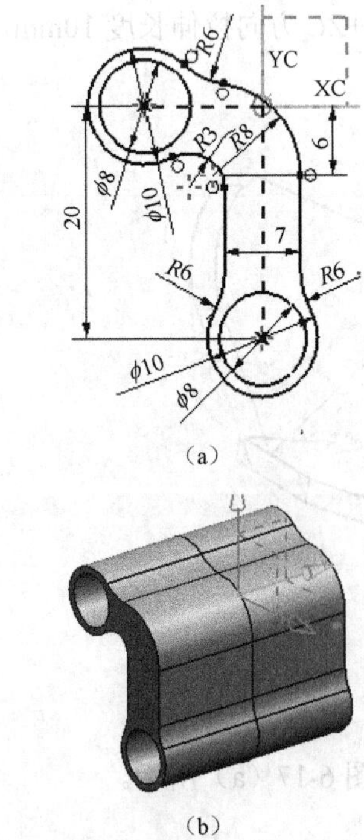

图 6-18　构建铰链回转孔轴向实体

阶段 3：构建异形铰链实体

构建方案：由于此异形铰链体结构由弯曲的耳环组成，可采用按两视图方向截面图形构建实体，再由布尔交运算获得造型结果。

1. 构建铰链回转孔轴向实体

（1）构建铰链回转孔轴向截面草图

选取草图平面 *XC-ZC*，绘制如图 6-18（a）所示草图。

（2）构建拉伸实体

选取草图线框，起始值：–17.5，终止值：17.5。拉伸操作构建实体。如图 6-18（b）所示。

2. 构建铰链孔横向实体

（1）创建构图平面

单击【基准平面】特征工具图标，弹出“基准平面”对话框，选取类型：通过“两直线”，如图 6-19（a）所示；第一直线：将鼠标放置在下方内孔处，出现轴线，单击选取；要求选择第二直线：将鼠标放置在上方内孔处单击，出现轴线和平面，如图 6-19（b）所示，观察平面法线方向，单击对话框中“反向平面图法线”按钮，可改变其方向，选取如图示方向；单击【确定】按钮，构建基准平面 2。

（2）绘制 *A* 向草图

单击【草图】绘制图标，选取创建的基准平面为构图面，选择上步造型圆筒长度方向一母线为水平参考方向线，确定草图平面，如图 6-19（c）、（d）所示。

单击投影图标，选取已有实体的上下圆筒外圆面，勾选“关联”前复选框☑，单击【确定】按钮，构成圆筒面在基准平面 2 上的投影（投影操作，主要是获得已有实体的边界）。隐藏已有的实体和草图，显示投影线框如图 6-19（e）、（f）、（g）所示。

连接上下未封口直线，绘制左右对称中心，如图 6-19（h）所示；将绘制的直线转换为参考线，结果如图 6-19（i）所示。

隐藏创建的基准平面，然后绘制一系列直线、圆角，修剪，并标注尺寸，如图 6-19（j）所示。即绘制对称图形的一半。

单击【镜像曲线】工具图标，选取已绘一半图形为镜像对象，选取参考中心线为镜像中心线，完成草图绘制，如图 6-19（k）、（l）、（m）所示。

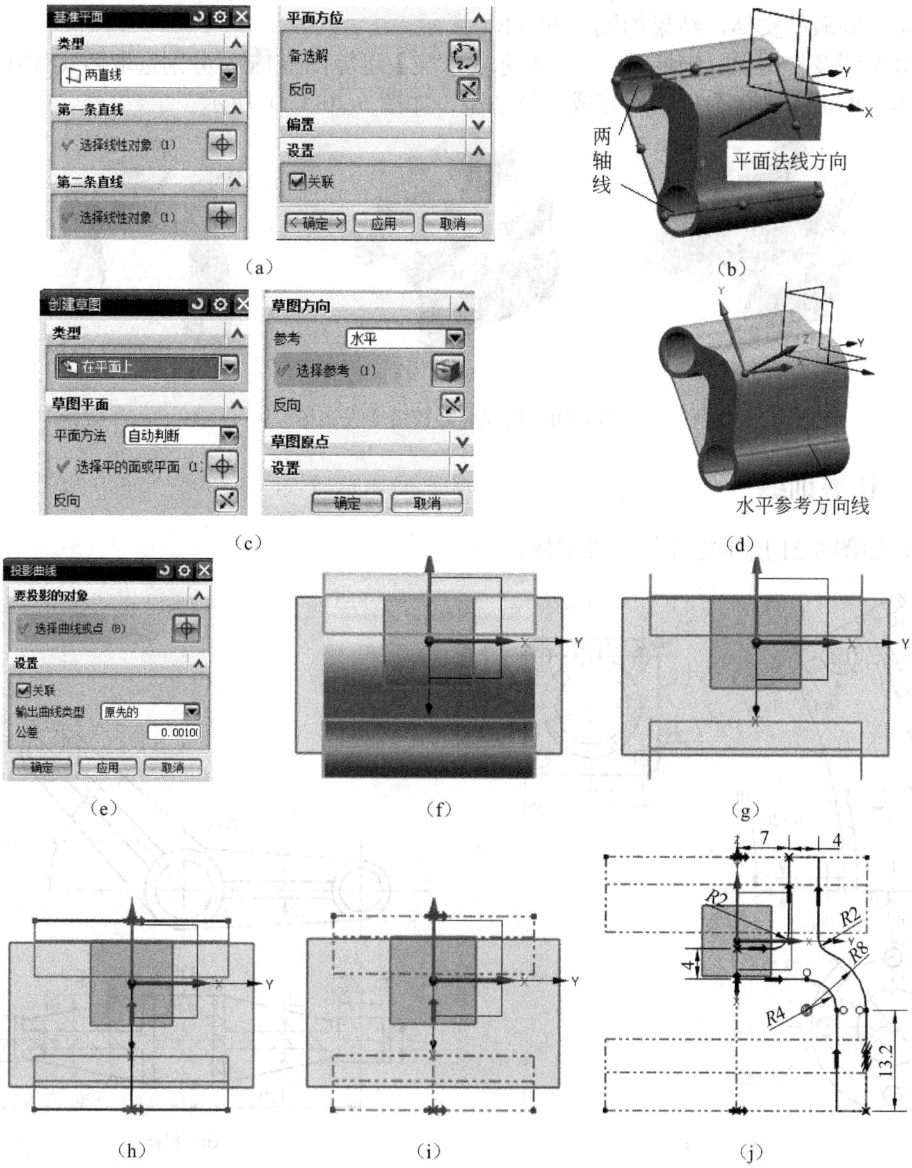

图 6-19

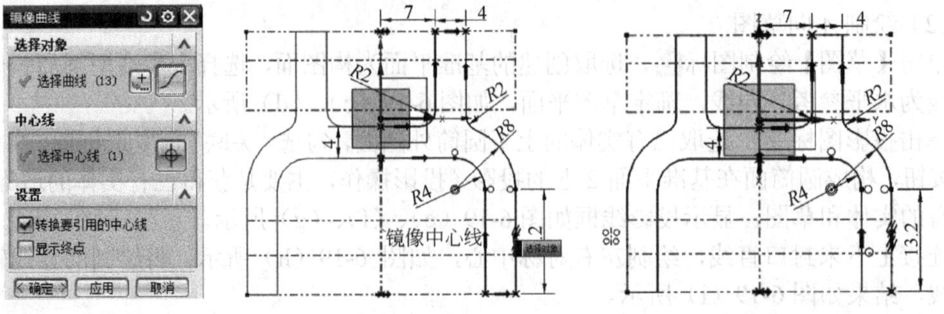

（k）　（l）　（m）

图 6-19　绘制铰链孔横向（A 向）草图

（3）拉伸实体

双向拉伸 *A* 向草图线框，各拉伸长度 20，如图 6-20（a）所示。

显示已隐藏的实体，结果如图 6-20（b）所示。

隐藏草图及构图面、坐标系，单击布尔【求交】运算图标，分别选取两实体作目标体和刀具体，单击【确定】按钮，完成实体造型，如图 6-20（c）所示。

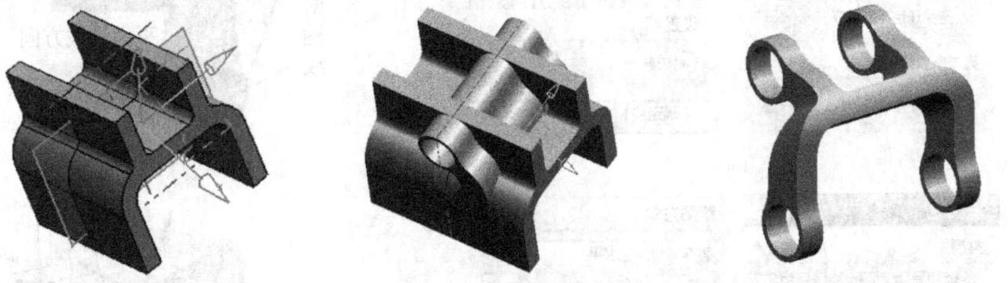

（a）　（b）　（c）

图 6-20　构建异形铰链零件实体

四、拓展训练

构建如图 6-21 所示零件的三维实体。

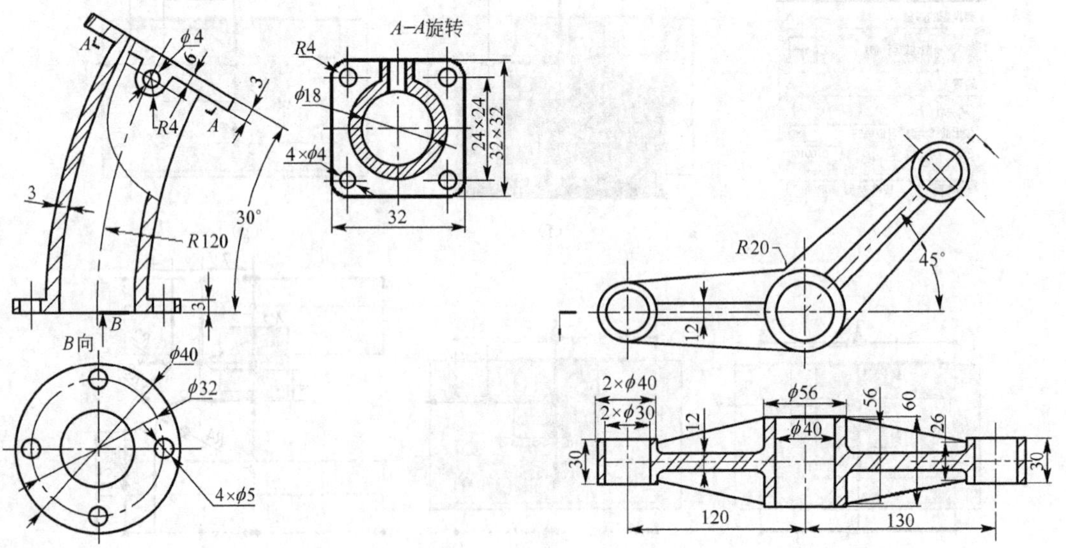

（a）管接头　（b）摆杆

图 6-21　构建具有倾斜板的零件实体拓展训练

项目 7

轮毂零件的数控铣削钻削加工

一、项目分析

如图 7-1 所示轮毂零件是一个圆盘形零件，其造型方法较为简单，而需要进行数控铣削加工是轮毂的上表面、腰形凹槽、轮毂的外圆柱面和轴孔的内表面，这些数控加工项目，都可以用 SIEMENS NX6.0 软件的平面铣削、钻削功能或型腔铣削功能予以加工，本项目通过对轮毂进行多种平面铣削方法的运用，生成数控铣削钻削刀具轨迹、仿真加工并生成实际数控机床可引用的数控 NC 程序，以引导读者逐步认识 SIEMENS NX6.0 软件的强大数控加工功能。

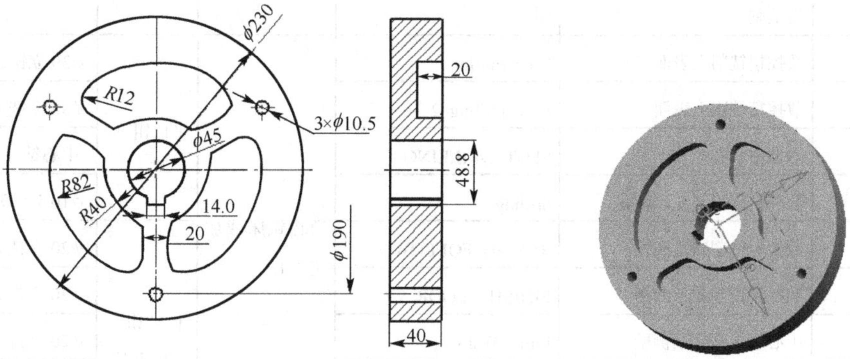

图 7-1　轮毂零件图

二、相关知识

SIEMENS NX6.0 软件进行数控仿真加工，生成 NC 程序代码一般可分为如图 7-2 所示步骤。

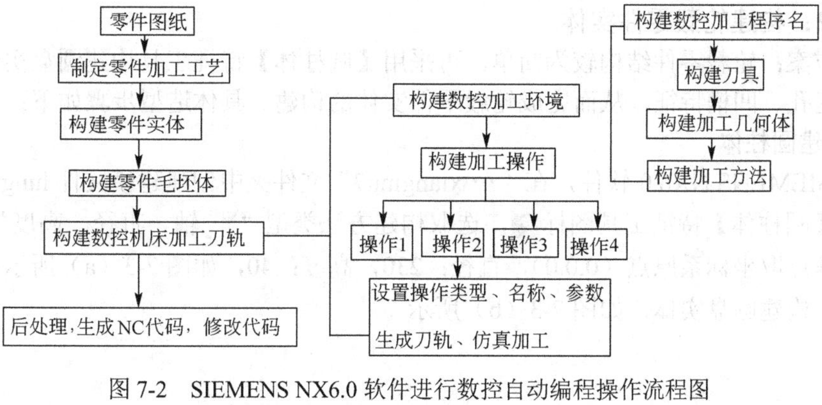

图 7-2　SIEMENS NX6.0 软件进行数控自动编程操作流程图

三、项目实施

阶段 1：制定轮毂零件加工工艺卡

1. 工艺分析，拟定加工方案

轮毂零件为圆盘形体，内有减重凹槽和中心轴孔。可采用数控加工的是轮毂上表面、减重凹槽、中心轴孔及外圆柱面。

可选用毛坯为长方体或锻造圆盘坯，在此选用长方体 Q235 钢材加工。毛坯可用平口钳夹持固定后铣削上表面、减重凹槽、钻孔及铣削轴孔；然后将工件经 3× ϕ10.5 工艺孔用螺栓与专用夹具连接后夹持在平口钳中，再铣削外轮廓圆柱表面。

2. 制定轮毂零件工艺过程卡

制定的轮毂零件工艺过程卡如表 7-1 所示。

表 7-1 轮毂加工工艺过程卡

工序	工步	工序名称、加工内容	加工方式	机床	夹具	刀具	余量
1	1.1	下料 242×242×43		切割机			
	1.2	去毛刺	钳				
2	2.1	数控粗铣削上表面	Face_milling	数控铣床或加工中心	平口钳	ϕ30 立铣刀	0.5mm
		数控精铣削上表面	Face_milling_2			ϕ30 立铣刀	0
	2.2	点钻中心孔	SPOT_DRILLING			中心钻	
		数控钻削工艺孔、轴孔	drilling			ϕ10.5 钻头	0
	2.3	数控粗铣削减重凹槽	ROUGH_FOLLOW			ϕ20 立铣刀	0.5mm
		数控精铣削减重凹槽	FINISH_FLOOR			ϕ20 立铣刀	0
	2.4	中心轴孔精铣削侧壁	Finish Walls		平口钳、专用夹具	ϕ20 立铣刀	0
	2.5	数控粗铣削外圆柱表面	PLANAR_PROFILE			ϕ20 立铣刀	0.5mm
	2.6	数控精铣削外圆柱表面	PLANAR_PROFILE_2			ϕ20 立铣刀	0
3		插键槽	插削	插床			
4		去毛刺	钳				
5		检验	检				

阶段 2：构建轮毂零件实体

构建方案：轮毂零件结构较为简单，可采用【圆柱体】特征工具构建圆盘实体，再在圆柱体上构建孔、凹槽特征，从而完成轮毂零件实体的构建。具体造型步骤如下：

1. 构建圆柱体

启动 SIEMENS NX6.0 软件，在"…\xiangmu7"文件夹中创建建模文件 lungu.prt。

单击【圆柱体】特征工具图标，选取构建方法类型"轴、直径、高度"，轴取 *ZC* 轴负向，基点取坐标系原点（0,0,0），直径：230，高度：40，如图 7-3（a）所示；单击【确定】按钮，构建圆盘实体，如图 7-3（b）所示。

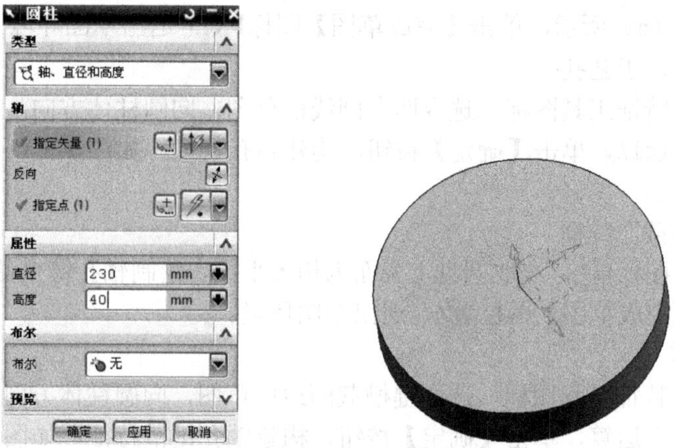

（a）　　　　　　　　（b）

图 7-3　构建圆柱体

2. 构建腰形凹槽

（1）绘制腰形草图

单击【草图】工具图标，选取圆盘上表面为构图平面，绘制腰形线框如图 7-4（a）所示；

选取腰形线框，单击【移动对象】标准工具图标，在“变换”选项组中，选取【绕直线旋转】选项，指定轴点为原点坐标（0,0,0），输入旋转角度：120；选取【复制原先的】选项按钮，非相关副本数，输入：2，如图 7-4（b ）所示；

单击【确定】按钮，实现旋转复制变换操作，结果如图 7-4（c ）所示；单击【完成草图】图标，退出草图环境。

（2）构建腰形凹槽

单击【拉伸】特征工具图标，选取腰形线框草图，向圆柱体方向从 0 到 20 拉伸，且选取布尔“求差”运算，单击【确定】按钮，构建腰形凹槽，如图 7-4（d）所示。

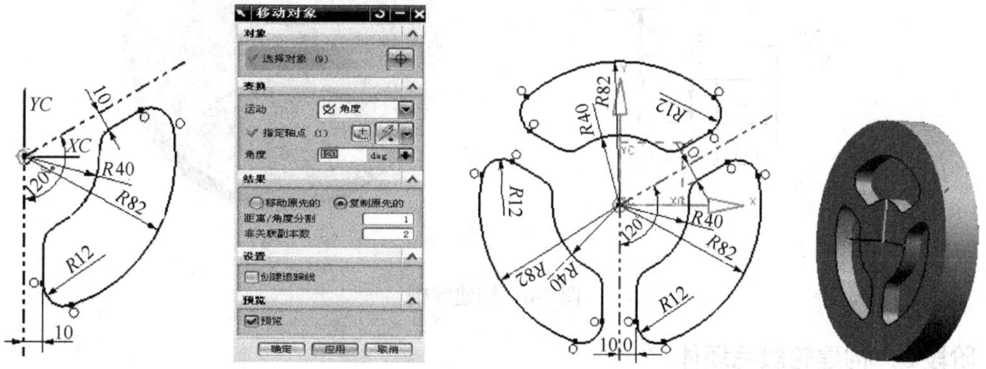

（a）　　（b）　　（c）　　（d）

图 7-4　构建腰形凹槽

3. 构建轴孔、工艺孔

（1）绘制孔圆线框

单击【草图】图标，选取圆盘上表面为构图平面，绘制工艺孔 3× ϕ10.5 圆和轴孔

ϕ45 圆，如图 7-5（a）所示，单击【完成草图】图标，退出草图环境。

（2）构建轴孔、工艺孔

单击【拉伸】特征工具图标，选取四个圆线框草图，向圆柱体方向从 0 到 50 拉伸，且选取布尔“求差”运算，单击【确定】按钮，构建各孔特征，如图 7-5（b）所示。

4. 构建键槽

（1）绘制键槽截面线框

单击【草图】图标，选取圆盘上表面为构图平面，绘制轴孔键槽截面线框，如图 7-6（a）所示，单击【完成草图】图标，退出草图环境。

（2）构建键槽

单击【拉伸】特征工具图标，选取键槽截面线框草图，向圆柱体方向从 0 到 50 拉伸，且选取布尔“求差”运算，单击【确定】按钮，构建轴孔键槽特征，如图 7-6（b）所示。

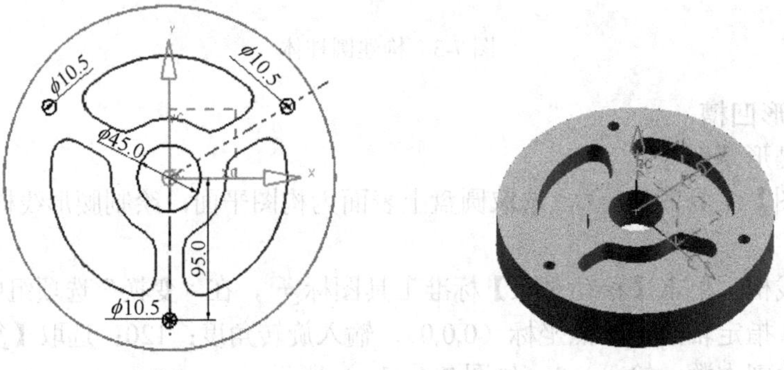

（a）　　（b）

图 7-5　构建轴孔、工艺孔

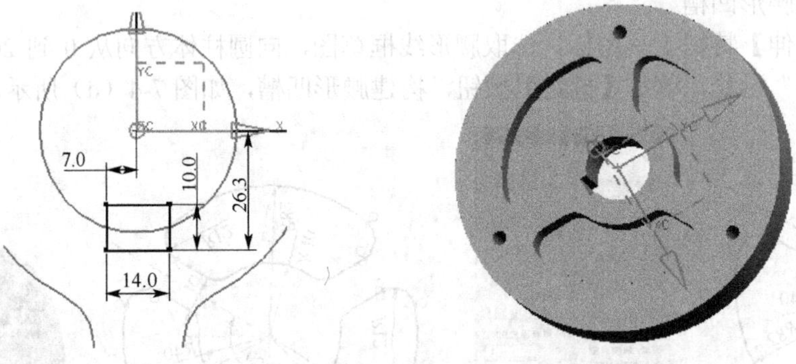

（a）　　（b）

图 7-6　构建键槽

阶段 3：构建轮毂毛坯体

（1）绘制毛坯体截面线框

单击【草图】图标，选取圆盘上表面为构图平面，绘制矩形截面线框，如图 7-7（a）所示，单击【完成草图】图标，退出草图环境。

（2）构建毛坯体

单击【拉伸】特征工具图标，选取矩形截面线框草图，向圆柱体方向从–1 到 40 拉伸，且选取布尔“无”运算，单击【确定】按钮，构建长方体毛坯特征，如图 7-7（b）所示；

选取长方体，单击【编辑对象显示】工具图标，弹出“编辑对象显示”对话框，将“透明度”滑标调到 40~60 之间，如图 7-7（c）所示，随之长方体变成半透明状态，轮毂实体在长方体内显示出来，如图 7-7（d）所示。

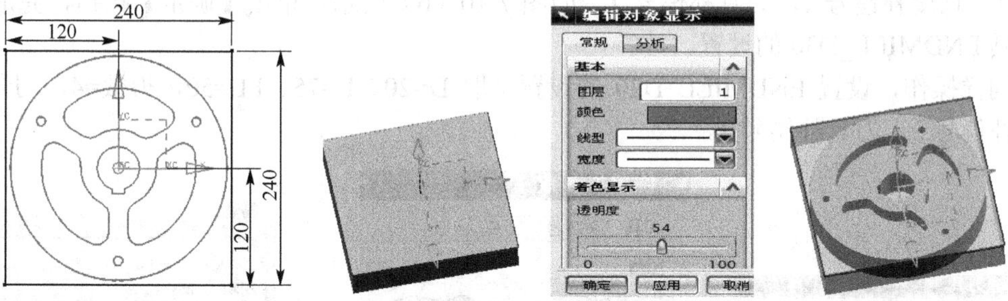

（a） （b） （c） （d）

图 7-7　构建轮毂零件毛坯体

阶段 4：构建轮毂零件数控加工刀轨操作

1. 构建数控加工环境

（1）进入加工模块

单击【开始】图标 开始、【加工】图标 加工(N)，弹出“加工环境”对话框，在 CAM 设置中选取平面铣削“mill_planar”模板，如图 7-8（a）所示。单击【确定】按钮，进入加工模块。

单击“资源管理条”中的【操作导航器】图标，显示“操作导航器-程序顺序”界面，如图 7-8（b）所示。

（2）创建程序类型、名称

单击【创建程序】图标，弹出“创建程序”对话框，进行程序类型、名称设置，如图 7-9（a）所示。在类型选项中，选取平面铣削“mill_planar”，在名称栏：输入名称：LUN_GU_1；位置选项取默认设置不变，单击【确定】按钮，弹出对话框，不作设置，再单击【确定】按钮，返回操作导航器“程序顺序”视图，已具有“LUN_GU_1”程序名，如图 7-9（b）所示。

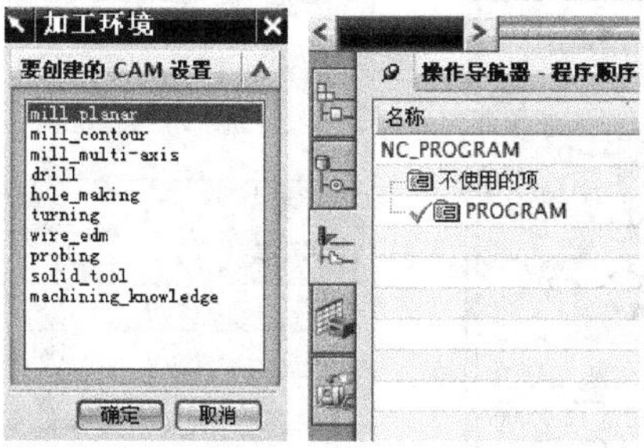

（a） （b）

图 7-8　进入加工模块

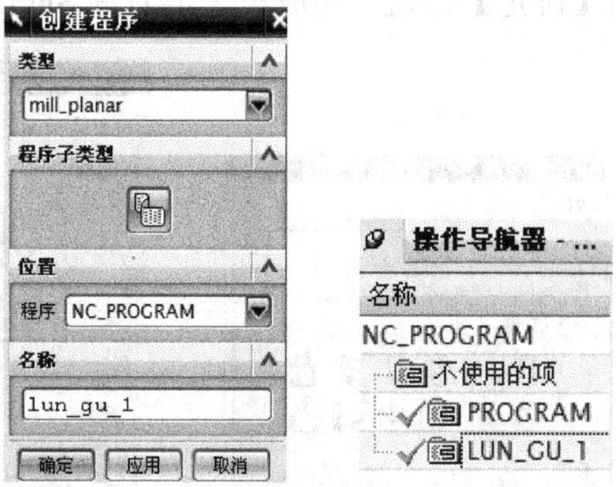

（a） （b）

图 7-9　创建程序类型、名称

（3）创建刀具

① 创建 ENDMILL_D30、ENDMILL_D20 铣刀。在“操作导航器”的空白处单击右键，单击【机床视图】按钮，或单击【机床视图】图标，将“操作导航器”切换为“机床

视图”。

单击【刀具创建】工具图标，弹出“创建刀具”对话框，设置如图 7-10（a）所示。单击【应用】按钮，弹出“5-参数”设置对话框，设置参数 D=30、L=75、FL=50，刃数=4，刀号 1，长度补偿号 1，刀具补偿号 1，如图 7-10（b）所示。单击【确定】按钮，完成第一把刀具 ENDMILL_D30 的设置。

同样操作，设置 ENDMILL_D20 的设置，取 D=20、L=75、FL=50，刃数=4，刀号 2，长度补偿号 2，刀具补偿号 2。

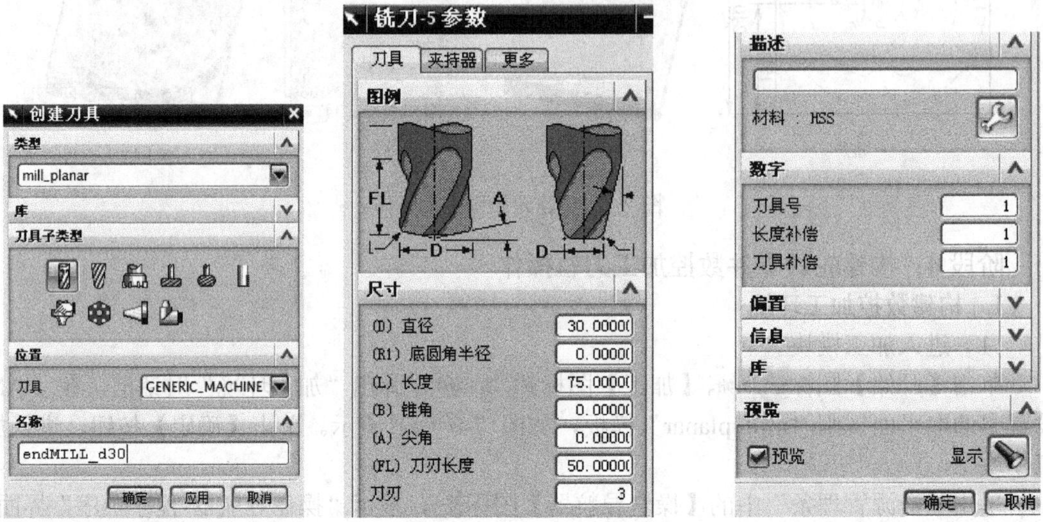

（a）　　　　　　　　　　　　　　（b）

图 7-10　创建平底铣刀对话框

② 创建 SPOTDRILLING_TOOL、DRILLING_TOOL_D12 钻头。在“创建刀具”对话框中，选取类型“drill”，单击刀具子类型中点钻刀具图标，名称取为 SPOTDRILLING_TOOL，如图 7-11（a）所示。单击【应用】按钮，弹出“钻刀”对话框，设置参数如图 7-11（b）所示，单击【确定】按钮，完成第三把刀具 SPOTDRILLING_TOOL 的创建。

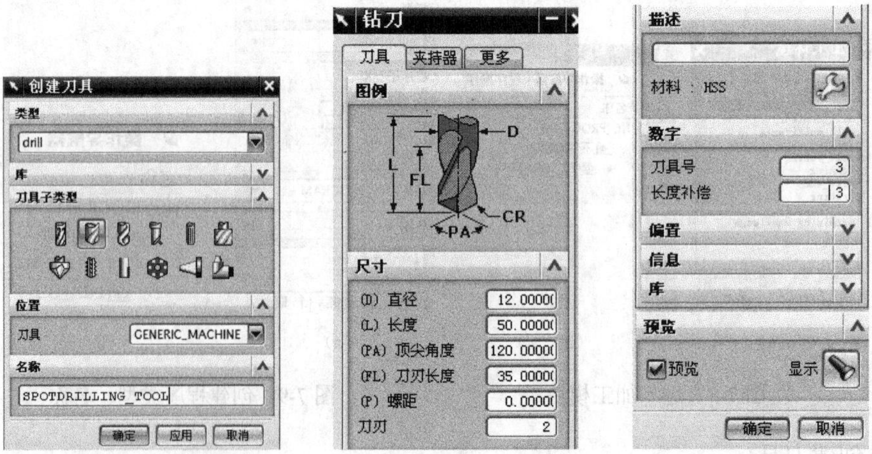

（a）　　　　　　　　　　　　　　（b）

图 7-11　创建点钻刀具对话框

在“创建刀具”对话框中，选取类型“drill”，单击子类型中钻头刀具图标，名称取为 DRILLING_TOOL_D10.5，如图 7-12（a）所示；

单击【应用】按钮，弹出钻刀参数设置框，参数如图 7-12（b）所示，单击【确定】按钮，完成第四把刀具 DRILLING_TOOL_D10.5 的创建。

返回“创建刀具”对话框后，单击【取消】按钮，结束刀具的创建操作。在“操作导航器—机床”中显示已创建的刀具，如图 7-13 所示。

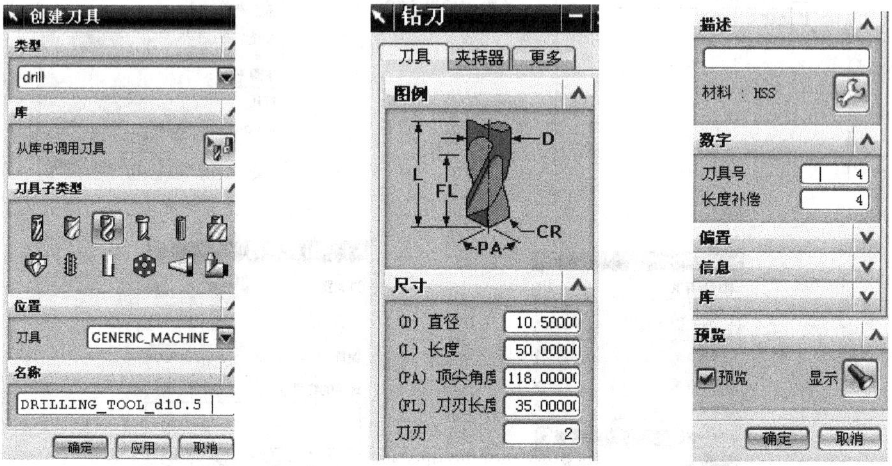

（a）　（b）

图 7-12 DRILLING_TOOL_D10.5 钻头的创建

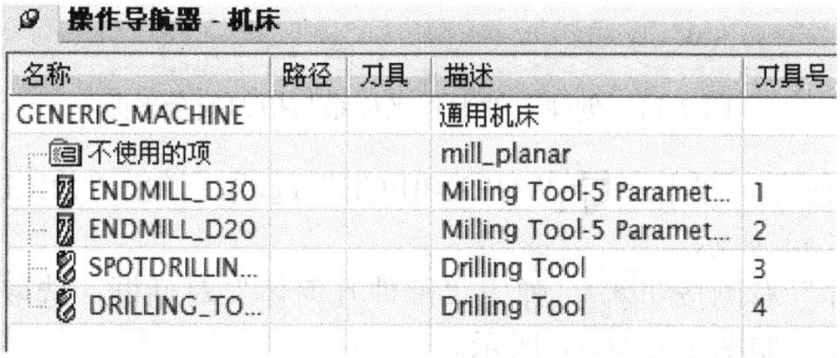
操作导航器 - 机床
名称 路径 刀具 描述 刀具号
GENERIC_MACHINE 通用机床
不使用的项 mill_planar
ENDMILL_D30 Milling Tool-5 Paramet... 1
ENDMILL_D20 Milling Tool-5 Paramet... 2
SPOTDRILLIN... Drilling Tool 3
DRILLING_TO... Drilling Tool 4

图 7-13 创建刀具列表

（4）创建数控加工几何体

单击【几何视图】图标，将“操作导航器”切换为几何视图，如图 7-14（a）所示。

① 设置工件编程坐标系。单击“MCS_MILL”前“+”号，展开“MCS_MILL”文件夹，如图 7-14（b）所示；

双击“MCS_MILL”，弹出“Mill Orient”对话框，如图 7-14（c）所示，“机床坐标系”选项取默认设置，即“XMYMZM”机床坐标系（应理解为工件编程坐标系）与“*XYZ*”绝对坐标系、“*XC-YC-ZC*”工件建模坐标系重合；此时，参考坐标系选项也取默认设置不变。

② 抬刀安全平面设置。安全设置选项中，单击下拉菜单，选取“平面”，如图 7-14（d）所示，单击【选择平面】按钮，弹出“平面构造器”对话框，选取安全平面基准类型为【XC-YC】图标，在偏置项输入一定的偏置值，如：50，即选取的安全平面位置是 *ZC*=50mm 的水平面，如图 7-14（e）所示。

单击【确定】按钮，返回“Mill Orient”对话框。再单击【确定】按钮，关闭“Mill Orient”

对话框，返回“操作导航器-几何”视图。

图 7-14　创建工件编程坐标系与抬刀安全平面

③ 创建部件几何体。双击“WORKPIECE”选项，弹出“MILL_GEOM”铣削几何对话框，如图 7-15（a）所示。

单击“指定部件”右侧按钮，弹出“部件几何体”对话框，选取单选项 “几何体”，过滤器方式为“体”， 如图 7-15（b）所示。

在轮毂零件与毛坯体上右键单击，弹出快捷菜单，单击 从列表选择(L)... 按钮，弹出“快速拾取”对话框，光标在两实体项移动，即显示所选取的实体对象，在此应单击轮毂零件“实体 2”，如图 7-15(c)所示，且返回“部件几何体”对话框，单击【确定】按钮，返回“MILL_GEOM”对话框。此时，按钮后电筒高亮显示，如图 7-15（d）所示。

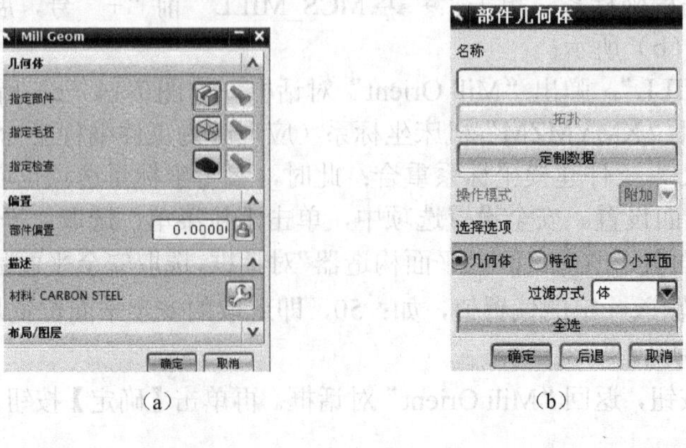

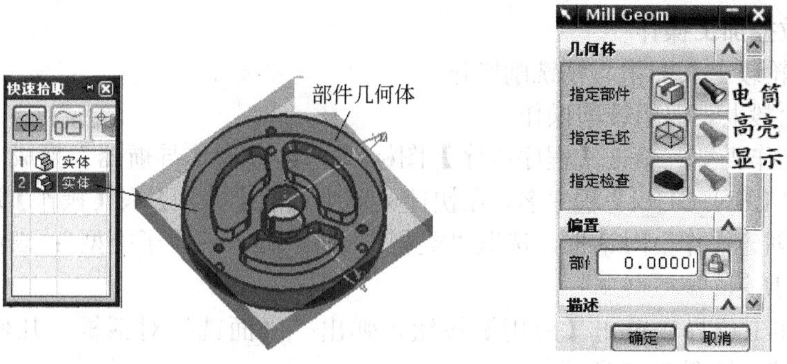

（c）　　（d）

图 7-15　创建加工部件几何体

④ 创建毛坯几何体。单击“指定毛坯”右侧按钮，弹出“毛坯几何体”对话框，选取单选项 “几何体”，过滤器方式为“体”，如图 7-16（a）所示。仿照选取“部件几何体”操作方法，选取长方体为毛坯几何体，且返回“MILL_GEOM”对话框。

⑤ 选择毛坯材料。单击“MILL_GEOM”对话框中材料后图标，弹出“部件材料”对话框，选取铝合金材料“ALLOY STEEL”， 如图 7-16（b）所示。

（说明：部件材料表中所列材料不是按我国的材料代号所列，这里的选取仅作参考。材料的选择，会影响到切削加工的工艺参数。一般地，这项可不作选择，切削工艺参数直接根据实际材料选取、设置。）

单击【确定】按钮，返回“MILL_GEOM”对话框。再次单击【确定】按钮，结束几何体设置。

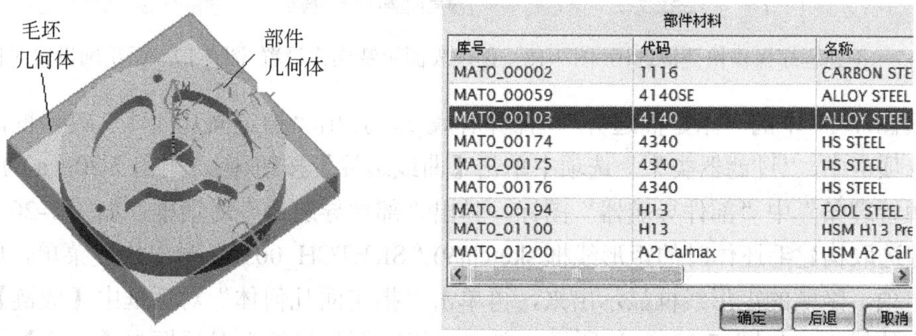

（a）选取毛坯几何体　　（b）选择毛坯材料

图 7-16　选取毛坯几何体和材料

（5）创建切削加工方法

切削加工方法主要指粗铣削、半精铣削、精铣削、钻孔等加工方法，创建加工方法主要指设置各种加工方法的工艺参数。

SIEMENS NX6.0 软件中根据不同的加工方法已设置一定的工艺参数，因此，这里的创建切削加工方法主要项目是对已有部分工艺参数进行调整、修改，以便于在创建切削加工操作时直接调用。

若在此不创建切削加工方法，可在创建切削操作时直接对软件已设置的加工工艺参数进行修改、设置。一般地，采用后者，更符合具体实际工作情况。

本教材中，一般采用不事先创建切削加工方法，而在创建切削加工操作时，进行工艺参数的设置工作模式。

2. 构建数控加工操作

（1）构建轮毂上表面粗、精铣削操作

1）构建轮毂上表面粗铣削操作

① 创建操作类型。单击【程序顺序】图标，将“操作导航器”换成“程序顺序”视图，右键单击“LUN_GU_1”程序名，在快捷菜单中选取【插入】、【操作】选项，如图 7-17 所示；弹出“创建操作”对话框，选取“类型”：mill_planar；“子类型”：表面铣，其他设置如图 7-18 所示。

② 创建加工边界。单击【应用】按钮，弹出“平面铣”对话框，几何体选项：选取“WORKPIECE”，如图 7-19 所示。

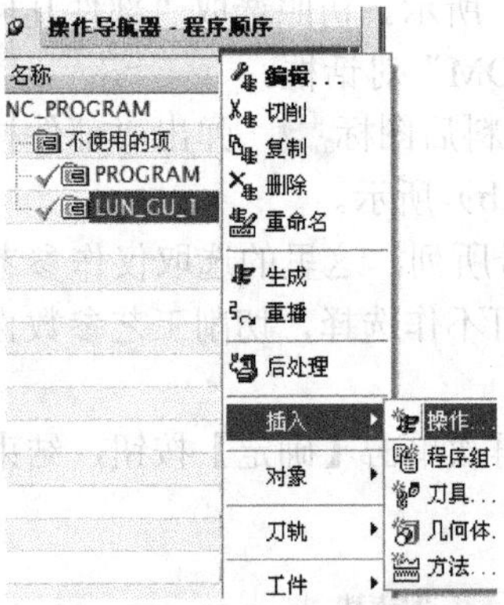

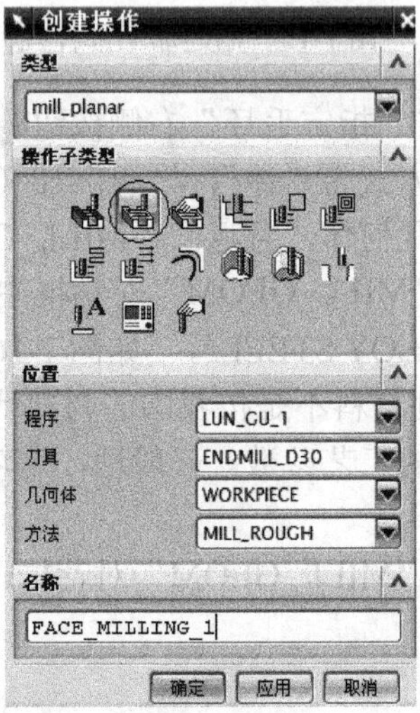

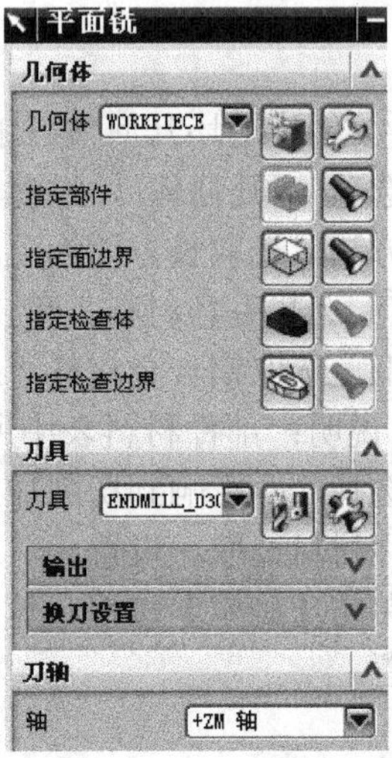

图 7-17　创建程序操作快捷键选用　图 7-18　创建表面粗铣操作设置　图 7-19　面铣削设置对话框

单击图 7-19 中的“指定面边界”右侧图标，弹出“指定面几何体”对话框，在“主界面”选项卡中，“过滤器类型”选项中单击【曲线边界】按钮，如图 7-20（a）所示；单击“资源管理条”中“部件导航器”图标，弹出“部件导航器”对话框，如图 7-20（b ）所示，右键选取构建毛坯体时的矩形线框 sketch(9)“SKETCH_003”，弹出快捷菜单，单击“显示”菜单项，隐藏的矩形线框显示出来，再单击“指定面几何体”对话框中【成链】按钮，选取长方体线框，如图 7-20（c）所示；单击“指定面几何体”对话框中【确定】按钮，返回图 7-19 所示“平面铣”对话框，完成“指定面边界”操作。

③ 设置刀轴、刀轨。在图 7-19 所示“面铣削”对话框中，取刀具、刀轴方向已有设置（这些设置是在图 7-18 中已完成的），打开后如图 7-21（a）所示；

刀轨设置选项组中，“切削模式”选取“往复”，其他设置如图 7-21（b）所示。

④ 设置切削参数。单击图 7-19 所示面铣削设置对话框中的“切削参数”右侧图标，如图 7-22（a）所示，弹出“切削参数”对话框，设置如图 7-22（b）所示，其他项取默认设置，单击【确定】按钮，返回图 7-19 所示“平面铣”对话框。

⑤ 非切削运动参数。单击图 7-22（a）所示对话框中“非切削移动”右侧图标，弹出“非切削运动”对话框，设置进刀参数如图 7-22（c）所示，退刀参数同进刀参数，其他取默认设置。

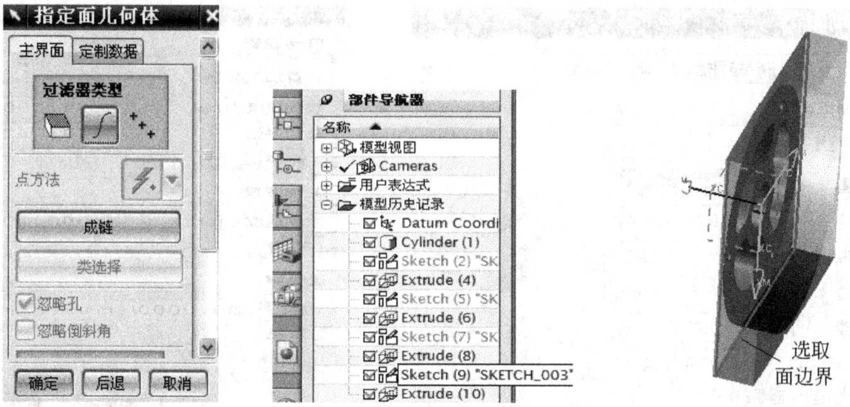

（a）（b）（c）

图 7-20 指定面几何体操作

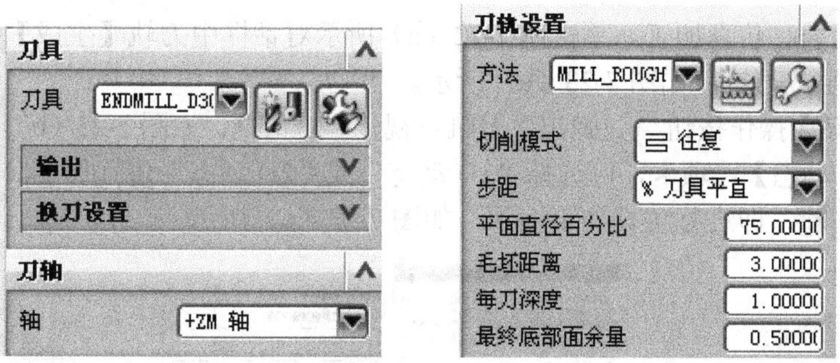

（a）（b）

图 7-21 设置刀轴、刀轨参数

⑥ 进给参数设置。单击图 7-22（a）所示对话框中“进给和速度”右侧图标，弹出“进给”对话框，输入“主轴转速 rpm”：1000，自动设置项中，则会自动计算出“表面速度”和每齿进给量；在“进给率”选项中，输入进给率 150mmpmin（mm/min，下同），其他，选项取默认值，如图 7-22（d）所示。

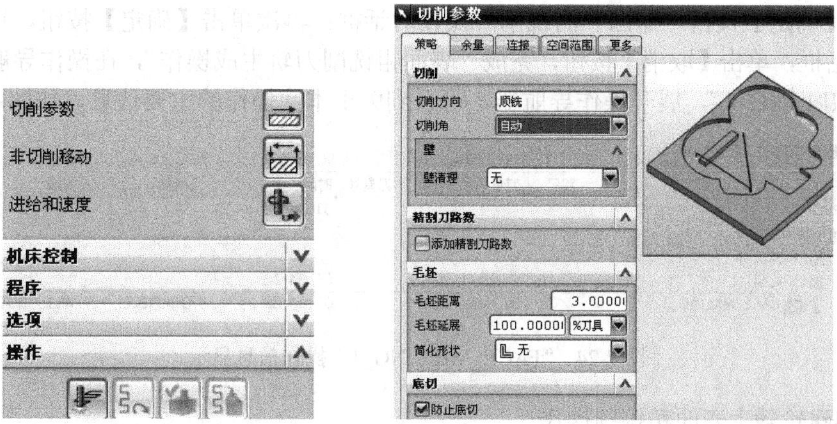

（a）（b）

图 7-22

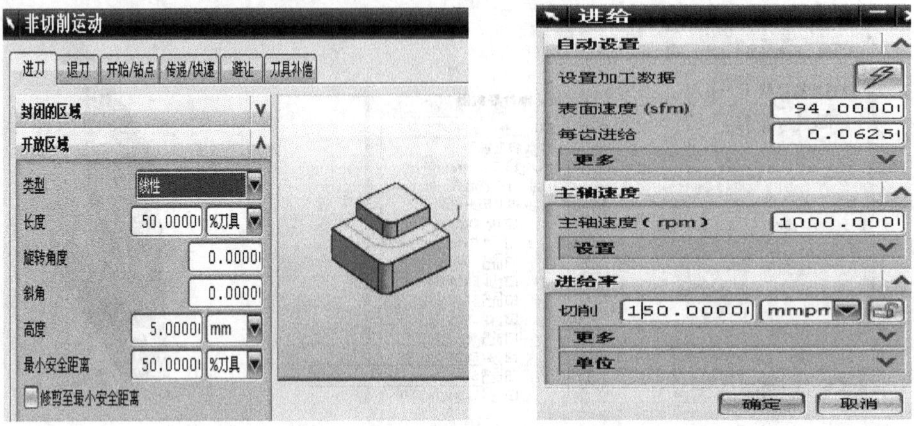

（c）　　　　　　　　　　　　　　　　（d）

图 7-22　切削参数、非切削参数、进给率设置

⑦ 生成刀轨、仿真加工。单击图 7-22（a）所示对话框中刀轨【生成】操作按钮，在轮毂上表面生成刀轨，如图 7-23（a）所示。

单击【确认】操作按钮，弹出“刀轨可视化”对话框，如图 7-23（b）所示。单击【3D 动态】或【2D 动态】选项卡，可选择“3D 动态”或“2D 动态”仿真加工演示，单击下方的演示播放按钮，即进行仿真加工演示，如图 7-23（c）所示。

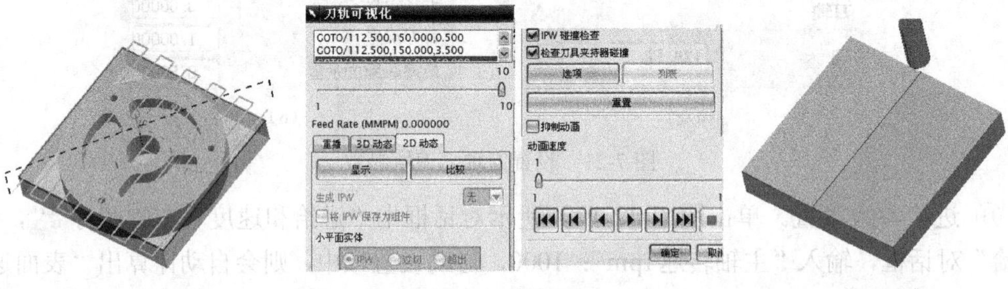

（a）　　　　　　　　（b）　　　　　　　　（c）

图 7-23　生成表面铣削刀轨及仿真铣削加工演示

单击【确定】按钮，返回“面铣削”操作对话框；再次单击【确定】按钮，返回“创建操作”对话框，单击【取消】按钮，完成“表面粗铣削刀轨生成操作”，在操作导航器中显示“FACE_MILLING_1”，展开操作导航器，可看到关于本次操作的主要信息，如图 7-24 所示。

操作导航器 - 程序顺序

名称	换刀	路径	刀具	刀具号	时间	几何体	方法
NC_PROGRAM					01:04:22		
不使用的项							
PROGRAM							
LUN_GU_1					01:04:22		
FACE_MILLING_1		✓	ENDMILL_D30	1	01:04:22	WORKPIECE	MILL_ROUGH

图 7-24　“FACE_MILLING_1”操作信息显示

2）构建轮毂上表面精铣削操作

在操作导航器中，右击“FACE_MILLING_1”，在弹出的快捷菜单中单击【复制】菜单，再单击【粘贴】菜单，形成“FACE_MILLING_1COPY”；右击“FACE_MILLING_1COPY”，弹出快捷菜单中单击【重命名】菜单，将其重命名为“FACE_MILLING_2”,如图 7-25（a）所示。

双击“FACE_MILLING_2”,将“面铣削”对话框中“刀轨设置”方法改为“MILL_FINISH”,每一刀的深度改为“3”，含义将原毛坯上表面的 3mm 加工余量全部切除，但实际加工厚度是上一操作留下的 0.5mm 加工余量，最终底部面余量改为“0”，如图 7-25（b）所示。

将进给和速度参数改为“主轴转速（rpm)”：1500；“进给率”：100mmpmin（mm/min，下同)，如图 7-25（c）所示。

单击【确定】按钮，返回“面铣削”对话框，单击仿真操作【生成】图标，生成刀轨；单击【确认】图标，弹出“刀轨可视化”对话框，进行“2D”或“3D”仿真铣削加工。

连续两次单击【确定】按钮，返回“创建操作”对话框，单击【取消】按钮，返回操作导航器，完成表面精铣削刀轨生成操作 FACE_MILLING_2。在操作导航器中显示 FACE_MILLING_2 操作生成，图 7-25（a）所示的问题符号变为感叹号，如图 7-25（d）所示。

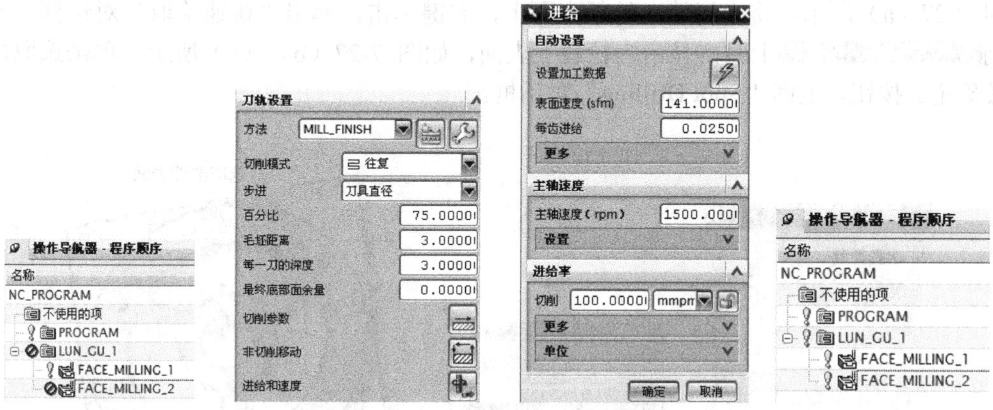

图 7-25　设置轮毂上表面精铣削操作

（2）创建点钻中心孔、钻孔加工操作

1）创建点钻中心孔操作

① 创建操作类型、选择刀具、方法与几何体。在“操作导航器—程序顺序”视图中，右键单击程序名“LUNGU_1”,从弹出的快捷菜单中选择【插入】、【操作】菜单，弹出“创建操作”对话框，设置操作类型、子类型；选择刀具、方法与几何体；设置操作名称如图 7-26（a）所示。

② 点钻几何体、刀具设置。单击“创建操作”对话框中【应用】按钮，弹出点钻“Spot_Drilling”对话框，如图 7-26（b）所示。在“几何体”组框中，单击“指定孔”右侧按钮，弹出“点到点几何体”对话框，单击【选择】按钮，弹出“名称”对话框，如图 7-26（c）所示。在图形区选取轮毂模型中心孔边界、3× ϕ10.5 孔边界，如图 7-26（d）所示。连续单击【确定】按钮，返回“点钻”对话框。

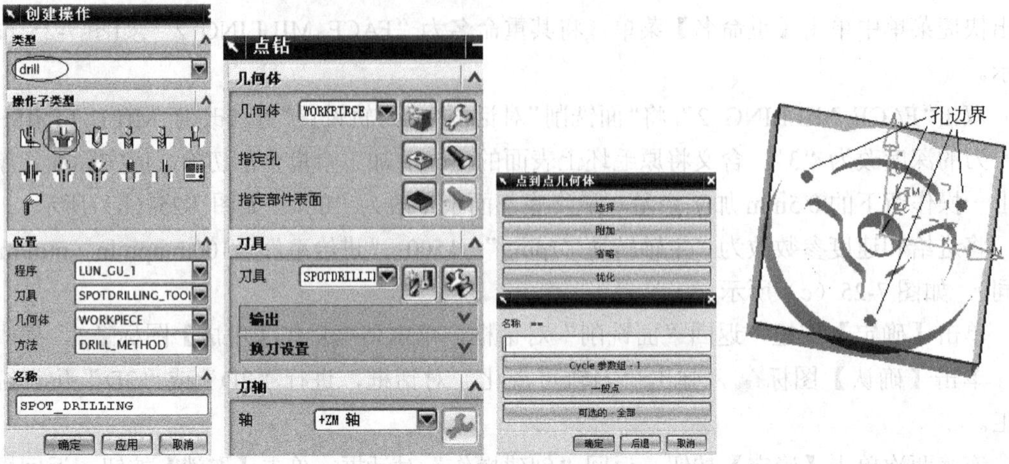

（a）　　（b）　　（c）　　（d）

图 7-26　创建点钻操作类型、选择刀具、方法与孔边界

在“几何体”组框中，单击“指定部件表面”右侧按钮，弹出“部件表面”对话框，如图 7-27（a）所示，将光标放在轮毂表面上，右键单击，弹出“快速拾取”对话框，光标移到 2 面（共 Cylinder(1)）上时，显示为轮毂上表面，如图 7-27（b）、（c）所示，单击选取，单击【确定】按钮，返回“Spot Drilling”对话框。

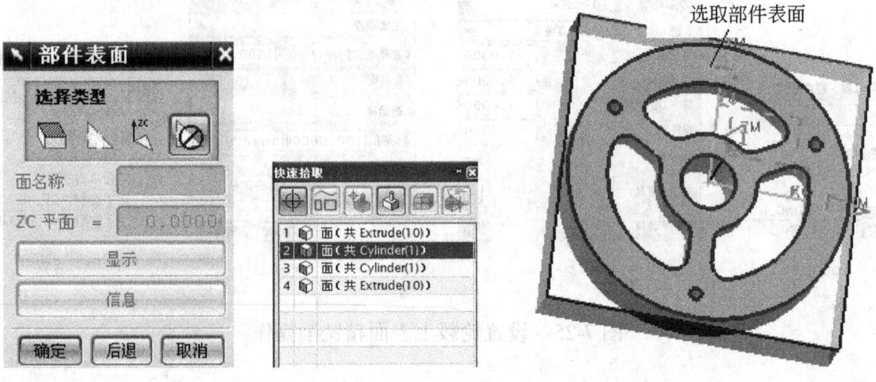

（a）　　（b）　　（c）

图 7-27　选取轮毂上表面为孔所在部件表面

刀具设置、刀轴设置都取默认设置不变。

③ 切削参数设置。单击“点钻”对话框中的“进给和速度”图标，弹出“进给”对话框，设置主轴速度 500rpm，设置进给率 50mmpmin。如图 7-28（a）所示，单击【确定】按钮，返回“点钻”对话框。

④ 检查安全设置。单击“点钻”对话框中的“避让”图标，弹出无名对话框，如图 7-28（b）所示。这里因已设置了安全平面，故显示按钮【Clearance Plane-活动的】，即可不考虑刀具运动会碰撞工件问题（若显示按钮【Clearance Plane-无】，则必须单击此按钮，设置安全平面）。单击【确定】按钮，返回“点钻”对话框。

⑤ 生成刀轨。单击【生成】刀轨按钮，生成刀轨，如图 7-29 所示。

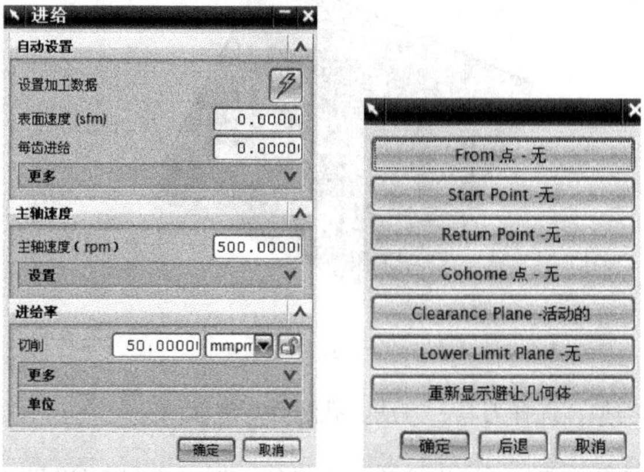

（a）　（b）

图 7-28　设置进给率、主轴转速和检查安全设置

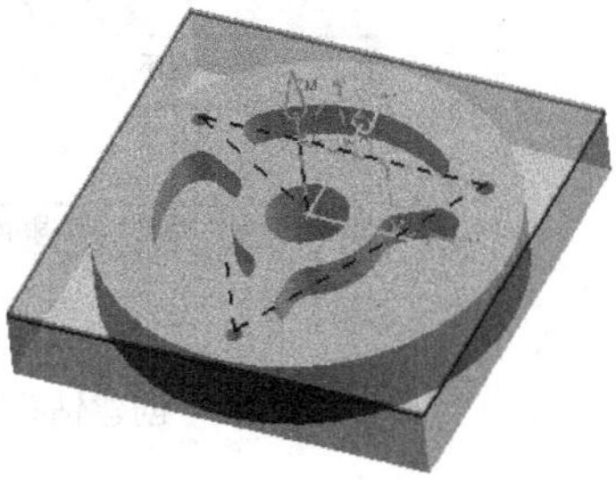

图 7-29　点钻刀具轨迹图

2）创建钻削孔 $\phi 10.5$ 操作

① 创建操作类型、选择刀具、方法与几何体。在“操作导航器—程序顺序”视图中，右键单击程序名“LUNGU_1”,从弹出的快捷菜单中选择【插入】、【操作】菜单，弹出“创建操作”对话框，设置操作类型、子类型；选择刀具、方法与几何体；设置操作名称，如图 7-30（a）所示。

② 钻孔几何体、刀具设置。单击“创建操作”对话框中【应用】按钮，弹出“钻”对话框，如图 7-30（b）所示。其中“指定孔”、“指定部件表面”操作与上述“点钻”操作完全一样，请参考“点钻”操作设置进行。

单击“指定底面”右侧图标，弹出“底面”对话框，选择类型取 ZC 方法，输入 *ZC* 平面=–40，如图 7-30（c）所示。或者直接选取轮毂底面，如图 7-30（d）、（e）所示。单击【确定】按钮，返回“钻”对话框。

刀具设置、刀轴设置都取默认设置不变。

（a）　（b）　（c）

图 7-30

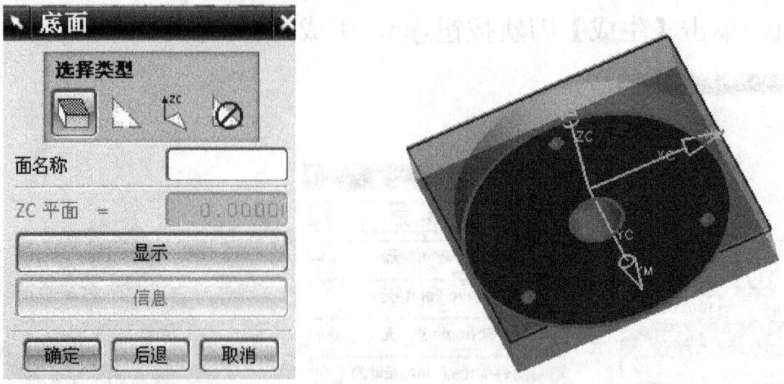

（d）　　　　　　　　　　　　　　（e）

图 7-30　创建钻孔操作类型、选择刀具、方法、孔边界、底面

③ 循环类型、钻通孔深度设置。循环类型，在此选取标准钻，即一直钻到设置深度为止（但对于深度较大的深孔钻削，则应选取标准断屑钻，其他孔加工方式，应选取对应的循环类型）。在深度偏置“Depth Offsets”选项中，设置通孔安全距离一般大于钻头半径值，在此钻头直径 10.5mm，取通孔安全距离 6.5mm，如图 7-31 所示。

④ 进给和速度设置。单击“进给和速度”图标，弹出“进给”对话框，输入主轴转速：1000，进给率切削：80，表面速度和每齿进给量是系统根据主轴速度自动设置的，如图 7-32 所示。

安全检查与点钻相同，从略。

⑤ 生成刀轨并仿真加工演示。

单击【生成】刀轨图标，生成钻削刀轨，单击【确认】图标，进行 2D 仿真钻孔演示，结果如图 7-33 所示。

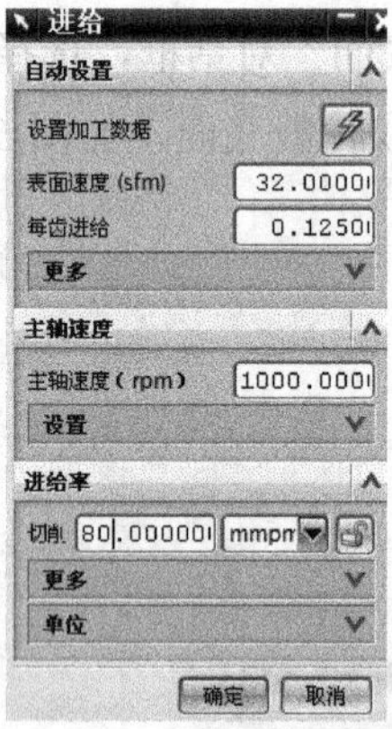

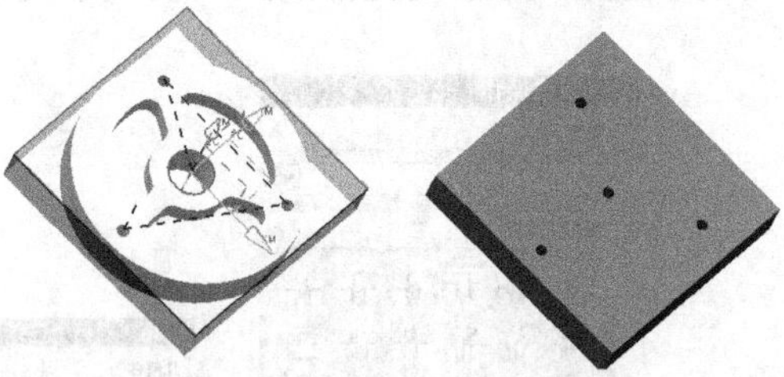

图 7-31　通孔深度设置 图 7-32　轴转速与进给率　　　　图 7-33　刀轨与钻孔结果

（3）构建凹槽铣削加工操作

为了实现轮毂凹槽、轴孔及外轮廓的铣削加工，用 3 个 M10×85 的螺栓将轮毂毛坯与专用夹具块连接，再用平口钳夹持专用夹具，这样，就容易保证轴孔与凹槽和外轮廓之间的相互位置精度要求。

1）构建凹槽粗铣削加工操作

① 创建操作类型、名称、选择刀具、方法与几何体。在“操作导航器—程序顺序”视图中，右键单击程序名“LUNGU_1”,从弹出的快捷菜单中选择【插入】、【操作】菜单，弹

出“创建操作”对话框，设置操作类型、子类型；选择刀具、方法与几何体；设置操作名称，如图 7-34（a）所示。选取子类型图标（ROUGH_FOLLOW），含义是“跟随周边粗铣削”。

单击【应用】按钮，弹出如图 7-34（b）所示，“跟随轮廓粗加工”对话框。

② 指定加工部件边界。单击“指定部件边界”图标，弹出“边界几何体”框，将模式选取为“曲线/边”，又弹出“创建边界”框，设置各项如图 7-34（c）所示。单击“成链”，在轮毂模型中依次选取减重凹槽上边界 1、2 圆弧，即形成封闭边界，如图 7-34（d）所示。

同理，单击【创建下一个边界】按钮、【成链】按钮，分别将其余两个凹槽边界选为加工边界。连续单击【确定】按钮，返回“跟随轮廓粗加工”对话框。

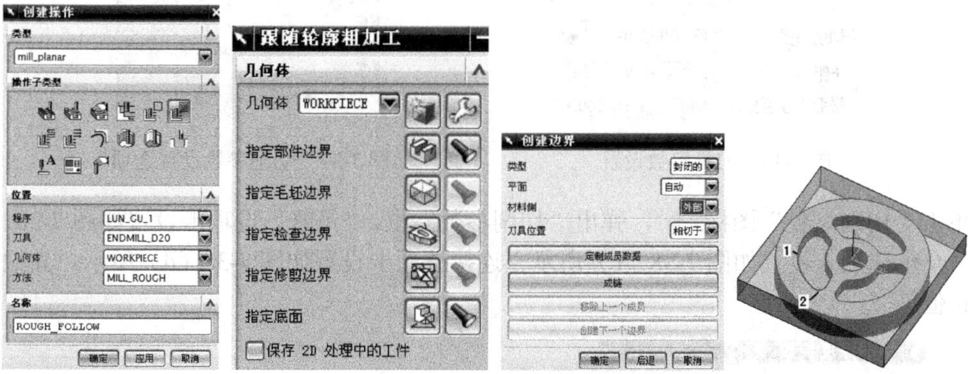

（a） （b） （c） （d）

图 7-34 创建操作类型、名称、选择刀具、方法与几何体

③ 指定毛坯边界。由于进行内部挖槽加工，毛坯边界对挖槽无控制作用，可不作指定。同理，“指定检查边界”和“指定修剪边界”对进行挖槽加工无控制作用，不予指定。

④ 加工底面。单击“指定底面”图标，弹出“平面构造器”，选取减重凹槽底面一边界圆弧，即确定加工底面位置，如图 7-35 所示。单击【确定】按钮，返回“跟随轮廓粗加工”对话框。

⑤ 刀具与刀轨设置。在“跟随轮廓粗加工”对话框中，设置刀具、刀轴、刀轨参数，如图 7-36 所示。

⑥ 切削参数设置。单击“切削层”图标，弹出“切削深度参数”框（图 7-37），设置结果如图 7-38（a）所示。

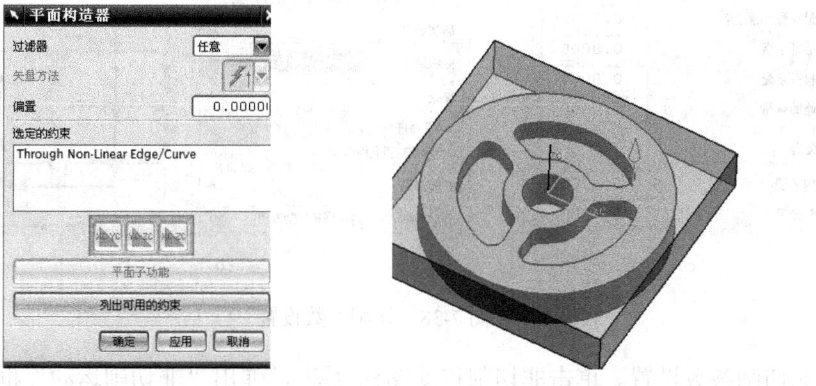

（a） （b）

图 7-35 构造加工底面

图 7-36　刀具参数设置

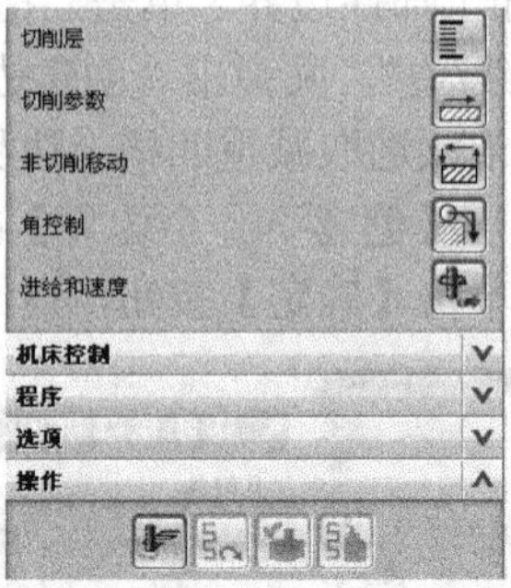

图 7-37　切削参数设置选项

单击“切削参数”图标，弹出“切削参数”框，“策略”选项卡设置如图 7-38（b）所示。余量选项卡设置如图 7-38（c）所示。连接选项卡设置如图 7-38（d）所示。其他选项取默认值。

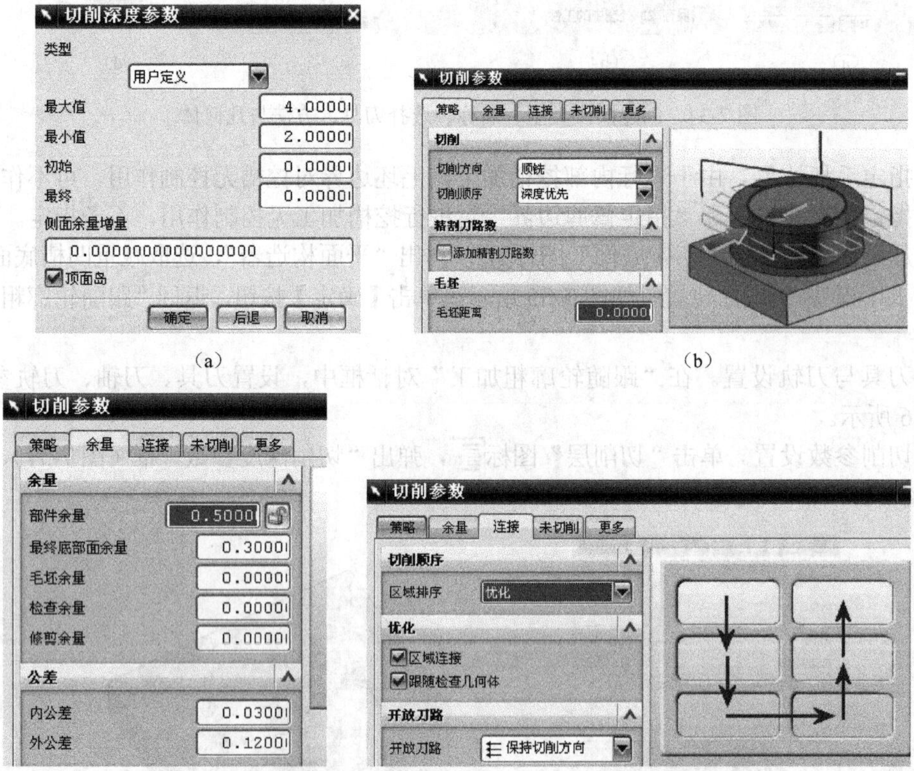

（a）　（b）

（c）　（d）

图 7-38　切削参数设置

⑦ 非切削参数设置。单击非切削移动图标，弹出“非切削运动”框，进刀选项卡设置如图 7-39 所示。退刀运动与进刀相同。其他选项取默认值。

⑧ 进给和速度设置。单击“进给和速度”图标，弹出“进给”对话框，设置主轴速

度 1000rpm，表面速度、每齿进给自动获得。设置进给率 200mmpmin。如图 7-40 所示。

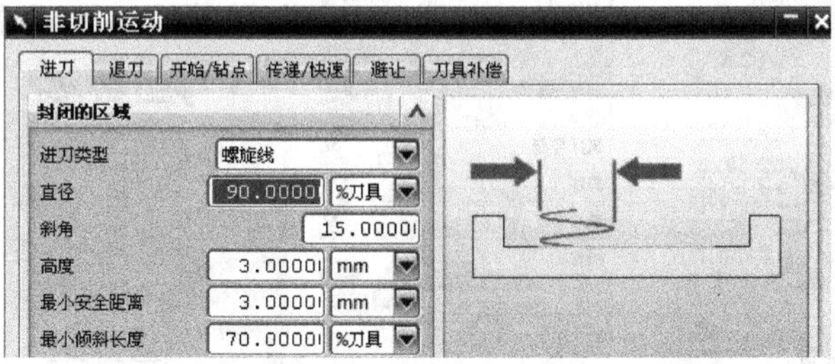

图 7-39 进刀选项卡设置

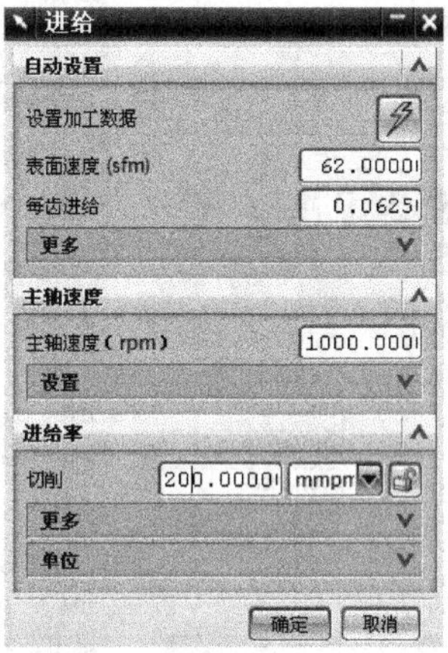

图 7-40 进给和速度设置

⑨ 生成刀轨并仿真加工演示。单击【生成】刀轨图标，生成铣削刀轨，单击【确认】图标，进行 2D 仿真钻孔演示，结果如图 7-41（a）、（b）所示。

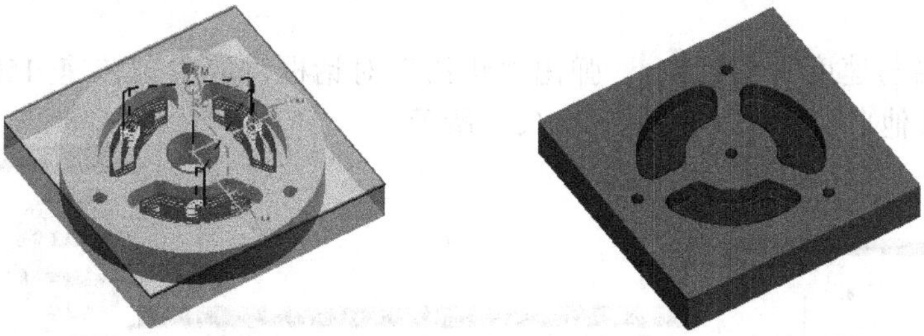

（a） （b）

图 7-41 生成铣凹槽刀轨及仿真加工结果

2）构建凹槽精铣削加工操作

① 创建操作类型、名称、选择刀具、方法与几何体。在“操作导航器—程序顺序”视图中，右键单击程序名“LUNGU_1”,从弹出的快捷菜单中选择【插入】、【操作】菜单，弹出“创建操作”对话框，设置操作类型、子类型；选择刀具、方法与几何体；设置操作名称，如图 7-42（a）所示。选取子类型图标（FINISH_FLOOR），含义是“底面精铣削”。

单击【应用】按钮，弹出如图 7-42（b）所示“精加工底面”对话框。

② 设置几何体、刀具、刀轴。几何体、刀具、刀轴各项设置与“跟随轮廓粗加工”对话框中一样，请参考“跟随轮廓粗加工”对话框的设置进行。

③ 设置刀轨。在“精加工底面”对话框刀轨设置项中，方法、切削模式、步进、百分比设置如图 7-43（a）所示。

④ 切削参数设置。单击“切削层”图标，弹出“切削深度参数”对话框，设置如图 7-43（b）所示。

单击“切削参数”图标，弹出“切削参数”对话框，“策略”选项卡设置如图 7-44（a）所示，余量选项卡中各参数均取 0。 其他选项取默认设置，单击【确定】按钮，返回“精加工底面”对话框。

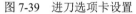

（a）　（b）

图 7-42　创建精铣削凹槽类型、选择刀具、方法与几何体

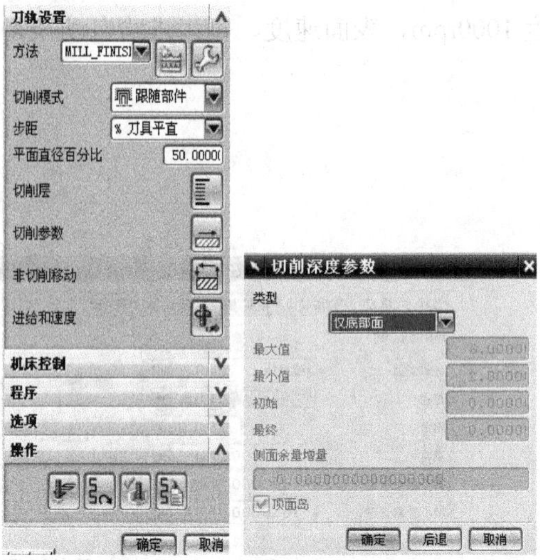

（a）　（b）

图 7-43　切削模式、切削层设置

单击“非切削运动”图标，弹出“非切削运动”对话框，设置“进刀”选项卡如图 7-44（b）所示，退刀与进刀相同，其他取默认设置，单击【确定】按钮，返回“精加工底面”对话框。

单击“进给与速度”图标，弹出“进给”对话框，取主轴转速 1500rpm，进给率 100mmpmin，其他自动计算，如图 7-44（c）所示。

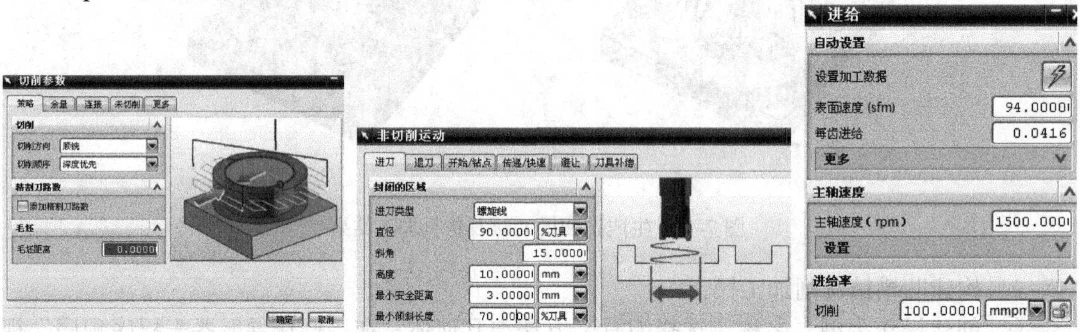

（a）　（b）　（c）

图 7-44　切削、非切削运动参数及进给参数设置

⑤ 生成刀轨并仿真加工演示。单击【生成】刀轨图标，生成铣削刀轨，单击【确认】图标，进行 2D 仿真钻孔演示，结果如图 7-45（a）、（b）所示。

（a）　（b）

图 7-45　精铣削凹槽底面刀轨与 2D 仿真精铣加工结果

（4）构建轴孔铣削加工操作

① 创建操作类型、名称、选择刀具、方法与几何体。在“操作导航器—程序顺序”视图中，右键单击程序名“LUNGU_1”,从弹出的快捷菜单中选择【插入】、【操作】菜单，弹出“创建操作”对话框，设置操作类型、子类型；选择刀具、方法与几何体；设置操作名称，如图 7-46（a）所示。选取子类型图标（FINISH_WALLS），含义是“侧壁精铣削”。

单击【应用】按钮，弹出如图 7-46（b）、（c）所示“精加工壁”对话框。

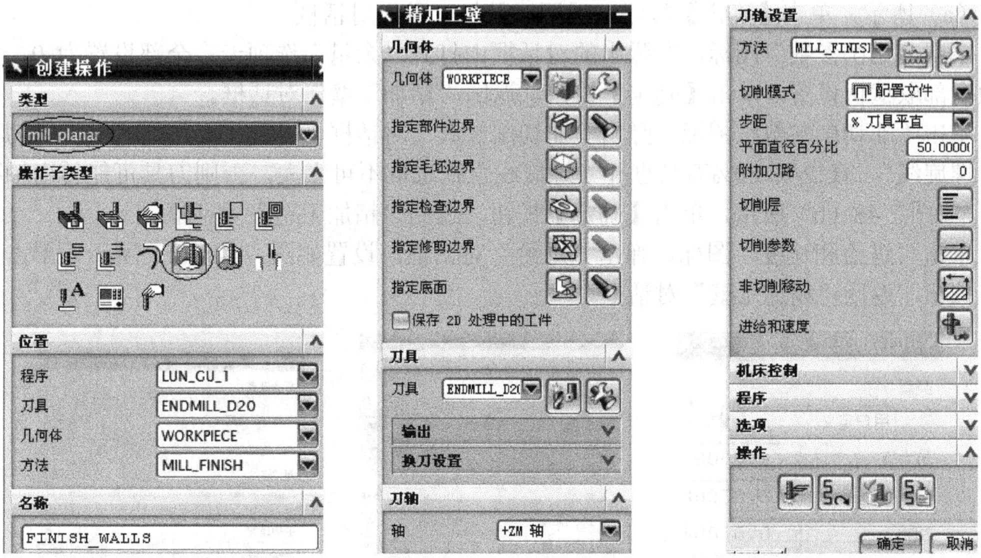

（a） （b） （c）

图 7-46　轴孔精铣操作类型设置

② 设置几何体、刀具、刀轴。在几何体选项组中单击“指定部件边界”图标，弹出“创建边界”对话框，选取类型“曲线/边”，又弹出下一级“创建边界”对话框，设置如图 7-47（a）所示；选取 ϕ45 轴孔棱边，如图 7-47（b）所示，单击【确定】按钮，返回“精加工壁”对话框。

单击“指定底面”图标，弹出“平面构造器”对话框中，选取参考平面 *XC-YC*，偏置栏输入：–41，（即加工底面比轮毂底面还低 1mm，以保证铣穿轴孔），如图 7-47（c）所示，单击【确定】按钮，返回“精加工壁”对话框。

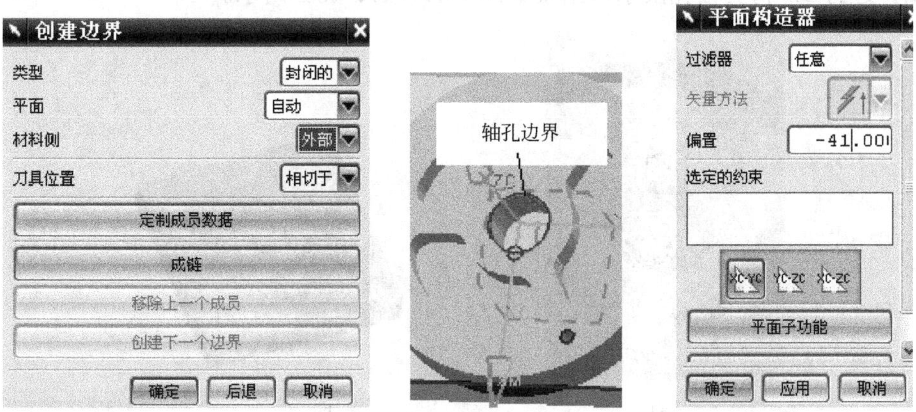

（a） （b） （c）

图 7-47　指定轴孔边界

其他几何体选项不作设置。

刀具、刀轴各项设置与“跟随轮廓粗加工”对话框中一样，请参考“跟随轮廓粗加工”对话框的设置进行。

③ 设置刀轨。在“精加工壁”对话框刀轨选项中，方法、切削模式、步进、百分比设置如图 7-46（c）所示。

④ 切削参数设置。单击“切削层”图标，弹出“切削深度参数”对话框，设置如图 7-48（a）所示，单击【确定】按钮，返回“精加工壁”对话框。

单击“切削参数”图标，在弹出的对话框中打开“余量”选项卡，全部设置为 0，其他选项全部取默认设置，单击【确定】按钮，返回“精加工壁”对话框。

单击“非切削参数”图标，弹出“非切削参数”对话框，设置“封闭的区域”进刀类型为“螺旋线”，直径取 60%刀具直径（螺旋线直径选取不可太大，否则刀具可能转出轴孔边界），如图 7-48（b）所示，单击【确定】按钮，返回“精加工壁”对话框。

单击“进给和速度”图标，弹出“进给”对话框，设置如图 7-48（c）所示，单击【确定】按钮，返回“精加工壁”对话框。

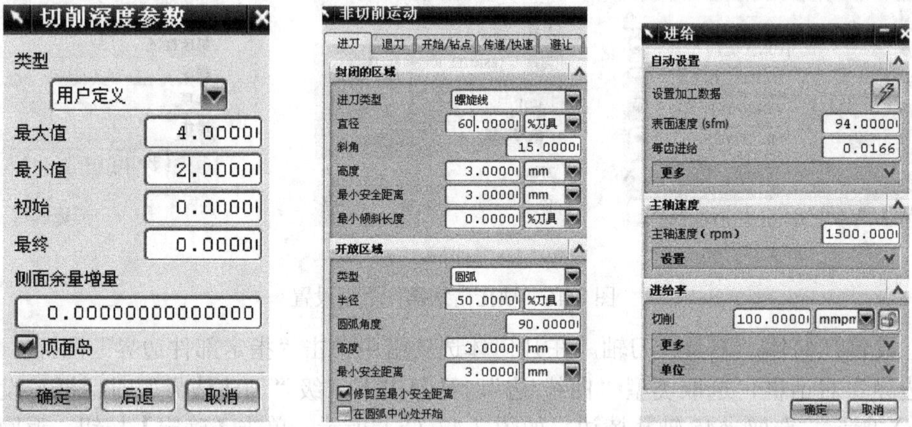

（a）（b）（c）

图 7-48　刀轨、切削、非切削、进给与速度参数设置

⑤ 生成刀轨并仿真加工演示。单击【生成】刀轨图标，生成铣削刀轨，单击【确认】图标，进行 2D 仿真钻孔演示，结果如图 7-49（a）、（b）所示。

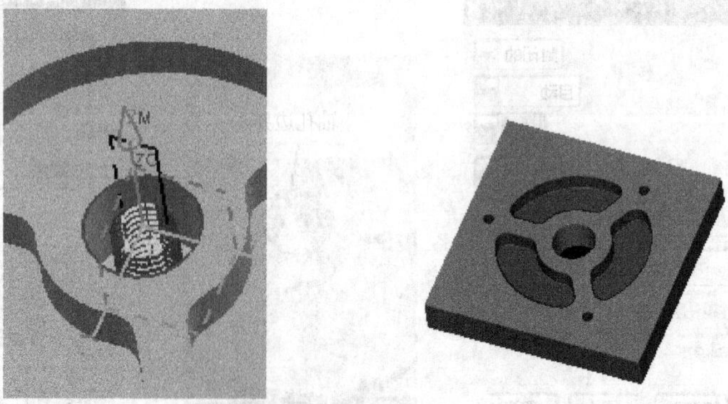

（a）（b）

图 7-49　轴孔铣削刀轨与仿真加工结果

（5）构建外轮廓铣削加工操作

1）粗铣削轮毂外轮廓

① 创建操作类型、名称、选择刀具、方法与几何体。在“操作导航器—程序顺序”视图中，右键单击程序名“LUNGU_1”,从弹出的快捷菜单中选择【插入】、【操作】菜单，弹出“创建操作”对话框，设置操作类型、子类型；选择刀具、方法与几何体；设置操作名称，如图7-50（a）所示。选取“子类型”图标，“PLANAR_PROFILE” 含义为平面轮廓铣。

单击【应用】按钮，弹出如图7-50（b）所示平面轮廓铣削“Planar_profile”对话框。

② 设置几何体、刀具、刀轴。在几何体选项组中单击“指定部件边界”图标，弹出“创建边界”对话框，选取类型“曲线/边”，又弹出下一级“创建边界”对话框，设置如图7-51(a)所示；选取ϕ230圆柱体上棱边，如图7-51(b)所示，单击【确定】，返回“Planar_profile”对话框。

单击“指定底面”图标，弹出“平面构造器”对话框中，选取参考平面 *XC-YC*，偏置栏输入：–41，（即加工底面比轮毂底面还低1mm，以保证铣穿圆柱面），如图7-51（c）所示，单击【确定】按钮，返回“Finish_walls”对话框。

（a）　　（b）

图7-50 粗铣削外轮廓操作类型设置

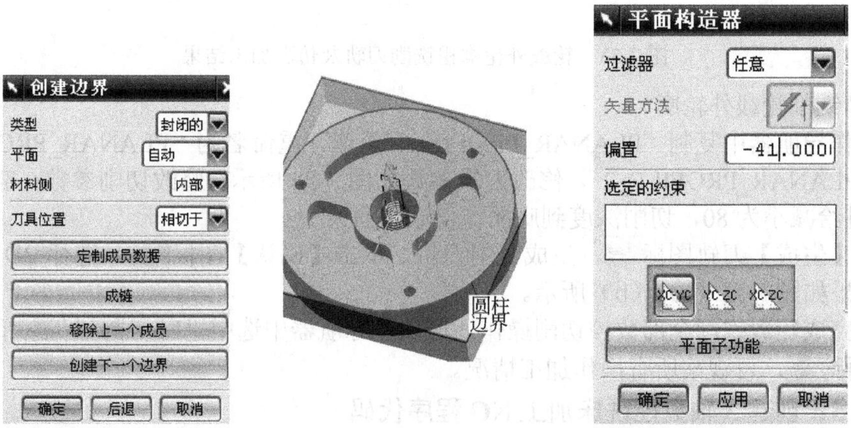

（a）　　（b）　　（c）

图7-51 创建铣削边界和底面

其他几何体设置取默认设置不变。刀具、刀轴取默认设置不变。

③ 刀轨设置。在“Planar_profile”对话框刀轨选项中，方法、切削模式、步进、百分比设置如图 7-52（a）所示。

④ 切削参数、非切削运动参数、进给和速度设置。切削参数、非切削运动参数、进给和速度设置方法同前述其他切削加工，其中，部件余量取 1.0。进、退刀参数相同；在开放区域，非切削运动设置参数如图 7-52（b）所示；进给和速度参数：主轴转速 1200rpm，进给率 100mmpmin。

⑤ 生成刀轨并仿真加工演示。单击【生成】刀轨图标，生成铣削刀轨，单击【确认】图标，进行 2D 仿真钻孔演示，结果如图 7-53（a）、（b）所示。

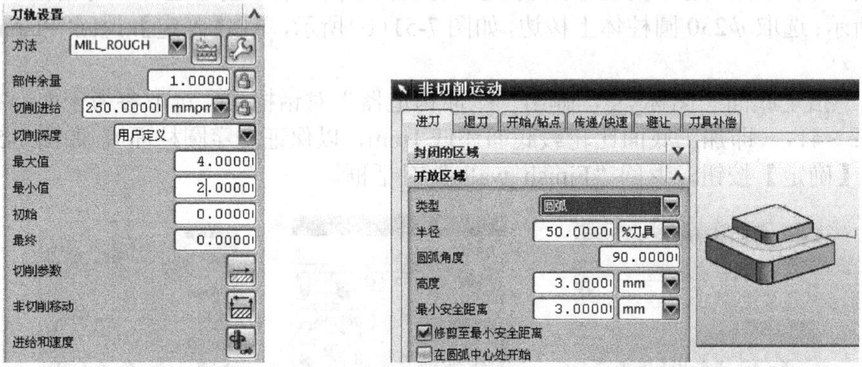

（a）　（b）

图 7-52　轮毂外轮廓粗铣刀轨、切削参数设置

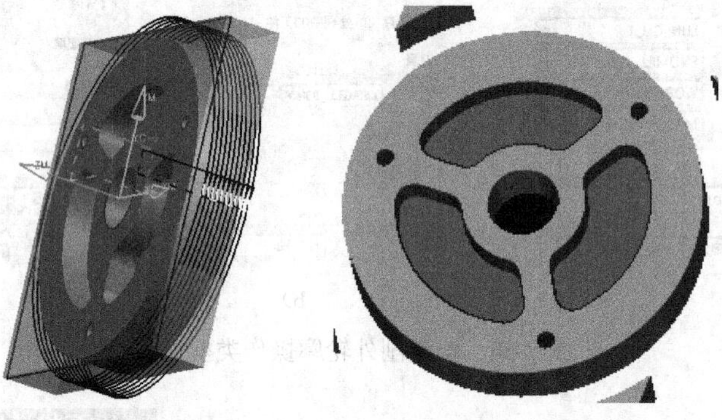

（a）　（b）

图 7-53　轮毂外轮廓粗铣削刀轨及仿真加工结果

2）精铣削轮毂外轮廓

在操作导航器中复制“PLANAR_PROFILE”操作，重命名为“PLANAR_PROFILE_2”。且编辑“PLANAR_PROFILE_2”，修改刀轨参数如图 7-54 所示；修改切削参数：部件余量为 0，切削进给减小为 80，切削深度到底面（仅底部面）。

单击【生成】刀轨图标，生成铣削刀轨，单击【确认】图标，进行 2D 仿真钻孔演示，结果如图 7-55（a）、（b）所示。

至此完成轮毂铣削全部数控切削操作。在操作导航器中选中“Lun_gu_1”，单击【校验刀轨】图标，可观察所有操作加工情况。

阶段 5：创建 3 轴数控铣床加工 NC 程序代码

1. 生成 NC 程序代码

在操作导航器—程序视图中单击“Lun_gu_1”，单击【后处理】工具图标，弹出“后

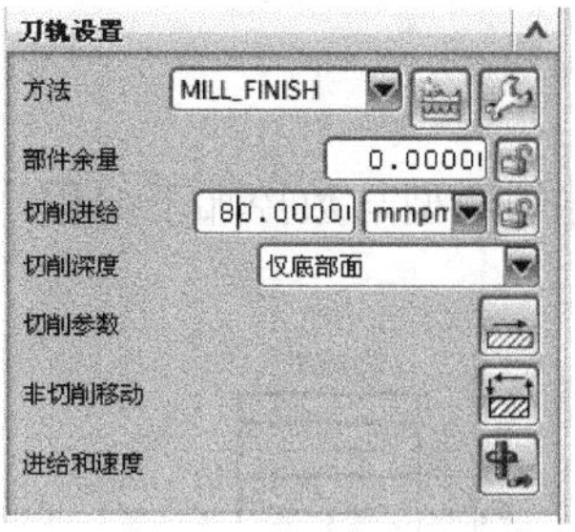

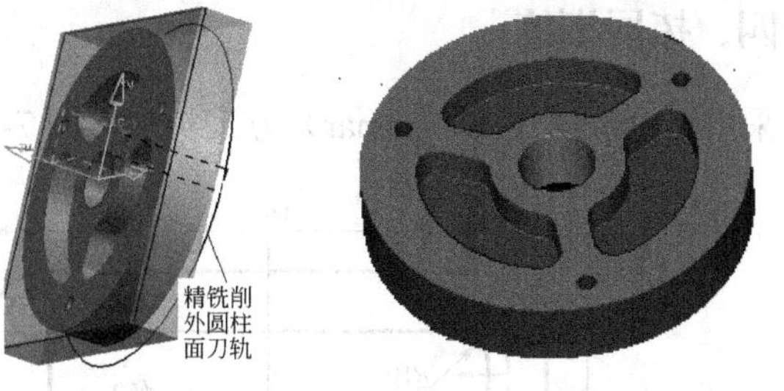

（a）　（b）

图 7-54　精铣削轮毂外轮廓参数　　　图 7-55　精铣削轮毂外轮廓刀轨及仿真加工结果

处理”对话框，选取后处理器：MILL_3_AXIS，设置输出文件路径和名称，选择输出长度单位“公制/部件”，如图 7-56（a）所示。

单击【确定】按钮，弹出一对话框，提示“输出单位与后处理中单位不匹配，你要继续吗？”单击【确定】按钮，生成一信息对话框，即 NC 代码，如图 7-56（b）所示。

单击【文件】/【另存为】菜单，可将其存为记事本文件格式“*.txt”；记事本文件格式“*.txt”是一般数控机床的数控系统可直接接受的文件格式，通过 DNC 实现传输。

2. 修改 NC 程序代码

经后处理器生成的 NC 程序代码不一定与实际机床的数控系统设置完全一致，一般需作少量的修改。

如实际机床配置的是“FANUC”或“华中世纪星”数控系统，需修改的程序段是：

① 将“%”改为“%××××”（华中世纪星数控系统）或“o××××”（FANUC 数控系统），××××可为数字或英文字母。

② 删除 G70、增加 G54（或 G50、G92），以设置工件编程坐标系。

③ 修改与刀具有关程序段：如“：003 T01 M06”改为“N003 T01M06”；删除下段的“T03”。凡是换刀程序段都如此修改。

④ 在数控铣床上加工，若有多刀更换时，应在换刀程序段前加 M05/M00，使主轴停止转动，机床停止运动，采用手动方式换刀。

⑤ 在程序倒数第 2 段，增加 M05M09，且可将 M02 改为 M30。

修改后的程序结构如图 7-56（c）所示。

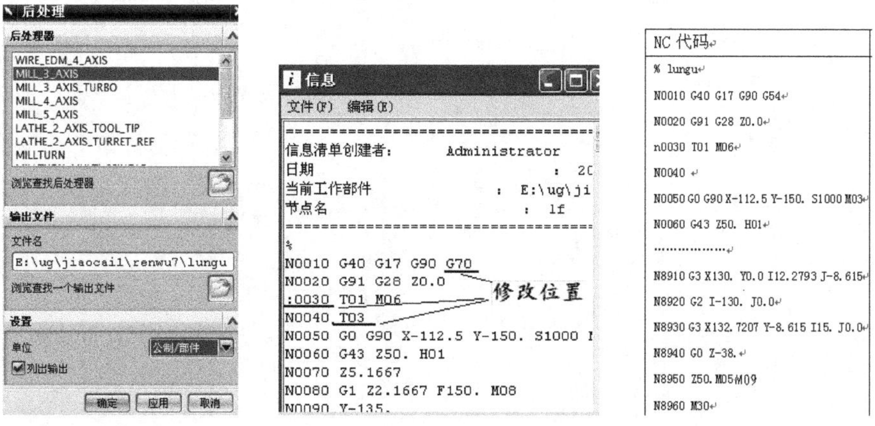

（a）　（b）　（c）

图 7-56　后处理，生成数控程序 NC 代码

四、拓展训练

采用平面铣削（mill_planar）方式实现对图 7-57 所示零件的造型与数控加工编程。

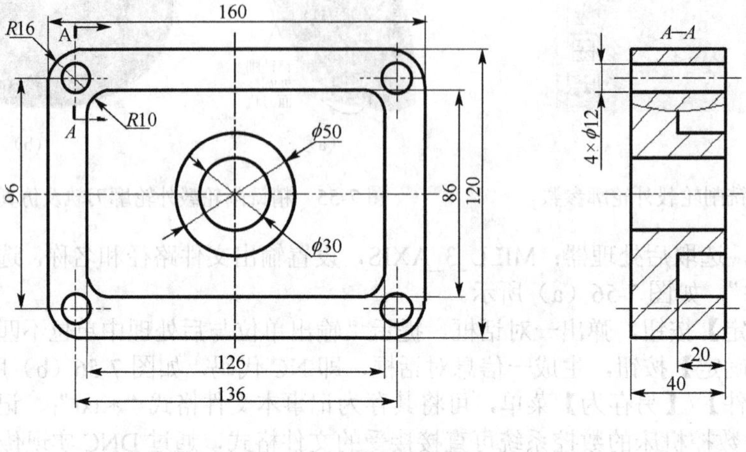

图 7-57　矩形支承板零件图

项目 8

盘形凸轮零件的数控铣削加工

一、项目分析

盘形凸轮是驱动从动件按一定规律运动的凸轮机构的主动件，有外轮廓凸轮和内凹槽凸轮之分，其造型的难点是凸轮外轮廓或内凹槽曲线的设计；其数控加工主要运用平面（mill_planar）铣削方式加工编程即可。

本项目是如图 8-1 所示外盘形凸轮造型与数控加工编程。教学重点是平面（mill_planar）铣削方式加工编程的复习与巩固，难点是凸轮轮廓曲线的设计、绘制。

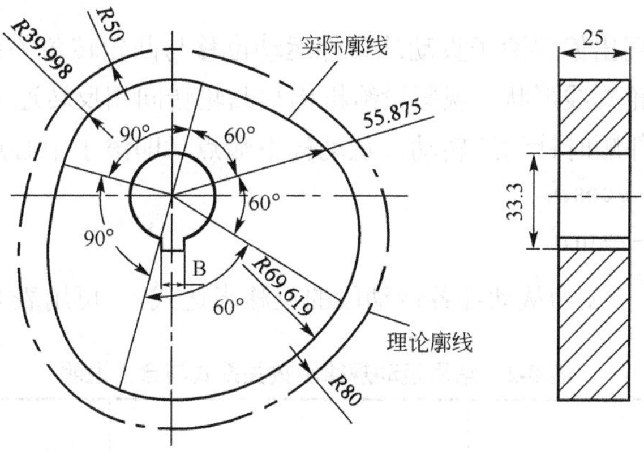

图 8-1　盘形凸轮图样

二、相关知识

1. 凸轮轮廓线绘制原理

在 SIEMENS NX6.0 中，凸轮轮廓线可由计算机自动绘制出来。达到高效、精确的程度。其基本过程是首先根据设计从动件运动规律要求，求得从动件位移与凸轮转角之间的函数关系式；再将此函数关系式用 SIEMENS NX6.0 中的“规律曲线”工具中的表达式表达出来；SIEMENS NX6.0 软件自动根据表达式绘制出凸轮轮廓线。

2. 凸轮轮廓线上点坐标的确定

例如，现要求凸轮机构中从动件按如表 8-1 所示运动规律运动。

表 8-1　盘凸轮机构从动件运动要求

项　　目	推程 h/mm	推终点停留	回程 h/mm	原位停留
凸轮转角	0～120°	120～180°	180～270°	270～360°
从动件运动规律	等加等减速	静止	简谐运动	静止

且给定基本参数：凸轮基圆半径 r_0=50mm，从动件升程 h=30mm，偏距 e=10mm，从动滚子半径 r_g=10mm，凸轮轴孔直径 d=30mm，与轴连接键槽宽 8mm，键槽深 3.5mm，盘形凸轮厚度 25mm，凸轮盘逆时针转动，机构运动简图如图 8-2（a）所示，请设计此凸轮机构的凸轮模型并加工其轮廓线。

若按图解法绘制凸轮机构从动件运动位移曲线如图 8-2（b）所示。

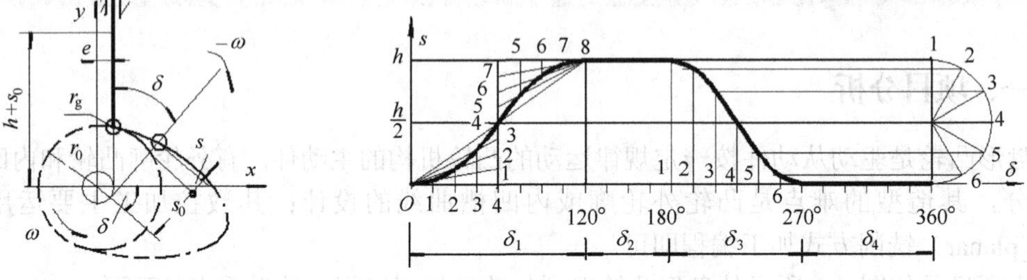

（a）　（b）

图 8-2　偏置滚子直动从动件盘凸轮机构运动简图和从动件位移规律曲线图

由图 8-2（a）可列出偏置滚子直动从动件运动位移与凸轮转角关系：

为便于确定凸轮轮廓线形状，现假设给机构与凸轮转向相反转速大小不变的转速$-\omega$，则凸轮静止不转，从动件顺时针匀速转动，从动杆下端点（即滚子中心点）的坐标方程为：

$$x=(s_0+s)\sin\delta+e\cos\delta$$

$$y=(s\ \ +s)\cos\delta-e\sin\delta$$

其中 $s_0=\sqrt{r_0^2-e^2}$；s 为从动件各运动段的位移表达式， 可用表 8-2 中有关式子表达。

表 8-2　常用运动规律函数关系式与含义说明

等加等减速运动规律	升程段	$0\leqslant\delta\leqslant\delta_0/2$ $s=(2h/\delta_0^2)\delta^2$	$\delta_0/2<\delta\leqslant\delta_0$ $s=h-2h(\delta_0-\delta)^2/\delta_0^2$	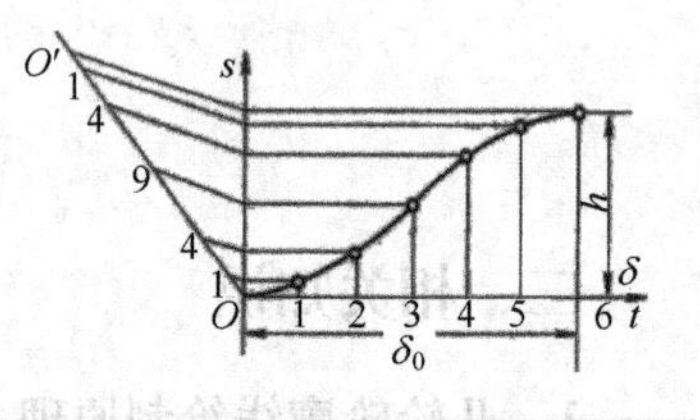
	回程段	$0\leqslant\delta'\leqslant\delta_0'/2$ $s=h-(2h/\delta_0)^2\delta 2$	$\delta_0/2<\delta'\leqslant\delta_0'$ $s=h-2h(\delta_0-\delta)^2/\delta_0'2$	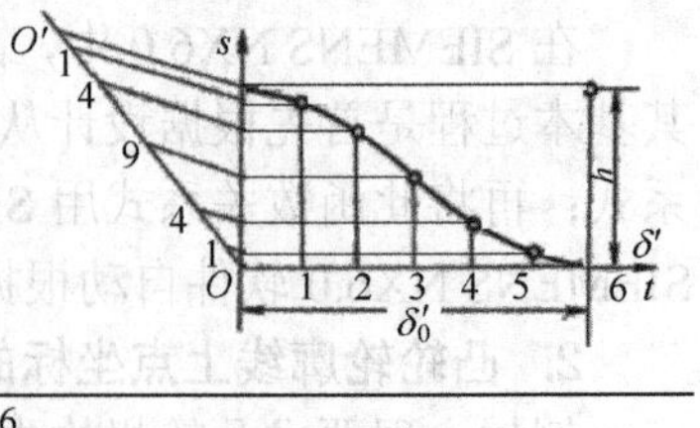
简谐运动规律	升程段	$s=h/2[1-\cos(\pi\delta/\delta_0)]$	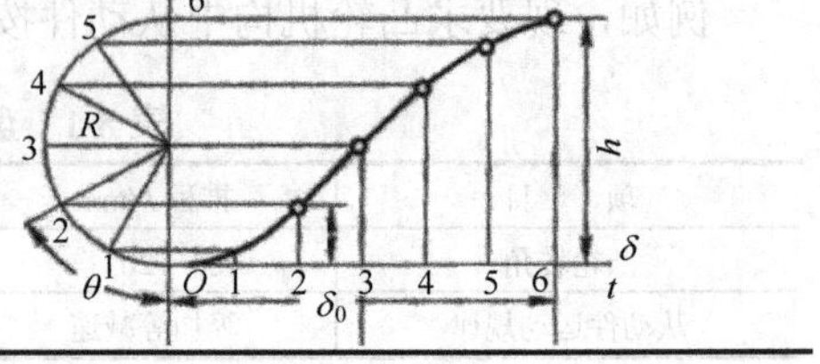	

续表

简谐运动规律	回程段	$s=h/2[1-\cos(\pi(1-\delta/\delta_0'))]$	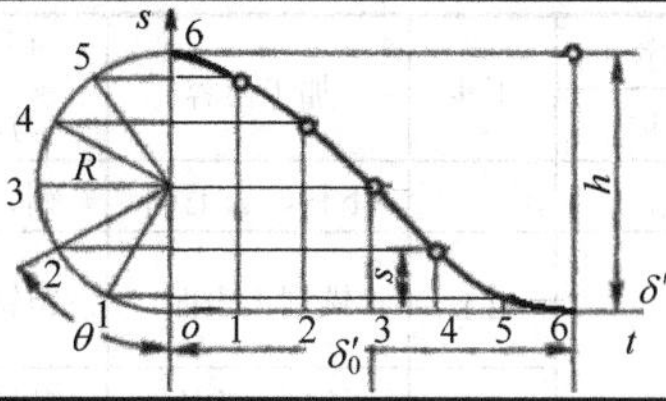

针对本设计阶段，在各运动段，从动杆下端点（即滚子中心点）的坐标方程如下。

等加速升程段：

$$0\leqslant\delta_{11}\leqslant\frac{\delta_1}{2}，\quad s_{11}=2h\left(\frac{\delta_{11}}{\delta_1}\right)^2，\quad s_0=\sqrt{r_0^2-e^2}$$

$$x_{11}=(s_0+s)\sin\delta+e\cos\delta=(s_0+s_{11})\sin\delta_{11}+e\cos\delta_{11}$$

$$y_{11}=(s_0+s)\cos\delta-e\sin\delta=(s_0+s_{11})\cos\delta_{11}-e\sin\delta_{11}$$

等减速升程段：

$$\frac{\delta_1}{2}\leqslant\delta_{12}\leqslant\delta_1\quad s_{12}=h-2h\frac{(\delta_1-\delta_{12})^2}{\delta_1^2}，\quad s_0=\sqrt{r_0^2-e^2}$$

$$x_{12}=(s_0+s)\sin\delta+e\cos\delta=(s_0+s_{12})\sin\delta_{12}+e\cos\delta_{12}$$

$$y_{12}=(s_0+s)\cos\delta-e\sin\delta=(s_0+s_{12})\cos\delta_{12}-e\sin\delta_{12}$$

升程终点停留段：

$$\delta_1\leqslant\delta_{21}\leqslant\delta_1+\delta_2\quad s{=}h\quad s_0=\sqrt{r_0^2-e^2}$$

$$x_{21}=(s_0+s)\sin\delta_{21}+e\cos\delta_{21}=(s_0+h)\sin\delta_{21}+e\cos\delta_{21}$$

$$y_{21}=(s_0+s)\cos\delta_{21}-e\sin\delta_{21}=(s_0+h)\cos\delta_{21}-e\sin\delta_{21}$$

余弦加速度运动段：

$$\delta_1+\delta_2\leqslant\delta_{31}\leqslant\delta_1+\delta_2+\delta_3\quad s_3=\frac{h}{2}\left[1-\cos\left(1-\frac{\delta_{31}-\delta_1-\delta_2}{\delta_3}\right)\pi\right]，\quad s_0=\sqrt{r_0^2-e^2}$$

$$x_{31}=(s_0+s)\sin\delta_{31}+e\cos\delta_{31}=(s_0+s_3)\sin\delta_{31}+e\cos\delta_{31}$$

$$y_{31}=(s_0+s)\cos\delta_{31}-e\sin\delta_{31}=(s_0+s_3)\cos\delta_{31}-e\sin\delta_{31}$$

原位停留段：

$$\delta_1+\delta_2+\delta_3\leqslant\delta_{41}\leqslant360^\circ\quad s=0，\quad s_0=\sqrt{r_0^2-e^2}$$

$$x_{41}=(s_0+s)\sin\delta_{41}+e\cos\delta_{41}=(s_0)\sin\delta_{41}+e\cos\delta_{41}$$

$$y_{41}=(s_0+s)\cos\delta_{41}-e\sin\delta_{41}=(s_0)\cos\delta_{41}-e\sin\delta_{41}$$

已知参数：

升程 h=30mm，偏心距 e=10mm，基圆半径 r_0=50mm。

各运动段对应在角度：$\delta_1=120^\circ$，$\delta_2=60^\circ$，$\delta_3=90^\circ$，$\delta_4=90^\circ$。

三、项目实施

阶段 1：制定盘形外凸轮加工工艺卡

根据自动编程数控加工特点，凸轮工作廓线的绘制由软件自动生成，因此，无需安排钳工绘制凸轮工作廓线工序。故此盘形凸轮的加工工艺可用表 8-3 所示进行。

表 8-3　盘形外凸轮加工工艺卡

工序		工步	加工内容	加工方法	机床设备	夹具	刀具	余量/mm
号	名称							
1	钳		下料、去毛刺	锯、锉	下料机		带锯、锉刀	2～3
2	数控铣削	2.1	铣削上表面	粗铣削	立式数控铣床或立式加工中心机床	平口钳	平底圆柱铣刀	0.5
		2.2	铣削上表面	精铣削				0
		2.3	钻中心孔	点钻			中心钻	
		2.4	钻孔	标准钻			钻头	0
		2.5	铣削外轮廓	粗铣削		平口钳、专用夹具	平底圆柱铣刀	0.5
		2.6	铣削外轮廓	精铣削				0
		2.7	铣削轴孔	精铣削			平底圆柱铣刀	0
3	插削		插键槽	插	插床	压板	插刀	
4	检		检验					

阶段 2：构建盘形外凸轮零件实体

1. 绘制凸轮轮廓线

启动 SIEMENS NX6.0，在文件夹"…\xiangmu8"中创建建模文件"tulun.prt"。

单击【工具】、【表达式】菜单项，打开"表达式"对话框，输入本凸轮机构在各运动段从动杆下端点（即滚子中心点）的坐标方程，结果如图 8-3 所示。

图 8-3　表达式对话框

单击"表达式"对话框中【导出】图标，可导出所输入的表达式，导出保存后用记事本打开，全部显示如表 8-4 所示。

表 8-4　凸轮轮廓曲线表达式

（恒量）t=1	[mm]s3=h/2*(1–cos(180–(a31–a1–a2)*180/a3))
[degrees]a1=120	[mm]s11=2*h*(a11/a1)*(a11/a1)
[degrees]a2=60	[mm]s12=h-2*h*(a1-a12)*(a1–a12)/a1/a1
[degrees]a3=90	[mm]x11=(s0+s11)*sin(a11)+e*cos(a11)
[degrees]a4=90	[mm]x12=(s0+s12)*sin(a12)+e*cos(a12)

续表

[degrees]a11=a1*t/2	[mm]x21=(s0+h)*sin(a21)+e*cos(a21)
[degrees]a12=a1/2+a1*t/2	[mm]x31=(s0+s3)*sin(a31)+e*cos(a31)
[degrees]a21=a1+a2*t	[mm]x41=s0*sin(a41)+e*cos(a41)
[degrees]a31=a1+a2+a3*t	[mm]y11=(s0+s11)*cos(a11)–e*sin(a11)
[degrees]a41=a1+a2+a3+a4*t	[mm]y12=(s0+s12)*cos(a12)–e*sin(a12)
[mm]e=10	[mm]y21=(s0+h)*cos(a21)–e*sin(a21)
[mm]h=30	[mm]y31=(s0+s3)*cos(a31)–e*sin(a31)
[mm]r0=50	[mm]y41=s0*cos(a41)–e*sin(a41)
[mm]s0=sqrt(r0*r0–e*e)	

单击【规律曲线】工具图标，弹出“规律函数”对话框，如图 8-4（a）所示；

单击【根据方程】按钮，弹出“规律曲线”对话框，基础变量 *t*，如图 8-4（b）所示；

单击【确定】按钮，弹出“定义 X”对话框，将 *xt* 改写为 *x*11，如图 8-4（c）所示；

单击【确定】按钮，返回“规律函数”对话框，单击【根据方程】按钮，弹出“规律曲线”对话框，基础变量 *t*，如图 8-4（d）所示；

单击【确定】按钮，弹出“定义 Y”对话框，将 *yt* 改写为 *y*11，如图 8-4（e）所示；

单击【确定】按钮，返回“规律函数”对话框，单击【恒定】按钮，弹出“规律控制的”对话框，将 1 改写为 0（含义：指在坐标为 *ZC*=0 平面内绘制凸轮廓线），如图 8-4（f）所示；

单击【确定】按钮，弹出“规律曲线”对话框，如图 8-4（g）所示；

单击【点构造器】按钮，弹出“点构造器”对话框，选取坐标原点（0,0,0），返回“规律曲线”对话框；

单击【指定 CSYS 参考】按钮（含义：以坐标系作为参考方向），选取 *XY* 平面，弹出 “指定 CSYS 参考”对话框，如图 8-4（h）所示；

单击【确定】按钮，返回“规律曲线”对话框；单击【应用】按钮，在绘图区构建曲线，如图 8-5（a）所示，且返回“规律函数”对话框。

（由于规律曲线的基准点和 CSYS 参考都与默认设置一致，故当弹出如图 8-4（g）所示对话框时，直接单击【应用】按钮，就可在绘图区构建曲线。）

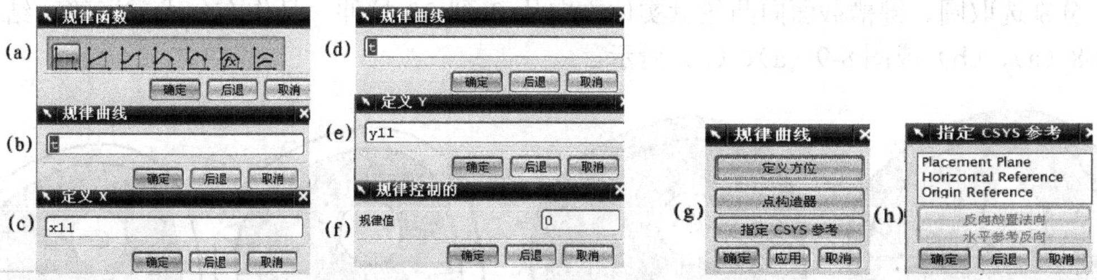

图 8-4　绘制第一段凸轮轮廓曲线操作过程

当返回“规律函数”对话框后，重复上述操作，再次单击【根据方程】工具图标，但 *xt* 改为 *x*12，*yt* 改为 *y*12，即可绘出第二段凸轮轮廓曲线。

重复上述操作，分别将 *xt* 改为 *x*21、*x*31、*x*41；*yt* 改为 *y*21、*y*31、*y*41。绘出凸轮完整轮廓线如图 8-5（b）所示。

若为滚子从动件盘形凸轮机构，则上述绘制的凸轮廓线为理论工作廓线，其实际工作廓线应向理论廓线内侧偏移一个滚子半径的距离。如本阶段中，要求滚子半径为 10mm，则应选取理论工作廓线，单击【偏移】工具图标，向曲线内侧偏移 10mm，获得凸轮实际工作廓线，如图 8-5（c）所示。

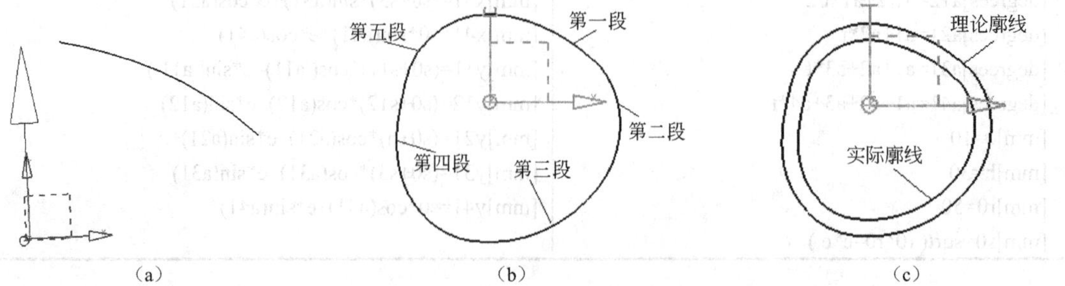

图 8-5　绘制凸轮轮廓曲线结果

2. 构建凸轮盘实体

选取凸轮廓线，向下拉伸 25mm，构建凸轮盘实体如图 8-6（a）、（b）所示。图（a）为尖顶从动件盘形凸轮实体，图（b）为滚子从动件盘形凸轮实体。

3. 构建轴孔、键槽结构

构建两幅草图，分别绘制圆和矩形，作为轴孔和键槽的截面线框，如图 8-7（a）、（b）所示。

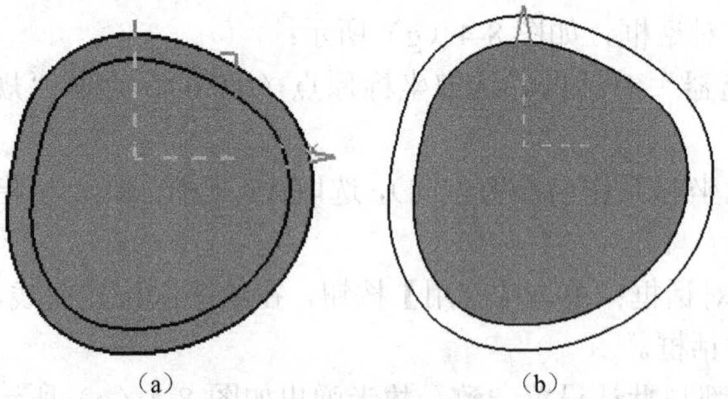

图 8-6　构建盘形凸轮实体

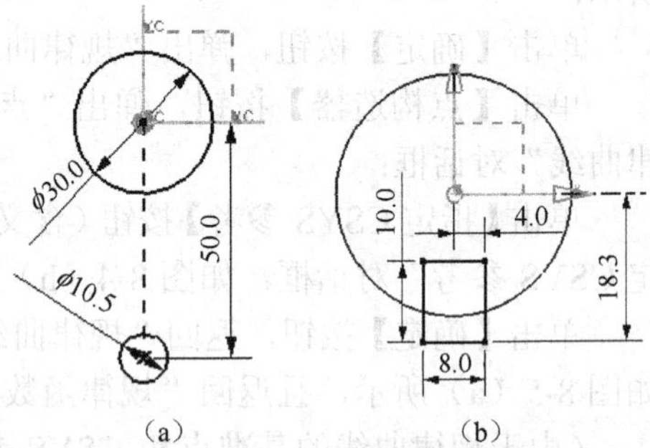

图 8-7　构建轴孔和键槽截面线框

分别选取圆、键槽截面向凸轮盘实体方向从 0 到 30 拉伸，且作布尔求差运算，结果如图 8-8（a）、（b）或图 8-9（a）、（b）所示。

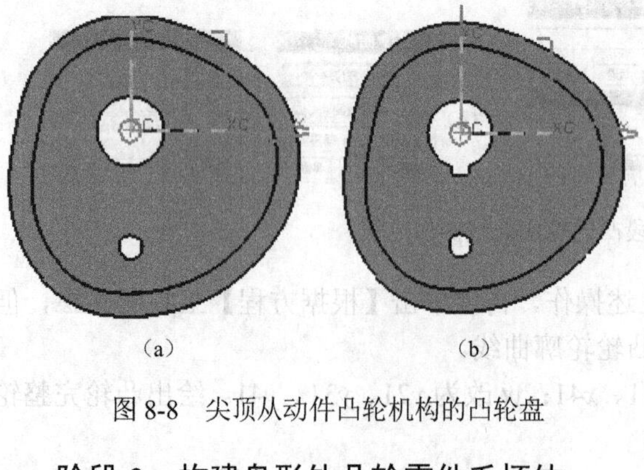

图 8-8　尖顶从动件凸轮机构的凸轮盘

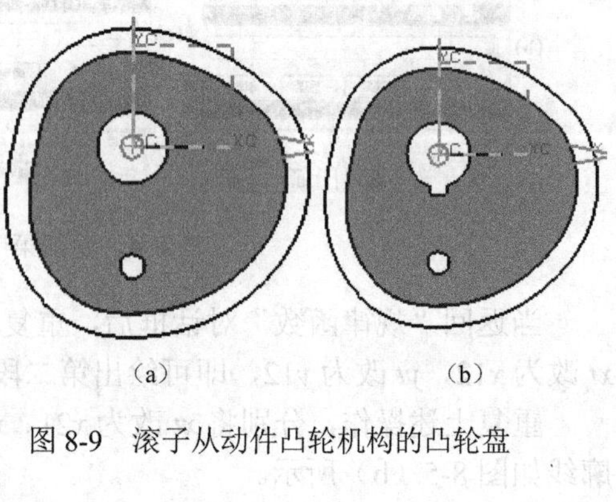

图 8-9　滚子从动件凸轮机构的凸轮盘

阶段 3：构建盘形外凸轮零件毛坯体

单击【草图】工具图标，在 *XC-YC* 平面构建如图 8-10（a）所示草图。单击【完成草图】图标，退出草图环境。

单击【拉伸】特征工具图标，选取矩形草图线框，向凸轮实体方向从–3 到 25 拉伸，构建凸轮零件毛坯体，并半透明显示，隐藏凸轮理论廓线，如图 8-10（b）所示。

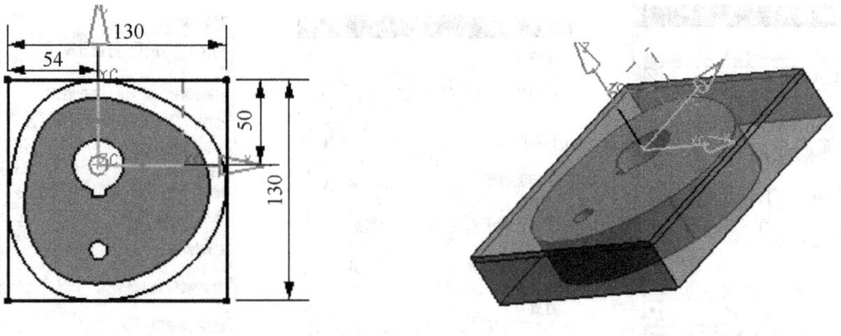

（a）　　　　（b）

图 8-10　构建盘形外凸轮零件毛坯体

阶段 4：构建盘形外凸轮数控加工刀轨操作

1. 构建数控加工环境

本步骤操作与上一工作项目（轮毂的加工操作）完全相同，在此不再详细介绍，请参考前面所述，这里只简单提示。

① 进入加工模块，选取 mill_planar 加工模式——初始化，进入加工环境。

② 打开操作导航器，切换到程序视图，创建程序“TULUN”。

③ 切换到机床视图，创建刀具，打开创建刀具对话框，创建结果如图 8-11 所示。

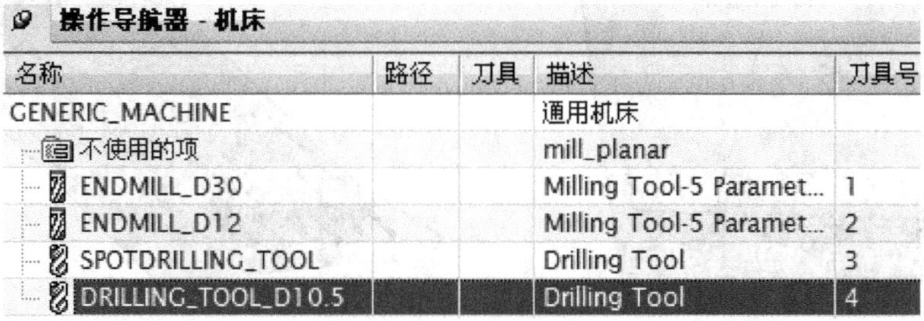

操作导航器 - 机床

名称	路径	刀具	描述	刀具号
GENERIC_MACHINE			通用机床	
不使用的项			mill_planar	
ENDMILL_D30			Milling Tool-5 Paramet...	1
ENDMILL_D12			Milling Tool-5 Paramet...	2
SPOTDRILLING_TOOL			Drilling Tool	3
DRILLING_TOOL_D10.5			Drilling Tool	4

图 8-11　创建刀具列表

④ 切换到几何视图，创建工件编程坐标系（与绝对坐标系重合）、安全平面（*ZC*=50）、指定部件几何体是凸轮零件实体，毛坯几何体是构建的长方体。

2. 创建凸轮盘上表面铣削加工刀轨操作

由于键槽是在插齿机等专用机床上加工的，在铣削加工时，应隐藏键槽结构特征。单击“资源管理条”中的【部件导航器】，打开部件导航器，单击键槽特征记录前的方框，取消其中的“√”，即隐藏键槽特征。

操作导航器切换到程序视图，右键单击程序“TULUN”，从快捷菜单单击【插入】、【操作】菜单，弹出“创建操作”框，选取类型 mill_planar，子类型“face milling”面铣削，刀具 ENDMILL_D30；几何体：WORKPIECE；方法“MILL_FINISH”（精铣削），如图 8-12（a）所示。

单击【应用】按钮，弹出“面铣削”对话框，如图 8-12（b）所示。单击几何体选项中的“指定面边界”右侧图标，弹出“指定面边界”对话框，单击【曲线】方式图标，选择构建毛坯体时的长方形线框，即为面铣削加工边界，如图 8-13 所示。

刀轨设置方法如图 8-12（c）所示，切削参数选项中将余量全部取为 0；进给和速度项中设主轴转速 1500rpm，进给率 150mmpmin。其他参数取默认值。生成刀轨如图 8-14 所示。

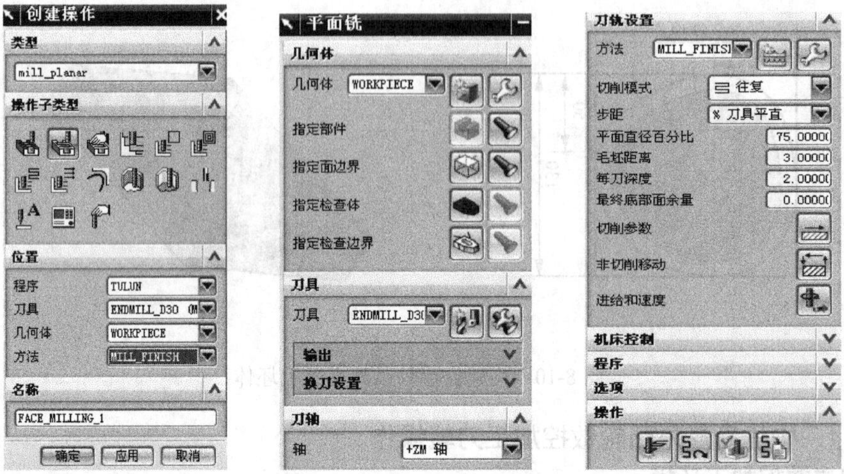

（a）　　　　（b）　　　　（c）

图 8-12　设置平面铣削操作

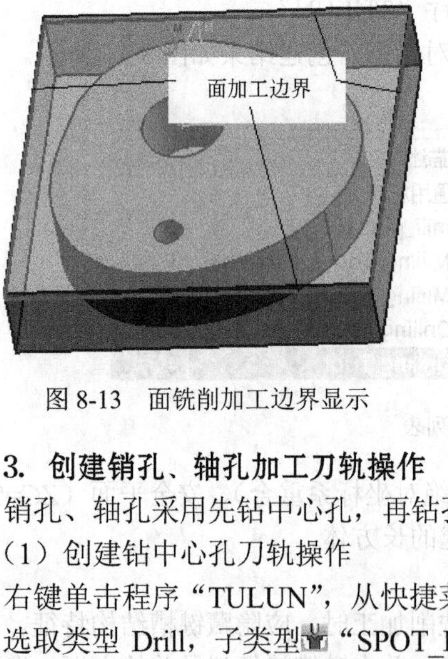

图 8-13　面铣削加工边界显示

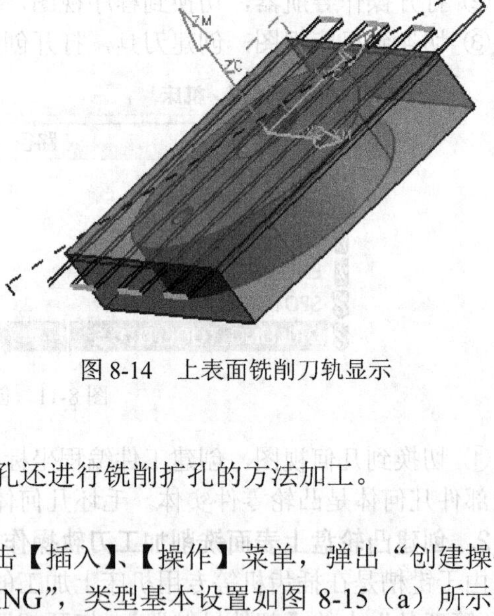

图 8-14　上表面铣削刀轨显示

3. 创建销孔、轴孔加工刀轨操作

销孔、轴孔采用先钻中心孔，再钻孔，轴孔还进行铣削扩孔的方法加工。

（1）创建钻中心孔刀轨操作

右键单击程序“TULUN”，从快捷菜单单击【插入】、【操作】菜单，弹出“创建操作”框，选取类型 Drill，子类型“SPOT_DRILLING”，类型基本设置如图 8-15（a）所示。单击【应用】按钮，打开“点钻”操作对话框，如图 8-15（b）、（c）所示，单击“指定孔”右侧图标后，弹出“点到点几何体”对话框，如图 8-15（d）所示，单击【选择】按钮，弹出如图 8-15（e）所示对话框，选取轴孔和销孔棱边，连续单击【确定】按钮，返回“点钻”对话框。

单击“指定部件表面”项右侧图标，弹出“部件表面”对话框，选取“*ZG* 平面”方式指定表面，在“*ZC* 平面=”输入栏中输入：0，如图 8-15（f）所示。单击【确定】按钮，返回“点钻”对话框。

刀具、刀轴设置取默认值；循环类型取“标准钻”，如图 8-15（b）、（c）所示。

设置主轴转速 500rpm，进给率 50mmpmin。其他参数取默认值，生成钻中心孔刀轨，如图 8-15（g）所示。

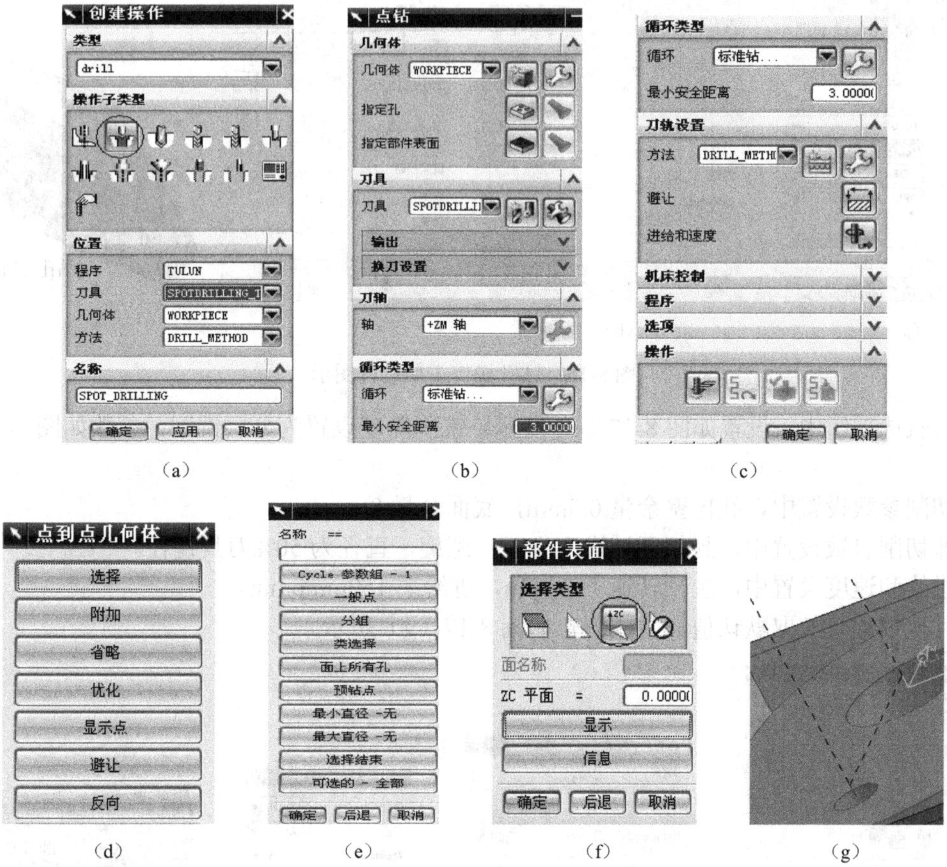

图 8-15　钻中心孔操作主要过程图示

（2）创建钻孔刀轨操作

创建操作，选取类型 Drill，子类型“DRILLING”，刀具 DRILL_TOOL_D10.5，名称 DRILLING，如图 8-16（a）所示；单击【应用】按钮，打开“钻”操作参数设置对话框，在“几何体”选项组中，指定孔时，选取销孔和轴孔；指定部件表面时选取凸轮上表面；指定部件底面时，选取凸轮下底面。

刀具、刀轴设置取默认值；循环类型取“标准钻”；深度偏置（Depth Offsets）设置如图 8-16（b）所示，考虑到钻头尖部完全穿过底面，取略大于钻头半径值。

设置主轴转速 800rpm，进给率 80mmpmin。

其他参数取默认值，生成钻孔刀轨，如图 8-16（c）所示。

（3）创建粗铣削轴孔刀轨操作

创建操作 PLANAR_MILL，刀具为 ENDMILL_D20；几何体为 WORKPIECE；方法为粗铣削 MILL_ROUGH；操作名称“PLANAR_MILL”，如图 8-17（a）所示。

单击【应用】按钮，进入“平面铣”对话框，如图 8-17（b）所示。在几何体选项组中，指定孔边界为轴孔上棱边，材料侧为“外部”，如图 8-17（c）、（d）所示。指定部件底面时，取 $ZC=-26$，即比凸轮下底面还低 2mm，确保孔被铣削透。

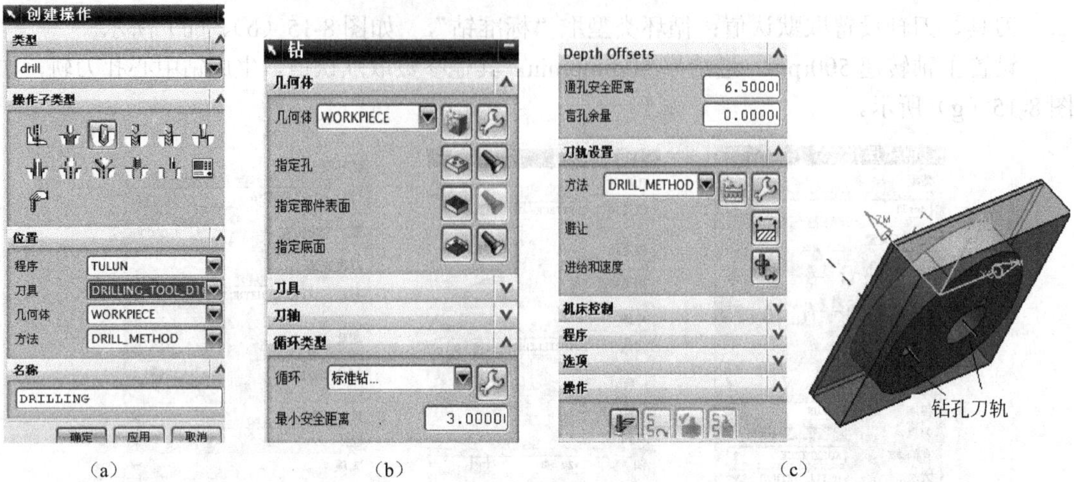

图 8-16　钻孔操作主要过程图示

刀轨选项组中，设置如图 8-17（e）所示。铣削深度设置为分层铣削，参数如图 8-17（f）所示。

切削参数设置中，孔内壁余量 0.5mm，底面余量 0。

非切削参数设置中，封闭区域进刀方式：螺旋，直径为 50%刀具直径。

进给和速度设置中，主轴转速 1500rpm，进给率 150mmpmin。

其他参数全部取默认值。生成刀轨如图 8-17（g）所示。

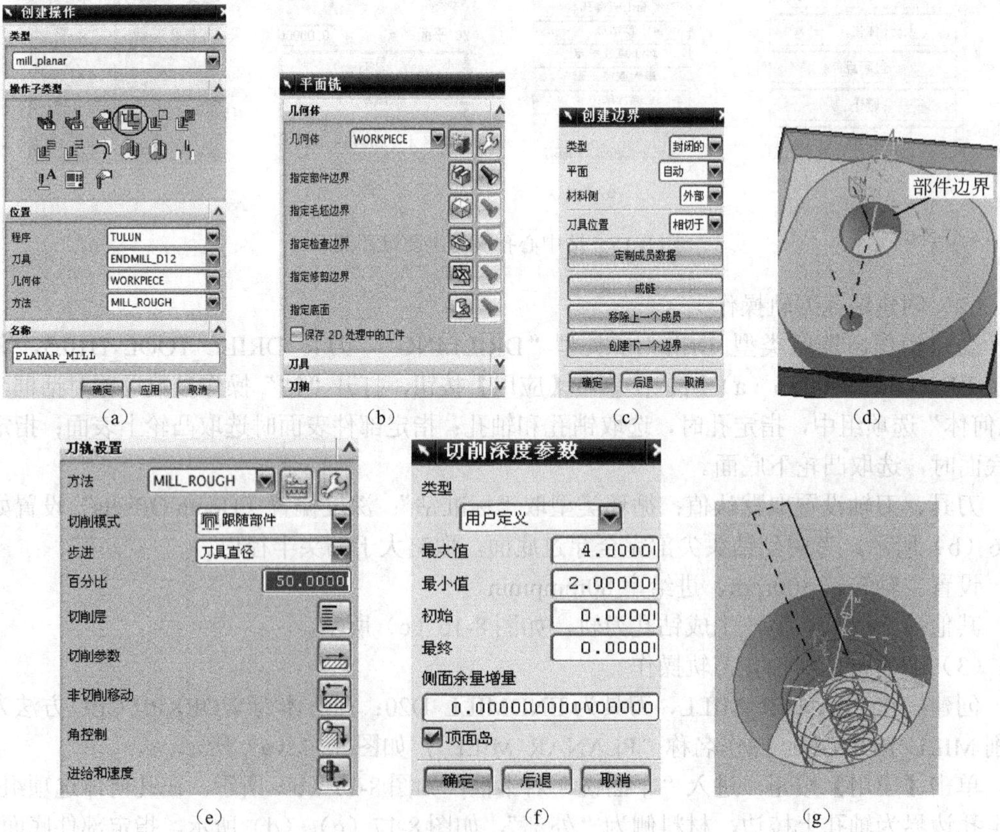

图 8-17　构建粗铣削轴孔操作主要过程

（4）创建精铣削轴孔刀轨操作

创建操作侧壁精铣削 FINISH_WALLS。刀具为 ENDMILL_D12；几何体为 WORKPIECE；方法为精铣削 MILL_FINISH；操作名称“FINISH_WALLS”，如图 8-18（a）所示。

单击【应用】按钮，进入“精加工壁”对话框，如图 8-18（b）所示。指定孔边界、指定部件底面时操作与粗铣削轴孔相同。

刀轨设置选项组中，设置结果如图 8-18（c）所示；铣削深度设置为“仅底部面”，如图 8-18（d）所示。

切削参数设置中，孔内壁余量 0，底面余量 0；非切削进刀设置如图 8-18（e）所示；进给和速度设置中，主轴转速 2000rpm，进给率 100mmpmin。

其他参数全部取默认值。生成刀轨如图 8-18（f）所示。

上表面铣削与孔加工操作仿真演示结果如图 8-18（g）所示。

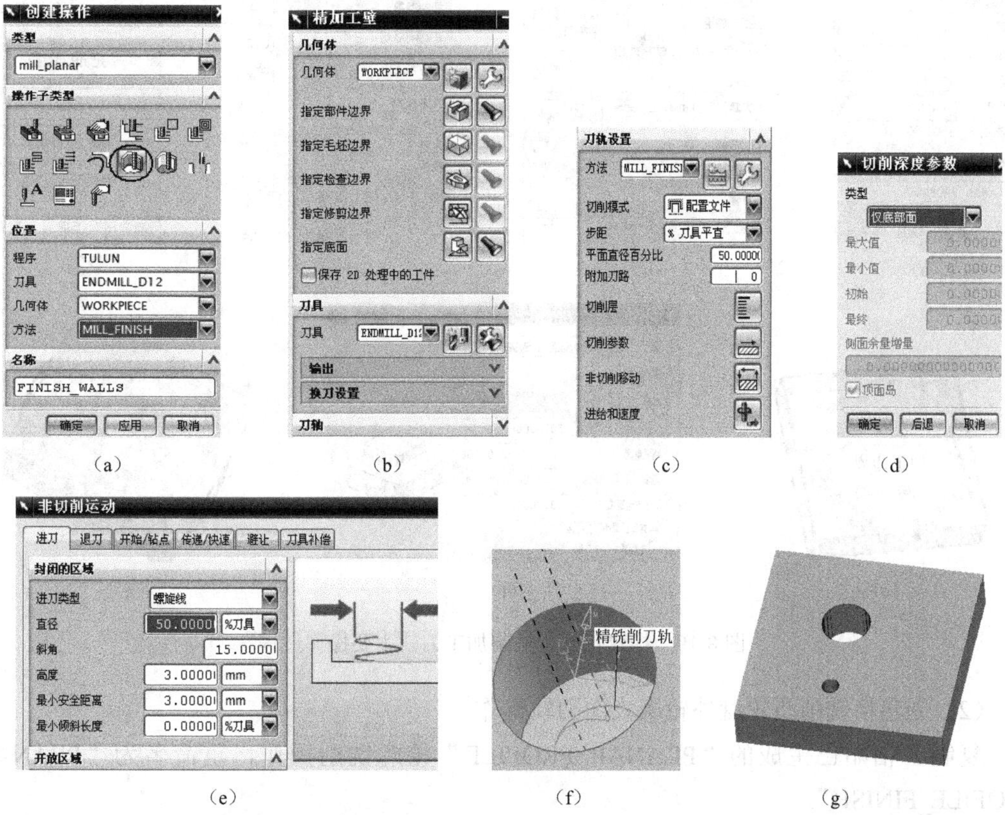

图 8-18　构建精铣削轴孔操作主要过程

4. 创建凸轮盘轮廓铣削加工刀轨操作

在完成了凸轮盘零件上表面和孔加工之后，应从机床中拆下工件，将专用夹具与工件用螺栓连接，然后用平口钳夹持专用夹具体，重新对刀，再进行凸轮盘的轮廓铣削加工。

（1）创建粗铣削凸轮盘外轮廓表面刀轨操作

右键单击程序“TULUN”，从快捷菜单单击【插入】、【操作】菜单，弹出“创建操作”框，选取类型 mill_planar，子类型“PLANAR_PROFILE”轮廓铣削，刀具 ENDMILL_D30，几何体为 WORKPIECE；方法“MILL_ROUGH”；程序名“PLANAR_PROFILE”，如图 8-19

（a）所示。

单击【应用】按钮，进入“平面轮廓”对话框，如图 8-19（b）、（c）所示。

在几何体选项组中，选择部件边界为凸轮外轮廓边缘，材料侧为内部，如图 8-19（d）、（e）所示；选取加工底面为 *ZC*=–26 平面。

设置刀轨参数如图 8-19（c）所示。非切削进给设置如图 8-19（f）所示。

主轴转速取 1500rpm，进给率 100mmpmin；生成刀轨如图 8-19（g）所示。

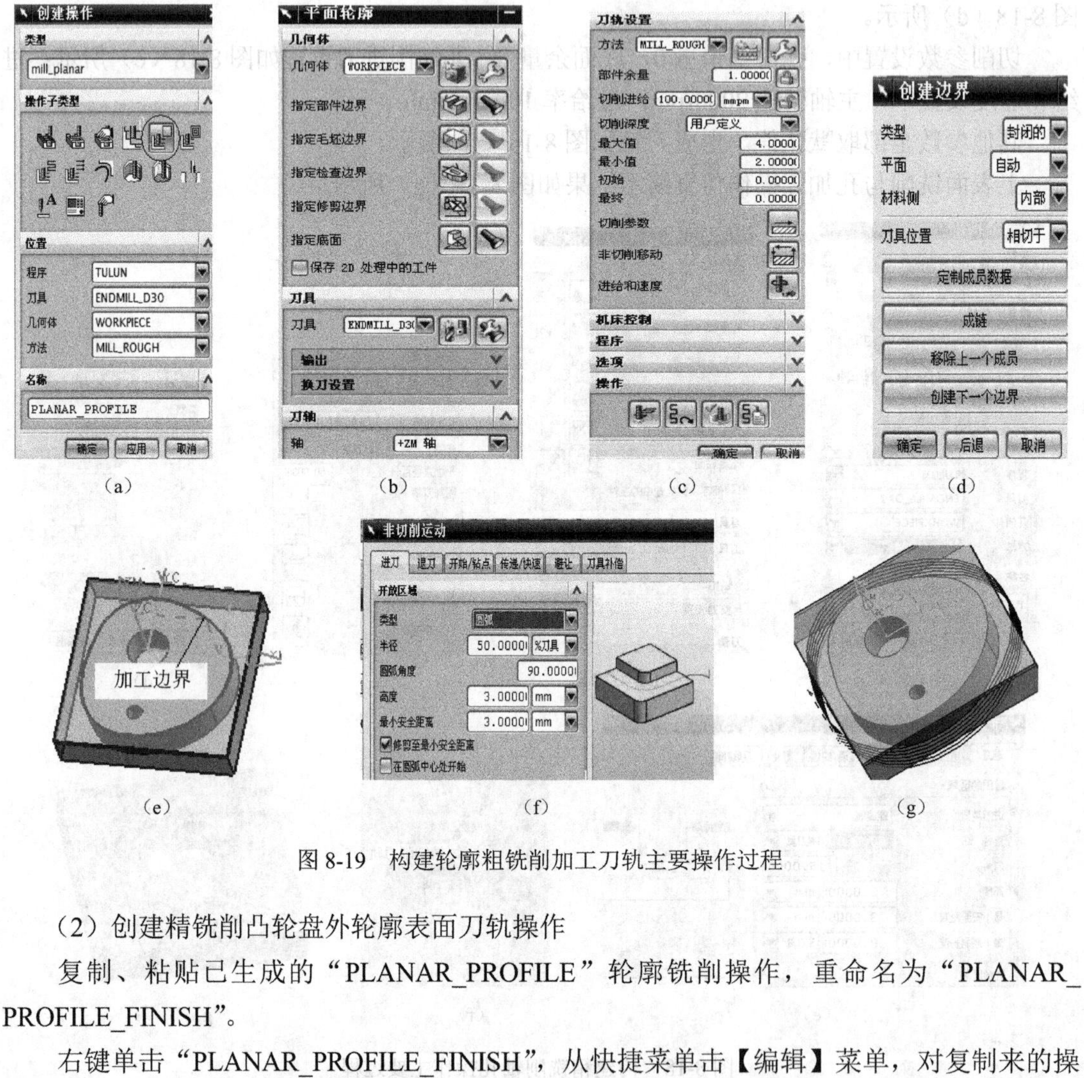

图 8-19 构建轮廓粗铣削加工刀轨主要操作过程

（2）创建精铣削凸轮盘外轮廓表面刀轨操作

复制、粘贴已生成的“PLANAR_PROFILE”轮廓铣削操作，重命名为“PLANAR_PROFILE_FINISH”。

右键单击“PLANAR_PROFILE_FINISH”，从快捷菜单击【编辑】菜单，对复制来的操作进行编辑修改。在刀轨设置选项组中，修改设置如图 8-20（a）所示；在切削参数设置中，取全部余量为 0；在进给和速度设置中，主轴转速为 2000rpm，进给率：100mmpmin；其他设置不变，生成刀轨如图 8-20（b）所示，仿真铣削加工结果如图 8-20（c）所示。

5. 生成盘形外凸轮数控加工 NC 程序

在操作导航器中，选取“TULUN”，单击【后处理】工具图标，生成 3 轴铣床用的数控 NC 程序代码，请参考项目 7 中所介绍的方法，进行一定的修改，另存为记事本文件格式，即可向数控机床传输。

（a）（b）（c）

图 8-20　构建精铣削凸轮轮廓刀轨主要过程

四、拓展训练

假设现欲将本项目中的凸轮机构改成盘形槽凸轮机构，从动件的运动规律不变，凸轮的基圆半径、滚子半径不变，偏心距改为 e=0，凸轮圆盘的外径为 200mm，凸轮盘厚度 25mm，凸轮槽深 10mm，请构建凸轮盘实体，如图 8-21 所示；并构建数控加工刀轨与数控程序 NC 代码。

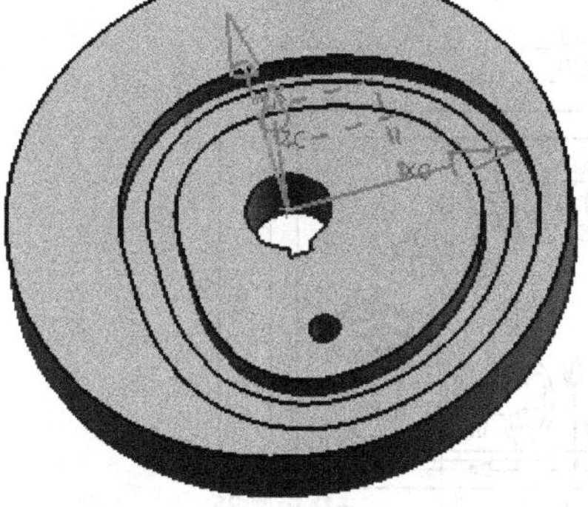

图 8-21　盘形槽凸轮模型

项目 9

字牌零件的数控铣削加工

一、项目分析

字牌是产品、单位或个人的一种标识。具有立体感的三维字牌可凸现这种标识，能引起人们的注意与重视。利用 SIEMENS NX6.0 软件构建字牌和数控加工字牌使得样式千变万化的字牌的设计与制作方便可行。

本项目通过如图 9-1 所示长方形字牌的造型与数控加工编程的教学达到熟悉字牌的构建方法、步骤，教学难点是文字的放置位置的设置与调整方法、技巧的学习与训练。

字牌的数控铣削加工主要运用平面铣削模式“mill_planar ”进行，由于字的笔画之间距离较小，只能用较小直径的刀具进行切削加工，使得刀路较长，加工效率较低，选用合适的刀具，提高加工效率是进行编程操作中应考虑的重点问题。

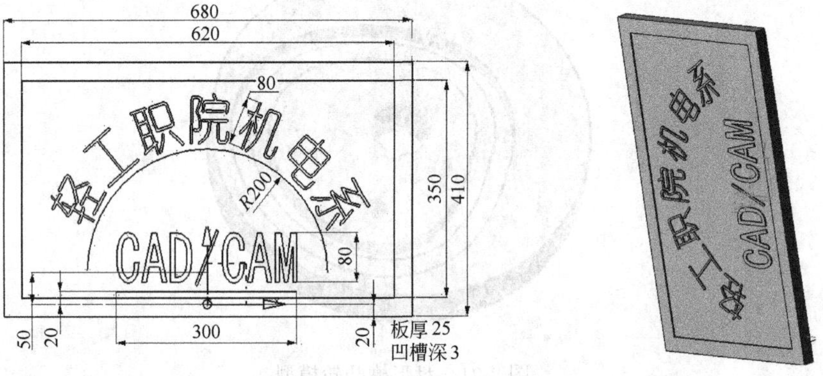

图 9-1　长方体字牌零件图

二、相关知识

1. 文字放置位置的设置

文字放置位置是设计者根据设计意图确定的，设计者的设计意图一般用放置文字的点、线、面来体现，因此，字牌造型时，首先就是要构建确定文字位置的线、面。

单击【文本】工具图标A，弹出“文本”对话框，如图 9-2 所示。在类型选项中，具有“平面的”、“在曲线上”、“在面上”三个选项，选取不同选项，就可在不同的参考基准上放置文字。

2. 文字的书写

在“文本属性”选项组中，可输入文字内容，可以是中文，也可是英文等，字体样式中一般选择“常规”选项，其他样式可能引起笔画交叉，选择刀具路径时造成困难。

在“文本框”选项组中，可直接输入确定文字在基准上的位置、长度、高度、比例，也可进行动态调整。例如，选择文字的放置类型为“在曲线上”时：

① 正、反字调整。如图 9-2（c）所示，1 号箭头确定文字的放置基准线的起点，右键单击 1 号箭头，弹出快捷菜单，单击“反向”按钮，箭头从圆弧左端点变到右端点，同时 2、3 号箭头也反向向下，文字跳到圆弧下方，成头朝下的倒字，右键单击 2 号箭头，弹出快捷菜单，单击“反向”按钮，2、3 号箭头朝上，文字起点为右侧，且为反字，如图 9-2（d）所示。

② 字高调整。光标拖动箭头 2，可调整字的高度。

③ 字长度调整。光标拖动 5 号点，可使其沿圆弧线移动，从而实现字总体长度（单个字的宽度）的调整。

④ 字的偏置距离调整。光标拖动 3 号箭头，可调整文字偏离圆弧的距离。

⑤ 字锚点位置调整。在文本框的锚点位置右侧的下拉列表框中，可使锚点位于放置圆弧中点的左侧、中心、右侧。

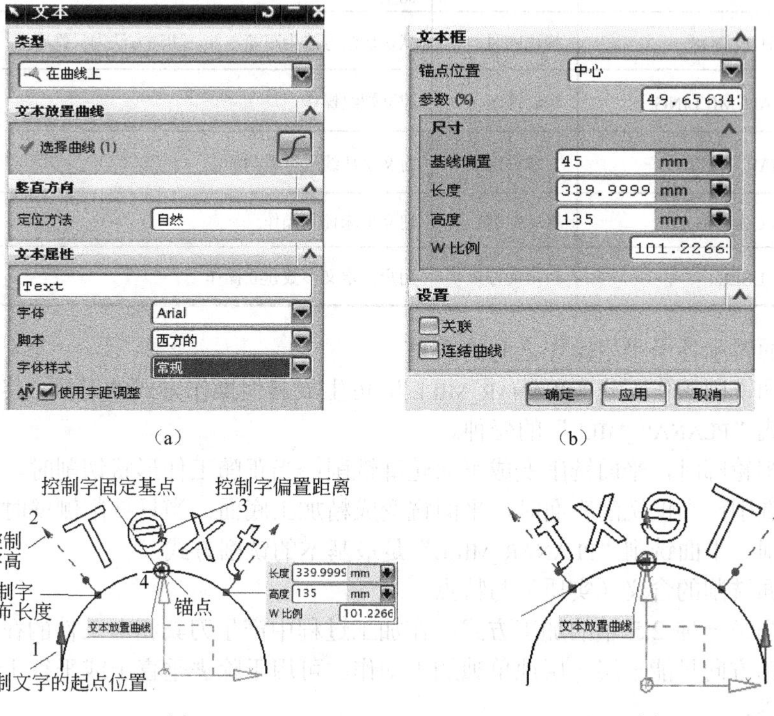

图 9-2　文字的书写与方向、位置、大小、比例的调整

3. 平面铣削加工的特点

（1）平面铣削分类

平面铣削“mill_planar”加工类型中包括了 15 个子类型，如表 9-1 所示。

表 9-1　平面铣削“mill_planar”加工类型的子类型列表

图标	英　文	中　文	说　明
	FACE_MILLING_AREA	表面区域铣	以面定义切削区域的表面铣削
	FACE_MILLING	表面铣削	用于加工表面几何
	FACE_MILLING_MANUAL	表面手动铣	切削方式默认设置为手动表面铣削

续表

图标	英　文	中　文	说　明
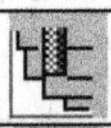	PLANAR_MILL	平面铣削	用平面边界定义切削区域，切削到底平面
	PLANAR_PROFILE	平面轮廓铣	默认切削方法为沿零件轮廓铣削平面
	ROUGH_FOLLOW	跟随零件粗铣	默认切削方法为跟随零件切削平面
	ROUGH_ZIGZAG	往复工粗铣	默认切削方法为双向往复切削平面
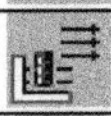	ROUGH_ZIG	单向粗铣	默认切削方法为单向运动切削平面
	CLEANUP_CORNERS	清理拐角	主要用于清理拐角
	FINISH_WALLS	精铣侧壁	默认切削方法为轮廓铣削，切削深度默认为仅底面切削，用于精铣侧壁
	FINISH_FLOOR	精铣底面	默认切削方法为跟随零件，切深方法为只铣底面
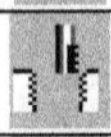	THREAD_MILLING	螺旋铣削	建立螺纹操作
	PLANAR_TEXT	文本铣削	对文字曲线进行雕刻加工
	MILL_CONTROL	机床控制	建立机床控制操作
	MILL_USER	自定义方式	用户自定义参数建立操作

（2）平面铣削各子类型操作之间的关系

通过平面铣削操作方式“PLANAR_MILL”，可生成其他操作方式的刀轨，其他操作方式是平面铣削方式“PLANAR_MILL”的变种。

如当切削轮廓时，平面铣削变成平面轮廓铣削；当跟随工件形状切削时，平面铣削变成跟随粗加工铣削；当仅铣削底面时，平面铣变成精加工底面；当只铣削侧壁时，平面铣削变成侧壁精铣削。平面铣削“PLANAR_MILL”是最基本的铣削方式。

（3）平面铣削的含义（实质）与特点

平面铣削是一种 2.5 轴的加工方式，在加工过程中产生刀具相对工件的在 X、Y 两轴联动，而在 Z 轴方向只能一层一层地单独加工动作。可用于除去垂直于或平行于刀轴方向的切削层中的材料。

平面铣削的主要特点是：刀轴方向固定，切削底平面或垂直于底面的侧面。

三、项目实施

阶段 1：制定字牌的加工工艺卡

字牌的加工相对较为简单，主要平面粗、精铣削加工。加工工艺过程卡如表 9-2 所示。

表 9-2　长方形字牌的加工工艺卡

工序		工步	加工内容	加工方法	机床设备	夹具	刀具	余量/mm
号	名称							
1	钳	1.1	下料、去毛刺	锯、锉	下料机		带锯、锉刀	2～3
2	数控铣削	2.1	铣削上表面	粗铣削	立式数控铣床或立式加工中心机床	平口钳	平底圆柱铣刀	0.5
		2.2	铣削上表面	精铣削				0
3	检	3.1	检验					

阶段 2：构建长方形字牌文字实体

构建实体方案：首先构建一长方体；在长方体表面绘制一矩形线框、放置文字的圆弧和直线，以确定文字的放置基准，书写字牌文字；再以矩形线框和文字组成拉伸截面，向长方体方向拉伸，且作布尔求差运算，完成字牌实体的构建。

1. 构建长方体

启动 SIEMENS NX6.0 软件，在“…\xiangmu9\ ”文件夹中创建建模文件“fangzipai.prt”，进入建模模块。

单击【草图】工具图标，进入草图环境，绘制如图 9-3（a）所示草图。单击【完成草图】图标，退出草图环境。

单击【拉伸】特征工具图标，选取已绘草图线框，从 0 到 25 向下拉伸，构建实体，如图 9-3（b）所示。

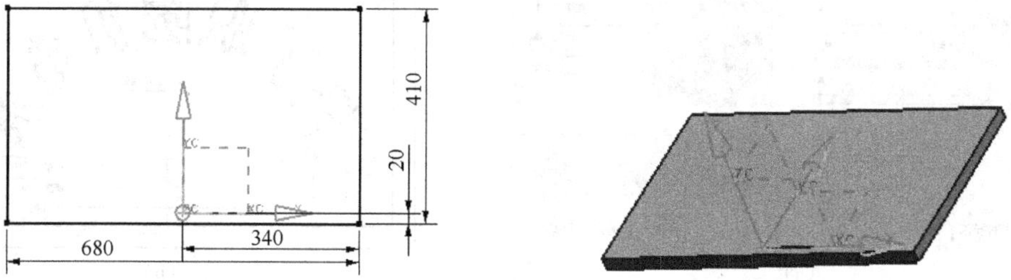

（a） （b）

图 9-3 构建长方体

2. 绘制矩形线框、放置文字的基准线

单击【偏置曲线】工具图标，选取已绘矩形草图线框，向矩形内部偏移 30mm，如图 9-4（a）所示。

为了便于观察，先隐藏拉伸长方体。

单击【草图】工具图标，进入草图环境，绘制旋转文字的基准线条，如图 9-4（b）所示。

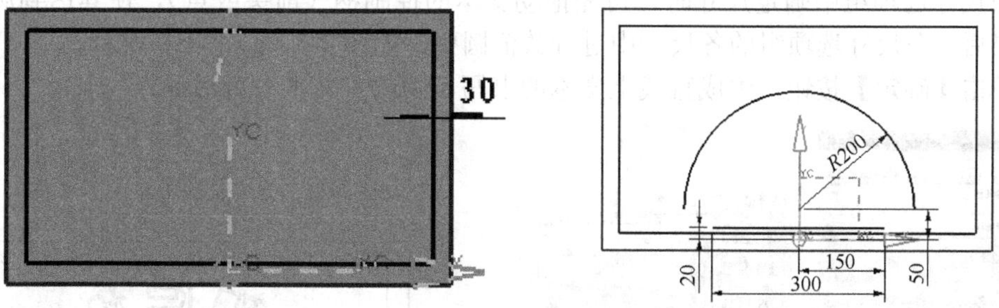

（a） （b）

图 9-4 构建矩形线框、放置文字的基准线

3. 书写文字

（1）在圆弧上放置文本

单击【文本】工具图标，弹出“文本”对话框，如图 9-5（a）所示。在类型选项中，选择“在曲线上”选项，选取绘制的圆弧为文本放置曲线，竖直方向定位方法为“自然”。

文本属性选项组中，文本：轻工职院机电系；字体：幼园；字体样式：常规。（选择文字字体和样式时，要注意尽量不要选择可能产生文字线条相互交叉的字体和样式，以减少对文字线条的修剪操作。）

文本框选项组中，锚点：中心；参数：50%；尺寸栏中直接输入基线偏置：20；长度：500；高度：60；比例：（自动计算填写），也可在文本处拖动控制柄（箭头或点）。获得满意的视觉效果后，再在尺寸栏将各尺寸略作圆整，如图 9-5（b）所示。

单击【应用】按钮，生成圆弧线上文本的书写，返回“文本”对话框。

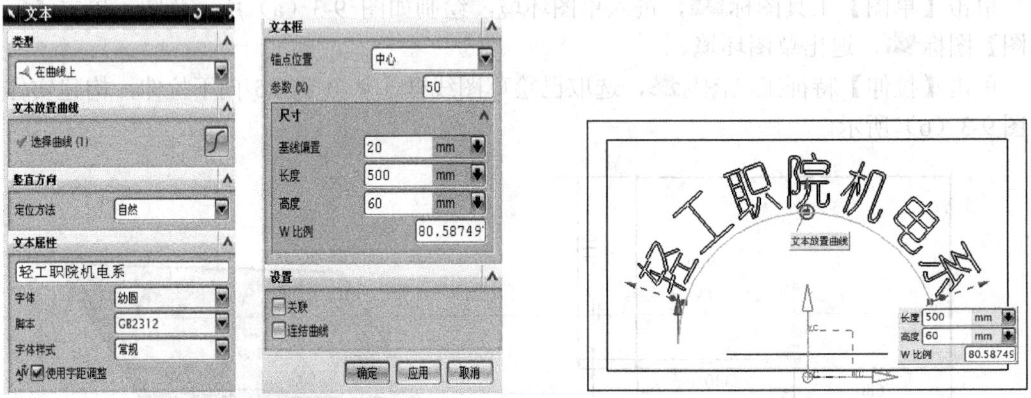

（a）　　（b）

图 9-5　构建圆弧放置线上文本

（2）在直线上放置文本

将文本属性选项组中的文本改为“CAD/CAM”，选取放置线为水平直线，由于一条直线不能确定文本的放置平面，因此不会立即出现文本的放置效果，此时，单击竖直方向中选项中定位方法右侧下拉选项“矢量”，对话框提示指定矢量，在右侧的下拉选项中选取 Y 轴图标，“CAD/CAM”文本即出现在水平直线上。

在文本属性选项组中，选取字体：黑体；字体样式：常规。

在文本框中，锚点位置：中心；参数：50%。

在尺寸选项组中确定尺寸时，可先拖动文本的控制柄（箭头或点），使其达到满意的视觉效果后，在尺寸选项组的各尺寸中进行数值圆整，如图 9-6（a）、（b）所示。

单击【确定】按钮，生成直线上文本的书写，关闭“文本”对话框。

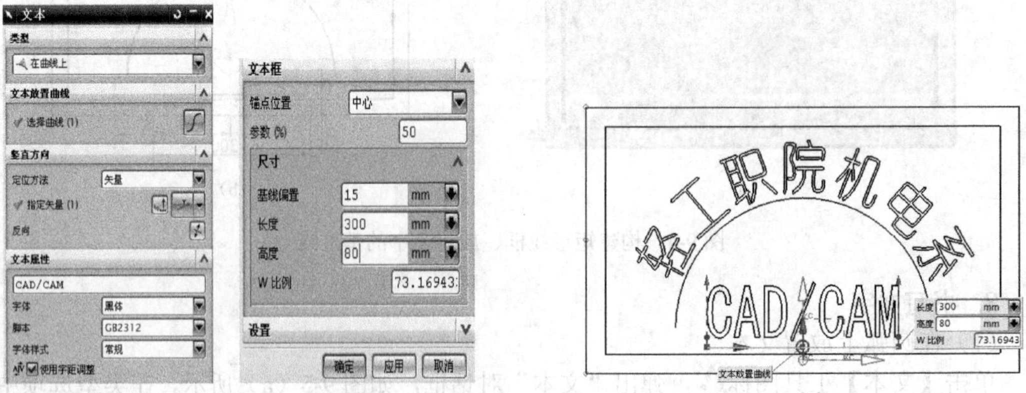

（a）　　（b）

图 9-6　构建直线放置线上文本

4. 拉伸求差

在资源条的部件管理器中，隐藏所绘制的放置文本的基准圆弧和直线草图；并使长方体显示出来。

单击【拉伸】特征工具图标，窗选小矩形线框和文本，向长方体方向从 0 到 3 拉伸，且与长方体作布尔求差运算，单击【确定】按钮，完成长方形字牌的构建，如图 9-1 所示。

阶段 3：构建字牌毛坯体

单击【拉伸】特征工具图标，在弹出的“拉伸对话框”的截面选项单击【草图】图标，选取字牌上表面为草图绘制平面，系统进入草图环境，单击【投影】工具图标，选取字牌长方体的外棱边，即长方体的棱边向草图平面投影，得到矩形截面线框，单击【完成草图】图标，返回“拉伸”对话框，从–3 到 25 向字牌拉伸，又构建一长方体，作为字牌的毛坯体。如图 9-7 所示。

图 9-7　构建字牌毛坯体，且半透明显示

阶段 4：生成凸字加工刀具轨迹

（1）创建铣削加工环境

单击【开始】图标，打开下拉菜单，单击【加工】菜单图标，弹出“加工环境”对话框，在“CAM 设置”中，选取加工模式 mill_planar，单击【确定】按钮，进入加工环境。

在操作导航器中切换到程序视图，创建程序名“FANGZIPAI”。

切换到机床视图，创建刀具 ENDMILL_D30，ENDMILL_D3。

切换到几何视图，单击“MCS_MILL”前节点“+”号，双击“MCS_MILL”，弹出“机床坐标系”设置对话框，坐标系取默认坐标系；设置安全平面为 *ZC*=50mm 的水平面。

双击“WORKPIECE”，弹出“MILL_GEOM”框，在几何体选项组中，单击指定部件右侧图标，弹出对话框后选取字牌实体为指定加工部件；单击指定毛坯右侧图标，在图形中选取字牌毛坯长方体，且选择毛坯材料，如“440C STRIANLESS STEEL”，创建铣削几何体。

（2）构建铣削上表面刀轨操作

把操作导航器切换到程序视图，创建操作PLANAR_MILL，参数设置如图 9-8（a）所示。由于上表面切削量为 3mm，可分两层切削，故采用精铣削方法进行切削。

单击【应用】按钮，弹出“平面铣”对话框，如图 9-8（b）所示。单击“指定加工部件边界”图标，设置边界选项如图 9-8（c）所示，且在图形中选取字牌毛坯体的长方形棱边，注意部件材料侧为外部，刀具中心位于边界线上“位于”。

单击“底部面”图标，选取底面位于 *ZC*=0 平面上。

刀轨生成方法、切削模式、重刀量、切削角等设置如图 9-8（d）所示；单击切削层图标，采用“用户定义”方式，设置最大 2mm，最小 0.5mm，如图 9-8（e）所示。

单击切削参数图标，各余量都为 0；非切削移动项，取默认设置；单击进给和速度图标，取主轴转速 1500rpm，进给率 150mmpmin。

单击刀轨生成图标，形成刀轨如图 9-8（f）所示。

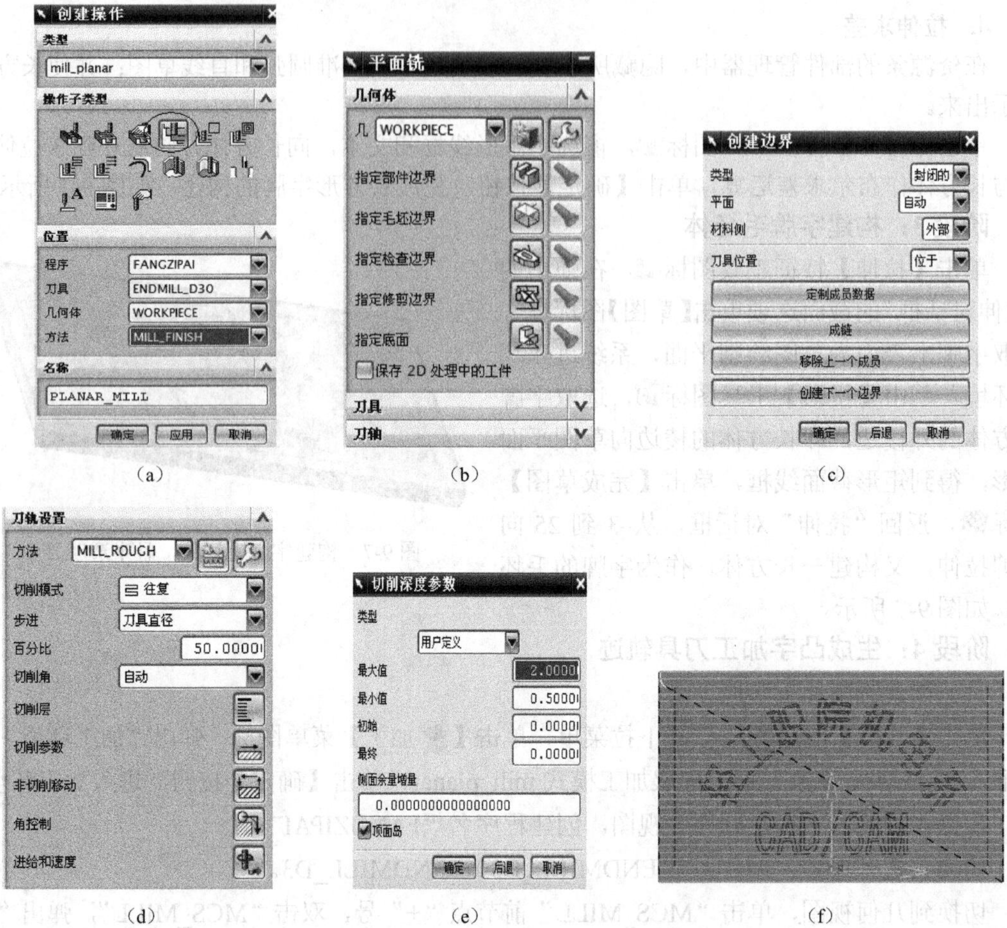

图 9-8　构建字牌上表面铣削刀轨过程

（3）构建阳字（凸字）铣削加工刀轨操作

创建操作类型等设置如图 9-9（a）所示。为简化创建铣削操作过程，在此采用精加工铣削方法，深度方向分层切削，侧面方向不留余量（这样与实际生产不太符合，请读者注意）。

在指定部件加工边界时，要特别注意每个边界的要保留的材料侧，且要一个封闭线框一个封闭线框地选择，选取一个封闭线框后要单击【创建下一个边界】按钮，再选取下一个封闭线框。

指定底面时，取 $ZC=-3$；进行切削层设置时，按图 9-9（b）所设深度参数设置，加工将分二层进行，最后一层就是精加工底面。进给与速度设置参数：主轴转速 2000rpm，进给率 100mmpmin，其他取默认设置。生成刀轨后仿真校验加工结果如图 9-9（c）所示。

生成 NC 程序代码的操作请读者参考项目 7 讲授内容进行。

阶段 5：生成字牌数控加工 NC 程序

单击【后处理】工具图标，可生成数控铣削程序，并进行一定修改，即可用于实际机床的加工，具体操作方法、步骤请参考项目 8 所述。

四、拓展训练

构建如图 9-10 所示字牌并进行数控加工编程。字高、比例、放置位置自定，字牌厚度

25mm，ϕ130 圆内、ϕ250 与ϕ150 圆内区域挖凹槽，深 3mm。

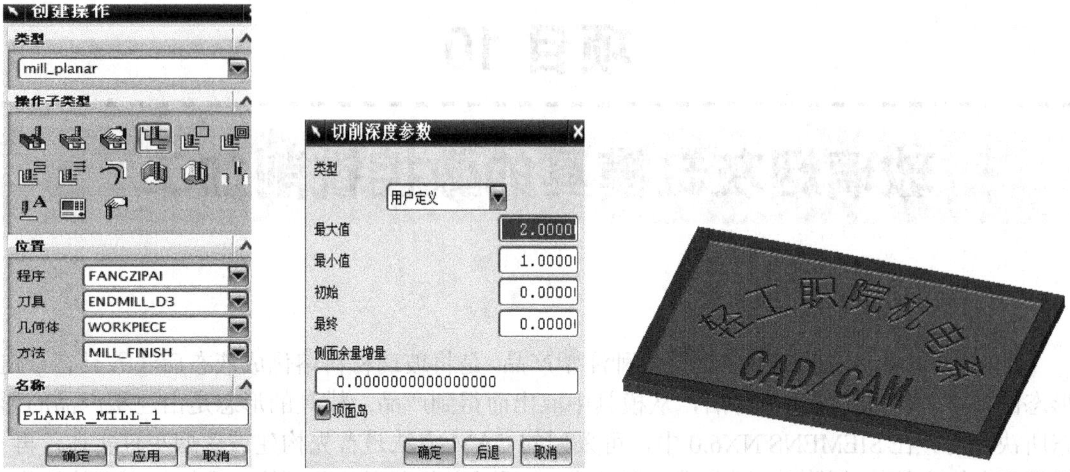

（a）　　　　（b）　　　　（c）

图 9-9　构建阳字（凸字）铣削加工刀轨操作过程与仿真加工结果

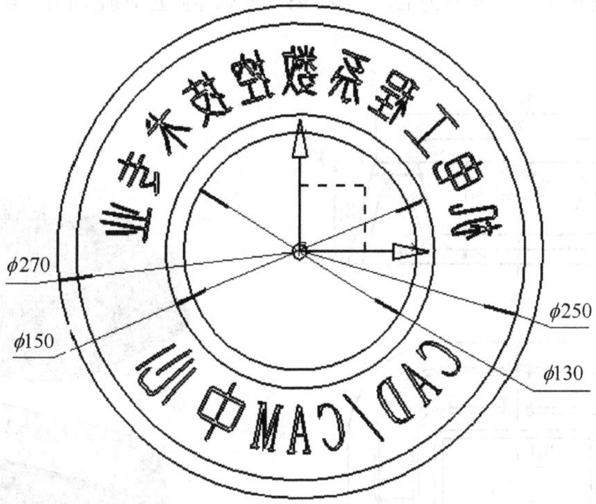

图 9-10　圆形字牌

项目 10

玻璃烟灰缸模具的数控铣削加工

一、项目分析

如图 10-1 所示的玻璃烟灰缸是一种注塑产品，是将玻璃材料熔化成液态后注入具有一定形态的模具，待玻璃熔液冷却后，从模具中取出而得到产品。模具的形态是由注塑产品的形态所决定的。在 SIEMENS NX6.0 中，可采用的 CAM 方法是首先构建玻璃烟灰缸实体，再根据烟灰缸实体构建模具（型芯模和型腔模），再对型芯和型腔分别构建数控加工刀轨操作，最后根据实际机床生成数控程序代码，传输至数控机床进行实际加工。

本项目的教学重点是构建玻璃烟灰缸模具和构建模具的型腔铣削加工“mill contour”操作。要求掌握构建注塑模具的基本方法与步骤；掌握构建型腔铣削加工刀轨操作的方法与步骤。

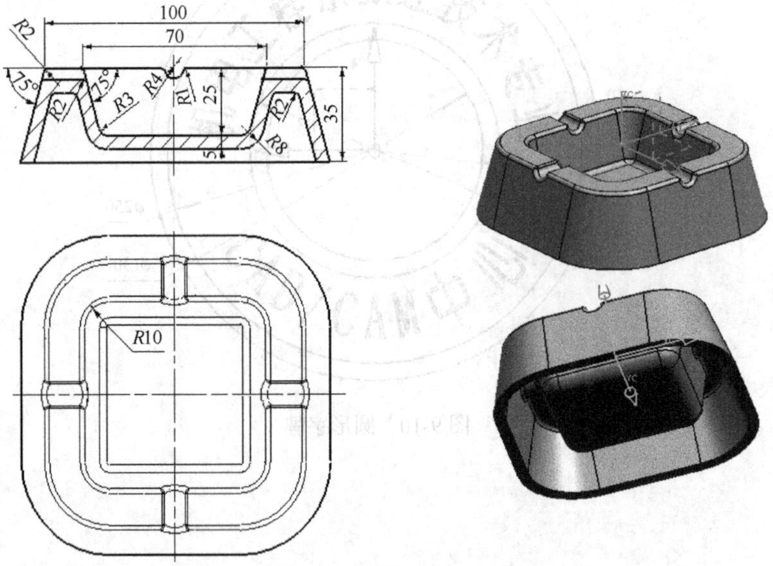

图 10-1　玻璃烟灰缸零件图

二、相关知识

1. 构建模具的方法、步骤

在 SIEMENS NX6.0 软件中，构建注塑模具是在 “注塑模向导” 模块中，按照“阶段初始化”、设置“模具坐标系”、“收缩率”、构建模具坯体（称为“工件”）、“型腔布局”、利用“模具工具”对产品实体的修补、构建“分型线”、“分型面”、分型生成“型芯”和“型腔”；再进行固定模具的“模架”、顶出新产品的“顶杆”、熔化液体的“浇口”、“浇道”等设计步骤进行，从而构建完整的模具。

由于“模架”、“顶杆”、“浇口”、“浇道”都有规定的标准件或标准参数，可直接引用或参考，这些结构的加工也相对简单。常常利用 CAM 软件对模具体与注塑产品表面相应的表面进行数控加工编程操作。故在本教材中，仅介绍型芯、型腔模的构建而省略“模架”、“顶杆”、“浇口”、“浇道”的构建操作。

2. 构建模具数控加工刀轨与程序的方法

构建模具的型腔铣削加工“mill contour”操作是适用于曲面加工的一种铣削加工操作，若将平面看作是曲面的特例，不难想象，型腔铣削加工“mill contour”操作是可以代替平面铣削加工“mill planar”的。

型腔铣削加工“mill contour”操作可分为 20 种，11 种可用于粗加工，9 种可用于精加工（9 种精加工铣削方法又称固定轴曲面轮廓铣削），如表 10-1 所示。

其中，型腔铣削“CAVITY_MILL”是最基本的粗铣削类型，其他粗铣削类型都可看作是型腔铣削“CAVITY_MILL”类型的演化。固定轴曲面轮廓铣“FIXED_CONTOUR”是最基本的精铣削类型，其他精铣削类型可看作是固定轴曲面轮廓铣“FIXED_CONTOUR”类型的演化。

型腔铣削与平面铣削一样，都是默认在与 *XY* 平面平行的切削层上创建刀轨，其操作有如下特点：

① 刀轨为层状，切削层垂直于刀具轴，一层一层地切削，在加工过程中，机床 *X*、*Y* 轴联动。当遇到曲面、岛屿会自动绕过，无需特殊指定。

② 采用边界、面、曲线或实体定义刀具切削运动区域，大多采用实体定义切削区域。

③ 切削效率高，但在零件表面留下层状余料，故型腔铣削主要用于粗加工。

④ 只要指定零件几何体和毛坯几何体，刀轨容易生成，

型腔铣削主要用于非直壁面、岛屿的顶面、槽腔的底面粗加工，型腔铣削可以代替平面铣削。

表 10-1 型腔铣削 mill-contour 各子类型说明

序	图标	英　文	中　文	说　明
1		CAVITY_MILL	型腔铣削	在路径的同一高度内完成一层切削，遇到曲面时会绕过，再下一个高度进行下一层切削
2		PLUNGE_MILLING	插铣削	每一刀加工只有一个轴向进给运动
3		CORNER_ROUGH	角落粗铣	清根粗加工，主要对角落进行粗加工
4		REST_MILLING	间歇铣削	
5		ZLEVEL_PROFILE	等高轮廓铣	通过切削多个层来加工零件实体轮廓和表面轮廓
6		ZLEVEL_CORNER	等高清角	等高方式清角、清根加工
7		PROFILE_3D	三维轮廓铣	特殊的三维轮廓铣削，深度取决于边界中的边或曲线，常用于修边
8		CONTOUR_TEXT	曲面文本铣	对文字曲线在曲面或实体的表面上进行雕刻加工
9		MILL_CONTROL	机床控制	建立机床控制操作
10		MILL_USER	自定义	用户自定义操作方式
11		FIXED_CONTOUR	固定轴曲面轮廓铣	基本的固定轴曲面轮廓铣削操作，用于以各种驱动方式、包容和切削模式轮廓铣削部件和区域，刀具轴+*Z*

续表

序	图标	英文	中文	说明
12		CONTOUR_AREA	区域轮廓铣	与固定轴曲面轮廓铣削基本相同，默认设置为区域驱动方式
13		CONTOUR_AREA_NON_STEEP	非陡峭区域轮廓铣	与固定轴曲面轮廓铣削基本相同，默认设置为非陡峭约束，角度小于 65°的区域轮廓铣削
14		CONTOUR_AREA_DIR_STEEP	陡峭区域轮廓铣	与固定轴曲面轮廓铣削基本相同，默认设置为陡峭约束，角度大于 65°的区域轮廓铣削
15		FLOWCUT_SINGLE	单路径清根	驱动方法为 FLOW CUT 的固定轴曲面轮廓铣，且只创建单一清根路径
16		FLOWCUT_MULTIPLE	多路径清根	驱动方法为 FLOW CUT 的固定轴曲面轮廓铣，创建多清根路径
17		FLOWCUT_REF_TOOL	参考刀具清根	驱动方法为 FLOW CUT 的固定轴曲面轮廓铣，创建多清根路径，清根驱动方法可为选择参考刀具
18		FLOWCUT_SMOOTH	光顺清根	驱动方法为 FLOW CUT 的固定轴曲面轮廓铣，且路径形式可选为单一、多路径，或参考刀具
19		CONTOUR_SURFACE_AREA	曲面区域轮廓铣	与固定轴曲面轮廓铣削基本相同，默认设置为曲面驱动方式
20		STREAMLINE		

三、项目实施

阶段 1：制定方形玻璃烟灰缸的加工工艺卡

制定方形玻璃烟灰缸的加工工艺卡，如表 10-2 所示。

表 10-2　方形玻璃烟灰缸的加工工艺卡

工段	工序	工步	加工内容	加工方式	机床	刀具	余量
模具制作工段	1	1.1	下料 163×163×53				
	2	2.1	铣削 160×160×50	铣削	普通铣床		
		2.2	去毛刺	钳工			
	3	3.1	装夹工件				
		3.2	粗铣削型腔槽	CAVITY_MILL_1	立式数控加工中心	ENDMILL_D20	1
		3.3	半精铣削型腔侧壁	FIXED_CONTOUR_2		ENDMILL_D8R1;	0.25
		3.4	精铣削型腔	CONTOUR_AREA_3		BALLMILL_D5	
		3.7	光顺曲面清根铣削	FLOWCUT SMOOTH_4		BALLMILL_D2	0
	4		检验				
	5		模具组装				
玻璃熔液制备工段			玻璃熔液制备				
注塑工段	1		注塑		注射机		
	2		修整				
	3		检验				

阶段 2：构建方形玻璃烟灰缸三维实体

1. 构建草图线框

启动 SIEMENS NX6.0 软件，在文件夹“…\xiangmu10\”中创建模型文件“Yanhuigang.prt”，进入建模环境。

在水平面 XC-YC 内构建草图：矩形 70mm×70mm，倒圆角 R10mm，完成草图后，再将矩形线框向外偏置 15mm，结果如图 10-2（a）所示。

在 XZ、YZ 平面分别以坐标原点为圆心，绘制ϕ 8 圆形两个草图，结果如图 10-2（b）所示。

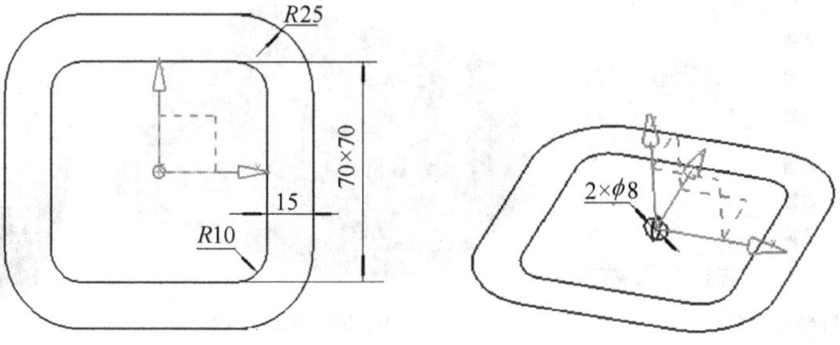

（a）　　（b）

图 10-2　构建烟灰缸造型线框图

2. **构建实体**

（1）构建烟灰缸主体

单击【拉伸】特征工具图标，弹出“拉伸”对话框，选取大矩形线框，设置如图 10-3（a）所示，向下拉伸 35mm；布尔运算：无；草图：从起始限制，角度：–15°；形成造型如图 10-3（b）所示。

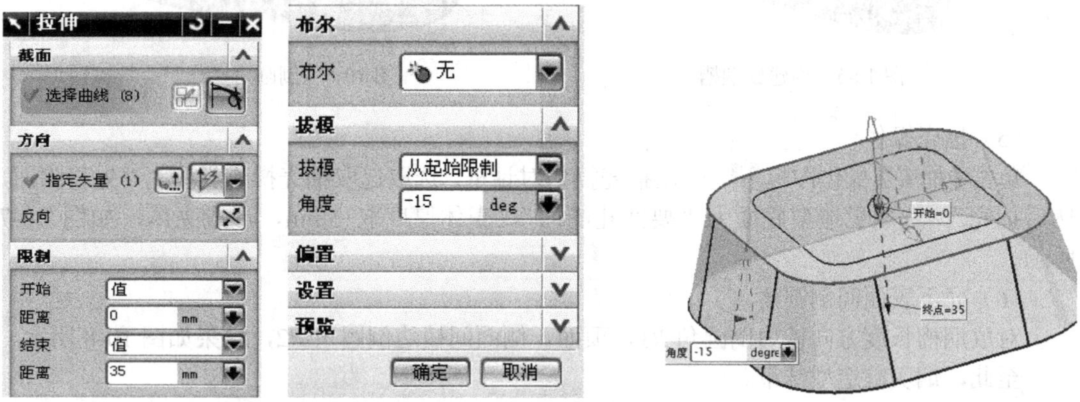

（a）拉伸主体参数设置　　（b）主体造型结果

图 10-3　构建烟灰缸主体模型

（2）构建烟灰缸凹坑

单击【拉伸】特征工具图标，弹出“拉伸”对话框，选取小矩形线框，设置如图 10-4（a）所示，向下拉伸 25mm；布尔运算：求差；草图：从起始限制，角度：15°；形成造型如图 10-4（b）、（c）所示。

（3）构建放烟槽

分别拉伸已构建的两圆线框，开始距离–60，终点距离 60，双向拉伸，直接作布尔差运算，结果如图 10-5 所示。

（4）倒圆角

从部件操作导航器中隐藏草图线框，对放烟槽长度方向棱边倒圆角 R1，顶面内外棱边倒

圆角 $R2$，内底面四边棱倒圆角 $R3$，结果如图 10-6 所示。

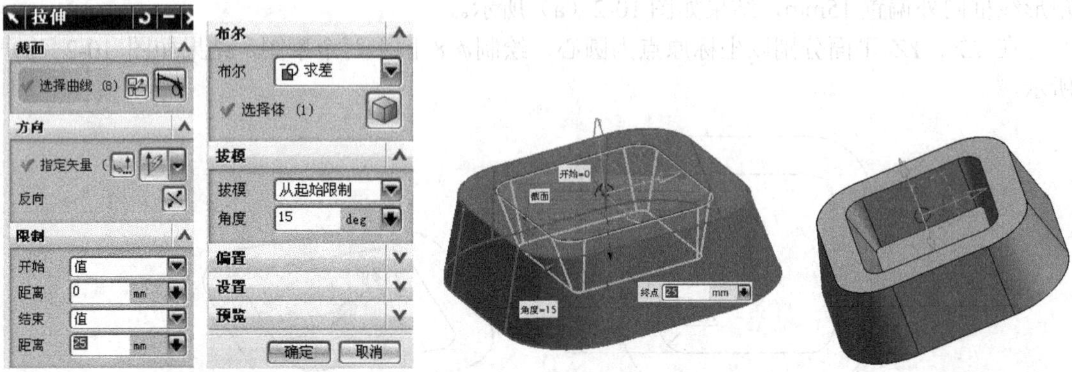

（a）拉伸凹坑参数设置　（b）凹坑形成过程　（c）凹坑构建结果

图 10-4　构建烟灰缸凹坑造型过程

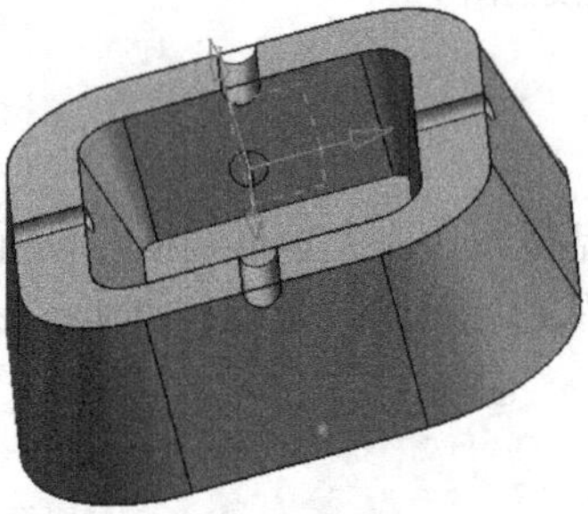

图 10-5　构建放烟槽

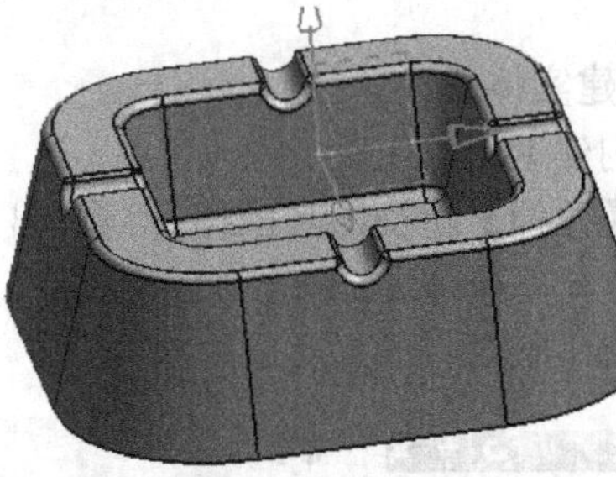

图 10-6　倒圆角操作

（5）抽壳操作

单击【抽壳】操作图标，弹出抽壳操作对话框，选取选取抽壳操作类型为“先移除面，然后抽壳”，选取已造型底面为“要冲孔的面”，壳体厚度取 5mm，形成壳体，如图 10-7 所示。

（6）壳下表面间倒圆角

对放烟槽长度方向棱边倒圆角 $R1$，顶面、侧面间棱边倒圆角 $R2$，结果如图 10-8 所示。

至此，烟灰缸造型结束。

图 10-7　抽壳操作显示

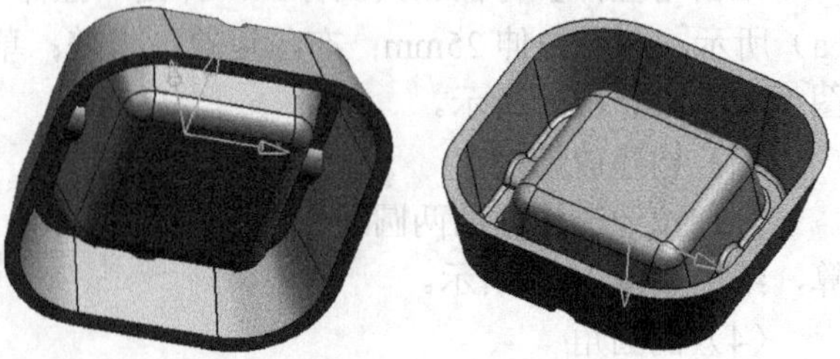

图 10-8　壳体下表面间倒圆角结果

阶段 3：构建方形玻璃烟灰缸型腔、型芯模具

1. 创建模具造型阶段

（1）打开部件文件

打开部件文件“…\xiangmu10\yanhuigang.prt”文件。

（2）阶段初始化

单击【开始】菜单图标，从下拉菜单中单击【注塑模向导】菜单项，进入“注塑模向导”模块环境。

单击“注塑模向导”工具中的【阶段初始化】图标，弹出“阶段初始化”对话框，单击路径设置栏右侧文件夹图标，在原文件夹“xiangmu10”下创建新文件夹“…\xiangmu10\yhgmold”（注塑模具阶段中包括了许多文件，为了便于文件的管理，建议每创建一个注塑模具阶段，单独建立一个文件夹，以便与原部件文件分开管理）。

阶段名称：yanhuigang_mold，材料、收缩率、配置选项可取默认设置，也可根据模具材料进行设置，在此设置如图 10-9（a）所示。

阶段单位：选取“毫米”。

单击【确定】按钮，系统自动进行初始化运行，创建顶级文件“yanhuigang_mold_top_010.prt”（在标题栏中显示此文件名），绘图区出现烟灰缸实体，如图 10-9（b）所示。

（a）（b）

图 10-9 阶段初始化设置

2. 定义模具坐标系

单击“注塑模向导”工具条中的【模具坐标系】工具图标，弹出“模具 CSYS”对话框，选取“当前 WCS”单选项，设置如图 10-10 所示。单击【确定】按钮，完成模具坐标系定义。选择“当前 WCS”含义是模具坐标系与当前的零件产品坐标系重合，故图形中无明显变化。

3. 设置收缩率

单击“注塑模向导”工具条中的【收缩率】工具图标，弹出“比例”对话框，如图 10-11 所示。可设置或修改“阶段初始化”对话框中设置的注塑件的收缩率。

4. 定义工件

单击“注塑模向导”工具中的【工件】工具图标，弹出“工件”对话框，选择类型：“产品工件”；工件方法：“型腔—型芯”；勾选“显示产品包容块”选项，如图 10-12（a）所示，单击【确定】按钮，形成的模具体工件如图 10-12（b）所示。

5. 型腔布局

单击“注塑模向导”工具条中的【型腔布局】工具图标，弹出“型腔布局”对话框，选取布局类型：矩形；平衡；平衡布局设置型腔数：2（即单模具），如图 10-13 所示。单击

“自动对准中心”按钮⊞，完成型腔布局。

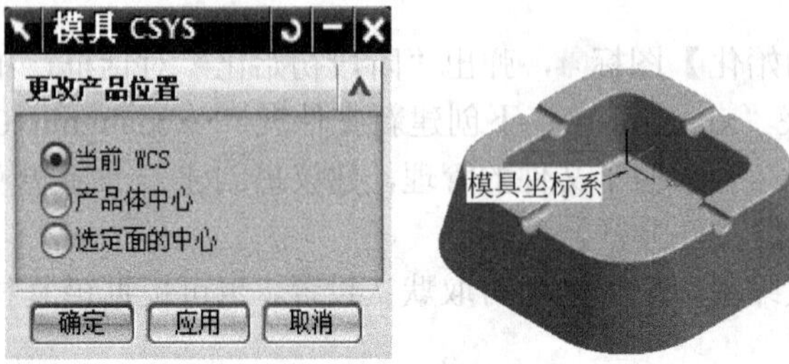

（a）　　　　（b）

图 10-10　模具坐标系设置

图 10-11　设置收缩率

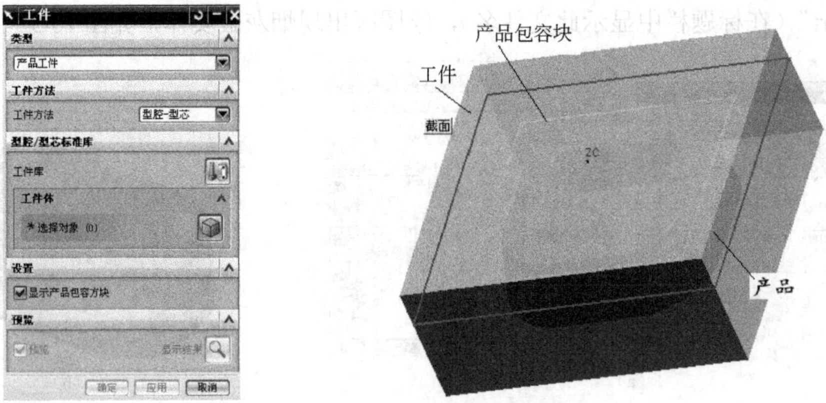

（a）　　　　（b）

图 10-12　工件尺寸设置

“自动对准中心”的含义是系统自动地放置当前的布局的 *XY* 平面的几何中心移到布局装配结构的绝对坐标中心（0，0），即 *XY* 平面是主分型面，此时可能未看到造型图形变化，因为本造型中工件镶体与烟灰缸模型的中心是重合的，即已经是自动对准中心的。

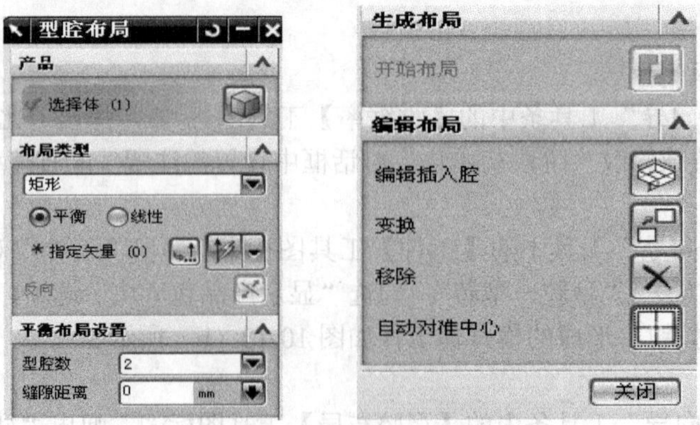

图 10-13　型腔布局设置

6. 创建分型线

单击“注塑模向导”工具条中的【分型】工具图标，弹出“分型管理器”对话框，如图 10-14 所示。

单击【编辑分型线】工具图标，弹出“分型线”对话框，单击【自动搜索分型线】按钮，弹出“搜索分型线”对话框，如图 10-15 所示。

系统自动搜索分型线，搜索到烟灰缸模型底面外边缘线，连续单击【确定】按钮，返回分型管理器，分型线在屏幕中显示如图 10-16 所示。

图 10-14 分型管理器

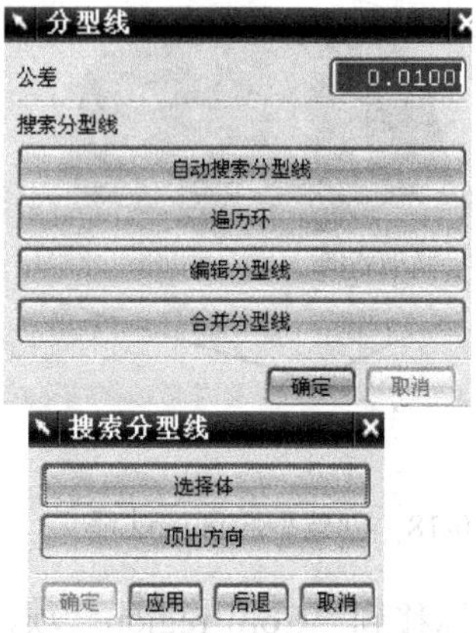

图 10-15 分型线、搜索分型线对话框

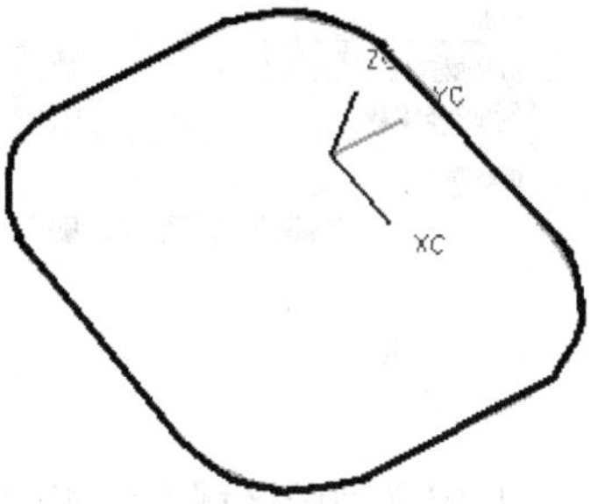

图 10-16 分模分型线

7. 创建分型面

单击【创建分型面】工具图标，弹出“创建分型面”对话框，如图 10-17（a）所示，单击【创建分型面】按钮，弹出“分型面”对话框，选择“有界平面”项，如图 10-17（b）所示，连续单击【确定】，构成分型面如图 10-17（c）所示，分型面与烟灰缸模型之间关系如图 10-17（d）所示。

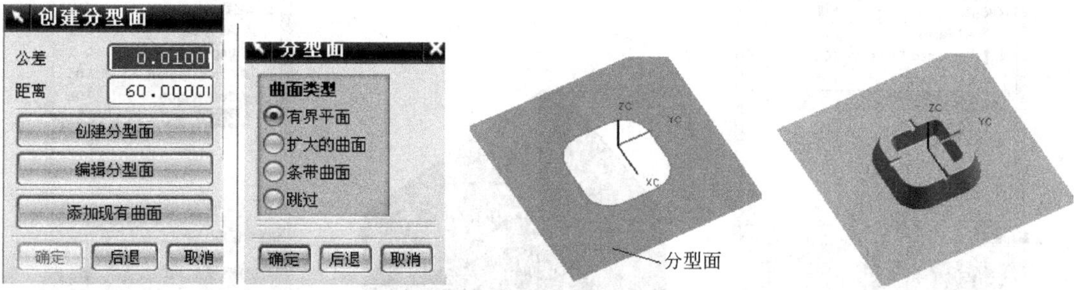

（a） （b） （c） （d）

图 10-17 创建分型面

8. 创建型芯和型腔

（1）定义型腔、型芯区域和分型线

单击“分型管理器”中【抽取区域和分型线】工具图标，弹出“定义区域”对话框，将光标移到“Cavity region”项，如图 10-18（a）所示。在模型上表面选取一个面，且右键单击出现面选项，选取“相切”，则自动选取与已选面相切的所有表面；如图 10-18（b）所示。单击对话框中【应用】按钮，“Cavity region”项的数量显示为已选取的表面总数：105，如图 10-18（c）所示。

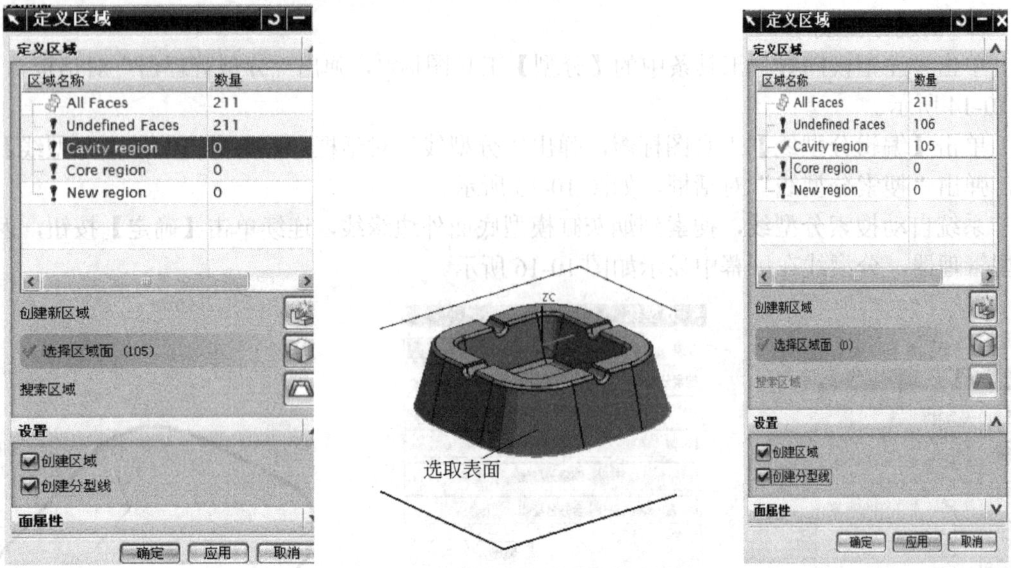

(a)　　(b)　　(c)

图 10-18　创建型腔区域过程

与定义型腔区域方法相同，将光标移到“Core region”项，如图 10-19（a）所示。在模型下表面选取一个面，且右键单击出现面选项，选取“相切”，则自动选取与已选面相切的所有表面，并且再选取烟灰缸模型的底平面区域，如图 10-19（b）所示。单击对话框中【应用】按钮，“Core region”项的数量显示为已选取的表面总数：106，如图 10-19（c）所示。

要注意的是，型腔和型芯区域之和应与总面数 All Faces 相等，否则，区域创建错误，不能创建型腔和型芯。

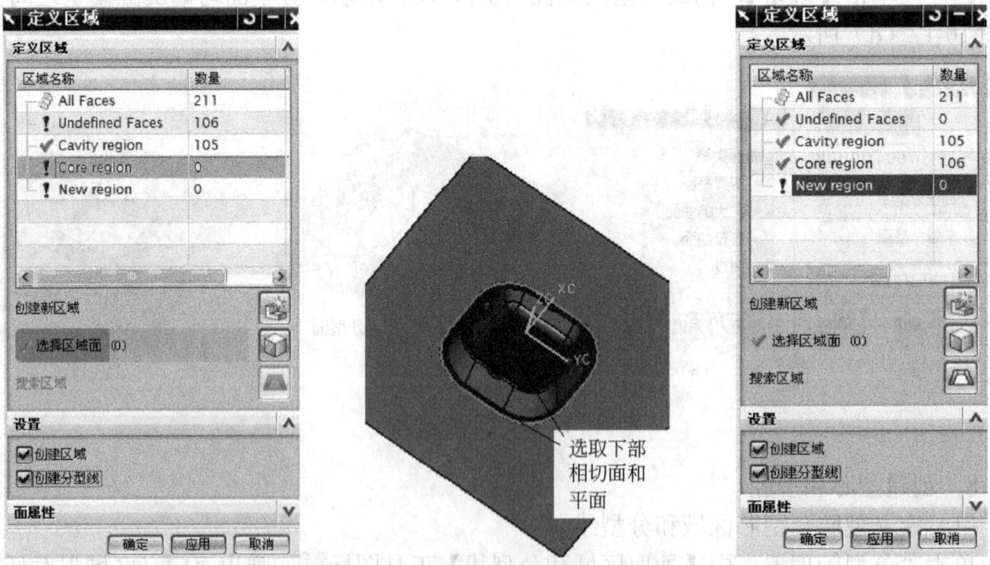

(a)　　(b)　　(c)

图 10-19　创建型芯区域操作过程

（2）创建型腔与型芯

单击“分型管理器”中【创建型腔】工具图标，弹出“选择型腔片体”对话框，如

图 10-20（a）所示。

选取区域名称“Cavity region”项，直接单击【应用】按钮，弹出“查看分型结果”对话框，如图 10-20（b）所示，且显示型腔结果，*ZC* 轴向下，如图 10-20（c）所示,正是所希望的型腔模具，故单击【确定】按钮，完成型腔创建。

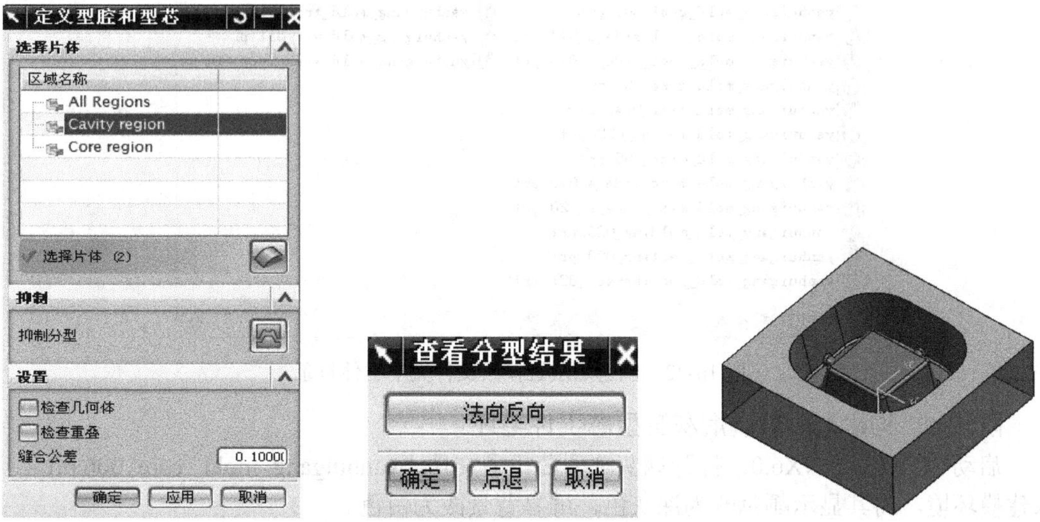

（a）　　（b）　　（c）

图 10-20　创建型腔模具操作过程

选取区域名称“Core region”项，直接单击【应用】按钮，弹出“查看分型结果”对话框，如图 10-21（b）所示，且显示型腔结果，*ZC* 轴向上，如图 10-21（c）所示,正是所希望的型芯模具，故单击【确定】按钮，完成型芯创建。

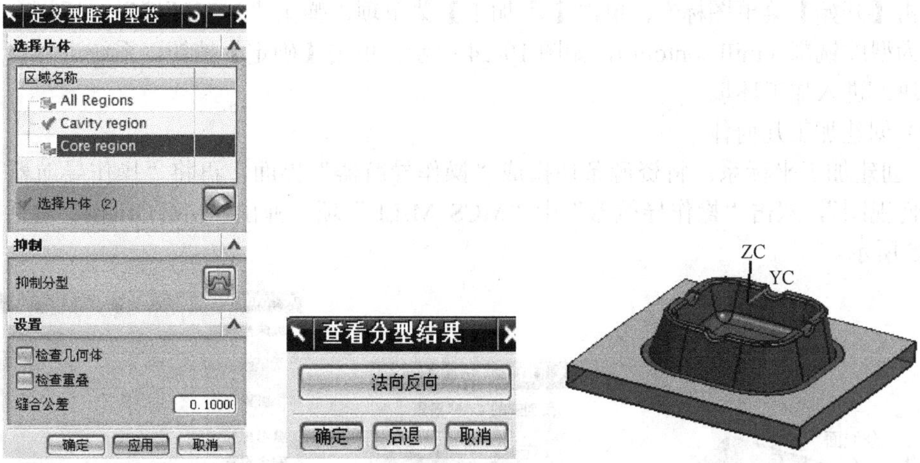

（a）　　（b）　　（c）

图 10-21　型芯模具的创建过程

单击菜单栏【文件】、【全部保存】菜单项，分型过程中的全部文件被保存起来，其中“yanhuigang_mold_cavity_002.prt”为型腔模具体文件，“yanhuigang_mold _core_006.prt”为型芯模型体文件。其他文件是关于构建模具的浇道、冷却等方面的文件，打开“yhgangmold”文件夹，显示文件夹中文件目录，如图 10-22 所示。

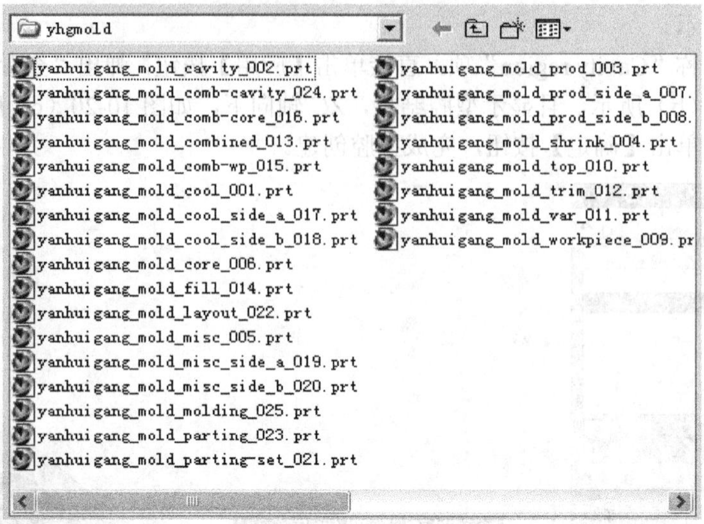

图 10-22　创建烟灰缸模具文件夹中文件目录

阶段 4：构建方形玻璃烟灰缸型芯工件毛坯

启动 SIEMENS NX6.0，打开烟灰缸型芯模型文件“yanhuigang_mold _core_006.prt”。进入建模环境，将其显示颜色改为深灰色，屏幕背景改为白色。

单击【拉伸】特征工具图标，选择型芯模具下边缘为拉伸线框，向上拉伸 48mm，并将拉伸长方体改为半透明显示（拉伸的长方体作型芯的毛坯体，型芯上表面留有 3mm 的加工余量，默认的长方体显示颜色是浅黄色，可改为习惯上的灰色），如图 10-23 所示。

阶段 5：构建方形玻璃烟灰缸型芯铣削加工刀轨操作

1. 创建加工环境

（1）进入加工模块

单击【开始】菜单图标、单击【加工】菜单项，弹出“加工环境”对话框，选择加工类型为型腔铣削（mill contour），如图 10-24 所示。单击【确定】按钮，系统进行自动加载加工模块，进入加工环境。

（2）创建加工几何体

① 创建加工坐标系。将资源条切换成“操作导航器”界面，再将“操作导航器”切换成“几何视图”，双击“操作导航器”中“MCS_MILL”项，弹出“Mill Orient”对话框，如图 10-25 所示。

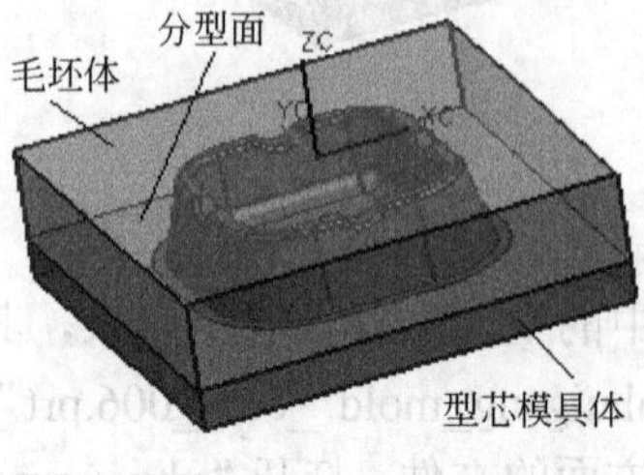

图 10-23　构建型芯的毛坯体

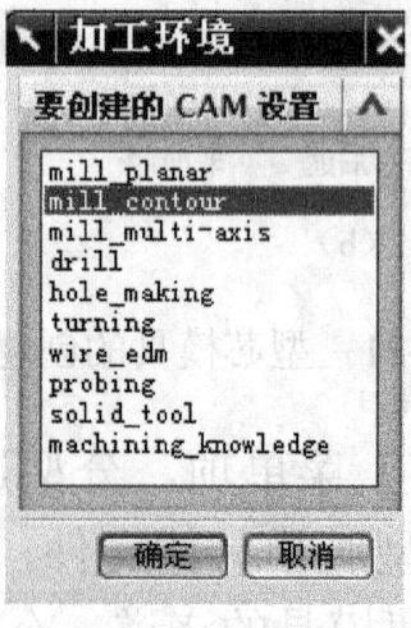

图 10-24　加工环境设置

图 10-25　铣削编程坐标系设置

在“Mill Orient”对话框中，加工坐标系项“指定 MCS”中，单击【CSYS 对话框】图标，弹出“CSYS”对话框，选取类型为“偏置”；参考 CSYS 为“WCS”，在偏置坐标中输入*X*、*Y*、*C* 坐标（0,0,–5），即以型芯模具上表面最高点位置作为加工坐标系 *Z*=0 点，如图 10-26（a）所示，单击【确定】按钮，返回“Mill Orient”对话框。构建的加工（工件编程）坐标系 *XMYMZM*（在此称作机床坐标系）如图 10-26（b）所示。

所构建机床坐标系 *XMYMZM* 的坐标原点在 *XC*、*YC*、*ZC* 坐标系下 5mm 的位置，即型芯上表面几何中心点。

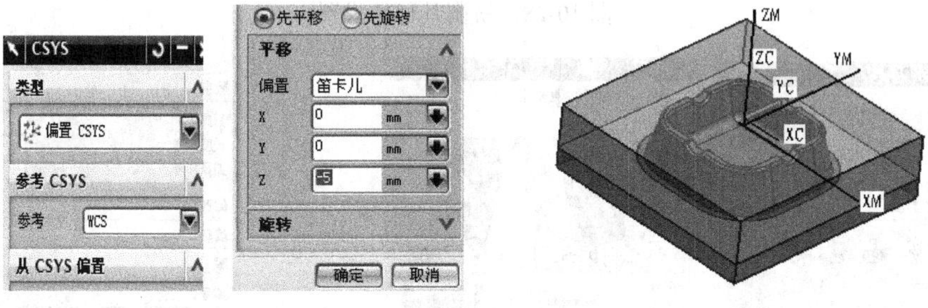

（a）（b）

图 10-26 构建加工（工件编程）坐标系 *XMYMZM*

② 创建安全平面。在图 10-25 所示的“Mill Orient”对话框中，安全设置组中，“安全设置选项”中选取“平面”，如图 10-27（a）所示，单击选择平面图标，弹出“平面构造器”对话框，选取平面为“*XC-YC*”，在“偏置”框中输入 50，如图 10-27（b）所示。

连续单击【确定】按钮，创建安全平面，如图 10-27（c）所示。

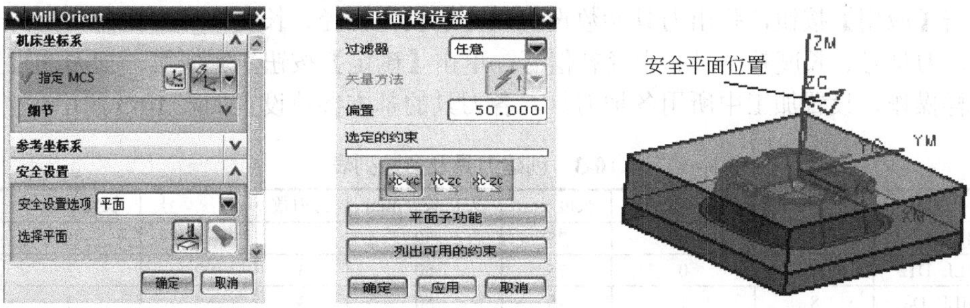

（a）（b）（c）

图 10-27 构造安全平面

③ 创建加工部件几何体。单击“操作导航器”中“MCS_MILL”前“+”号，出现“WORKPIECE”，双击“WORKPIECE”，弹出铣削几何“MILL GEOM”对话框，如图 10-28 所示。

单击“指定部件”图标，弹出“部件几何体”对话框，选取型芯模型为部件几何体。

④ 创建毛坯几何体。单击“指定毛坯”图标，弹出“毛坯几何体”对话框，选取长方体毛坯。

（3）创建刀具

将“操作导航器”切换成“机床视图”，单击“创建刀具”图标，弹出“创建刀具”对话框，选取类型：mill contour；子类型“圆柱平底铣刀”，命名“ENDMILL_D20”，如图 10-29 所示。

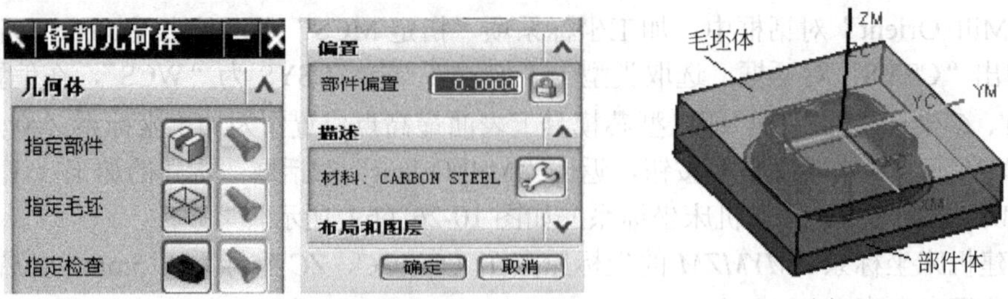

（a）（b）

图 10-28　铣削几何体设置

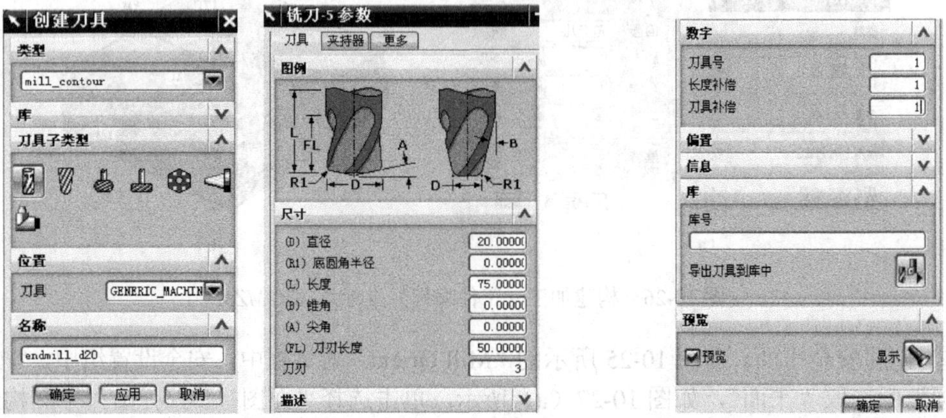

（a）（b）

图 10-29　刀具类型、名称、尺寸参数设置

单击【应用】按钮，弹出刀具参数设置，分别设置直径、长度、底面圆角、刀刃长度、刀刃数、刀具号、长度补偿号、半径补偿号，单击【确定】按钮，完成第一把刀的设置。

同样操作，设置加工中所用各把刀具，各刀具的基本参数设置如表 10-3 所示。

表 10-3　创建刀具及参数列表

名　称	直径/mm	底圆角 R/mm	长度/mm	刃口长度/mm	刀刃数	刀　号	长度补偿号	用途
ENDMILL_D20	20	0	75	50	3	1	1	粗铣
ENDMILL_D12	12	0	75	50	3	2	2	精铣
ENDMILL_D8	8	1	75	50	3	3	3	精铣
BALLMILL_D2	2	1	50	35	2	4	4	清根

（4）设置加工方法

将“操作导航器”切换成“加工方法视图”，如图 10-30 所示。

双击“MILL_ROUGH”加工方法，弹出铣削方法设置对话框，设置参数如图 10-31 所示。

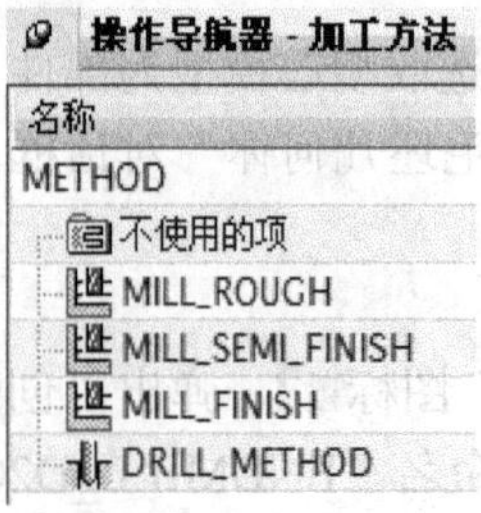

图 10-30　加工方法视图

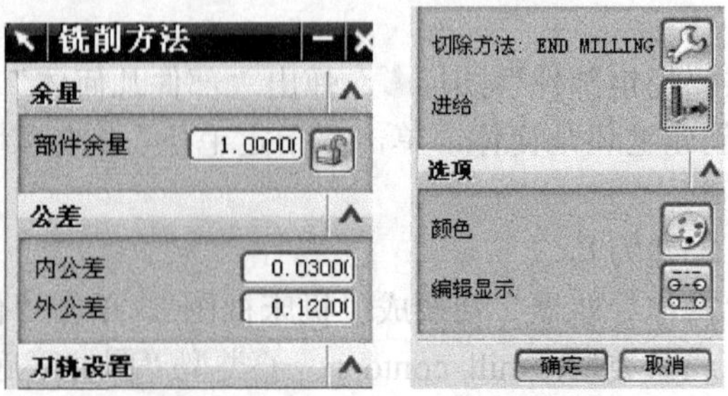

图 10-31　加工方法设置对话框

同样操作，设置精加工和精加工方法参数如表 10-4 所示。

表 10-4　粗精加工切削方式、方法、余量及公差

加工方法	部件余量	内公差	外公差	切削方式
MILL_ROUGH	1	0.03	0.12	END MILLING
MILL_SEMI_FINISH	0.25	0.03	0.06	ENDMILLING
MILL_FINISH	0	0.01	0.03	BALL MILLING

（5）创建程序名

将“操作导航器”切换到“程序顺序视图”，单击“创建程序”图标，弹出“创建程序”对话框，设置类型：型腔铣削（mill–contour）；位置：NC_PROGRAM；名称：YHGMOLD_CORE，如图 10-32（a）所示。

连续单击【确定】按钮，完成程序名创建，在操作导航器中出现“YHG_CORE”项，如图 10-32（b）所示。

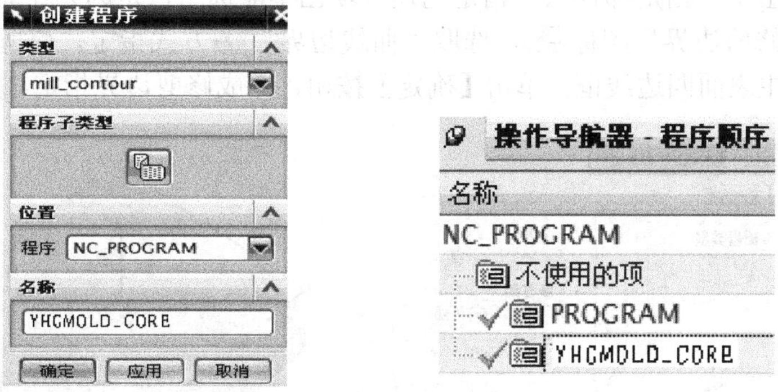

（a）　　（b）

图 10-32　创建程序操作过程

2. 构建烟灰缸型芯粗铣削加工刀轨操作

（1）创建粗加工操作基本设置

右键单击操作导航器中程序名“YHGMOLD_CORE”，出现快捷菜单，单击【插入】、【操作】，弹出“创建操作”对话框，设置子类型“型腔铣”（CAVITY_MILL）是常用的粗铣削由毛坯构成三维模型中多余材料的操作，如图 10-33 所示。

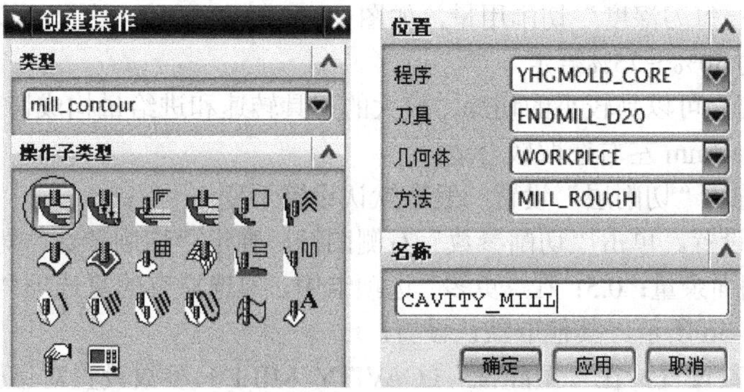

图 10-33　创建粗铣削加工基本设置

（2）创建粗加工操作几何体

单击创建操作对话框中“应用”，弹出“型腔铣”（CAVITY_MILL）参数设置对话框，

如图 10-34 所示。

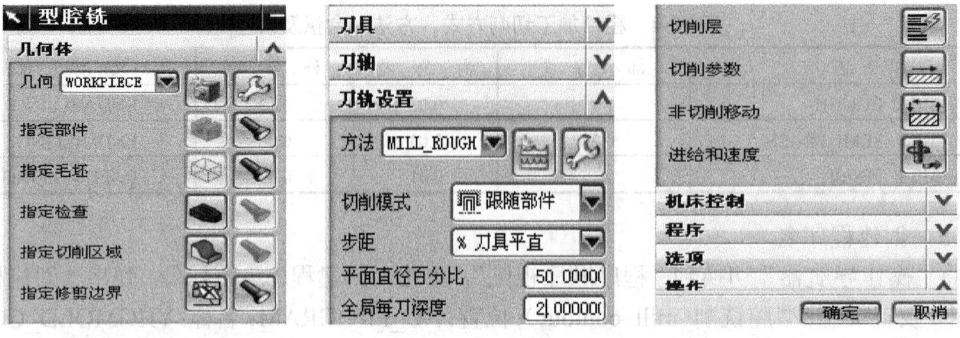

（a）　　　　（b）　　　　（c）

图 10-34　型腔铣削对话框

几何体选项组中“指定部件”、“指定毛坯”项已不能选用，是因为在前面已经设定。

单击“指定修剪边界”图标，选取“曲线边界”方式指定，修剪侧为外部，在模型上选取毛坯体主表面四边线框，单击【确定】按钮，完成修剪边界指定，如图 10-35 所示。

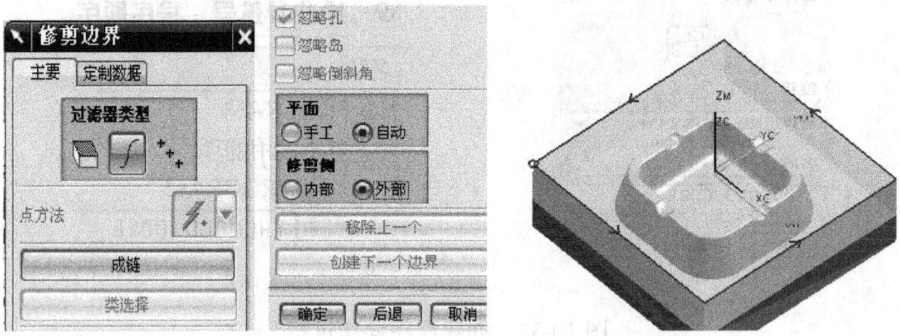

（a）　　　　（b）

图 10-35　指定修剪边界

（3）刀轨设置

① 加工方法、切削模式、重刀量、每刀深度设置。在“型腔铣”（CAVITY_MILL）参数设置对话框的“刀轨设置”选项组中，设置“方法”、“切削模式”、“步进”计算方式与“步进”百分比、“全局每刀深度”切削用量，如图 10-34（b）所示。这里“步进”是指重刀量，一般以刀具直径的 50%～75%给定。

由于数控加工，可以是较小的切深、较大的刀具转速和进给量构成切削三要素，一般粗加工每刀切深在 1~2mm 左右选取较合适。

② 切削层设置。“切削层”设置一般取默认设置不变。

③ 切削参数设置。单击“切削参数”右侧图标，弹出“切削参数”对话框，在“余量”选项卡中，部件侧面余量：0.5；在“更多”选项卡中，勾选原有的复选项“边界近似”和“容错加工”，如图 10-36 所示，其他取默认设置。

④ 非切削参数设置。在“型腔铣”（CAVITY_MILL）参数设置对话框的刀轨设置选项组中，单击“非切削移动”选项，进刀设置如图 10-37 所示。其他参数取默认设置。

⑤ 进给和速度设置。在“进给和速度”设置项中，设置主轴转速 1500rpm，进给率 150mmpmin。其他参数由系统自动计算获得，如图 10-38 所示。

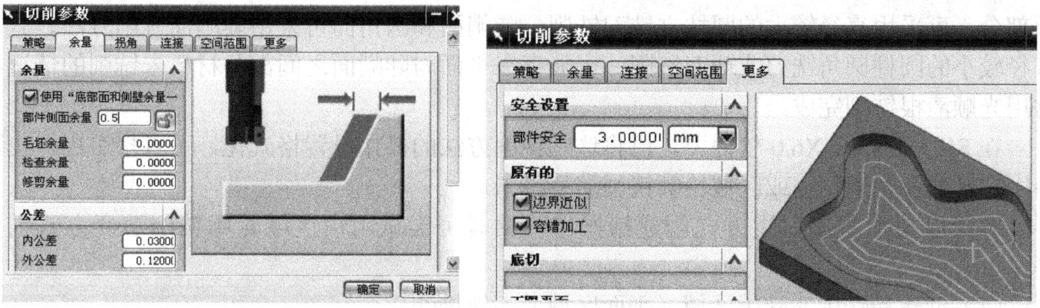

（a）　　　　　　（b）

图 10-36　切削参数设置

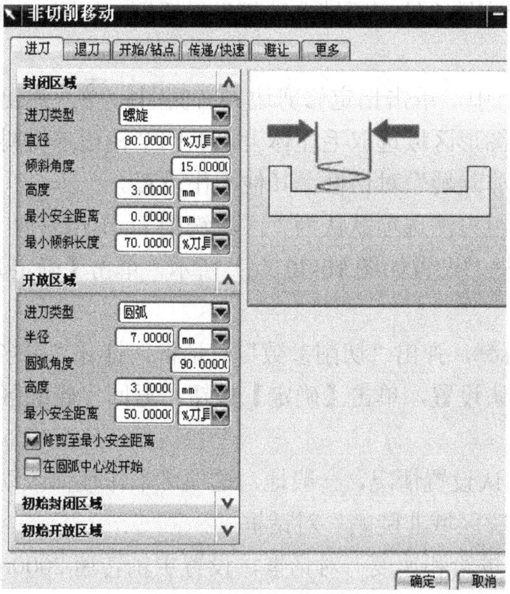

图 10-37　进刀参数设置

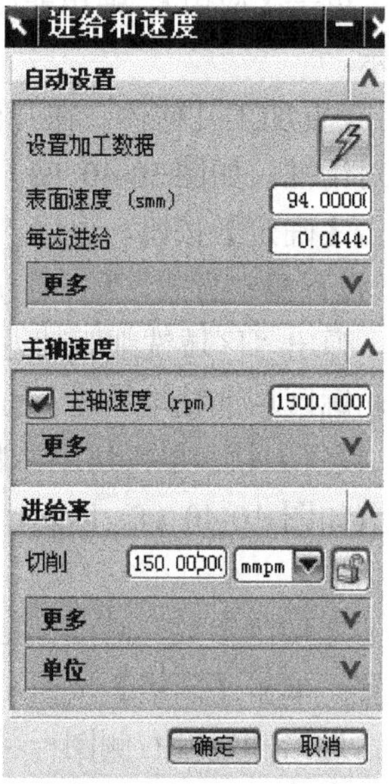

图 10-38　进给和主轴速度设置

（4）生成刀轨并仿真加工演示

单击【生成】图标，生成刀轨，如图 10-39（a）所示；单击【确认】图标，以 2D 方式演示，仿真铣削加工结果如图 10-39（b）所示。

（a）　　　　　　（b）

图 10-39　型芯的"型腔铣削"粗加工刀轨与仿真结果

3. 构建烟灰缸型芯精加工刀轨操作

精加工方案：由烟灰缸型芯结构可知，型芯主要由平面和陡峭的斜面和圆角面组成。平面部分，可采用直径较大的圆柱立铣刀铣削；陡峭面和圆角面可采用陡峭面铣削方法、且用直径较小的圆柱圆角铣刀或球刀铣削；可能存在平面与陡峭面之间部分材料未铣削的情况，常用光顺清根铣削完成。

在 SIEMENS NX6.0 软件中，已将这些铣削方法的操作设置格式化，可直接引用，也可由固定轴曲面轮廓铣削或区域轮廓铣削演变过来。

本阶段采用直接引用方式创建精操作，读者可尝试用由区域轮廓铣削演变方式创建操作。

（1）创建精铣削非陡峭区域（平面区域）刀轨操作

① 创建操作基本设置。打开“创建操作”对话框，基本设置如图 10-40（a）所示。

其中的子类型非陡峭区域轮廓铣削“轮廓区域非陡峭”是常用的半精、精铣削平面区域的方法。单击【应用】，弹出非陡峭区域轮廓铣“轮廓区域非陡峭”对话框，如图 10-40（b）、（c）所示。

② 设置加工几何体。在几何体选项组中，单击指定修剪边界右侧图标，弹出“修剪边界”对话框，如图 10-40（d）所示。在图形区域选取毛坯体上表面四个棱边，材料侧：外部，单击【确定】按钮，返回“轮廓区域非陡峭”对话框，其他不作设置。

③ 设置驱动方式。“驱动方式”选项组方法选项默认为“区域铣削”，单击右侧【编辑】图标，弹出“区域铣削驱动方式”对话框，设置如图 10-40（e）所示，单击【确定】按钮，返回“轮廓区域非陡峭”对话框。

④ 设置刀轨。单击切削参数右侧图标，弹出“切削参数”对话框，打开“更多”选项卡，设置如图 10-40（f）所示，其他取默认设置，单击【确定】按钮，返回“轮廓区域非陡峭”对话框。

单击非切削参数右侧图标，检查默认设置情况，一般地，这项可不作任何改动，全取默认设置。单击【确定】按钮，返回“轮廓区域非陡峭”对话框。

单击进给和速度右侧图标，弹出“进给和速度”对话框，设置主轴转速 2000rpm，进给率 150mmpmin，其他参数取默认设置，如图 10-40（g）所示,单击【确定】按钮，返回“轮廓区域非陡峭”对话框。

（a）　　（b）　　（c）

(d)

(e)

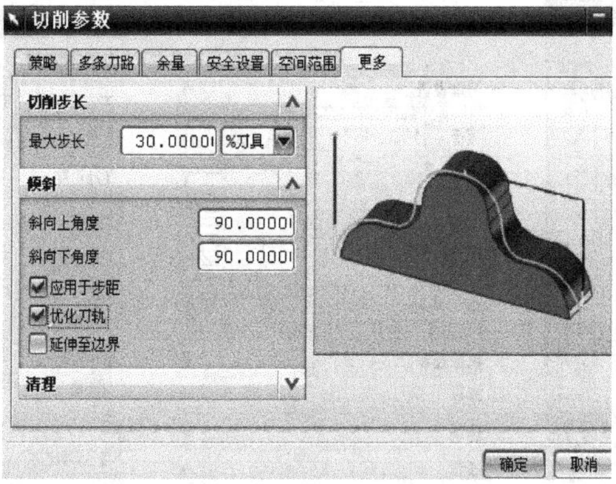

(f)

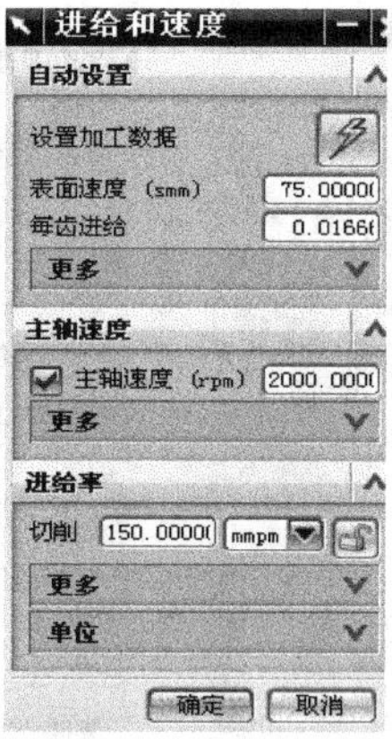

(g)

图 10-40 构建精铣削平面区域刀轨参数设置过程

⑤ 生成刀轨并仿真铣削加工校验。单击【生成】图标，生成刀轨，如图 10-41（a）所示。单击【确认】图标，以 2D 方式演示，仿真铣削加工结果如图 10-41（b）所示。

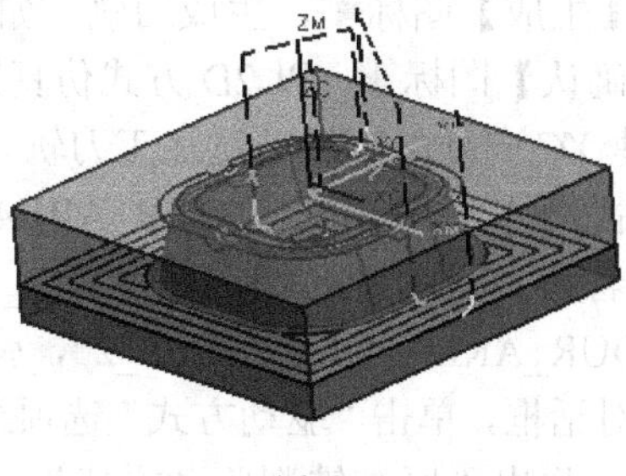

(a)

(b)

图 10-41 烟灰缸型芯铣削平面区域刀轨与仿真加工结果

（2）构建烟灰缸型芯模陡峭区域的精铣削加工刀轨操作

① 构建操作基本设置。打开“创建操作”对话框，基本设置如图 10-42（a）所示。

其中的子类型陡峭区域轮廓铣削“轮廓区域方向陡峭”是常用的半精、精铣削陡峭区域的方法。单击【应用】按钮，弹出陡峭区域轮廓铣削“轮廓区域方向陡峭”对话框，如图 10-42（b）、（c）所示。

② 设置加工几何体。设置加工几何体的方法、步骤、选取几何体对象都与平面精铣削相同。

③ 设置驱动方式。“驱动方式”选项组方法选项默认为“区域铣削”，单击右侧【编辑】图标，弹出“区域铣削驱动方式”对话框，设置如图 10-42（d）所示。

注意这里设置的步距量：“平面直径百分比：20”，数值越小，刀轨越密，加工后表面越光滑，但程序越长；反之，加工后表面越粗糙，程序则较短；另一注意点是“切削角度”：采用用户定义：0°，即沿着与 *XC* 轴平行的方向切削。

单击【确定】按钮，返回“轮廓区域方向陡峭”对话框。

④ 设置刀轨。设置刀轨的方法、步骤与平面精铣削完全相同。

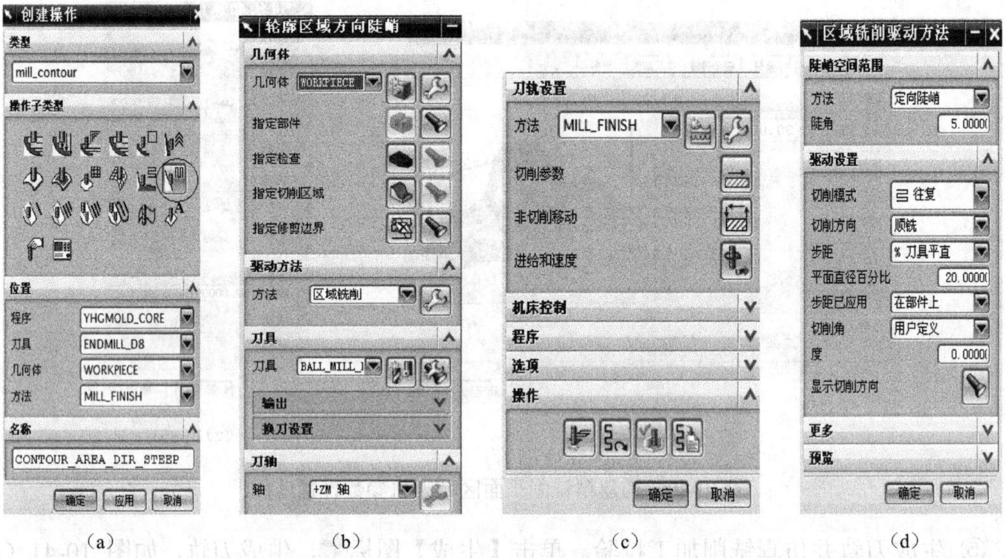

图 10-42 构建烟灰缸型芯模陡峭区域的精铣削加工刀轨操作设置

⑤ 生成刀轨并仿真铣削加工校验。单击【生成】图标，生成刀轨，如图 10-43 所示。单击【确认】图标，以 2D 方式仿真铣削加工演示。

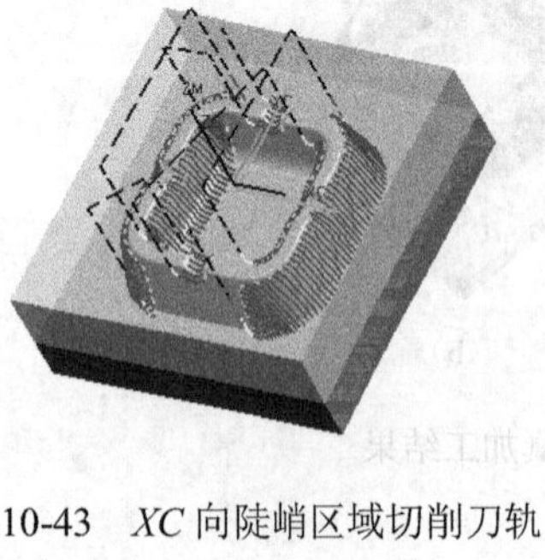

图 10-43 *XC* 向陡峭区域切削刀轨

⑥ 构建 *YC* 向陡峭区域精铣加工刀轨。在操作导航器中，复制、粘贴刚构建的“CONTOUR_AREA_DIR_STEEP”操作，重命名为“CONTOUR_AREA_DIR_STEEP_2”。双击“CONTOUR_AREA_DIR_STEEP_2”，弹出“轮廓区域方向陡峭”对话框，单击“驱动方式”选项组方法右侧【编辑】图标，弹出“区域铣削驱动方式”对话框，将切削角度改为 90°，如图 10-44 所示，即使刀轨方向改为沿 *YC* 轴方向，其他设置不变，单击【生成】图标，生成刀轨，如图 10-45 所示。

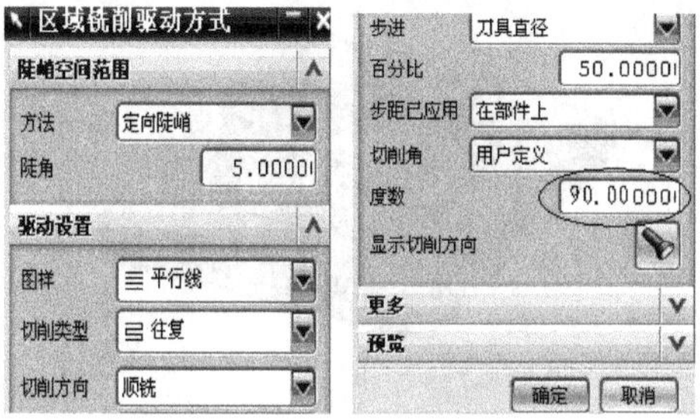

图 10-44 修改切削角度

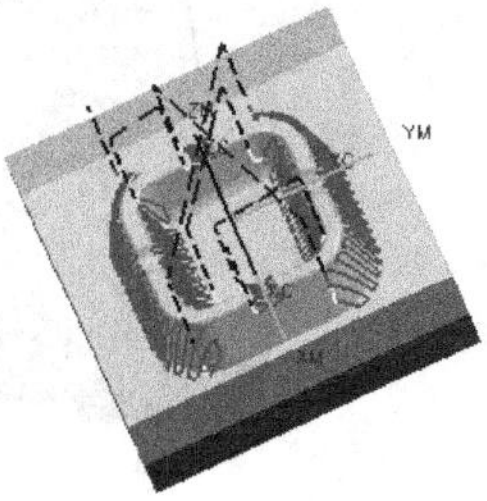

图 10-45 *YC* 向陡峭区域切削刀轨

（3）构建烟灰缸型芯清根加工刀轨操作

① 创建光顺清根操作基本设置。打开“创建操作”对话框，进行基本设置，如图 10-46（a）所示。单击【应用】按钮，弹出“清根光顺”对话框，如图 10-46（b）所示。

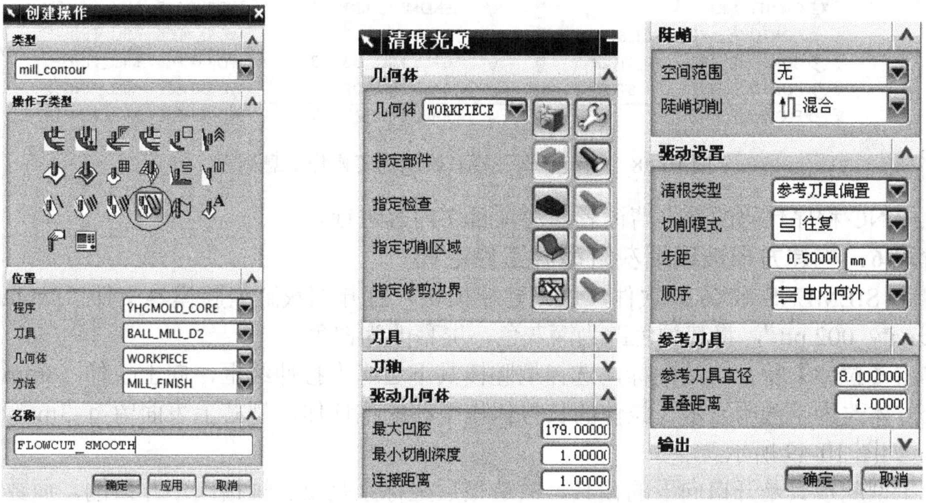

（a） （b）

图 10-46 构建光顺清根铣削操作主要设置

② 各种操作参数设置。单击“几何体”选项组中指定修剪边界右侧图标，指定修剪边界，选择方法、选取边界对象与上述操作中完全相同，也是指定毛坯体的上表面四条棱边所构成的矩形线框为修剪边界。

“驱动几何体”选项组中的设置取默认设置不变；

“陡峭”选项组中取空间范围：无，陡峭切削：混合；

“驱动设置”选项组中设置如图 10-46（b）所示；

“参考刀具”选项组中，参考刀具直径应设置成上步操作中所用过的刀具直径，即直径为 8mm 的圆柱圆角铣刀。

打开“进给与速度”对话框，设置主轴转速 2000rpm，进给率 250mmpmin。

其他设置全取默认值不变。

③ 生成刀轨并仿真加工校验。单击【生成】图标，生成刀轨；如图 10-47（a）所示；单击【确认】图标，以 2D 方式演示，仿真铣削加工结果如图 10-47（b）所示。

至此，完成了烟灰缸型芯模刀轨的生成操作，重要操作信息在操作导航器中显示，如图 10-48 所示。

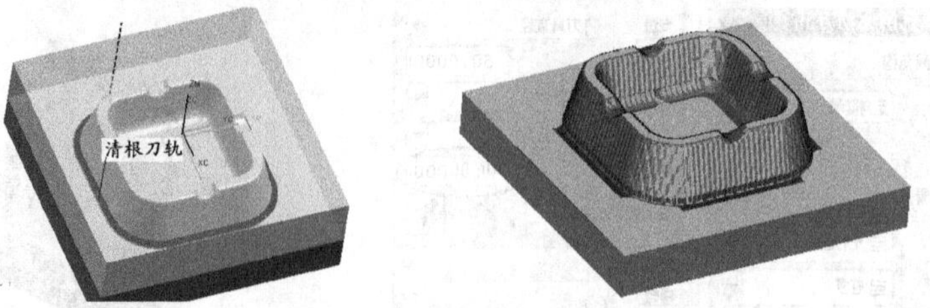

（a）　　　　　　　　　　　　　　　　（b）

图 10-47　生成清根刀轨并仿真加工演示

名称	换刀	路径	刀具	刀具号	几何体	方法
NC_PROGRAM						
不使用的项						
PROGRAM						
YHGMOLD_CORE						
CAVITY_MILL		✔	ENDMILL_D20	1	WORKPIECE	MILL_ROUGH
CONTOUR_AREA_NON_STEEP		✔	ENDMILL_D12	2	WORKPIECE	MILL_FINISH
CONTOUR_AREA_DIR_STEEP		✔	BALL_MILL_D8	3	WORKPIECE	MILL_FINISH
CONTOUR_AREA_DIR_STEEP_2		✔	BALL_MILL_D8	3	WORKPIECE	MILL_FINISH
FLOWCUT_SMOOTH		✔	BALL_MILL_2	4	WORKPIECE	MILL_FINISH

图 10-48　烟灰缸型芯模具铣削加工操作信息列表

生成 NC 程序代码的操作请读者参考项目 7 内容进行。

阶段 6：构建方形玻璃烟灰缸型腔工件毛坯

启动 SIEMENS NX6.0 软件，进入建模模块，打开烟灰缸型腔模具文件“yanhuigang_mold_cavity_002.prt”，将其颜色改为深灰色，屏幕改为白色。

单击【拉伸】特征工具图标，选择型腔模具下边缘为拉伸线框，向上拉伸 58mm，并将拉伸长方体改为半透明显示（拉伸的长方体作型芯的毛坯体，型芯上表面留有 3mm 的加工余量），如图 10-49 所示。

由于型腔模具是开口向下的模具，故造型后坐标系是 *ZC* 轴指向不开口侧，而数控铣削加工是要加工其腔内部分，刀具必须从开口侧进入，故需将 *ZC* 轴旋转 180°，以便与实际立式铣床的坐标系一致。

单击【旋转 WCS】工具图标，设置如图 10-50（a）所示，实现 WCS 坐标系绕 *XC* 轴旋转 180°，将 *ZC* 轴正向旋转到向上方向。如图 10-50（b）所示。

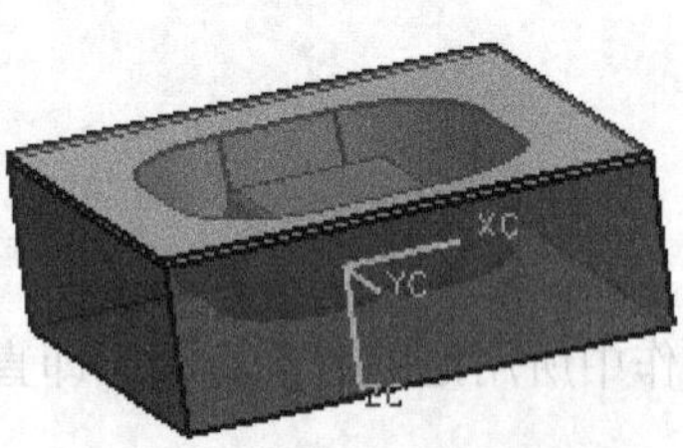

图 10-49　构建毛坯体

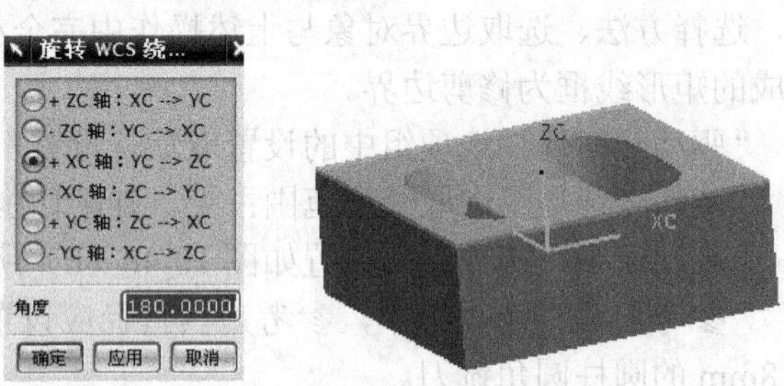

（a）　　　　　　（b）

图 10-50　绕+XC 旋转 WCS

阶段 7：构建方形玻璃烟灰缸型腔铣削加工刀轨操作

1. 创建加工环境

（1）进入加工模块

单击【开始】菜单图标，单击【加工】菜单项，选择加工类型为型腔铣削（mill_contour），单击【确定】按钮，进入加工模块。

（2）创建加工几何体

① 创建加工坐标系 *XMYMZM*。将“操作导航器”切换成“几何视图”，双击“操作导航器”中“MCS_MILL”项，弹出“Mill Orient”对话框，如图 10-51（a）所示。

在“Mill Orient”对话框中，机床坐标系项“指定 MCS”中，单击【CSYS 构造器】工具图标，弹出“CSYS”对话框，选取类型为“偏置”图标；参考 CSYS 为“WCS”，在偏置坐标中输入 *X*、*Y*、*C* 坐标（0,0,35），如图 10-51（b）所示；单击【确定】按钮，返回“Mill Orient”对话框。在模型中构建加工坐标系 *XM*、*YM*、*ZM*，其坐标原点 *OM* 在 *XC*、*YC*、*ZC* 坐标系中+35mm 的位置，即型腔上表面几何中心点，如图 10-51（c）、（d）所示。

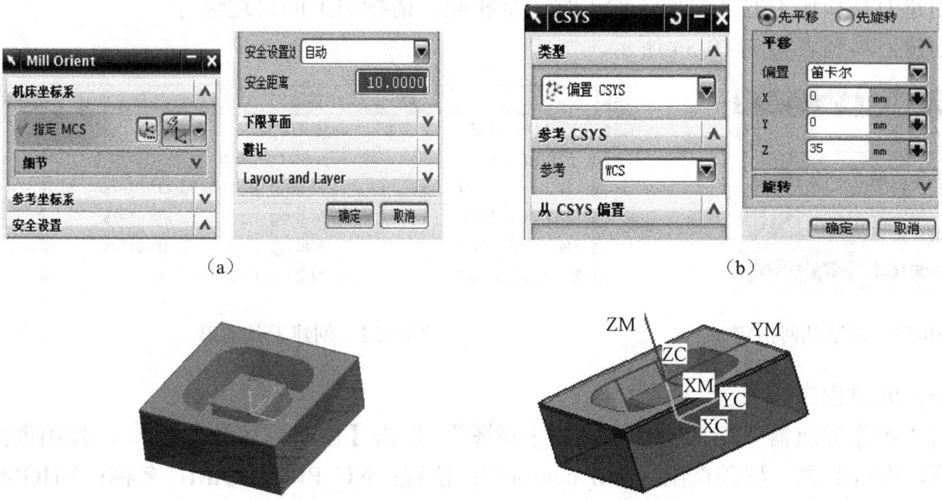

（a） （b）

（c） （d）

图 10-51 构建加工坐标系 *XMYMZM*

② 创建安全平面。在“Mill Orient”对话框安全设置选项组中，“安全设置选项”中选取“平面”，如图 10-52（a）所示，单击【选择平面】图标，弹出“平面构造器”对话框，选取平面为“*XC-YC*”，在“偏置”框中输入 80，如图 10-52（b）所示。

连续单击【确定】按钮，创建安全平面，如图 10-52（c）所示。

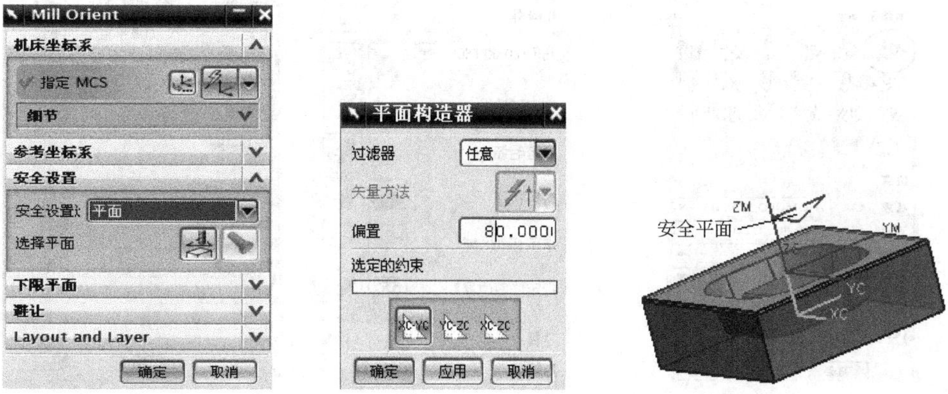

（a） （b） （c）

图 10-52 构建安全平面

③ 创建加工部件几何体。单击“操作导航器”中“MCS_MILL”前“+”号，出现“WORKPIECE”，双击“WORKPIECE”，弹出铣削几何“MILL GEOM”对话框，如图 10-53 所示。

单击“指定部件”图标，弹出部件选择对话框，过滤器设置为“体”，在型腔上右击，弹出快捷菜单，选取“从列表中选择”（绘图区共有两个实体，选取不同，实体突出显示不同，很容易确定选择对象），选取型腔模型后，单击【确定】按钮，返回“MILL GEOM”对话框。

④ 创建毛坯几何体。单击“指定毛坯”图标，弹出毛坯选择对话框，与上述操作相同，选取毛坯体后返回“MILL GEOM”对话框。

（3）创建刀具和加工方法

创建刀具和加工方法与型芯加工时完全相同，请参照上面讲述进行。

创建刀具列表如图 10-54 所示。

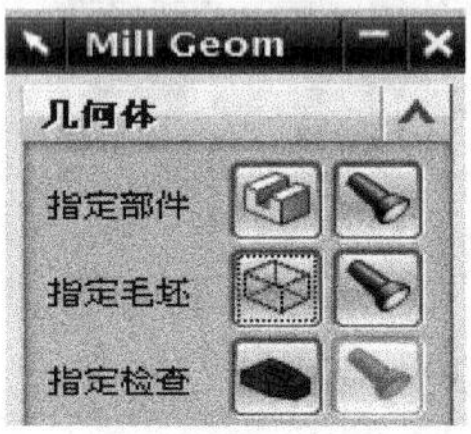

图 10-53　铣削几何指定

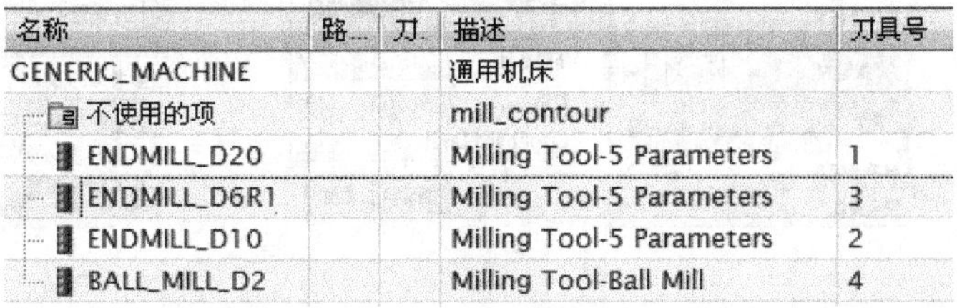

名称	路...	刀.	描述	刀具号
GENERIC_MACHINE			通用机床	
不使用的项			mill_contour	
ENDMILL_D20			Milling Tool-5 Parameters	1
ENDMILL_D6R1			Milling Tool-5 Parameters	3
ENDMILL_D10			Milling Tool-5 Parameters	2
BALL_MILL_D2			Milling Tool-Ball Mill	4

图 10-54　创建刀具清单

（4）创建程序

将“操作导航器”切换到“程序顺序视图”，单击【创建程序】图标，弹出创建程序对话框，设置类型：型腔铣削（mill_contour）；位置：NC_PROGRAM，名称：YHGMOLD_CAVITY。

连续单击【确定】按钮，完成程序名创建，在操作导航器中出现“YHGMOLD_CAVITY”项。

2. 创建粗铣削型腔刀轨操作

操作设置方法基本与型芯粗铣削相同，刀轨设置参数如图 10-55 所示。

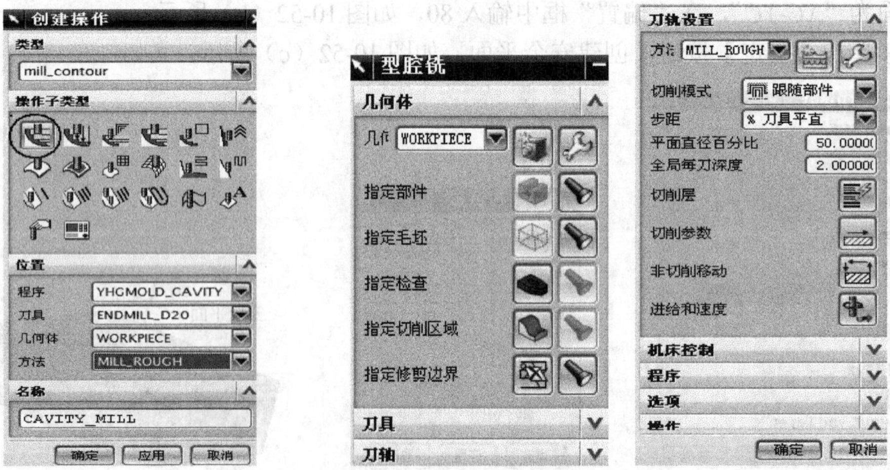

（a）　（b）

图 10-55　型腔粗铣削刀轨参数设置

在“切削参数”对话框的“余量”选项卡中设置部件余量 0.5mm；“空间范围”选项卡中，设置“毛坯”组选项，修剪由：轮廓线；处理中工件：使用 3D，其含义如图 10-56 所示。

在“非切削运动”对话框中设置封闭区域：螺旋下刀。

在“进给”对话框中设置主轴转速 1000rpm；进给率 120mmpmin。

生成刀轨并仿真铣削校验结果如图 10-57 所示。

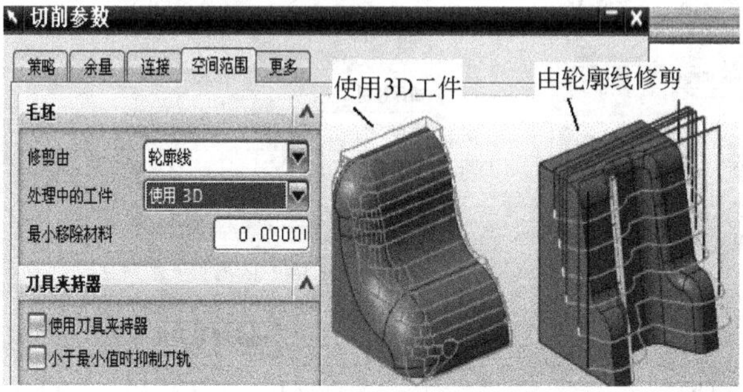

图 10-56 切削参数空间范围选项卡设置

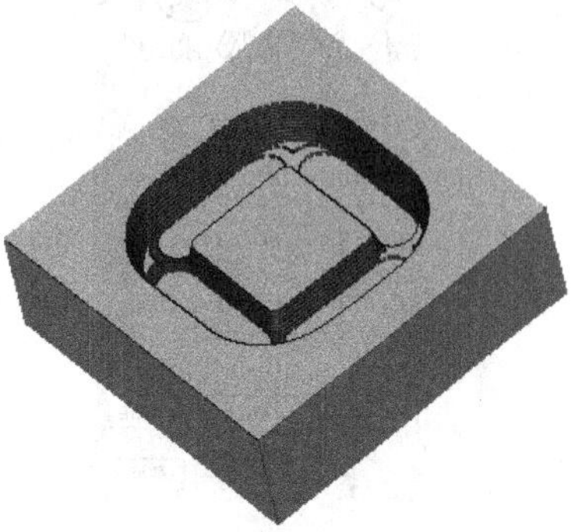

图 10-57 粗铣削型腔仿真结果

3. 构建精铣削型腔加工刀轨操作

（1）创建精铣削非陡峭区域（平面区域）操作

① 创建操作基本设置。打开“创建操作”对话框，基本设置如图 10-58（a）所示。

单击【应用】按钮，弹出“非陡峭区域轮廓”对话框，如图 10-58（b）、（c）所示。

② 设置加工几何体。在几何体选项组中，单击指定修剪边界右侧图标，弹出“修剪边界”对话框，如图 10-58（d）所示。在图形区域选取毛坯体上表面四个棱边，材料侧：外部，单击【确定】按钮，返回“轮廓区域非陡峭”对话框，其他不作设置。

③ 设置驱动方式。“驱动方式”选项组方法选项默认为“区域铣削”，单击右侧【编辑】图标，弹出“区域铣削驱动方式”对话框，设置如图 10-58（e）所示，单击【确定】按钮，返回“轮廓区域非陡峭”对话框。

④ 设置刀轨。单击切削参数右侧图标，弹出“切削参数”对话框，打开“更多”选项卡，设置如图 10-58（f）所示，其他取默认设置，单击【确定】按钮，返回“轮廓区域非陡峭”对话框。

单击非切削参数右侧图标，检查默认设置情况，一般地，这项可不作任何改动，全取默认设置。单击【确定】按钮，返回“轮廓区域非陡峭”对话框。

单击进给和速度右侧图标，弹出“进给和速度”对话框，设置主轴转速 2000rpm，进给率 150mmpmin，其他参数取默认设置，如图 10-58（g）所示，单击【确定】按钮，返回“轮廓区域非陡峭”对话框。

⑤ 生成刀轨并仿真铣削加工校验。单击【生成】图标，生成刀轨，如图 10-59（a）所示。单击【确认】图标，以 2D 方式演示，仿真铣削加工结果如图 10-59（b）所示。

（2）构建烟灰缸型腔模陡峭区域的精铣削加工刀轨

① 构建操作基本设置。打开“创建操作”对话框，基本设置如图 10-60（a）所示。

单击【应用】按钮，弹出“区域轮廓方向陡峭”对话框，如图 10-60（b）、（c）所示。

② 设置加工几何体。设置加工几何体的方法、步骤、选取几何体对象都与平面精铣削

相同。

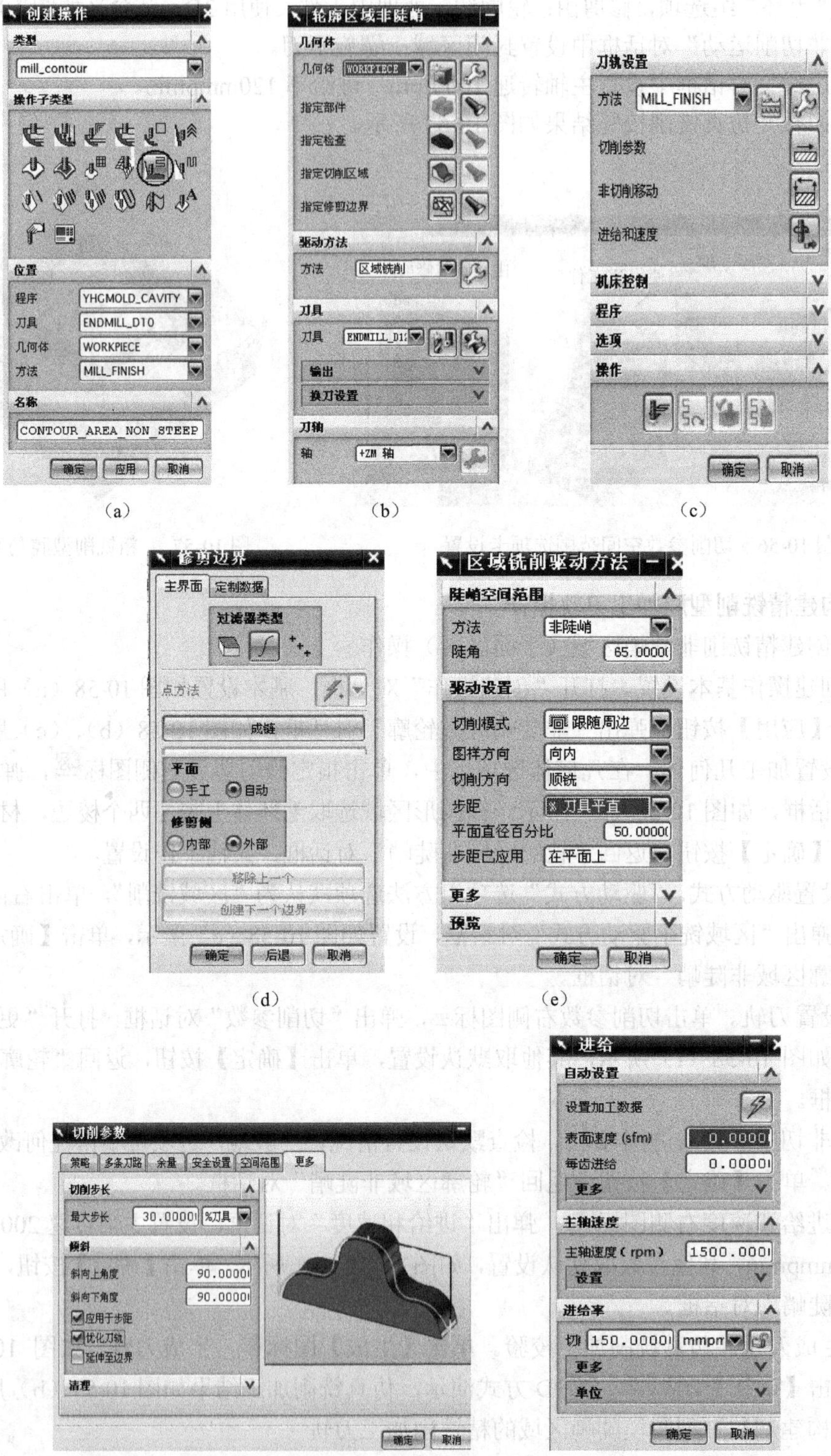

图 10-58　构建精铣削平面区域刀轨参数设置过程

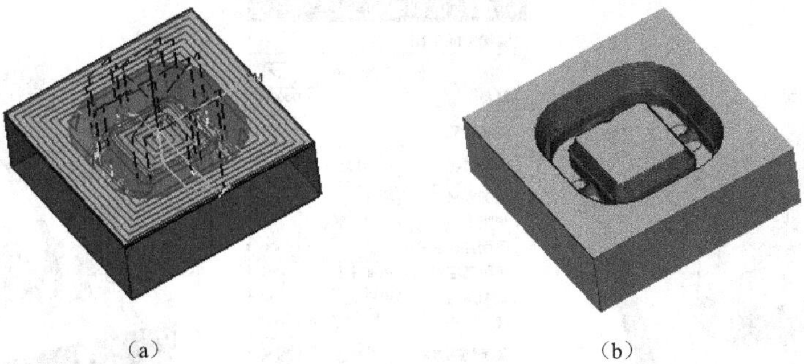

（a）　　　　　　　　　　（b）

图 10-59　烟灰缸型腔铣削平面区域刀轨与仿真加工结果

③ 设置驱动方式。“驱动方式”选项组方法选项默认为“区域铣削”，单击右侧【编辑】图标，弹出“区域铣削驱动方式”对话框，设置如图 10-60（d）所示，注意这里设置的切削角度：采用用户定义：0°，即沿着与 *XC* 轴平行的方向切削。单击【确定】按钮，返回“区域轮廓方向陡峭”对话框。

④ 设置刀轨。设置刀轨的方法、步骤与平面精铣削完全相同。

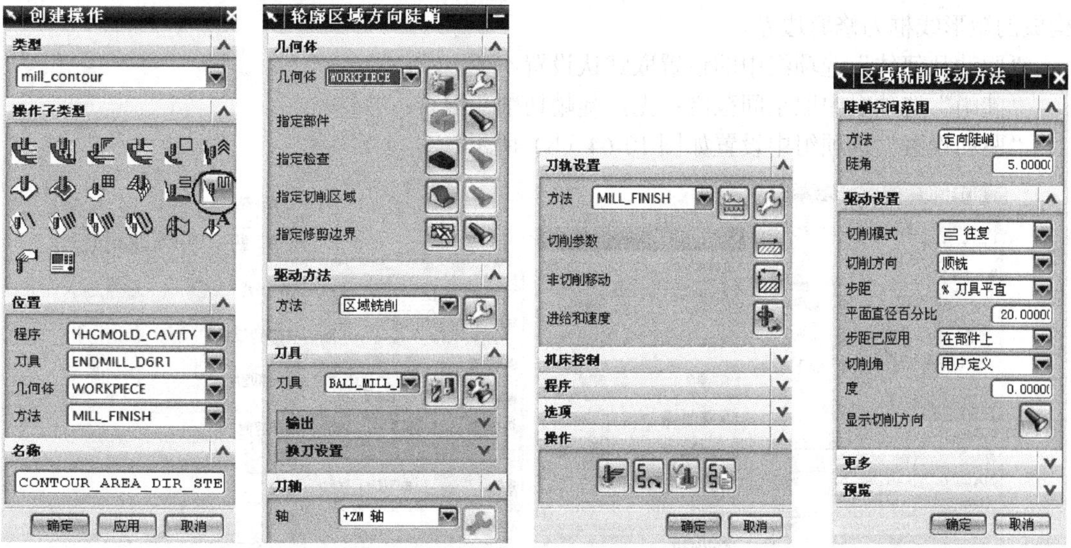

（a）　　　　（b）　　　　（c）　　　　（d）

图 10-60　构建烟灰缸型腔模陡峭区域的精铣削加工刀轨操作设置

⑤ 生成刀轨并仿真铣削加工校验。单击【生成】图标，生成刀轨，如图 10-61 所示。单击【确认】图标，以 2D 方式仿真铣削加工演示。

⑥ 构建 *YC* 向陡峭区域精铣加工刀轨。在操作导航器中，复制、粘贴刚构建的“CONTOUR_AREA_DIR_STEEP”操作，重命名为“CONTOUR_AREA_DIR_STEEP_2”。双击“CONTOUR_AREA_DIR_STEEP_2”，弹出“区域轮廓方向陡峭”对话框，单击“驱动方式”选项组方法右侧【编辑】图标，弹出“区域铣削驱动方式”对话框，将切削角度改为 90°，如图 10-62 所示，即使刀轨方向改为沿 *YC* 轴方向，其他设置不变，单击【生成】图标，生成刀轨，如图 10-63 所示。

（3）构建烟灰缸型芯清根加工刀轨操作

① 创建光顺清根操作基本设置。打开“创建操作”对话框，进行基本设置，如图 10-64

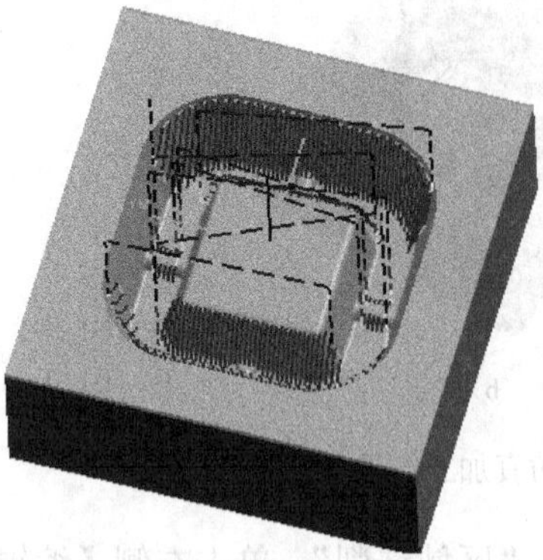

图 10-61 *XC* 向陡峭区域切削刀轨

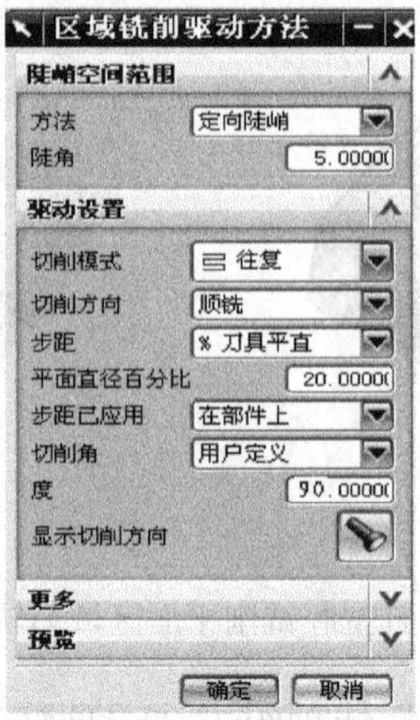

图 10-62 修改切削角度

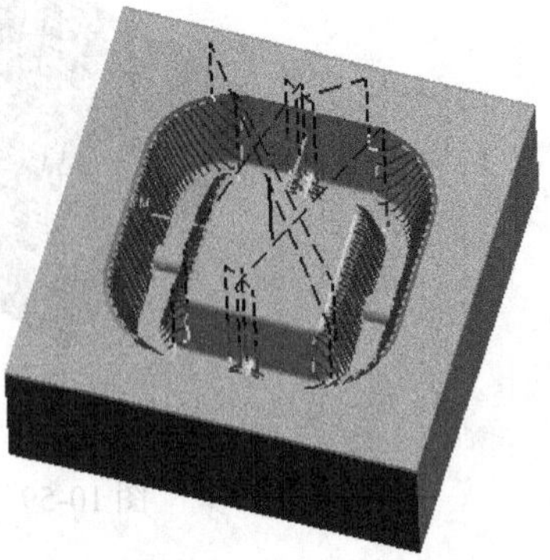

图 10-63 *YC* 向陡峭区域切削刀轨

（a）所示。单击【应用】按钮，弹出“清根光顺”设置对话框，如图 10-64（b）所示。

② 各种操作参数设置。单击“几何体”选项组中指定修剪边界右侧图标，指定修剪边界，选择方法、选取边界对象与上述操作中完全相同，也是指定毛坯体的上表面四条棱边所构成的矩形线框为修剪边界。

“驱动几何体”选项组中的设置取默认设置不变；

“陡峭”选项组中取空间范围：无，陡峭切削：混合；

“驱动设置”选项组中设置如图 10-64（b）所示；

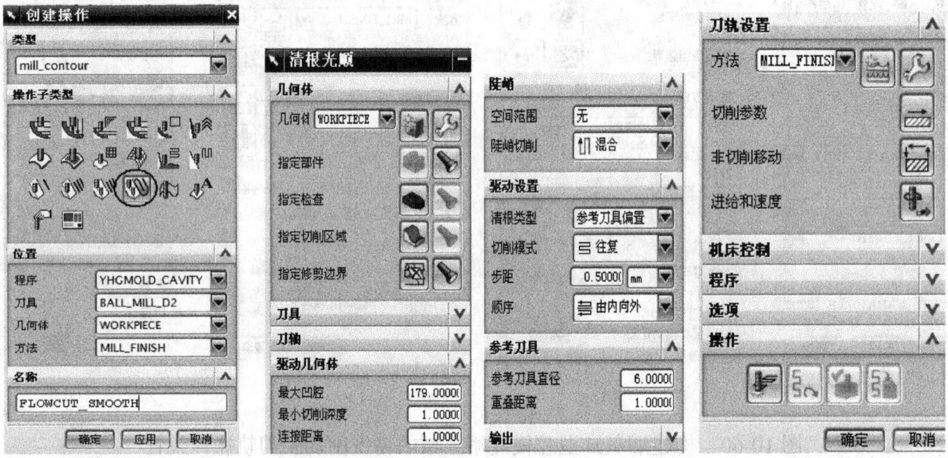

（a）　　　　　　　　　　（b）

图 10-64　构建光顺清根铣削操作主要设置

“参考刀具”选项组中，参考刀具直径应设置成上步操作中所用过的刀具直径，即直径为 6mm 的圆柱圆角铣刀。

打开“进给与速度”对话框，设置主轴转速 2000rpm，进给率 250mmpmin。

其他设置全取默认值不变。

③ 生成刀轨并仿真加工校验。单击【生成】图标，生成刀轨；如图 10-65（a）所示；单击【确认】图标，以 2D 方式演示，仿真铣削加工结果如图 10-65（b）所示。

至此，完成了烟灰缸型腔模刀轨的生成操作，重要操作信息在操作导航器中显示，如图 10-66 所示。

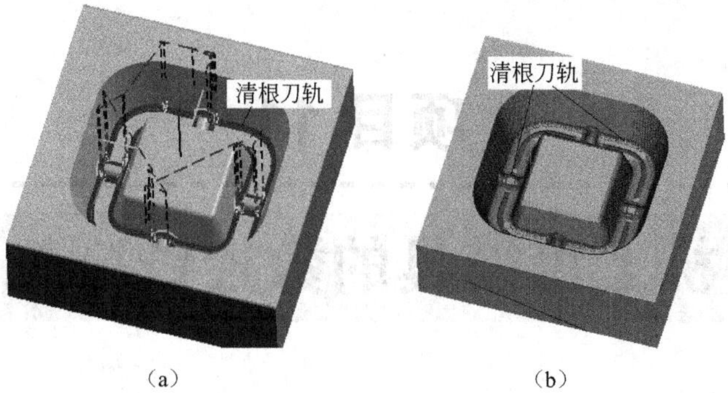

图 10-65 生成清根刀轨并仿真加工演示

名称	换刀	路径	刀具	刀具号	几何体	方法
NC_PROGRAM						
不使用的项						
PROGRAM						
YHGMOLD_CAVITY						
CAVITY_MILL	▮	✔	ENDMILL_D20	1	WORKPIECE	MILL_ROUGH
CONTOUR_AREA_NON_STEEP	▮	✔	ENDMILL_D10	2	WORKPIECE	MILL_FINISH
CONTOUR_AREA_DIR_STEEP	▮	✔	ENDMILL_D6R1	3	WORKPIECE	MILL_FINISH
CONTOUR_AREA_DIR_STEEP_2		✔	ENDMILL_D6R1	3	WORKPIECE	MILL_FINISH
FLOWCUT_SMOOTH	▮	✔	BALL_MILL_D2	4	WORKPIECE	MILL_FINISH

图 10-66 烟灰缸型芯模具铣削加工操作信息列表

生成 NC 程序代码的操作请读者参考项目 7 内容进行。

四、拓展训练

1．构建如图 10-67 所示圆形玻璃烟灰缸模具，并进行模具的数控加工编程。

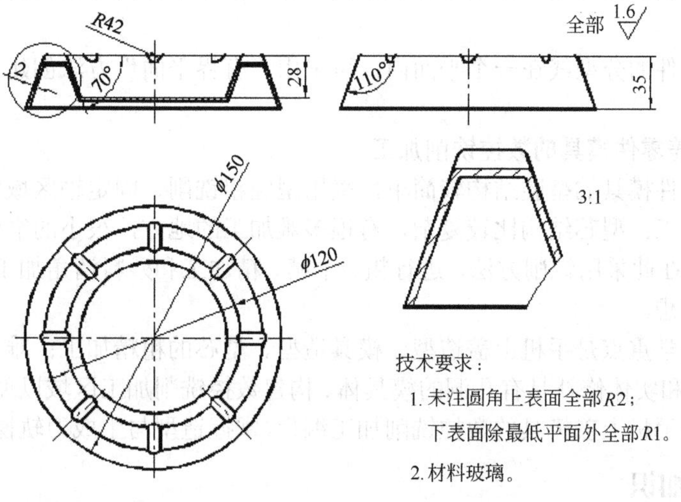

图 10-67 圆形玻璃烟灰缸零件图

2．自行设计并构建一洗面盆型芯和型腔模具，并进行数控铣削加工编程。

项目 11

手机上盖模具的数控铣削加工

一、项目分析

手机是现今大众化电子产品，图 11-1 所示的手机上盖是一种近直板式手机上盖模型，主要由壳体、按键窗口、显示窗口等结构组成。手机上盖是一种塑料制品，由注塑工艺制作获得。

1. 手机上盖零件的结构特征与造型方案

（1）基本特征

手机上盖的基本特征是长方体外形、上表面呈曲面状、方孔或椭圆孔及壳体结构。长方体特征可用拉伸方法构建；曲面可用曲面裁剪方式形成；壳体结构可用抽壳方法得到，孔特征可以是拉伸布尔差运算方法或打孔、腔体方法构建。

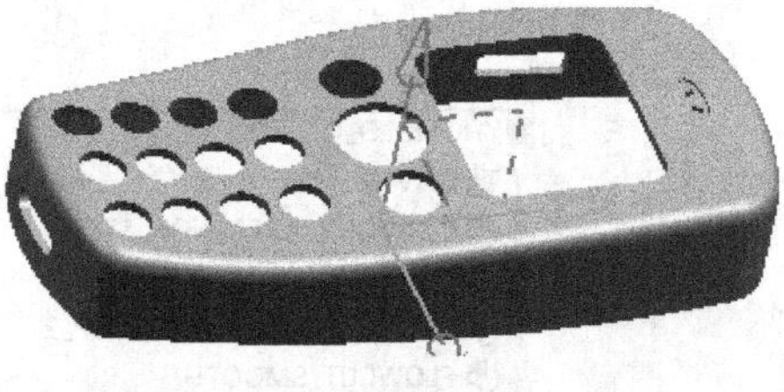

图 11-1　手机上盖产品模型

（2）细节特征

细节特征有各种圆角结构。圆角特征用实体倒圆或构建草图中倒圆角后拉伸产生。

2. 手机上盖零件模具的特征与造型方案

由于手机上盖零件上有各种孔，上方的孔可用面修补的方法进行修补，在模具型芯中直接构建凸台；侧面的孔可用实体块修补的方法修补，以便用作构建模具的滑块或内抽芯机构的头部。

手机上盖零件的分型线在一个平面内，可采用“有界平面”方法创建分型面，得到型芯和型腔模具。

3. 手机上盖零件模具的数控铣削加工

手机上盖零件模具的型腔结构较简单，采用型腔粗铣削、固定轴区域轮廓精铣削和陡峭面精铣削可以加工；型芯结构比较复杂，有很多难加工的地方，很小的窄槽和棱边采用电火花加工较合适。在此采用铣削方法，进行粗、半精、精加工和残料清角加工这些难加工部位，效果可能不很理想。

本项目的教学重点是手机上盖造型、模具造型、型芯的粗精加工；难点是曲面对实体的修剪、曲面修补和实体修补具有孔洞的模具体、构建数控铣削加工区域以便创建操作时调用。教学目标是完成手机上盖模具的数控铣削加工编程，掌握造型与生成刀轨操作的方法与步骤。

二、相关知识

由以上几个项目中，学习到了有关数控切削加工中创建几何体、创建刀具、创建加工方法的操作知识，在此作适当的归纳与整理，请读者结合已具有的知识，进行认真体会与理解。

1. 创建几何

创建几何是在零件上定义要加工的几何对象和指定零件在机床上的加工方位，包括定义加工坐标系、部件、工件、边界和切削区域等。创建几何所建立的几何对象可指定为相关操作的加工对象。

（1）创建几何的步骤

在 SIEMENS NX6.0 数控加工中创建几何的操作步骤如下。

① 单击【加工创建】工具栏上的“创建几何体”图标，或选择下拉菜单中的【插入】、【几何体】命令，系统弹出“创建几何体”对话框，如图 11-2 所示。

② 根据加工类型，在“类型”下拉列表中选择合适的操作模板类型。“类型”下拉列表中的操作模板类型就是 SIEMENS NX6.0 加工环境中“CAM 设置”所指定的操作模板类型。

③ 在“几何体子类型”中选择合适的几何模板，不同类型的操作模板所包含的几何模板不同。

④ 在“位置”组框中的“几何体”下拉列表中选择几何父级组，该下拉列表中显示的是几何视图中当前已经存在的节点，它们都可以作为新节点的父节点。

⑤ 在“名称”文本框中输入新建几何的名称。

⑥ 单击“创建几何体”对话框中的【确定】按钮，会弹出相应几何模板类型创建的对话框，引导用户完成几何体创建。

（2）创建加工坐标系

在 SIEMENS NX6.0 数控加工环境下，可以使用 5 种坐标系，分别为“绝对坐标系 ACS（Absolute Coordinate System）”、“工作坐标系 WCS（Work Coordinate System）”、“加工坐标系 MCS（Machine Coordinate System）、“参考坐标系 RCS（Reference Coordinate System）”和“已存坐标系 SCS（Saved Coordinate System）”。

1）绝对坐标系和工作坐标系

绝对坐标系和工作坐标系在加工环境中的作用与它们在建模模块中的作用完全一样。概括地说，在加工环境中，工作坐标系是创建曲线、草图、指定避让几何、指定预钻进刀点、切削开始点等对象和位置时输入坐标的参考。绝对坐标系在模型空间中固定，不能移动，也不可见，它是决定所有几何对象位置的绝对参考。

绝对坐标系及工作坐标系与加工中的“操作”和“刀轨”坐标无关，只与加工坐标相关。

2）加工坐标系和参考坐标系

① 加工坐标系。加工坐标系是所有后续刀具路径各坐标点的基准位置。在刀具路径中，所有位置点的坐标值与加工坐系关联，如果移动加工坐标系，则重新确定后续刀具路径输出坐标点的基准位置。

加工坐标系的坐标轴用 *XM*、*YM*、*ZM* 表示，并且在图形区 MCS 坐标轴长度要比 WCS 的长。另外，如果加工坐标系（MCS）的 *ZM* 轴是默认的刀轴方向，系统在加工初始化时，加工坐标系定位在绝对坐标系上。如果一个零件有多个表面需要从不同的方位进行加工，则在每个方位上应建立加工坐标系和相关联的安全平面，构成一个加工方位组。

加工坐标系创建的操作步骤如下。

• 双击“创建几何体”对话框中的“MCS”图标，弹出“MCS”对话框，如图 11-3 所示。

• 单击“MCS”对话框中“机床坐标系”组框中的“CSYS 对话框”图标，弹出“CSYS 坐标构造器”对话框。如图 11-4 所示。利用“坐标构造器”对话框，用户可调整机床坐标系的位置。

• 设置是否选择“连接 RCS 到 MCS”选项。勾选“参考坐标系”组框中“链接 RCS 到 MCS”复选框，则 RCS 与 MCS 相同。

图 11-2 “创建几何体”对话框

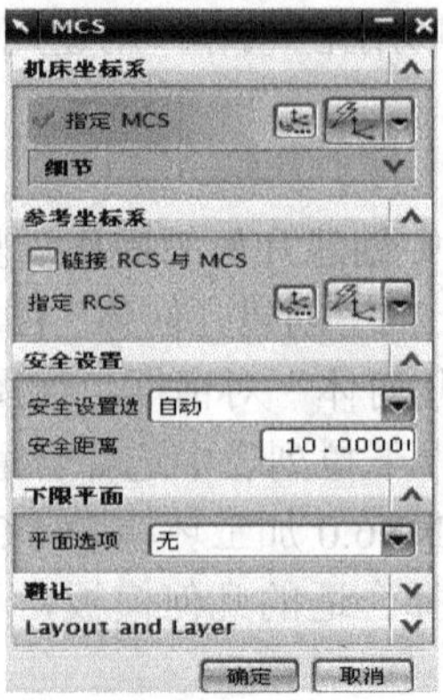

图 11-3 “MCS”对话框

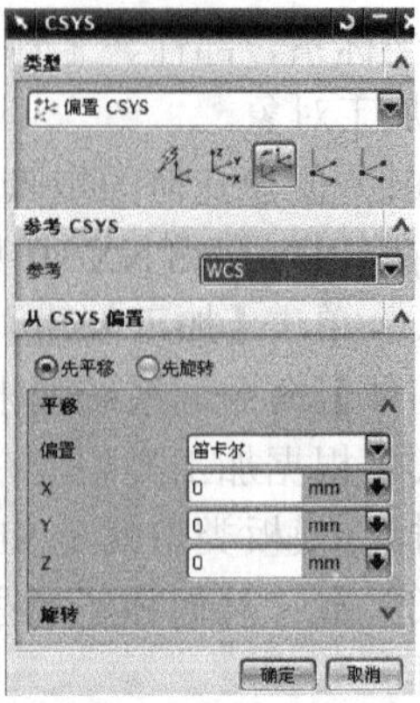

图 11-4 “CSYS”对话框

• 在“安全设置”组框中设置安全平面位置，包括以下 4 个选项。

◇使用继承的：继承上一层次 MCS 中的安全设置。

◇无：不进行安全设置。

◇平面：在“安全设置”组框中的“安全设置选项”下拉列表中选择“平面”，单击“选择安全平面”按钮，利用弹出的“平面”对话框选择一个平面，并在“偏置”文本框中输入距离值，用于表示安全平面的高度位置。

◇自动：在“安全设置”组框中的“安全设置选项”下拉列表中选择“自动”，并在“安全距离”文本框中输入数值以确定安全距离。

• 单击【确定】按钮，完成加工坐标系设定。

② 参考坐标系。当加工区域从零件的一部分转移到另一部分时，参考坐标系用于定位非模型几何参数（起刀点、返回点、刀轴矢量、安全平面）。这样可以减少参数的重新指定。参考坐标系的坐标轴用 *XR*、*YR*、*ZR* 表示。系统在进行参数初始化时，参考坐标系定位在绝对坐标系上。

3）加工坐标系的定位原则

MCS 的原点就是机床上的对刀点，MCS 的 3 个轴的方向就是机床导轨的方向，所以决定 MCS 的方向和原点位置时，应当从现场加工的实际需要出发，保证毛坯在机床上的位置便于装夹、加工和对刀。

（3）创建铣削几何

单击“创建几何体”对话框中的“WORKPIECE”图标或“MILL_GEOM”图标，然后单击【确定】按钮，弹出“工件”或“Mill Geom”对话框，如图 11-5 所示。

利用“工件”对话框，可定义平面铣和型腔铣中部件几何、毛坯几何和检查几何，或者在固定轴铣和变轴铣中用于定义要加工的轮廓表面。常用的铣削几何包括部件几何、毛坯几何和检查几何 3 种。下面分别加以介绍。

① 部件几何。部件几何用于表示被加工零件的几何形状，是系统计算刀轨的重要依据，它控制刀具运动范围。部件几何创建的操作步骤如下。

• 在“工件”对话框中，单击“几何体”组框中“指定部件”选项后的“选择或编辑部件几何体”图标，弹出“部件几何体”对话框，如图 11-6 所示。

• 在“过滤方式”下拉列表中选择合适的过滤方法，然后在图形区选择需要加工的零件。

• 单击【确定】按钮，返回“工件”对话框，此时激活“工件”对话框中【编辑】和【显示】按钮。单击“几何体”组框中“指定部件”选项后的“显示”按钮，在图形区显示前面选择的部件。

② 毛坯几何。毛坯几何用于表示被加工零件毛坯的几何形状，是系统计算刀轨的重要依据。毛坯几何创建的操作步骤与部件几何基本相同。

• 在“工件”对话框中，单击“几何体”组框中“指定毛坯”选项后的“选择或编辑毛坯几何体”按钮，弹出“毛坯几何体”对话框，如图 11-7 所示。

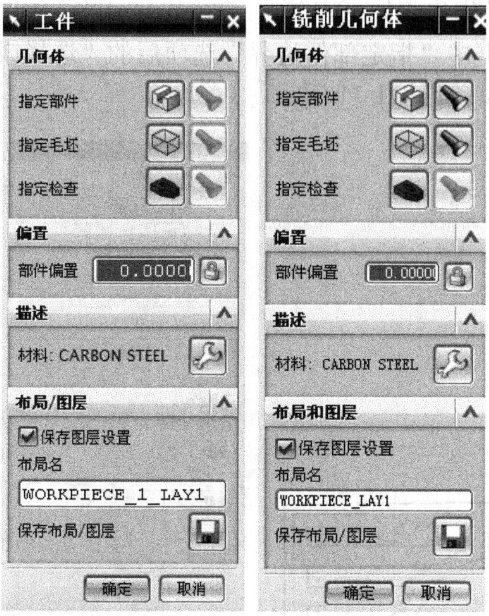

图 11-5 “工件”或“Mill Geom”

图 11-6“工件几何体”

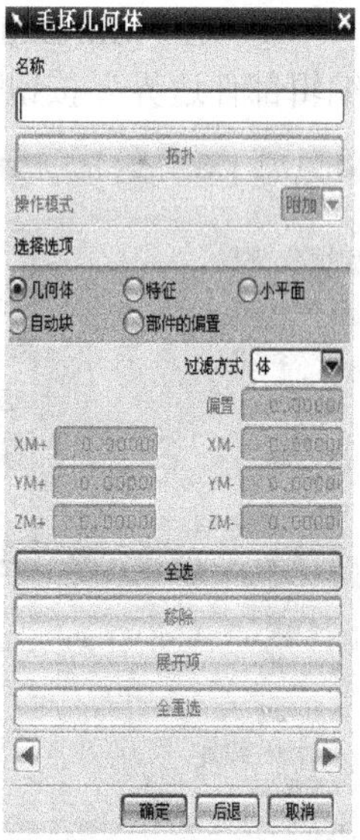

图 11-7 “毛坯几何体”

• 在“过滤方式”下拉列表中选择合适的过滤方法，然后在图形区选择需要加工零件的毛坯。

• 单击【确定】按钮，返回“工件”对话框，完成毛坯几何的创建。

③ 检查几何。检查几何用于指定不允许刀具切削的部位，比如夹具零件，如图 11-8 所示。单击“几何体”组框中“指定检查”选项后的“选择或编辑检查几何体”按钮，在弹出的“检查几何体”对话框选择加工零件的检查体，单击【确定】按钮，完成检查几何的创建。

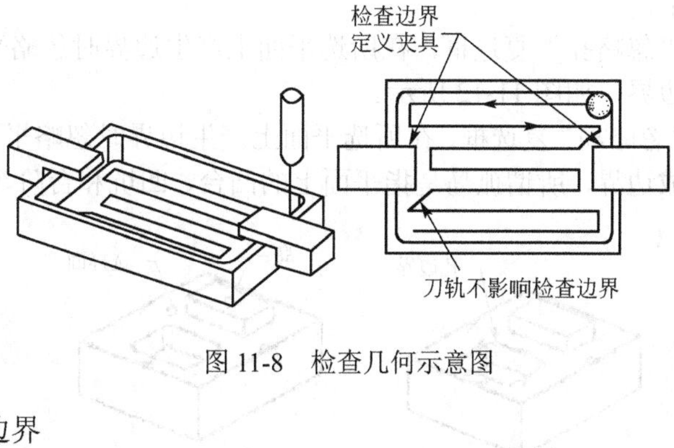

图 11-8 检查几何示意图

（4）创建铣削边界

单击“创建几何体”对话框中的“MILL_BND”图标，然后单击【确定】按钮，弹出“Mill Bnd”对话框，如图 11-9 所示。

利用“Mill Bnd”对话框，在平面铣和变轴铣用于定义刀具的切削区域。在型腔铣中也可以用边界定义切削驱动方式。刀具切削区域既可用单个边界定义，也可用多个边界来定义。常用的铣削边界包括部件边界、毛坯边界、检查边界、修剪边界和底面 5 种。下面分别加以介绍。

1）部件边界

部件边界用于描述完整的零件，它控制刀具运动的范围，可以通过选择面、曲线和点来定义部件边界，如图 11-10 所示。定义部件边界的操作步骤如下。

① 在“Mill Bnd”对话框中单击“几何体”组框中“指定部件边界”选项后的“选择或编辑部件边界”按钮，弹出“部件边界”对话框，如图 11-11 所示。

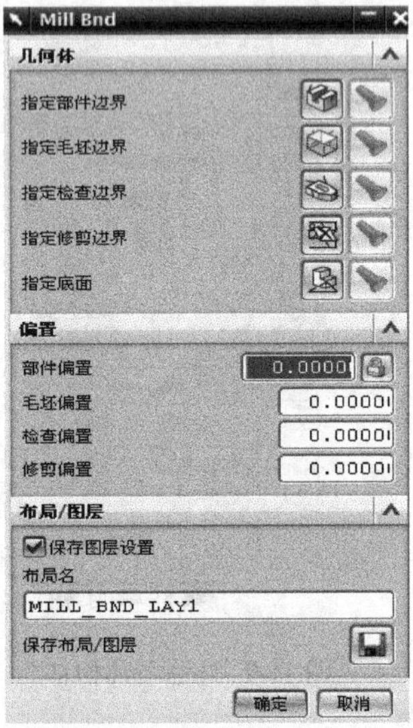

图 11-9 “Mill Bnd”对话框

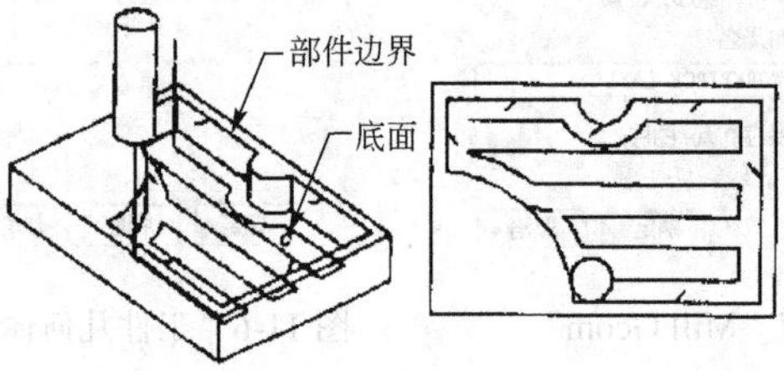

图 11-10 部件边界含义

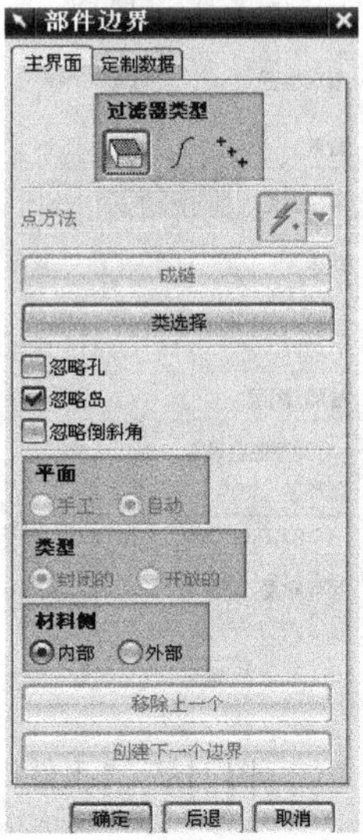

图 11-11 部件边界对话框

② 在“过滤器类型”选项下选择部件边界定义方式，包括以下 3 种。

- 面边界：选择模型的平面，以平面的所有边界曲线作为部件边界。
- 曲线边界：选择曲线作为部件边界，所定义的部件边界与定义它的曲线相关。
- 点边界：利用“点”对话框指定点，在这些点之间成直线创建部件边界。

③ 当选择“面边界”图标时，设置“忽略孔”、“忽略岛”和“忽略倒斜角”等选项。该相关选项的含义如下。

- 忽略孔：勾选“忽略孔”复选框，在所选平面上产生边界时忽略平面上包含的孔。即在孔的边缘处不产生边界，如图 11-12 所示。
- 忽略岛：勾选“忽略岛”复选框，在所选平面上产生边界时忽略平面上包含的孤岛. 即在孤岛的边缘处不生成边界，所谓孤岛是指平面上的凸台、凹坑和台阶等，如图 11-13 所示。

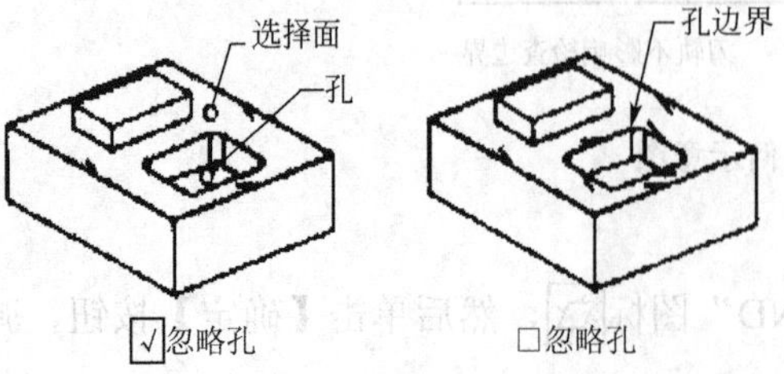

图 11-12 忽略孔示意图

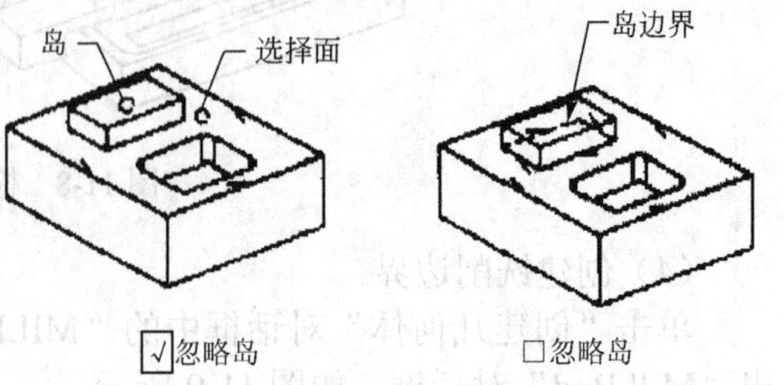

图 11-13 忽略岛示意图

• 忽略倒斜角：勾选“忽略倒斜角”复选框。在所选平面上产生边界时忽略平面上包含的倒角，在倒角的两个相邻表面的交线处创建边界，如图 11-14 所示。

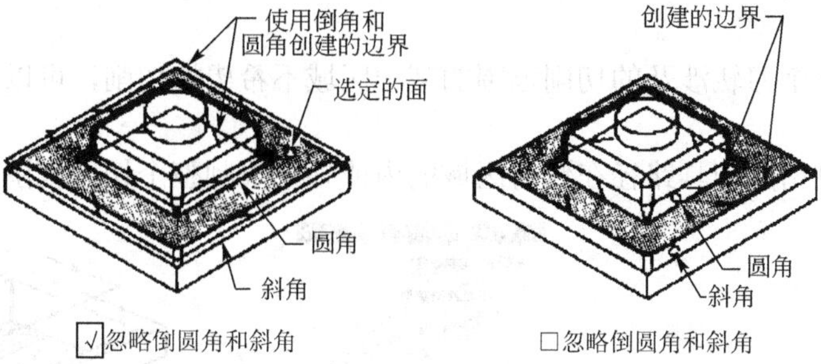

图 11-14　忽略倒斜角和圆角示意图

④ 当选择“曲线边界”图标时，设置“平面”、“类型”和“材料侧”等选项。该相关选项的含义如下。

• 平面：定义所选择几何体曲线或者边缘将投影到哪一个平面上产生边界。为了方便选择边、曲线、点定义边界，这些边、曲线、点不必位于边界所在的平面上，可以先为边界指定一个称为边界平面的平面。将选取的边、曲线、点垂直投影到该边界平面形成边界。该选项包括两个选项：“手工”和“自动”。

◇手工：单击“手工”单选按钮，弹出“平面”对话框，定义投影平面。

◇自动：单击“自动”单选按钮，系统根据首先选取的两个几何对象决定投影平面。如果无法根据选择的曲线或边缘定义投影平面时，则认为 *XCYC* 平面为投影平面。

• 类型：定义产生的边界是否封闭。包括两个选项：“封闭的”和“打开”。

◇封闭的：单击“封闭的”单选按钮，产生封闭的边界。如果定义边界的曲线或边不封闭，系统自动延伸形成封闭边界，或者自动添加一条直的边界。

◇打开：单击“打开”单选按钮，产生开放的边界。

• 材料侧：指定保留边界哪一侧材料，包括两个选项：“内部”和“外部”。

◇内部：保留边界内侧的材料。

◇外部：保留边界外部的材料。

⑤ 根据选择的边界类型。在图形区选择需要加工的零件边界。

⑥ 单击【确定】按钮，返回“Mill Bnd”对话框，完成部件边界的定义。

2）毛坯边界

毛坯边界是用于表示被加工零件毛坯的几何对象，它是系统计算刀轨的重要依据，如图 11-15 所示。毛坯边界没有敞开的，只有封闭的边界。当部件边界和毛坯边界都定义了，系统根据毛坯边界和部件边界共同定义的区域（两种边界相交的区域）定义刀具运动的范围。

在“Mill Bnd”对话框中，单击“几何体”组框中“指定毛坯边界”选项后的“选择或编辑毛坯边界”图标，弹出“毛坯边界”对话框，如图 11-16 所示。

毛坯边界的定义与部件边界定义的方法相似。利用“毛坯边界”对话框用户可以设定毛坯边界范围。

毛坯边界不是必须定义的。部件边界和毛坯边界至少要定义一个，作为驱动刀具切削运动的区域，既没有部件边界也没有毛坯边界将不能产生平面铣加工。只有毛坯边界而没有部件边界将产生毛坯边界范围内的粗加工。

3）检查边界

检查边界是用于指定不允许刀具切削的部位。它的含义与“检查几何”相同。单击“几何体”组框中“指定检查边界”选项后的“选择或编辑检查边界”按钮，弹出“检查边界”对话框。检查边界与毛坯边界、部件边界定义的方法相似，利用“检查边界”对话框用户可以设定检查边界范围。

4）修剪边界

如果操作的整个刀轨涉及的切削范围的某一区域不希望被切削，可以利用修剪边界将这部分刀轨去除。

修剪边界通过指定刀具路径在修剪区域的内或外来限制整个切削范围，如图 11-17 所示。

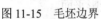

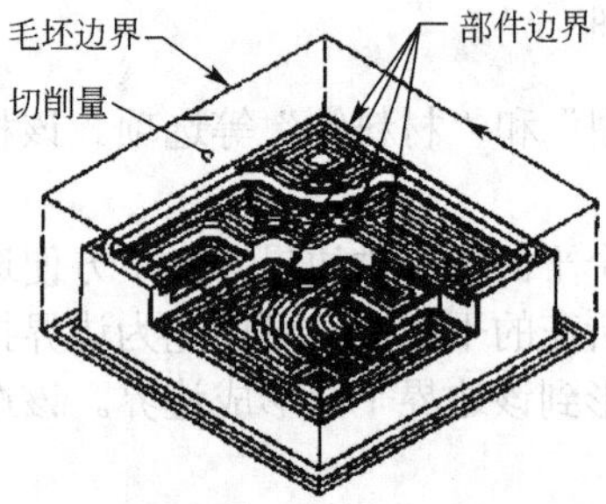

图 11-15　毛坯边界

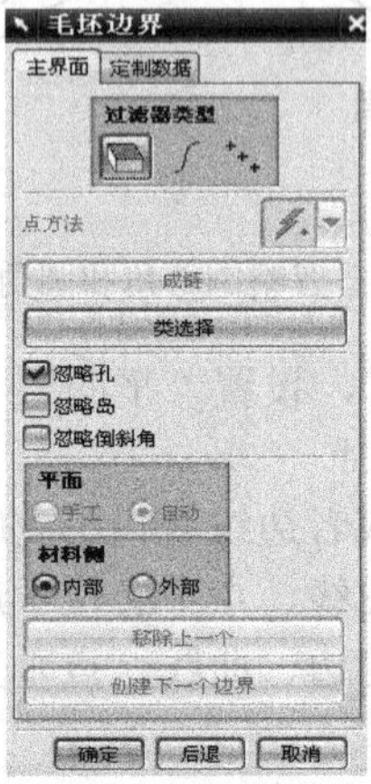

图 11-16　毛坯边界对话框

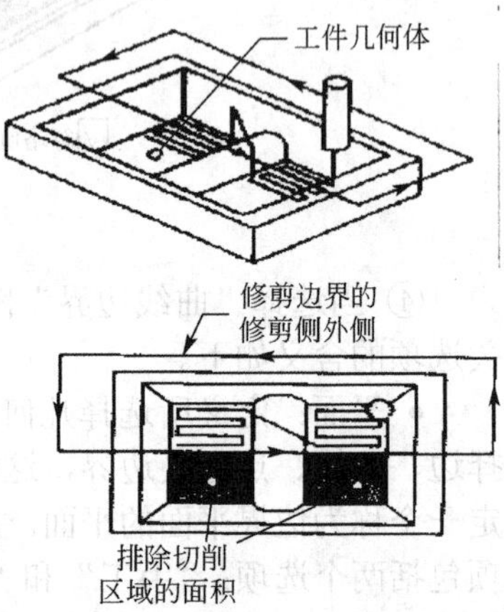

图 11-17　修剪边界示意图

修剪边界与部件边界、毛坯边界、检查边界定义的方法相似。单击“几何体”组框中“指定修剪边界”按钮，在弹出的“修剪边界”对话框选择修剪边界的范围。最后单击【确定】按钮，完成修剪边界的创建。

5）底面

底面是一个垂直于刀具轴的平面，它用于指定平面铣的最低高度，定义底平面后，其余切削平面平行于底平面而产生，如图 11-18 所示。每个操作中仅能定义一个底平面，第二个选择平面会自动替代第一个选取的面作为底平面。底平面可以直接在工件上选取水平的表面作为底平面，也可将选取的表面偏置一定距离后作为底平面；或者利用“平面”对话框创建一个平面作为底平面。

底平面创建操作步骤如下。

单击“几何体”组框中“指定底面”选项后的“选择或编辑底面”图标，弹出“平面构造器”对话框，如图 11-19 所示。

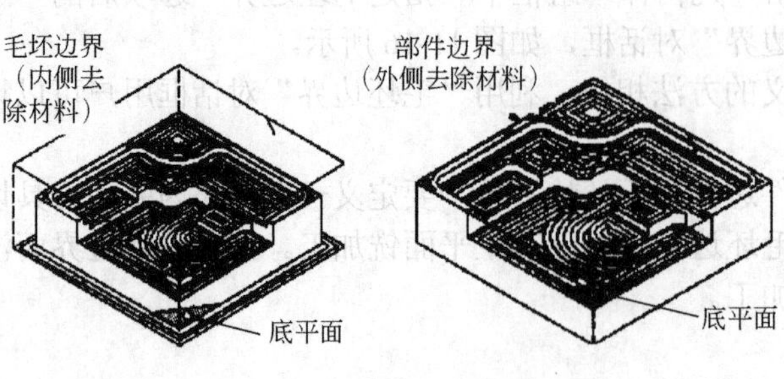

图 11-18　底平面示意图

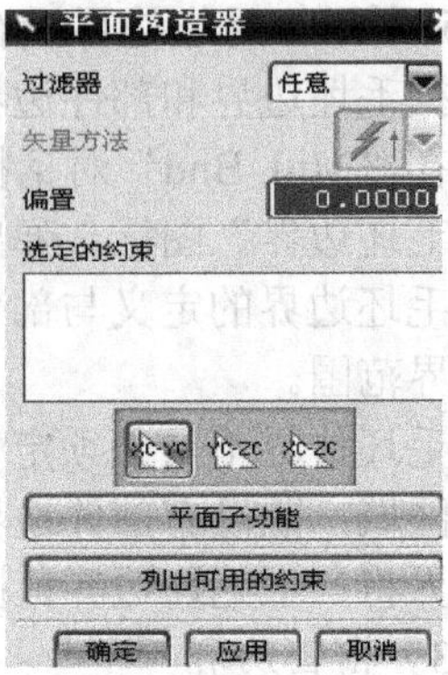

图 11-19　“平面构造器”对话框

在“过滤器”下拉列表中选择对象的类型，然后在图形区模型上选择相应对象作为底平面。

根据加工需要，用户可以在“偏置”文本框中输入偏置距离。

如果模型上没有合适的面作为底平面，单击“平面构造器”对话框中的【平面子功能】按钮，利用弹出的“平面”对话框创建一个平面作为底平面。

单击【确定】按钮，返回“Mill Bnd”对话框，完成底平面的选择。

如果用户没有选择底平面，系统用加工坐标系 *XM-YM* 平面作为底平面；如果部件平面与底平面在同一平面上，那么只能产生单一深度的刀轨。

（5）创建铣削区域

铣削区域是通过选择表面、片体或者曲面区域定义切削的区域。常用于创建固定轴铣或变轴铣操作中，如图 11-20 所示。

单击“创建几何体”对话框中的“MILL_AREA”图标，然后单击【确定】按钮，弹出“Mill Area”对话框，如图 11-21 所示。

图 11-21 所示对话框中的内容与上一节“铣削几何”基本相同，不同的图标有“切削区域”和“壁”，下面分别加以介绍。

1）切削区域

单击“几何体”组框中“指定切削区域”选项后的“选择或编辑切削区域”图标，弹出“切削区域”对话框，如图 11-22 所示。用户可以选择表面、片体或者曲面区域定义切削区域。

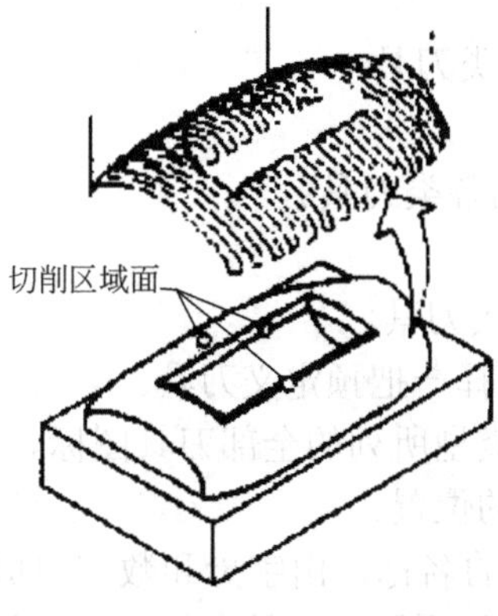

图 11-20　铣削区域示意图

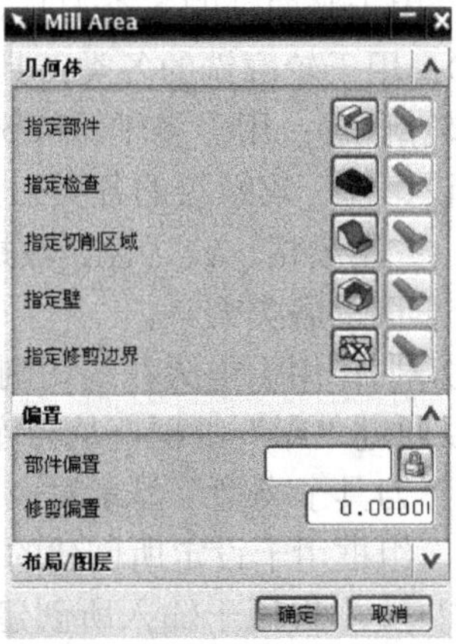

图 11-21　“Mill Area”对话框

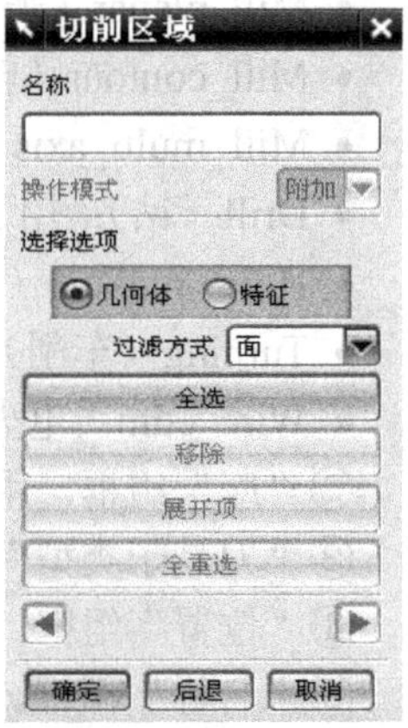

图 11-22　切削区域对话框

在选择切削区域时，可不必讲究区域各部分选择的顺序，但切削区域中的每个成员必须包含在已选择的零件几何中。例如：如果在切削区域中选择了一个面，则这个面应在部件几何中已选择，或者这个面应在部件几何中选择的体；如果切削区域中选择一个片体，则零件几何中也必须选择同样的片体；如果未选择切削区域，系统把已定义的整个部件几何作为切削区域，换句话说，系统将用零件的轮廓作为切削区域，实际上并没有指定真正的切削区域。

2）壁

单击“几何体”组框中“指定壁”选项后的“选择或编辑壁”图标，弹出“壁几何体”对话框，用户可以选择表面、片体或者曲面区域定义切削的区域。壁用于变轴铣来限制刀轴的方向。

2. 创建刀具

在加工过程中，刀具是从工件上切除材料的工具。在创建铣削、车削、点位加工操作时，必须创建刀具或在刀具库中选取刀具。创建和选取刀具时，应考虑加工类型、加工表面形状和加工部位的尺寸大小等因素。

（1）创建刀具的步骤

在 SIEMENS NX6.0 中提供了多种刀具类型供用户选择，用户只需要指定刀具的类型、直径和长度等参数即可创建刀具。

① 单击【加工创建】工具栏上的“创建刀具”图标，或选择下拉菜单中的【插入】—【刀具】命令，弹出“创建刀具”对话框，如图 11-23（a）所示。

② 在“创建刀具”对话框中设定相关选项和参数。具体步骤如下。

- 在“类型”组框的下拉列表中选择刀具类型。
- 在“刀具子类型”组框中选择合适的刀具子类型。
- 在“名称”文本框中输入刀具的名称。
- 单击“创建刀具”对话框中的【确定】按钮，弹出“铣削刀具参数”对话框。

③ 在“铣削刀具参数”对话框中设定刀具参数和刀柄参数。

④ 单击“铣削刀具参数”对话框中的【确定】按钮，创建所设定的刀具。

“创建刀具”对话框的各相关选项含义如下。

①“类型”组框：刀具类型随操作模板类型不同而不同，各种操作模板类型（cam_general 加工环境的操作模板）对应的刀具类型介绍如下。

- Mill_planar（平面铣）：用于平面铣的各类刀具。
- Mill_contour（轮廓铣）：用于轮廓铣的各类刀具。
- Mill_multi_axis（多轴轮廓铣）：用于多轴轮廓铣的各类刀具。
- Drill（钻）：用于钻、铰、镗、攻螺纹的各类刀具。
- Hole _making（孔加工）：用于钻、铰、镗、攻螺纹的各类刀具。
- Turning（车削）：用于车削的各类刀具。
- Wire_edm（电火花线切割）：用于电火花线切割的各类刀具。

②“库”组框。用户可以通过“库”组框，从刀库中选择一把预定义刀具。

③“刀具子类型”组框。“刀具子类型”显示对应刀具类型所列的全部刀具图标。

④“位置”组框。“位置”组框用于设定所创建的刀具的位置。

⑤“名称”组框。“名称”文本框用于输入所创建刀具的名称，由字母和数字组成，并以字母开头，名称长度不超过 90 个字符。为了便于管理，通常采用的刀具直径和下半径参数作为刀具名称的命名参照。

（2）创建铣刀

应用最多的数控加工是铣削加工，下面详细介绍一下铣刀参数设置和创建方法。

①“刀具”选项卡——铣刀的形状参数。常用的铣刀类型有 5 参数铣刀。下面以常用的 5 参数铣刀为例来讲解铣刀参数，如图 11-23（b）所示。

“MillingTool 5 Parameters”对话框的刀具选项卡中的相关选项的含义如下。

“尺寸”组框，铣刀的基本参数用于确定刀具的基本形状，各尺寸标注显示在刀具示意图中。下面简单介绍一下各参数的含义。

（D）直径：铣刀刃口直径，它是决定刀路轨迹产生的最主要因素。

（R1）底圆角半径：铣刀下侧圆弧半径，它是刀具底边圆角半径。对于 5 参数铣刀，该半径值可以为 0，形成平底铣刀。当该半径为刀具直径的一半时，则为球刀；若该半径小于刀具直径的一半时，则形成牛鼻刀。

（L）长度：刀具的总长，该参数指定刀具的实际长度，包括刀刃和刀柄等部分的总长度。

（B）拔锥角：指定铣刀侧面和铣刀轴线之间的夹角，其取值范围为（–90°，90°）。若该值为正，刀具外形为上粗下细；若该值为负，刀具外型为上细下粗；若该值为 0，刀具侧面与主轴平行。

（A）顶锥角：顶锥角是指铣刀底部的顶角。该角度为铣刀端部与垂直于刀轴的方向所形成的角度，其取值范围为（0°，90°）。该值为正值，则刀具端部形成一个尖角。

（FL）刃口长度：刀具齿部的长度，但刃长不一定代表刀具切削长度，该长度应小于刀具长度。

刀刃：刀刃的数目，也是铣刀排屑槽的个数（2、3、4、6 等）。

“描述”组框，在“描述”文本框中可输入刀具的简单说明和提示。单击“描述”组框中的“材料”按钮，弹出“搜索结果”对话框，如图 11-23（c）所示。用户可以在该对话框中选择合适的刀具材料。

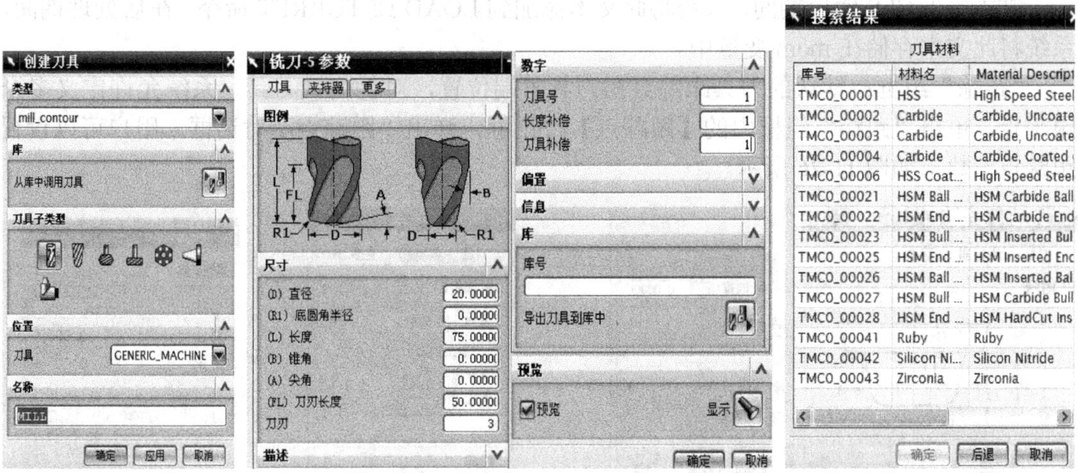

（a）　　（b）　　（c）

图 11-23　创建“MillingTool-5 Parameters”铣刀对话框

“数字”组框，“数字”组框用于设置刀具补偿和刀具号等参数，包括以下选项。

刀具号：刀具在铣削加工中心刀具库中的编号，这也是 LOAD / TOOL 后处理命令用到的值。

长度补偿：在机床控制器中刀具长度补偿寄存器的编号，便于协调不同长度的刀具统一进行加工生产。

刀具补偿：在机床控制器中刀具半径补偿寄存器的编号，便于协调不同半径的刀具统一进行加工生产。

“偏置”组框，“Z 偏置”文本框指输入刀轨在机床的加工坐标系中的位置与在 SIMENS NX 编程环境中的 MCS 中的位置沿 *Z* 轴方向上移（正值）或下降（负值）的距离值。

②“夹持器”选项卡。夹持器是用于夹紧刀具并连接到机床的装夹工具。单击“Milling T00l 5 Parameters”对话框中的“夹持器”选项卡，用户可以设置夹持器的具体参数，如图 11-24 所示。

夹持器参数的相关选项如下。

（D）直径：刀柄的直径。

（L）长度：刀柄的长度，从刀柄的下端部开始计算，直到上部第一节的刀柄或机床的夹持位置。

（B）拔锥角：刀柄的侧边锥角，刀柄侧面与刀柄轴线的夹角。

（Rl）角半径：刀柄的圆角半径。

（OS）偏置：保证刀柄与工件之间留有一定安全距离，确保刀柄不与工件产生挤压。

③“更多”选项卡。“更多”选项卡用于控制非尺寸方面的刀具定义，如手工换刀和刀具的旋转方向。如图 11-25 所示。

“机床控制”组框：

方向：该参数指定刀具旋转方向，可设置为“顺时针”和“逆时针”。

手工换刀：勾选“手工换刀”复选框，将触发一个停止命令用于手工换刀。

夹持器号：使用“夹持器”来选择角度正确的夹持器，在数字 1 和 6 之间。夹持器将在后处理器中分配以表示方向。

文本：在 CLS 输出期间，系统将此文本添加到 LOAD 或 TURRET 命令。在后处理期间，系统将此文本存储在 mom 变量中。

“跟踪”组框：默认的刀具跟踪点在刀具末端位置，对任何铣刀具，系统允许定义多个跟踪点。单击“跟踪”组框中的【跟踪点】按钮⊕，弹出“跟踪点”对话框，用户可以设置跟踪点参数，如图 11-26 所示。

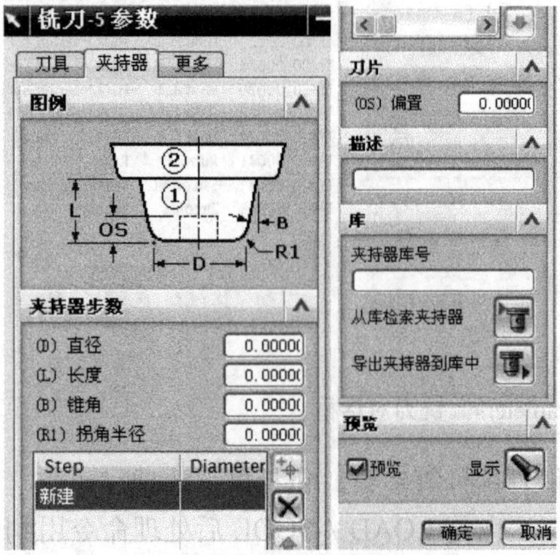

图 11-24　刀具夹持器选项卡

图 11-25　刀具更多选项卡

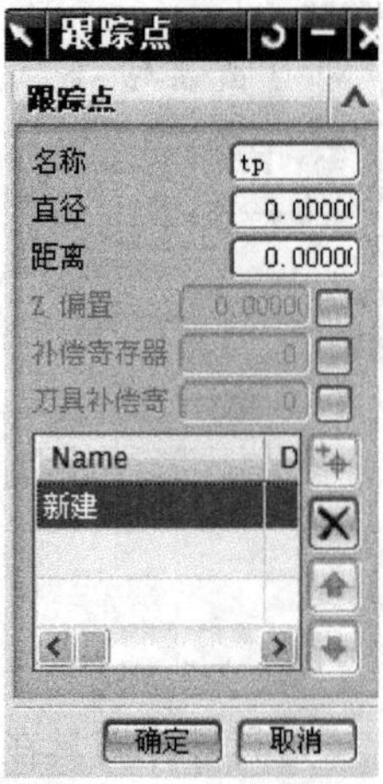

图 11-26　跟踪点对话框

（3）从刀具库中选择刀具

用户除了创建所需刀具外，也可使用“创建刀具”对话框中的“从库中调用刀具”图标，调用一把预定义好的刀具。如果必要的话可以更改所调用的某些参数。

从刀具库中选择刀具的操作步骤如下。

① 单击“创建刀具”对话框中的“从库中调用刀具”按钮，弹出“库类选择”对话框，如图 11-27（a）所示。

② 在“库类选择”对话框中选择一种刀具类型，如“End Mill（noindexable）”，然后单击【确定】按钮，弹出“搜索准则”对话框，如图 11-27（b）所示，利用该对话框，用户可指定刀具搜索的条件。

“搜索准则”对话框中相关选项含义如下。

- 单位：指定要查找的刀具数据库文件（tool—database.dat）是“英寸”还是“毫米”。
- Libref：用于指定要搜索刀具标识的名称。在刀具库中每把刀具都有唯一的标识名称，如果用户知道确切的刀具名称，可直接在该文本框中直接输入。
- 直径：用于输入要搜索刀具的直径。在“直径”文本框中既可以输入直径的数值，也可以输入关系运算符（<，<=，!=，>，>=）。
- 刃口长度：用于输入要搜索刀具的排屑槽的长度。
- 材料：用于选择搜索的刀具材料，包括“全部”、“HSS”、“HSS Coated”、“Carbide”、“Carbide Coated”和“Carbide（Brazed Solid）”等 6 种。
- 夹持器：用于指定刀柄的类型。

附加的搜索关键准则：用于指定其他的搜索条件。输入搜索条件后，系统在刀具库中搜索刀具时，不按对话框中指定的条件搜索。

匹配数：单击【匹配数】按钮，用于显示满足搜索条件的刀具把数。

③ 单击【确定】按钮，弹出满足搜索条件的“搜索结果”对话框，如图 11-27（c）所示。

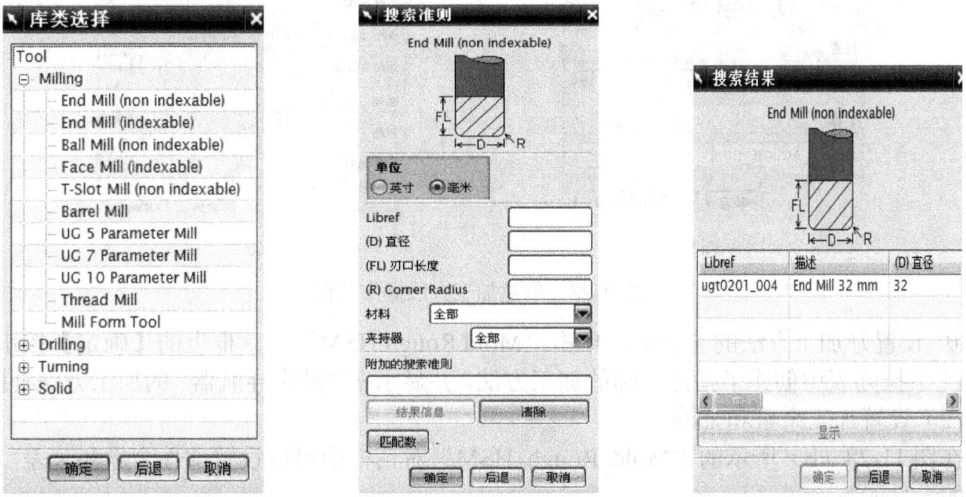

(a) (b) (c)

图 11-27　从刀库中选择刀具操作过程

④ 在“搜索结果”对话框中选择一把符合要求的刀具后，单击【确定】按钮。完成从刀具库中选择刀具。

3. 创建加工方法

在零件的加工过程中，为了达到加工精度，往往需要进行粗加工、半精加工和精加工等几个工序阶段。粗加工、半精加工和精加工的主要差异在于加工后残留在工件上余料的多少及表面粗糙度。加工方法可以通过对加工余量、几何体的内外公差、切削步距和进给速度等选项的设置，控制表面残余量，为粗加工、半精加工和精加工设定统一的参数。另外加工方法还可以设定刀具路径的显示颜色和方式。

在建立各种加工操作中，可以引用已经创建的加工方法，当修改加工方法中某个参数时，相关操作自动更新。在各种“操作”对话框中，也可以完成切削、进给等各种选项的设置，但设置的参数仅对当前操作起作用。

（1）创建加工方法的步骤

在 SIEMENS NX6.0 数控加工中创建加工方法的操作步骤如下。

① 单击【加工创建】工具栏上的“创建方法”按钮，或选择下拉菜单中的【插入】、【方法】命令，系统弹出“创建方法”对话框，如图 11-28（a）所示。

② 根据加工类型，在“类型”下拉列表中选择合适的操作模板类型。在“类型”下拉列表中的操作模板类型就是 SIEMENS NX 加工环境中“CAM 设置”的操作模板类型。

③ 在“位置”组框中的“方法”下拉列表中选择方法父级组，该下拉列表中显示的是加工方法视图中当前已经存在的节点，它们都可以作为新节点的父节点。

④ 在“名称”文本框中输入新建加工方法组的名称。

⑤ 单击“创建方法”对话框中的【确定】按钮，会弹出“Mold Rough HSM”对话框，引导用户完成加工方法的创建，如图 11-28（b）所示。

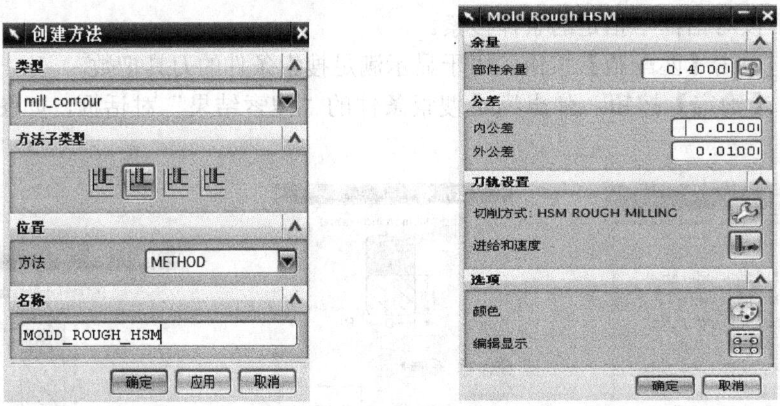

（a）　　　　（b）

图 11-28　创建加工方法操作过程

⑥ 设置好加工方法的参数后，单击“Mold Rough HSM”对话框上的【确定】按钮，在“位置”下拉列表中创建了指定名称的加工方法，并显示在“操作导航器”的加工方法视图中。

（2）设置加工余量和公差

在图 11-28（b）所示的“Mold Rough HSM”对话框中可以设置部件余量和公差，相关参数的含义如下。

• 部件余量：即切削余量。部件余量是零件加工后没有切除的材料量，这些材料在后续加工操作中将被切除，通常用于需要粗、精加工的场合，如图 11-29 所示。

• 内公差和外公差：内公差限制刀具在切削过程中越过零件表面的最大距离；外公差限制刀具在切削过程中没有切至零件表面的最大距离。指定的值越小，则加工的精度越高。如图 11-30 所示。

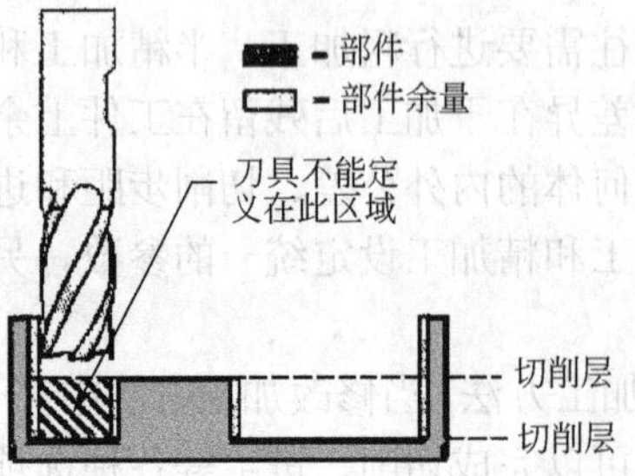

图 11-29　平面铣削部件余量示意图

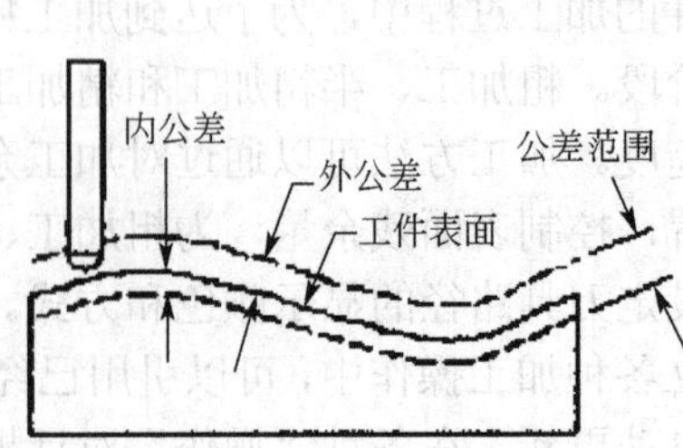

图 11-30　内外公差示意图

• 切削方式：单击“刀轨设置”组框中的“切削方式”按钮，弹出“搜索结果”对话框，列出了各种预定义的切削方法，供用户选择使用，如图 11-31 所示。

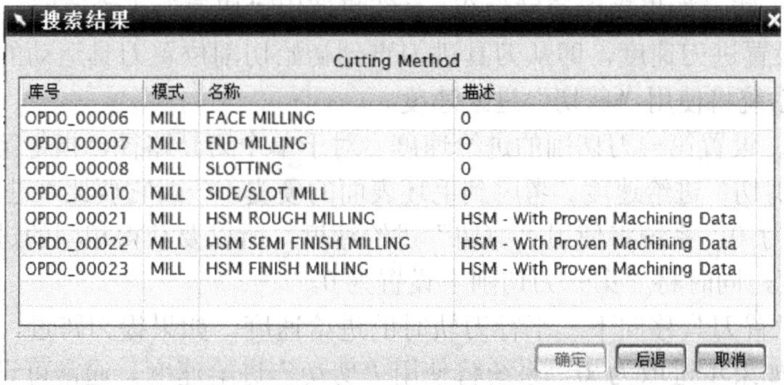
搜索结果
Cutting Method
库号 | 模式 | 名称 | 描述
OPD0_00006 | MILL | FACE MILLING | 0
OPD0_00007 | MILL | END MILLING | 0
OPD0_00008 | MILL | SLOTTING | 0
OPD0_00010 | MILL | SIDE/SLOT MILL | 0
OPD0_00021 | MILL | HSM ROUGH MILLING | HSM - With Proven Machining Data
OPD0_00022 | MILL | HSM SEMI FINISH MILLING | HSM - With Proven Machining Data
OPD0_00023 | MILL | HSM FINISH MILLING | HSM - With Proven Machining Data
确定
后退
取消

图 11-31　各种预定义切削方法

（3）设置进给量

为了保证零件表面的加工质量和生产率，在一个刀具路径中一般存在多种刀具运动类型，如快速、进刀、切削、退刀等。不同的刀具类型，其进给速度不同。关于各种进给速度的名称及其对应的运动阶段，如图 11-32 所示。

单击图 11-28（b）所示对话框中的“进给和速度”按钮，弹出“进给”对话框，如图 11-33 所示。利用该对话框，用户可以设置刀具各种类型的移动速度。

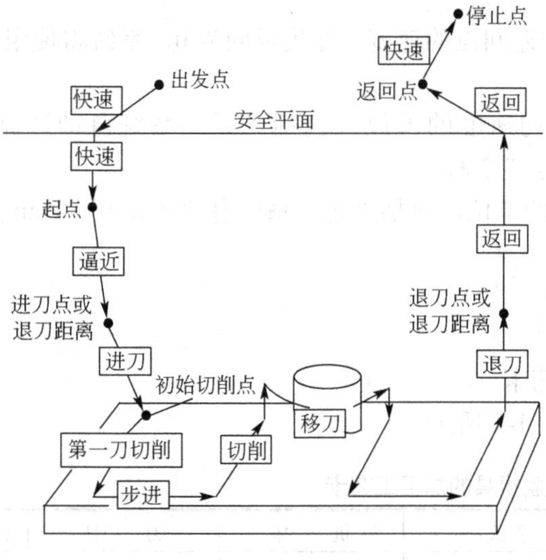

图 11-32　各种进给速度的名称及其对应的运动阶段

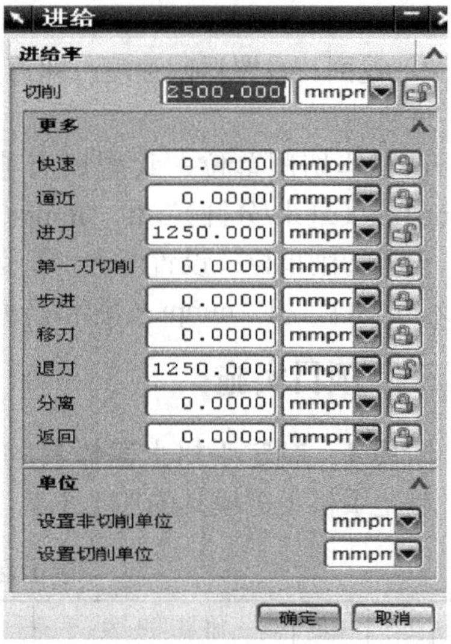

图 11-33　“进给”对话框

结合图 11-32 介绍一下“进给”对话框中各种进给速度的含义。

① 切削。设置正常切削状态的进给速度，即进给量。根据经验或铣削工艺手册提供的数值或由系统自动计算。

② 快速。设置快进速度，即从刀具的初始点（From Point）到下一个前进点（GOTO Point）的移动速度。如果快进速度为 0，则在刀具位置源文件中自动插入一个 Rapid 命令，后置处理器将产生 G00 快进指令。

③ 逼近。设置接近速度，即从刀具的起刀点（Start Point）到进刀点（Engage Point）的

进给速度。在平面铣和型腔铣中进行多层切削时，接近速度控制刀具从一个切削层到下一个切削层的移动速度。在表面轮廓铣中，接近速度是刀具进入切削前的进给速度。一般接近速度可比快速速度小些，如果接近速度为 0，系统将使用“快速”进给速度。

④ 进刀。设置进刀速度，即从刀具进刀点到初始切削位置刀具运动的进给速度。如果进刀速度为 0，系统将使用“剪切”进给速度。

第一刀切削：设置第一刀切削的进给速度。对于单个刀具路径，指定第一刀切削进给率可使系统忽略“剪切”进给速度。考虑到毛坯表面的硬皮，一般它要比“进刀”速度小一些；如果第一刀切削为 0，系统将使用“剪切”进给速度，所以要获得相同的进给率，则应设置“剪切”进给速度，同时将“第一刀切削”设置为 0。

⑤ 步进。设置刀具移向下一平行刀轨时的进给速度。如果提刀跨过，系统将使用“快速”进给速度；如果步进取为 0，系统将使用“剪切”进给速度。通常可设“步进”与“剪切”速度相等。

⑥ 移刀。设置刀具从一个切削区转移到另一个切削区作水平非切削运动时刀具的移动速度。刀具在跨越移动时首先提升到安全平面，然后横向移动，主要是防止刀具在移动过程中与工件相碰。

⑦ 退刀。设置刀具的退刀速度，即刀具从最终切削位置到退刀点之间的刀具移动速度。如果退刀为 0，若是线性退刀，系统将使用“快速”进给速度；若是圆弧退刀，系统使用“剪切”进给速度。

⑧ 分离。设置离开速度，即刀具从加工部位退出时的移动速度。在钻孔和车槽时，分离速度影响表面粗糙度。

⑨ 返回。设置返回速度，即刀具退回到返回点的速度。如果返回为 0，系统将使用“快速”进给速度。

设置非切削单位：设置所有非切削运动速度的单位，包括“无（系统自动计算）”、“mmpmin（毫米/分钟）”和“mmpr（毫米/转）”3 种。

设置切削单位：设置所有切削运动速度的单位，包括“无（系统自动计算）”、“mmpmin（毫米/分钟）”和“mmpr（毫米/转）3 种。

三、项目实施

阶段 1：制定手机上盖模具的加工工艺卡

制定手机上盖模具的加工工艺卡，如表 11-1 所示。

表 11-1 手机上盖模具的加工工艺卡

工段	工序	工步	加 工 内 容	加 工 方 式	机 床	刀 具	余 量
模具制作工段	1	1.1	下料 107×173×50				
	2	2.1	铣削 105×170×48	铣削	普通铣床		
		2.2	去毛刺	钳工			
	3	3.1	装夹工件		立式数控铣床或加工中心		
		3.2	粗铣削型腔、型芯	CAVITY_MILL_1		ENDMILL_D20	1
		3.3	二次粗铣型腔、型芯	CAVITY_MILL_2		ENDMILL_D20	0.5
		3.4	半精铣削型腔、型芯（除分型面外）	CAVITY_SEMI_FINISH_3		BALLMILL_D4	0.25
		3.5	精铣分型面	FACE_MILLING_AREA_4		ENDMILL_D20	0

续表

工段	工序	工步	加 工 内 容	加 工 方 式	机 床	刀 具	余 量
模具制作工段	3	3.6	精铣削型腔、型芯区域 AREA 1	CONTOUR_AREA_5	立式数控铣床或加工中心	ENDMILL_D8，R1	0
		3.7	精铣削型腔、型芯区域 AREA 2	CONTOUR_AREA_6		BALLMILL_D2	0
		3.8	精铣削型腔、型芯区域 AREA 3	ZLEVEL_PROFILE_7		ENDMILL_D8，R1	0
		3.9	光顺曲面清根铣削	FLOWCUT SMOOTH_8		BALLMILL_D2	0
	4		检验				
	5		模具组装				
注塑工段	1		注塑		注射机		
	2		修整				
	3		检验				

阶段 2：构建手机上盖三维实体

1. 手机基体创建

（1）创建建模文件名

启动 SIEMENS NX6.0 软件，在文件夹“……\xiangmu11”中新建模型文件“shoujishanggai.prt”，单位：mm。进入建模环境。

（2）绘制手机上盖基体草图

单击“草图”标准工具图标，弹出“创建草图”对话框，选择 *XC-YC* 平面为绘制平面，进入草图绘制状态。

① 绘制四段圆弧，如图 11-34（a）所示图形。

②“快速修剪”四段圆弧，形成如图 11-34（b）所示图形。

③ 对草图施加约束。

几何约束：将上下两圆弧的圆心约束到 *YC* 轴上，左右圆弧半径相等，如图 11-34（c）所示。

尺寸约束：对四段圆弧标注定位尺寸和定形尺寸，如图 11-34（d）所示。

单击【完成草图】图标，返回建模界面。

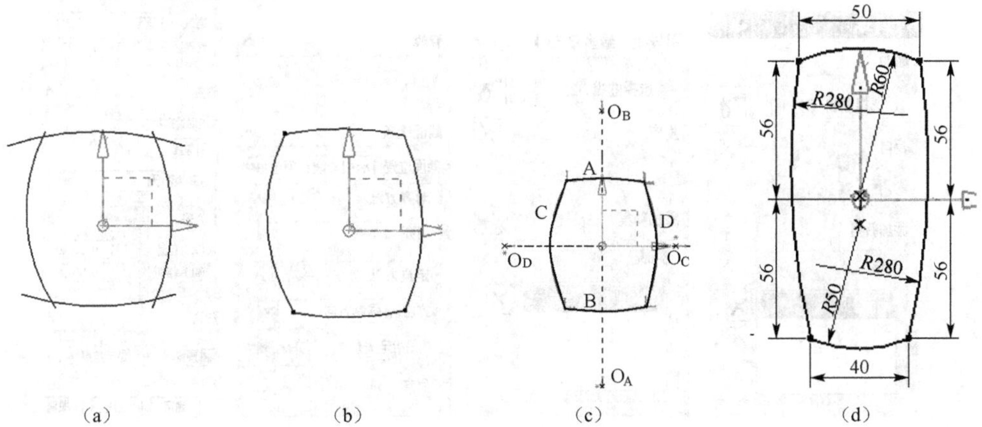

图 11-34 绘制手机上盖主体草图

（3）拉伸实体

单击【拉伸】特征图标，弹出拉伸对话框，选取图 11-34（d）所示线框，向上拉伸，开始点距离 0，终点距离 30，单击【确定】按钮，构建手机基体如图 11-35 所示。

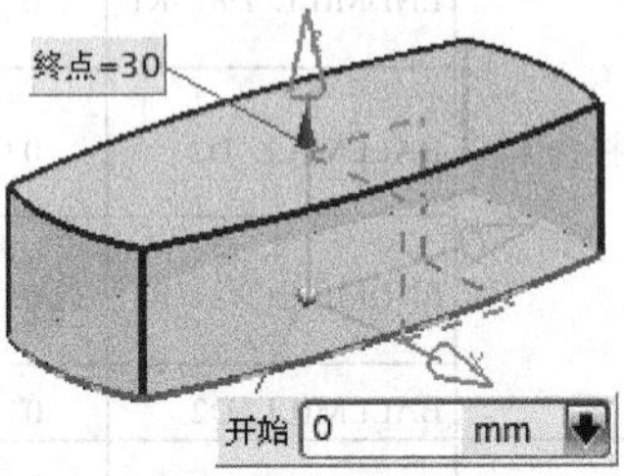

图 11-35　构建手机基体

2. 构建修剪手机上盖基体的曲面

（1）绘制构建曲面的线架

① 在 *YC-ZC* 平面绘制两相切圆弧。为了便于观察，先使手机上盖基体隐藏。

进入草图环境，选取 *YC-ZC* 平面为草图平面，绘制两条相切圆弧，并且标注尺寸，如图 11-36 所示，完成草图绘制。

② 在 *XC-ZC* 平面绘制一圆弧草图。再次进入草图环境，选择 *XC-ZC* 平面为草图平面，绘制一圆弧，圆心约束在 *ZC* 轴上，尺寸约束如图 11-37 所示。

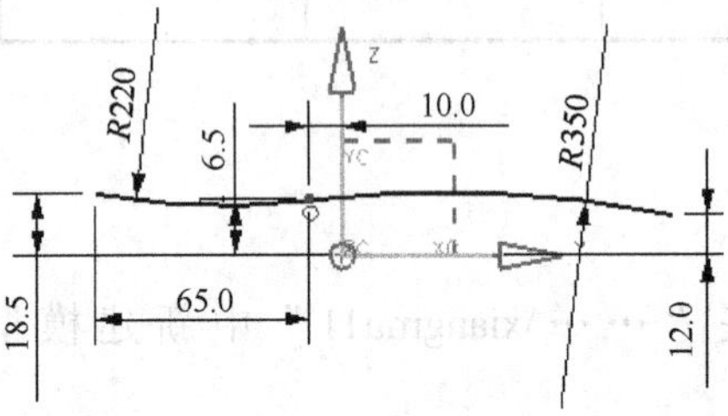

图 11-36　*YC-ZC* 平面绘制两圆弧草图

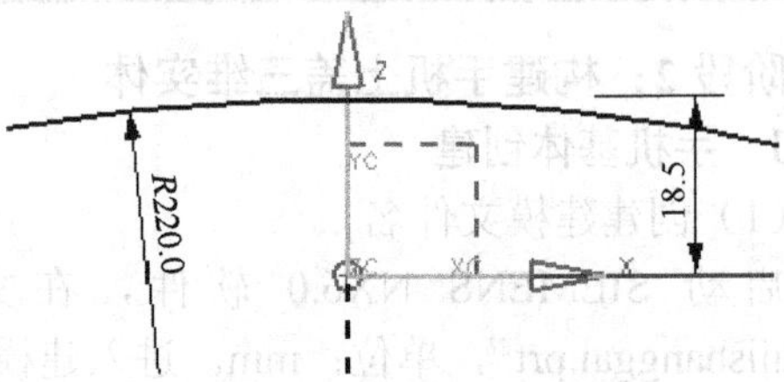

图 11-37　*XC-ZC* 平面绘制圆弧

右击“部件导航器”中实体拉伸项，弹出快捷菜单，单击“显示”菜单项，使隐藏的实体显示出来，为便于观察，将实体半透明显示，则拉伸实体与两平面内草图线框间关系如图 11-39 所示。

（2）创建扫描曲面

单击【扫掠】特征工具图标，弹出“扫掠”对话框，如图 11-38 所示。在图形中选择 *XC-ZC* 平面圆弧草图为截面线，选择 *YC-ZC* 平面两圆弧线为引导线，定位方式：强制方向，取 *Y* 轴为强制方向，其他选项取默认设置，扫掠后形成曲面如图 11-40 所示。

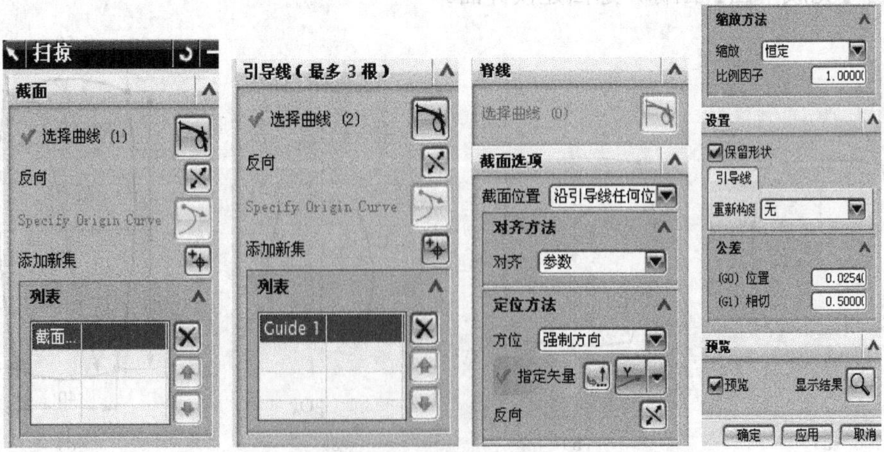

图 11-38　扫掠对话框

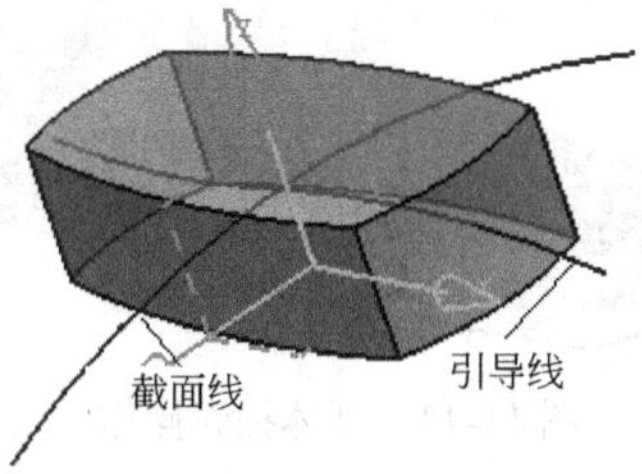

图 11-39　实体与两圆弧草图关系

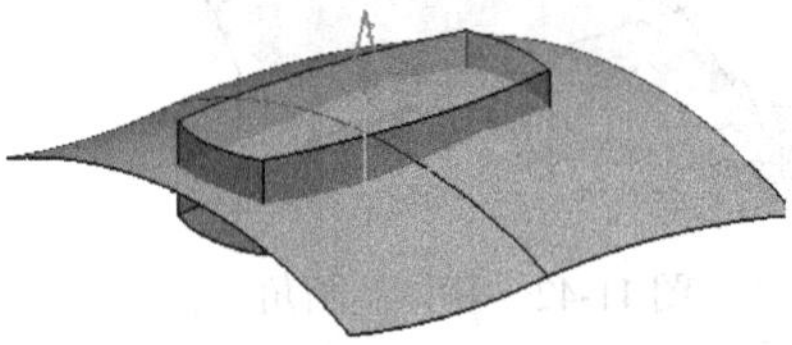

图 11-40　构建扫掠曲面

3. 修剪手机基体

单击【修剪体】特征编辑工具图标，弹出“修剪体”对话框，如图 11-41（a）所示，选择手机基体为目标体，选取曲面为工具体，在曲面上出现向上一箭头，箭头指向为修剪去除部分，如图 11-41（b）所示,单击【确定】按钮，实现基体的修剪操作，如图 11-41（c）所示。

隐藏曲线和曲面，以便后续操作，如图 11-41（d）所示。

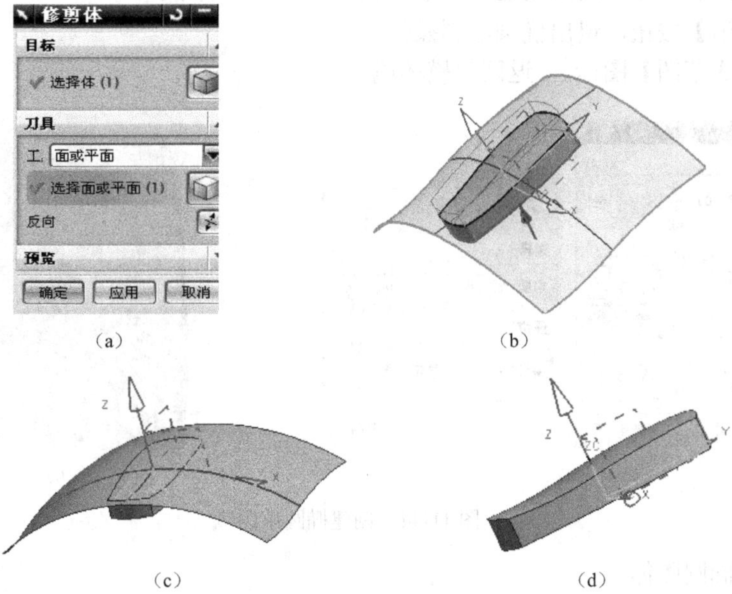

图 11-41　修剪体操作过程

隐藏图素方法很多，最快捷的是类选择法，单击【隐藏】图标，弹出“类选择”对话框，选择所有的草图和曲面，单击【确定】按钮，实现隐藏操作。

4. 棱边倒圆角

单击【边倒圆角】特征工具图标，选取手机基体模型右端两垂直棱边，倒 *R*10 圆角，单击【应用】按钮；选取手机基体左端两垂直棱边，倒 *R*6 圆角，单击【应用】按钮；选取上表面棱边，倒圆角 *R*3，单击【确定】按钮，结束倒圆角操作，结果如图 11-42 所示。

5. 抽壳

单击【抽壳】特征工具图标，弹出“抽壳”对话框，选择“类型”：移除面，然后抽壳；在图形区域选取基本下表面为移除面；在“厚度”栏输入“1.5”，单击【确定】按钮，实现抽壳操作，结果如图 11-43 所示。

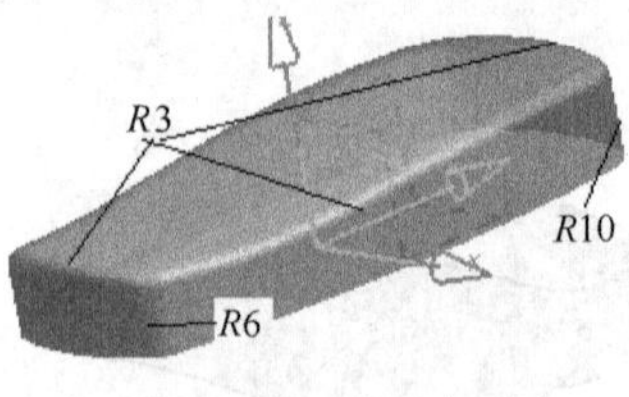

图 11-42　基体倒圆角

图 11-43　基体抽壳操作

6. 创建手机听筒凹坑

（1）绘制椭圆草图

单击【草图】图标，选取 *XC-YC* 平面为为平面，进入草图状态；

从“插入”菜单单击【椭圆】工具图标，弹出“椭圆”对话框，输入大半径：5，小半径：2，勾选“封闭的”选项，旋转角度：0；如图 11-44（a）所示。

单击中心选项组中“指定点”后的“点构造器”工具图标，弹出“点构造器”对话框，输入椭圆中心点坐标（0,50,0），单击【确定】按钮，创建的“椭圆”在图形中显示出来，单击【应用】按钮，完成椭圆创建，结果如图 11-44（b）所示。

单击【取消】按钮，退出椭圆绘制操作。

单击【完成草图】图标， 返回建模环境。

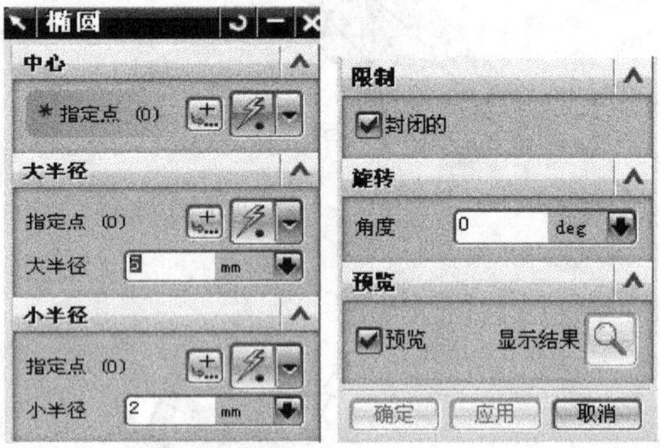

（a）

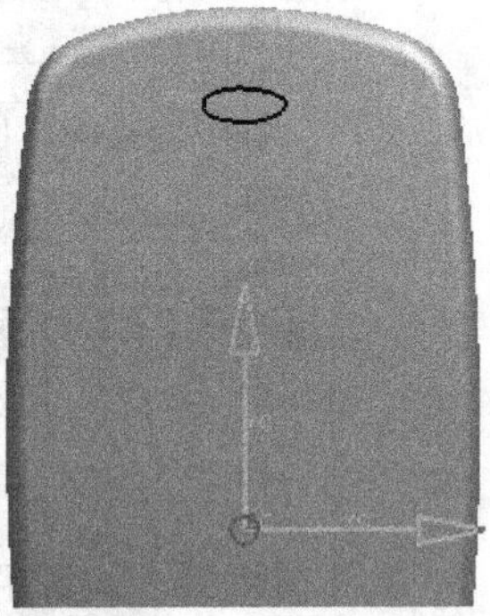

（b）

图 11-44　创建椭圆草图

（2）创建椭圆腔体

单击【腔体】特征工具图标，弹出“腔体”对话框，如图 11-45（a）所示。

单击【常规】按钮，弹出“常规腔体”框，如图 11-45（b）所示，单击选择步骤选项中【放置面】图标，选择手机基体模型上表面为放置面；单击【放置面轮廓】图标，选择椭圆线为放置面轮廓线；单击【底部面】图标，选择底部面下拉列表中的“偏置”项，并在“从放置面”文本框中输入 0.5mm，即底部面距放置面 0.5mm，如图 11-45（c）所示。

在“常规腔体”对话框中输入底部面半径、拐角半径，如图 11-45（e）所示。

单击【确定】，完成椭圆形腔体创建，结果如图 11-45（f）所示。

7. 创建听筒孔

（1）创建听筒孔草图

进入草图环境，选择 *XC-YC* 平面为草图平面，以点（–2,50,0）为绘制椭圆中心，椭圆参数如图 11-46（a）所示（大半径：1，小半径：0.5，封闭的，旋转角度：120°），绘制一椭圆；再以点（2,50,0）绘制椭圆，将旋转角度改为 60°，其他参数不变，绘制另一椭圆，草图结果如图 11-46（b）所示。单击【完成草图】工具图标后退出草图界面。

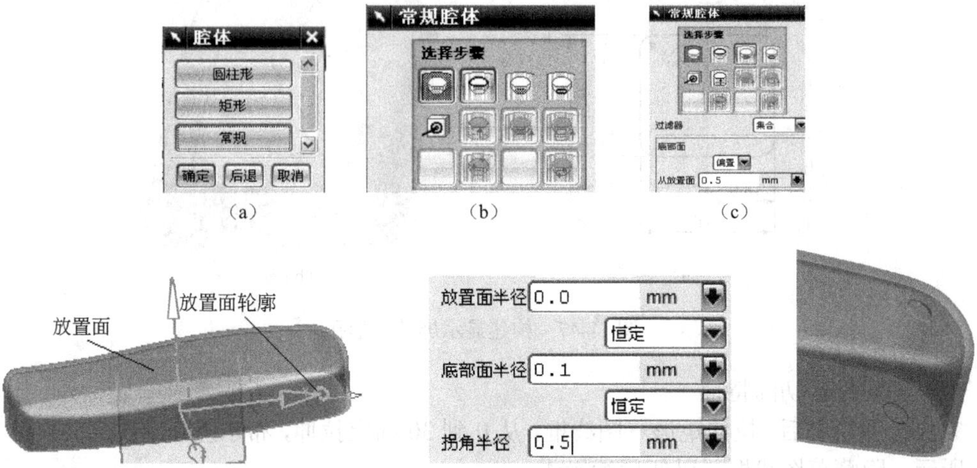

（a）（b）（c）

（d）（e）（f）

图 11-45　构建椭圆形腔体操作过程

（2）拉伸切除听筒小孔

单击【拉伸】特征工具图标，选取听筒处两椭圆形小孔线框，向上拉伸，距离从 0 到 30；布尔运算栏选择“求差”，单击【确定】按钮，完成椭圆形小孔创建，结果如图 11-46（c）所示。

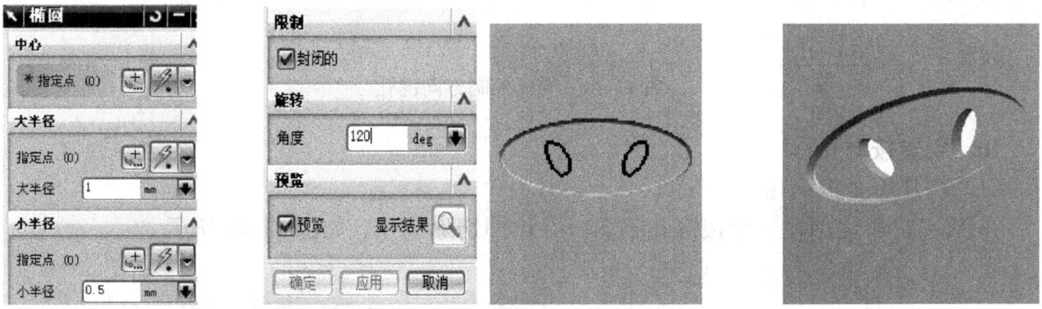

（a）（b）（c）

图 11-46　构建听筒处小椭圆孔操作过程

隐藏创建听筒处结构的草图，以便后续操作。

8. 创建显示屏矩形孔

（1）创建显示屏处草图

实体以静态线框显示，在 *XC-YC* 平面创建草图，如图 11-47（a）所示。

（2）创建拉伸切除特征

完成草图绘制后，拉伸矩形草图线框，从 0 到 30 向上拉伸，布尔差运算，结果如图 11-47（b）所示。隐藏草图线框，以便后续操作。

9. 构建控制方向键孔

（1）创建控制方向键草图

实体以静态线框显示，在 *XC-YC* 平面创建草图，如图 11-48（a）所示。

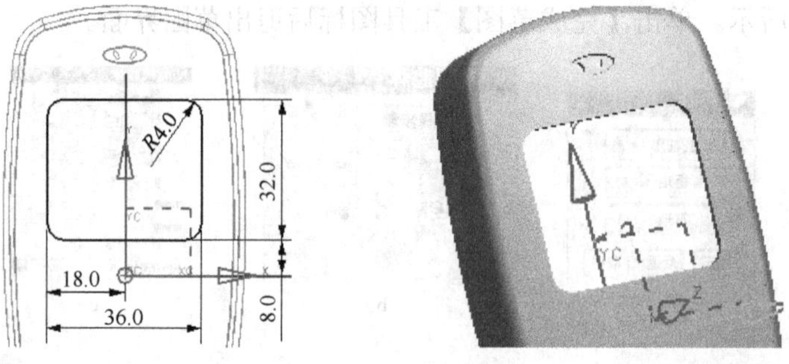

（a）　　　　　　　　　　　　（b）

图 11-47　构建显示屏处矩形孔

（2）创建拉伸切除特征

完成草图绘制后，拉伸矩形草图线框，从 0 到 30 向上拉伸，布尔差运算，结果如图 11-48（b）所示。隐藏草图线框，以便后续操作。

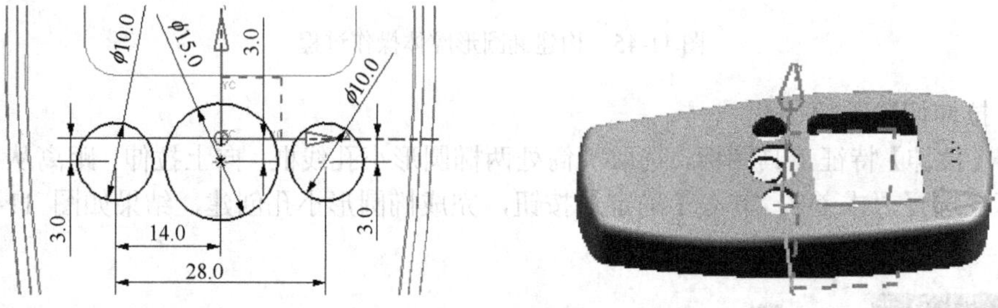

（a）　　　　　　　　　　　　（b）

图 11-48　构建控制方向键孔

10. 创建按键孔

（1）构建单个按键孔

在 *XC-YC* 平面创建一个按键孔草图，并拉伸切除成孔。如图 11-49 所示。

（a）　　　　　　　　　　　　（b）

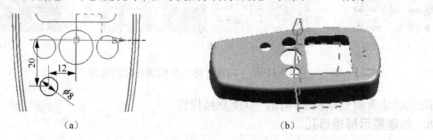

图 11-49　一个按键孔草图与拉伸切除结果

（2）矩形阵列按键孔

单击【实例特征】图标，弹出“实例”对话框，如图 11-50（a）所示；单击【矩形阵列】按钮，弹出下级“实例”对话框，选取已创建的一个按键孔，如图 11-50（b）所示；弹出“输入参数”对话框，选择阵列方式：常规；*XC*、*YC* 向的数量和偏置距离，如图 11-50（c）所示；单击“输入参数”对话框中【确定】按钮，在模型中出现阵列预览，且弹出“创建实例”一询问对话框，如图 11-50（d）所示；单击【是】按钮，创建阵列特征，如图 11-50（e）所示。

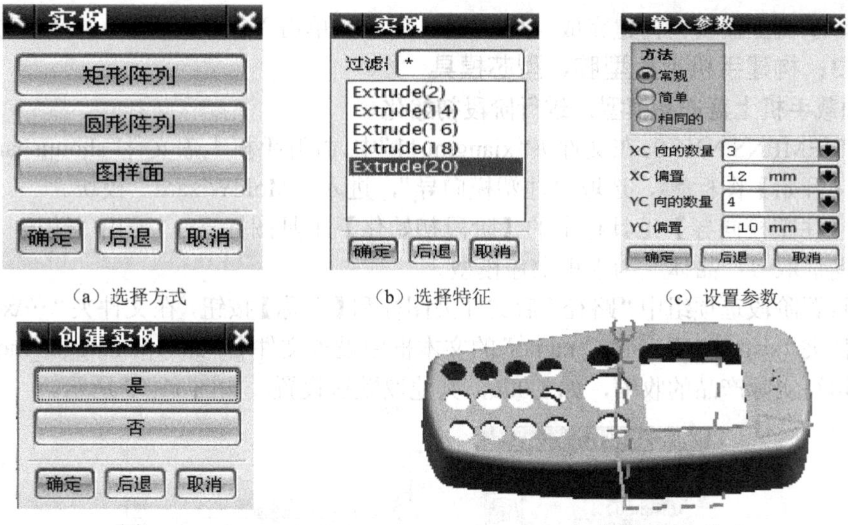

（a）选择方式　（b）选择特征　（c）设置参数

（d）　（e）

图 11-50　矩形阵列 12 个按键孔

11. 创建音量开关孔

（1）创建音量开关孔草图

在 *YC–ZC* 平面构建草图，如图 11-51（a）所示。

（2）拉伸切除创建音量开关孔特征

向–*XC* 方向从 0 到 50 拉伸音量开关孔线框，布尔差运算，构建音量开关孔，结果如图 11-51（b）所示。

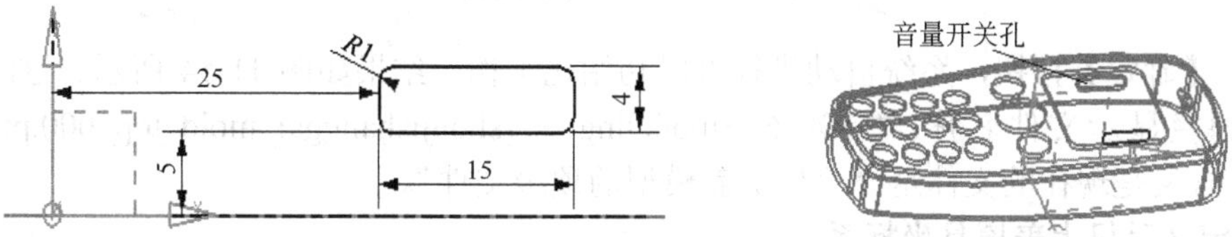

（a）　（b）

图 11-51　构建音量开关孔特征

12. 创建充电插座孔

（1）创建充电插座孔草图

在 *XC–ZC* 平面构建草图，如图 11-52（a）所示。

（2）拉伸切除创建充电插座孔特征

向–*YC* 方向从 0 到 70 拉伸充电插座孔线框，布尔差运算，构建充电插座孔，结果如图 11-52（b）所示。

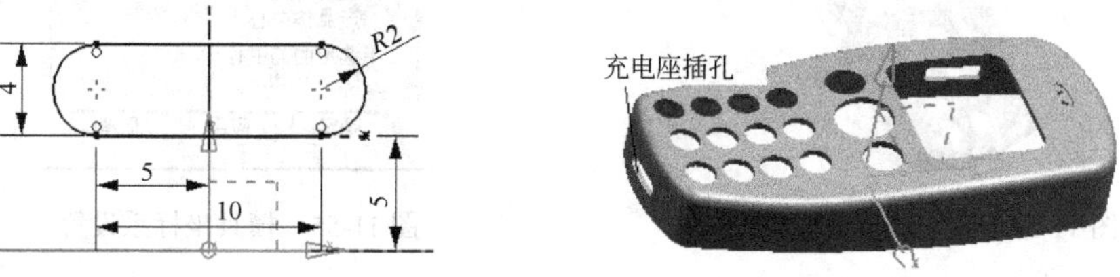

（a）　（b）

图 11-52　构建充电插座孔

至此，手机上盖模型构建完成，如图 11-1 所示，单击“保存”图标，以保存文件。

阶段 3：构建手机上盖型腔、型芯模具

1. 加载手机上盖产品模型，进行阶段初始化

启动 SIEMENS NX6.0，在文件夹“xiangmu11”中，打开手机上盖文件“shoujishanggai.prt”。

单击【开始】图标，选取“注塑模向导”，进入“MoldWizard”模块。

单击【注塑模向导】工具栏上的【阶段初始化】工具图标，弹出“阶段初始化”对话框，自动选取“产品体”为手机上盖模型。

单击设置阶段选项组中“路径”后文件夹图标和【名称】按钮，在文件夹“…\xiangmu11”中新建文件夹“sjsgmold”，名称“name”的文本框中设置文件名“shoujishanggai_mold”；“收缩率”栏填写实际产品的收缩，如 1.006，其他取默认设置，如图 11-53 所示。

图 11-53　阶段初始化设置

单击【确定】按钮，系统自动进行阶段初始化工作，结果如图 11-54 所示。这时，软件界面标题栏显示文件名称：“NX 6—modeling —[shoujishanggai_mold_top_000.prt（修改的）]”，含义是现在的文件是“手机上盖模型的顶级文件”。

2. 定义手机上盖模具坐标系

单击【注塑模向导】工具栏上的【模具坐标系 CSYS】图标，弹出“模具 CSYS”对话框，设置如图 11-55 所示，在手机模型中 WCS 处出现一默认的模具坐标系，即以模型上的 WCS 位置方向作为模具的坐标系，且+Z 方向为开模方向，单击【确定】按钮，建立了模具坐标系。

图 11-54　建立注塑模型阶段

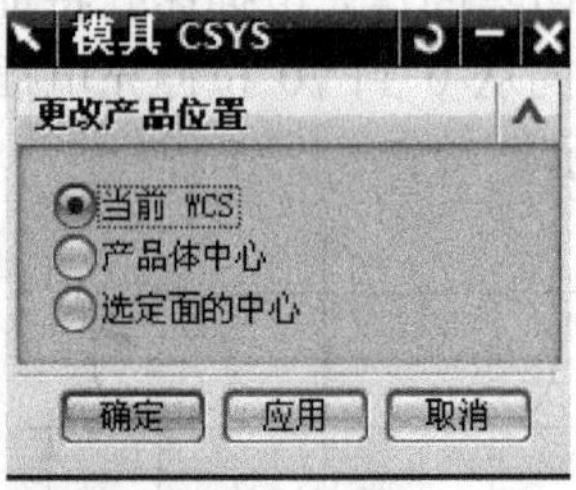

图 11-55　模具坐标系设置

3. 定义手机上盖成型工件（模具体）

单击【注塑模向导】工具栏上的【工件】工具图标，弹出“工件”对话框，选择“用户定义块”选项，选择曲线：取默认设置，在产品中已显示了分型面矩形边界线，限制选项中，开始：20，结束：30；勾选“显示产品包容方块”和“预览”项，如图 11-56（a）所示。单击【确定】按钮，完成工件（模具体）设置，如图 11-56（b）所示。

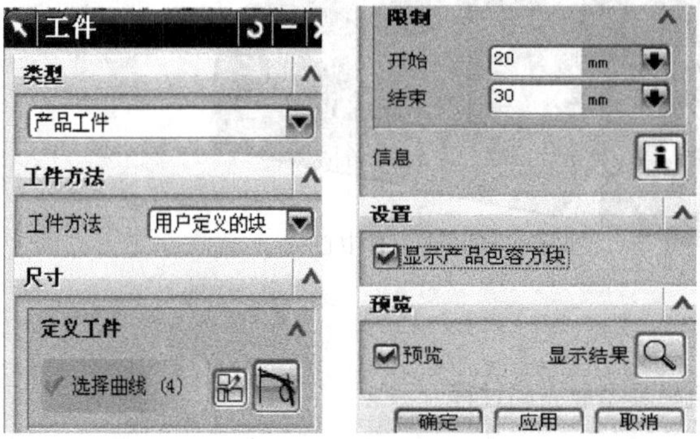

（a）

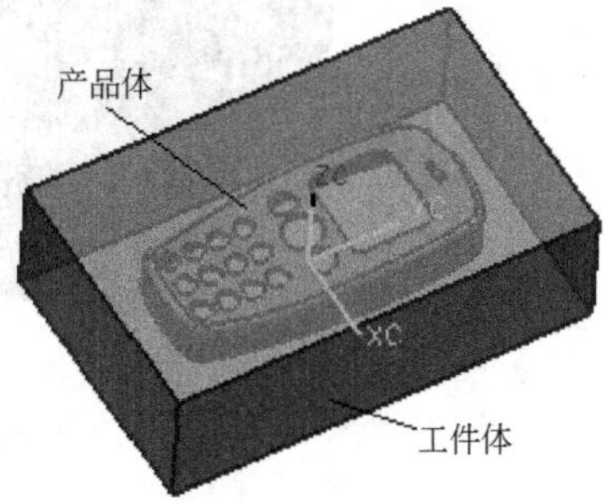

（b）

图 11-56 手机上盖工件设置

4. 型腔布局

单击【注塑模向导】工具栏上的【型腔布局】工具图标，弹出“型腔布局”对话框，自动选取已建立的模具体工件，在布局类型中选取“矩形”，“平衡”；在平衡布局设置中选取型腔数：4，第一距离：20，第二距离：20；如图 11-57（a）所示；

单击“指定矢量”，在图形区域选取自动出现的坐标系的 *X* 轴，再单击【开始布局】按钮，形成型腔布局，如图 11-57（b）所示；

单击【自动对准中心】按钮，完成布局设置，如图 11-57（c）所示。

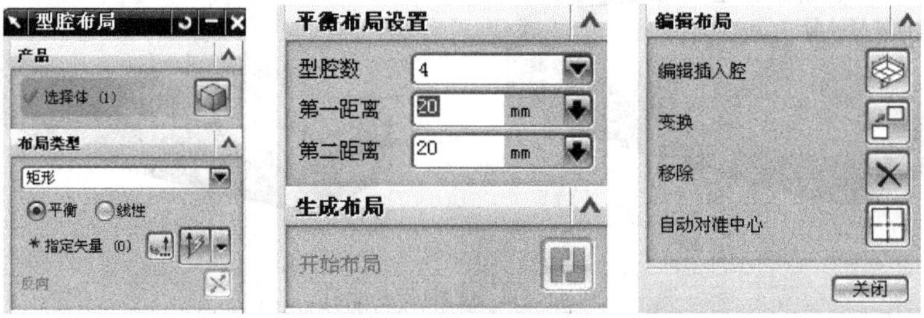

（a）

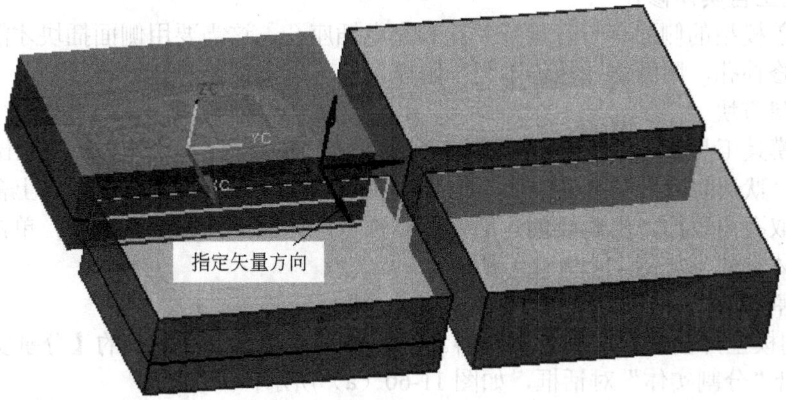

（b）

图 11-57

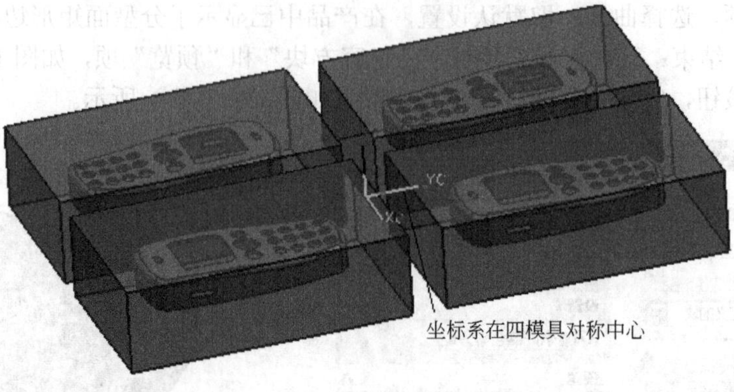

（c）

图 11-57　手机模具型腔布局过程

5. 手机上盖面修补

（1）曲面修补手机上表面上孔

单击【模具工具】图标，在模具工具上单击“曲面修补”图标，弹出“选择面”对话框。直接选择手机模型上表面，各孔边缘线被选中，单击【确定】，完成上表面孔的修补，如图 11-58（a）所示。显然，手机听筒处上表面不应修补，可选中后按“shift+左键（MB1）”删除，或选中后按右键从快捷菜单中单击“删除”。

（2）曲面修补听筒处下凹部位的孔

重复运用“曲面修补”工具，选取听筒凹部位上表面，两小椭圆孔边缘线被选中，单击【确定】按钮，实现孔的面修补，如图 11-58（b）所示。

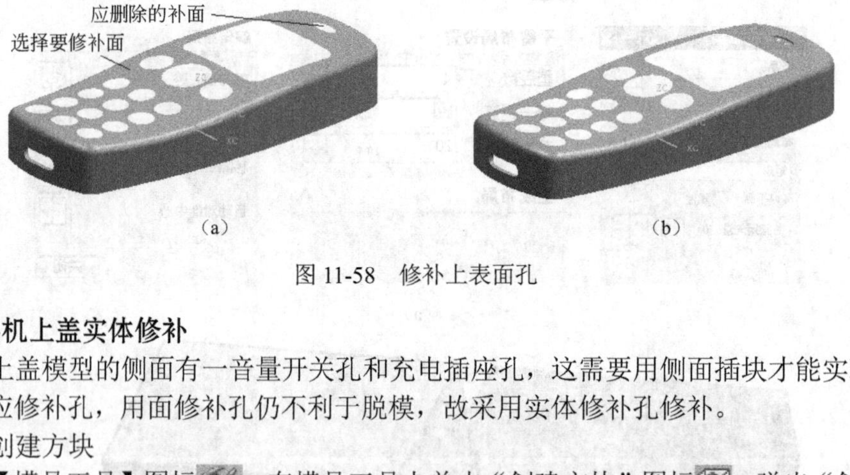

（a）　（b）

图 11-58　修补上表面孔

6. 手机上盖实体修补

手机上盖模型的侧面有一音量开关孔和充电插座孔，这需要用侧面插块才能实现脱模注塑，在此应修补孔，用面修补孔仍不利于脱模，故采用实体修补孔修补。

（1）创建方块

单击【模具工具】图标，在模具工具上单击“创建方块”图标，弹出“创建方块”对话框，在“默认间隙”文本框中输入 1mm，如图 11-59（a）所示；在手机上盖模型的充电插座孔处选取孔内表面，出现要创建的六面体预览，如图 11-59（b）所示；单击【确定】按钮，完成箱体创建，如图 11-59（c）所示。

（2）分割方块

① 分割模型外侧修补块上多余材料。实体单击【模具工具】中的【分割实体】工具图标，弹出“分割实体”对话框，如图 11-60（a）所示；

选择所创建的修补块体为目标体，选取手机上盖模型的外表面为“工具体”，如图 11-60（b）、（c）所示；

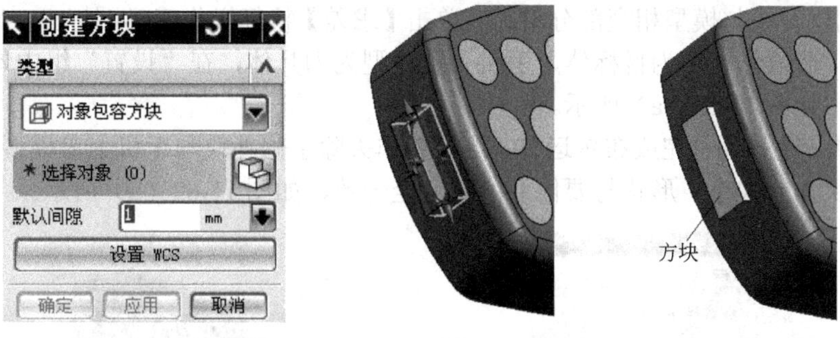

（a） （b） （c）

图 11-59 创建修补充电插座孔箱体操作过程

单击“分割实体”对话框中的【确定】按钮，弹出“修剪方式”对话框，屏幕上显示修剪方向，确认指向外侧，如图 11-60（d）、（e）所示，否则单击【翻转修剪】按钮，可使箭头反向；

单击“修剪方式”对话框中的【确定】按钮，完成对修补块外部的修剪，如图 11-60（f）所示。

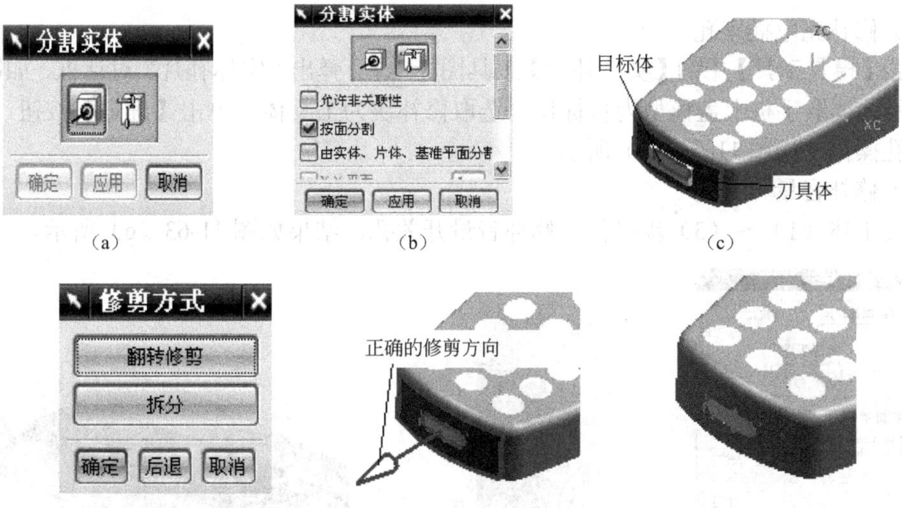

（a） （b） （c）

（d） （e） （f）

图 11-60 分割方块操作过程

② 分割模型内侧修补块上多余材料。重复上述操作，对修补块位于手机上盖内表面的部分进行修剪，结果如图 11-61 所示。

（a） （b）

图 11-61 分割箱体内表面部分

③ 分割修补块与模型相交部分材料。单击【求差】特征操作工具图标，弹出布尔“求差”对话框，选取修补块为目标体，手机上盖模型为刀具体，在“设置”组中勾选“保持工具”复选框，如图 11-62（a）所示。

单击【确定】按钮，完成布尔运算，这步操作去除了修补块与手机上盖模型相交的部分。至此，修补块体的大小、形状与要修补的孔完全一致，如图 11-62（b）所示。

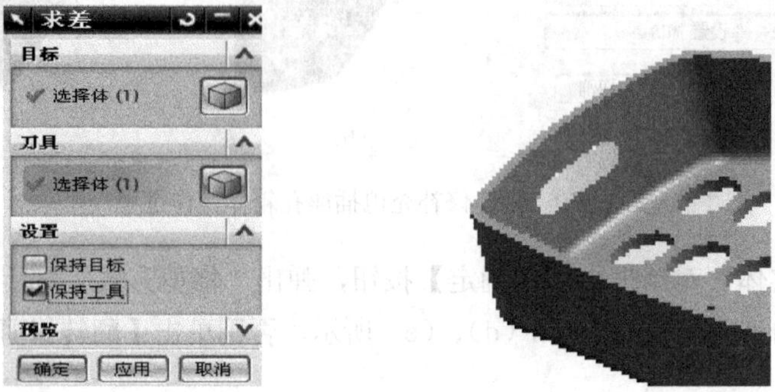

（a）　　（b）

图 11-62　布尔求差修剪修补块

（3）修补充电插座孔

单击【模具工具】中的【实体补片】工具图标，弹出“实体补片”对话框，如图 11-63（a）所示，选取手机上盖模型为目标体，选取修补块为工具体，单击【确定】按钮，完成实体修补孔操作，如图 11-63（b）所示。

（4）修补音量开关孔

重复上述（1）～（3）步操作，修补音量开关孔，结果如图 11-63（c）所示。

（a）　　（b）　　（c）

图 11-63　实体补片对话框和实体修补充电插座孔结果

7. 创建手机上盖分型线

单击【注塑模具向导】中的【分型】工具图标，弹出“分型管理器”对话框，如图 11-64 所示；

单击“分型管理器”中的【编辑分型线】图标，弹出“分型线”对话框，如图 11-65（a）所示；

单击【自动搜索分型线】按钮，弹出“搜索分型线”对话框，如图 11-65（b）所示，且自动选择了产品为“选择体”；

单击【应用】按钮，系统搜索到分型线后以突出颜色显示，再单击【确定】按钮，创建分型线，如图 11-65（c）所示。

图 11-64　分型管理器

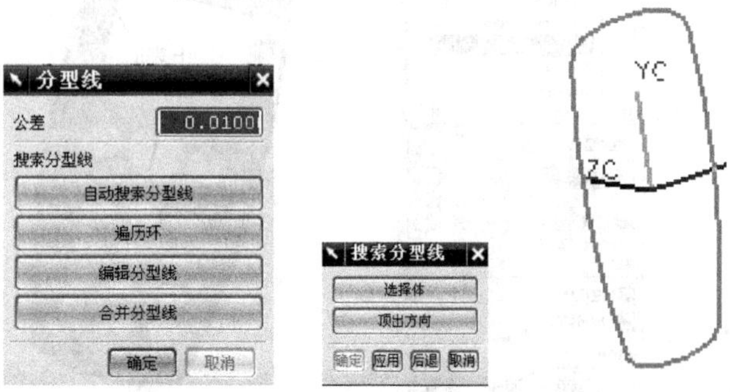

（a）　（b）　（c）

图 11-65　创建分型线

8. 创建手机上盖分型面

单击“分型管理器”中的【创建分型面】工具图标，弹出“创建分型面”对话框，如图 11-66（a）所示，单击【创建分型面】按钮，弹出“分型面”对话框，选取“有界曲面”单选项，如图 11-66（b）所示，单击【确定】按钮，创建分型面如图 11-66（c）所示。

（a）　（b）　（c）

图 11-66　创建分型面对话框与结果

9. 抽取区域和分型线

单击“分型管理器”中的【抽取区域和分型线】工具图标，弹出“定义区域”对话框，在设置选项中，勾选“创建区域”、“创建分型线”选项，在区域名称选项组中单击“Cavity region”项，如图 11-67（a）所示；并选择手机上盖模型的上表面和凹坑面，如图 11-67（b）所示，单击【应用】按钮，创建型腔区域，“Cavity region”区域数量由 0 变为 22，即创建了 22 个区域为型腔区域，如图 11-67（c）所示。

单击“Core region”项，如图 11-67（c）所示，并选择手机下表面、孔侧面和底平面区域，如图 11-67（d）所示。在设置选项中，勾选“创建区域”、“创建分型线”选项，单击【应用】按钮，创建型芯区域，“Core region”区域数量由 0 变为 45，即创建了 45 个区域为型芯区域，此时，型腔与型芯区域之和等于总面（All Face）数 67,表明区域创建是正确的，如图 11-67（e）所示。

单击【确定】按钮，完成抽取区域和分型线操作。

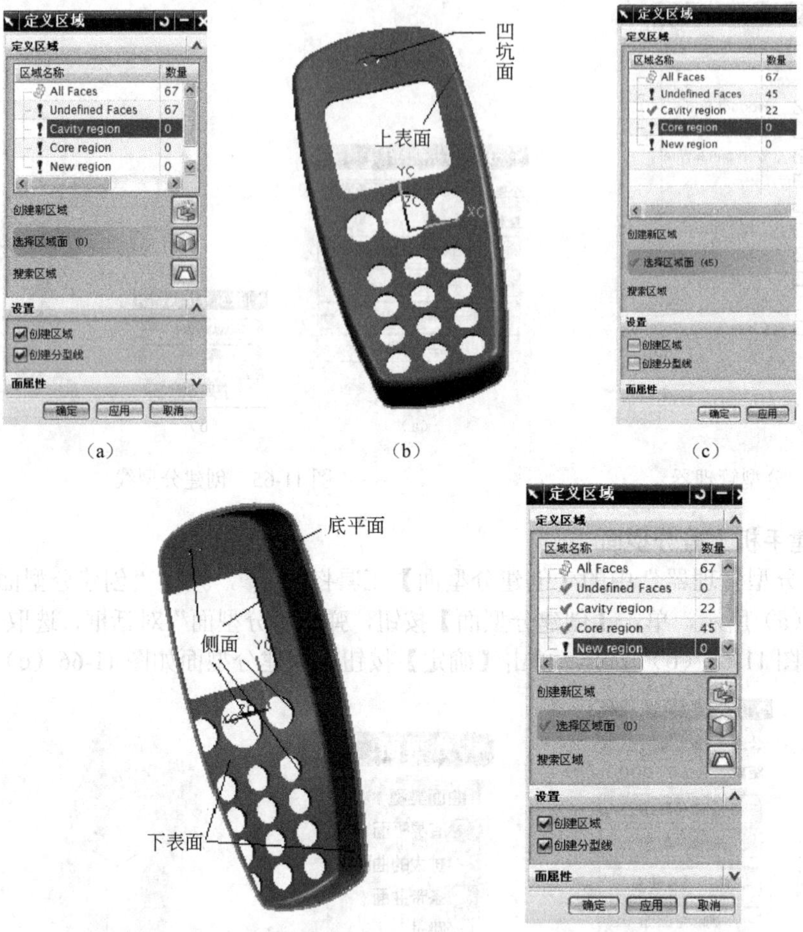

(a) (b) (c)

(d) (e)

图 11-67 抽取区域和分型线操作过程

10. 创建手机上盖型芯和型腔

单击“分型管理器”中的【创建型腔和型芯】图标，弹出“定义型腔和型芯”对话框，如图 11-68（a）所示。

在选择片体选项组中，单击“Cavity region”项，图形中已创建的型腔区域自动被选取，单击【应用】按钮，自动创建型腔，结果如图 11-68（b）所示。且同时弹出“查看分型结果”对话框，如图 11-68（c）所示。可看到 *Z* 轴指向腔体内部，说明分型结果正确，直接单击【确定】按钮，完成型腔模具的创建。

若单击【法向反向】按钮，再单击【确定】按钮，将创建的是型芯模具。

再在选择片体选项组中，单击“Core region”项，图形中已创建的型芯区域自动被选取，单击【应用】按钮，自动创建型芯，结果如图 11-68（d）所示。且同时弹出“查看分型结果”对话框，如图 11-68（e）所示。可看到 *Z* 轴指向腔芯上部，说明分型结果正确，直接单击【确定】按钮，完成型腔模具的创建。

若单击【法向反向】按钮，再单击【确定】按钮，将创建的是型腔模具。

单击【取消】按钮，关闭“定义型腔和型芯”对话框。返回“分型管理器”对话框，单击【关闭】按钮，完成分型造型操作。

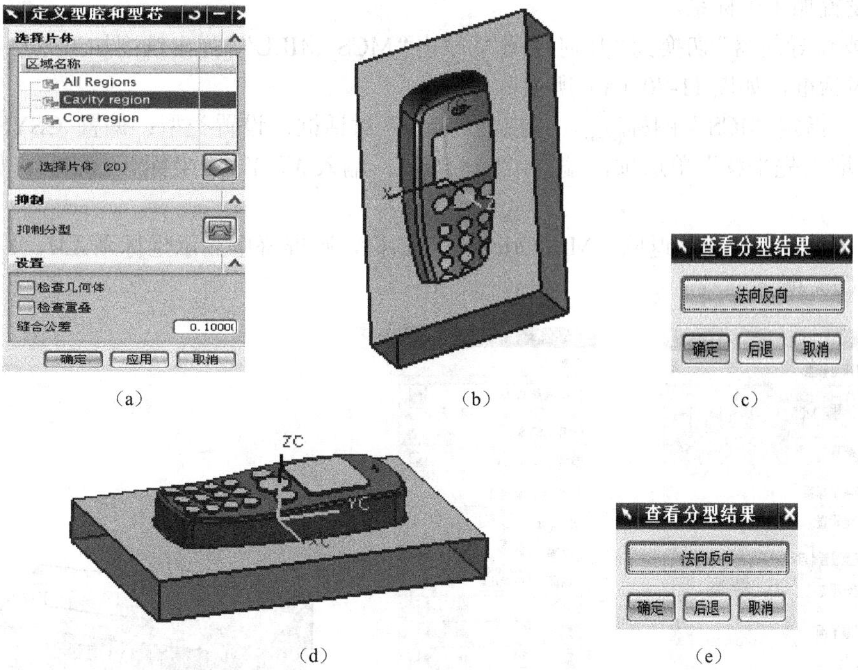

(a) (b) (c)
(d) (e)

图 11-68 手机上盖型腔、型芯模具

单击“文件”菜单，选择“全部保存”菜单，即将所创建的模具文件全部保存起来。包括了构建模具的所有模板文件，其中“shoujishanggai_mold_cavity_002.prt”是型腔模具文件，“shoujishanggai_mold_core_006.prt”是型芯模具文件。

阶段 4：构建手机上盖型芯工件毛坯

打开手机型芯模具文件“shoujishanggai_mold_core_006.prt”。

单击【拉伸】图标，选择型芯模下边缘线框，从 0 到 45 向上拉伸，构建长方体毛坯，如图 11-69（a）所示；单击【编辑对象显示】工具图标，使毛坯体半透明显示，结果如图 11-69（b）所示。

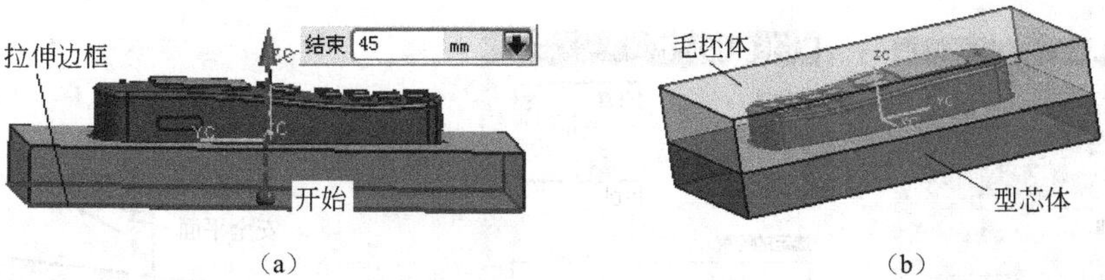

(a) (b)

图 11-69 构建毛坯体

阶段 5：构建手机上盖型芯铣削加工刀轨操作

1. 加工环境设置

（1）初始化加工环境

进入“加工”模块，选择加工类型“mill_contour”，单击【确定】按钮，系统自动加载加工环境模块。

（2）创建加工几何体

① 设置加工坐标系。

将“操作导航器”切换到“几何视图”，双击“MCS_MILL”，弹出铣削加工原点设置“Mill Orient”对话框，如图 11-70（a）所示。

单击“指定 MCS”图标，弹出“CSYS”对话框，设置类型：偏置 CSYS；参考：WCS；选取“先平移”单选项，偏置：“笛卡儿”；输入 *X*、*Y*、*Z* 坐标（0,0,20），如图 11-70（b）所示。

单击【确定】按钮，返回“Mill Orient”对话框，则屏幕中显示坐标系 *XM*、*YM*、*ZM* 如图 11-70（c）所示。

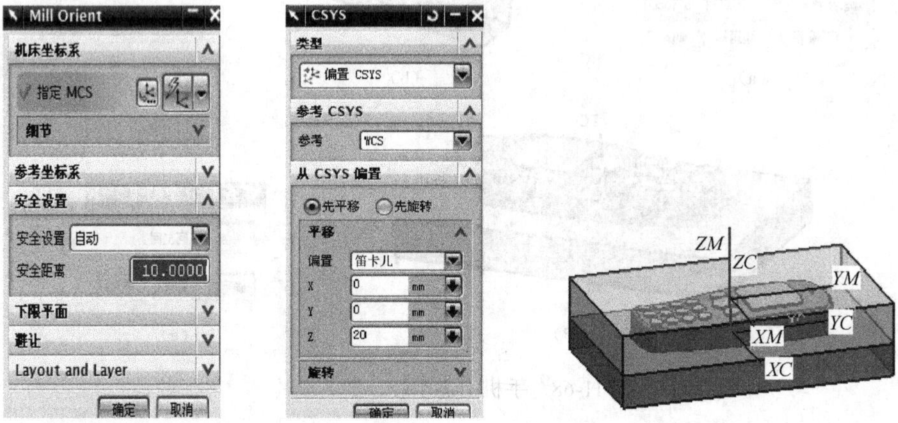

（a）（b）（c）

图 11-70 构建加工坐标系

② 设置安全平面。

在“Mill Orient”对话框中，在安全设置选项中选取方式“平面”，出现选择平面选项，如图 11-71（a）所示。单击【平面构造器】图标，弹出“平面构造器”，选取 *XC–YC* 平面，设置偏置距离：70，如图 11-71（b）所示。单击【确定】按钮，返回“Mill Orient”对话框，屏幕中出现安全平面标志，如图 11-71（c）所示。

通过在坐标系中设置安全平面，可以避免在创建每个操作时设置避让参数。

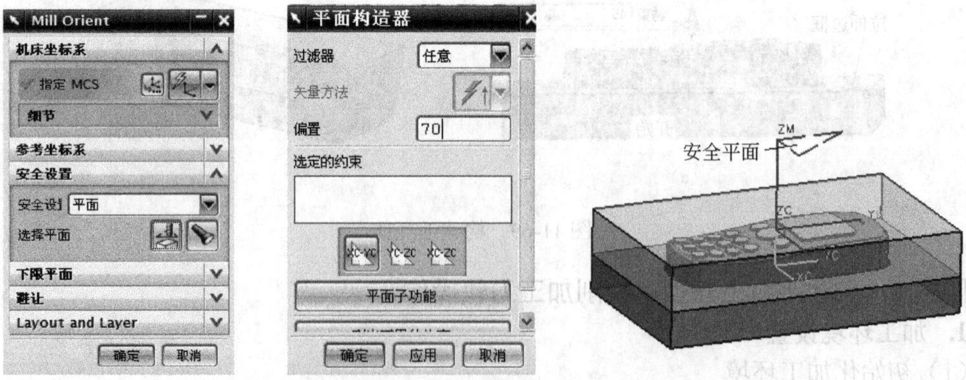

（a）（b）（c）

图 11-71 设置安全平面

③ 创建加工几何。单击 MCS_MILL 前方框中“+”号，弹出“WORKPIECE”图标，如图 11-72（a）所示；双击“WORKPIECE”图标，弹出铣削几何“Mill Geom”对话框，如图 11-72（b）所示；单击“指定部件”图标，弹出“部件几何”对话框，“过滤器”设置为“体”，如图 11-72（c）所示；在屏幕中选取型芯模型，如图 11-72（d）所示；单击【确定】按钮，完成加工几何体创建，返回“Mill Geom”对话框。

④ 创建毛坯几何。在“Mill Geom”对话框中，单击“指定毛坯”图标，弹出“毛坯几何”对话框，“过滤器”设置为“体”，在屏幕中选取长方毛坯体，如图 11-72（d）所示，单击【确定】按钮，完成毛坯几何体创建，返回“Mill Geom”对话框。

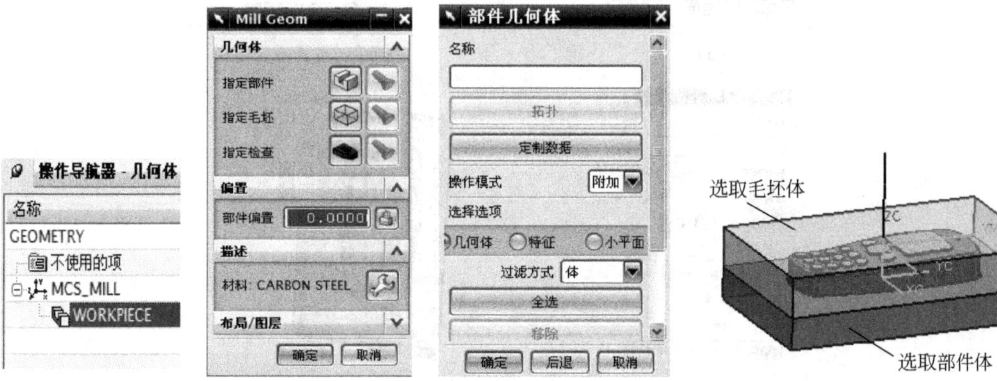

（a）　（b）　（c）　（d）

图 11-72　创建加工部件几何体

⑤ 创建铣削区域。手机型芯加工将分区域取不同的加工方法，现先将各铣削区域创建起来，以便创建铣削操作时选用。

为了便于选取切削区域，先将长方体毛坯隐藏起来，在资源条中，单击【部件导航器】图标，打开“部件导航器”，单击代表长方体毛坯的操作“☑拉伸(13)”前的☑，方框中√消失，变成“□拉伸(13)”，模型中毛坯体隐藏。

- 创建切削区域 MILL_AREA1。

单击“创建几何体”工具图标，弹出“创建几何体”对话框，选择“类型”：mill_contour；“子类型”：单击图标“MILL_AREA”；位置组框中“几何体”：选择“WORKPIECE”；名称：MILL_AREA1，如图 11-73（a）所示。

单击“创建几何体”对话框中【确定】按钮，弹出“Mill Area”对话框，如图 11-73（b）所示。

单击“指定切削区域”图标，弹出“切削区域”对话框，选取“过滤方式”：面，如图 11-73（c）所示。

在图形区域选择手机型芯模具体上显示屏、按键等顶面区域，如图 11-73（d）所示。单击【确定】按钮，完成切削区域 MILL_AREA1 的创建，返回铣削几何对话框。

- 创建切削区域 MILL_AREA2。

在铣削几何对话框中重复与创建切削区域 MILL_AREA1 一样的操作，选择手机型芯区域 1 以外的表面区域和倒圆角面区域为切削区域 MILL_AREA2，如图 11-74 所示。

- 创建切削区域 MILL_AREA3。

与上述操作相同，选择手机型芯侧面部分和倒圆角面区域为切削区域 MILL_AREA3，倒

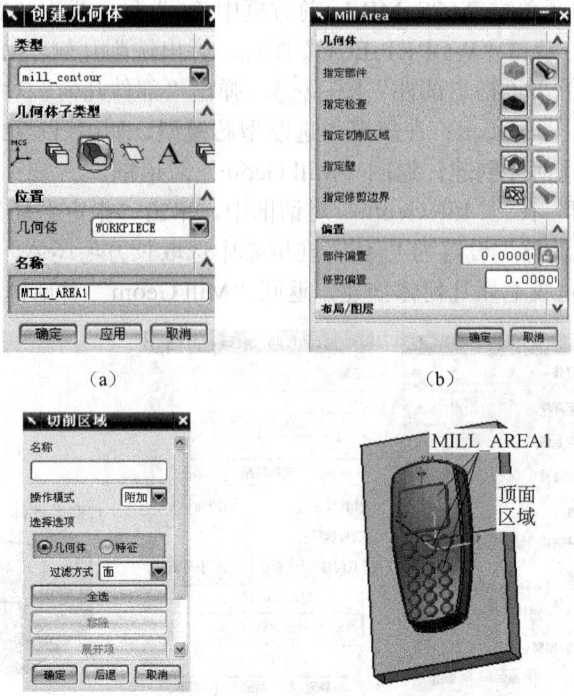

图 11-73　创建切削区域“MILL_AREA1”操作过程

圆角面区域分别定义在两个切削区域中，重复切削以便光滑过渡，如图 11-75 所示。

在“操作导航器-几何视图”中，记录着创建切削区域名称和数量，如图 11-76 所示。

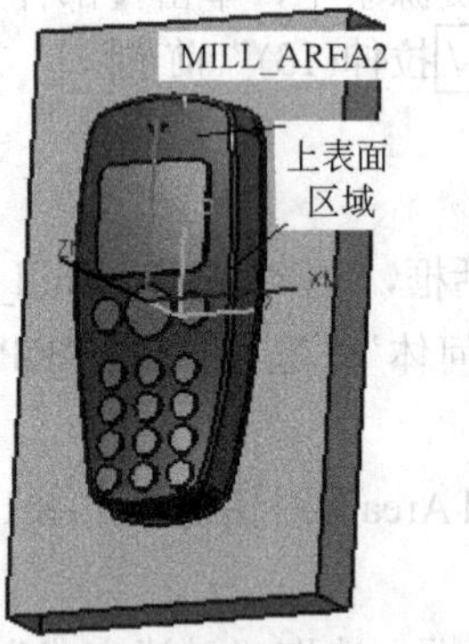

图 11-74　创建切削区域 2

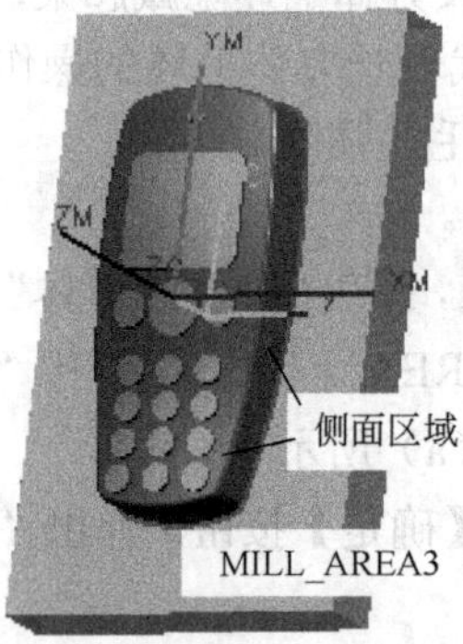

图 11-75　选择切削区域 3

图 11-76　操作导航器显示

（3）创建刀具

将“操作导航器”切换到“机床视图”，单击“创建刀具”图标，创建刀具列表如图 11-77 所示。

（4）设置加工方法

将“操作导航器”切换到“加工方法视图”，如图 11-78 所示。双击“MILL_ROUGH”项，弹出铣削方法“MILL METHOD”对话框，设置参数如图 11-79 所示。

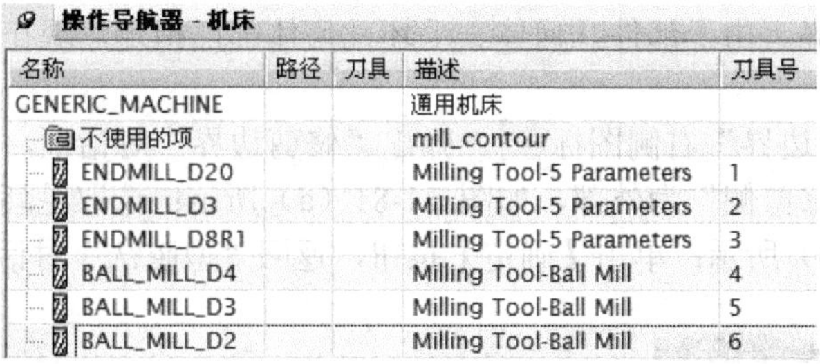

图 11-77　操作导航器——机床视图中记录创建刀具情况

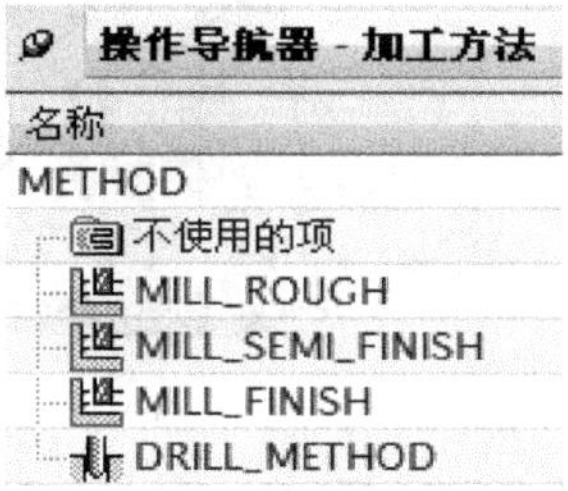

图 11-78　加工方法视图

图 11-79　粗加工方法参数设置

同样操作方法，双击“MILL_SEMI_FINISH”，设置部件余量 0.2，内外公差均 0.03；

双击“MILL_FINISH”，设置部件余量 0，内外公差均 0.003。一般精加工内外公差应小于标注公差的 10%。

2. 创建粗加工刀轨操作

将“操作导航器”切换到“程序顺序视图”，单击“创建程序”图标，在弹出的对话框中命名程序“shoujishanggaimold_core”。连续单击【确定】按钮，实现程序名创建。

（1）创建第一次粗加工刀轨操作

① 创建粗铣操作基本设置。右键单击“shoujishanggai_core”，弹出快捷菜单，选择【插入】、【操作】，弹出“创建操作”对话框，设置参数如图 11-80（a）所示。单击【应用】按钮，弹出“型腔铣削”对话框，如图 11-80（b）、（c）所示。

图 11-80　粗铣削操作基本设置和刀轨设置

② 指定修剪边界。由于部件几何体、毛坯几何体都已指定，现在显示指定图标不可用状态。

单击“指定修剪边界”右侧图标，弹出“修剪边界”对话框，选取“过滤器类型”为边界线图标，“修剪侧”为外部，如图 11-81（a）所示；选取毛坯体上表面棱边为修剪边界，如图 11-81（b）所示；单击【确定】按钮，返回“型腔铣”对话框。

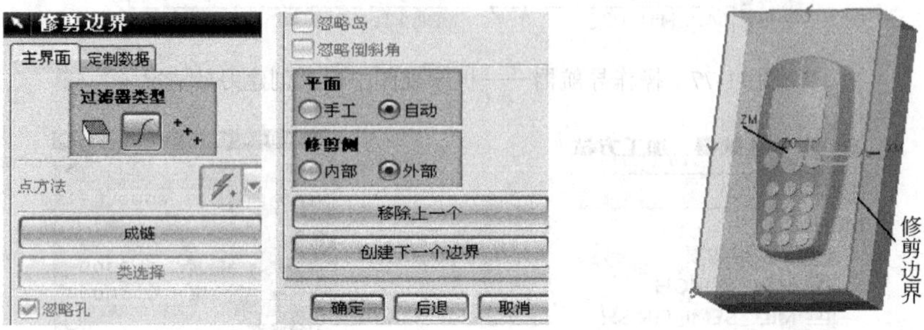

（a）　　　　（b）

图 11-81　指定修剪边界

③ 设置切削模式和切削用量。在“刀轨设置”组框中设置方法、切削模式、步进量、切削深度，如图 11-80（c）所示。

④ 设置切削参数。单击刀轨设置组框中“切削参数”图标，弹出“切削参数”对话框，“策略”选项卡中，设置切削方向：顺铣；切削顺序：层优先，在边上延伸：0，如图 11-82（a）所示；“更多”选项卡中，设置部件安全间距：3；原有的：勾选“边界近似”和“容错加工”复选框，如图 11-82（b）所示；其他全部取默认设置。

（a）　　　　（b）

图 11-82　切削参数设置

⑤ 设置非切削参数。单击刀轨设置组框中“非切削参数”图标，弹出“非切削参数”对话框，“进刀”选项卡中：封闭区域“进刀类型”：螺旋线，开放区域“进刀类型”：圆弧，如图 11-83 所示。其他取默认设置。

⑥ 进给和速度。单击刀轨设置组框中“进给和速度”图标，弹出“进给和速度”对话框，设置“主轴转速”：1000rpm，“进给率”：150mmpmin。如图 11-84 所示。其他取默认设置。

⑦ 生成刀轨并仿真验证。单击【生成】刀轨图标，系统自动生成刀轨，单击【确认】刀轨图标，选择 2D 模式演示，进行仿真铣削加工。结果如图 11-85 所示。

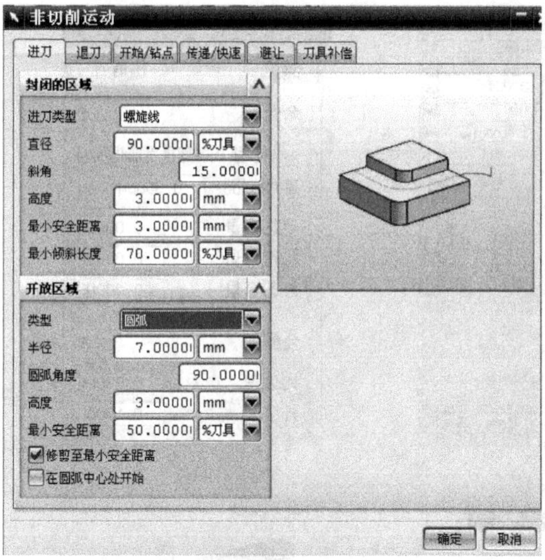

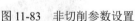

图 11-83 非切削参数设置

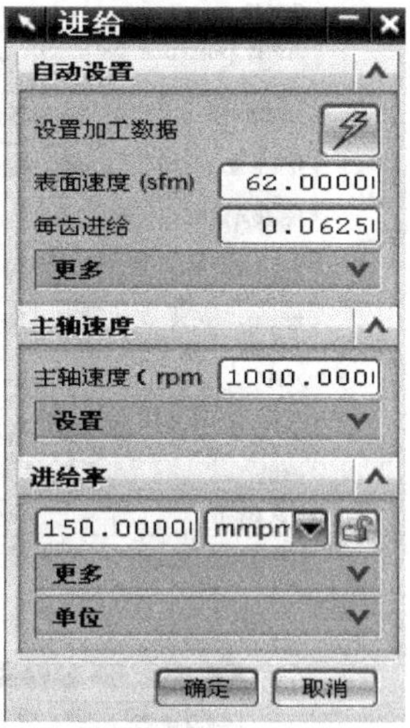

图 11-84 进给参数设置

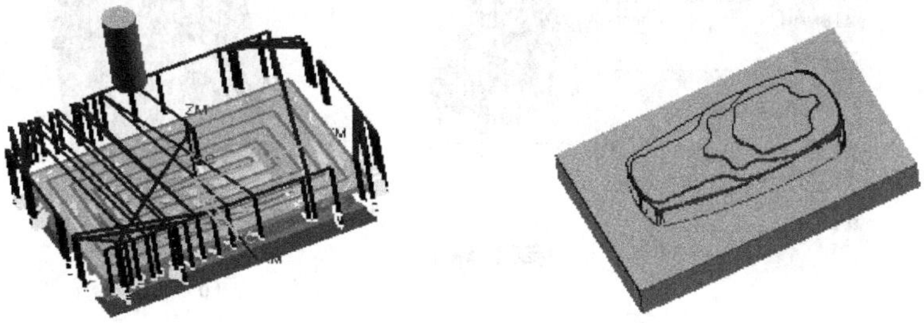

（a） （b）

图 11-85 第一次粗铣削加工刀轨与仿真加工结果

（2）创建第二次粗加工刀轨操作

复制、粘贴一次粗加工操作，重命名为“CAVITY_MILL_2”,编辑“CAVITY_MILL_2”操作，刀具重选为 ENDMILL_D3；

刀轨设置组框中，切削模式：往复走刀；切削步距：1.5；全局每刀深度：0.3，如图 11-86（a）所示。

切削参数对话框的“余量”选项卡中，取余量：0.3。

切削参数对话框的“空间范围”选项卡中，“修剪由”：轮廓线；“处理中的工件”：使用 3D，如图 11-86（c）所示。

进给和速度对话框中，主轴转速：1500rpm；进给速度：200mmpmin。

其他取第一次粗铣削加工刀轨操作设置。

生成刀轨并仿真验证，如图 11-86（d）所示。

3. 创建半精加工刀轨操作

复制、粘贴一次粗加工操作，重命名为“CAVITY_SEMI_FINISH_3”，编辑“CAVITY_SEMI_FINISH_3”操作，刀具重选为 BALLMILL_D4。

单击“指定切削区域”右侧图标，弹出区域选择对话框，过滤器类型：面，窗选方式选取除分型面外的所有区域。

刀轨设置组框中，切削方法：MILL_SEMI_FINISH；切削模式：跟随部件；步进：残余高度；高度：0.1；全局每刀深度：0.3，如图 11-87（a）所示。

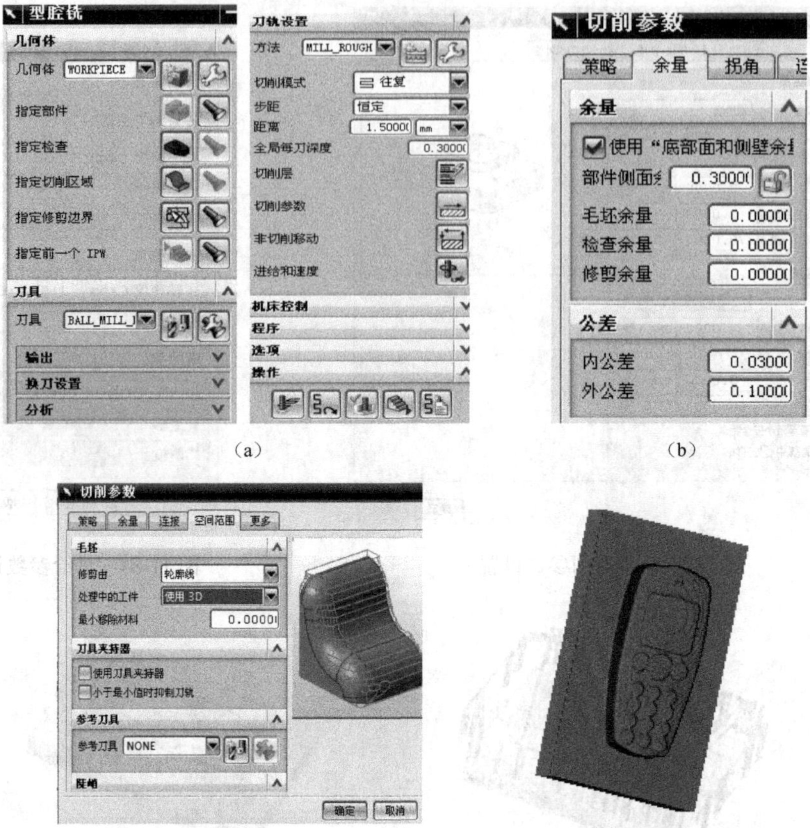

图 11-86　创建第二次粗加工刀轨操作与仿真演示结果

切削参数对话框的“余量”选项卡中，勾选“使用底部面和侧壁余量一致”，侧面余量取：0.1，如图 11-87（b）所示。

切削参数对话框的“空间范围”选项卡中，“修剪由”：无；“处理中的工件”：使用 3D，如图 11-87（c）所示。

进给和速度对话框中，主轴转速：2000rpm；进给速度：200mmpmin。其他取默认设置。

生成刀轨并仿真验证，如图 11-87（d）所示。

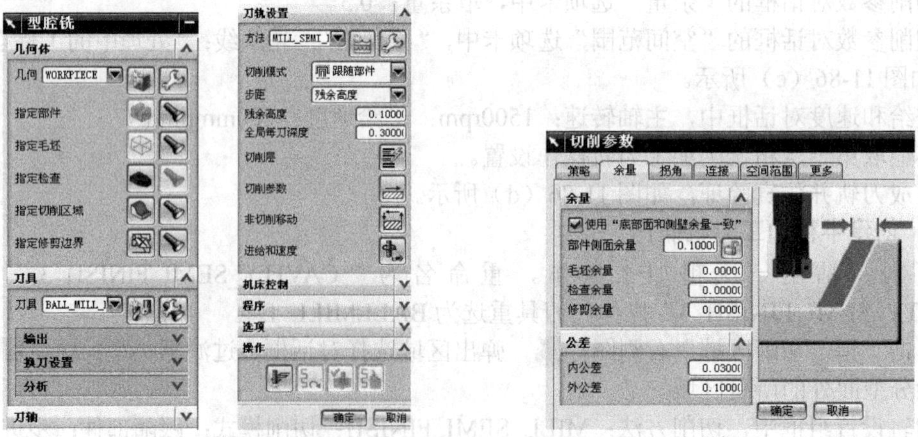

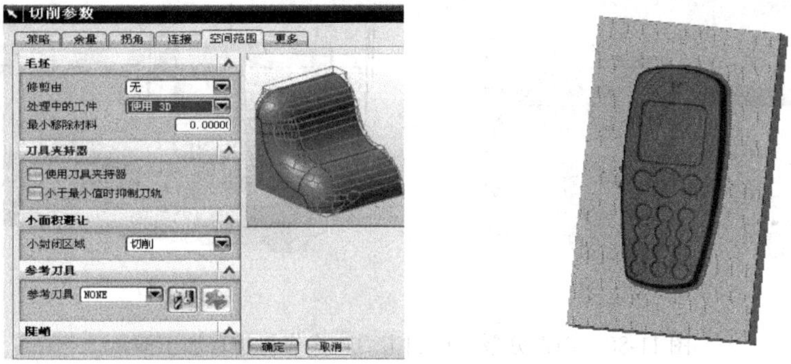

（c）　　　　（d）

图 11-87　创建半精加工刀轨操作与仿真演示结果

4. 创建精加工刀轨操作

（1）创建分型面精加工刀轨操作

创建表面铣削操作，类型：mill_planar；子类型：FACE_MILLING_AREA，刀具 ENDMILL_D20，几何体：WORKPICE；方法：MILL_FINISH，名称：FACE_ MILLING_AREA _4，基本设置如图 11-88（a）所示。

单击【应用】按钮，弹出“面铣削区域”对话框，如图 11-88（b）所示。在几何体组框中，单击“指定切削区域”图标，弹出“切削区域”对话框，选择过滤方式：面；在图形区域选择手机型芯分型面，单击【确定】按钮，完成切削区域指定。

选择切削模式和切削用量，如图 11-88（c）所示。

进给和速度设置：主轴转速：1200rpm，进给率：150mmpmin，如图 11-88（d）所示。

其他全部取默认设置。生成刀轨如图 11-88（e）所示。

（2）创建顶面区域“MILL_AREA1”的曲面精加工刀轨操作

创建固定轴曲面轮廓铣削操作，基本设置如图 11-89（a）所示。

单击【应用】按钮，弹出“轮廓区域”对话框，如图 11-89（b）、（c）所示；单击“驱动方式”选项组方法“区域铣削”右侧图标，弹出“区域铣削驱动方式”对话框，设置选项如图 11-89（d）所示。单击【确定】按钮，返回“轮廓区域”对话框。

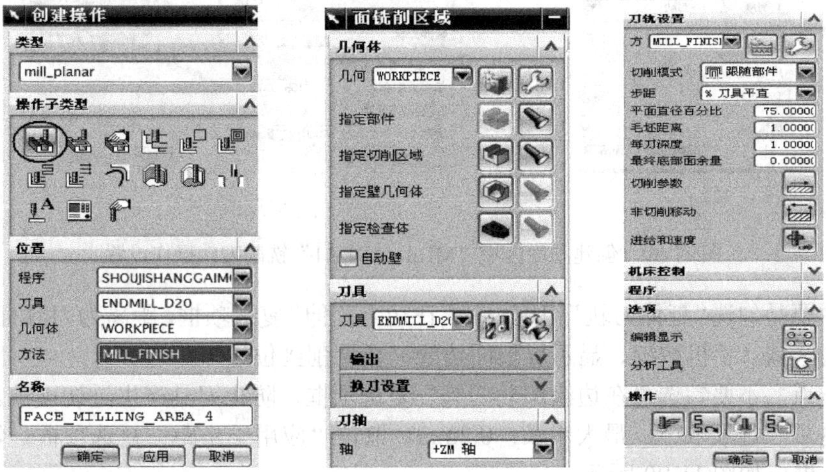

（a）　　　　（b）　　　　（c）

图 11-88

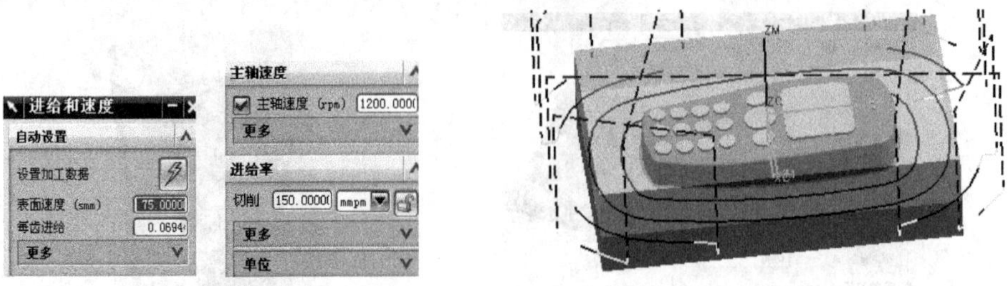

图 11-88　创建分型面精加工刀轨操作与仿真加工演示

单击“切削参数”右侧图标，弹出“切削参数”对话框，在“策略”选项卡中设置如图 11-89（e）所示。

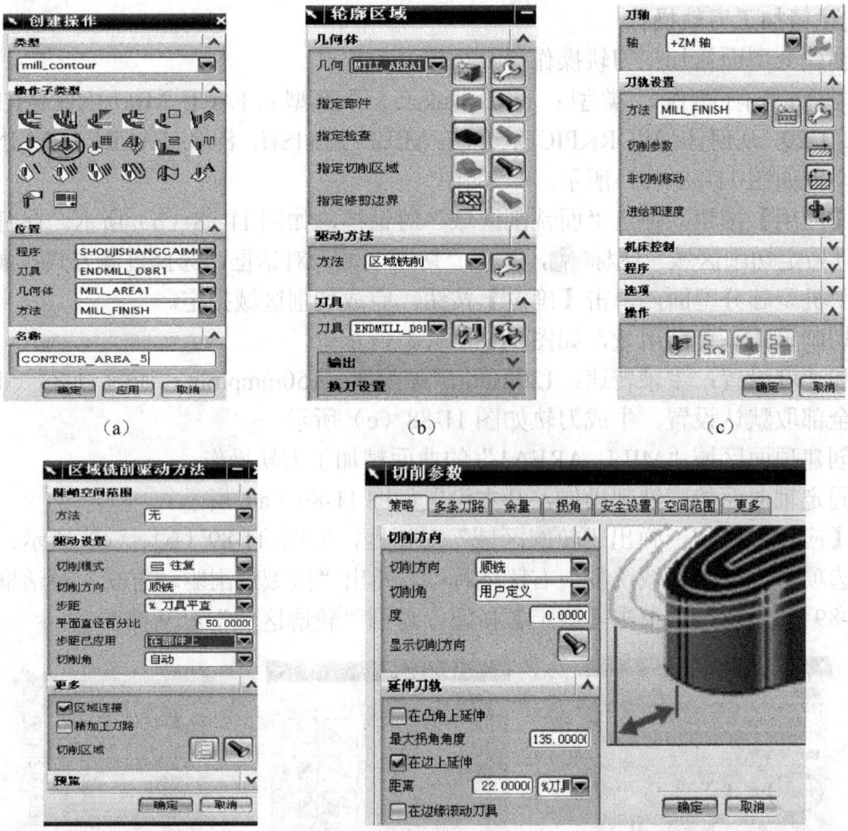

图 11-89　创建顶面区域“MILL_AREA1”铣削刀轨操作设置

这里主要是勾选“延伸刀轨”组框中的“在边上延伸”复选项框，距离为刀具直径的 20%。目的是切削区域（手机按键、显示屏顶面边缘）要切削到位。

强调一点，不要勾选“在边缘滚动刀具”复选项框，防止刀具产生过切现象。

在“更多”选项卡中，最大步长：0.2mm，取消“应用于步距”复选项框，勾选“优化刀轨”复选框。如图 11-90 所示。

在“进给和速度”设置中，主轴转速：2000rpm，进给率：200mmpmin。

其他取默认设置。

生成刀轨并仿真铣削结果如图 11-91 所示。

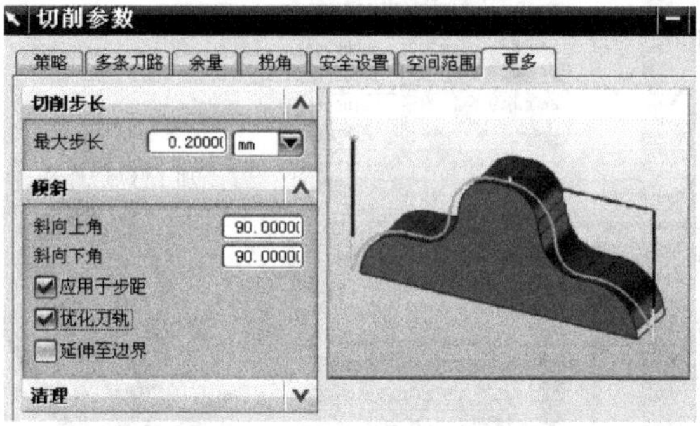

图 11-90 切削参数策略选项卡设置

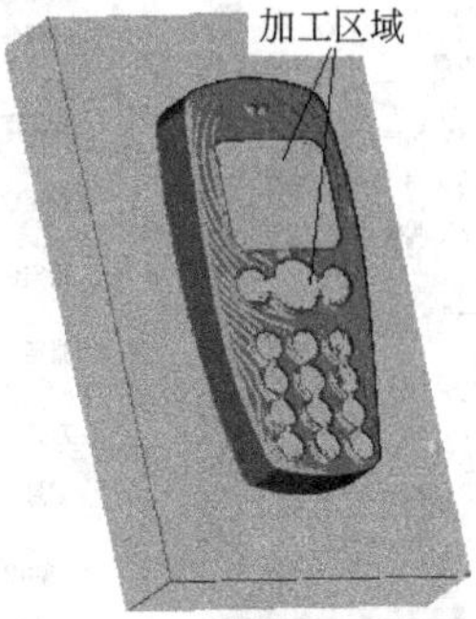

图 11-91 顶面区域仿真加工演示结果

（3）创建顶面区域“MILL_AREA_2”的铣削精加工刀轨操作

复制、粘贴上步精铣削操作“Contour Area _5”，重命名为“Contour Area_6”，编辑“Contour Area _6”，刀具换为 BALLMILL_D2，重新选择几何体为“MILL_AREA_2”，如图 11-92（a）、（b）所示。

在“进给和速度”对话框中设置主轴转速：2000rpm，进给率：300mmpmin。

其他设置不变。生成刀轨并仿真验证，结果如图 11-92（c）所示。

（a） （b） （c）

图 11-92 创建顶面区域“MILL_AREA2”铣削刀轨操作设置

（4）创建区域 “MILL_AREA3”深度轮廓铣削加工刀轨操作设置

创建深度轮廓精铣削操作“ZLEVEL_PROFILE_7”，基本设置如图 11-93（a）所示。

单击【应用】按钮，弹出“深度加工轮廓”对话框，设置刀轨参数如图 11-93（b）、（c）所示。

在“切削参数”对话框“策略”选项卡中，切削方向：顺铣；切削顺序：深度优先；取消“在边上延伸”和“在边缘滚动刀具”两复选项框前勾。

在“进给和速度”对话框中设置主轴转速：1250rpm，进给率：300mmpmin。

其他取默认设置。

生成刀轨并仿真验证，结果如图 11-93（d）所示。

（5）创建清根加工刀轨操作

创建清根光顺操作“FLOWCUT_SMOOTH_8”，创建操作设置如图 11-94（a）所示，单击【应用】按钮，弹出“清根光顺”对话框，设置参数如图 11-94（b）所示。

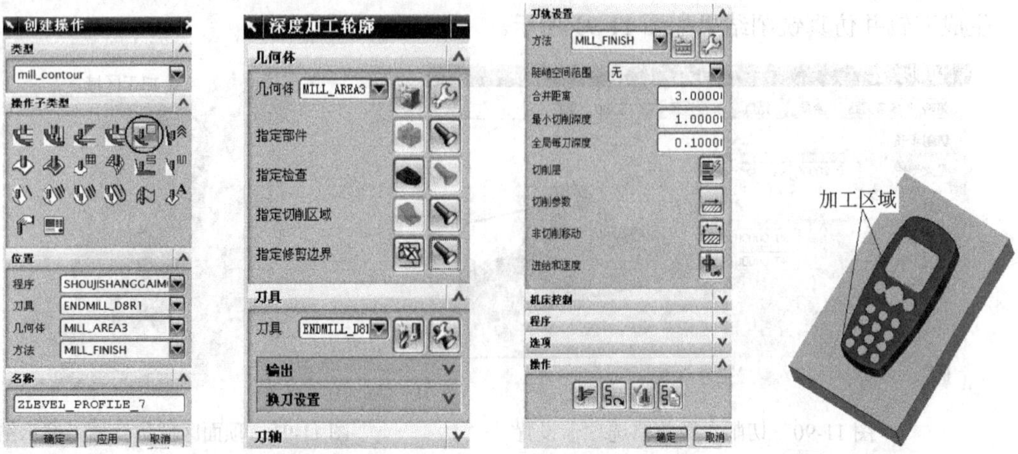

(a) (b) (c) (d)

图 11-93 创建区域“MILL_AREA3”陡峭面铣削刀轨操作

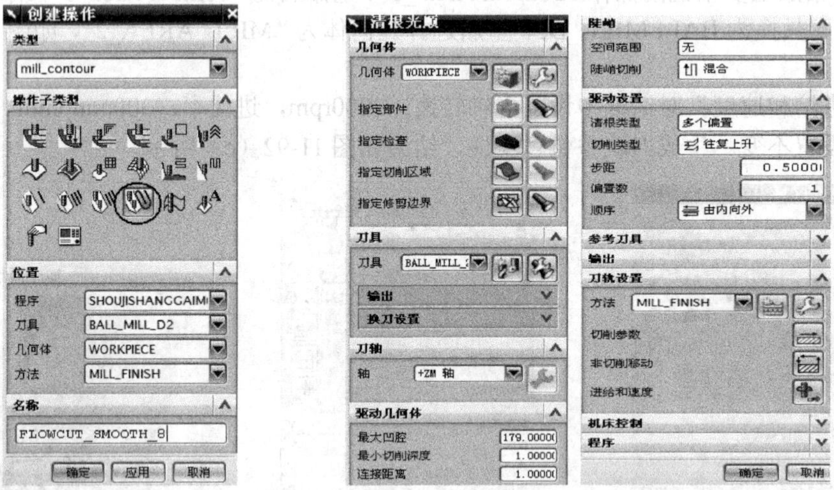

(a) (b)

图 11-94 创建光顺清根加工刀轨操作

在“切削参数”对话框的“更多”选项卡中，最大步长：0.05mm。

在“进给和速度”对话框中设置主轴转速：2500rpm，进给率：300mmpmin。

其他取默认设置。生成刀轨并仿真验证，结果如图 11-95 所示。

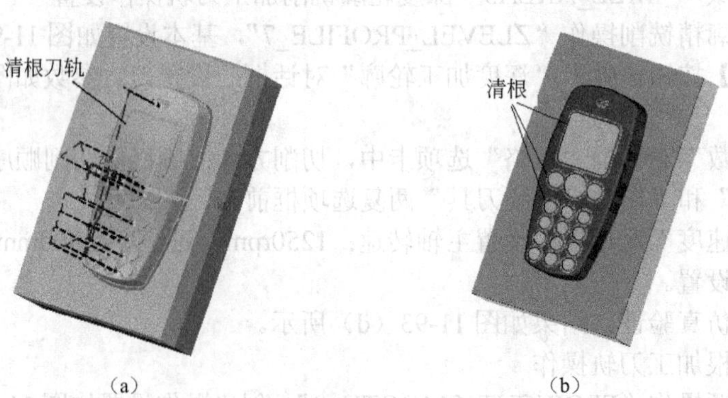

(a) (b)

图 11-95 清根铣削刀轨与仿真铣削加工演示结果

手机上盖下模（型腔模）相对比较简单，请读者参考项目 10 中烟灰缸型腔铣削刀轨构建方法进行数控加工编程。

阶段 6：生成 NC 程序代码

单击【后处理】工具图标，弹出“后处理”对话框；选择后处理器“MILL_3_AXIS”，设置输出单位：公制/部件；勾选“列出输出”复选项框，单击【确定】按钮，生成的“信息”文件，就是 NC 程序代码，进行一定的修改编辑，即可用于实际的数控机床。修改处理内容与方法，请参考项目 7 中内容。

四、拓展训练

1. 完成手机上盖零件的造型、模具构建；并构建其上（型腔）模具、下（型芯）模具的数控铣削加工刀轨，生成车间操作列表文件、刀具列表文件和 NC 程序代码。

2. 选择一手机实物，测绘手机上盖零件尺寸，并进行手机上盖零件的造型、模具构建与模具的数控加工操作，生成华中数控系统或者 FANUC 数控系统所适用的 NC 程序代码。

项目 12

可乐瓶底模具的数控铣削加工

一、项目分析

可乐瓶底是一个由多个不规则曲面所组成的注塑零件，如图 12-1 所示，本项目的教学重点是可乐瓶底零件的实体造型、模具构建和数控铣削加工刀轨生成操作，难点是可乐瓶底零件的曲面造型。

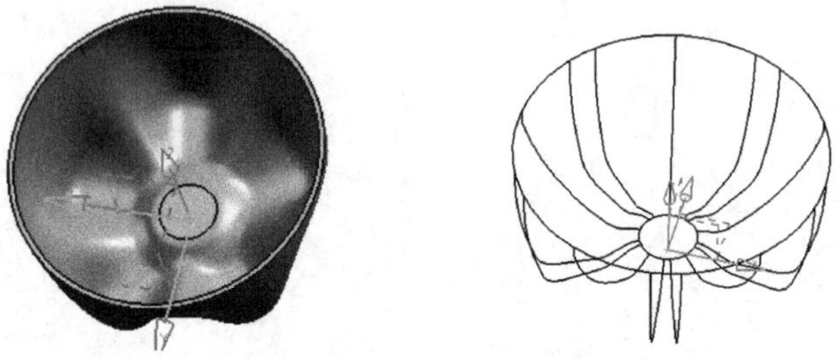

（a）　　（b）

图 12-1　可乐瓶底零件图样

可乐瓶底的曲面可采用“通过曲线网格”的方法构造。绘制曲线网格（线架）有两种方法，利用曲线功能构建曲线，另一种是利用草图功能构造曲线网格，曲线方法构建网格，易于绘制，但因曲线没有尺寸驱动功能，不便于修改编辑；草图功能绘制曲线网格，具有尺寸驱动功能，易于修改，但只能在草图模块中变换，不便于隐藏、显示，使造型过程有所不便。本项目采用曲线方式构造网格曲线，草图方式构造网格曲线，请读者自我训练。

二、相关知识

经过前面讲授的多个数控加工刀轨生成操作项目，现将创建程序与刀轨操作的方法、步骤作以归纳性总结如下。

1. 创建程序与生成刀轨操作

一个工件的加工往往需要用多把刀具多种切削方法进行切削加工，在 SIEMENS NX6.0 中，将用一把刀具进行一种方法切削生成的加工刀轨称为一次切削操作，而将多次切削操作实现对工件的加工组合称为程序，实际上可认为是“程序组”，在后处理中，可逐次输出每一刀轨操作的 NC 程序代码，也可以输出程序组中全部刀轨操作的 NC 程序代码。

（1）创建程序（组）

创建程序组的操作步骤如下。

① 单击【加工创建】工具栏上的“创建程序”按钮，或选择下拉菜单中的【插入】、【程序】菜单，弹出“创建程序”对话框，如图 12-2 所示。

② 根据加工类型，在“类型”下拉列表中选择合适的操作模板类型。在“类型”下拉

列表中的操作模板类型就是 SIEMENS NX6.0 加工环境中“CAM 设置”的操作模板类型。

③ 在“位置”组框中的“程序”下拉列表中选择程序父级组，该下拉列表中显示的是程序视图中当前已经存在的节点，它们都可以作为新节点的父节点。

④ 在“名称”文本框中输入新建程序组的名称。

在“操作导航器”的“程序顺序视图”中显示每个操作所需的程序组及其各操作在机床上的执行情况。

（2）创建刀轨操作

在根据零件加工要求建立程序、几何、刀具、加工方法后，可在指定程序组下用合适刀具对已建立的几何对象用合适的加工方法建立加工操作。另外在没有建立程序、几何、刀具和加工方法的情况下。可以通过引用模板提供的默认对象创建加工操作。但进入“操作”对话框需要指定几何、刀具和加工方法。

创建刀轨“操作”是 SIEMENS NX6.0 数控加工中的重要概念。从数据的角度看，它是一个数据集，包含一个单一的刀具路径（刀轨）及生成这个刀轨所需要的所有信息。操作中包含所有用于产生刀具路径的信息，如几何、刀具、加工余量、进给量、切削深度、进刀和退刀方式等，创建一个操作相当于产生一个工步。

SIEMENS NX6.0 数控加工的主要工作就是创建一系列各种各样的操作，比如实现平面铣削加工的平面铣操作，主要用于实现粗加工的型腔铣操作，实现曲面精加工的各种曲面轮廓铣操作，实现钻加工的操作等。

创建刀轨操作的步骤：

SIEMENS NX6.0 数控加工可创建的各种操作尽管类型不同，但创建操作的步骤基本相同。各种操作创建的共同步骤如下。

① 单击【加工创建】工具栏上的“创建操作”按钮，或选择下拉菜单中的【插入】、【操作】命令，弹出“创建操作”对话框，如图 12-3 所示。

图 12-2 创建程序（组）

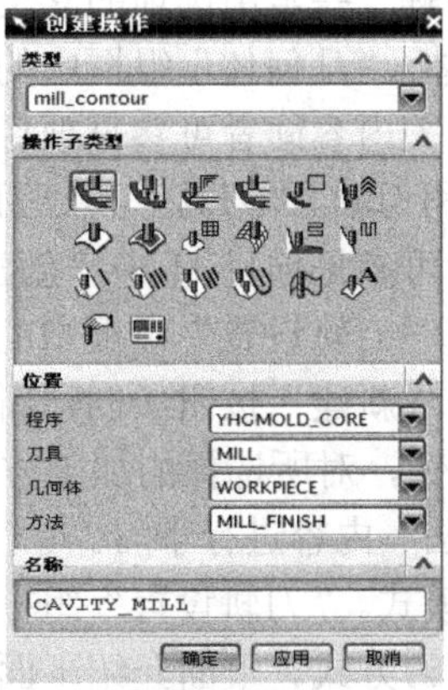

图 12-3 “创建操作”

② 根据加工类型，在“类型”下拉列表中选择合适的操作模板类型。在“类型”下拉列表中的操作模板类型就是 NX6.0 加工环境中“CAM 设置”的操作模板类型。

③ 在“操作子类型”图标中选择与表面加工要求相适应的操作模板。“操作子类型”图标随指定的操作模板类型不同而不同。

④ 在“位置”组框中设置操作的父级组。在“程序”下拉列表中选择程序父组，指定新操作所用的程序（组），在“刀具”下拉列表中选择已创建的刀具，在“几何体”下拉列表

中选择已经创建的几何组，在“方法”下拉列表中选择已创建的方法。

⑤ 在“名称”文本框中输入新建操作的名称。

⑥ 单击“创建操作”对话框中的【确定】按钮，系统根据操作类型弹出相应的“操作”对话框，用户可以设定相应的加工操作参数。例如平面铣削操作中，会弹出“平面铣”对话框，如图 12-4 所示。

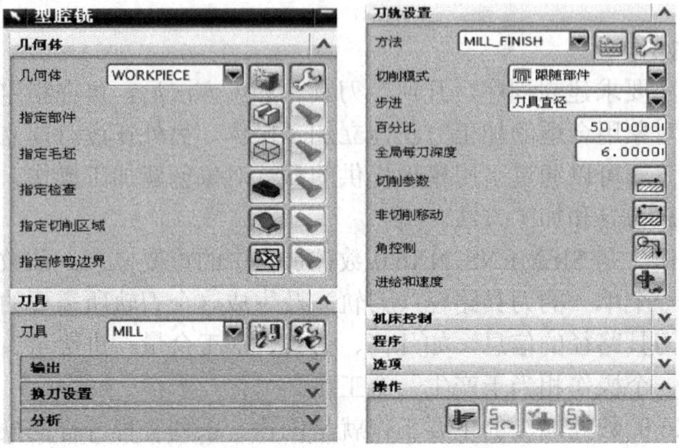

图 12-4 “型腔铣”对话框

⑦ 设定好操作参数后，单击“操作”组框中的“生成”按钮，生成刀具路径。

⑧ 单击“操作”对话框中的【确定】按钮，完成操作创建。此时，在“操作导航器”中所选程序父组下创建了指定名称的操作。

（3）操作对话框选项说明

各种“操作”对话框虽然有所差异，但大多数选项基本相同。下面以“面铣削”操作对话框为例来讲解一些常用选项的含义。

① 几何体。“几何体”组框中的选项用于设置要加工的几何对象和指定零件在机床上的加工方位，相关内容读者可参见项目 11 中“创建几何”部分。

② 刀具和刀轴。“刀具”和“刀轴”组框中的选项用于设置要加工操作中的刀具参数，相关内容读者可参见项目 11 中“创建刀具”部分。

③ 方法。“刀轨设置”组框中的“方法”选项用于设置操作中所用的加工方法。另外，用户可以单击“新建”按钮，创建新的加工方法作为本次操作中所用的加工方法；也可以单击“编辑”按钮，对所选择的加工方法进行编辑。有关“加工方法”知识请用户参见项目 11“创建加工方法”内容进行学习。

④ 切削模式。“刀轨设置”组框中的“切削模式”选项用于决定加工切削区域的刀具路径的模式与走刀方式。下面介绍平面铣中常用的切削方式。

- 往复式走刀（Zig-Zag）：往复式走刀用于产生一系列平行连续的线性往复刀轨。系统在横向进给时，刀具在往复两路径之间不提刀，形成连续的平行往复式刀具路径。因此会产生一系列交错的顺铣和逆铣循环，所以往复式走刀方式是最经济省时的切削方法，特别适合于粗铣加工，如图 12-5 所示。
- 单向走刀（Zig）：单向走刀用于产生一系列单向的平行线性刀具。系统在横向进给前首先提刀，然后跨越到下一个路径的起点位置，再以相同的方向切削，即相邻两个刀具路径之间都是顺铣或逆铣，如图 12-6 所示。

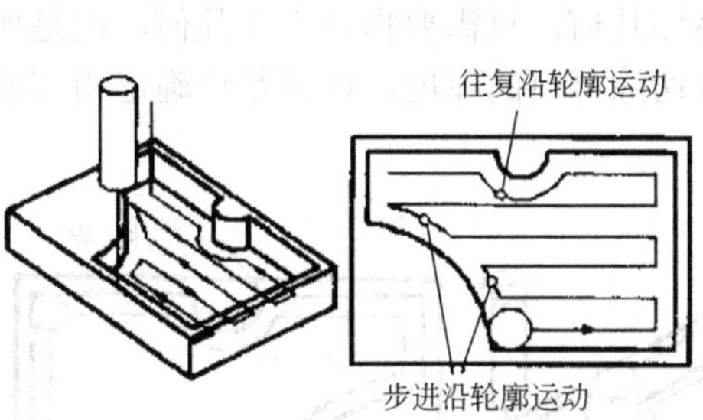

图 12-5 往复式走刀示意图

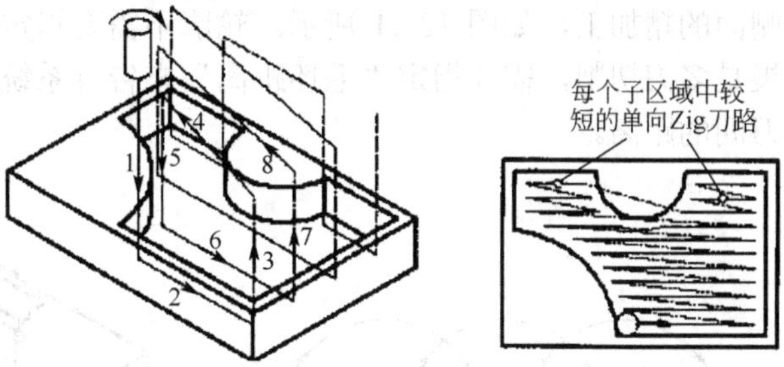

图 12-6 单向走刀示意图

- 单向带轮廓铣：单向带轮廓铣用于产生一系列单向的平行线性刀轨，因此回程是快速横越运动。在横向进给时，刀具直接沿切削区域轮廓切削，因此壁面加工质量比 Zig_Zag 和 Zig 要好，如图 12-7 所示。

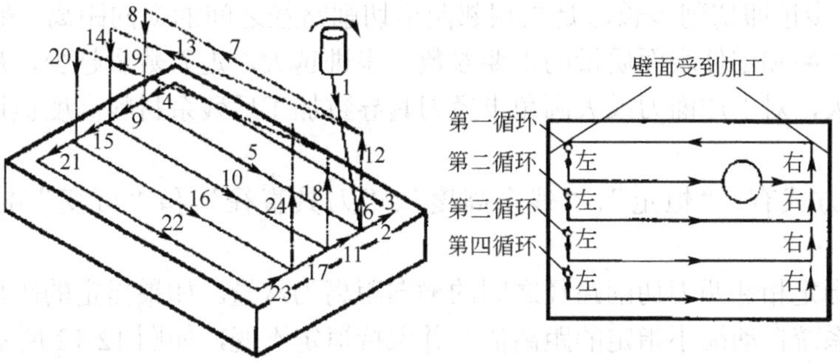

图 12-7 单向沿轮廓铣示意图

- 跟随周边：跟随周边用于产生一系列同心封闭的环形刀轨，这些刀轨的形状是通过偏移切削区的外轮廓获得的。跟随周边的刀轨是连续切削的刀轨，基本上能够维持单纯的顺铣或逆铣，因此具有较高的切削效率，又能维持切削稳定和加工质量，如图 12-8 所示。
- 跟随部件：跟随部件用于根据所指定的零件几何产生一系列同心线来创建切削刀具路径，如图 12-9 所示。该方式与跟随周边走刀方式不同，后者只能从零件几何或毛坯几何定义的外轮廓环偏置得到刀具路径，而跟随工件走刀可以从所有零件几何定义的外轮廓环、孤岛或型腔进行同数目的偏置得到刀具路径。

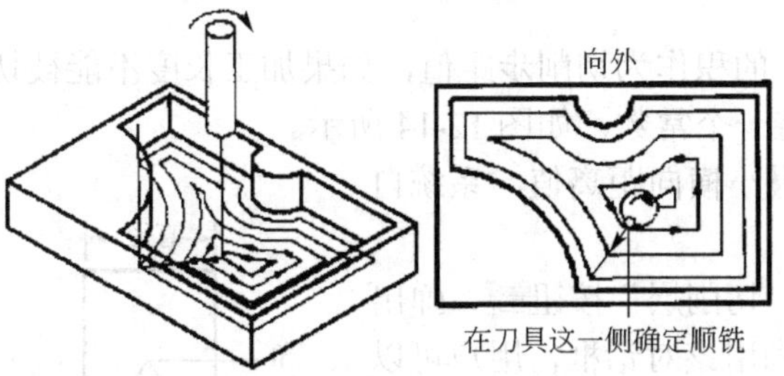

图 12-8 跟随周边示意图

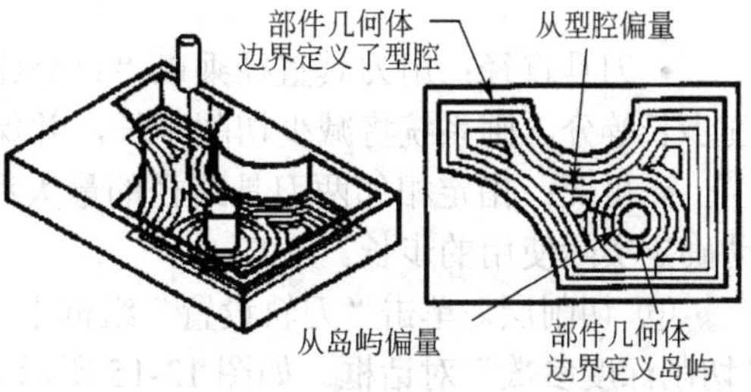

图 12-9 跟随部件示意图

- 摆线：摆线用于将刀具沿着摆线轨迹运动，如图 12-10 所示。当需要限制刀具具有过大的横向进给而使刀具产生破坏时，可采用摆线方式。
- 轮廓（配置文件）：轮廓产生单一或指定数量的绕切削区轮廓的刀轨。目的是实现侧面的精加工，如图 12-11 所示。轮廓不需要指定毛坯几何，只需要指定零件几何，但是如果是多刀切削，需要指定“毛坯距离”来告诉系统被切除材料的厚度，以便系统确定相邻两刀间的距离。

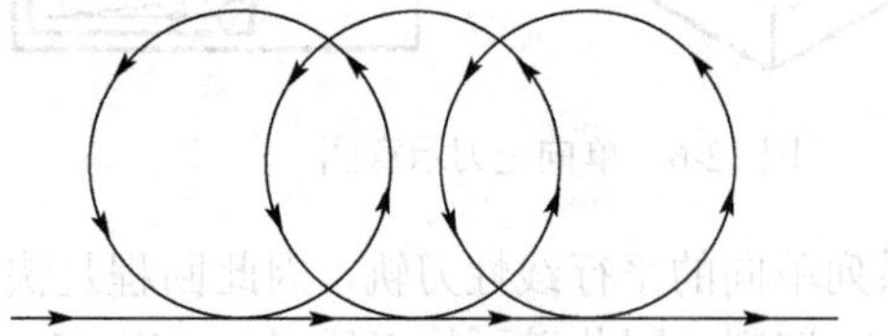

图 12-10　摆线刀轨示意图

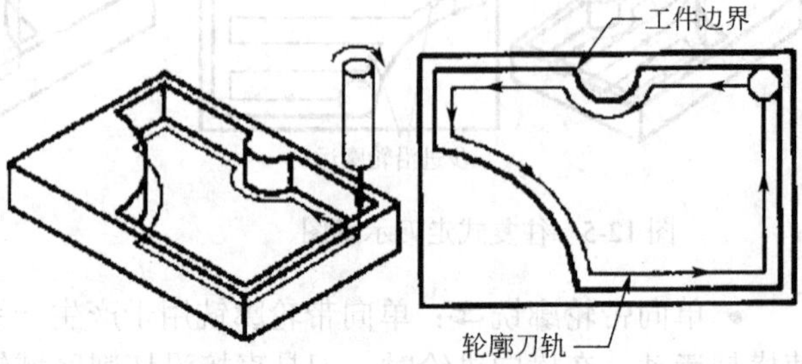

图 12-11　轮廓示意图

⑤ 步进。步进即切削步长，是指相邻两道切削路径之间的横向距离。它关系到刀具切削负荷、加工效率和零件表面质量的重要参数。步进越大，走刀数量越少，加工时间越短，但切削负荷增大，对于球面刀或大圆角半径刀具导致加工后残余材料高度值增加，对表面粗糙度影响明显。

常用步进方式有：“恒定”、“残余高度”、“刀具直径”和“可变”4 种，分别介绍如下。

- 恒定：指定相邻两刀切削路径之间的横向距离为常量。如果指定的距离不能将切削区域均匀分开，系统自动缩小指定的距离值，并保持恒定不变，如图 12-12 所示。
- 残余高度：指定相邻两刀切削路径刀痕间残余面积高度值，以便系统自动计算横向距离值，系统应保证残余材料高度不超过指定的值，如图 12-13 所示。

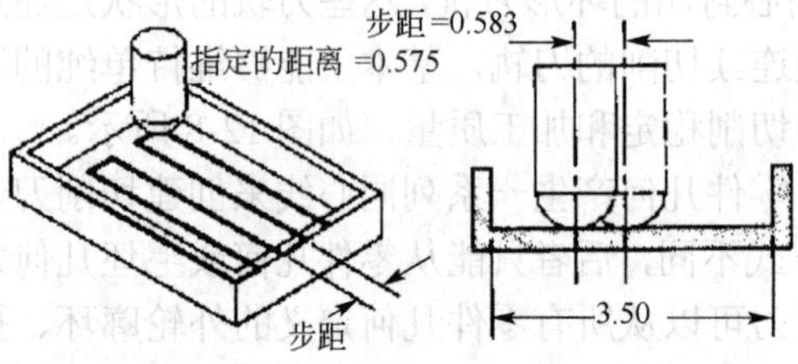

图 12-12　恒定的切削步长

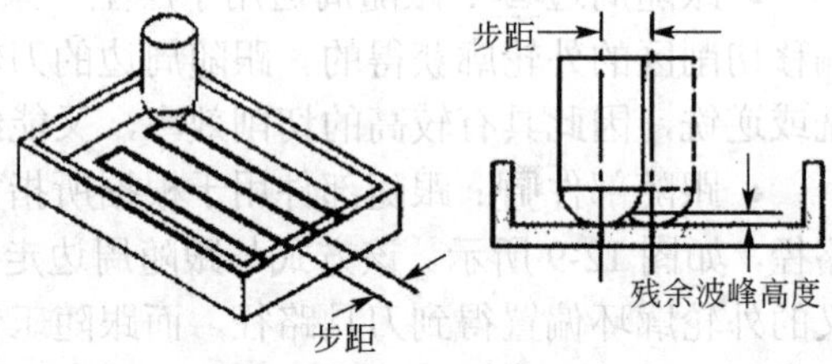

图 12-13　残余高度

- 刀具直径：用刀具直径乘以“百分比”的积作为切削步距值，如果加工长度不能被切削步长等分，则系统将减少切削步长，并保持一个常数，如图 12-14 所示。
- 可变：指定相邻两刀具路径的最大和最小横向距离值，系统自动确定实际使用的步长。

⑥ 切削层。单击“刀轨设置”组框中的“切削层”按钮，弹出“切削深度参数”对话框。如图 12-15 所示。利用该对话框，用户可以确定多深度切削操作中的切削层深度。

在“切削深度参数”对话框中提供了 5 种切削深度的定义方式。

- 用户定义：该方式允许用户定义切削深度参数，这是最常用的切削深度定义方式。选择该选项后，用户可以输入最大切削深度、最小切削深度、初始层切削深度和最后层切削深度等。除初始层和最后

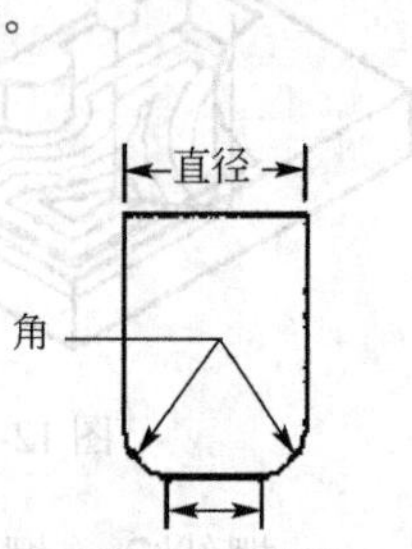

图 12-14　刀具直径

层外的中间各层的实际切削深度介于最大值和最小值之间，将切削范围进行平均分配，并尽量取最大值，如图 12-16 所示。

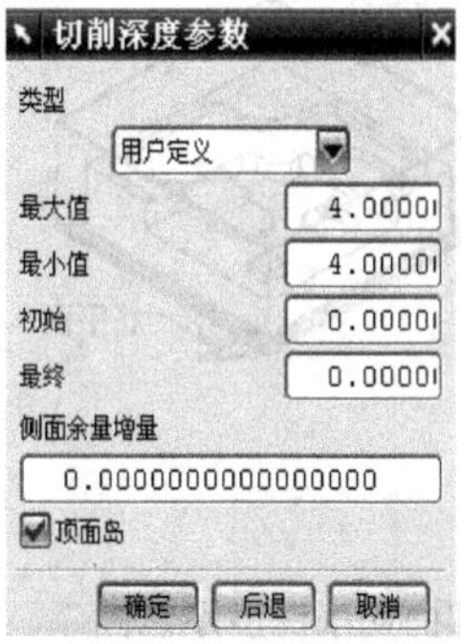

图 12-15 “切削深度参数”对话框

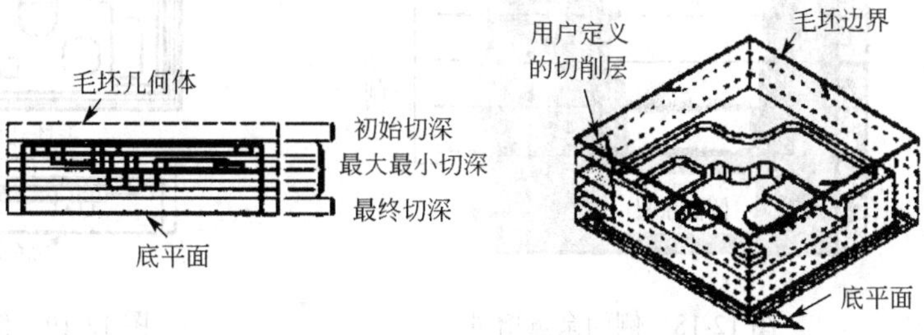

图 12-16 用户定义切削深度

用户定义方式切削深度参数的含义如下。

最大与最小：对于介于初始切削层与最终切削层之间的每一个切削层，由最大深度和最小深度指定切削层的深度方法。即指定一个切深（或称为被吃刀量）。

初始：“刀轨设置”组框中的“方法”选项用于初始层切削深度为多层铣削操作定义的第一个切削层的深度。该深度从毛坯几何体顶平面开始测量，如果没有定义毛坯几何体，将从部件边界平面处开始测量，而且与最大或最小深度无关。

最终：最后层切削深度为多层铣削操作定义的在底面以上最后一个切削层的深度，该深度从底平面开始测量。

顶面岛：顶面岛用于采用“用户定义”和“固定深度”两种类型，不能保证切削层恰好位于岛屿的顶面上，因此又可能导致岛屿顶面上有残余材料。勾选“顶面岛”复选框，系统会在每个岛屿的顶部创建一个仅加工岛屿顶部的切削路径，用于清理残余材料，如图 12-17 所示。

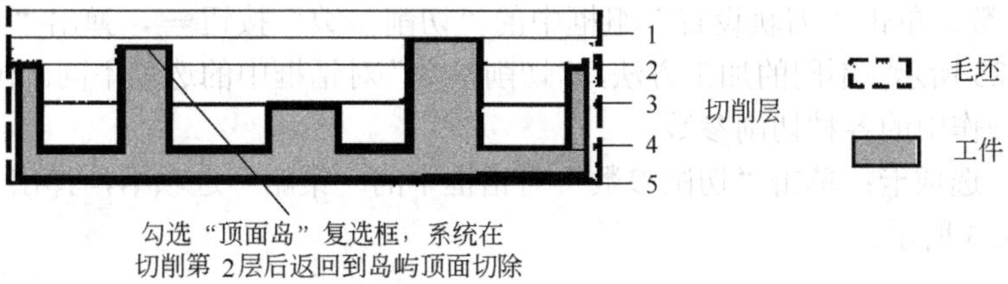

图 12-17 “顶面岛屿”选项

侧面余量增量：用于多深度平面铣削操作的在部件余量的基础上增加一个侧面余量值（比如 0.02mm），已保证刀具与侧面间的安全距离，减轻刀具的深层切削的应力，常用于粗加工中，如图 12-18 所示。

• 仅底部面：仅底部面用于仅有一个切削层，刀具直接深入到底平面切削来定义切削深度，如图 12-19 所示。

• 底部面和岛的顶面：底部面和岛的顶面用于分多层切削。切削层的位置在岛屿的顶面和底平面上，在每一层内，刀具仅局限在岛屿的边界内切削毛坯材料，因此适合做水平面精加工，如图 12-20 所示。

• 岛顶部的层：岛顶部的层用于分多层铣削，切削层的位置在岛屿的顶面和底平面上，与“底面和岛的顶面”不同之处在于每一层的刀轨覆盖整个毛坯断面，如图 12-21 所示。

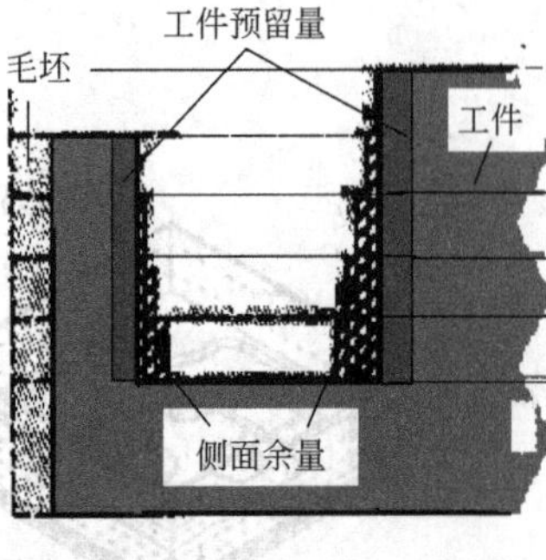

图 12-18　侧面余量增量

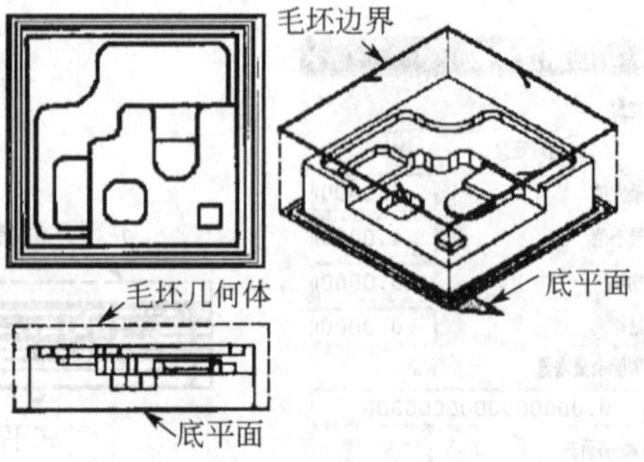

图 12-19　仅底部面切削深度示意图

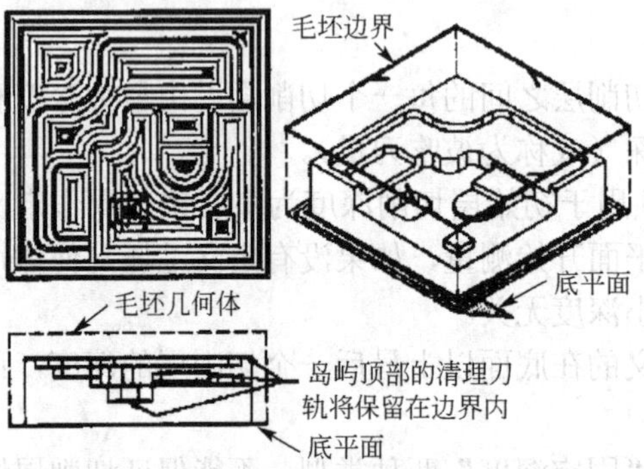

图 12-20　底部面和岛的顶面示意图

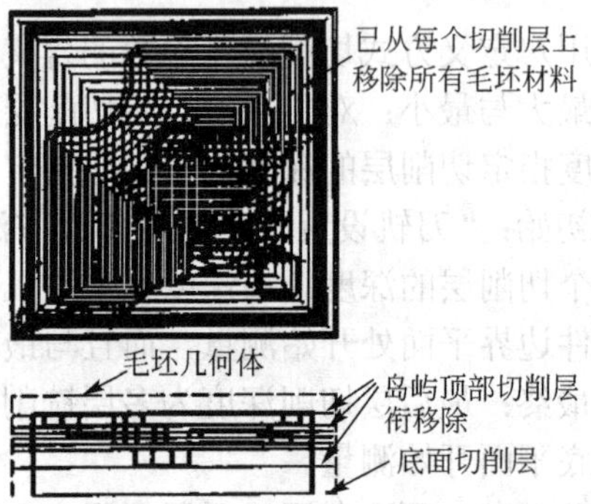

图 12-21　岛顶部的层示意图

• 固定深度：固定深度用于分多层铣削，输入一个最大深度值，除最后一层可能小于最大深度值，其余层深度都等于最大深度值，如图 12-22 所示。

⑦ 切削参数。单击“刀轨设置”组框中的“切削参数”按钮，弹出“切削参数”对话框，如图 12-23 所示。不同的加工方法，“切削参数”对话框中的选项不同。利用该对话框，用户可以确定操作中的各种切削参数。

• “策略”选项卡：单击“切削参数”对话框中的“策略”选项卡，弹出“策略”选项参数，如图 12-23 所示。

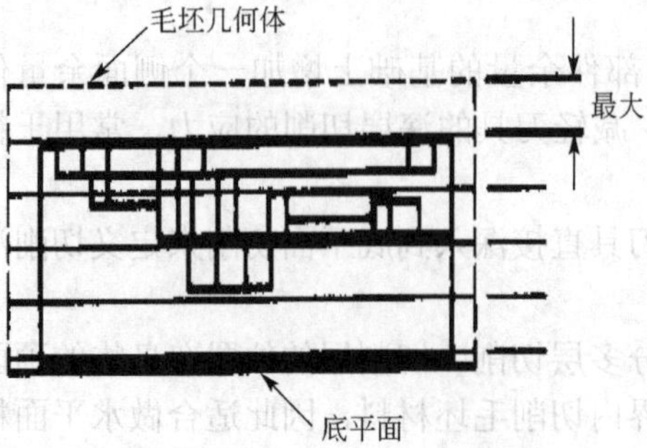

图 12-22　固定深度示意图

图 12-23　“切削参数”对话框

◇切削方向：用于决定刀具切削时的进给方向，包括“顺铣切削”、“逆铣切削”、“跟随边界”和“边界反向”4 种选项。

顺铣和逆铣：顺铣切削是指刀具进给方向与工件运动方向相同，而逆铣切削是指刀具进给方向与工件运动方向相反。一般数控加工多用顺铣，有利于延长刀具的寿命并获得较好的表面加工质量。

跟随边界：刀具顺着边界的方向进给。

边界反向：刀具逆着边界的方向进给。

◇切削顺序：用于处理多切削区域的加工顺序，包括“层优先”和“深度优先”两个选项。

层优先：刀具先在一个深度上铣削所有外形边界，再进行下一深度的铣削。在切削的过程中刀具在各个切削区域间不断转换，如图 12-24（a）所示。

深度优先：刀具先在一个外形边界铣削到设定深度后，再进行下一个外形边界的铣削，这种方式的提刀次数和转换次数较少，如图 12-24（b）所示。

◇图样方式：铣削过程中，铣削开始的位置，是从毛坯的中心开始还是从毛坯的边界开始，包括“向内”和“向外”两个选项，如图 12-25 所示。

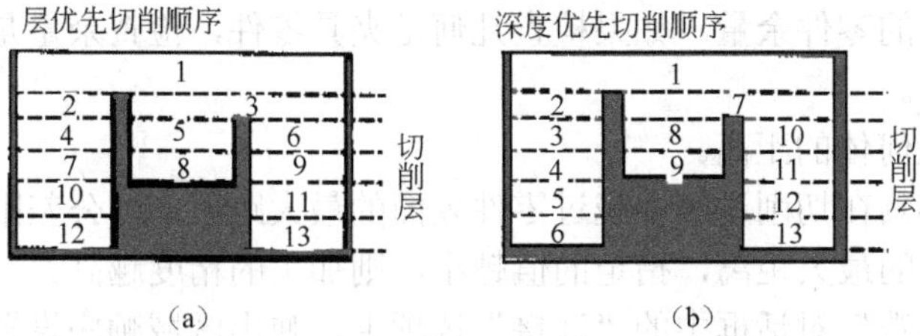

图 12-24　切削顺序选项

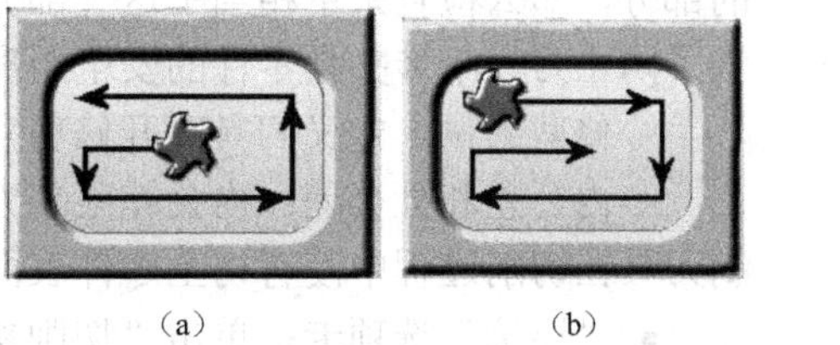

图 12-25　向内与向外选项示意图

◇岛清理：环绕岛的周围增加一次走刀，以清除岛周围残留下来的材料，如图 12-26 所示。

◇壁清理：当应用单向切削、反复式切削及沿轮廓的单向切削方法时，用壁清理可以清理零件壁后或者岛屿壁上的残留材料。它是在切削完每一个切削层后插入一个轮廓铣轨迹来进行的。使用平行方式进行加工时，在零件的侧壁上会有较大的残余量，使用沿轮廓切削的方式可以切削这一部分的残余量，以使轮廓周边保持比较均匀的余量。包括以下 4 个选项。

无：在进行周壁清理。

在起点：刀具在切削每一层前，先进行沿周边的清壁加工，再做平行铣削。

在终点：刀具在切削每一层前，先平行铣削，再做沿周边的清壁加工。

自动：刀具在切削时自动插入壁清理。

毛坯距离：毛坯距离使平面铣的零件边界朝边界的材料侧的反侧或型腔铣的所有零件几何体的表面朝外“偏置”一个毛坯距离值，从而“生成”毛坯（其实并没有看得见的毛坯边界或毛坯几何体），因此就不需要专门指定毛坯边界或毛坯几何体。

- “余量”选项卡：单击“切削参数”对话框中的“余量”选项卡。弹出“余量”参数设置界面，如图 12-27 所示。

“余量”选项卡各选项用于控制材料加工后的保留量，或者是各种边界的偏移量，各参数的含义如下。

◇部件余量：即切削余量。部件余量是零件加工后没有切除的材料量。这些材料在后续加工操作中将被切除，通常用于需要粗、精加工的场合。

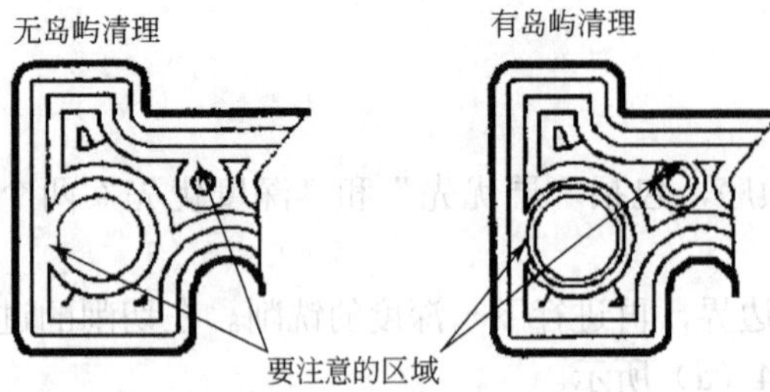

图 12-26　岛清理示意图

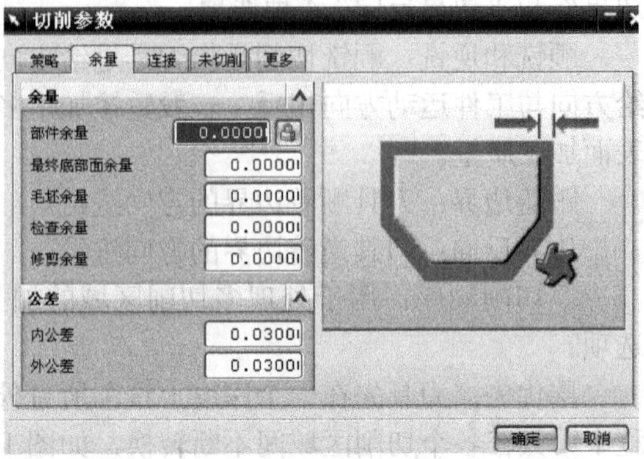

图 12-27　余量选项卡

◇毛坯余量：定义刀具离开毛坯几何体的距离。

◇最终底面余量：在底平面和所有的岛屿顶面上为后续加工保留的加工余量。

◇检查余量：定义刀具离开检查几何体的距离。如果检查几何是工件本身不许刀具切削的部分，那么检查余量相当于这一部分的零件余量。如果检查几何是夹具零件，检查余量是为了防止刀具干涉夹具零件的安全距离。

◇修剪余量：定义刀具离开修剪几何体的距离。

◇内公差和外公差：内公差限制刀具在切削过程中越过零件表面的最大距离；外公差限制刀具在切削过程中没有切至零件表面的最大距离，指定的值越小，则加工的精度越高。

- “连接”选项卡：单击“切削参数”对话框中的“连接”选项卡，弹出区域顺序设置界面，如图 12-28 所示。“连接”选项卡上相关参数含义如下。

◇区域顺序：指有多个切削区的情况下，在各个切削区之间的切削顺序。合理的切削顺序可以减少横越运动的总长度，提供加工效率，它包括以下选项。

标准：按照切削区边界的创建顺序决定区域加工次序。如果几何和边界被编辑，这种顺序信息丢失，系统随意决定顺序，通常该方法效果不好。

优化：按照横越运动的总长度最短的原则决定区域加工次序，系统以减少空切和缩短走刀距离为依据进行优化。

跟随起点和跟随预钻点：按照设置切削区的起始点和预钻点的顺序决定区域的加工次序。

◇区域连接：在同一切削层的可加工区内可能因岛屿、窄通道的存在等因素导致形成多个子切削区域。勾选该选项，只在必要的情况下，刀具从前一个子区退刀，到下一个子区进刀。否则，在子区之间跨越时，刀具一定会退刀，以保证不会过切工件。

⑧ 非切削移动。一个操作的刀具运动分为两部分：一部分是刀具切入工件之前或离开工件之后的刀具运动，称为非切削运动；另一部分是刀具去除零件材料的切削运动。刀具切削零件时，由零件几何形状决定刀具路径，而在非切削运动中，刀具路径则由非切削移动参数控制。

单击“刀轨设置”组框中的“非切削移动”按钮，弹出“非切削运动”对话框，如图 12-29 所示。

- “进刀”和“退刀”选项卡：进退刀工作方式是：首先在零件上寻找一个打开的区域下刀，如图 12-30（b），如果没有打开的区域，就寻找由用户定义的预钻进刀点下刀；如果

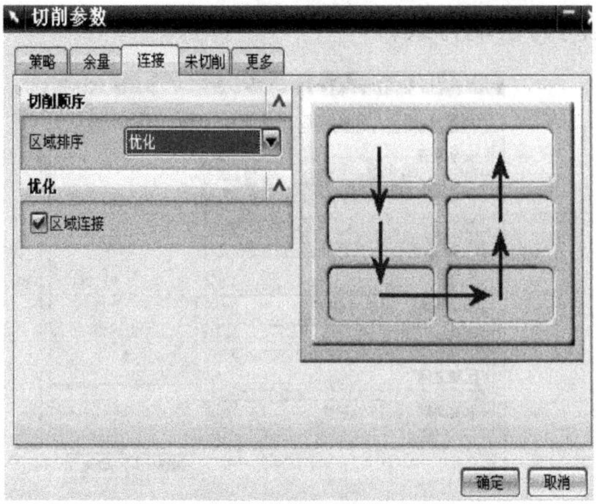

图 12-28 “连接”选项卡

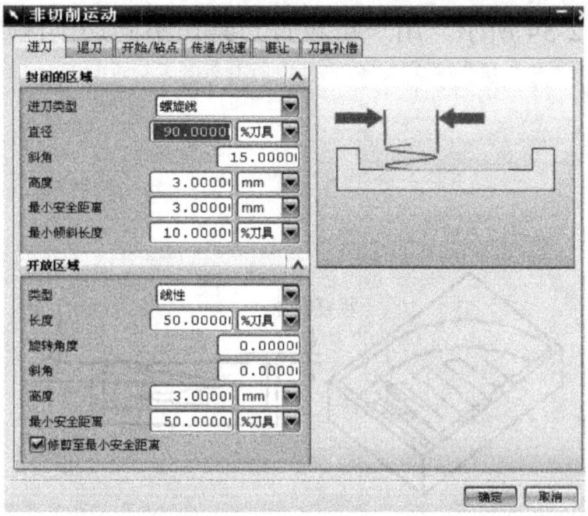

图 12-29 “非切削运动”对话框

预钻进刀点也没有，就用斜式进刀，如图 12-30（a）所示。因此，即使不愿意使用自动进、退刀，而由自己定义进刀点，也不要让刀具垂直地直接切入材料表面。

“进刀”选项卡包括两个组框：“封闭的区域”和“开放区域”，两者的参数含义基本相同，只是应用的场合不同，下面以封闭的区域为例进行介绍。

进刀类型：包括“螺旋线”、“沿形状斜进刀”、“插铣”和“无”4 种。下面仅介绍常用的前两种。

◇螺旋线：进刀轨迹是螺旋线，用于“跟随周边”和“跟随工件”切削方式中，如图 12-31 所示。

◇沿形状斜进刀：进刀轨迹沿刀具轴投影到层的刀轨平面内，刚好与刀轨重台，如图 12-32 所示，可用于“跟随周边”和“跟随工件”切削方式中。

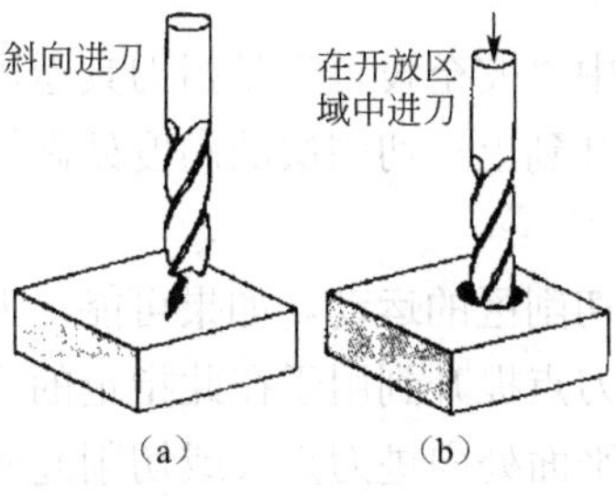

图 12-30 斜向下刀类型

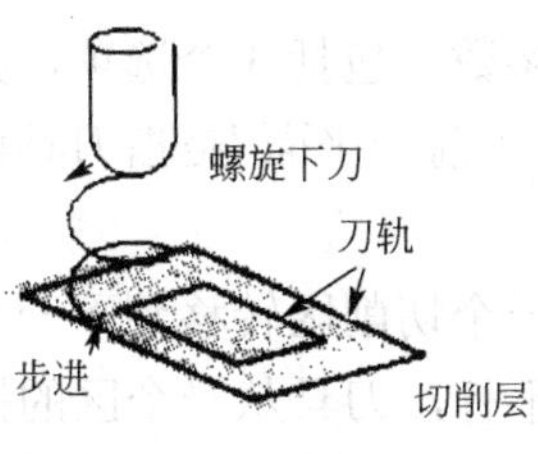

图 12-31 螺旋进刀类型

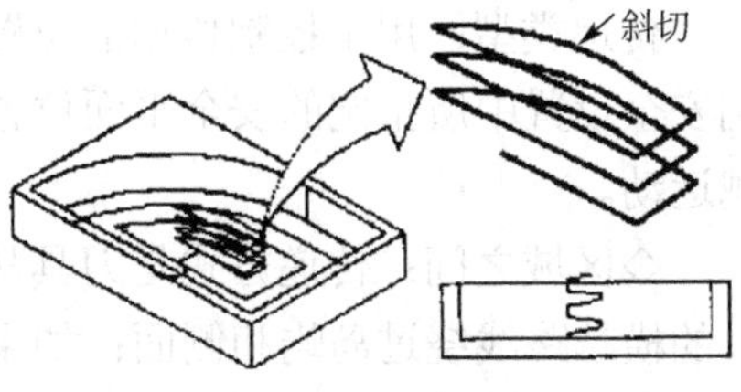

图 12-32 沿形状倾进刀类型

◇螺旋直径%：是用刀具直径的百分比表示最大螺旋刀轨之直径。

◇斜角：指定进刀轨迹的斜角，如图 12-33 所示。斜角在垂直于零件表面内测量，范围为 0°～90°。

◇高度：指定进刀轨迹的高度，高度在垂直于零件表面内测量。

◇最小安全距离：用于设定进刀轨迹与工件的侧面之间的距离，防止刀具在接近工件时发生撞刀。

◇最小倾斜长度：用刀具直径的百分比表示的刀具从斜坡的顶部到底部的最小刀轨距离。为了防止在没有中心刃的铣刀加工时斜式或螺旋进刀运动距离太小，造成道具中心与工件材料的冲突。最小斜面长度按照下式计算：2×刀具直径_2×刀片宽度。

- “传递，快速”选项卡：单击“非切削运动”对话框中的“传递/快速”选项卡，如图

12-34 所示。用户可设置刀具在不同切削区域之间的运动方式。

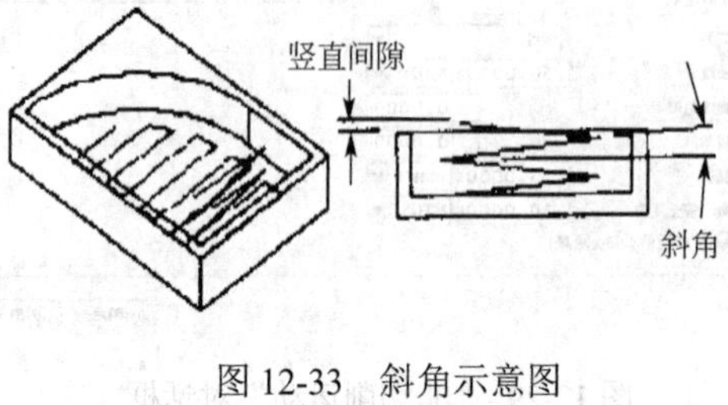

图 12-33 斜角示意图

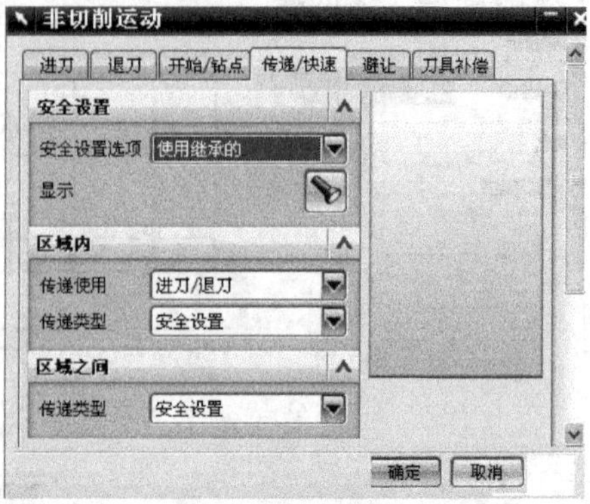

图 12-34 “传递，快速”选项卡

◇安全设置：安全设置是刀具在接近工件的过程中保持到工件表面的安全参数。从这个位置开始到切削刀轨起始点之间由接近速度转化为进刀速度进给，以防止刀具在接近工件时发生撞刀。“安全设置”组框包括以下 4 个选项。

使用继承的：使用在机床坐标系中设置的安全平面。

无：不使用安全平面。

自动：从工件上表面开始向上在“安全距离”文本框中会自动设置一安全距离值。

平面：安全平面是指定在离工件一定距离定义一个平面，该平面不仅可以控制刀具的非切削运动，而且还可以避免刀具在工件上移动时与工件相碰。

◇区域内：用于控制刀具在较小距离区域之间的传递方式。

传递使用：指定使用传递的方式，包括“进刀/退刀”（使用水平运动传递方式）“抬刀 / 插铣”（使用垂直运动传递方式）两种。

传递类型：用于控制传递的位置参数，包括 3 个选项，其中“安全设置”是指刀具返回到安全设置中所指定的安全平面位置；“前一平面”是指刀具提升到上一切削层的高度处做横越运动。

◇区域之间：传递方式是刀具从一个切削区转移到下一个切削区的运动。如果可能，刀具的横越路线绕过岛屿和侧面；如果不行，刀具从一个区的提刀点提升到用于在此指定的平面高度处作横越运动，到达下一个区的进刀点的上方，然后从平面处向进刀点（或切削起始点）移动。它包括以下几种传递类型。

安全设置：采用安全设置选项，通常为安全平面方式，刀具在安全平面或垂直安全距离的高度上作横越运动，如图 12-35 所示。

前一平面：刀具完成一个切削层的切削后，提升到上一切削层的高度作横越运动。无论如何，如果可能与零件干涉的话，刀具必须提升到安全平面或毛坯顶面的高度作横越运动，如图 12-36 所示。

直接：刀具从当前位置直接移动到下一区的进刀点，如果没有定义进刀点，就是切削起始点，如图 12-37 所示。该方式不考虑与零件几何体的干涉，因此可能撞刀，必须小心使用。

最小安全值 Z：通过指定最小的距离设置横越运动的高度，如果该高度值小于需要，系统自动使用“前一平面”作为传递方式。

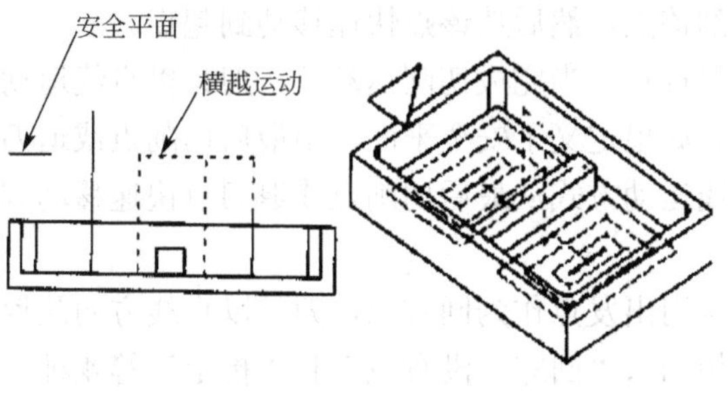

图 12-35 安全平面传递方式

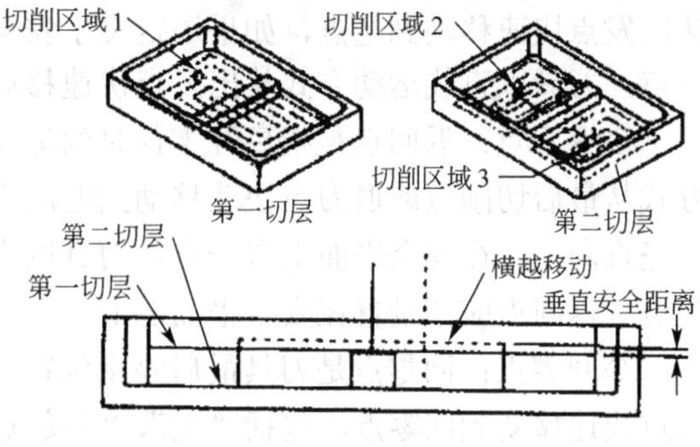

图 12-36 前一平面的传递方式

• “避让”选项卡：避让几何是控制刀具做非切削运动的点或平面，单击“非切削运动”对话框中的“避让”选项卡，可进行避让设置，如图 12-38 所示。

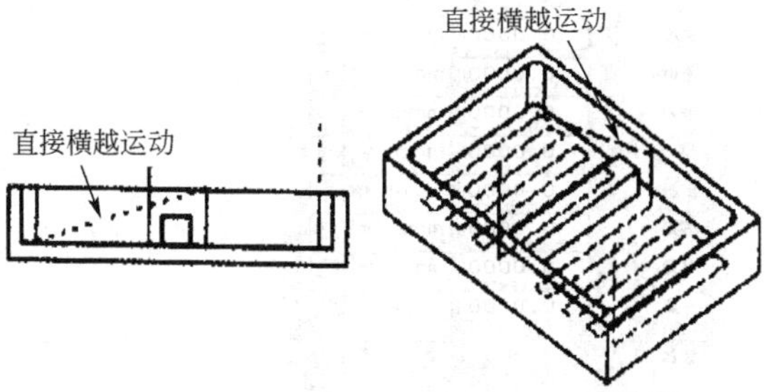

图 12-37 直接横越运动

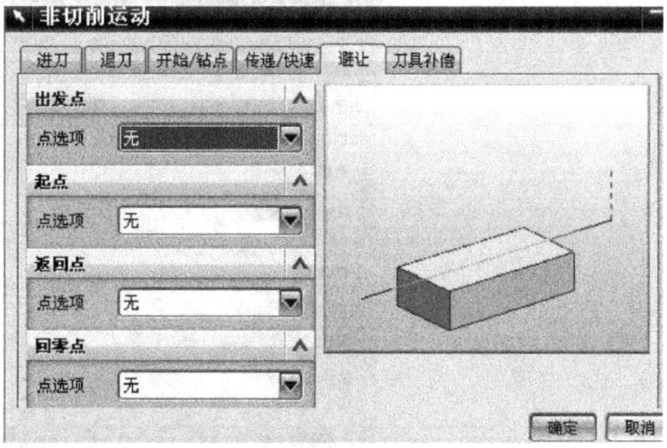

图 12-38 “避让”选项卡

一般情况下，只需定义“出发点”和“回零点”即可以防止刀具干涉工件。但避让几何由“出发点”、“起点”、“返回点”和“回零点”组成（各点的含义请参考项目 11 中图 11-32 所示）。

◇出发点：“出发点”用于指定刀具在开始运动前的刀具初始位置。如果没有指定出发点，系统把刀具第一加工运动的起刀点作为刀具的初始点。

在“出发点”组框中，选择“点选项”下拉列表中的“指定”选项，展开“出发点”组框，用户可以进行初始点的设置，如图 12-39 所示。

“出发点”组框中相关选项的含义如下。

指定点：用于指定出发点，单击“点构造器”按钮，弹出“点”对话框，可以输入点的坐标或在图形区选择点。

选择刀轴：用于指定出发点刀轴矢量的设置。单击“矢量构造器”按钮，弹出“矢量”对话框，可指定一个矢量作为刀轴矢量。如果未指定刀轴矢量，系统则将出发点的刀轴矢量默认指定为（0,0,1）。

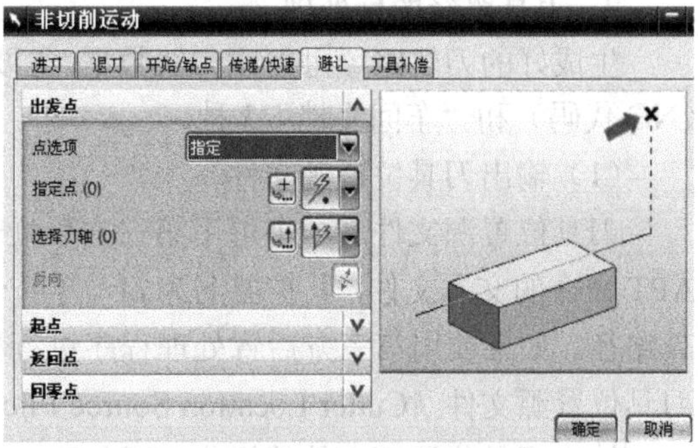

图 12-39 “出发点”组框

◇起点：起点是刀具运动的第一个目标点。如果定义了初始点，刀具以直线运动方式从出发点快速移动到起点，如果还定义了安全平面，则由起刀点竖直向上。在安全平面上取一点，刀具以直线运动方式从出发点快速移动到该点，然后从该点快速移动到起点。

◇返回点：返回点是指离开零件时的运动目标点。当完成切削运动后，刀具以直线运动方式从最后切削点或退刀点快速移动到返回点。如果定义了安全平面，由最后切削点或退刀点竖直向上，在安全平面上取一点。刀具以直线运动方式从最后切削点或退刀点快速移动到该点。返回点应该设置在安全平面之上。

◇回零点：回零点是刀具最后停止位置。常用出发点作为回零点，刀具以直线方向从返回点快速移动到回零点，包括“无”、“与起点相同”、“回零—没有点”和“指定”等4种。

⑨ 进给和速度。单击“刀轨设置”组框中的“进给和速度”图标，弹出“进给”对话框，如图12-40所示。用户可确定主轴转速或刀具的进给量。请参考项目11中创建加工方法部分。

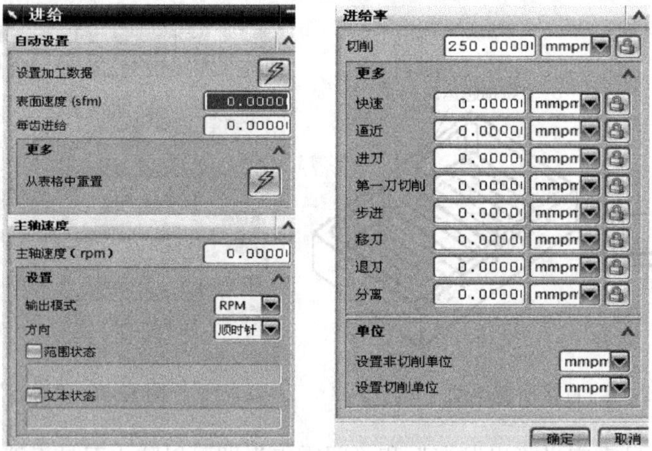

图12-40 “进给”对话框

⑩ 生成刀轨与仿真加工演示。

单击刀轨操作对话框“操作”选项组中的“生成”图标，系统即开始根据已设置的操作参数生成刀轨。

单击刀轨操作对话框“操作”选项组中的“确认”图标，弹出“刀轨可视化”对话框，即可进行仿真加工演示。

2. 刀具路径的后处理

生成好的刀轨路径可生成刀轨数据，主要有“输出刀具位置源文件”、“NX/POST后处理”（NC代码）和“车间文档”3种。

（1）输出刀具位置源文件

刀具位置源文件是一个可用第三方后处理器程序进行后处理的独立文件，它是包含标准APT命令的文本文件，其扩展名为.cls。当一个操作生成后，产生的刀具路径还是一个内部刀具路径。如果要用第三方后置处理程序进行处理，还必须将其输出成外部的ASCII文件。即刀具位置源文件（Cutter Location Source File），简称“CLSF文件”。

输出刀具位置源文件的操作步骤如下。

① 在“操作导航器”中选择一个已生成刀具路径的操作或程序组。

② 单击【加工操作】工具栏上的“输出CLSF”按钮，或选择下拉菜单中的【工具】、

【操作导航器】、【输出】、【CLSF】命令，此时系统弹出“CLSF 格式”对话框，如图 12-41 所示。

③ 在“CLSF 格式”对话框的“CLSF 格式”列表中选择刀具位置源文件的格式，包括以下几种。

- CLSF_STANDARD：标准的 APT 类型，包括 GOTO 和其他的后处理语句。
- CLSF_COMPRESSED：和 CLSF-STANDARD 相同，但没有 GOTO 指令，可用于用户观察什么时候使用刀具和使用哪些刀具。
- CLSF_ADVANCED：基于操作数据。自动生成主轴和刀具命令。
- CLSF_BCL：表示 Binary Coded Language，是由美国海军研制开发的。
- CLSF_ISO：国际标准格式的刀具位置源文件。
- CLSF_IDEAS_MILL：用于铣削加工的与 IDEAS 兼容的刀具位置源文件。
- CLSF_IDEAS_MILLLⅡTURN：用于车削加工的与 IDEAS 兼容的刀具位置源文件。

④ 在“输出文件”组框中的“文件名”文本框中指定 CLSF 文件的名称和路径，或也可以单击【浏览】按钮。在弹出的“指定 CLSF 输出”对话框中设定输出文件名称和路径。

⑤ 在“单位”下拉列表中选择 CLSF 文件的输出单位。

⑥ 如果希望生成后查看结果,勾选“列出输出”复选框。

⑦ 单击【确定】按钮，完成输出刀具位置源文件。

（2）NX POST 后处理

刀具位置源文件（CLSF）包含 GOTO 点位和控制刀具运动的其他信息，需要经过后处理（Post processing）才能生成 NC 指令。UG NX 后处理器（NX POST）读取 NX 的内部刀具路径，生成适合指定机床的 NC 代码。

使用 NX POST 后处理的操作步骤如下。

① 在“操作导航器”中选择一个已生成刀具路径的操作或程序组。

② 单击【加工操作】工具栏上的“后处理”按钮，或选择下拉菜单中的【工具】、【操作导航器】、【输出】、【NX 后处理】命令，此时系统弹出“后处理”对话框，如图 12-42 所示。

③ 根据加工类型，在“后处理”对话框的“后处理器”列表中选择合适的机床定义文件。

④ 在“输出文件”组框中“文件名”文本框中指定输出程序的名称和路径，或也可以单击“浏览”按钮，在弹出的“指定 NC 输出”对话框中设定输出文件名称和路径。

⑤ 在“单位”下拉列表中选择输出 NC 文件的输出单位。

⑥ 如果希望生成后查看结果，勾选“列出输出”复选框。

⑦ 单击【确定】按钮，完成 NC 代码的生成输出。

（3）车间工艺文档

车间工艺文档是从操作中提取的主要加工信息，是机床操作人员加工零件的文件资料。车间工艺文档包括的信息有：数控加工程序中使用的刀具参数清单、操作次序、加工方法清单、切削参数清单等。这些文件多数是用于提供给生产现场的机床操作人员，免除手工撰写工艺文件的麻烦，同时也可以将自己定义的刀具快速加入刀具库中，供以后使用。

生成车间工艺文档的操作步骤如下。

① 在“操作导航器”中选择一个已生成刀具路径的操作或程序组。

② 单击【加工操作】工具栏上的“车间文档”按钮，或选择下拉菜单中的【信息】、【车间文档】命令，此时系统弹出“车间文档”对话框，如图 12-43 所示。

③ 根据加工类型，在“报告格式”列表中选择合适的文档输出模板。标有 HTML 的模板生成超文本链接语言网页文件，标有 TEXT 的模板生成纯文本文件。“可用模板”下拉列表包括以下信息类型。

图 12-41 “CLSF 输出”

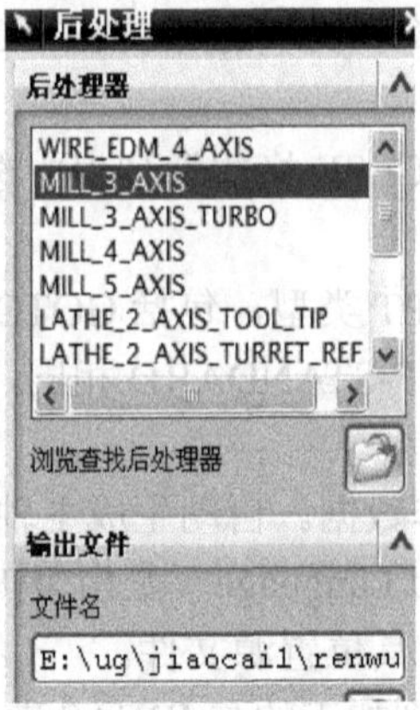

图 12-42 “后处理”

图 12-43 “车间文档”

- Operation List：工步列表。
- Operation List by Method：基于加工方法的工步列表。
- Advanced Operation List：高级的工步列表。
- Fool List：刀具列表。
- Unique Tool List By Program：基于程序的刀具列表。
- Tools and Operations：刀具和工步列表。
- Advanced Web Page Mill：高级网页铣列表。
- Advanced Web Page Mill Turn：高级网页铣车列表。
- Export Tool Library to ASCⅡDatafile：输出部件中所有刀具生成刀具库文件和一个说明文件。

④ 在“输出文件”组框中的“文件名”文本框中指定输出文档的名称和路径，或也可单击【浏览】按钮，在弹出的“指定 SHOP DOC 输出”对话框中设定输出文档名称和路径。

⑤ 如果希望生成后查看结果，勾选“显示输出”复选框。

⑥ 单击【确定】按钮，完成车间工艺文档的生成输出。

三、项目实施

阶段 1：制定可乐瓶底制造工艺方案

制定可乐瓶底制造工艺过程卡如表 12-1 所示。

表 12-1 可乐瓶底的制造工艺过程卡

工 段	工序	工步	加 工 内 容	加 工 方 式	机 床	刀 具	余量
模具制作工段	1	1.1	下料 138×138×65				
	2	2.1	铣削 135×135×63	铣削	普通铣床		
		2.2	去毛刺	钳工			
	3	3.1	装夹工件				
		3.2	粗铣削型腔、型芯	CAVITY_MILL	立式数控加工中心	ENDMILL_D20	0.5
		3.3	半精铣削型腔、型芯	Contour Area		ENDMILL_D8R1	0.20
		3.4	精铣削型腔、型芯	Contour Area_Finish_1		BALLMILL_D4	0
		3.5	精铣削型腔、型芯	Contour Area_Finish_2		ENDMILL_D20	0
		3.6	光顺曲面清根铣削	FLOWCUT SMOOTH		BALLMILL_D2	0
	4		检验				
	5		模具组装				

续表

工段	工序	工步	加工内容	加工方式	机床	刀具	余量
注塑工段	1		注塑		注射机		
	2		修整				
	3		检验				

阶段 2：构建可乐瓶底三维实体

1. 构建可乐瓶底曲面的三维线框

（1）构建矩形线框 42.5×37

启动 SIEMENS NX6.0，在文件夹“……\xiangmu12”中创建建模文件“kelepingdi.prt”，进入建模界面，单击【前视】图标，将视图切换为前视图。

单击【矩形】曲线工具图标，弹出“点构造器”对话框，输入第一点（0,0,0），第二点（42.5,0,37），绘制矩形如图 12-44（a）所示。

（2）构建偏置直线

单击【偏置】工具图标，弹出如图 12-44（b）所示偏置曲线对话框，选择类型：距离；在偏置距离中输入距离：3；在矩形线框中选择上方水平线；单击“指定点”：在图形中选取下方一点，出现一箭头，如图 12-44（c）所示；若箭头向上，单击“反向”图标，单击【应用】按钮，实现直线的偏置操作。同样的方法，绘制如图 12-44（d）所示有辅助线框图。

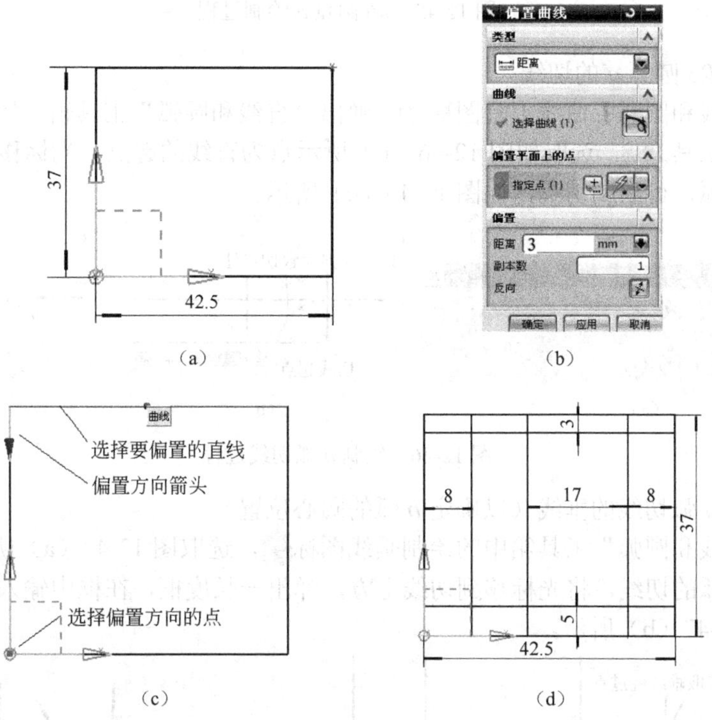

图 12-44　构建矩形线框及偏置线操作过程图示

（3）绘制 *R*6 圆弧 *a* 及切线

单击【圆弧/圆】曲线工具图标，用“从中心开始的圆弧/圆”方式，以点（8,0,–1）为圆心，*R*6 为半径绘制圆弧 *a*，如图 12-45 所示。

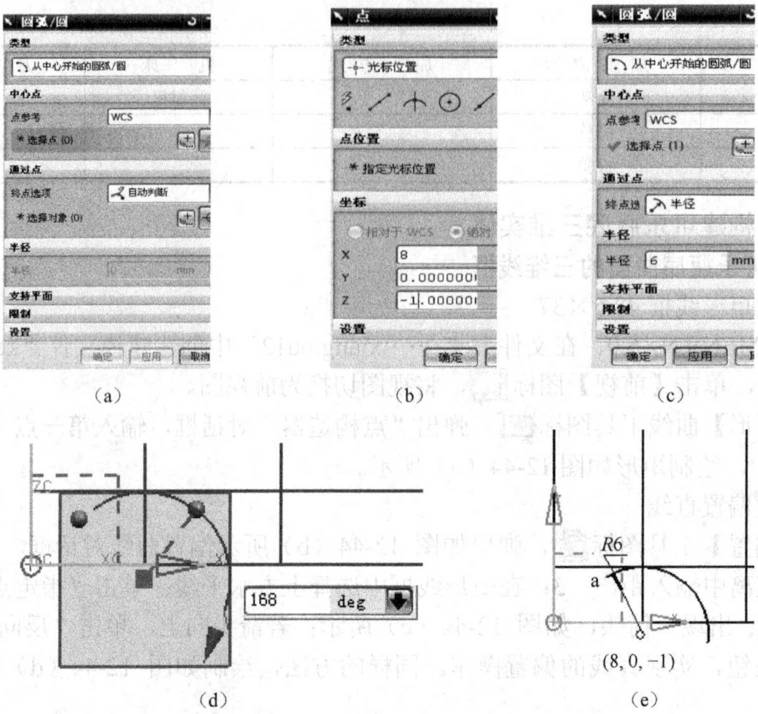

图 12-45　*R*6 圆弧 *a* 绘制过程

（4）绘制 *R*6 圆弧 *a* 的切线

单击【直线和圆弧】曲线工具图标，弹出“直线和圆弧”工具箱，如图 12-46（a）所示，选用切线工具，选取如图 12-46（b）所示点为直线的起点，光标移到 *a* 弧上大致切点处，单击 *a* 弧，可绘制切线，如图 12-46（c）所示。

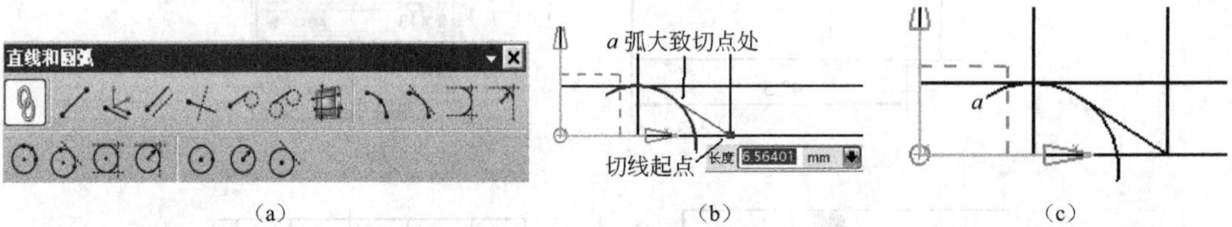

图 12-46　绘制 *a* 弧切线过程

（5）绘制 *a* 弧切线的垂线（以确定 *b* 弧的圆心位置）

单击“直线和圆弧”工具箱中的绘制垂线图标，选取图 12-47（a）所示的切线端点，再选取已绘 *a* 弧的切线，将光标移到切线上方，弹出一长度框，在框中输入长度–6，按回车确定，如图 12-47（b）所示。

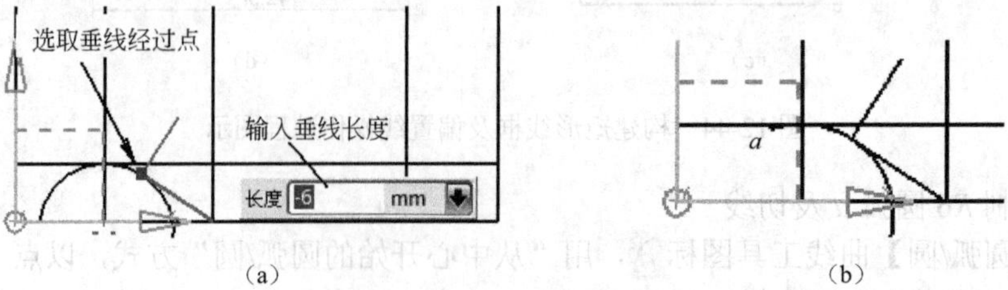

图 12-47　绘制切线的垂线

（6）绘制 *R*6 圆弧 *b*

单击“直线和圆弧”工具条中的绘制“点+半径”绘制圆弧图标，以垂线上端点绘制 *R*6 圆弧 *b*，如图 12-48 所示。

（7）绘制圆弧 *c*

单击“直线和圆弧”工具条中的“点+点+切线”绘制圆弧图标，先后选取如图 12-49 所示的 *A*、*B* 两点和切线，绘制 *c* 圆弧，*c* 弧是一个整圆弧。

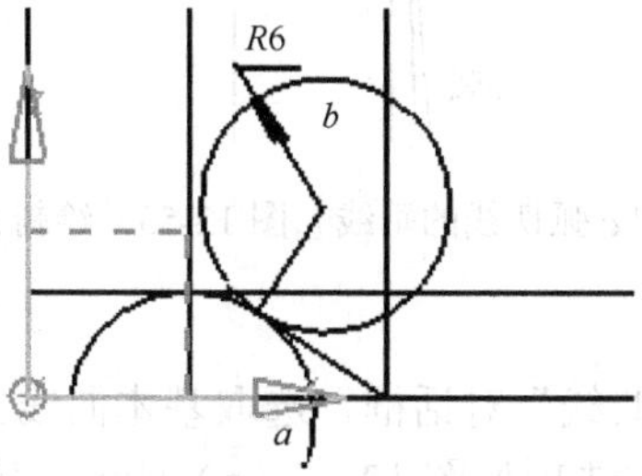

图 12-48 绘制 *b* 弧 *R*6

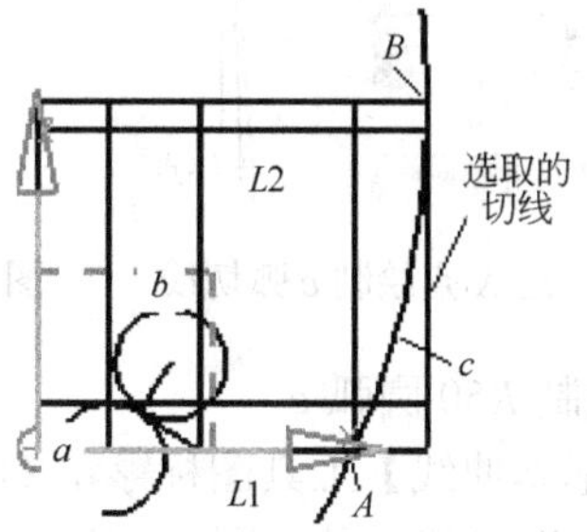

图 12-49 绘制 *c* 弧

（8）分割 *c* 圆弧

从【编辑】、【曲线】中打开“曲线分割”工具，选取直线 *L*1，将 *c* 圆弧分为两段，再次选取 *c* 弧和直线 *L*2，将 *c* 圆弧分成 3 段，删除大圆弧段，如图 12-50 所示。

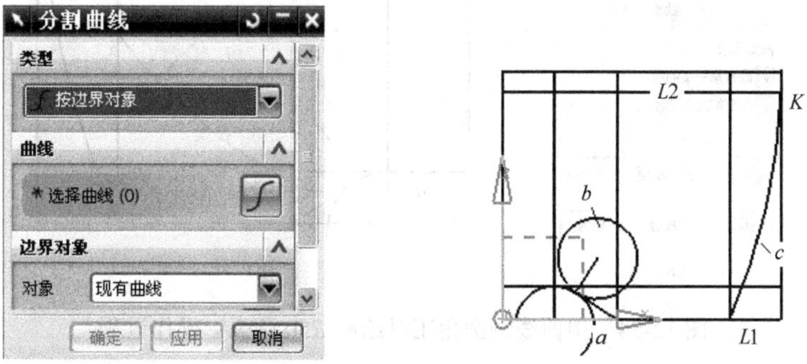

图 12-50 分割 *c* 圆弧

（9）过 *K* 点绘制 *c* 弧的切线

单击【直线】图标，弹出“直线”对话框，选取起点为 *K* 点，终点选项：“相切”；选取 *c* 圆弧为要切的圆弧，在限制栏中输入终止限制距离为负值，如– 4.6（因为终点箭头向上为正，设为负值，使切线在 *c* 弧段处，距离数值以便于看清直线为宜，长度约为 4～10mm 即可）。如图 12-51 所示。（也可用“直线和圆弧”工具箱中的切线工具绘制切线）。

（10）绘制切线的垂线

绘制方法同步骤（5），选取 *K* 点，再选取切线，将光标移到左侧，取垂线长度 6，绘制结果如图 12-52 所示。

（11）绘制 *R*6 圆弧 *d*

单击“直线和圆弧”工具条中的绘制“点+半径”绘制圆弧图标，以垂线上左端点为圆心，绘制 *R*6 圆弧 *d*，如图 12-53 所示。

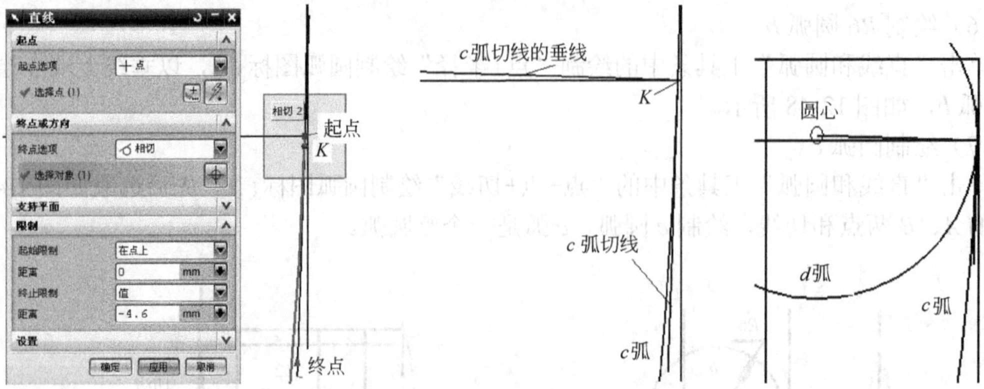

图 12-51　过 *K* 点绘制 *c* 弧切线　　图 12-52　绘制 *c* 弧切线的垂线　图 12-53　绘制 *R*6 圆弧 *d*

（12）绘制 *R*50 圆弧 *e*

单击【基本曲线】工具图标，打开“基本曲线”对话框，选取基本曲线工具箱中的倒圆角工具，选取第二种倒圆角方法，设置参数与选项如图 12-54（a）所示，依次选取 *b*、*d* 两弧，并在 *e* 弧圆心大致位置单击一下，绘制出 *e* 弧，如图 12-54（b）所示。

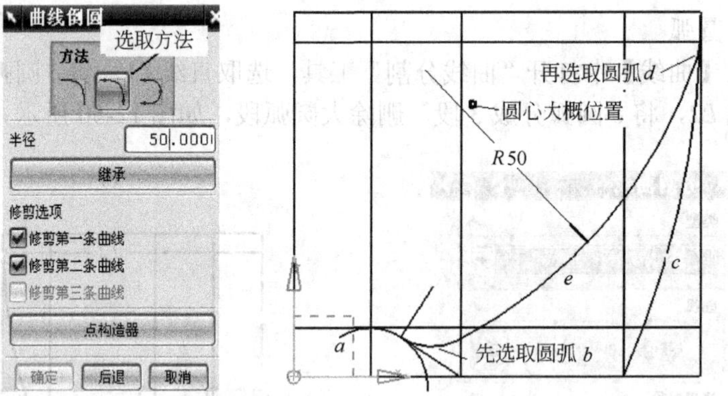

（a）　　　　（b）

图 12-54　用曲线倒圆角工具绘制 *R*50 圆弧 *e* 操作过程

（13）倒圆角 *R*6

继续用曲线倒圆角工具绘制两处圆角 *R*6，且删除与 *R*6 圆弧 *a* 相切的水平辅助直线，如图 12-55（a）所示。

（14）修剪多余线条

① 修剪 *R*6 圆弧 *a*。打开【编辑】下拉菜单，单击【曲线】、【修剪角】菜单项，打开“修剪角”对话框，如图 12-55（b）所示，将光标靠近 *R*6 圆弧 *a* 与竖直线的交点的左上方 *M* 点，如图 12-55（a）所示，*a* 弧高亮显示时，单击左键，结果如图 12-55（c）所示，圆弧 *a* 的左上端部分和竖直线上端部分被修剪掉；

再将光标靠近 *K* 点，使 *a* 弧高亮显示，右下端部分，单击左键，圆弧 *a* 的右下端部分被修剪掉，结果如图 12-55（d）所示。

② 修剪 *R*6 圆弧 *b*。局部放大图形，如图 12-55（e）所示，*b* 弧与 *a* 弧相切处左上端仍有多余部分，将光标靠近 *N* 点，使 *b* 弧高亮显示，单击左键，圆弧 *b* 的左上端部分被修剪掉，结果如图 12-55（f）所示；至此，圆弧相切处多余线段部分都已修剪。

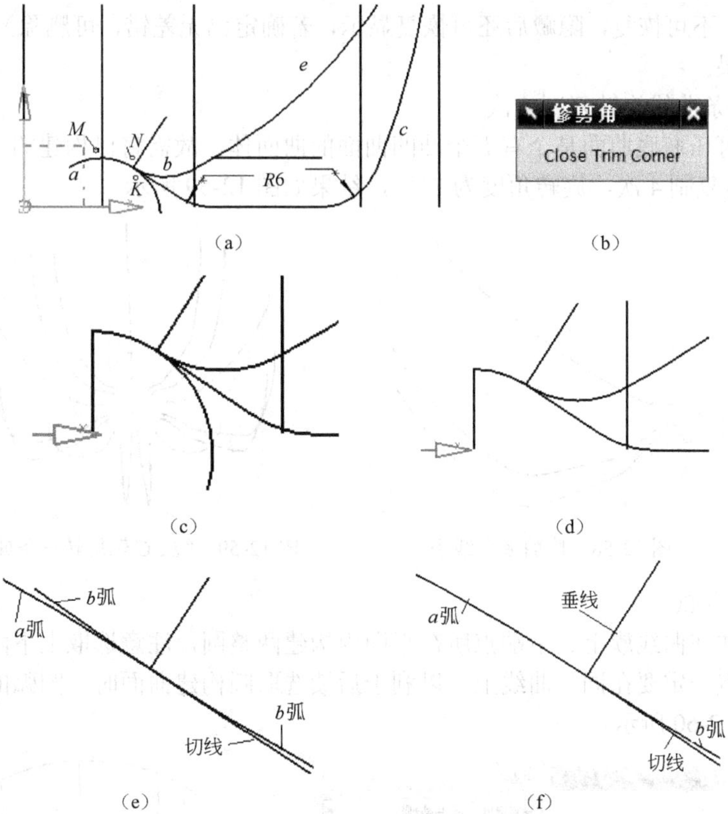

图 12-55 倒圆角 *R*6 并修剪 *a*、*b* 两圆弧

（15）删除多余线条

删除最终要求曲线以外所有线条，为便于叙述，将上方曲线命名为 *A*—*A* 曲线，下方曲线为 *B*—*B* 曲线，结果如图 12-56 所示。

（16）旋转曲线

单击【移动对象】标准工具图标，将上方曲线 *A*—*A* 正向旋转 30.40°；下方曲线 *B*—*B* 负向旋转–11.20°。注意上下方曲线的首尾两是公有曲线段，旋转时要都选取。在建模环境下，是将曲线绕 *Z* 轴旋转，逆时针为正向，顺时针为负向，旋转结果如图 12-57 所示。

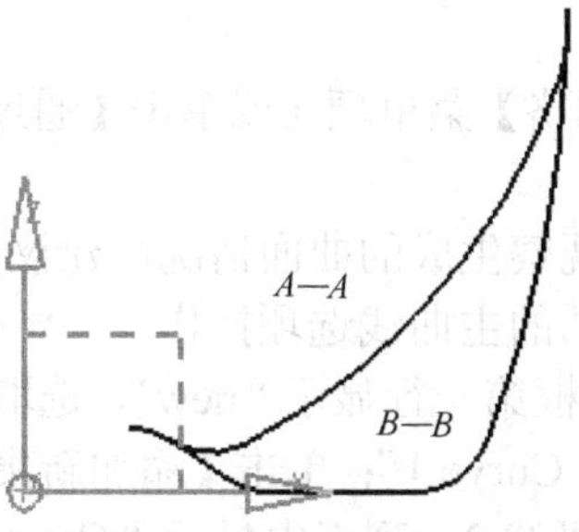

图 12-56 删除多余线条结果

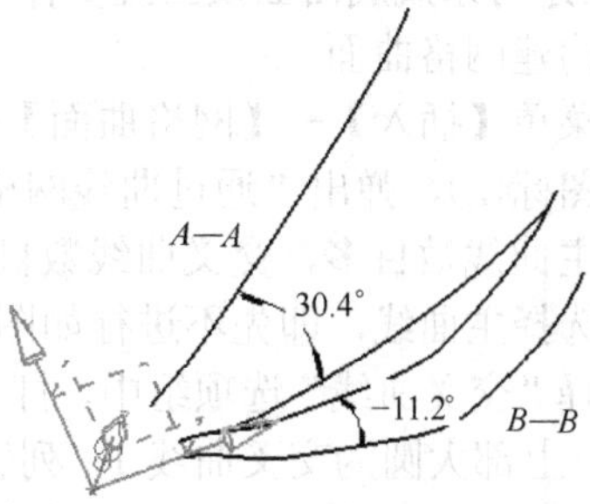

图 12-57 旋转 *A*—*A*、*B*—*B* 曲线结果

（17）删除（或隐藏）原来 *A*—*A* 曲线中间段部分

由于 *A*—*A* 曲线中间段部分（除首尾两段圆弧外）部分是已不需要的部分曲线，故可以

删除（删除后，不可恢复，隐藏后还可恢复显示，若确定已无差错，可删除）。如图 12-58 所示为删除后结果。

（18）将三条曲线旋转复制 4 次

欲构建的可乐瓶底曲面是个有五个凸凹曲面的曲面体，故需将已构建的一个凸凹面线框再绕 *ZC* 轴旋转复制 4 次，旋转角度为 72°，结果如图 12-59 所示。

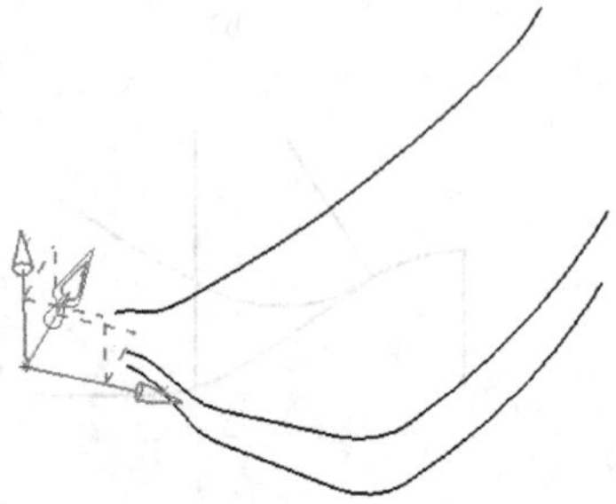

图 12-58　修剪多余线条

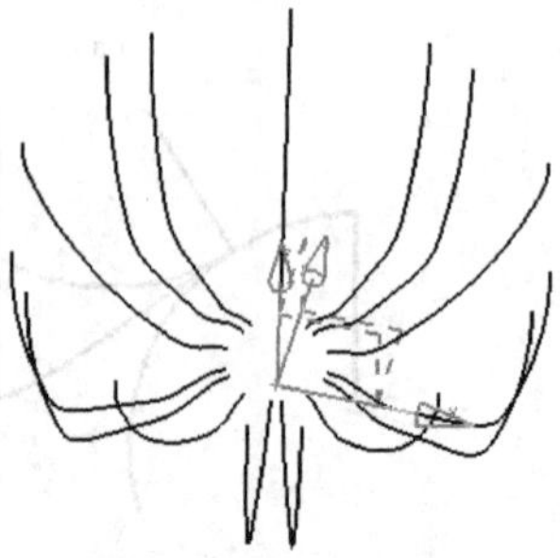

图 12-59　绕 *ZC* 轴旋转三条曲线

（19）构建圆弧

采用三点法在曲线族上、下端点所在平面内构建两整圆，注意选取上下两圆第一点时，上下圆的第一点一定要在同一曲线上，以利于后续选取圆构建曲面时，圆弧的起点一致，绘制圆结果如图 12-60 所示。

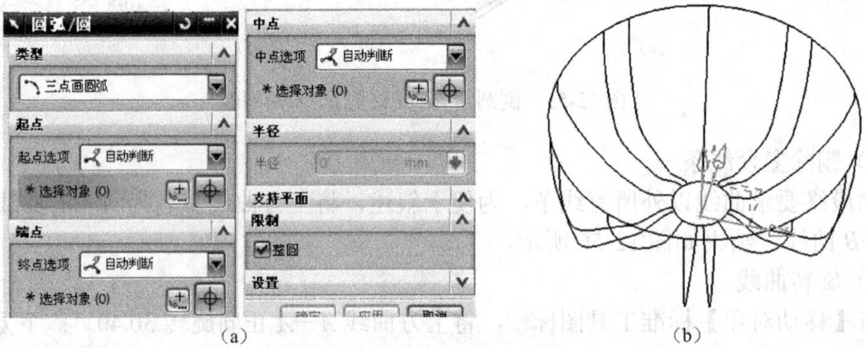

图 12-60　绘制两圆过程与结果

2. 构建可乐瓶底曲面及三维实体

（1）构建网格曲面

单击菜单【插入】—【网格曲面】—【通过曲线网格】菜单项（或单击【通过曲线网格】曲面工具图标），弹出“通过曲线网格”对话框。

由于主曲线数目多，交叉曲线数目小，为了便于观察生成的曲面情况，建议先选择交叉曲线，再选择主曲线，即先不进行如图 12-61（a）所示的主曲线选项操作。

在选择“交叉曲线”选项组中，打开列表框，列表框第一行显示“new”，选取如图 12-61（b）所示，上部大圆为交叉曲线 1，列表中显示“Cross Curve 1”；单击【添加新集】按钮，光标移到第二行，又出现“new”，选取下部小圆为交叉线 2，列表中显示“Cross Curve 2”，如图 12-61（b）所示。图形中显示如图 12-61（e）所示，注意选取圆弧的箭头方向要一致，若不一致，可单击【反向】按钮进行调整。

对于连续性、输出曲面选项组全取默认设置不变，如图 12-61（c）、（d）所示。

在如图 12-61（a）所示的“主曲线”选项组中，打开列表框，列表框第一行显示“new”，选取如图 12-61（f）、（h）所示主曲线 1，图形中可能出现警告提示，所选线段出现红色“**”号，且出现曲线类型选择按钮，打开下拉列表，选取“相切曲线”类型，如图 12-61（g）所示，主轴线串联成功，警告消失，且在列表中显示“Primary curve 1”。

单击【添加新集】按钮，光标移到第二行，又出现“new”，再选取主曲线 2，“Primary curve 2”；此时，立即构成一曲面片，如图 12-61（h）所示。

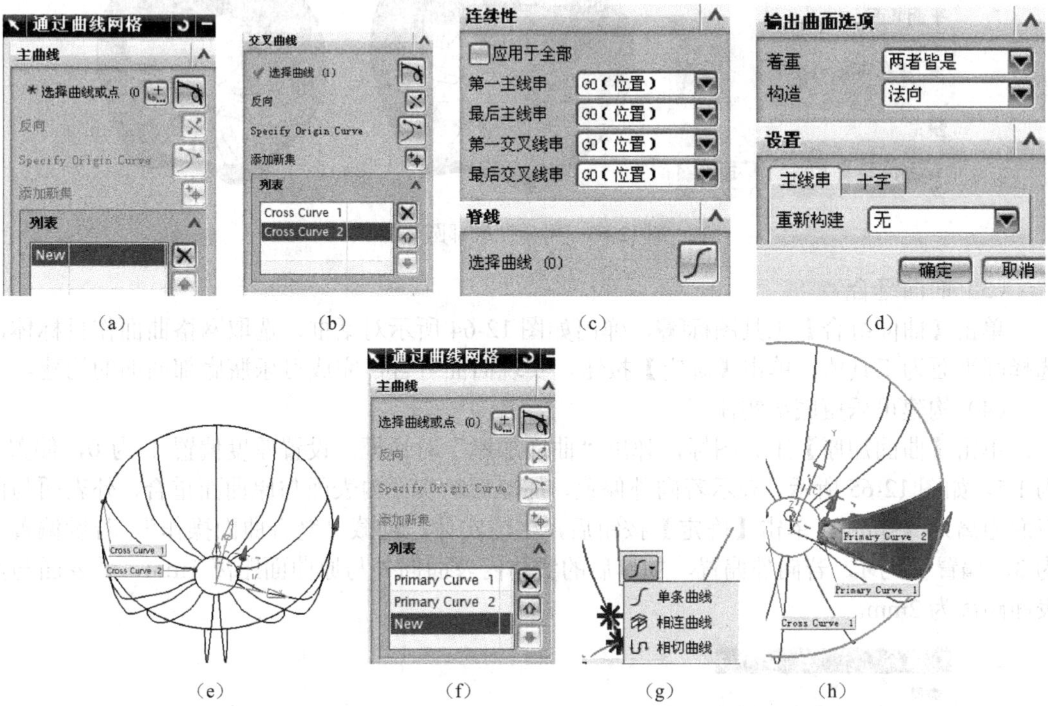

图 12-61 通过曲线网格构建曲面对话框与交叉曲线选取过程

再单击【添加新集】按钮，光标移到第三行，又出现“new”，选取主曲线 3，“Primary curve 3”；且立即构成连续曲面片，如图 12-62（a）所示。

同样操作，一直选取到“Primary curve 15”，最后重复选取主曲线 1，作为第 16 条主曲线“Primary curve 16”，以保证第 15 到第 16 条主曲线之间也构成曲面，即构成可乐瓶底的主曲面部分，如图 12-62（b）所示。

单击【确定】按钮，造成网格曲面如图 12-62（c）所示。

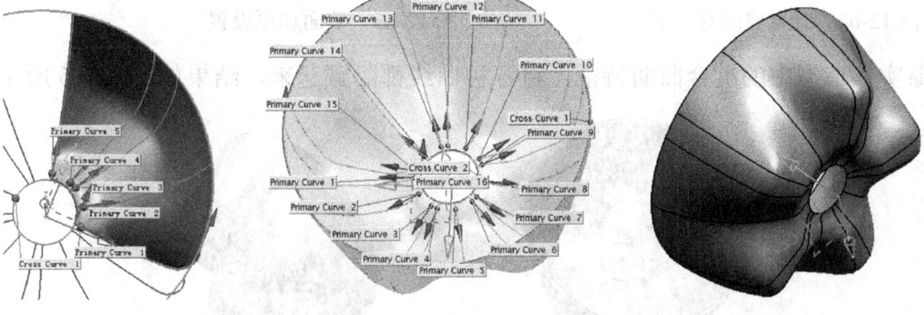

图 12-62 构建网格曲面操作过程

（2）构建瓶底平面

单击【有界平面】工具图标，选择图 12-62 中瓶底部小圆，构建成底平面，如图 12-63 所示。

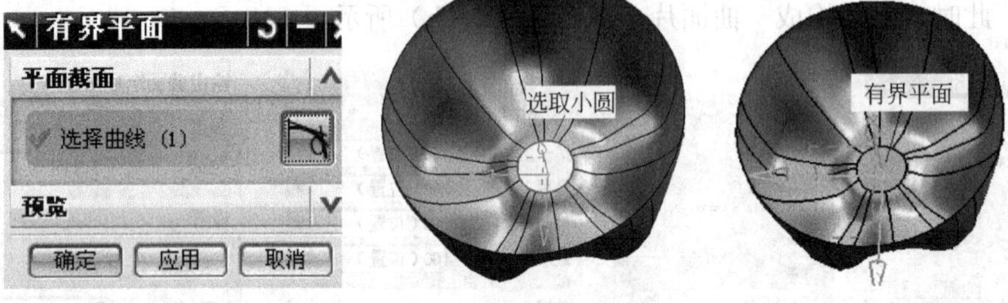

图 12-63　可乐瓶底部圆平面

（3）曲面缝合

单击【曲面缝合】工具图标，弹出如图 12-64 所示对话框，选取网格曲面作目标体，选择圆平面为工具体，单击【确定】按钮，实现曲面缝合，完成可乐瓶底部曲面的构建。

（4）构建可乐瓶底部实体

单击【曲面加厚】工具图标，弹出“曲面加厚”对话框，设置厚度偏置 1 为 0，偏置 2 为 1.5，如图 12-65 所示。表示若向外偏置，加厚后的实体内表面与原曲面重合，外表面与内表面距离为 1.5mm。单击【确定】按钮后，生成实体，隐藏“缝合曲面操作”。若设偏置 1 为 3，偏置 2 为 1，若向外偏置，加厚后的实体内表面向外与原曲面距离 1mm，外表面与内表面距离为 2mm。

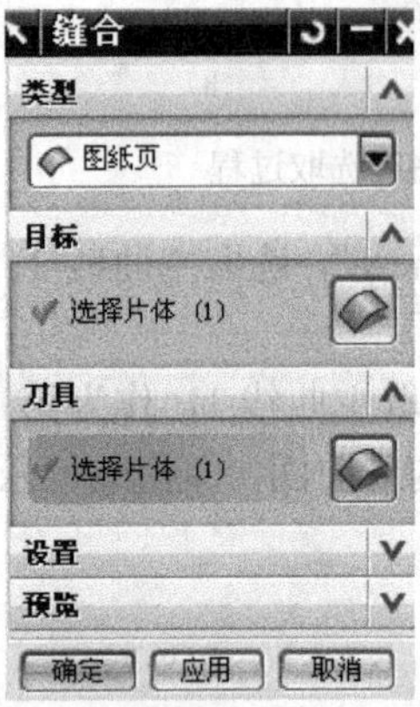

图 12-64　缝合曲面对话框

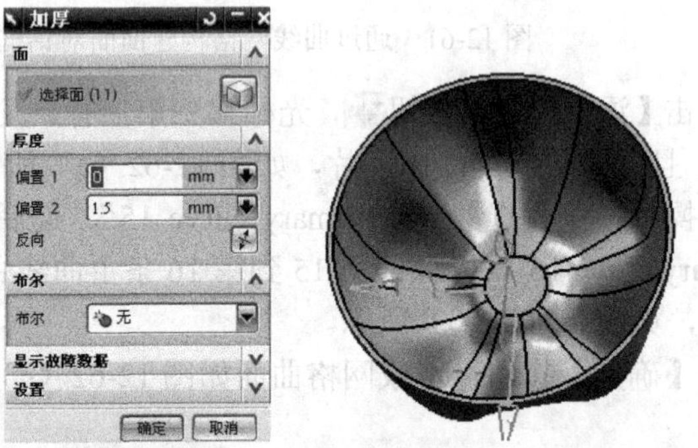

图 12-65　曲面加厚设置

隐藏实体造型中的缝合曲面特征，将各种曲线都隐藏起来，结果如图 12-66 所示。

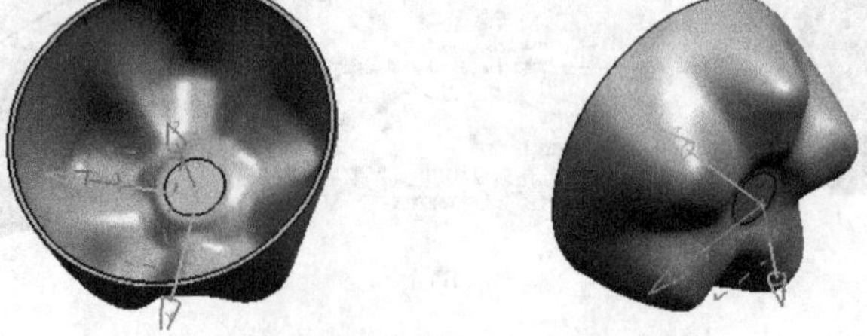

图 12-66　可乐瓶底模型造型结果

阶段 3：构建可乐瓶底的型腔、型芯模具

可乐瓶底部模具构建方案：由可乐瓶底部造型可知，是一个具有一规则内外表面的薄壁零件，型腔应为内表面为深凹槽（坑）状的曲面体模型，型芯为外凸状曲面体模型。

可乐瓶底部上开口处为最大截面，可作为分型表面。可乐瓶底部分模具的构建步骤如下。

1. 启动 SIEMENS NX6.0，打开可乐瓶底部文件“kelepingdi.prt”，进入“注塑模向导”模块

2. 阶段初始化

单击【阶段初始化】工具图标，系统自动选取“kelepingdi.prt”部件模型，且弹出“阶段初始化”对话框，在阶段设置选项组中，更改模具阶段的路径和阶段名，如阶段路径改为“……\xiangmu12\ kelepingdi_mold \”，阶段名：“kelepingdi_ mold.prt”。可根据产品材料填写收缩率：1.006（此步骤可在此设置，也可在后续操作中设置）；阶段单位选取为：毫米，如图 12-67 所示。

单击【确定】按钮，进行阶段初始化处理后，模型默认显示为黄色，可改为习惯颜色：灰色，以便观察。如图 12-68 所示。

图 12-67 阶段初始化设置

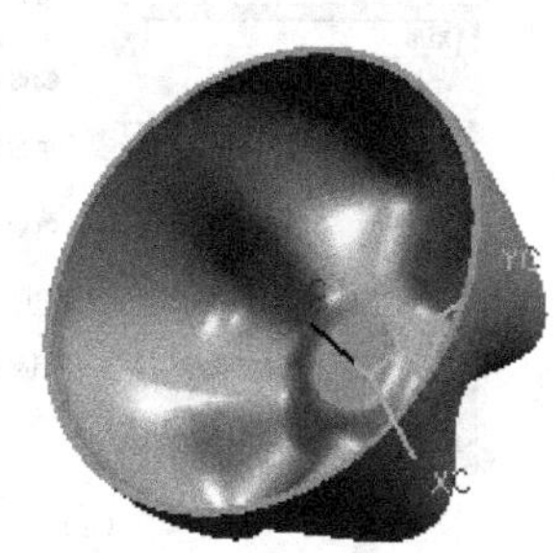

图 12-68 阶段初始化后模型的显示

3. 定义模具坐标系

单击【注塑模向导】工具栏中的【模具 CSYS】工具图标，弹出“模具 CSYS”对话框，选定“当前 WCS”单选项，如图 12-69 所示，单击【确定】按钮，完成模具坐标系的定义。

4. 定义可乐瓶底部模型的成型工件

单击【注塑模向导】工具栏中的【工件】工具图标，弹出“工件尺寸”对话框，选择类型：“产品工件”，工件方法：“用户定义块”，限制：取默认设置不变，即开始：20（产品模型底面到工件底面厚度尺寸），结束：50（产品模型底面到工件上表面厚度尺寸），勾选“显示产品包容块”和“预览”复选项，单击【确定】按钮，完成工件尺寸设置，如图 12-70 所示。

5. 型腔布局

单击【注塑模向导】工具栏中的【型腔布局】工具图标，弹出“型腔布局”对话框，布局类型：矩形，平衡；型腔数：4，第一、第二距离：均为 10；如图 12-71（a）所示；指定矢量：选取自动出现的坐标系的一轴 *X*，则 *XC* 轴被选中，即 *XC* 向为第一距离方向，*YC* 轴为第二距离方向，如图 12-71（b）所示。

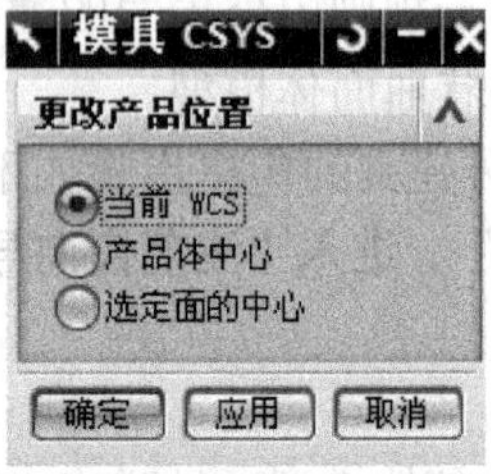

图 12-69 定义模具坐标系

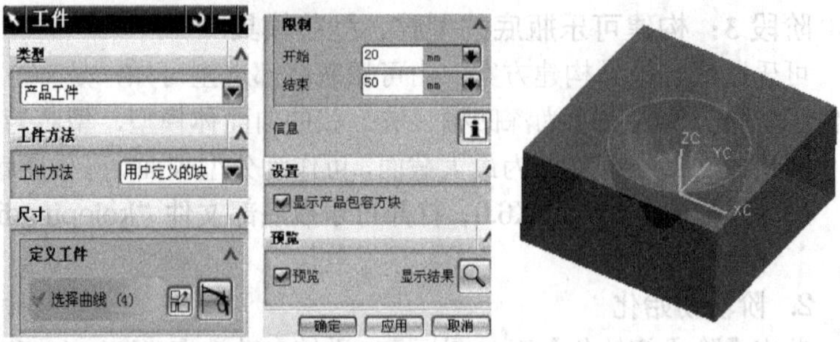

图 12-70 模具体（工件）设置

单击【开始布局】按钮，形成如图 12-71（c）所示，注意其坐标系是位于左上方模具中的；单击【自动对准中心】按钮，模具坐标系移到四模腔几何中心处，单击【关闭】按钮，完成型腔布局，结果如图 12-71（d）所示。

（a） （b）

（c） （d）

图 12-71 四腔模具布局过程

6. 创建分型线

单击【注塑模向导】工具栏中的【分型】工具图标，弹出“分型管理器”对话框。如图 12-72 所示。

单击【分型管理器】中的【编辑分型线】工具图标，弹出“分型线”对话框，单击【自动搜索分型线】按钮，弹出“搜索分型线”对话框，如图 12-73 所示，且可乐瓶底部模型以突出颜色显示，表示已搜索到选择体。

单击【确定】按钮，模型上方最大的圆形边缘以突出颜色显示，表示已搜索到分型线，单击【确定】按钮，返回“分型管理器”对话框，图形区域呈现一圆形分型线。如图 12-73 所示。

图 12-72 分型管理器

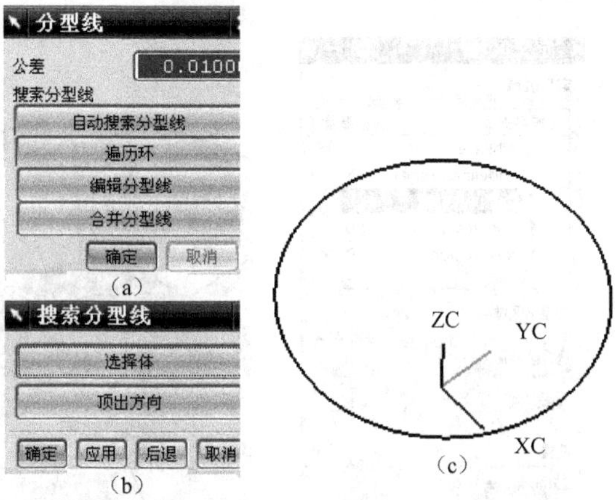

图 12-73 分型线、搜索分型线

7. 创建分型面

单击【分型管理器】中的【分型面】工具图标，弹出“创建分型面”对话框，如图 12-74（a）所示，单击【创建分型面】按钮，弹出“分型面”对话框，如图 12-74（b）所示，选择【条带曲面】选项，图形中呈现如图 12-74（c）所示，分型线的条带延伸长度直线，连续单击【确定】按钮，返回“分型管理器”对话框，图形区域呈现出分型面，如图 12-74（d）所示。

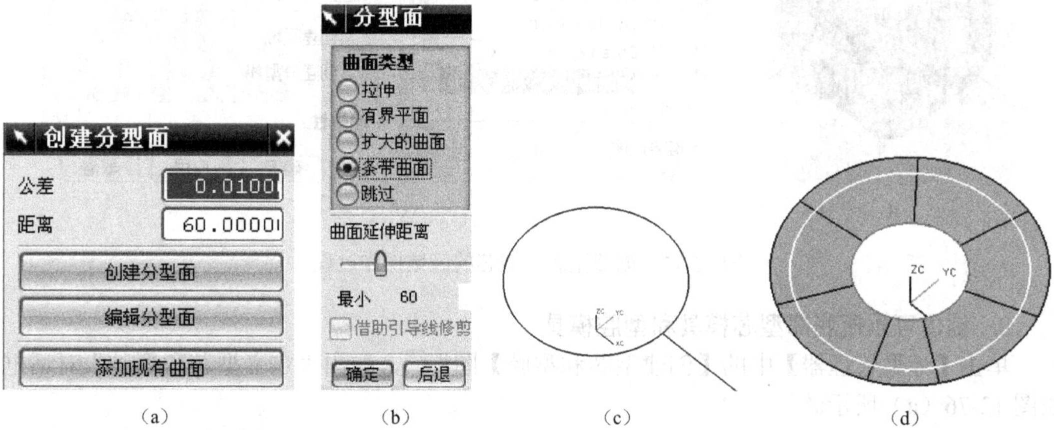

图 12-74 创建分型面操作过程

8. 抽取型腔、型芯的区域和直线

单击【分型管理器】中的【抽取区域和直线】图标，弹出“定义区域”对话框，勾选设置选项组中“创建区域”和“创建分型线”复选项，选取“Cavity region”选项，如图 12-75（a）所示；在模型中选取“环平面”和“曲面”，如图 12-75（b）所示；单击对话框中【应用】按钮，创建型腔区域“Cavity region”数量：3，如图 12-75（c）所示。

再次勾选设置选项组中“创建区域”和“创建分型线”复选项，选取“Core region”选项，在模型中选取下表面部分，如图 12-74（d）所示。单击对话框中【应用】按钮，创建型芯区域“Cavity region”数量：2，如图 12-75（e）所示。

在此，型腔面域 3 与型芯面域 2 之和等于总面数 5，表明创建面域操作正确，单击【确定】按钮，返回“分型管理器”对话框。

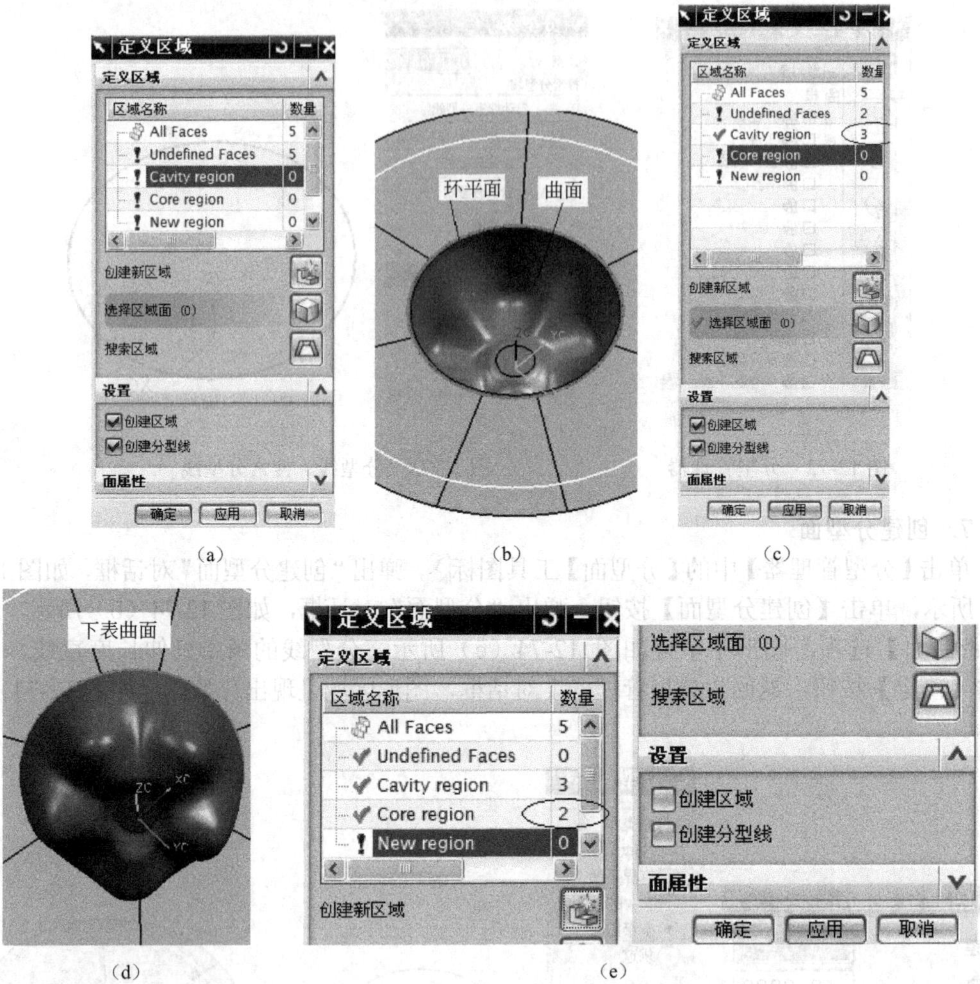

图 12-75　创建型腔、型芯的区域操作过程

9. 创建可乐瓶底部型芯模具和型腔模具

单击【分型管理器】中的【创建型芯和型腔】图标，弹出“定义型芯和型腔”对话框，如图 12-76（a）所示。

选取区域名称“Cavity region”选项，单击【应用】按钮，自动构建模具体，并弹出“查看分型结果”对话框，由于系统默认的实际是型芯，单击【法向反向】按钮，如图 12-76（b）所示，重新自动构建一模具体，如图 12-76（c）所示，即所需的型腔状模具。单击“查看分型结果”对话框中的【确定】按钮，完成型腔模具构建。

再选取区域名称“Core region”选项，单击【应用】按钮，自动构建模具体，并弹出“查看分型结果”对话框，由于系统默认的实际是型腔，单击【法向反向】按钮，如图 12-76（d）所示，重新自动构建一模具体，如图 12-76（e）所示，即所需的型芯状模具。单击“查看分型结果”对话框中的【确定】按钮，完成型芯模具构建。

打开【文件】菜单，单击【全部保存】菜单项，弹出文件保存对话框，确认将全部文件保存在“……\xiangmu12\kelepingdi_mold”文件夹中。

打开文件夹“……\xiangmu12\kelepingdi_mold”，其中“kelepingdi_mold_core_006.prt”为型芯模具文件，“kelepingdi_mold_cavity_002.prt”为型腔模具文件。

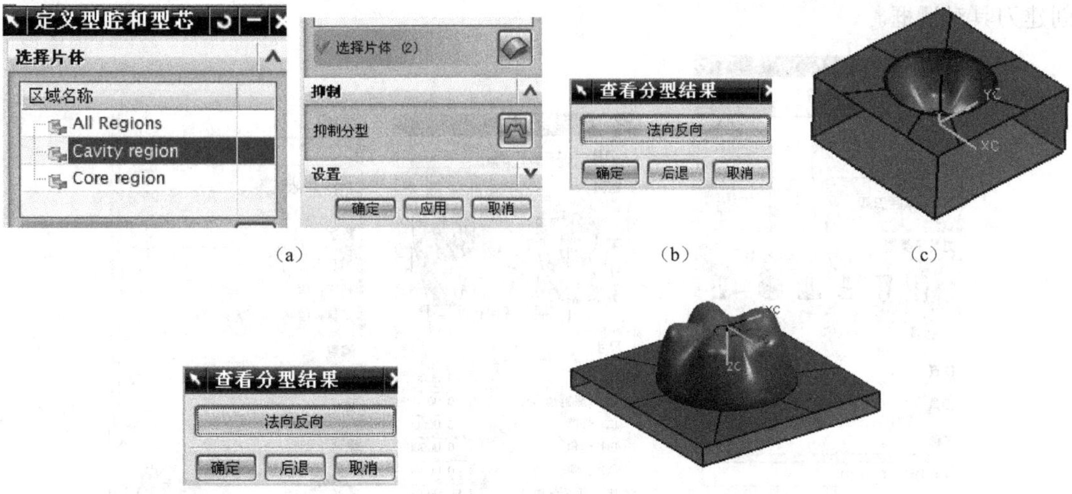

(a) (b) (c)

(d) (e)

图 12-76 创建型腔、型芯模具操作过程

阶段 4：构建可乐瓶底型芯工件毛坯

启动 SIEMENS NX6.0 软件，打开可乐瓶底型芯模具造型文件“kelepingdi_mold_core_006.prt”。

单击【拉伸】特征工具图标，选取型芯模底面棱边为拉伸截面线框，向型芯模体方向从 0 到 53 拉伸，形成长方体毛坯，如图 12-77 所示。毛坯体的高度 55mm 是根据可乐瓶底高度 37mm+型芯模底部厚度 13mm+模具表面加工余量 3~5mm 而确定的。

阶段 5：构建可乐瓶底型芯铣削加工刀轨操作

1. 进入加工模块

单击【开始】菜单图标，选取【加工】菜单项图标，弹出“加工环境”对话框，在“CAM 设置”中选取“mill_contour”型腔铣削模板，如图 12-78 所示，单击【确定】按钮，进入“加工”模块。

2. 创建刀具

单击“资源条” 中的【操作导航器】图标，显示“操作导航器—程序顺序”视图，单击【机床视图】图标，将“操作导航器”切换成“操作导航—机床”视图，如图 12-79 所示。

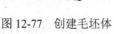

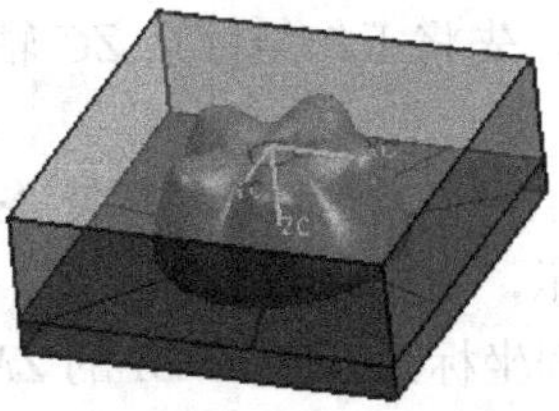

图 12-77 创建毛坯体

图 12-78 CAM 设置

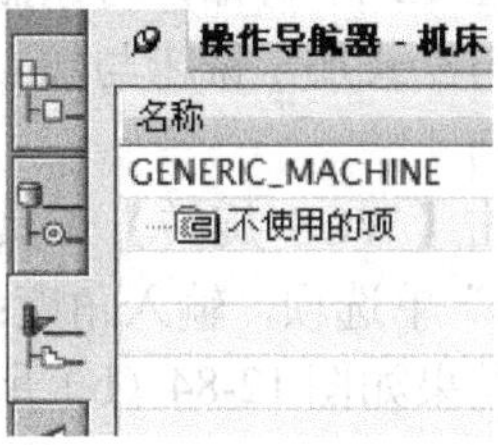

图 12-79 操作导航器—机床视图

单击【创建刀具】工具图标，弹出“创建刀具”对话框，如图 12-80 所示，创建平底圆柱铣刀“endmill_d20”刀具，单击【应用】按钮，弹出 5 参数刀具对话框，设置好刀具尺寸、刀具号、刀具长度补偿号、半径补偿号后，如图 12-81 所示，单击【确定】按钮，返回

创建刀具对话框。

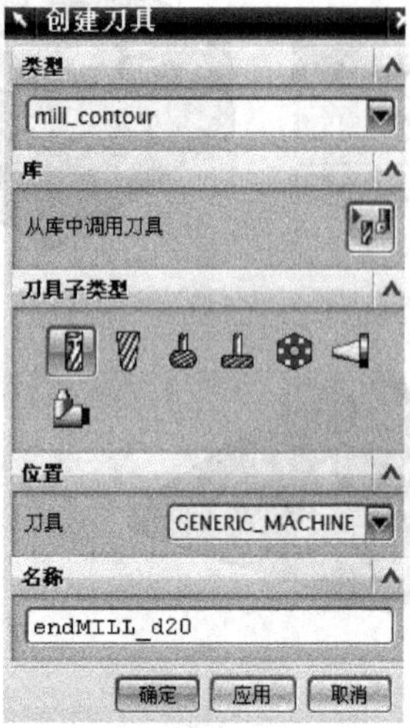

图 12-80 创建刀具类型

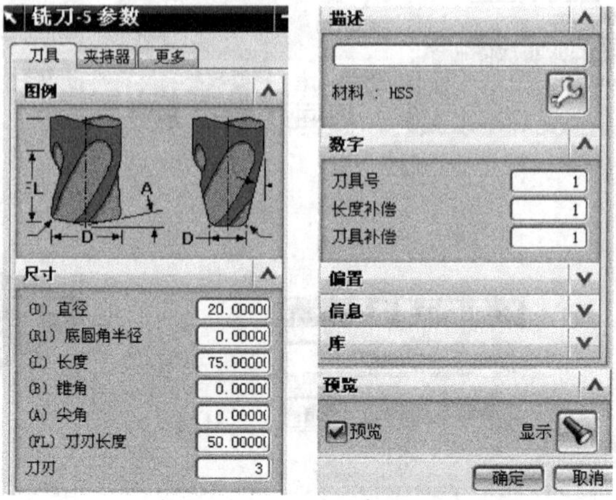

图 12-81 创建 5 参数刀具设置

如此操作分别创建其他刀具，所有创建刀具结果如图 12-82 所示。

3. **创建加工几何体**

单击【几何视图】工具图标，将操作导航器切换成“操作导航器—几何体”视图，如图 12-83 所示。

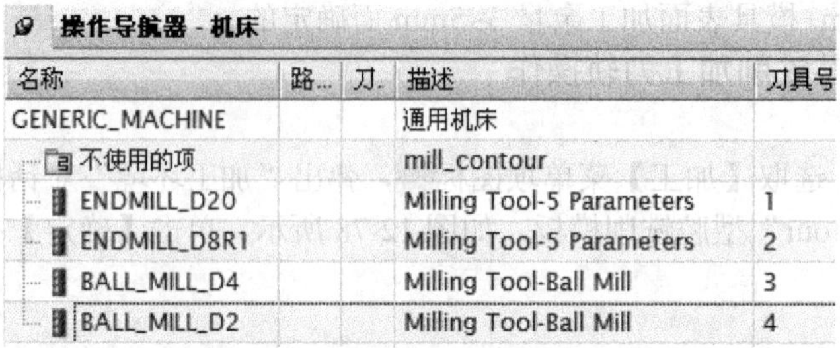
操作导航器 - 机床
名称
路...
刀...
描述
刀具号
GENERIC_MACHINE
通用机床
不使用的项
mill_contour
ENDMILL_D20
Milling Tool-5 Parameters
1
ENDMILL_D8R1
Milling Tool-5 Parameters
2
BALL_MILL_D4
Milling Tool-Ball Mill
3
BALL_MILL_D2
Milling Tool-Ball Mill
4

图 12-82 创建刀具列表

图 12-83 几何视图

（1）创建工件加工（编程）坐标系

由图 12-77 可知，可乐瓶底型芯模具中的 *Z* 轴正方向向下，默认的 *ZC* 轴正方向也是向下的，与立式加工铣床与加工中心的 *Z* 轴方向相反，因此，先将工作坐标系 *ZC* 轴旋转到朝上的方向。

单击【WCS 旋转】工具图标，弹出“旋转 WCS 绕…”对话框，选取“+*XC* 轴：*YC*→*ZC*”单选项，输入角度：180°，如图 12-84（a）所示，单击【确定】按钮，工作坐标系旋转结果如图 12-84（b）所示。现在默认的工件加工编程坐标系 *XMYMZM* 的 *ZM* 轴与 *ZC* 轴反向。

双击“操作导航器—几何体”视图中的“MCS_MILL”项，弹出“Mill Orient”对话框，如图 12-84（c）所示，在机床坐标系选项中单击【CSYS 对话框】按钮图标，弹出创建加工坐标系“CSYS”对话框，选取类型为“偏置”，参考 CSYS 中选取“WCS”，如图 12-84（d）所示，此时模型上出现具有控制手柄的动态坐标系，该坐标系与 *XCYCZC* 重合，如图 12-84（e）

所示，单击【确定】按钮，返回“CSYS”对话框，实现 *XMYMZM* 坐标系与 *XCYCZC* 坐标系重合。

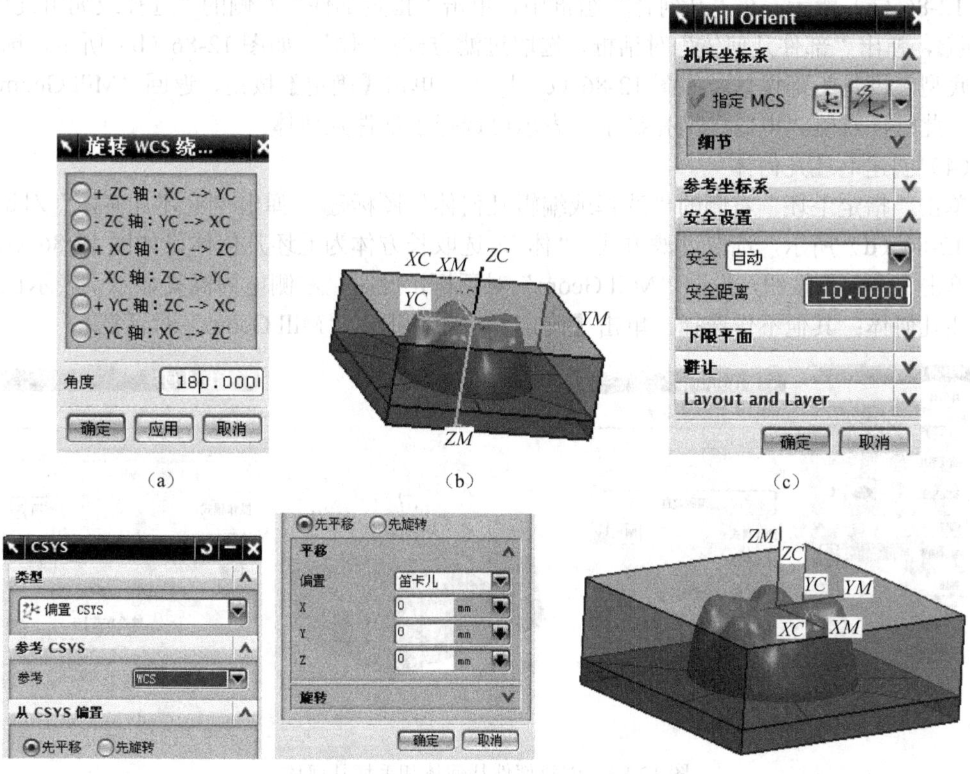

（a）（b）（c）

（d）（e）

图 12-84 创建模具加工编程坐标系操作过程

（2）创建安全平面

在“CSYS”对话框的“安全设置”选项组中，从下拉列表框中选取“平面”，如图 12-85（a）所示，单击【选择平面】图标，弹出“平面构造器”对话框，选取以 *XCYC* 平面为参照，在“偏置”文本框中输入 50，即安全平面设置在 *ZC*=50mm 的水平面处，如图 12-85（b）所示，单击【确定】按钮，模型上方出现三角形安全平面符号，如图 12-85（c）所示。

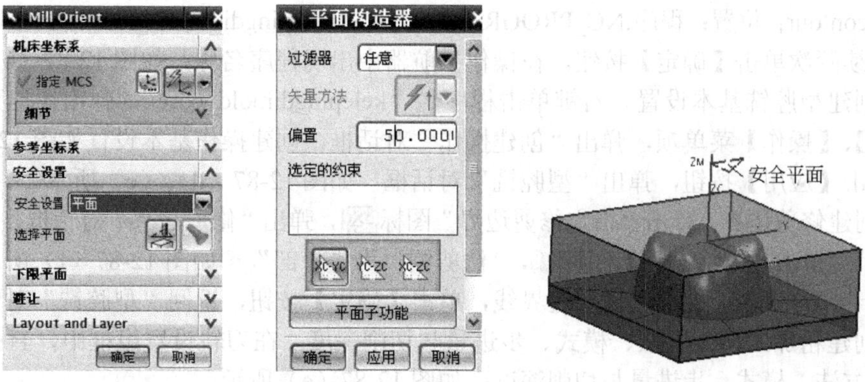

（a）（b）（c）

图 12-85 创建安全平面操作过程

（3）创建铣削部件几何体

双击“操作导航器—几何体”视图中“WORKPIECE”项，弹出“Mill Geom”对话框，如图 12-86（a）所示，在“几何体”组框中，单击“指定部件”右侧的“选择或编辑几何体”图标，弹出“部件几何体”对话框，选取过滤方式：“体”，如图 12-86（b）所示，选取可乐瓶底型芯模具为部件体，如图 12-86（c）所示，单击【确定】按钮，返回“Mill Geom”对话框，此时，右侧“电筒”高亮显示，表示已选择了部件几何体。

（4）创建毛坯几何体

单击“指定毛坯”右侧的“选择或编辑几何体”图标，弹出“毛坯几何体”对话框，如图 12-86（d）所示，选取过滤方式：“体”，选取长方体为毛坯几何体，如图 12-86（c）所示，单击【确定】按钮，返回“Mill Geom”对话框，此时，右侧电筒高亮显示，表示已选择了毛坯几何体；其他不作选择，单击【确定】按钮，退出“Mill Geom”对话框。

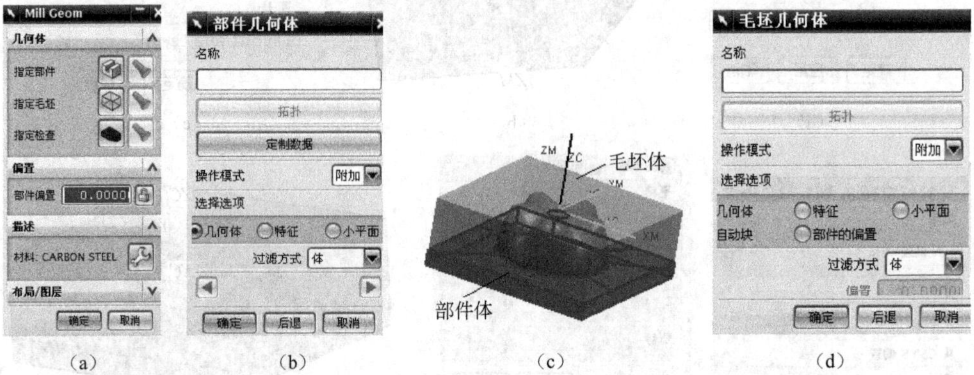

图 12-86 创建部件几何体和毛坯几何体

4. 创建加工方法

为简化操作，暂且不作创建加工方法操作，先取默认的加工方法，而在创建操作中对加工方法适当修改。

5. 创建加工刀轨操作

（1）创建粗加工刀轨操作

① 创建程序名称。单击【程序顺序视图】工具图标，将操作导航器切换为“操作导航器—程序顺序”视图，单击【创建程序】工具图标，弹出“创建程序”对话框，选择类型：mill_contour；位置：程序:NC_PROGRAM；名称：kelepingdi_mold_core，如图 12-87（a）所示。连续两次单击【确定】按钮，在操作导航器中出现程序名称，如图 12-87（b）所示。

② 创建型腔铣基本设置。右键单击程序名“kelepingdimold_core”，弹出快捷菜单，选择【插入】、【操作】菜单项，弹出“创建操作”对话框，创建操作基本设置如图 12-87（c）所示，单击【应用】按钮，弹出“型腔铣”对话框，如图 12-87（d）、（e）所示。

③ 创建修剪边界。单击“指定修剪边界”图标，弹出“修剪边界”对话框，选择“过滤器类型”：单击【曲线边界】图标，“修剪侧”为“外部”，如图 12-87（f）所示。在模型中选取毛坯体上表面棱边为修剪边界线，单击【确定】按钮，返回“型腔铣”对话框。

④ 创建粗加工切削方法、模式、步进量与切削深度。在刀轨设置组框中，直接设置粗加工切削方法、模式、步进量与切削深度，如图 12-87（e）所示。

⑤ 创建切削参数。单击【切削参数】图标，弹出“切削参数”对话框，打开“余量”选项卡，设部件侧面余量为 0.5，其他参数全部取默认设置，如图 12-88 所示。

图 12-87　创建程序名、粗铣削加工刀轨操作基本设置与修剪边界

⑥ 创建非切削参数。单击【非切削参数】图标，弹出“非切削参数”对话框，在“进刀”选项卡中，主要设置封闭区域进刀类型为“螺旋线”，直径为 75%刀具直径，其他全部取默认设置，如图 12-89 所示。

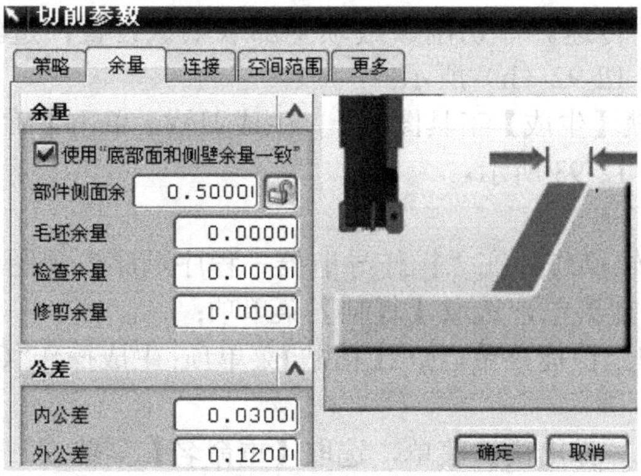

图 12-88　创建切削参数

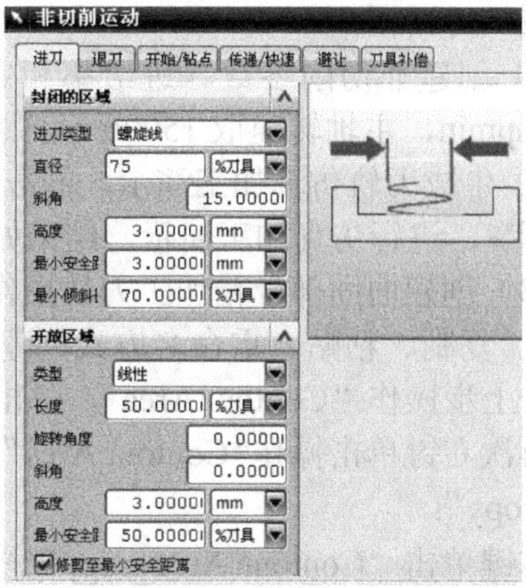

图 12-89　创建非切削参数

⑦ 创建主轴转速与进给率。单击【进给和速度】图标，弹出“进给”对话框，主轴转速 1200rpm，进给率 120mmpmin，其他取默认设置。如图 12-90 所示。

⑧ 生成刀轨与仿真加工演示。单击刀轨【生成】工具图标，生成刀轨，单击【确认】工具图标，进行仿真加工演示，结果如图 12-91 所示。

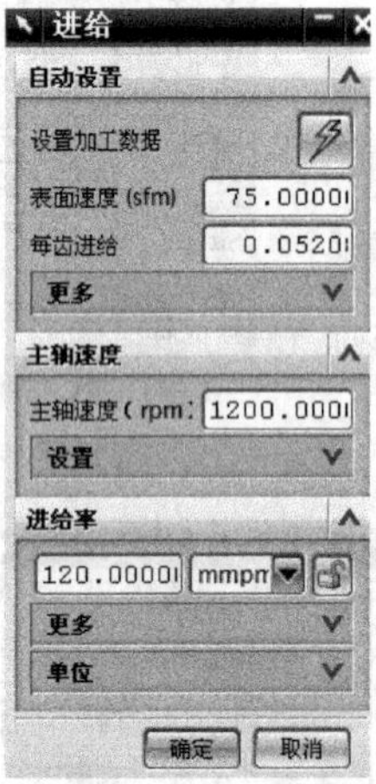

图 12-90 创建主轴转速与进给率

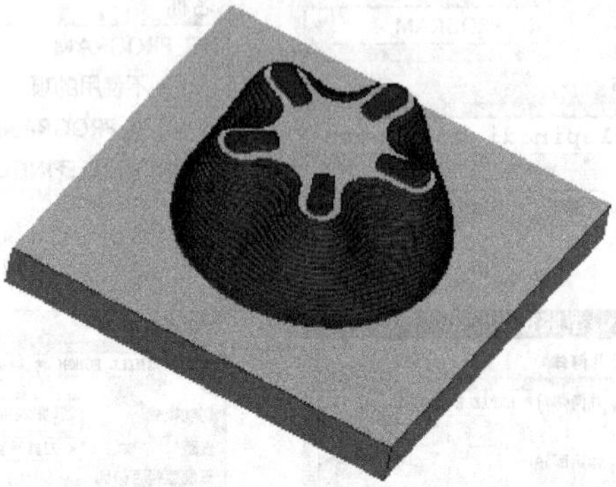

图 12-91 可乐瓶底型芯模具粗加工结果

（2）创建曲面部分半精加工刀轨操作

① 创建区域半精加工基本设置。打开“创建操作”对话框，创建基本设置如图 12-92（a）所示。

② 设置区域铣削驱动方式。单击“创建操作”对话框中【应用】按钮，弹出区域型腔铣削“轮廓区域”对话框，如图 12-92（b）、（c）所示。单击“驱动方式”组框右侧编辑图标，弹出“区域驱动方式”对话框，设置选项、参数如图 12-92（d）所示，单击【确定】按钮，返回“轮廓区域”对话框。

③ 创建铣削区域。单击“轮廓区域”对话框中“指定切削区域”右侧图标，弹出“切削区域”对话框，选取“过滤方式”为“面”，如图 12-92（e）所示；在模型中窗方式选取曲面部分区域，如图 12-92（f）所示，单击【确定】按钮，返回“轮廓区域”对话框。

④ 创建切削参数。单击【切削参数】图标，弹出“切削参数”对话框，打开“余量”选项卡，设置“部件余量”：0.2mm，其他参数全部取默认设置，单击【确定】按钮，返回“轮廓区域”对话框。

⑤ 创建非切削参数、进给率和主轴转速。非切削参数项全部取默认设置；进给率取 150mmpmin，主轴转速取 1500rpm，如图 12-92（h）所示。

⑥ 生成刀轨仿真加工演示。单击刀轨【生成】工具图标，生成刀轨，单击【确认】工具图标，进行仿真加工演示，结果如图 12-93 所示。

（3）创建曲面部分精加工刀轨操作

① 复制、粘贴、重命名方式创建刀轨操作。在“操作导航器—程序顺序”视图中，右键单击上步操作“Contour Area”，弹出快捷菜单，选取【复制】菜单项；

再次右键单击操作“Contour Area”，弹出快捷菜单，选取【粘贴】菜单项；生成操作“Contour Area_copy”；

右键单击“Contour Area_copy”操作，弹出快捷菜单，选取【重命名】菜单项，命名为“Contour Area_finish_1”。

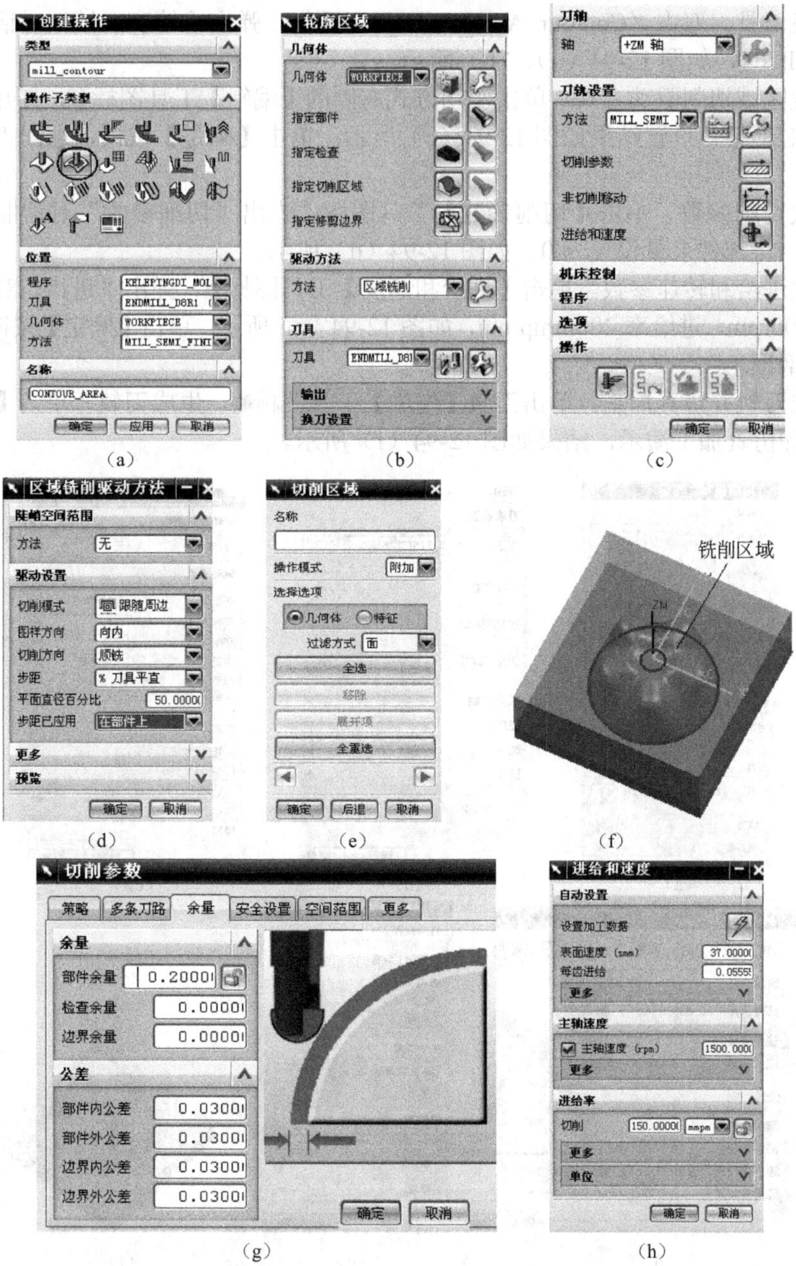

图 12-92　创建曲面区域半精切削加工基本设置、驱动方式与切削参数

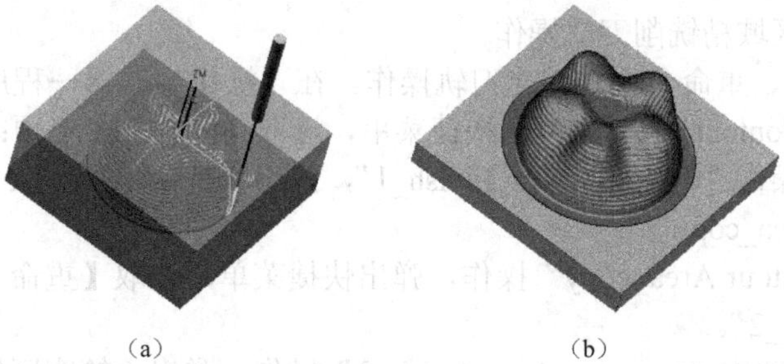

图 12-93　创建曲面区域半精铣削加工刀轨与仿真加工结果

② 更换刀具。双击“Contour Area_finish_1”操作，弹出“轮廓区域”对话框，将刀具改为 ball_mill_d4，如图 12-94（a）、（b）所示。

③ 修改区域切削驱动方式。单击驱动方式右侧的【编辑】工具图标，打开“区域铣削驱动方式”对话框，设置结果如图 12-94（c）所示；单击【确定】按钮，返回“轮廓区域”对话框。

④ 修改切削参数。单击【切削参数】工具图标，弹出“切削参数”对话框，打开“余量”选项卡，将部件余量设置为 0，如图 12-94（d）所示。

⑤ 修改进给和转速参数。单击【进给和速度】工具图标，弹出“进给”对话框，设置主轴转速 2000rpm，进给率 200mmpmin，如图 12-94（e）所示。单击【确定】按钮，返回“轮廓区域”对话框。

⑥ 生成刀轨并仿真加工。单击刀轨【生成】工具图标，生成刀轨，单击【确认】工具图标，进行仿真加工演示，结果如图 12-94（f）所示。

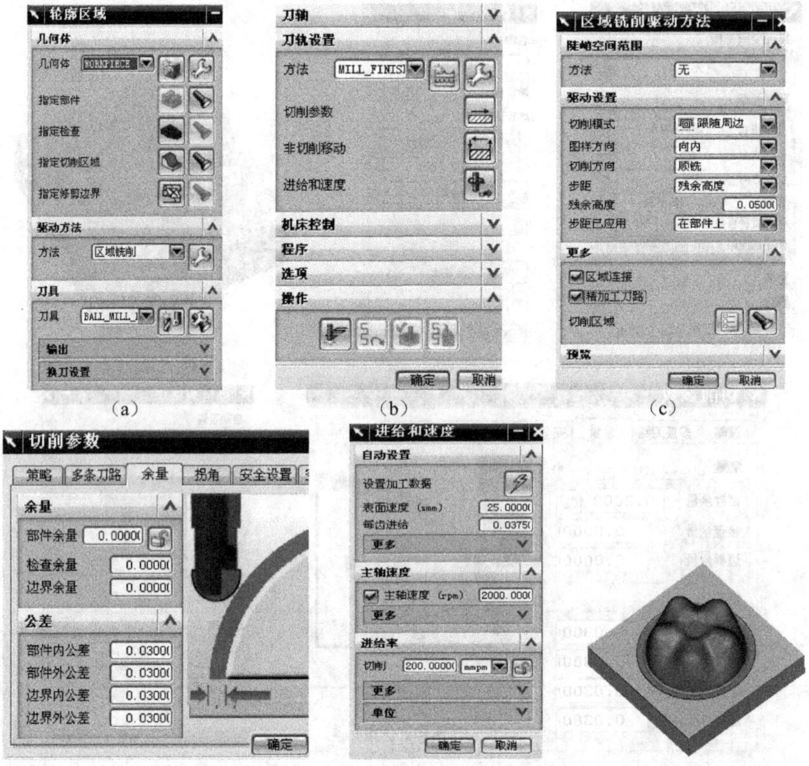

图 12-94　创建曲面部分精加工刀轨操作过程

（4）创建平面区域精铣削刀轨操作

① 复制、粘贴、重命名方式创建刀轨操作。在“操作导航器—程序顺序”视图中，右键单击上步操作“Contour Area”，弹出快捷菜单，选取【复制】菜单项；

再次右键单击操作“Contour Area_Finish_1”，弹出快捷菜单，选取【粘贴】菜单项；生成操作“Contour Area_copy”；

右键单击“Contour Area_copy”操作，弹出快捷菜单，选取【重命名】菜单项，命名为“Contour Area_finish_2”。

② 更换刀具。双击“Contour Area_finish_2”操作，弹出“轮廓区域”对话框，将刀具改为 Endmill_D20，如图 12-95（a）、（b）所示。

③ 修改区域切削驱动方式。单击驱动方式右侧的【编辑】工具图标，打开“区域铣削驱动方式”对话框，设置结果如图 12-95（c）所示，阵列中心，选取“指定”，单击指定点右侧的“点构造器”图标，弹出“点构造器”对话框，选取坐标系原点（0,0,0）为阵列中心；连续单击【确定】按钮，返回“轮廓区域”对话框。

④ 修改切削区域。单击“指定切削区域”右侧图标，弹出“切削区域”对话框，单击【移除】按钮，移去原来的曲面区域，单击【确定】按钮，返回“轮廓区域”对话框；再次单击“指定切削区域”右侧图标，弹出“切削区域”对话框，将操作模式选项换为“附加”，选取模型的分型面区域，由于分型面是由多个扇形区域组成，故要多次选取，如图 12-95（d）、（e）所示，分型面全部选取后单击【确定】按钮，返回“轮廓区域”对话框。

⑤ 修改进给和转速参数。单击【进给和速度】工具图标，弹出“进给”对话框，设置主轴转速 2000rpm，进给率 200mmpmin，如图 12-95（f）所示。单击【确定】按钮，返回“轮廓区域”对话框。

⑥ 生成刀轨并仿真加工。单击刀轨【生成】工具图标，生成刀轨，如图 12-95（g）所示。单击【确认】工具图标，进行仿真加工演示，结果如图 12-95（h）、（i）所示。

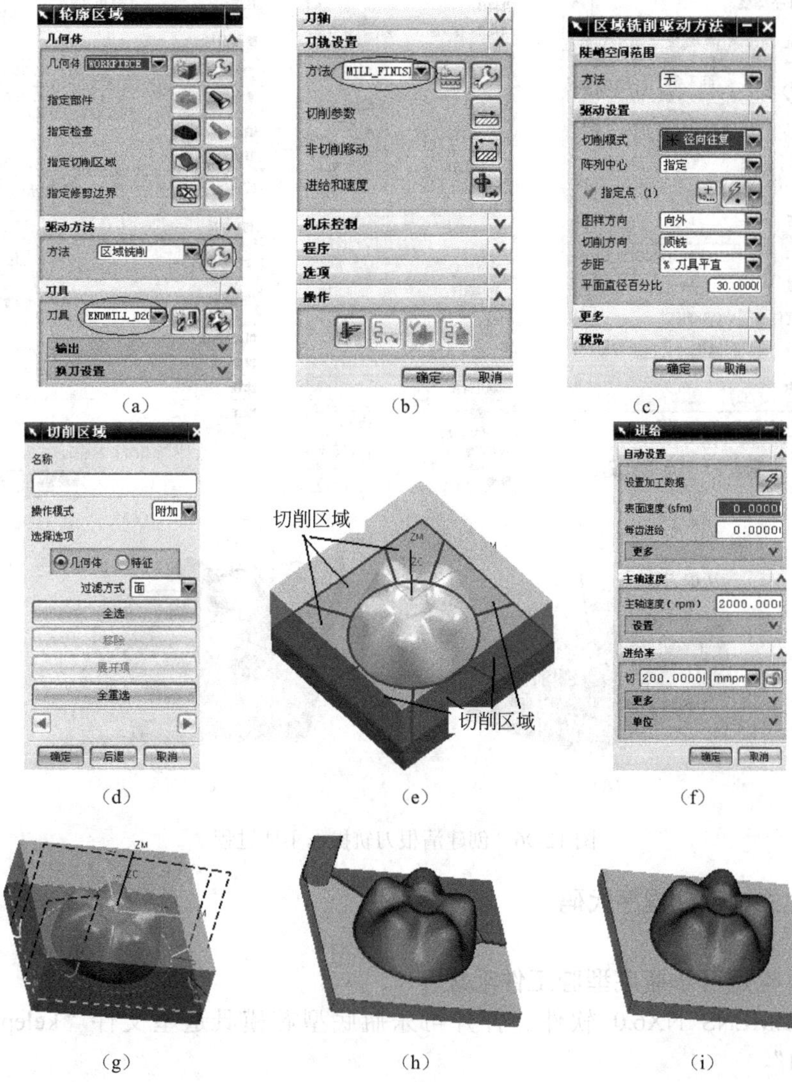

图 12-95 创建平面区域精铣削刀轨操作过程

（5）创建清根加工刀轨操作

打开“创建操作”对话框，建立基本设置如图 12-96（a）所示。

单击【应用】按钮，弹出“清根光顺”对话框；驱动几何、驱动设置和参考刀具参数如图 12-96（b）、（c）所示。

指定修剪边界为毛坯体上表面棱边线，修剪侧为外部。

单击【进给和速度】图标，设置主轴转速 2000rpm，进给率 200mmpmin，其他设置全部取默认设置。

单击刀轨【生成】工具图标，生成刀轨，单击【确认】工具图标，进行仿真加工演示，如图 12-96（d）所示。

连续两次单击【确定】按钮，创建清根铣削刀轨操作。

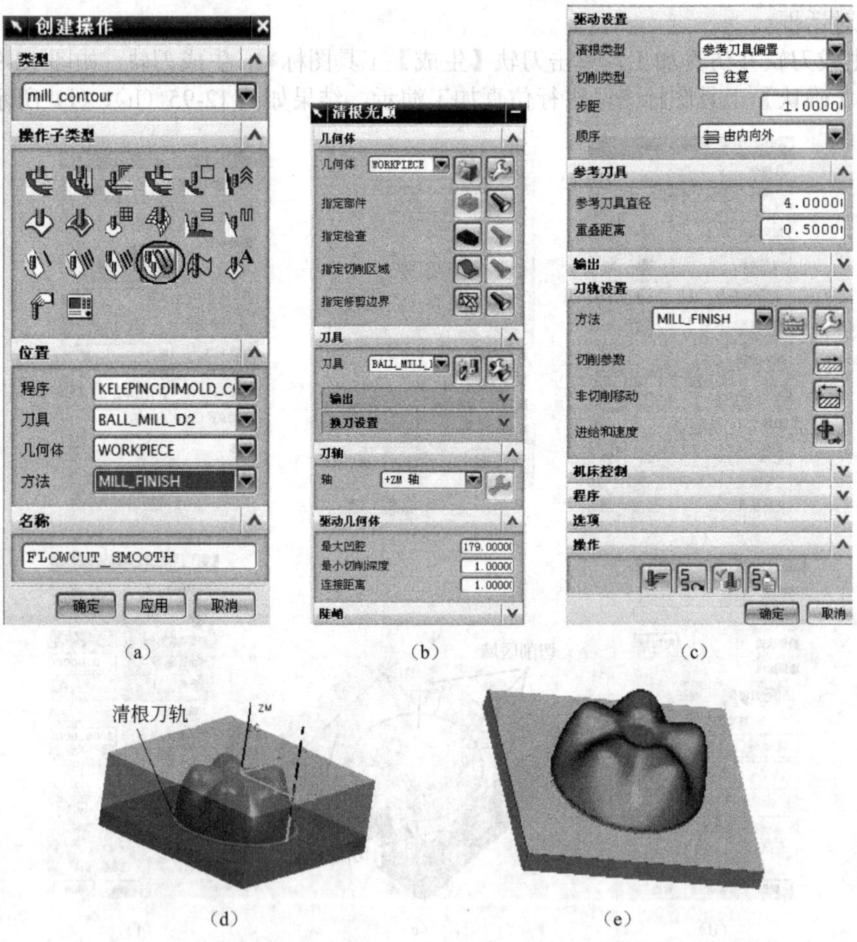

图 12-96　创建清根刀轨操作主要过程

阶段 6：生成 NC 程序代码

从略。

阶段 7：构建可乐瓶底型腔工件毛坯

启动 SIEMENS NX6.0 软件，打开可乐瓶底型芯模具造型文件“kelepingdi_mold_cavity_002.prt”。

单击【拉伸】特征工具图标，选取型腔模底面棱边为拉伸截面线框，向型腔模体方向从 0 到 60 拉伸，形成长方体毛坯，如图 12-97 所示（毛坯体的高度 60mm 是根据可乐瓶底高度 37mm+型腔模底部厚度 20mm+模具表面加工余量 3mm 而确定的）。

阶段 8：构建可乐瓶底型腔铣削加工刀轨操作

1. 进入加工模块

单击【开始】菜单图标，选取【加工】菜单项图标，弹出“加工环境”对话框，在“CAM 设置”中选取“mill_contour”型腔铣削模板，如图 12-98 所示，单击【确定】按钮，进入“加工”模块。

2. 创建刀具

单击“资源条” 中的【操作导航器】图标，显示“操作导航器—程序顺序”视图，单击【机床视图】图标，将“操作导航器”切换成“操作导航—机床”视图，如图 12-99 所示。

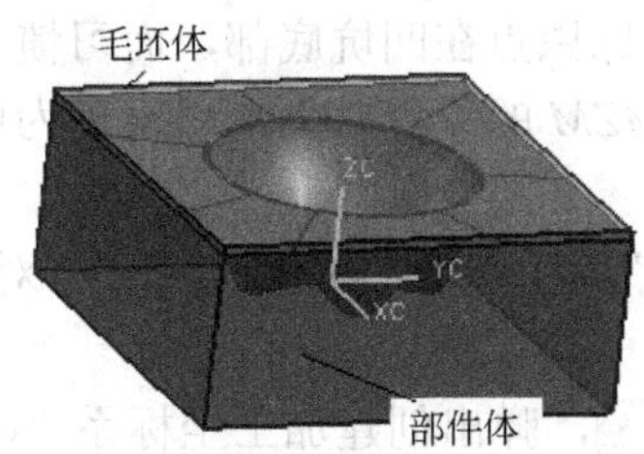

图 12-97　创建毛坯体

图 12-98　CAM 设置

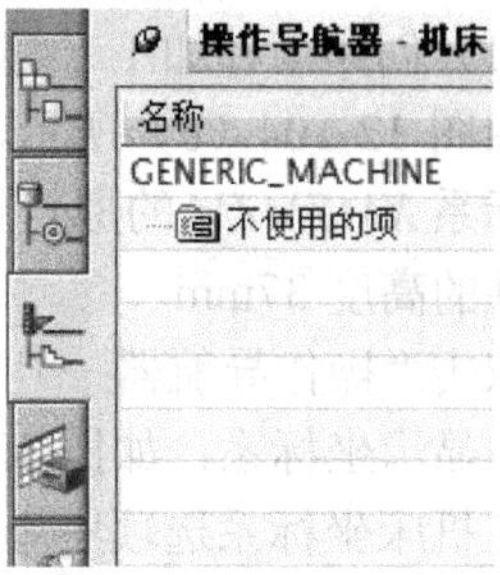

图 12-99　操作导航器—机床视图

单击【创建刀具】工具图标，弹出“创建刀具”对话框，如图 12-100 所示，创建平底圆柱铣刀“endmill_d20”刀具，单击【应用】按钮，弹出 5 参数刀具对话框，设置好刀具尺寸、刀具号、刀具长度补偿号、半径补偿号后，如图 12-101 所示，单击【确定】按钮，返回创建刀具对话框。

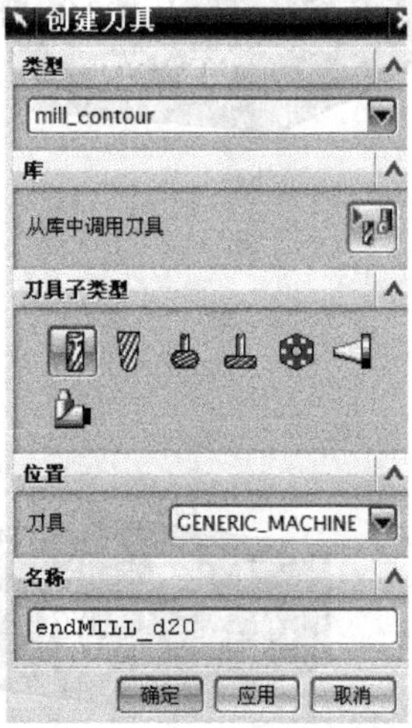

图 12-100　创建刀具类型

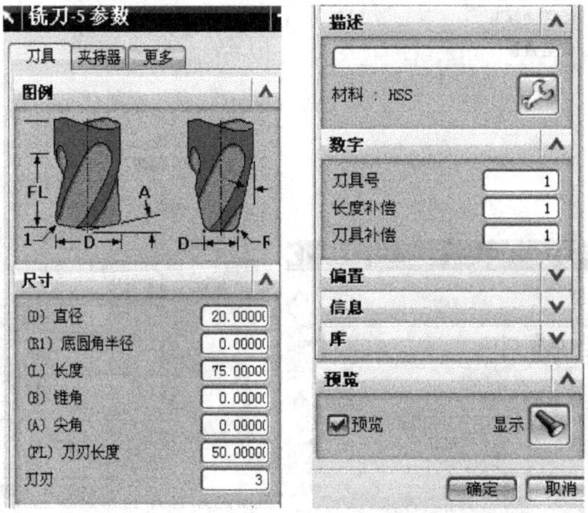

图 12-101　创建 5 参数刀具设置

如此操作分别创建其他刀具，所有创建刀具结果如图 12-102 所示。

3. 创建加工几何体

单击【几何视图】工具图标，将操作导航器切换成“操作导航器—几何体”视图，如图 12-103 所示。

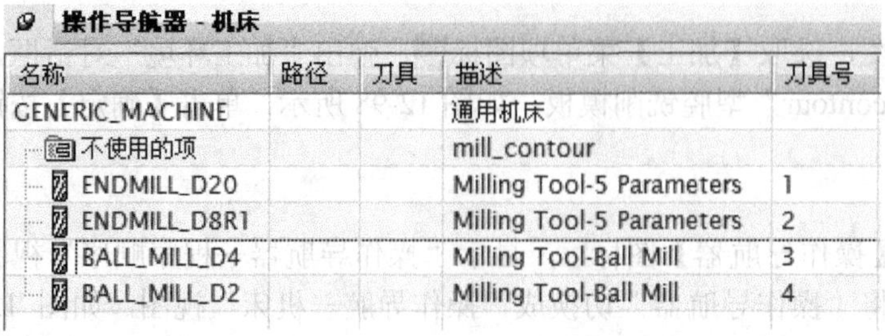

操作导航器 - 机床

名称	路径	刀具	描述	刀具号
GENERIC_MACHINE			通用机床	
不使用的项			mill_contour	
ENDMILL_D20			Milling Tool-5 Parameters	1
ENDMILL_D8R1			Milling Tool-5 Parameters	2
BALL_MILL_D4			Milling Tool-Ball Mill	3
BALL_MILL_D2			Milling Tool-Ball Mill	4

图 12-102　创建刀具列表

图 12-103　几何视图

（1）创建工件加工（编程）坐标系

由图 12-104（b）所示，可乐瓶底型腔模具中的 *Z* 坐标原点在凹坑底部，而习惯上将工作坐标系 *XMYMZM* 的原点设置在零件上表面，故将 *XMYMZM* 的原点向上平移距离为可乐瓶底零件的高度 37mm。

双击“操作导航器—几何体”视图中的“MCS_MILL”项，弹出“Mill Orient” 对话框，模具中显示坐标系，如图 12-104（a）、（b）所示。

在机床坐标系选项中单击【CSYS 对话框】按钮图标，弹出创建加工坐标系“CSYS”对话框，选取类型为“偏置 CSYS”，参考 CSYS 中选取“WCS”，平移选项组中，偏置：笛卡儿，坐标值（0,0,37），如图 12-104（c）所示，单击【确定】按钮，返回“CSYS”对话框，实现 *XMYMZM* 坐标系相对 *XCYCZC* 坐标系向上偏移 37mm，如图 12-104（d）所示。

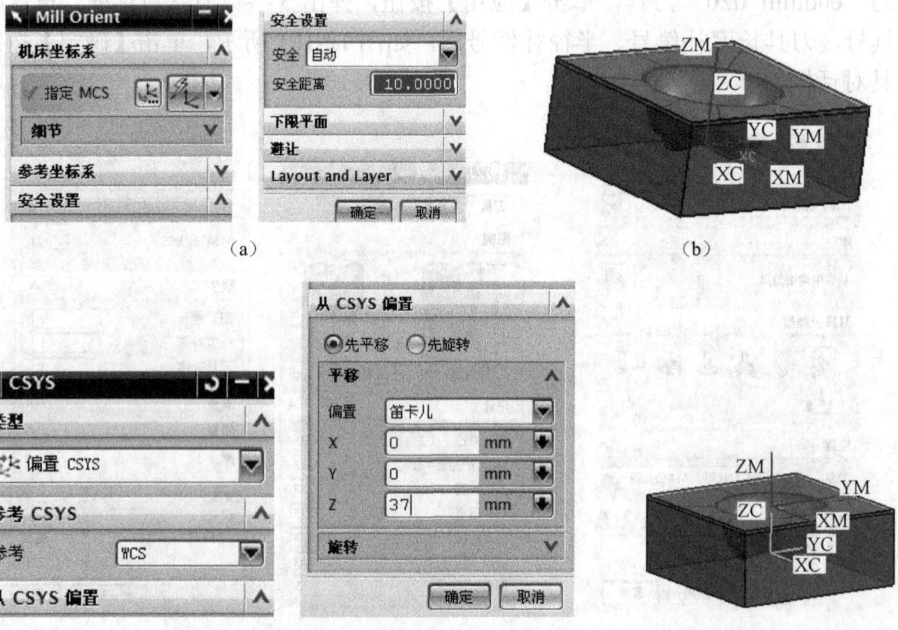

图 12-104　创建模具加工编程坐标系操作过程

（2）创建安全平面

在“CSYS”对话框的“安全设置”选项组中，从下拉列表框中选取“平面”，如图 12-105（a）所示，单击【选择平面】图标，弹出“平面构造器”对话框，选取以 *XCYC* 平面为参照，在“偏置”文本框中输入 80，即安全平面设置在 *ZC*=80mm 的水平面处，如图 12-105（b）所示，单击【确定】按钮，模型上方出现三角形安全平面符号，如图 12-105（c）所示。

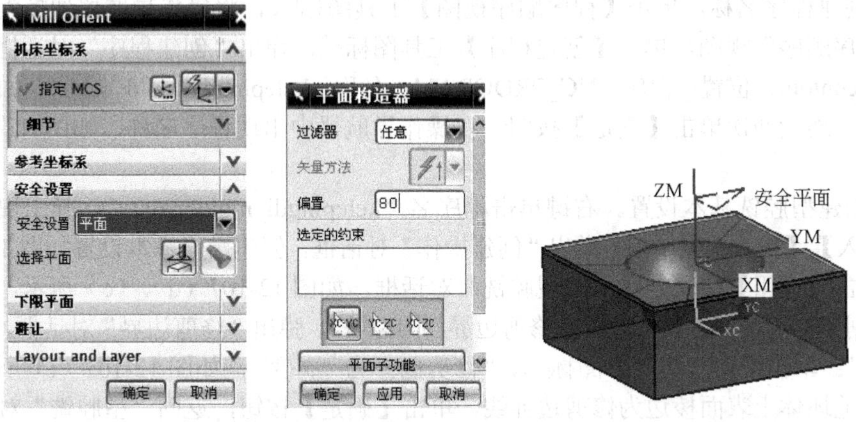

（a）（b）（c）

图 12-105 创建安全平面操作过程

（3）创建铣削部件几何体

双击“操作导航器—几何体”视图中“WORKPIECE”项，弹出“Mill Geom”对话框，如图 12-106（a）所示，在“几何体”组框中，单击“指定部件”右侧的“选择或编辑几何体”图标，弹出“部件几何体”对话框，选取过滤方式：“体”， 如图 12-106（b）所示，选取可乐瓶底型腔模具为部件体，如图 12-96（c）所示，单击【确定】按钮，返回“Mill Geom”对话框，此时，右侧电筒高亮显示，表示已选择了部件几何体。

（4）创建毛坯几何体。单击“指定毛坯”右侧的“选择或编辑几何体”图标，弹出“毛坯几何体”对话框，如图 12-106（d）所示，选取过滤方式：“体”，选取长方体为毛坯几何体，如图 12-106（c）所示，单击【确定】按钮，返回“Mill Geom”对话框，此时，右侧电筒高亮显示，表示已选择了毛坯几何体；其他不作选择，单击【确定】按钮，退出“Mill Geom”对话框。

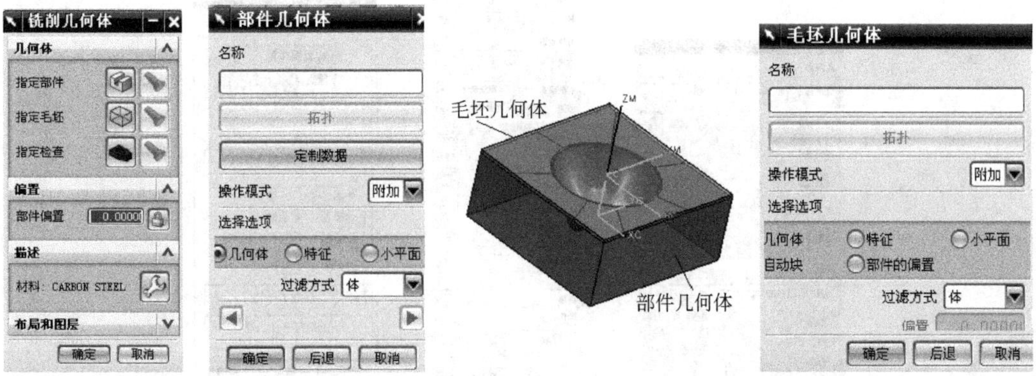

（a）（b）（c）（d）

图 12-106 创建部件几何体和毛坯几何体

4. 创建加工方法

为简化操作，暂且不作创建加工方法操作，先取默认的加工方法，而在创建操作中对加工方法适当修改。

5. 创建加工刀轨操作

（1）创建粗加工刀轨操作

① 创建程序名称。单击【程序顺序视图】工具图标，将操作导航器切换为“操作导航器—程序顺序”视图，单击【创建程序】工具图标，弹出“创建程序”对话框，选择类型：mill_contour；位置：程序：NC_PROGRAM；名称：kelepingdi_mold_cavity，如图 12-107（a）所示。连续两次单击【确定】按钮，在操作导航器中出现程序名称，如图 12-107（b）所示。

② 创建型腔铣基本设置。右键单击程序名“kelepingdi_mold_cavity”，弹出快捷菜单，选择【插入】、【操作】菜单项，弹出“创建操作”对话框，创建操作基本设置如图 12-107（c）所示，单击【应用】按钮，弹出“型腔铣”对话框，如图 12-107（d）、（e）所示。

③ 创建修剪边界。单击“指定修剪边界”图标，弹出“修剪边界”对话框，选择“过滤器类型”：单击【曲线边界】图标，“修剪侧”为“外部”，如图 12-107（f）所示。在模型中选取毛坯体上表面棱边为修剪边界线，单击【确定】按钮，返回“型腔铣”对话框。

④ 创建粗加工切削方法、模式、步进量与切削深度。在刀轨设置组框中，直接设置粗加工切削方法、模式、步进量与切削深度，如图 12-107（e）所示。

图 12-107　创建程序名、粗铣削加工刀轨操作基本设置与修剪边界

⑤ 创建切削参数。单击【切削参数】图标，弹出“切削参数”对话框，打开“余量”选项卡，设部件侧面余量为0.5，其他参数全部取默认设置，如图12-108所示。

⑥ 创建非切削参数。单击【非切削参数】图标，弹出“非切削参数”对话框，在“进刀”选项卡中，主要设置封闭区域进刀类型为“螺旋线”，直径为75%刀具直径，其他全部取默认设置，如图12-109所示。

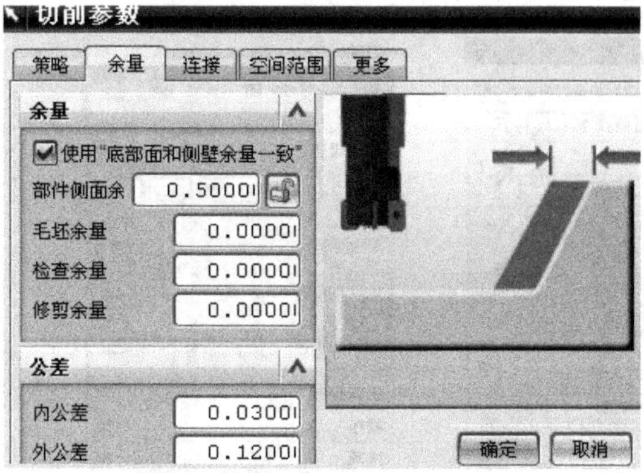

图 12-108　创建切削参数

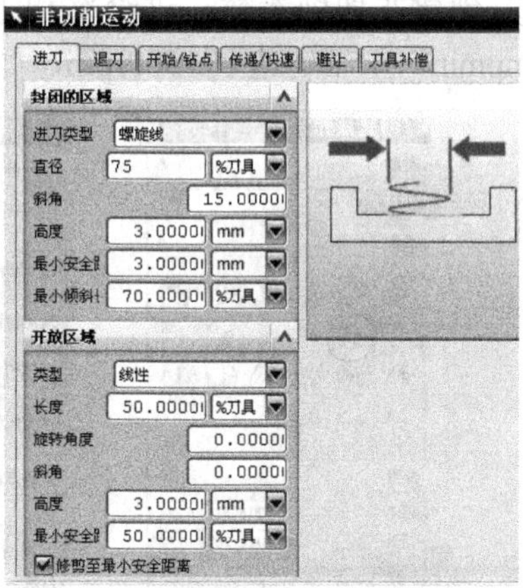

图 12-109　创建非切削参数

⑦ 创建主轴转速与进给率。单击【进给和速度】图标，弹出“进给”对话框，主轴转速1200rpm，进给率120mmpmin，其他取默认设置。如图12-110所示。

⑧ 生成刀轨与仿真加工演示。单击刀轨【生成】工具图标，生成刀轨，单击【确认】工具图标，进行仿真加工演示，结果如图12-111所示。

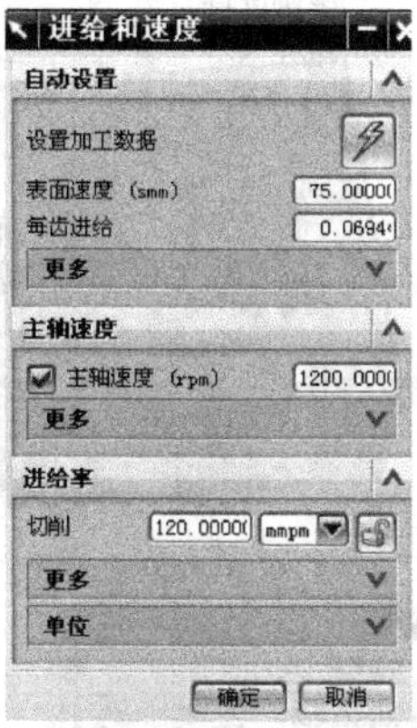

图 12-110　创建主轴转速与进给率

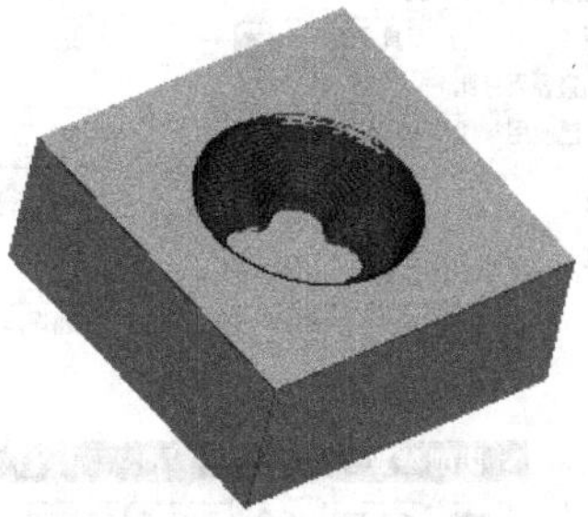

图 12-111　可乐瓶底型腔模具粗铣削结果

（2）创建曲面部分半精加工刀轨操作

① 创建区域半精加工基本设置。打开“创建操作”对话框，创建基本设置如图12-112（a）所示。

② 设置区域铣削驱动方式。单击“创建操作”对话框中【应用】按钮，弹出区域型腔铣削“轮廓区域”对话框，如图12-112（b）、（c）所示。单击“驱动方式”组框右侧编辑图标，弹出“区域驱动方式”对话框，设置选项、参数如图12-112（d）所示，单击【确定】按钮，返回“轮廓区域”对话框。

③ 创建铣削区域。单击“轮廓区域”对话框中“指定切削区域”右侧图标，弹出“切

削区域”对话框，选取“过滤方式”为“面”，如图 12-112（e）所示；在模型中选取曲面部分区域，如图 12-112（f）所示，单击【确定】按钮，返回“轮廓区域”对话框。

④ 创建切削参数。单击【切削参数】图标，弹出“切削参数”对话框，打开“余量”选项卡，设置“部件余量”：0.2mm，如图 12-112（g）所示，其他参数全部取默认设置，单击【确定】按钮，返回“Contour Area”对话框。

⑤ 创建非切削参数、进给率和主轴转速。非切削参数项全部取默认设置；进给率取 150mmpmin，主轴转速取 1500rpm，如图 12-112（h）所示。

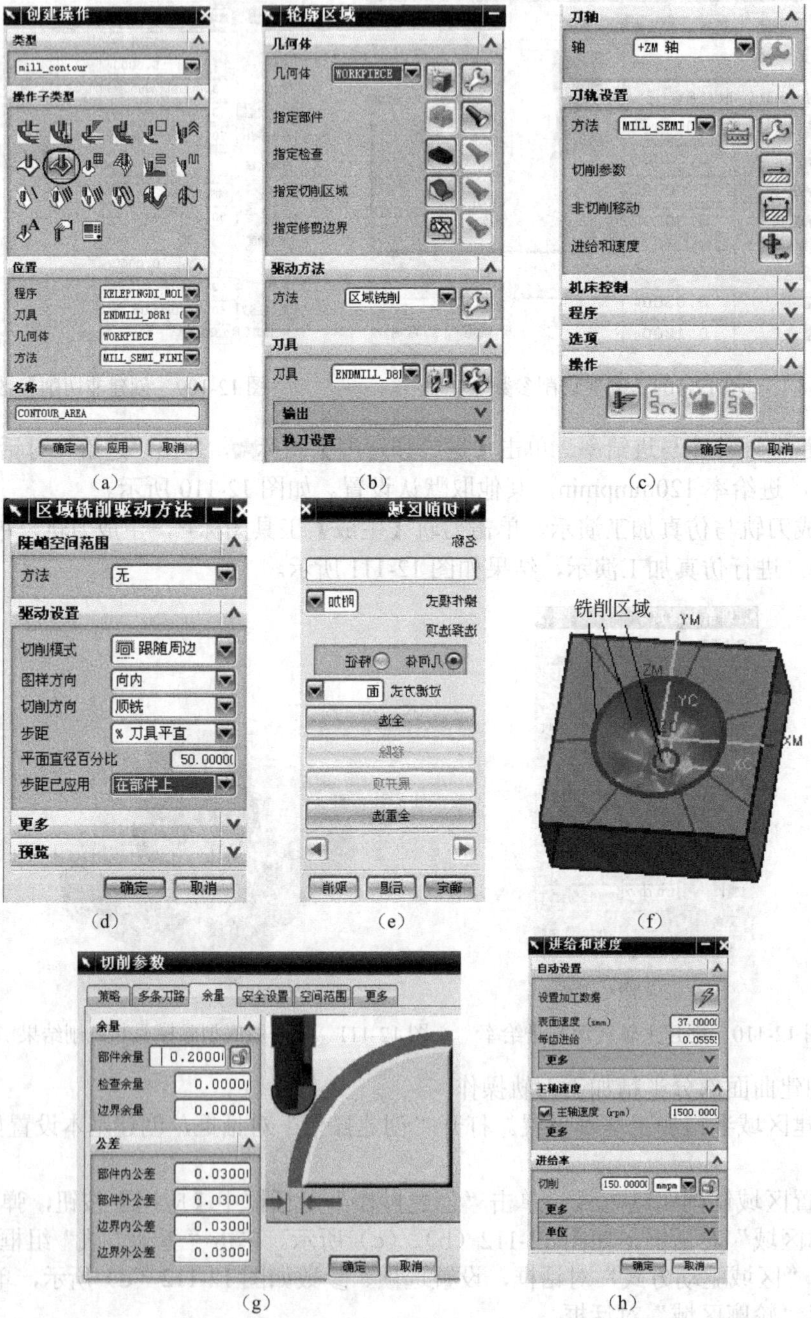

图 12-112　创建曲面区域半精切削加工基本设置、驱动方式与切削参数

⑥ 生成刀轨仿真加工演示。单击刀轨【生成】工具图标，生成刀轨，单击【确认】工具图标，进行仿真加工演示，结果如图 12-113 所示。

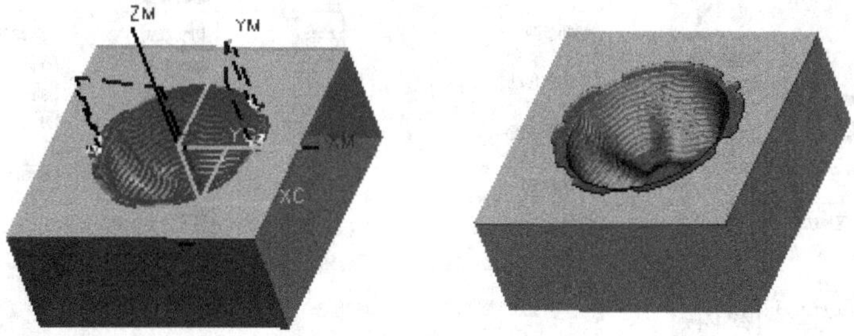

（a）　　（b）

图 12-113　创建曲面区域半精铣削加工刀轨与仿真加工结果

（3）创建曲面部分精加工刀轨操作

① 复制、粘贴、重命名方式创建刀轨操作。在“操作导航器—程序顺序”视图中，右键单击上步操作“Contour Area”，弹出快捷菜单，选取【复制】菜单项。

再次右键单击操作“Contour Area”，弹出快捷菜单，选取【粘贴】菜单项；生成操作“Contour Area_copy”。

右键单击“Contour Area_copy”操作，弹出快捷菜单，选取【重命名】菜单项，命名为“Contour Area_finish_1”。

② 更换刀具。双击“Contour Area_finish_1”操作，弹出“轮廓区域”对话框，将刀具改为 ball_mill_d4，如图 12-114（a）、（b）所示。

③ 修改区域切削驱动方式。单击驱动方式右侧的【编辑】工具图标，打开“区域铣削驱动方式”对话框，设置结果如图 12-114（c）所示；单击【确定】按钮，返回“轮廓区域”对话框。

④ 修改切削参数。单击【切削参数】工具图标，弹出“切削参数”对话框，“余量”选项卡中，设置部件余量：0，如图 12-114（d）所示，其余取默认设置，单击【确定】按钮，返回“轮廓区域”对话框。

⑤ 修改进给和转速参数。单击【进给和速度】工具图标，弹出“进给”对话框，设置主轴转速 2000rpm，进给率 200mmpmin，如图 12-114（e）所示。单击【确定】按钮，返回“轮廓区域”对话框。

⑥ 生成刀轨并仿真加工。单击刀轨【生成】工具图标，生成刀轨，单击【确认】工具图标，进行仿真加工演示，结果如图 12-114（f）所示。

（4）创建平面区域精铣削刀轨操作

① 复制、粘贴、重命名方式创建刀轨操作。在“操作导航器—程序顺序”视图中，右键单击上步操作“Contour Area”，弹出快捷菜单，选取【复制】菜单项。

再次右键单击操作“Contour Area_Finish_1”，弹出快捷菜单，选取【粘贴】菜单项；生成操作“Contour Area_copy”。

右键单击“Contour Area_copy”操作，弹出快捷菜单，选取【重命名】菜单项，命名为“Contour Area_finish_2”。

② 更换刀具。双击“Contour Area_finish_2”操作，弹出“轮廓区域”对话框，将刀具改为 Endmill_D20，如图 12-115（a）、（b）所示。

图 12-114　创建曲面部分精加工刀轨操作过程

③ 修改区域切削驱动方式。单击驱动方式右侧的【编辑】工具图标，打开“区域铣削驱动方式”对话框，设置结果如图 12-115（c）所示；单击【确定】按钮，返回“轮廓区域”对话框。

④ 修改切削区域。单击“指定切削区域”右侧图标，弹出“切削区域”对话框，单击【移除】按钮，移去原来的曲面区域，单击【确定】按钮，返回“轮廓区域”对话框；再次单击“指定切削区域”右侧图标，弹出“切削区域”对话框，将操作模式选项换为“附加”，选取模型的分型面区域，由于分型面是由多个扇形区域组成，故要多次选取，如图 12-115（d）、（e）所示，分型面全部选取后单击【确定】按钮，返回“轮廓区域”对话框。

⑤ 修改切削参数。单击【切削参数】工具图标，弹出“切削参数”对话框，“余量”选项卡中，设置部件余量：0，如图 12-115（f）所示，其余取默认设置，单击【确定】按钮，返回“轮廓区域”对话框。

⑥ 修改进给和转速参数。单击【进给和速度】工具图标，弹出“进给”对话框，设置主轴转速 2000rpm，进给率 200mmpmin，如图 12-115（g）所示。单击【确定】按钮，返回“轮廓区域”对话框。

⑦ 生成刀轨并仿真加工。单击刀轨【生成】工具图标，生成刀轨，单击【确认】工具图标，进行仿真加工演示，结果如图 12-115（h）、（i）所示。

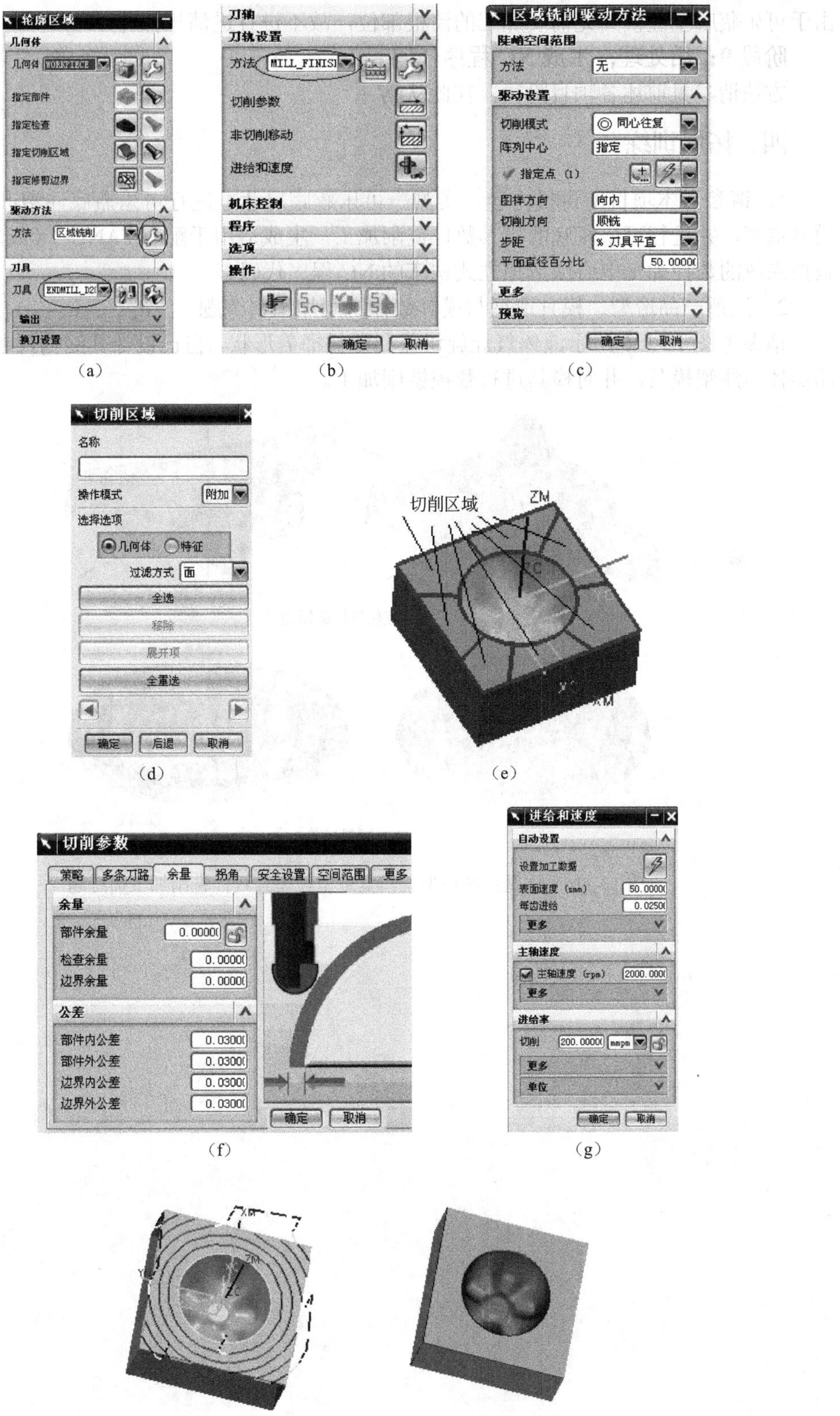

图 12-115　创建平面区域精铣削刀轨操作过程

由于可乐瓶底型腔模具无需要加工的清根部位，故不进行进清根操作。

阶段 9：后处理，生成 NC 程序代码

方法请参见前述各项目阶段，在此从略。

四、拓展训练

1．请参考本项目所讲授内容，实测一可乐瓶底尺寸，进行可乐瓶底注塑产品的设计与模具造型，并进行可乐瓶底的模具数控铣削加工，生成适用于配有 FANUC（或华中世纪星）数控系统的数控加工中心或数控立式铣床的 NC 程序代码。

2．注塑产品造型、模具造型与模具数控铣削加工训练题

请参考图 12-116 所示液体气灶旋钮盖和塑料桶盖形状，自己设计其结构尺寸，构建其产品实体与注塑模具，并对模具进行数控铣削加工。

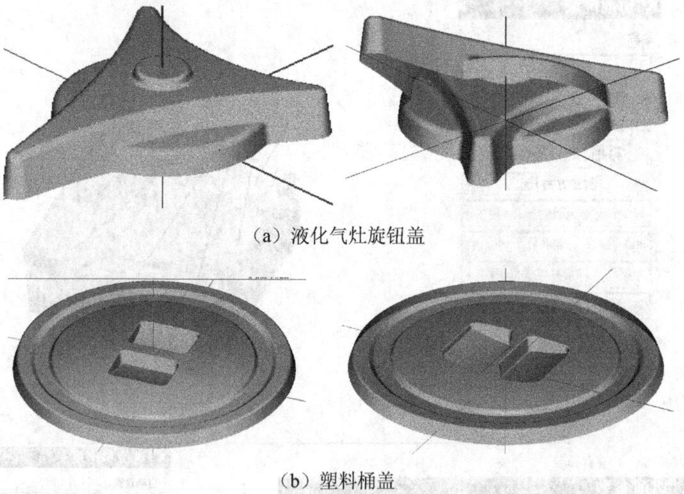

（a）液化气灶旋钮盖

（b）塑料桶盖

图 12-116　注塑产品造型、模具造型与模具数控铣削加工训练题

项目 13

游戏机手柄盖模具的数控铣削加工

一、项目分析

游戏机手柄盖零件如图 13-1 所示，是一个注塑产品。因此，本项目是根据手柄盖零件图纸构造其三维实体，由零件实体构建模具，再对模具构建数控铣削刀轨操作，生成适应实际数控铣床或加工中心的 NC 程序代码。本项目与已讲授的项目相比，没有新知识点和难点，教学重点是复习巩固已讲授的知识与技能，达到快速造型、生成合理、实用的数控 NC 程序代码的目的。

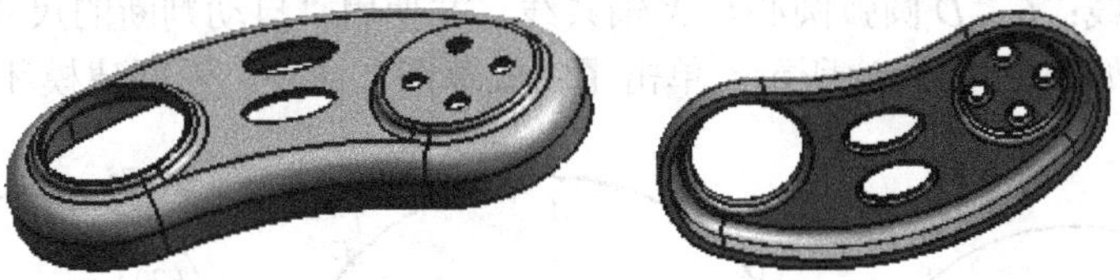

图 13-1　游戏机手柄盖零件模型图

二、项目实施

阶段 1：游戏机手柄盖制造工艺过程卡

游戏机手柄盖制造工艺过程卡如表 13-1 所示。

表 13-1　游戏机手柄盖制造工艺过程卡

工段	工序	工步	加工内容	加工方式	机床	刀具	余量
模具制作工段	1	1.1	下料 150×100×40				
	2	2.1	铣削 145×95×38	铣削	普通铣床		
		2.2	去毛刺	钳工			
	3	3.1	装夹工件		立式数控加工中心		
		3.2	粗铣削型腔、型芯	CAVITY_MILL		ENDMILL_D20	1
		3.3	半精铣削型腔、型芯	Contour Area		ENDMILL_D8，R1；	0.25
		3.4	精铣削型腔、型芯	Contour Area_Finish_1		BALLMILL_D4	
		3.5	精铣削型腔、型芯	Contour Area_Finish_2		ENDMILL_D20	
		3.6	光顺曲面清根铣削	FLOWCUT SMOOTH		BALLMILL_D2	0
	4		检验				
	5		模具组装				
注塑工段	1		注塑		注射机		
	2		修整				
	3		检验				

阶段 2：构建游戏机手柄盖实体

造型思路、方案：游戏手柄是一个壳体类零件，主要由圆弧形线条和凸凹表面组成，基本特征四段圆弧组成外轮廓，圆台特征构成凸起部分，孔特征构成孔结构，圆角特征构成细节轮廓。

造型方案是基本特征用全参数化的草图方法绘制；圆台、孔特征用基础特征生成，最后倒圆角进行细节修整。具体造型过程如下。

1. 创建部件文件

启动 SIEMENS NX6.0 软件，在文件夹"…\xiangmu13"中创建新部件"youxishoubinggai.prt"，进入建模环境。

2. 绘制游戏手柄盖基本轮廓草图

（1）绘制草图形状

单击【草图】图标，选取 *XY* 平面为构图面，用【配置文件】工具中的圆弧命令绘制首尾相连的四段圆弧，圆弧之间尽量相切，如图 13-2（a）所示。

（2）施加位置和尺寸约束

使用【约束】工具图标，使四段圆弧全部相切，如图 13-2（b）所示。分别使 *A*、*B* 圆弧圆心与 *Y* 轴共线；*C*、*D* 圆弧圆心与 *X* 轴共线。并使用"自动判断的尺寸"工具图标，标注草图尺寸，如图 13-2（c）所示。单击【完成草图】命令，返回建模环境。

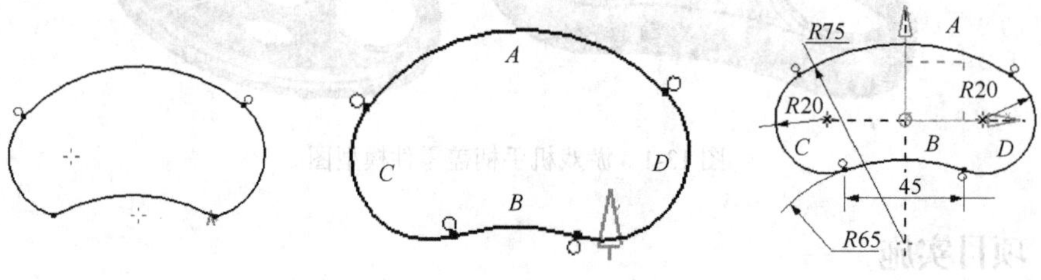

（a）　　（b）　　（c）

图 13-2　构建游戏机手柄盖草图

3. 创建拉伸实体

单击【拉伸】特征工具图标，选取四段圆弧线框，向下拉伸 10mm。结果如图 13-3 所示。

4. 倒圆角

右键单击部件操作导航器中草图项，或在绘图区右键单击草图，选取隐藏，使草图在绘图区不可见。

单击【倒圆角】工具图标，选取拉伸实体上边缘一段圆弧，整个上边缘被选取，在弹出的对话框中输入圆角半径 5mm，单击【应用】生成圆角，如图 13-4 所示。

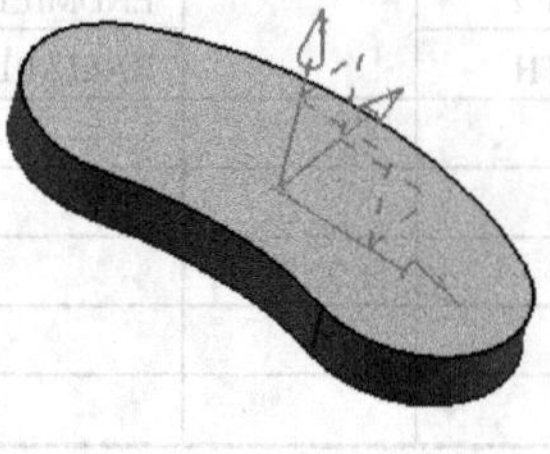

图 13-3　拉伸游戏手柄盖主体

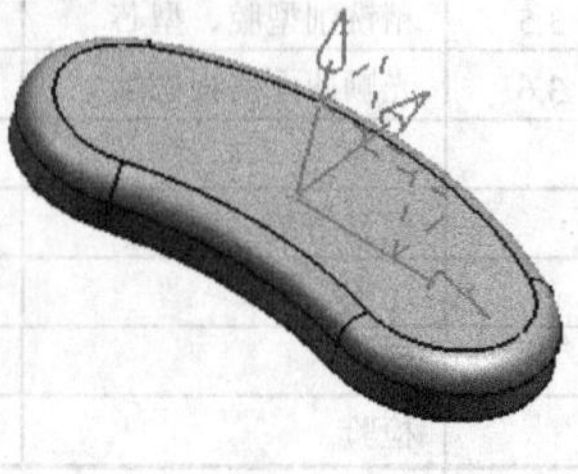

图 13-4　游戏手柄盖主体倒圆角

5. 构建凸台

单击【凸台】工具图标，弹出对话框。选取拉伸体上表面为放置面，输入参数如图 13-5（a）所示。

单击【确定】按钮，又弹出“定位”框，如图 13-5（b）所示，选取第五种定位方式【点到点】，又弹出“设置圆弧位置”框，如图 13-5（c）所示，选取【圆弧中心】按钮，选取拉伸实体右侧下圆弧边缘，完成凸台的构建，如图 13-5（d）所示。同样操作，完成左侧凸台的构建。

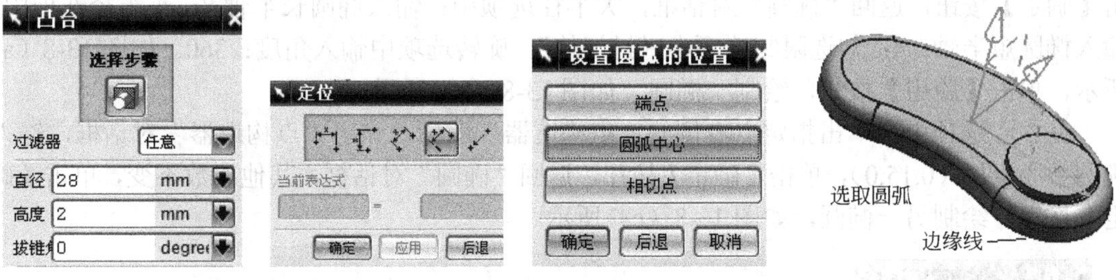

（a） （b） （c） （d）

图 13-5 构建凸台操作

但也可以采用镜像特征的方法，构建左侧凸台，操作过程如图 13-6（a）所示。构建结果如图 13-6（b）所示。

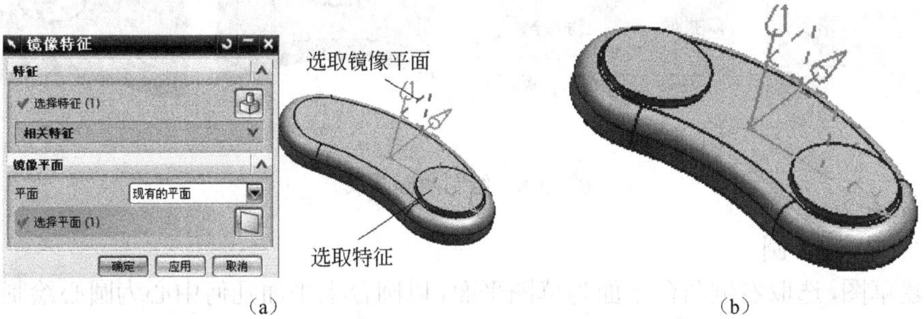

（a） （b）

图 13-6 将凸台镜像到左侧操作

6. 抽壳操作

单击【抽壳】工具图标，弹出抽壳对话框，如图 13-7（a）所示。选取移除面为下底面，输入厚度 2，单击【应用】按钮，实现抽壳操作，如图 13-7（b）所示。

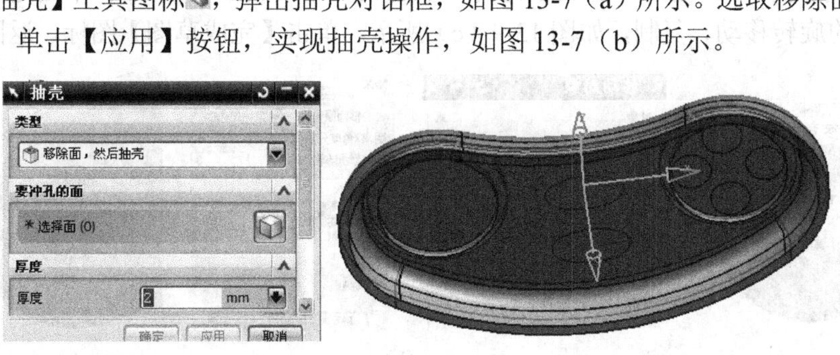

（a） （b）

图 13-7 抽壳操作

7. 构建孔操作

由于要构建的孔较多，用打孔特征打孔并不快捷，采用先绘草图，再拉伸、布尔差运算可能更多快捷些。

（1）绘制椭圆

构建草图，选取现有平面（*XY*）为草图构图平面，进入草图绘制环境。从“插入”菜单中，单击【插入】菜单下的【椭圆】工具图标，弹出“椭圆”对话框，中心选项中，单击指定点右侧的“点构造器”图标，弹出“点构造器”对话框，输入椭圆中心坐标（0,2,0），单击【确定】按钮，返回“椭圆”对话框，大半径选项中：输入椭圆长半轴 8；小半径选项中：输入椭圆短半轴：4；勾选限制选项中“封闭的”；旋转选项中输入角度：360。如图 13-8（a）所示，单击【应用】按钮，绘制一椭圆，如图 13-8（b）所示。

在中心选项中，单击指定点右侧的“点构造器”图标，弹出“点构造器”对话框，输入椭圆中心坐标（0,15,0），单击【确定】按钮，返回“椭圆”对话框，其他参数不变，单击【确定】按钮，绘制另一椭圆，如图 13-8（c）所示。

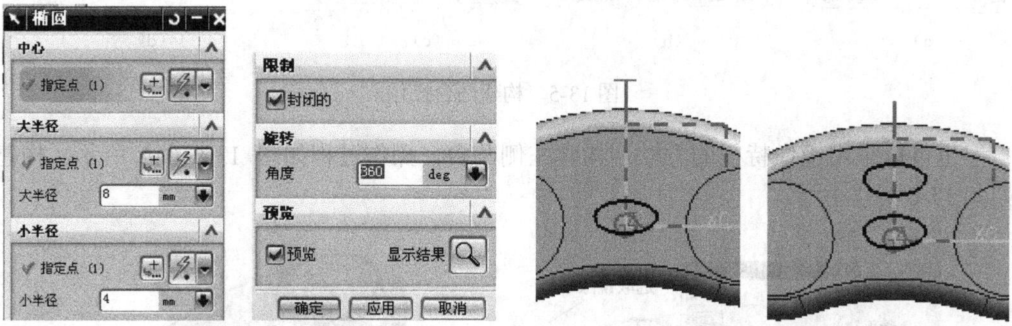

（a）（b）（c）

图 13-8　绘制两椭圆线

（2）绘制 4×ϕ4 圆

再新建草图，选取右侧凸台平面为草图平面，以圆台上平面几何中心为圆心绘制直径ϕ15 圆，自圆心绘制一水平直线与ϕ15 圆的右侧相交，再绘制ϕ4 圆，且将水平直线 和ϕ15 圆转换为参考线，如图 13-9（a）所示。

单击【移动对象】工具图标，弹出“移动对象”对话框，选取ϕ4 圆，指定轴点：绕ϕ15 圆心，旋转角度 90°，选取“复制原先的”单选项，非关联副本数：3。单击【确定】按钮，完成ϕ4 圆的旋转移动、复制，如图 13-9（c）所示。单击【完成草图】图标，返回建模环境。

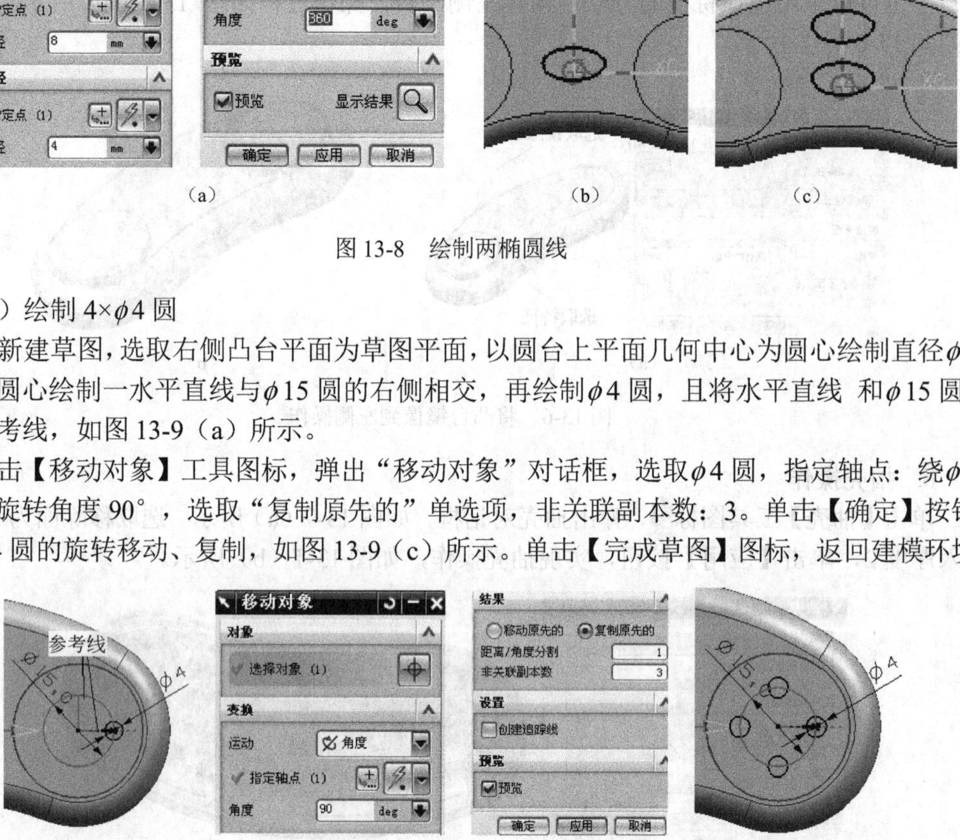

（a）（b）（c）

图 13-9　绘制 4-ϕ4 圆孔线框草图

（3）构建孔特征

单击【拉伸】工具图标，分别选取两椭圆线框，向下拉伸，起点距离：0，终点距离15，布尔差运算，生成椭圆孔，如图 13-10 所示；分别选取 4 个小圆，向下拉伸，起点距离：0，终点距离：15，布尔差运算，生成小圆孔，结果如图 13-11 所示。

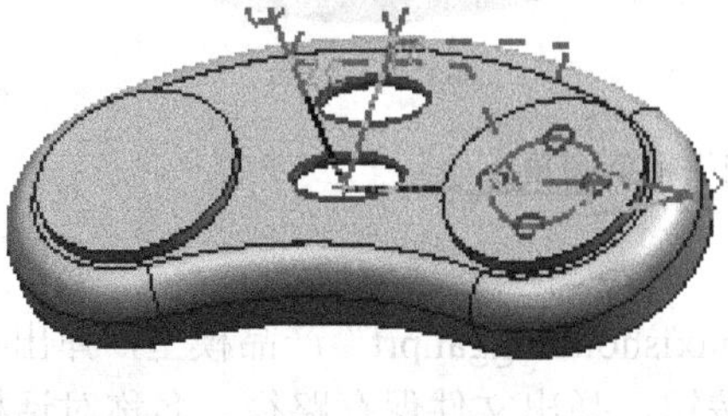

图 13-10　拉伸椭圆孔

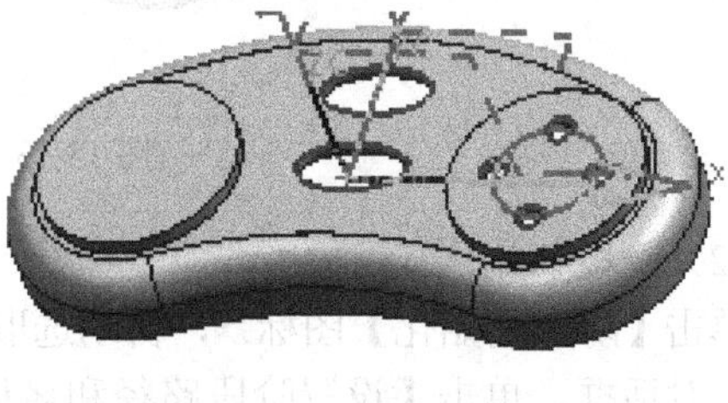

图 13-11　构建小孔操作

对于左端大圆孔，也可在绘制草图时，绘出线框，通过拉伸构建。在此选用打“孔”特征操作构建。单击打【孔】特征工具图标，弹出“孔”对话框，选取孔类型、形状、输入孔尺寸参数，如图 13-12（a）、（b）、（c）所示；指定孔中心点，如图 13-12（d）所示，为圆凸台圆心；且显示孔形状如图 13-12（e）所示；单击【确定】按钮，结果如图 13-12（f）所示。

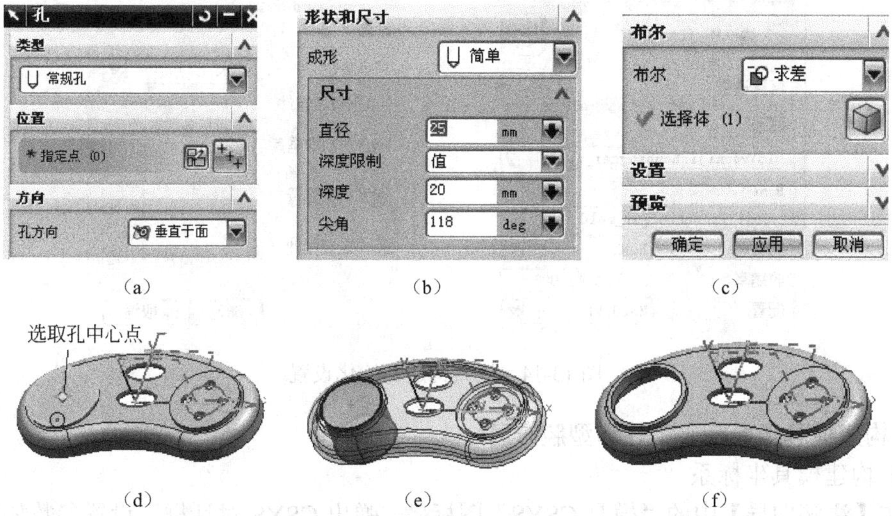

图 13-12　打孔特征操作设置过程

8. 边倒圆角

右击部件导航器中画孔的草图，从快捷菜单中选取“隐藏”；单击【边倒圆】特征工具图标，在弹出的对话框中输入半径 1.5mm，选取凸台下侧外边缘线，单击【确定】按钮，实现倒圆角操作，如图 13-13（a）所示。

重复上述操作，选取凸台上面外边缘倒圆角 *R*1mm；腔体内部圆台内边缘线处分别倒圆角 *R*1mm、*R*1.5mm。结果如图 13-13（b）所示。

阶段 3：构建游戏机手柄盖模具

1. 阶段初始化

（1）进入注塑模向导模块

打开【开始】菜单，单击“注塑模向导”菜单项，进入注塑模向导“注塑向导”模块。

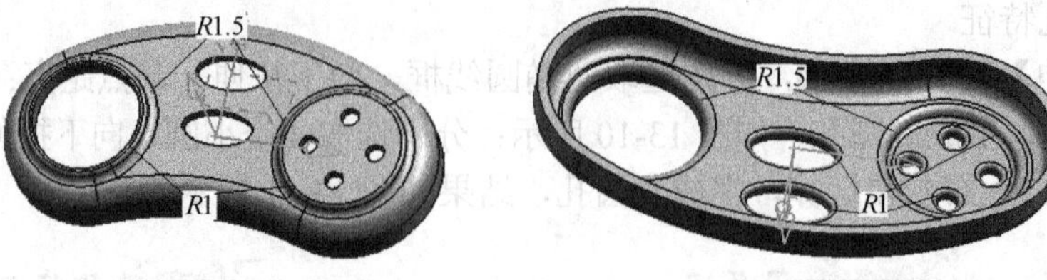

（a）　　　　　　　　　　　　（b）

图 13-13　游戏手柄倒圆角

（2）阶段初始化

单击【阶段初始化】图标，自动选取“youxishoubinggai.prt”产品模型，弹出“阶段初始化”对话框，单击【设置阶段路径和名称】按钮，弹出文件保存路径、名称对话框，选取路径“……\xiangmu13\youxishoubinggai_mold”，文件名称：“youxishoubinggai_mold.prt”；收缩率暂且取默认值 1.006。阶段单位：毫米。如图 13-14 所示，单击【确定】按钮，系统自动完成阶段的初始化。屏幕标题显示：[youxishoubinggai_mold_top_010.prt(修改的)]。

图 13-14　模具构建初始化设置

2. 构建模具坐标系、工件和型腔布局

（1）构建模具坐标系

单击【注塑向导】中的“模具 CSYS”图标，弹出 CSYS 对话框，设置参数如图 13-15（a）所示，含义是锁定+*Z* 方向为开模方向和模具注入口开口方向，当前坐标系为模具坐标系。单击【确定】按钮，构建模具坐标系，如图 13-15（b）所示。

（a）　　　　　　　　　　　　（b）

图 13-15　模具坐标系设置

（2）构建游戏手柄成型工件

单击【注塑向导】中的【工件】图标，弹出“工件”对话框，工件方法选择“用户定义块”项，形成工件默认截面，且接受限制设置，即高度从底面到 *ZC*=0 截面为 30mm（因为产品底面到 *ZC*=0 截面距离为 10mm，下模具体底板厚为 20mm），从 *ZC*=0 到模具体顶面距离为 20mm（因为产品顶面到 *ZC*=0 截面距离 2mm，故上模具底板厚为 18mm），如图 13-16 所示，单击【确定】按钮，完成工件设置。

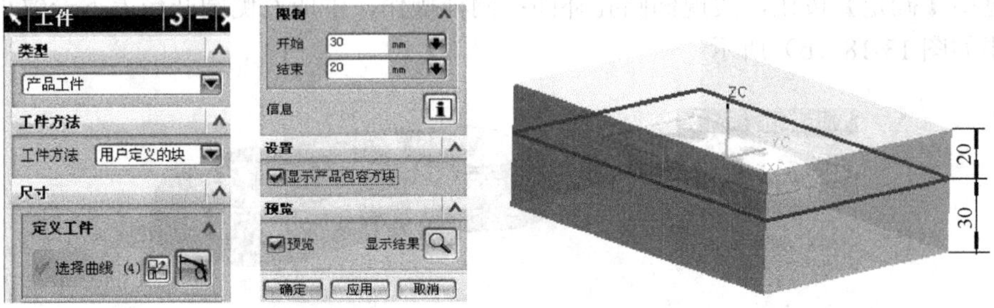

图 13-16　工件尺寸、工件与产品关系显示

（3）型腔布局

单击【注塑模向导】中的【型腔布局】图标，出现“型腔布局”对话框，选取布局类型：矩形、“平衡”单选框，单击“指定矢量”，选取“*X* 轴”为平衡布局的第一方向；在“平衡布局设置”选项组中，设置型腔数：4，第一距离：5，第二距离：10。

单击【开始布局】按钮，生成如图 13-17（b）所示布局。

单击【自动对准中心】按钮，坐标系由原来单一模具体内部移到四模具体的几何中心，单击【关闭】按钮，退出布局对话框，布局结果如 13-17（c）所示。

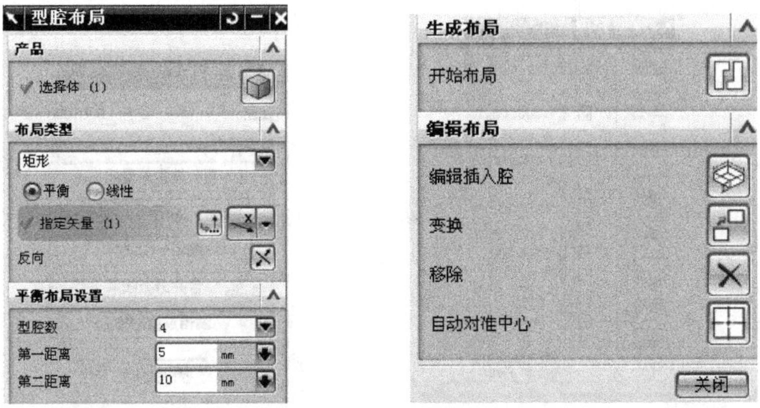

（a）

（b）　　　　（c）

图 13-17　型腔布局设置

3. 修补游戏手柄孔洞

游戏手柄模型中有一些孔、洞，在构建模具时必须修补。修补方法可以是片体法和实体法。通常采用片体法，在此采用片体法修补讲授。

单击【模具工具箱】图标，再单击工具箱中的创建补片【曲面补片】图标，弹出选择面对话框，如图 13-18（a）所示。选取大孔上表面，大孔上表面边界突出显示，单击对话框中【确定】按钮，大孔处出现一补面；再选取椭圆所在上表面，两椭圆边界突出显示，单击对话框中【确定】按钮，实现椭圆孔补面；同样操作，生成右侧圆凸台上下一致小圆孔补面，结果如图 13-18（b）所示。

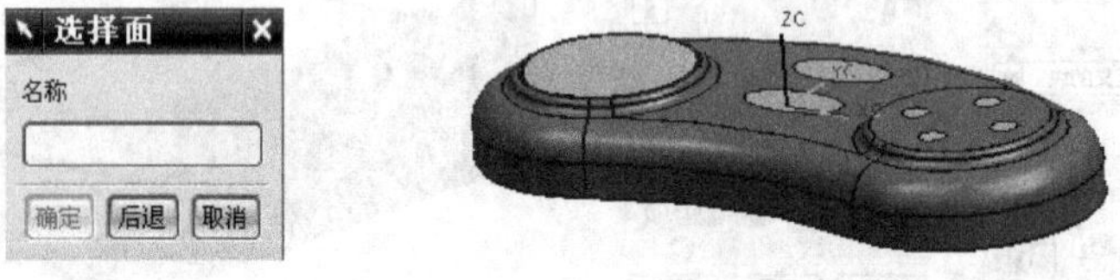

（a）　　　　　　　　　　（b）

图 13-18　面修补操作

4. 创建分型面

（1）创建分型线

单击【注模向导】工具栏中的【分型】图标，弹出“分型管理器”，如图 13-19 所示。

单击“分型管理器”中的【编辑分型线】图标，弹出“分型线”对话框，如图 13-19 所示，单击【自动搜索分型线】按钮，又弹出“搜索分型线”对话框，如图 13-20（a）所示，单击【应用】按钮，被选产品以红色突出显示，如图 13-20（b）所示，再单击【确定】按钮，图中显示创建的分型线，如图 13-21（c）所示。

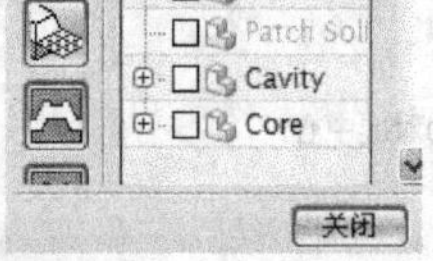

图 13-19　分型管理器对话框

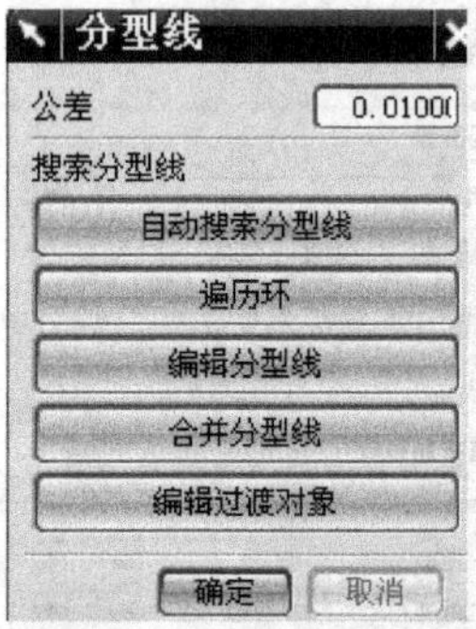

图 13-20　分型线对话框

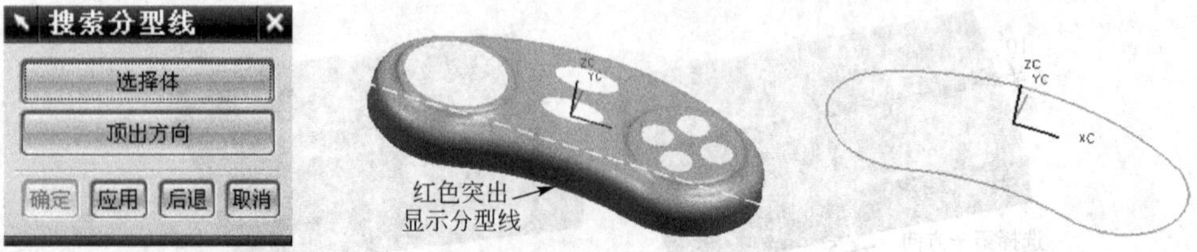

（a）　　　　　　　　（b）　　　　　　　　（c）

图 13-21　创建分型线

（2）创建分型面

单击“分型管理器”对话框中的【创建/编辑分型面】图标，弹出“创建分型面”对话框，如图 13-22（a）所示。单击【创建分型面】按钮，又弹出“分型面”对话框，选取“有界平面”单选项，如图 13-22（b）所示，同时突出显示已创建的分型线，选取有界平面项，单击【确定】按钮，完成分型面创建，如图 13-22（c）所示。

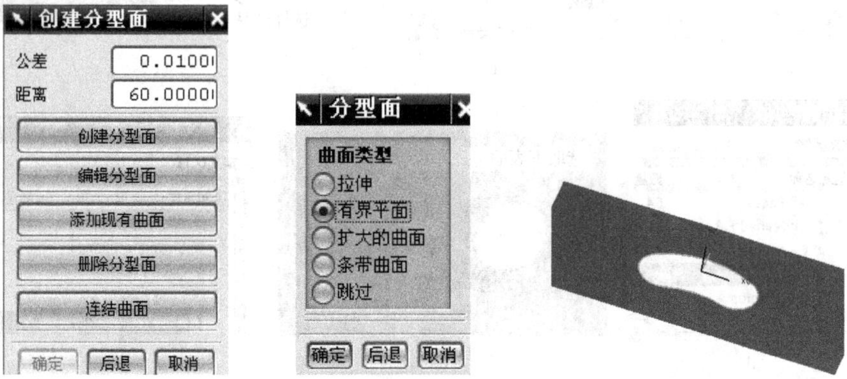

（a）　（b）　（c）

图 13-22　创建分型面对话框

5. 抽取区域

单击“分型管理器”对话框中的【抽取区域和分型线】图标，弹出“区域和直线”对话框，如图 13-23（a）、（b）所示。显示：区域名称中“All Faces 数量 54”，“Undefined Faces 数量 54”，其他项均为 0。首先勾选设置组中“创建区域”、“创建分型线”复选项框，单击“Cavity region”，并在产品中选取中一个上表面，且单击一次，则上表面全部被选取，以突出的红色显示，如图 13-23（c）所示，单击【应用】按钮，区域名称“Cavity region”项的数量由 0 变为 27，如图 13-23（d）所示。

再次勾选设置组中“创建区域”、“创建分型线”复选项框，单击“Core region”，并在产品中选取一个下表面，且单击一次，则上表面全部被选取，再选取产品底平面，所选取面以突出的红色显示，如图 13-23（e）所示，单击【应用】按钮，区域名称“Core region”项的数量由 0 变为 27，如图 13-23（f）所示。显然，型腔面和型芯面之和等于总面数，说明选择操作正确，单击【确定】按钮，完成区域抽取，关闭定义区域对话框。

6. 创建游戏手柄型腔和型芯

单击“分型管理器”中的【创建型腔和型芯】图标，弹出如图 13-24（a）所示“定义型腔和型芯”对话框，选取“Cavity region”，单击【应用】按钮，生成型腔，如图 13-24（b）所示，且弹出“查看分型结果”对话框，如图 13-24（c）所示；直接单击【确定】按钮，完成型腔创建。

再选取“Core region”，单击【应用】按钮，生成型芯，如图 13-24（d）所示，且弹出“查看分型结果”对话框，如图 13-24（c）所示；直接单击【确定】按钮，完成型芯创建。

7. 全部保存

打开“文件”菜单，单击“全部保存”菜单项，将所构建的 25 个模具文件全部保存起来。其中“youxishoubinggai_mold_cavity_002.prt”为型腔模具文件，“youxishoubinggai_mold_core_006.prt”为型芯模具文件。

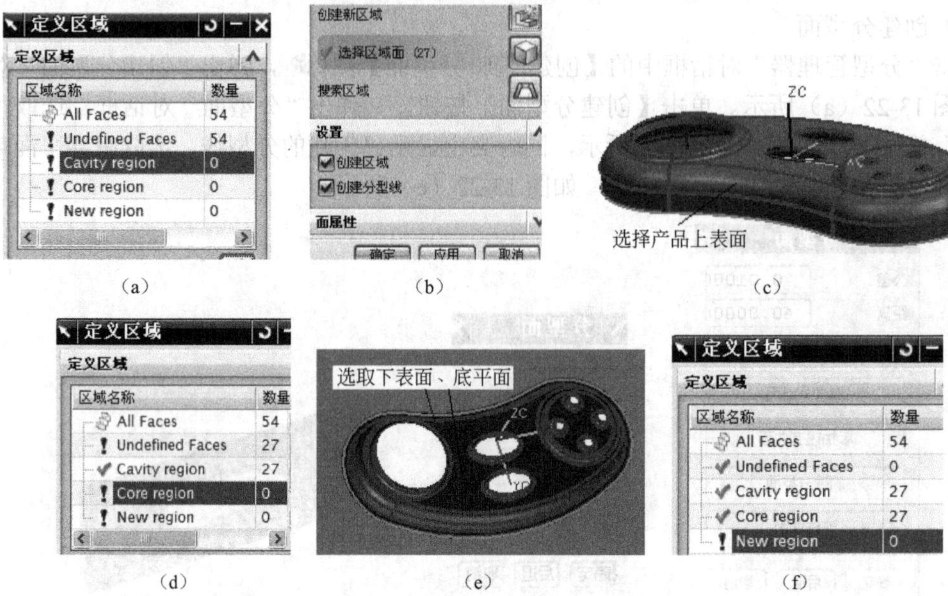

图 13-23　抽取区域选项与区域面统计结果

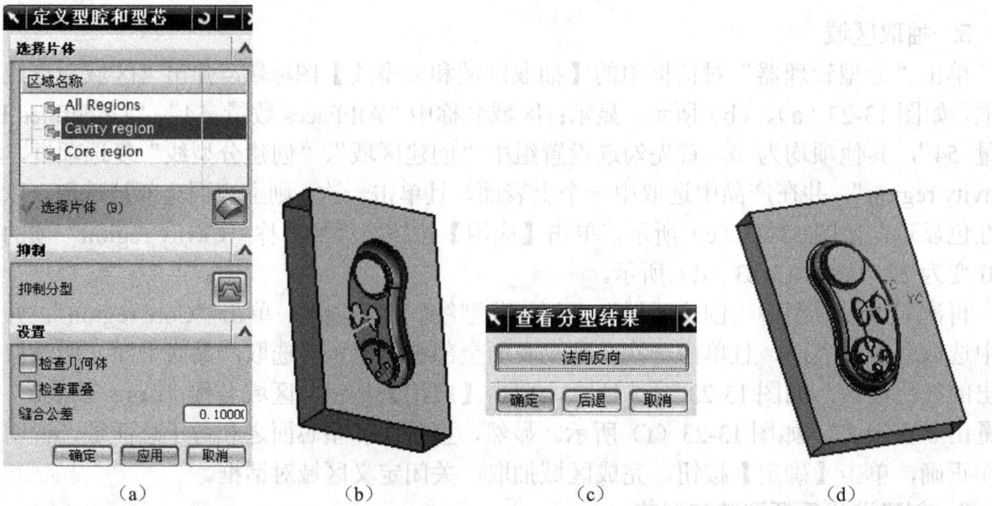

图 13-24　创建型芯和型腔模具体

阶段 4：构建游戏机手柄盖型芯模具的数控铣削刀轨操作

1. 毛坯创建

① 打开游戏手柄盖型芯文件。启动 SIEMENS NX6.0，打开游戏手柄盖型芯文件“youxishoubinggai_mold_core_006.prt”。

② 单击【拉伸】工具图标，选取型芯下边缘四条边构成拉伸截面，自下向上拉伸，起始距离：0；终点距离：35（模型底板厚 20+模型高 12+表面加工余量 3）；布尔运算：无；单击【确定】按钮，构建毛坯体。

为便于观察型芯各表面，编辑毛坯显示属性，颜色改为灰色，透明度约为 50%。结果如图 13-25 所示。

2. 进入加工模块

单击【开始】菜单图标，选取【加工】菜单项图标，弹出“加工环境”对话框，在“CAM 设置”中选取“mill_contour”型腔铣削模板，如图 13-26 所示，单击【确定】按钮，进入“加工”模块。

3. 创建刀具

单击“资源条” 中的【操作导航器】图标，显示“操作导航器—程序顺序”视图，单击【机床视图】图标，将“操作导航器”切换成“操作导航—机床”视图，如图 13-27 所示。

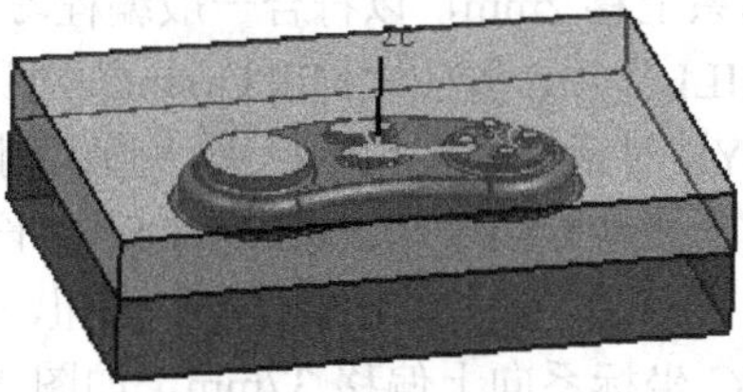

图 13-25 创建毛坯体

图 13-26 CAM 设置

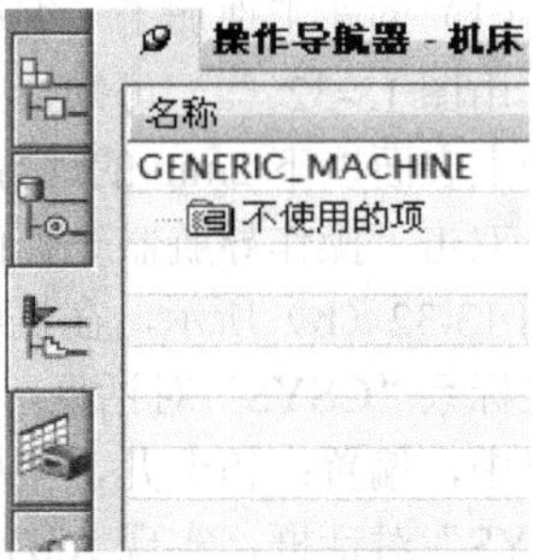

图 13-27 操作导航器—机床视图

单击【创建刀具】工具图标，弹出“创建刀具”对话框，如图 13-28 所示，创建平底圆柱铣刀“endmill_d20”刀具，单击【应用】按钮，弹出 5 参数刀具对话框，设置好刀具尺寸、刀具号、刀具长度补偿号、半径补偿号后，如图 13-29 所示，单击【确定】按钮，返回创建刀具对话框。

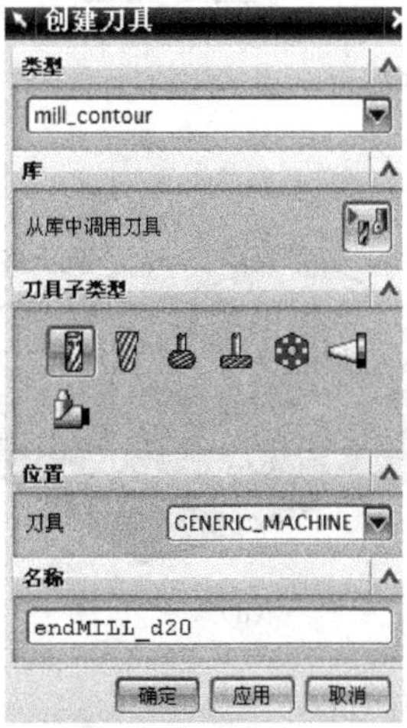

图 13-28 创建刀具类型

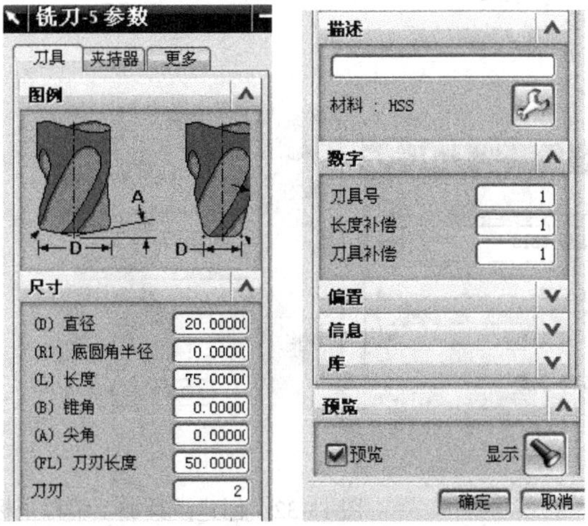

图 13-29 创建 5 参数刀具设置

如此操作分别创建其他刀具，所有创建刀具结果如图 13-30 所示。

4. 创建加工几何体

单击【几何视图】工具图标，将操作导航器切换成“操作导航器—几何体”视图，如图 13-31 所示。

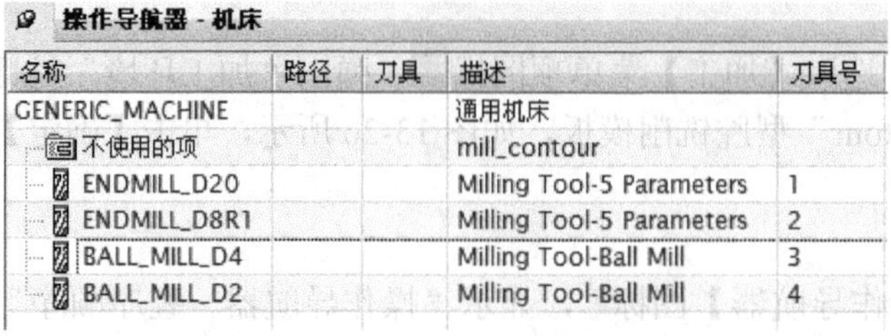

名称	路径	刀具	描述	刀具号
GENERIC_MACHINE			通用机床	
不使用的项			mill_contour	
ENDMILL_D20			Milling Tool-5 Parameters	1
ENDMILL_D8R1			Milling Tool-5 Parameters	2
BALL_MILL_D4			Milling Tool-Ball Mill	3
BALL_MILL_D2			Milling Tool-Ball Mill	4

图 13-30　创建刀具列表

图 13-31　几何视图

（1）创建工件加工（编程）坐标系

由图 13-32（a）可知，工件加工编程坐标系 *XMYMZM* 与 *XCYCZC* 坐标系重合，都在型芯的上表面以下 2mm 的地方，需将工件加工编程坐标系上移 2mm，以符合一般编程习惯。

双击“操作导航器—几何体”视图中的“MCS_MILL”项，弹出“Mill Orient”对话框，如图 13-32（b）所示，在机床坐标系选项中单击【CSYS 对话框】按钮图标，弹出创建加工坐标系“CSYS”对话框，选取类型为“偏置 CSYS”，参考 CSYS 中选取“WCS”，平移选项组中，偏置：笛卡儿，坐标值（0,0,2），如图 13-32（c）所示，单击【确定】按钮，返回“CSYS”对话框，实现 *XMYMZM* 坐标系相对 *XCYCZC* 坐标系向上偏移 37mm，如图 13-32（d）所示。

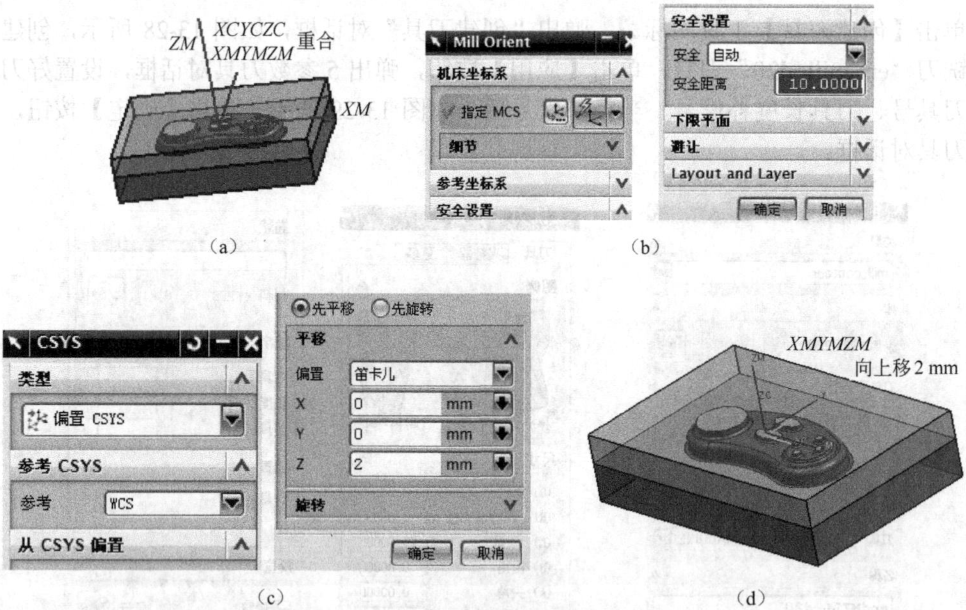

图 13-32　创建模具加工编程坐标系操作过程

（2）创建安全平面

在“CSYS”对话框的“安全设置”选项组中，从下拉列表框中选取“平面”，如图 13-33（a）所示，单击【选择平面】图标，弹出“平面构造器”对话框，选取以 *XCYC* 平面为参照，在“偏置”文本框中输入 50，即安全平面设置在 *ZC*=50mm 的水平面处，如图 13-33（b）所示，单击【确定】按钮，模型上方出现三角形安全平面符号，如图 13-33（c）所示。

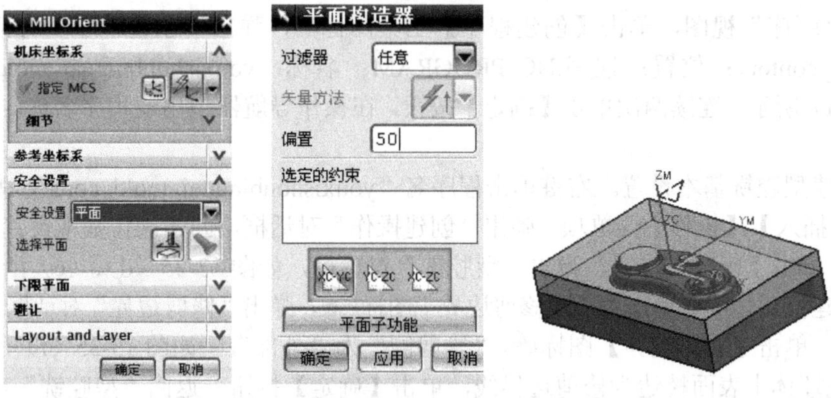

（a）（b）（c）

图 13-33 创建安全平面操作过程

（3）创建铣削部件几何体

双击“操作导航器—几何体”视图中“WORKPIECE”项，弹出“Mill Geom”对话框，如图 13-34（a）所示，在“几何体”组框中，单击“指定部件”右侧的“选择或编辑几何体”图标，弹出“部件几何体”对话框，选取过滤方式：“体”，如图 13-34（b）所示，选取为部件体，如图 13-34（c）所示，单击【确定】按钮，返回“Mill Geom”对话框，此时，右侧电筒高亮显示，表示已选择了部件几何体。

（4）创建毛坯几何体

单击“指定毛坯”右侧的“选择或编辑几何体”图标，弹出“毛坯几何体”对话框，如图 13-34（d）所示，选取过滤方式：“体”，选取长方体为毛坯几何体，如图 13-34（c）所示，单击【确定】按钮，返回“Mill Geom”对话框，此时，右侧电筒高亮显示，表示已选择了毛坯几何体；其他不作选择，单击【确定】按钮，退出“Mill Geom”对话框。

（a）（b）（c）（d）

图 13-34 创建部件几何体和毛坯几何体

5. 创建加工方法

为简化操作，暂且不作创建加工方法操作，先取默认的加工方法，而在创建操作中对加工方法适当修改。

6. 创建加工刀轨操作

（1）创建粗加工刀轨操作

① 创建程序名称。单击【程序顺序视图】工具图标，将操作导航器切换为“操作导

航器—程序顺序”视图，单击【创建程序】工具图标，弹出“创建程序”对话框，选择类型：mill_contour；位置：程序:NC_PROGRAM；名称：youxishoubinggai_mold_core，如图 13-35（a）所示。连续两次单击【确定】按钮，在操作导航器中出现程序名称，如图 13-35（b）所示。

② 创建型腔铣基本设置。右键单击程序名“youxishoubinggai_mold_core”，弹出快捷菜单，选择【插入】、【操作】菜单项，弹出“创建操作”对话框，创建操作基本设置如图 13-35（c）所示，单击【应用】按钮，弹出“型腔铣”对话框，如图 13-35（d）、（e）所示。

③ 创建修剪边界。单击“指定修剪边界”图标，弹出“修剪边界”对话框，选择“过滤器类型”：单击【曲线边界】图标，“修剪侧”为“外部”， 如图 13-35（f）所示。在模型中选取毛坯体上表面棱边为修剪边界线，单击【确定】按钮，返回“型腔铣”对话框。

④ 创建粗加工切削方法、模式、步进量与切削深度。在刀轨设置组框中，直接设置粗加工切削方法、模式、步进量与切削深度，如图 13-35（e）所示。

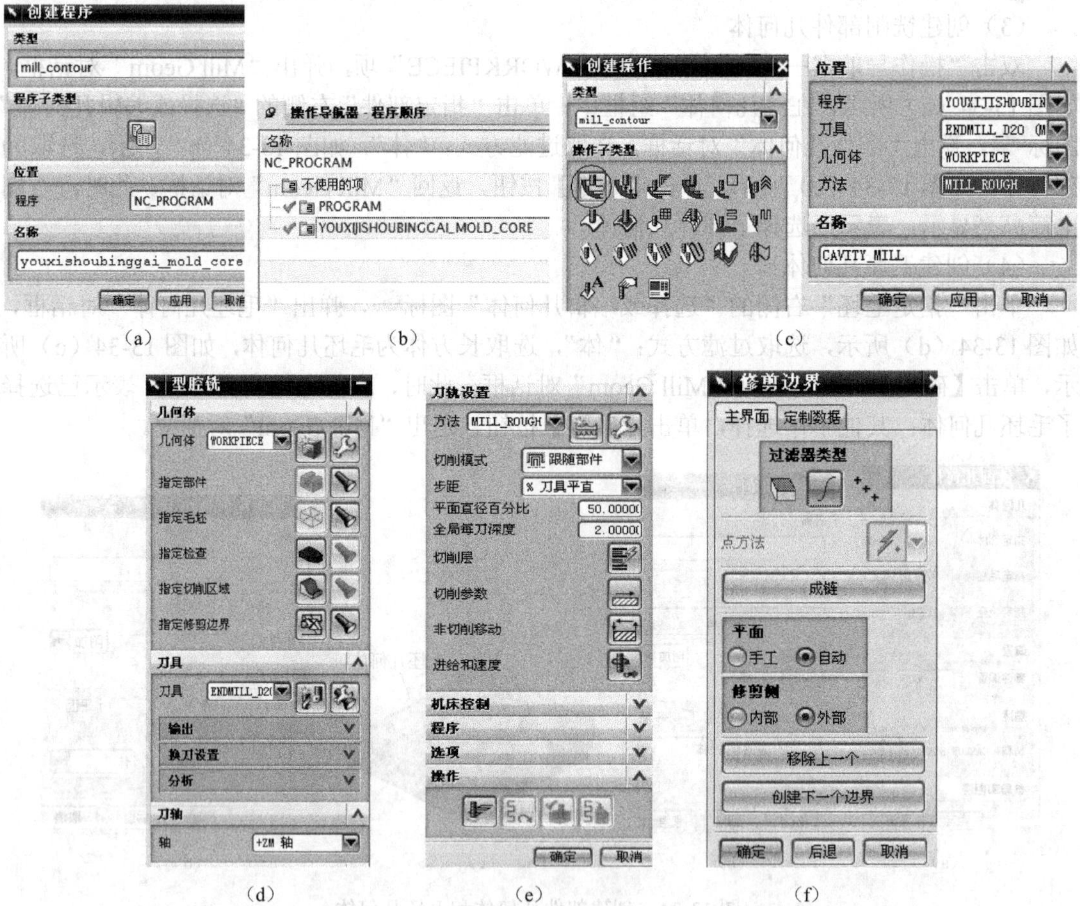

图 13-35　创建程序名、粗铣削加工刀轨操作基本设置与修剪边界

⑤ 创建切削参数。单击【切削参数】图标，弹出“切削参数”对话框，打开“余量”选项卡，设部件侧面余量为 0.5，其他参数全部取默认设置，如图 13-36 所示。

⑥ 创建非切削参数。单击【非切削参数】图标，弹出“非切削参数”对话框，在“进刀”选项卡中，主要设置封闭区域进刀类型为“螺旋线”，直径为 75%刀具直径，其他全部取默认设置，如图 13-37 所示。

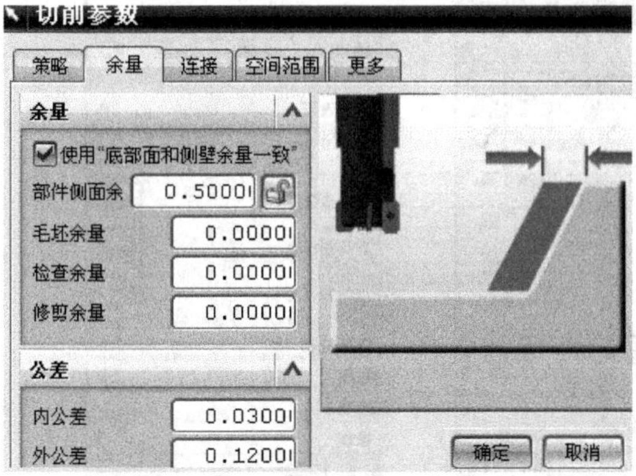

图 13-36　创建切削参数

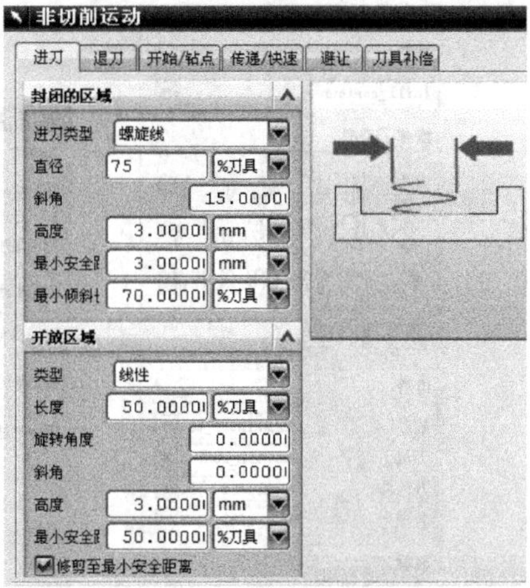

图 13-37　创建非切削参数

⑦ 创建主轴转速与进给率。单击【进给和速度】图标，弹出“进给”对话框，主轴转速 1000rpm，进给率 150mmpmin，其他取默认设置。如图 13-38 所示。

⑧ 生成刀轨与仿真加工演示。单击刀轨【生成】工具图标，生成刀轨，单击【确认】工具图标，进行仿真加工演示，结果如图 13-39 所示。

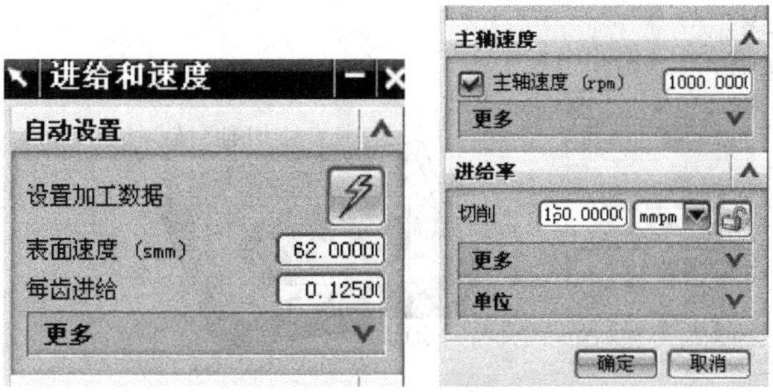

图 13-38　创建主轴转速与进给率

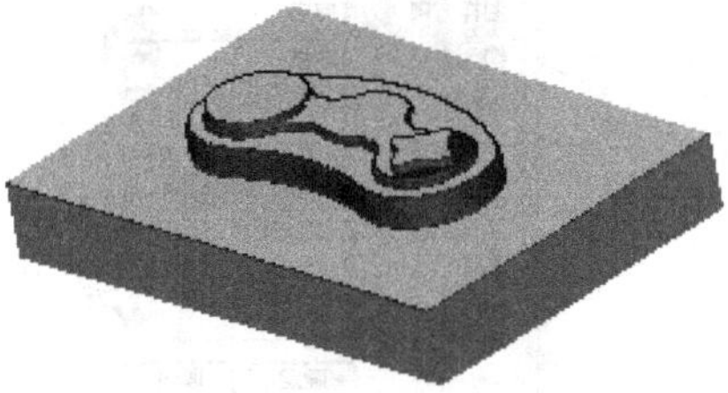

图 13-39　游戏手柄盖型芯模具粗加工结果

（2）创建上凸部区域分半精加工刀轨操作

① 创建区域半精加工基本设置。打开“创建操作”对话框，创建基本设置如图 13-40（a）所示。

② 设置区域铣削驱动方式。单击“创建操作”对话框中【应用】按钮，弹出区域型腔铣削“轮廓区域”对话框，如图 13-40（b）、（c）所示。单击“驱动方式”组框右侧编辑图标，弹出“区域驱动方式”对话框，设置选项、参数如图 13-40（d）所示，单击【确定】按钮，返回“轮廓区域”对话框。

③ 创建铣削区域。单击“轮廓区域”对话框中“指定切削区域”右侧图标，弹出“切削区域”对话框，选取“过滤方式”为“面”，如图 13-40（e）所示；在模型中窗选方式选取曲面部分区域，如图 13-40（f）所示，单击【确定】按钮，返回“轮廓区域”对话框。

④ 创建切削参数。单击【切削参数】图标，弹出“切削参数”对话框，打开“余量”选项卡，设置“部件余量”：0.2mm，如图 13-40（g）所示，其他参数全部取默认设置，单击【确定】按钮，返回“轮廓区域”对话框。

⑤ 创建非切削参数、进给率和主轴转速。非切削参数项全部取默认设置；进给率取 150mmpmin，主轴转速取 1500rpm，如图 13-40（h）所示。

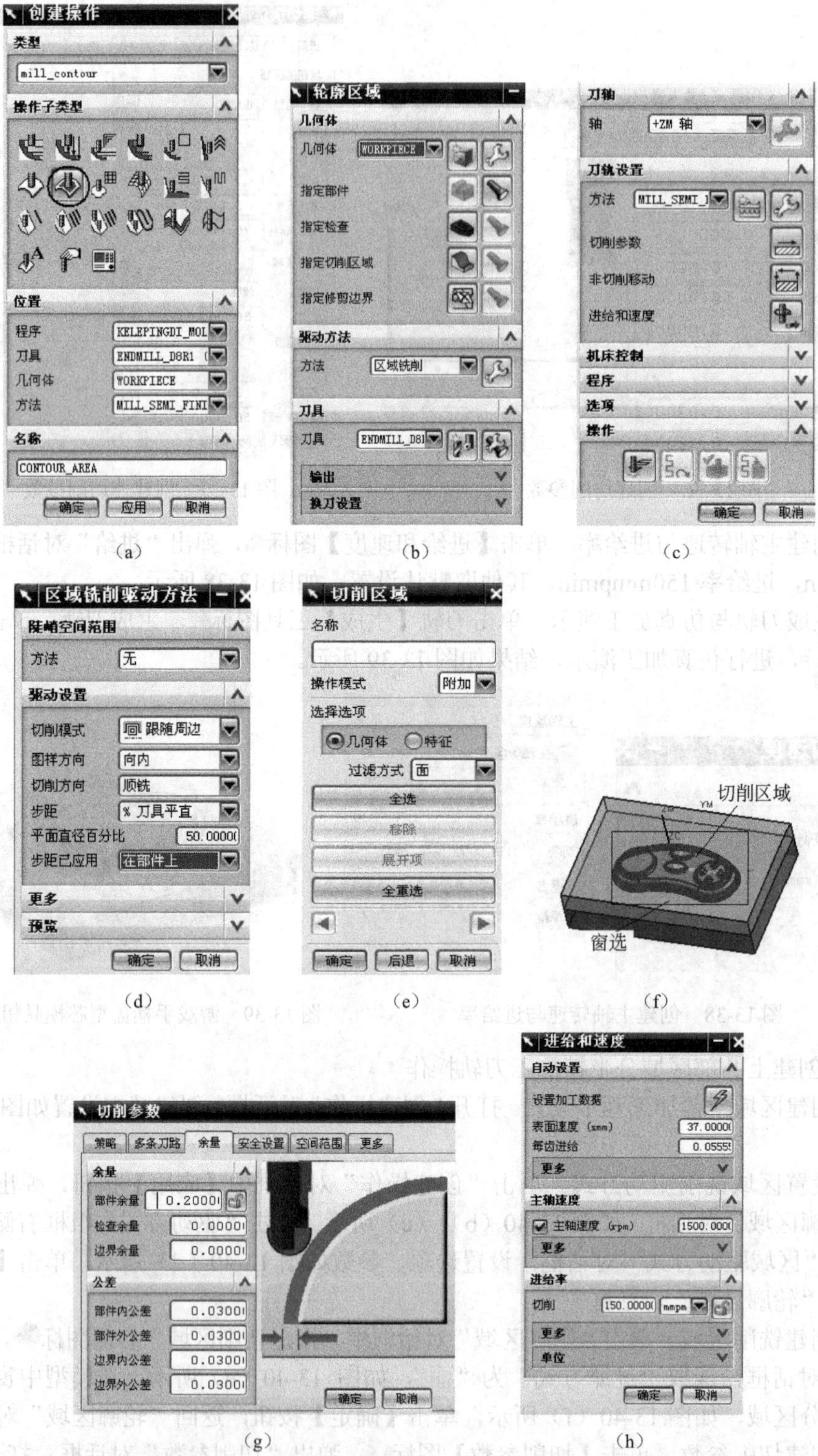

图 13-40　创建曲面区域半精切削加工基本设置、驱动方式与切削参数

⑥ 生成刀轨仿真加工演示。单击刀轨【生成】工具图标，生成刀轨，单击【确认】工具图标，进行仿真加工演示，结果如图 13-41（a）（b）所示。

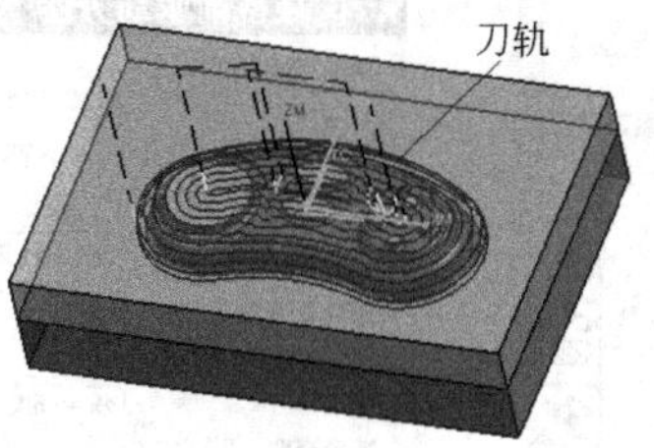

（a）

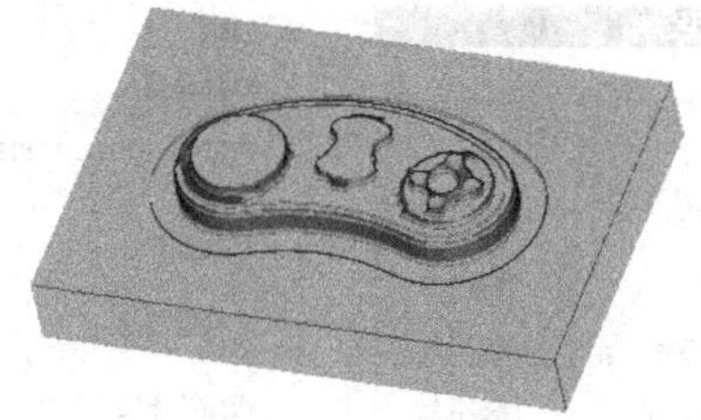

（b）

图 13-41 创建上凸区域部分半精铣削加工刀轨与仿真加工结果

（3）创建上凸区域部分精加工刀轨操作

① 复制、粘贴、重命名方式创建刀轨操作。在“操作导航器—程序顺序”视图中，右键单击上步操作“Contour Area”，弹出快捷菜单，选取【复制】菜单项。

再次右键单击操作“Contour Area”，弹出快捷菜单，选取【粘贴】菜单项；生成操作“Contour Area_copy”。

右键单击“Contour Area_copy”操作，弹出快捷菜单，选取【重命名】菜单项，命名为“Contour Area_finish_1”。

② 更换刀具。双击“Contour Area_finish_1”操作，弹出“轮廓区域”对话框，将刀具改为 ball_mill_d4，如图 13-42（a）、（b）所示。

③ 修改区域切削驱动方式。单击驱动方式右侧的【编辑】工具图标，打开“区域铣削驱动方式”对话框，设置结果如图 13-42（c）所示；单击【确定】按钮，返回“轮廓区域”对话框。

④ 修改切削参数。单击【切削参数】工具图标，弹出“切削参数”对话框，将余量选项卡中“部件余量”设置为 0，其他参数不变，如图 13-42（d）所示。

⑤ 修改进给和转速参数。单击【进给和速度】工具图标，弹出“进给”对话框，设置主轴转速 2000rpm，进给率 200mmpmin，如图 13-42（e）所示。单击【确定】按钮，返回“轮廓区域”对话框。

⑥ 生成刀轨并仿真加工。单击刀轨【生成】工具图标，生成刀轨，单击【确认】工具图标，进行仿真加工演示，结果如图 13-42（f）所示。

（4）创建平面区域精铣削刀轨操作

① 复制、粘贴、重命名方式创建刀轨操作。在“操作导航器—程序顺序”视图中，右键单击上步操作“Contour Area”，弹出快捷菜单，选取【复制】菜单项。

再次右键单击操作“Contour Area_Finish_1”，弹出快捷菜单，选取【粘贴】菜单项；生成操作“Contour Area_copy”。

右键单击“Contour Area_copy”操作，弹出快捷菜单，选取【重命名】菜单项，命名为“Contour Area_finish_2”。

② 更换刀具。双击“Contour Area_finish_2”操作，弹出“轮廓区域”对话框，将刀具改为 Endmill_D20，如图 13-43（a）、（b）所示。

③ 修改区域切削驱动方式。单击驱动方式右侧的【编辑】工具图标，打开“区域铣削驱动方式”对话框，设置结果如图 13-43（c）所示；单击【确定】按钮，返回“轮廓区域”对话框。

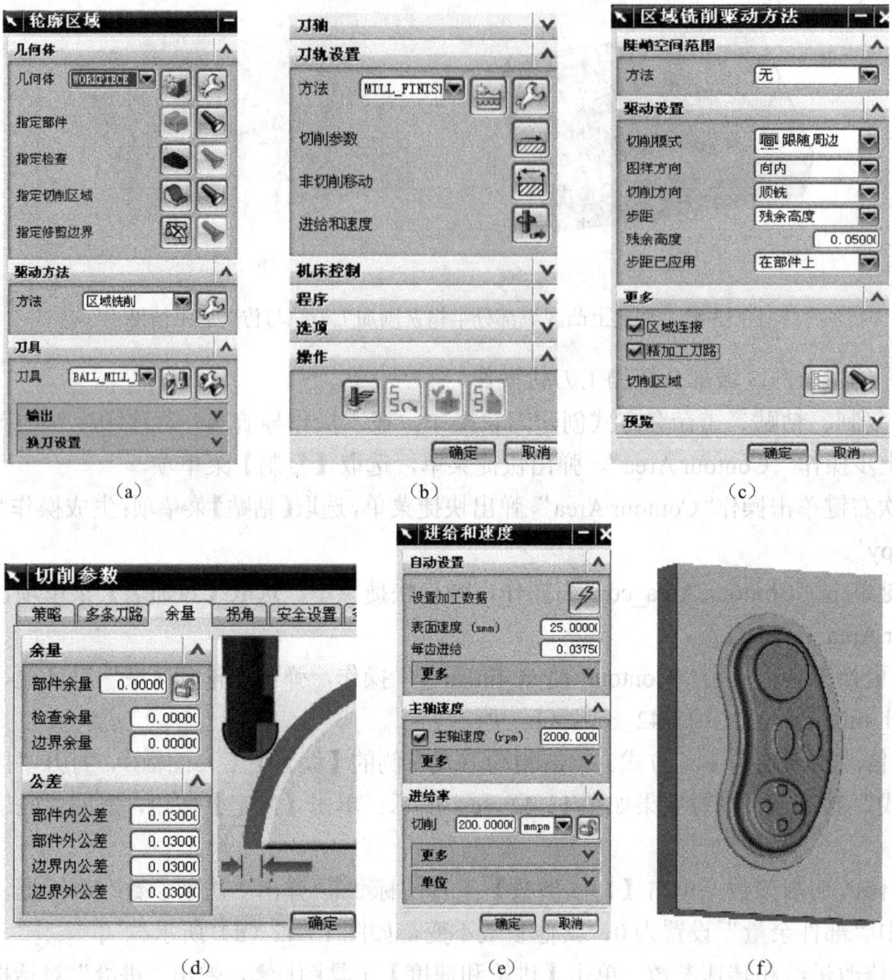

图 13-42　创建上凸区域部分精加工刀轨操作过程

④ 修改切削区域。单击“指定切削区域”右侧图标，弹出“切削区域”对话框，单击【移除】按钮，移去原来的曲面区域，单击【确定】按钮，返回“轮廓区域”对话框；再次单击“指定切削区域”右侧图标，弹出“切削区域”对话框，将操作模式选项换为“附加”，选取模型的分型面区域，由于分型面是由多个扇形区域组成，故要多次选取，如图 13-43（d）、（e）所示，分型面全部选取后单击【确定】按钮，返回“轮廓区域”对话框。

⑤ 修改进给和转速参数。单击【进给和速度】工具图标，弹出“进给”对话框，设置主轴转速 2000rpm，进给率 200mmpmin，如图 13-43（f）所示。单击【确定】按钮，返回“轮廓区域”对话框。

⑥ 生成刀轨并仿真加工。单击刀轨【生成】工具图标，生成刀轨，单击【确认】工具图标，进行仿真加工演示，结果如图 13-43（g）、（h）所示。

（5）创建清根加工刀轨操作

打开“创建操作”对话框，建立基本设置如图 13-44（a）所示。

单击【应用】按钮，弹出光顺清铣削“Flowcut Smoth”对话框；驱动几何和驱动设置和参考刀具参数如图 13-44（b）、（c）所示。

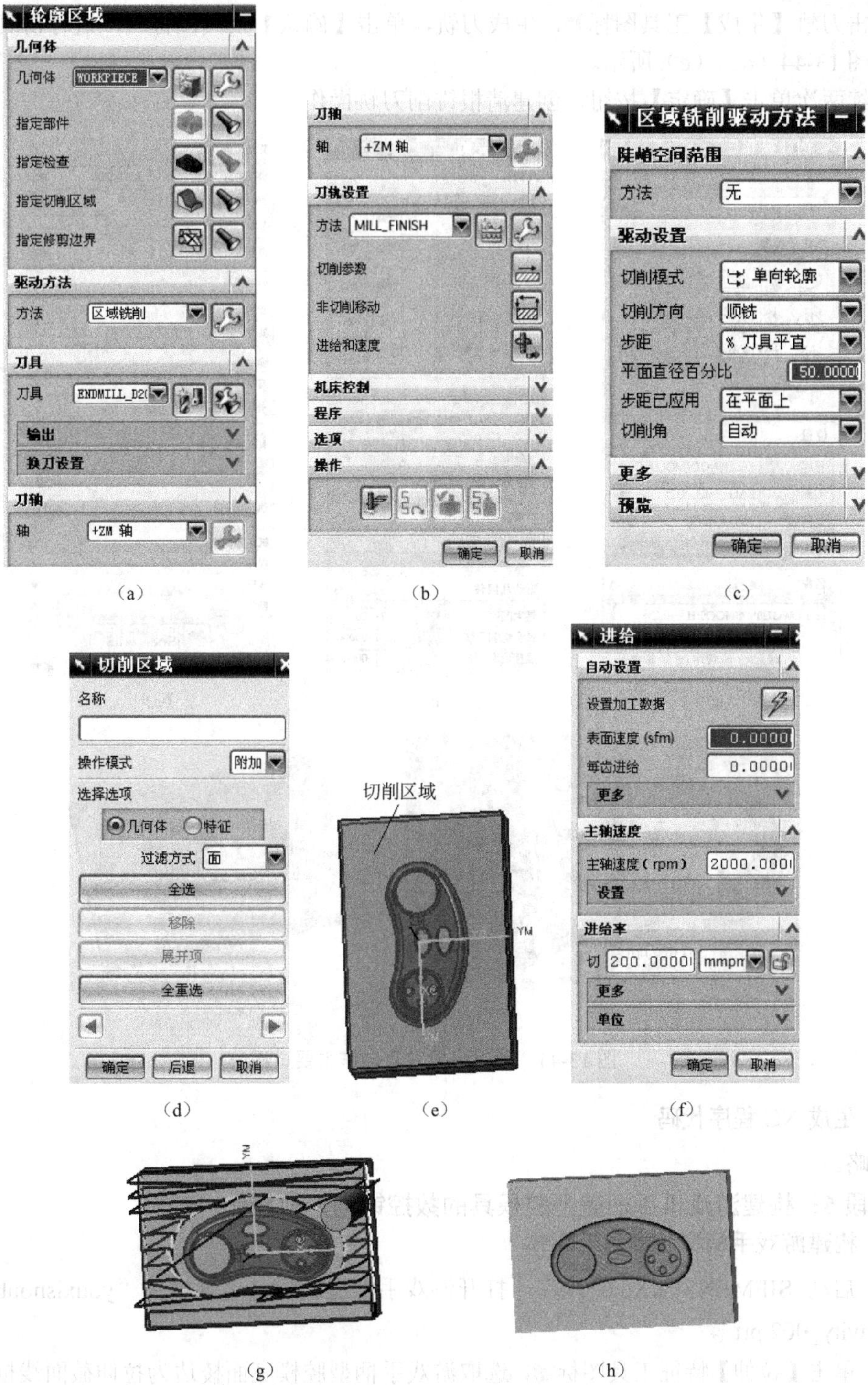

图 13-43　创建平面区域精铣削刀轨操作过程

指定修剪边界为毛坯体上表面棱边线，修剪侧为外部。

单击【进给和速度】图标，设置主轴转速 2000rpm，进给率 200mmpmin，其他设置全部取默认设置。

单击刀轨【生成】工具图标，生成刀轨，单击【确认】工具图标，进行仿真加工演示，如图 13-44（d）、（e）所示。

连续两次单击【确定】按钮，创建清根铣削刀轨操作。

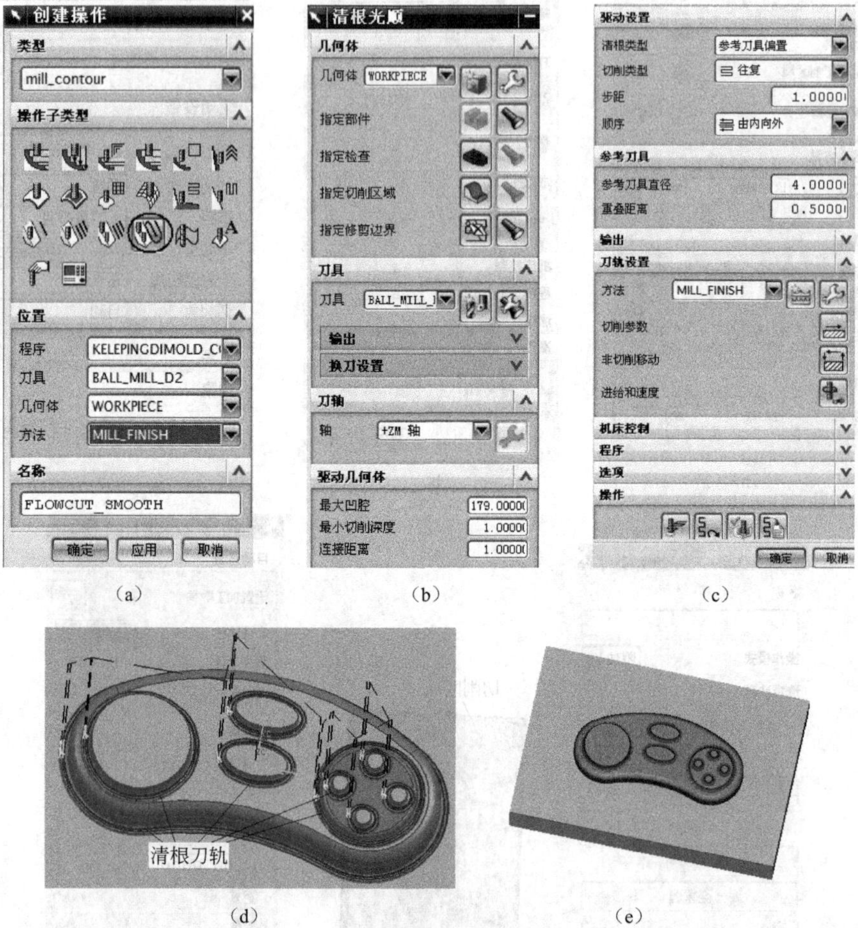

（a）　（b）　（c）　（d）　（e）

图 13-44　创建清根刀轨操作主要过程

7. 生成 NC 程序代码

从略。

阶段 5：构建游戏机手柄盖型腔模具的数控铣削刀轨操作

1. 构建游戏手柄型腔模具毛坯体

① 启动 SIEMENS NX6.0 软件，打开游戏手柄型腔模具造型文件“youxishoubinggai_mold_cavity_002.prt”。

② 单击【拉伸】特征工具图标，选取游戏手柄型腔模底面棱边为拉伸截面线框，向型腔模体方向从 0 到 38 拉伸，形成长方体毛坯，如图 13-45 所示。

2. 进入加工模块

单击【开始】菜单图标，选取【加工】菜单项图标，弹出“加工环境”对话框，在“CAM 设置”中选取“mill_contour”型腔铣削模板，如图 13-46 所示，单击【初始化】按钮，进入“加工”模块。

3. 创建刀具

单击“资源条”中的【操作导航器】图标，显示“操作导航器-程序顺序”视图，单击【机床视图】图标，将“操作导航器”切换成“操作导航—机床”视图，如图 13-47 所示。

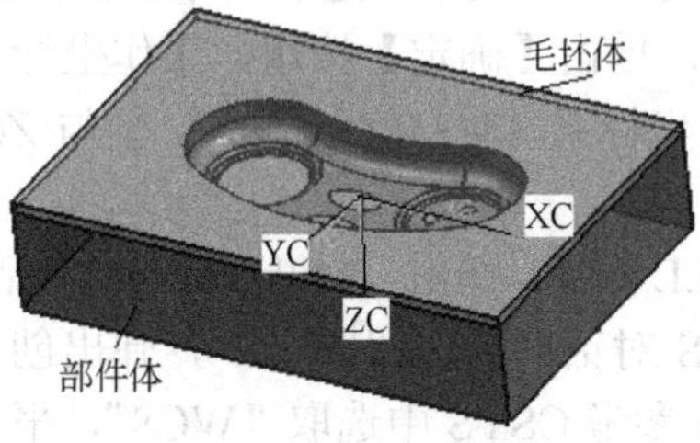

图 13-45 创建毛坯体

图 13-46 CAM 设置

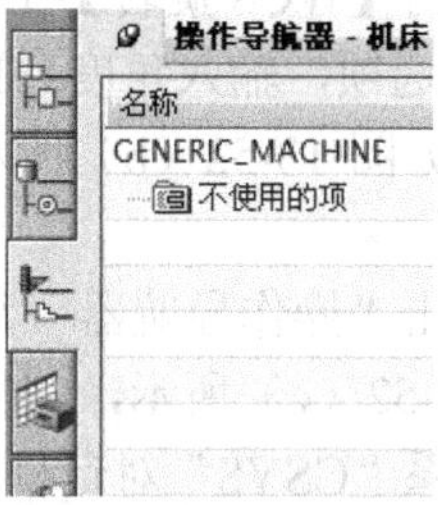

图 13-47 操作导航器—机床视图

单击【创建刀具】工具图标，弹出“创建刀具”对话框，如图 13-48 所示，创建平底圆柱铣刀“endmill_d20”刀具，单击【应用】按钮，弹出 5 参数刀具对话框，设置好刀具尺寸、刀具号、刀具长度补偿号、半径补偿号后，如图 13-49 所示，单击【确定】按钮，返回创建刀具对话框。

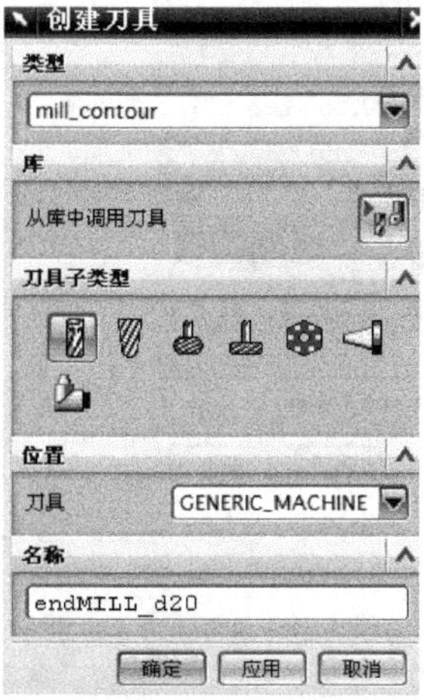

图 13-48 创建刀具类型

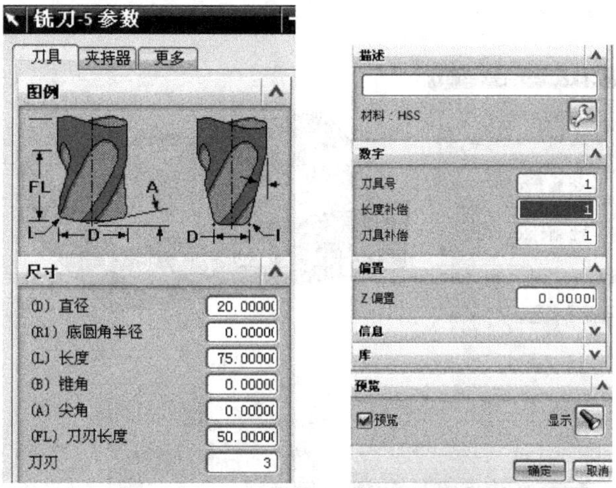

图 13-49 创建 5 参数刀具设置

如此操作分别创建其他刀具，所有创建刀具结果如图 13-50 所示。

4. 创建加工几何体

单击【几何视图】工具图标，将操作导航器切换成“操作导航器—几何体”视图，如图 13-51 所示。

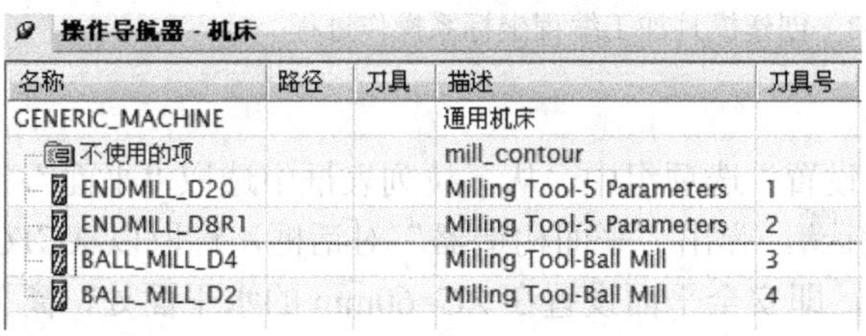
操作导航器 - 机床
名称
路径
刀具
描述
刀具号
GENERIC_MACHINE
通用机床
不使用的项
mill_contour
ENDMILL_D20
Milling Tool-5 Parameters
1
ENDMILL_D8R1
Milling Tool-5 Parameters
2
BALL_MILL_D4
Milling Tool-Ball Mill
3
BALL_MILL_D2
Milling Tool-Ball Mill
4

图 13-50 创建刀具列表

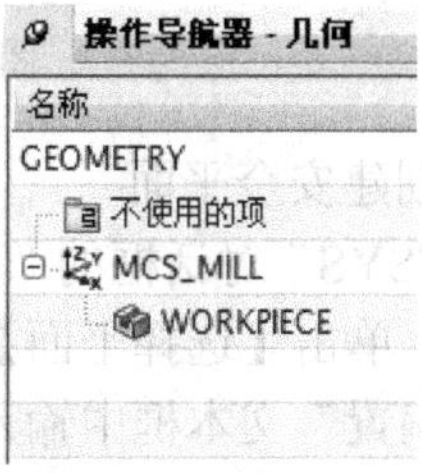

图 13-51 几何视图

（1）创建工件加工（编程）坐标系

由图 13-45 可知，可乐瓶底型芯模具中的 *Z* 轴正方向向下，默认的 *ZC* 轴正方向也是向下的，与立式加工铣床与加工中心的 *Z* 轴方向相反，因此，先将工作坐标系 *ZC* 轴旋转到朝上的方向。

单击【WCS 旋转】工具图标，弹出“旋转 WCS 绕…”对话框，选取“+*XC* 轴：*YC*→*ZC*”单选项，输入角度：180°，如图 13-52（a）所示，单击【确定】按钮，工作坐标系旋转结果如图 13-52（b）所示。现在默认的工件加工编程坐标系 *XMYMZM* 的 *ZM* 轴与 *ZC* 轴反向。

双击“操作导航器—几何体”视图中的“MCS_MILL”项，弹出“Mill Orient”对话框，如图 13-52（c）所示，在机床坐标系选项中单击【CSYS 对话框】按钮图标，弹出创建加工坐标系“CSYS”对话框，选取类型为“偏置 CSYS”，参考 CSYS 中选取“WCS”，平移选项组中，偏置：笛卡儿，坐标值（0,0,10），如图 13-52（d）所示，单击【确定】按钮，返回“CSYS”对话框，实现 *XMYMZM* 坐标系相对 *XCYCZC* 坐标系向上偏移 10mm，如图 13-52（e）所示。

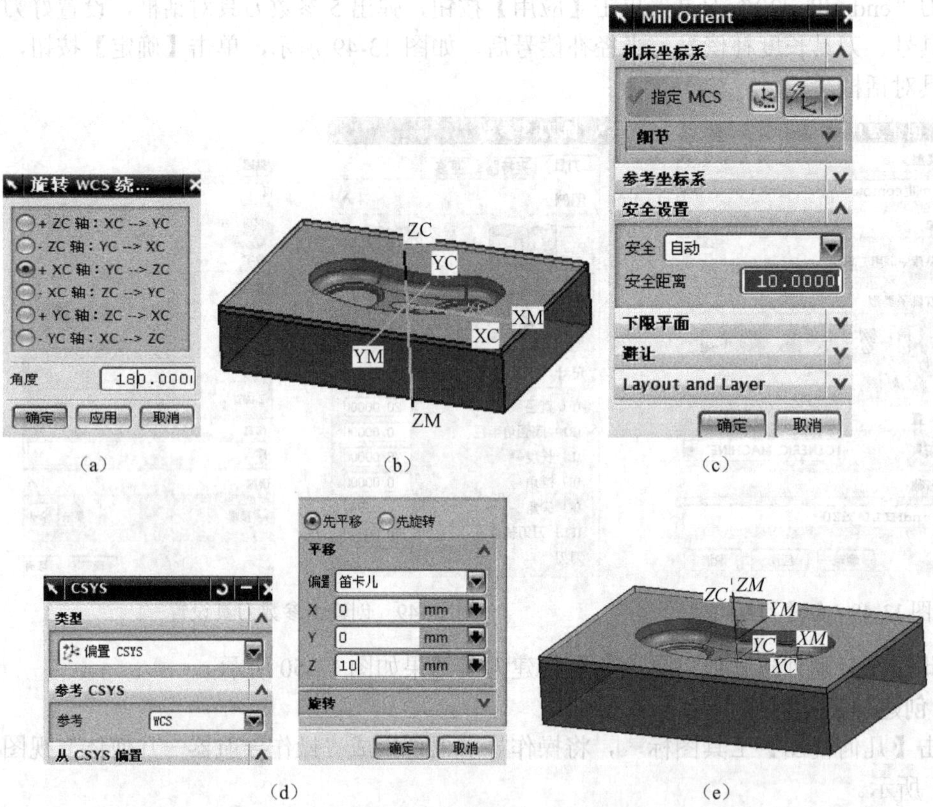

图 13-52 创建模具加工编程坐标系操作过程

（2）创建安全平面

在“CSYS”对话框的“安全设置”选项组中，从下拉列表框中选取“平面”，如图 13-53（a）所示，单击【选择平面】图标，弹出“平面构造器”对话框，选取以 *XCYC* 平面为参照，在“偏置”文本框中输入 60，即安全平面设置在 *ZC*=60mm 的水平面处，离型腔模具上表面 50mm，如图 13-53（b）所示，单击【确定】按钮，模型上方出现三角形安全平面符号，如图 13-53（c）所示。

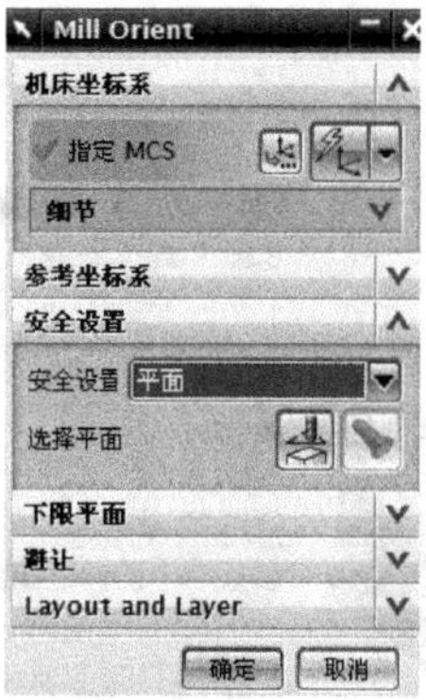

（a）

（b）

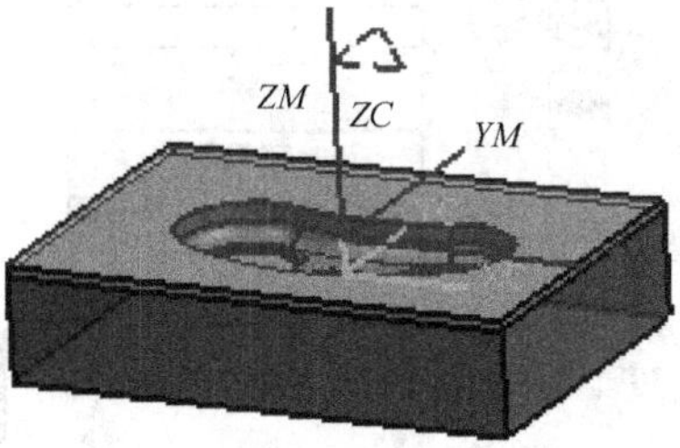

（c）

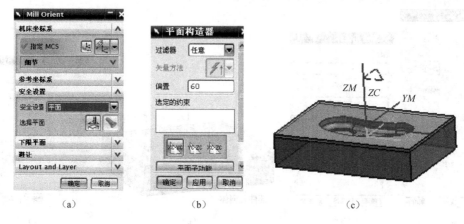

图 13-53 创建安全平面操作过程

（3）创建铣削部件几何体

双击“操作导航器—几何体”视图中“WORKPIECE”项，弹出“Mill Geom”对话框，如图 13-54（a）所示，在“几何体”组框中，单击“指定部件”右侧的“选择或编辑几何体”图标，弹出“部件几何体”对话框，选取过滤方式：“体”，如图 13-54（b）所示，选取为部件体，如图 13-54（c）所示，单击【确定】按钮，返回“Mill Geom”对话框，此时，右侧电筒高亮显示，表示已选择了部件几何体。

（4）创建毛坯几何体

单击“指定毛坯”右侧的“选择或编辑几何体”图标，弹出“毛坯几何体”对话框，如图 13-54（d）所示，选取过滤方式：“体”，选取长方体为毛坯几何体，如图 13-54（c）所示，单击【确定】按钮，返回“Mill Geom”对话框，此时，右侧电筒高亮显示，表示已选择了毛坯几何体；其他不作选择，单击【确定】按钮，退出“Mill Geom”对话框。

5. 创建加工方法

为简化操作，暂且不作创建加工方法操作，先取默认的加工方法，而在创建操作中对加工方法适当修改。

6. 创建加工刀轨操作

（1）创建粗加工刀轨操作

① 创建程序名称。单击【程序顺序视图】工具图标，将操作导航器切换为“操作导航器—程序顺序”视图，单击【创建程序】工具图标，弹出“创建程序”对话框，选择类型：mill_contour；位置：程序:NC_PROGRAM；名称：youxishoubinggai_mold_cavity，如图 13-55（a）所示。连续两次单击【确定】按钮，在操作导航器中出现程序名称，如图 13-55（b）所示。

② 创建型腔铣基本设置。右键单击程序名“youxishoubinggai_mold_cavity”，弹出快捷菜单，选择【插入】、【操作】菜单项，弹出“创建操作”对话框，创建操作基本设置如图 13-55（c）所示，单击【应用】按钮，弹出“型腔铣”对话框，如图 13-55（d）、（e）所示。

③ 创建修剪边界。单击“指定修剪边界”图标，弹出“修剪边界”对话框，选择“过滤器类型”：单击【曲线边界】图标，“修剪侧”为“外部”，如图 13-55（f）所示。在模型中选取毛坯体上表面棱边为修剪边界线，单击【确定】按钮，返回“型腔铣”对话框。

④ 创建粗加工切削方法、模式、步进量与切削深度。在刀轨设置组框中，直接设置粗加工切削方法、模式、步进量与切削深度，如图 13-55（e）所示。

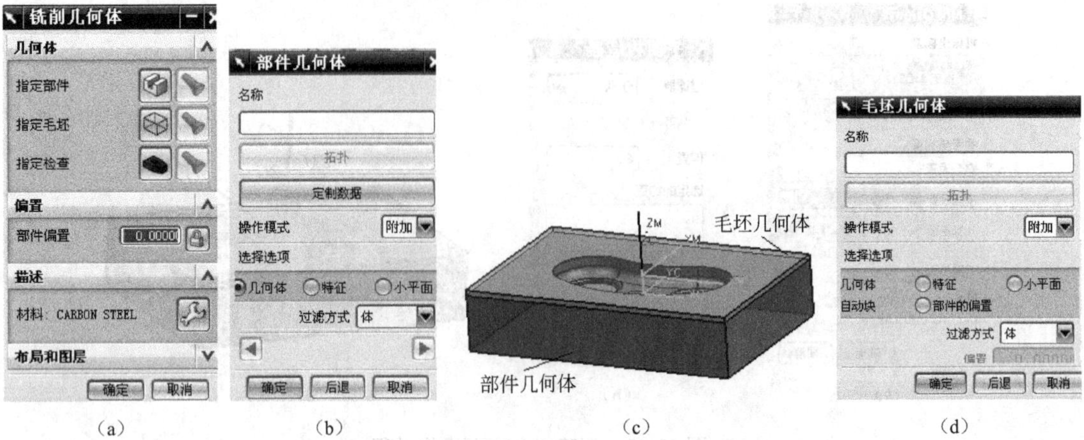

图 13-54　创建部件几何体和毛坯几何体

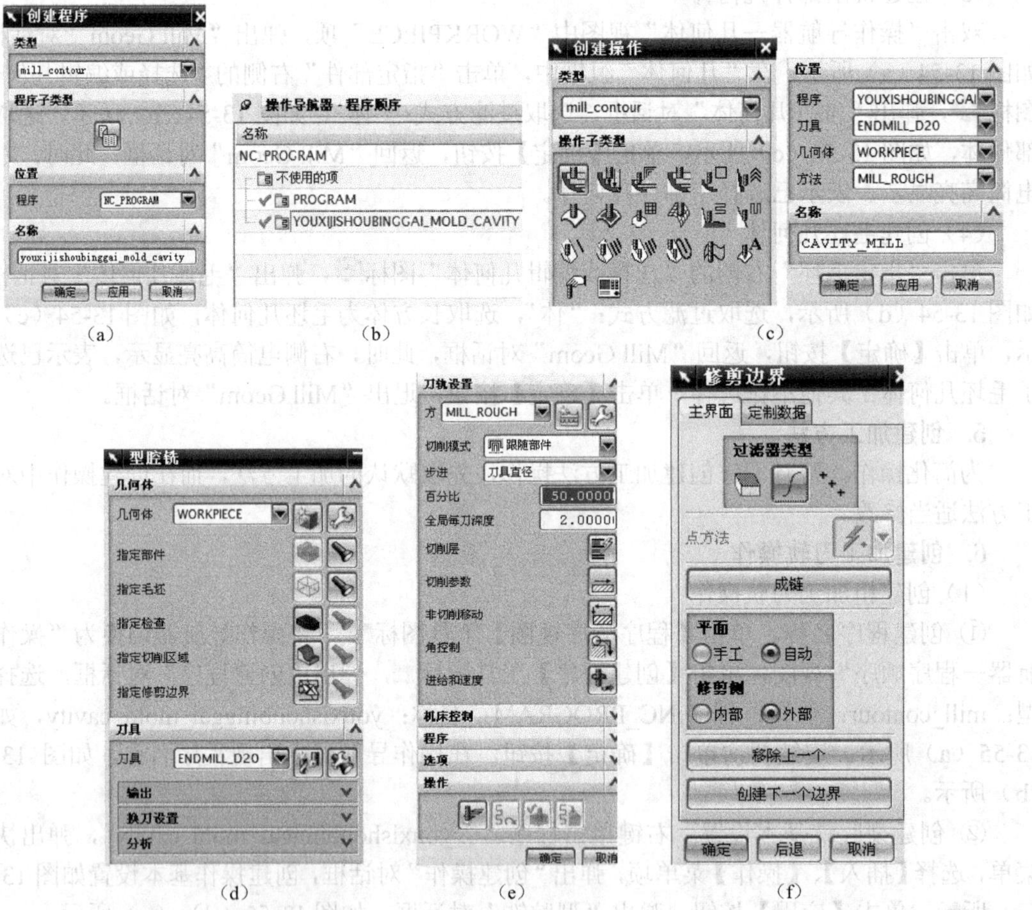

图 13-55　创建程序名、粗铣削加工刀轨操作基本设置与修剪边界

⑤ 创建切削参数。单击【切削参数】图标，弹出“切削参数”对话框，打开“余量”选项卡，设部件侧面余量为 0.5，其他参数全部取默认设置，如图 13-56 所示。

⑥ 创建非切削参数。单击【非切削参数】图标，弹出“非切削参数”对话框，在“进刀”选项卡中，主要设置封闭区域进刀类型为“螺旋线”，直径为 75%刀具直径，其他全部

取默认设置，如图 13-57 所示。

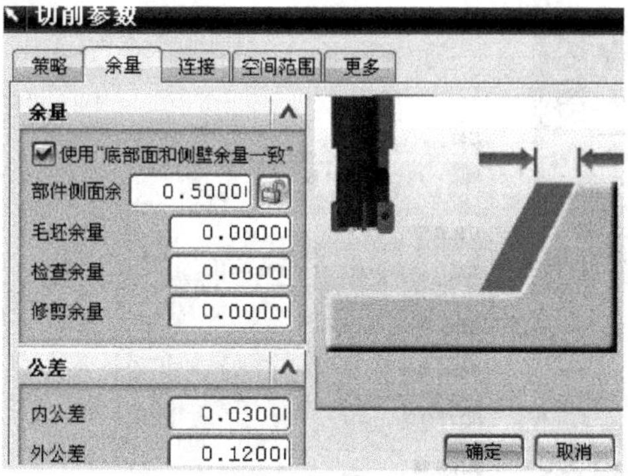

图 13-56　创建切削参数

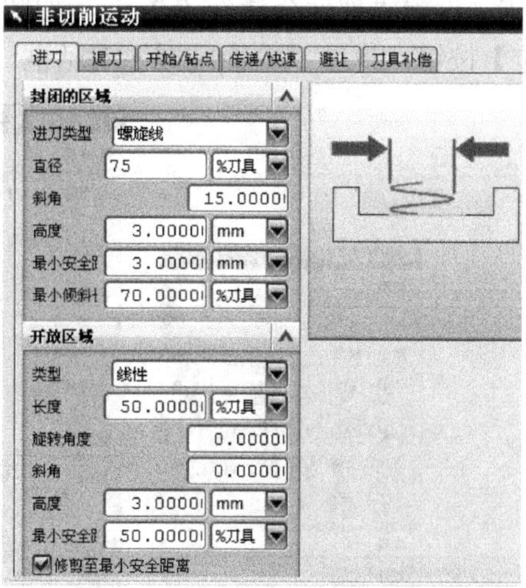

图 13-57　创建非切削参数

⑦ 创建主轴转速与进给率。单击【进给和速度】图标，弹出“进给”对话框，主轴转速 1200rpm，进给率 120mmpmin，其他取默认设置。如图 13-58 所示。

⑧ 生成刀轨与仿真加工演示。单击刀轨【生成】工具图标，生成刀轨，单击【确认】工具图标，进行仿真加工演示，结果如图 13-59 所示。

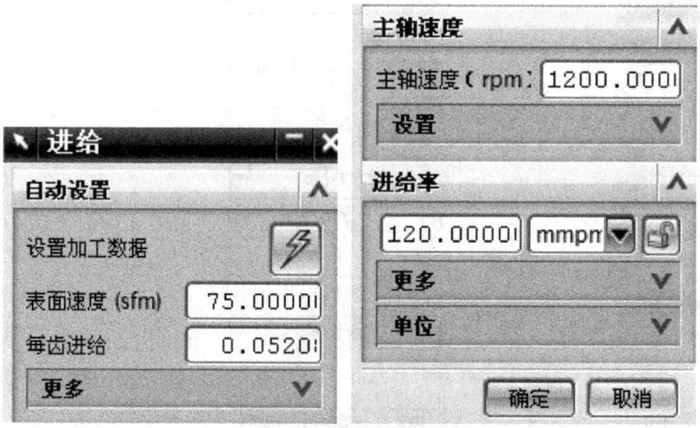

图 13-58　创建主轴转速与进给率

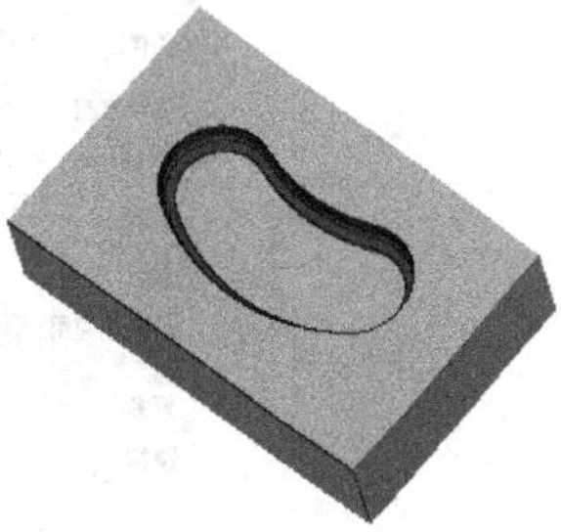

图 13-59　可乐瓶底型腔模具粗铣削结果

（2）创建凹面区域部分半精加工刀轨操作

① 创建区域半精加工基本设置。打开“创建操作”对话框，创建基本设置如图 13-60（a）所示。

② 设置区域铣削驱动方式。单击“创建操作”对话框中【应用】按钮，弹出区域型腔铣削“轮廓区域”对话框，如图 13-60（b）、（c）所示。单击“驱动方式”组框右侧编辑图标，弹出“区域驱动方式”对话框，设置选项、参数如图 13-60（d）所示，单击【确定】按钮，返回“轮廓区域”对话框。

③ 创建铣削区域。单击“轮廓区域”对话框中“指定切削区域”右侧图标，弹出“切削区域”对话框，选取“过滤方式”为“面”， 如图 13-60（e）所示；在模型中选取曲面部分区域，如图 13-60（f）所示，单击【确定】按钮，返回“轮廓区域”对话框。

④ 创建切削参数。单击【切削参数】图标，弹出“切削参数”对话框，打开“余量”选项卡，设置“部件余量”：0.2mm，如图 13-60（g）所示，其他参数全部取默认设置，单击【确定】按钮，返回“轮廓区域”对话框。

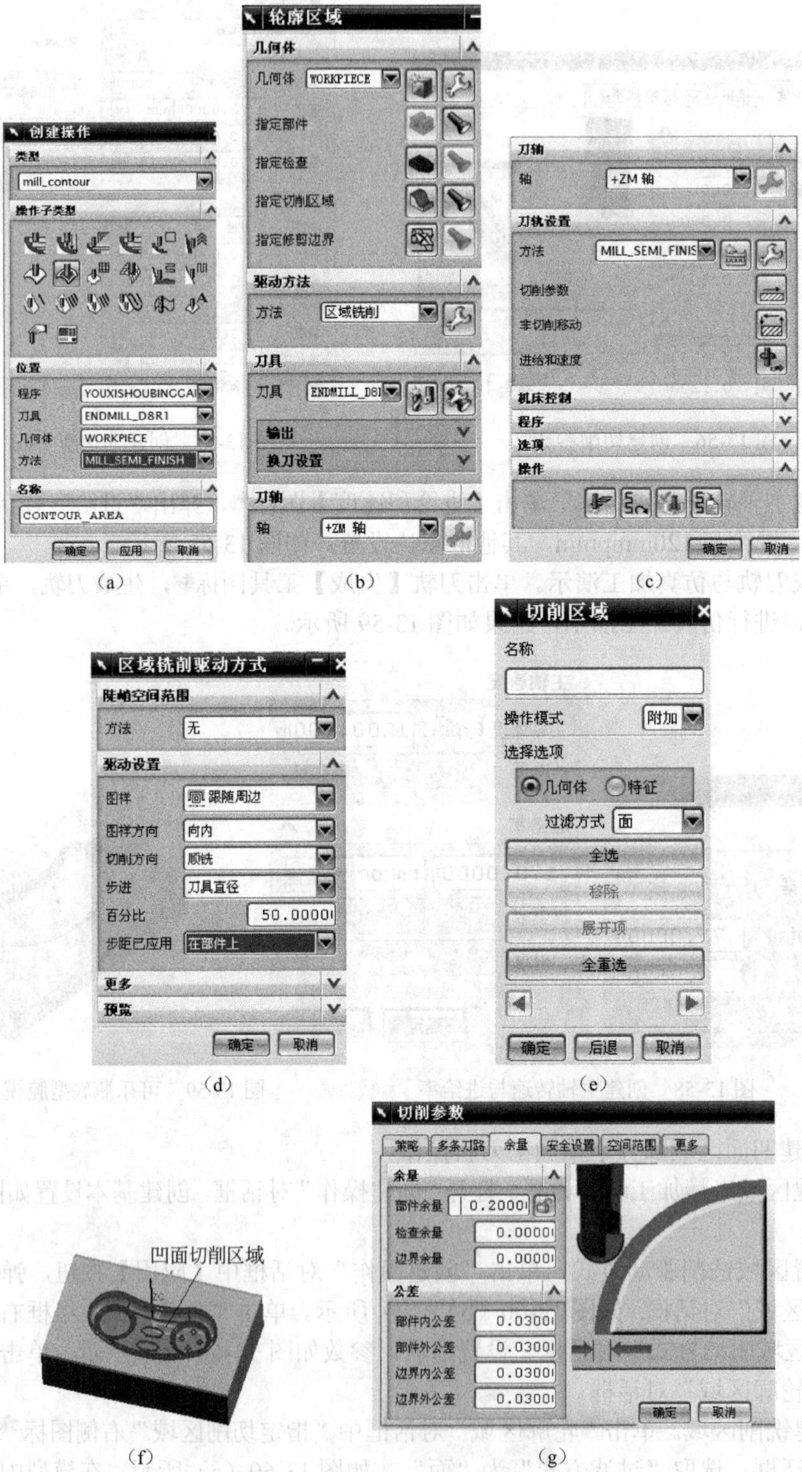

（a）（b）（c）（d）（e）（f）（g）

图 13-60 创建凹面区域部分半精切削加工基本设置、驱动方式与切削参数

⑤ 创建非切削参数、进给率和主轴转速。非切削参数项全部取默认设置；进给率取150mmpmin，主轴转速取1500rpm。

⑥ 生成刀轨仿真加工演示。单击刀轨【生成】工具图标，生成刀轨，单击【确认】工具图标，进行仿真加工演示，结果如图 13-61 所示。

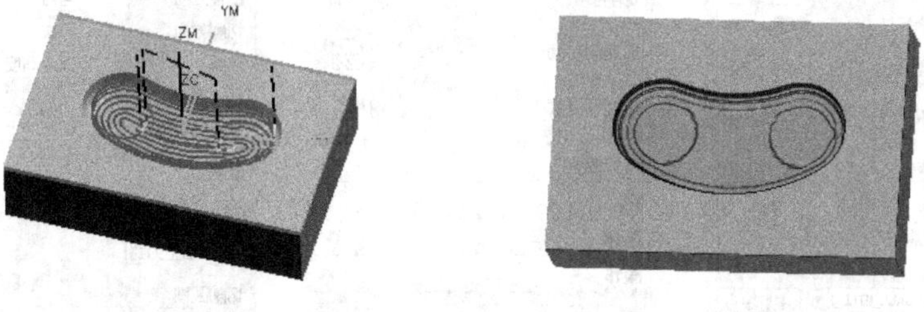

（a） （b）

图 13-61 创建曲面区域半精铣削加工刀轨与仿真加工结果

（3）创建凹面区域部分精加工刀轨操作

① 复制、粘贴、重命名方式创建刀轨操作。在“操作导航器—程序顺序”视图中，右键单击上步操作“Contour Area”，弹出快捷菜单，选取【复制】菜单项。

再次右键单击操作“Contour Area”，弹出快捷菜单，选取【粘贴】菜单项；生成操作“Contour Area_copy”。

右键单击“Contour Area_copy”操作，弹出快捷菜单，选取【重命名】菜单项，命名为“Contour Area_finish_1”。

② 更换刀具。双击“Contour Area_finish_1”操作，弹出“轮廓区域”对话框，将刀具改为 ball_mill_d4，如图 13-62（a）、（b）所示。

③ 修改区域切削驱动方式。单击驱动方式右侧的【编辑】工具图标，打开“区域铣削驱动方式”对话框，设置结果如图 13-62（c）所示；单击【确定】按钮，返回“轮廓区域”对话框。

④ 修改切削参数。单击【切削参数】工具图标，弹出“切削参数”对话框，打开“余量”选项卡，设置“部件余量”为 0.2，如图 13-62（d）所示。其他取默认设置，单击【确定】按钮，返回“轮廓区域”对话框。

⑤ 修改进给和转速参数。单击【进给和速度】工具图标，弹出“进给”对话框，设置主轴转速 2000rpm，进给率 200mmpmin，如图 13-62（e）所示。单击【确定】按钮，返回“轮廓区域”对话框。

⑥ 生成刀轨并仿真加工。单击刀轨【生成】工具图标，生成刀轨，单击【确认】工具图标，进行仿真加工演示，结果如图 13-62（f）所示。

（4）创建平面区域精铣削刀轨操作

① 复制、粘贴、重命名方式创建刀轨操作。在“操作导航器—程序顺序”视图中，右键单击上步操作“Contour Area”，弹出快捷菜单，选取【复制】菜单项。

再次右键单击操作“Contour Area_Finish_1”，弹出快捷菜单，选取【粘贴】菜单项；生成操作“Contour Area_copy”。

右键单击“Contour Area_copy”操作，弹出快捷菜单，选取【重命名】菜单项，命名为“Contour Area_finish_2”。

② 更换刀具。双击“Contour Area_finish_2”操作，弹出“轮廓区域”对话框，将刀具改为 Endmill_D20，如图 13-63（a）、（b）所示。

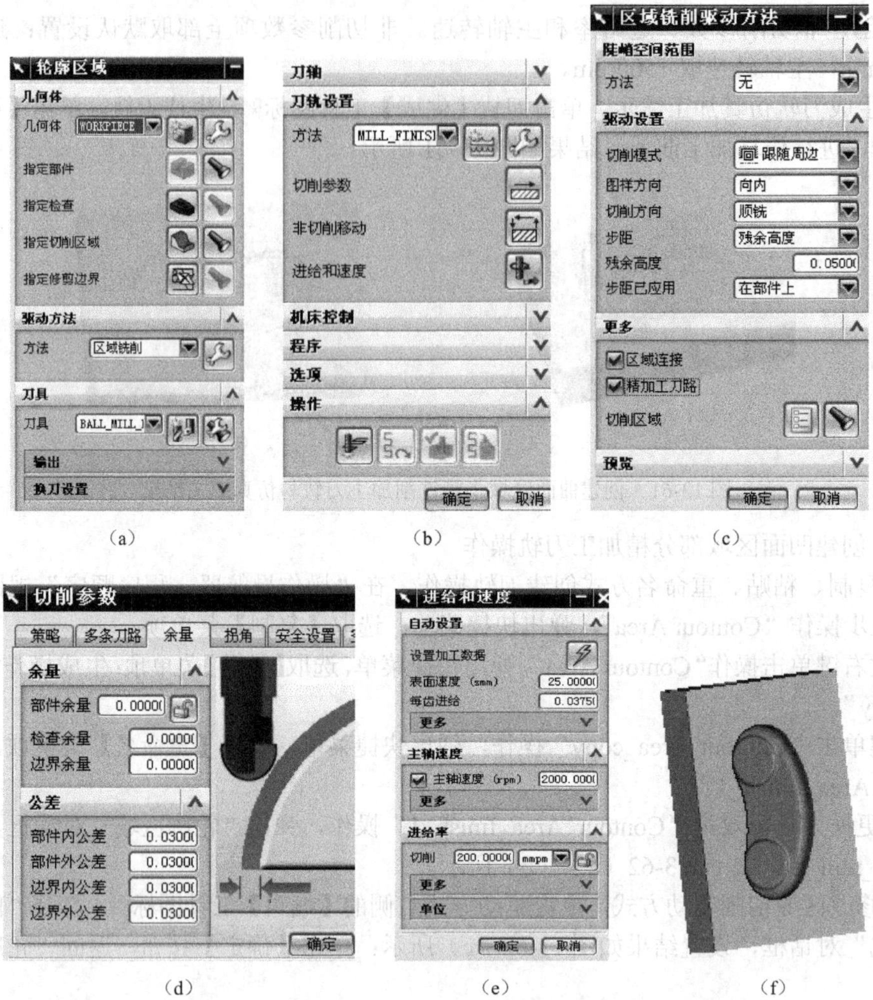

图 13-62 创建凹面区域部分精加工刀轨操作过程

③ 修改区域切削驱动方式。单击驱动方式右侧的【编辑】工具图标，打开“区域铣削驱动方式”对话框，设置结果如图 13-63（c）所示；单击【确定】按钮，返回“轮廓区域”对话框。

④ 修改切削区域。单击“指定切削区域”右侧图标，弹出“切削区域”对话框，单击【移除】按钮，移去原来的曲面区域，单击【确定】按钮，返回“轮廓区域”对话框；再次单击“指定切削区域”右侧图标，弹出“切削区域”对话框，将操作模式选项换为“附加”，选取模型的分型面区域，由于分型面是由多个扇形区域组成，故要多次选取，如图 13-63（d）、（e）所示，分型面全部选取后单击【确定】按钮，返回“轮廓区域”对话框。

⑤ 修改进给和转速参数。单击【进给和速度】工具图标，弹出“进给”对话框，设置主轴转速 2000rpm，进给率 200mmpmin，如图 13-63（f）所示。单击【确定】按钮，返回“轮廓区域”对话框。

⑥ 生成刀轨并仿真加工。单击刀轨【生成】工具图标，生成刀轨，单击【确认】工具图标，进行仿真加工演示，结果如图 13-63（g）、（h）所示。

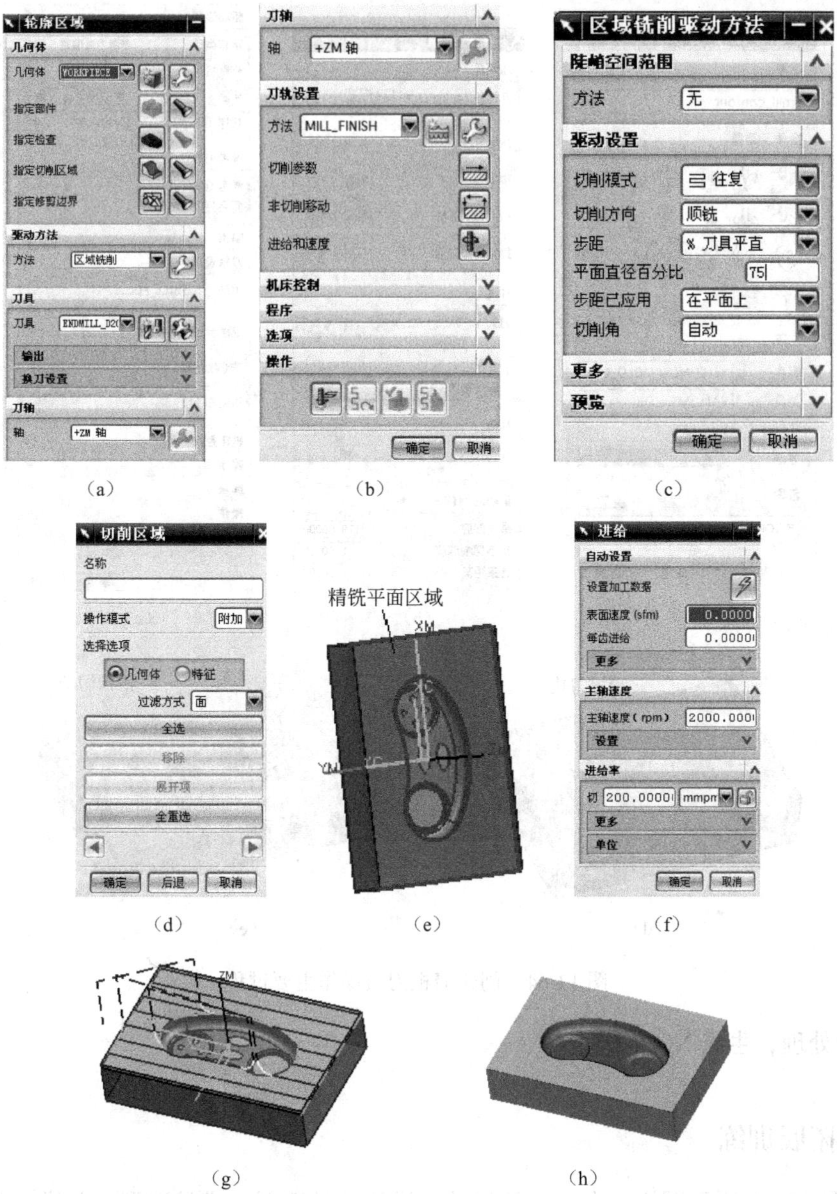

图 13-63　创建平面区域精铣削刀轨操作过程

（5）创建清根刀轨操作

打开“创建操作”对话框，建立基本设置如图 13-64（a）所示。

单击【应用】按钮，弹出光顺清铣削“清根光顺”对话框；驱动几何和驱动设置和参考刀具参数如图 13-64（b）、（c）所示。

指定修剪边界为毛坯体上表面棱边线，修剪侧为外部。

单击【进给和速度】图标，设置主轴转速 2000rpm，进给率 200mmpmin，其他设置全部取默认设置。

单击刀轨【生成】工具图标，生成刀轨，单击【确认】工具图标，进行仿真加工演示，如图 13-64（d）、（e）所示。

连续两次单击【确定】按钮，创建清根铣削刀轨操作。

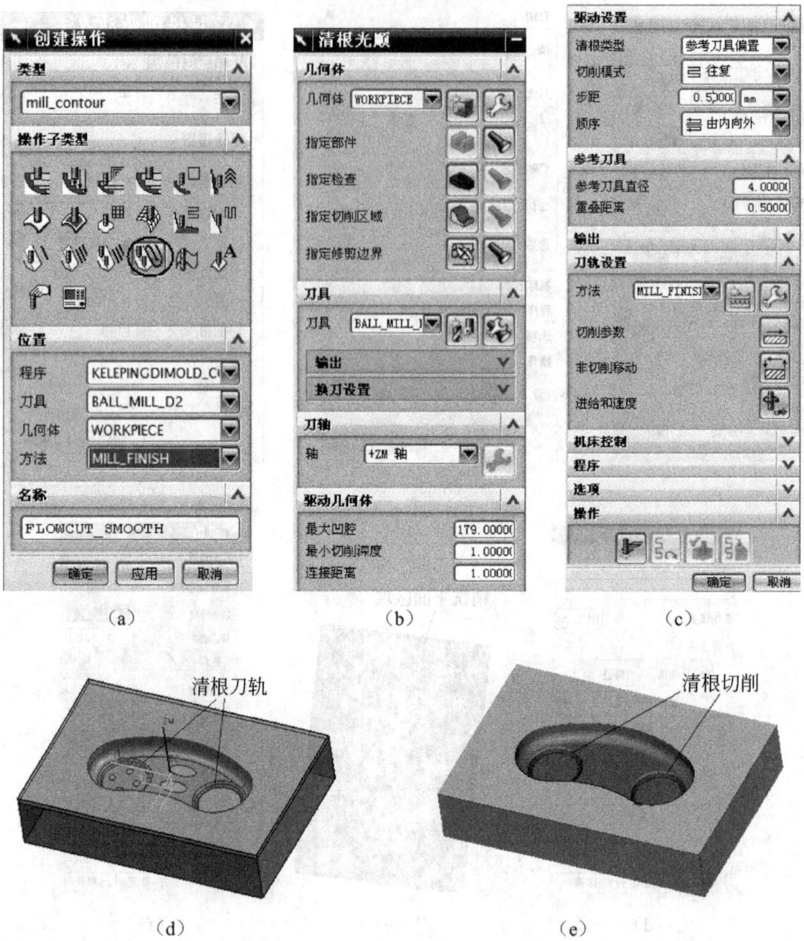

图 13-64　创建清根刀轨操作主要过程

7. 后处理，生成 NC 代码

从略。

三、拓展训练

根据图 13-65 所示图样，自己设计尺寸，进行产品造型与模具造型，并进行数控铣削加工编程。

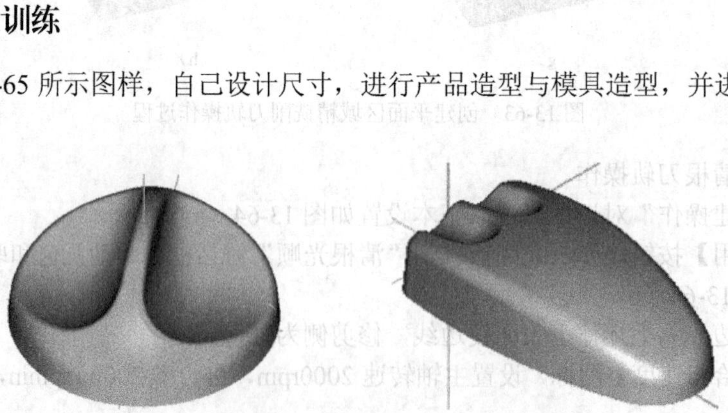

(a) 三角阀盖　　(b) 鼠标上盖

图 13-65　构建注塑产品模具及数控加工编程训练题

项目 14

连杆模具的数控铣削加工

一、项目分析

连杆零件如图 14-1 所示，是个锻造产品。因此，本项目是根据连杆零件图纸构造其三维实体，由零件实体构建锻造模具，再对模具构建数控铣削刀轨操作，生成适应实际数控铣床或加工中心的 NC 程序代码。本项目与已讲授的项目相比，没有新知识点和难点，教学重点是复习巩固已讲授的知识与技能，达到快速造型、生成合理、实用的数控 NC 程序代码的目的。

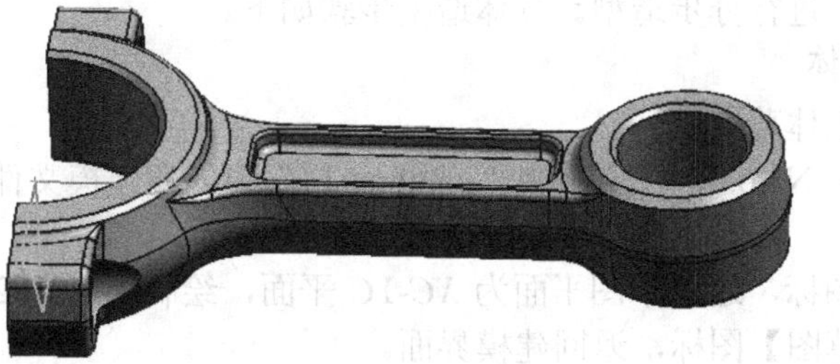

图 14-1　锻造连杆三维实体图

二、项目实施

阶段 1：制定连杆制造工艺过程卡

连杆制造工艺过程卡如表 14-1 所示。

表 14-1　连杆制造工艺过程卡

工段	工序	工步	加 工 内 容	加 工 方 式	机床	刀具	余量
模具制作工段	1	1.1	下料 303×163×43				
	2	2.1	铣削 300×160×40	铣削	普通铣床		
		2.2	去毛刺	钳工			
	3	3.1	装夹工件		立式数控加工中心		
		3.2	粗铣削型腔、型芯	CAVITY_MILL		ENDMILL_D20	1
		3.3	半精铣削型腔、型芯	Contour Area		ENDMILL_D8R1;	0.25
		3.4	精铣削型腔、型芯	Contour Area_Finish_1		BALLMILL_D4	0
		3.5	精铣削型腔、型芯	Contour Area_Finish_2		ENDMILL_D20	0
		3.6	光顺曲面清根铣削	FLOWCUT SMOOTH		BALLMILL_D2	0
	4		检验				
	5		模具组装				
锻造工段	1		加热		加热炉		
	2		锻造		锻压机		
	3		检验				

续表

工段	工序	工步	加 工 内 容	加 工 方 式	机床	刀具	余量
机加工工段	1		铣削端面		立式数控加工中心		
	2		钻螺栓孔		钻床		
	3		锪螺栓沉孔				
	4		镗孔		立式数控车床或镗床		
	5		检验				

阶段 2：构建连杆实体

造型方案：连杆主要结构可分为四大部分。

杆体：可由长方体进行挖减重凹坑组成。

大端：主结构为半圆环状实体，可用旋转实体造型方法实现。凸台螺栓孔结构，可用拉伸布尔和、布尔差运算方法构建。

小端：为圆筒状结构，可用旋转造型方法得到。

细节结构：圆角和倒角，在主体结构造型完成后，运用倒圆角、倒角造型工具完成。

下面按此分析，进行分步造型。具体造型步骤如下。

1. 构建连杆主体

（1）构建连杆主体草图

启动 SIEMENS NX6.0，在文件夹“xiangmu14”中创建建模文件“langan.prt”，进入建模界面。

单击【草图】图标，选取草图平面为 *XC-YC* 平面，绘制矩形 102×30，如图 14-2（a）所示，单击【完成草图】图标，返回建模界面。

再次单击【草图】图标，选取草图平面为 *XC-YC* 平面，绘制矩形 75×20。图形定位尺寸如图 14-2（b）所示。

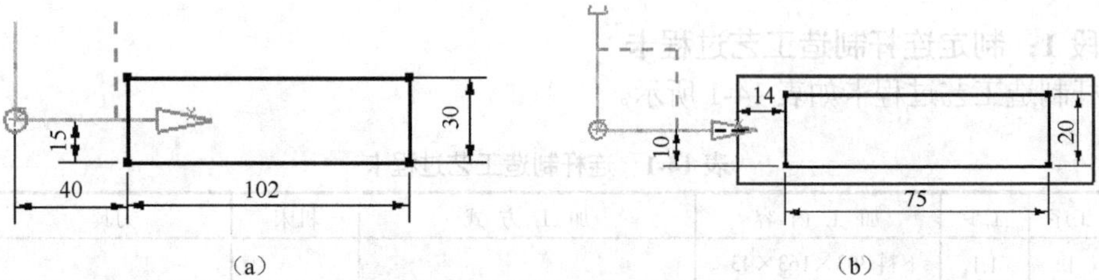

（a）　　　　（b）

图 14-2　主体草图

（2）拉伸连杆主体

单击【拉伸】图标，选取矩形 102×30，距离从 0 到 10 向上拉伸。 如图 14-3 所示。

（3）拉伸减重凹坑

再次单击【拉伸】工具图标，选取草图中矩形 75×20，距离从 5 到 10 向上拉伸，在布尔选项组中，设置为“求差”，实现向上拉伸除料，结果如图 14-4 所示。

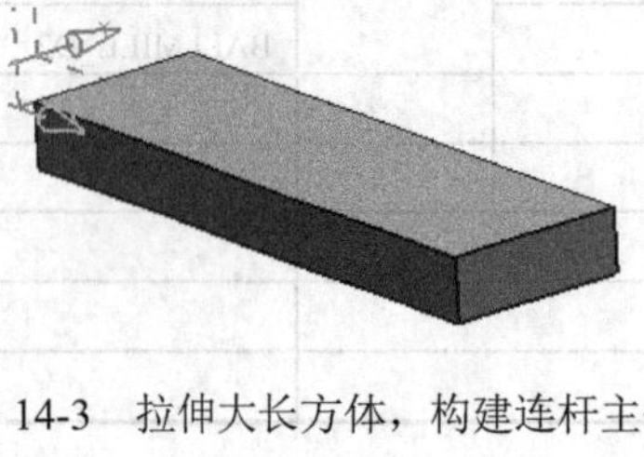

图 14-3　拉伸大长方体，构建连杆主体

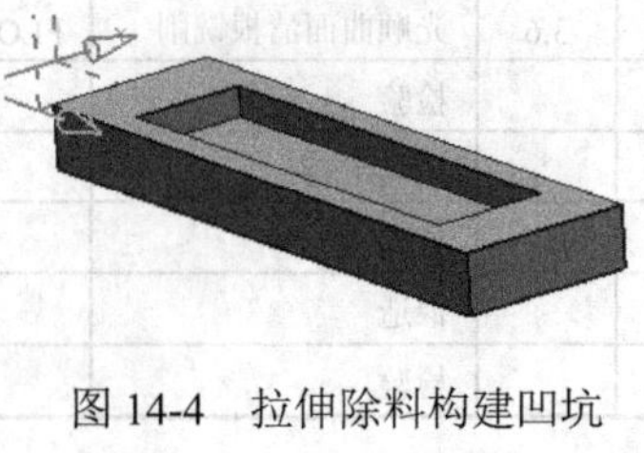

图 14-4　拉伸除料构建凹坑

（4）构建连杆主体两侧面拔模斜度

单击【拔模】工具图标，选择拔模方向向上，固定面为底面，拔模面为两侧面，拔模角度向上向内倾斜为 5°，如图 14-5 所示。

同理，减重凹坑也作四周侧面的拔模操作，其固定面为上表面，拔模面为四周侧面，拔模角度向下向内倾斜为 5°，做到凹坑底面小，开口大。

（5）镜像上半部分连杆主体

单击【变换】标准特征工具图标，在弹出的“变换”对话框中，提示对象，选取已构建实体，单击【确定】按钮，弹出下级“变换”对话框，单击【用平面镜像】按钮，选择连杆上半部分，弹出选择平面对话框，选择 *XC-YC* 平面，偏置量：0。单击【复制】按钮，构建镜像特征。

（6）布尔求和操作

单击布尔【求和】图标，分别选取上下两半连杆体，实现连主体的构建，如图 14-6 所示。

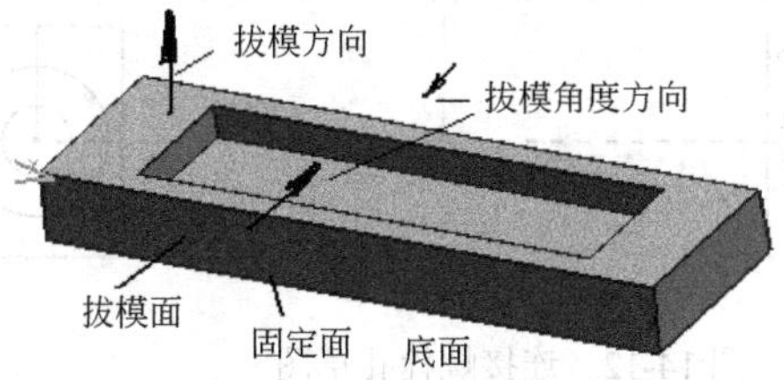

图 14-5 拔模操作

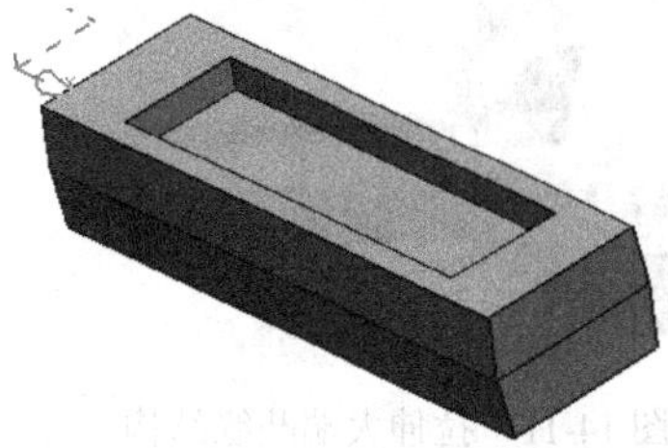

图 14-6 镜像并求和构建连杆主体

2. 构建连杆大端

（1）构建连杆大端草图

隐藏连杆主体，选择草图构图面为 *YC-ZC* 平面，按图 14-7 绘制草图。

（2）旋转连杆大端实体

显示连杆主体。单击旋转实体图标，选择图 14-7 中的五边形线框，绕 *ZC* 轴从 0°到 180°旋转，与连杆主体布尔求和运算，旋转实体对话框如图 14-8 所示，旋转结果如图 14-9 所示。

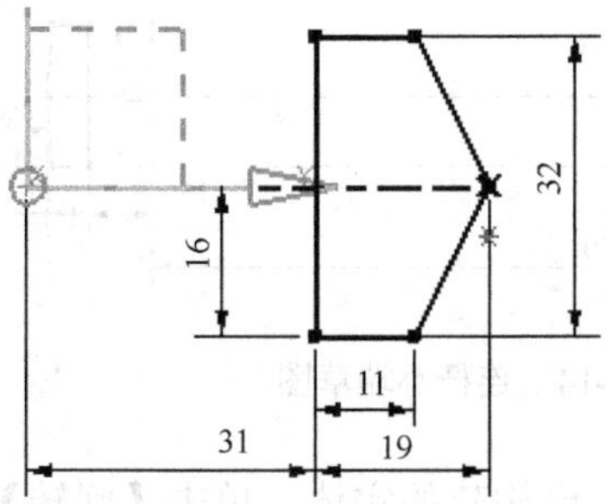

图 14-7 连杆大端草图

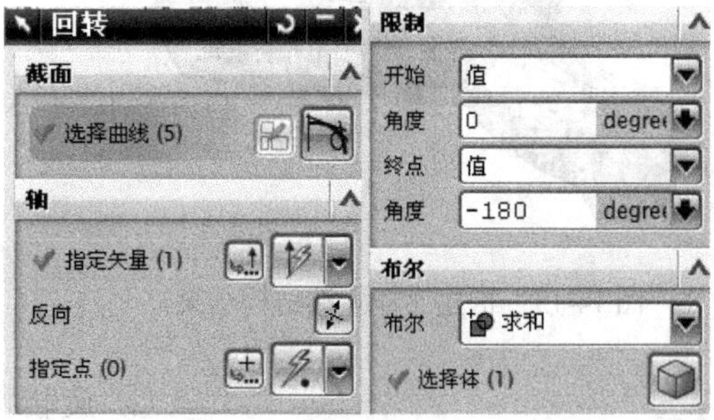

图 14-8 旋转实体操作对话框设置

（3）构建大端连接螺栓孔处结构草图

隐藏已构建实体，绘制草图如图 14-10 所示。

（4）拉伸构建大端连接螺栓孔处结构实体

选择两五边形线框，距离从 0 到 20 向右端拉伸求和，构建凸台结构。如图 14-11 所示。

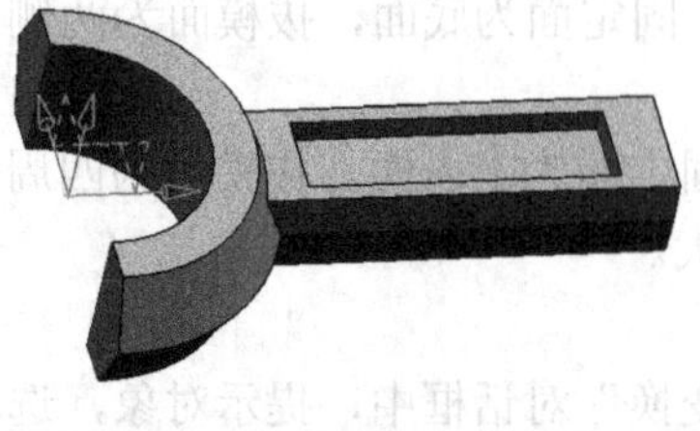

图 14-9　旋转构建连杆大端主结构实体

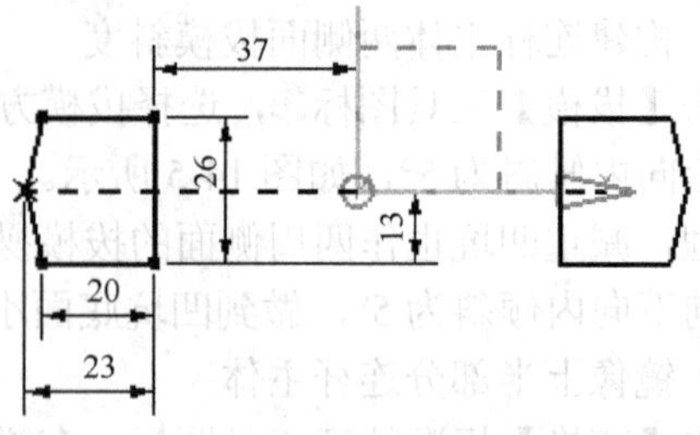

图 14-10　大端连接螺栓处凸缘结构草图

（5）绘制连接螺栓孔草图

分别在两个草图中绘制 2×ϕ8、2×ϕ17 连接螺栓孔的草图如图 14-12 所示。

图 14-11　拉伸大端凸缘结构

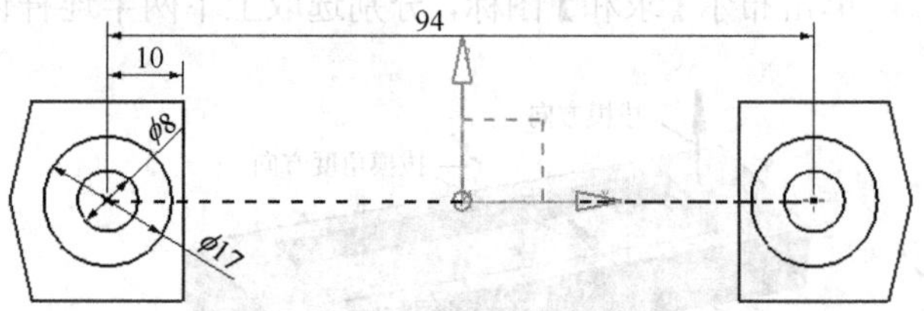

图 14-12　连接螺栓孔草图

（6）构建连接螺栓孔、沉孔结构

选择ϕ8 两小圆距离从 0 到 35 向右端拉伸求差，构建螺栓孔结构。

选择ϕ17 两大圆距离从 17 到 35 向右端拉伸求差，构建凸台右侧的沉孔。结果如图 14-13 所示。

3. 构建连杆小端

① 隐藏实体，绘制草图，如图 14-14 所示。

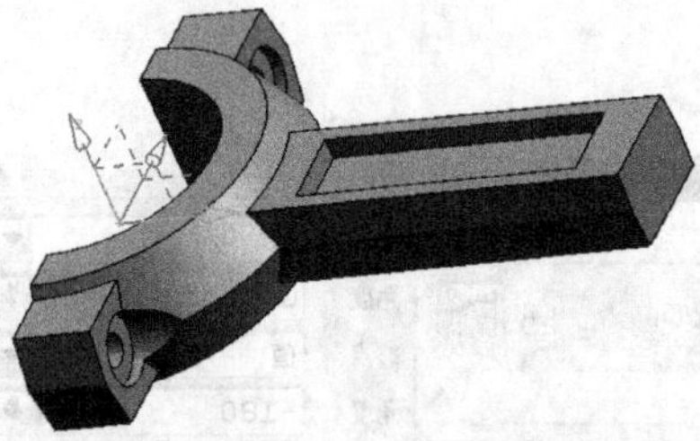

图 14-13　构建连杆大端结构结果

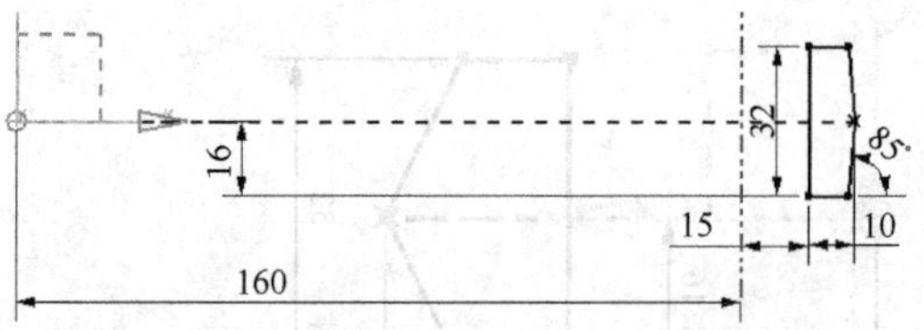

图 14-14　连杆小端草图

图 14-15　旋转连杆小端

② 旋转构建实体。显示已构建的实体，单击【回转】实体图标，选取绘制的连杆小端草图，以参考线为旋转轴，作 360°旋转，且进行布尔求和运算，结果如图 14-15 所示。

4. 构建局部细节

连杆实体的局部细节主要指各处的圆角与倒角结构。各处倒圆角情况如图 14-16 所示。

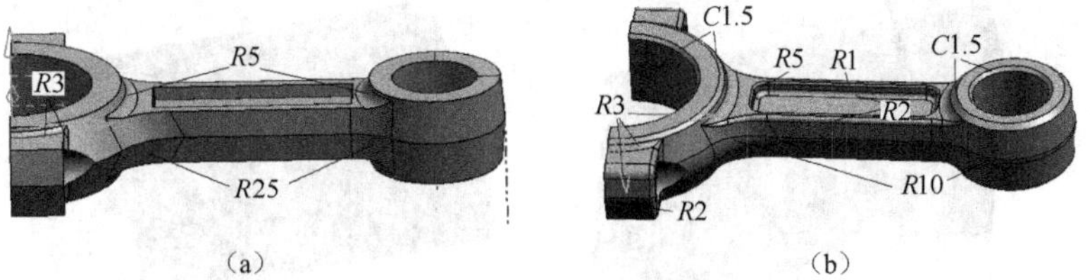

（a）　　（b）

图 14-16　倒圆角部位与圆角大小

阶段 3：构建连杆模具

1. 锻模的造型分析

作为锻造零件，连的螺栓孔不必锻造出来，待锻造后用机加工方法获得。大小端的倒角也是机加工时获得的，故锻模造型应将螺栓孔、倒角先隐藏。

由于连体上下对称，中间水平面为最大平面，可作为分型面，且分型后型芯和型腔结构形状完全相同，只是上模开设浇道与浇口后结构有所不同。在暂不考虑浇道和浇口时，二者无差别。

2. 锻模的造型

（1）隐藏倒角和螺栓孔结构

打开连杆零件造型，隐藏倒角和螺栓孔，结果如图 14-17 所示。

（2）构建长方体模具体

单击“长方体”图标，弹出“长方体”对话框，输入长方体尺寸长（*XC*）：260；宽（*YC*）：180；高（*ZC*）：40。原点设置中，单击指定点项右侧的“点构造器”图标，弹出“点构造器”对话框，指定长方体前左下方角点：（–40，–90，–40），如图 14-18 所示，构建长方体，如图 14-19（a）所示。

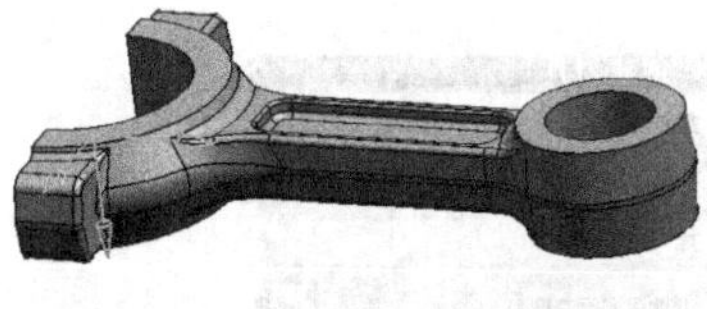

图 14-17　连杆隐藏倒角和螺栓孔

图 14-18　构建长方体对话框

（3）布尔求差运算，构建下模

长方体与连杆模型进行布尔差运算，构建下模如图 14-19（b）所示。由于结构对称，连杆模具上下模一样。

阶段 4：构建连杆型腔模具的数控铣削刀轨操作

1. 构建模具毛坯

单击【拉伸】特征工具图标，选取连杆模具体下表面棱边为截面线框，向上拉伸 43mm（模具体高度 40mm+表面加工余量 3mm），结果如图 14-20 所示。

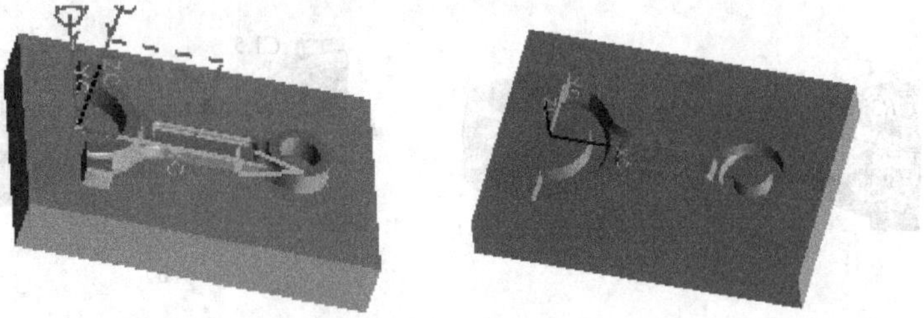

（a）　　　　　　　　　　　　　　　　（b）

图 14-19　构建连杆模具体

2. 进入加工模块

单击【开始】菜单图标，选取【加工】菜单项图标，弹出“加工环境”对话框，在“CAM 设置”中选取“mill_contour”型腔铣削模板，如图 14-21 所示，单击【确定】按钮，进入“加工”模块。

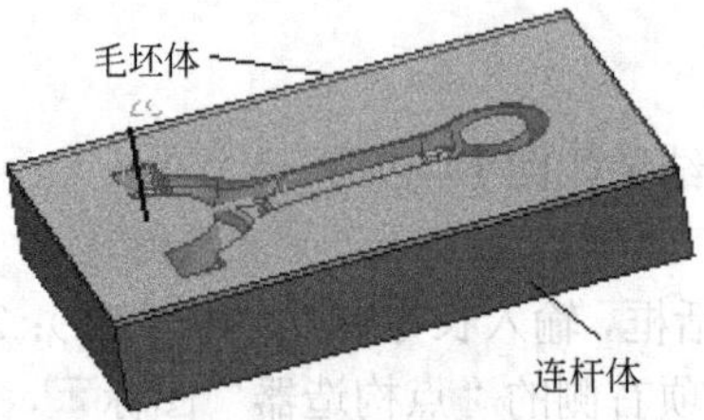

图 14-20　构建毛坯体

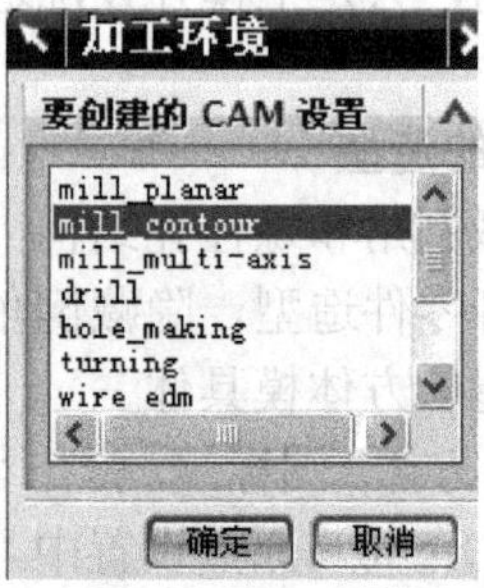

图 14-21　CAM 设置

3. 创建刀具

单击“资源条”中的【操作导航器】图标，显示“操作导航器—程序顺序”视图，单击【机床视图】图标，将“操作导航器”切换成“操作导航—机床”视图，如图 14-22 所示。

单击【创建刀具】工具图标，弹出“创建刀具”对话框，如图 14-23 所示，创建平底圆柱铣刀“endmill_d20”刀具，单击【应用】按钮，弹出 5 参数刀具对话框，设置好刀具尺寸、刀具号、刀具长度补偿号、半径补偿号后，如图 14-24 所示，单击【确定】按钮，返回创建刀具对话框。

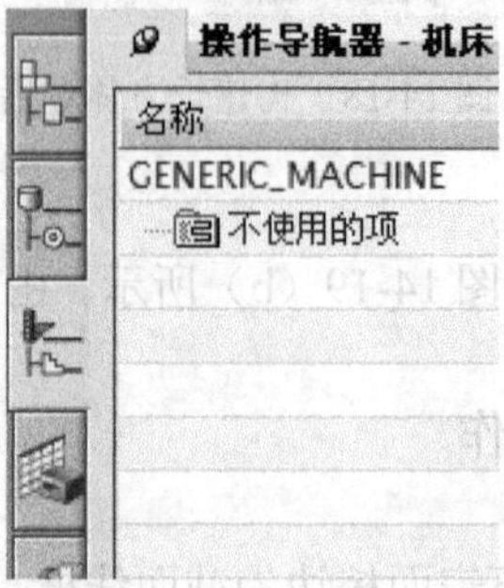

图 14-22　操作导航器—机床视图

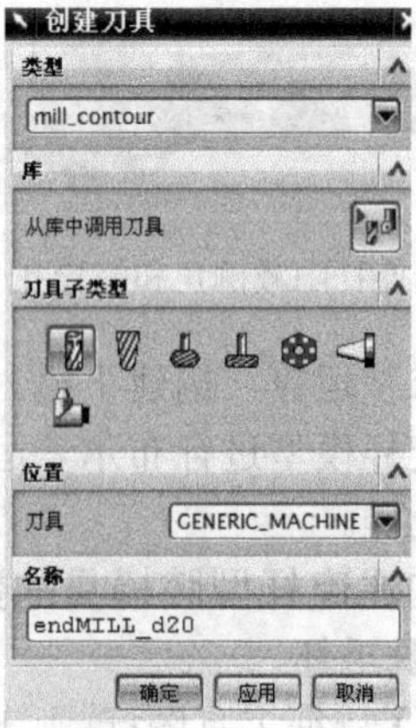

图 14-23　创建刀具类型

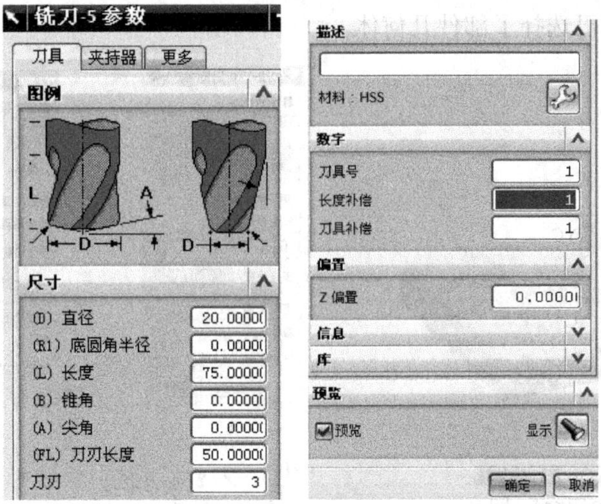

图 14-24 创建 5 参数刀具设置

如此操作分别创建其他刀具，所有创建刀具结果如图 14-25 所示。

4. 创建加工几何体

单击【几何视图】工具图标，将操作导航器切换成“操作导航器—几何体”视图，如图 14-26 所示。

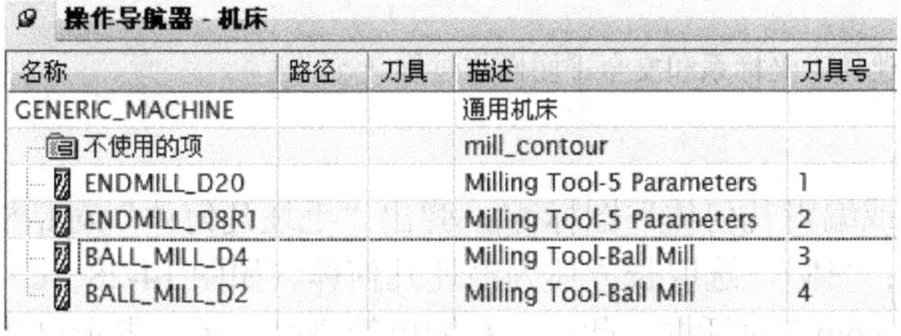

操作导航器 - 机床
名称 路径 刀具 描述 刀具号
GENERIC_MACHINE 通用机床
不使用的项 mill_contour
ENDMILL_D20 Milling Tool-5 Parameters 1
ENDMILL_D8R1 Milling Tool-5 Parameters 2
BALL_MILL_D4 Milling Tool-Ball Mill 3
BALL_MILL_D2 Milling Tool-Ball Mill 4

图 14-25 创建刀具列表

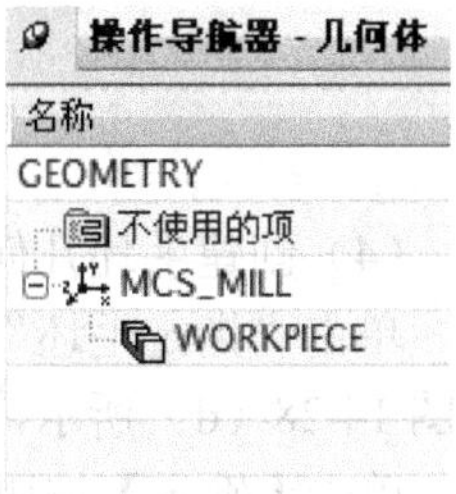

图 14-26 几何视图

（1）创建工件加工（编程）坐标系

进入加工模块后，就可看到，工件加工（编程）坐标系 *XMYMZM* 与工作坐标系 *XCYCZC* 重合，且都在连杆模具上表面，故不必变动加工坐标系，如图 14-27（a）所示。

（2）创建安全平面

双击“操作导航器—几何体”视图中的“MCS_MILL”项，弹出“Mill Orient”对话框，如图 14-27（b）所示，在“CSYS”对话框的“安全设置”选项组中，从下拉列表框中选取“平面”，如图 14-27（c）所示，单击【选择平面】图标，弹出“平面构造器”对话框，选取以 *XC-YC* 平面为参照，在“偏置”文本框中输入 50，即安全平面设置在 *ZC*=50mm 的水平面处,离型腔模具上表面 50mm，如图 14-27（d）所示，单击【确定】按钮，模型上方出现三角形安全平面符号，如图 14-27（e）所示。

（3）创建铣削部件几何体

双击“操作导航器—几何体”视图中“WORKPIECE”项，弹出“Mill Geom”对话框，如图 14-28（a）所示，在“几何体”组框中，单击“指定部件”右侧的“选择或编辑几何体”图标，弹出“部件几何体”对话框，选取过滤方式：“体”，如图 14-28（b）所示，选取为部件体，如图 14-28（c）所示，单击【确定】按钮，返回“Mill Geom”对话框，此时，右侧电筒高亮显示，表示已选择了部件几何体。

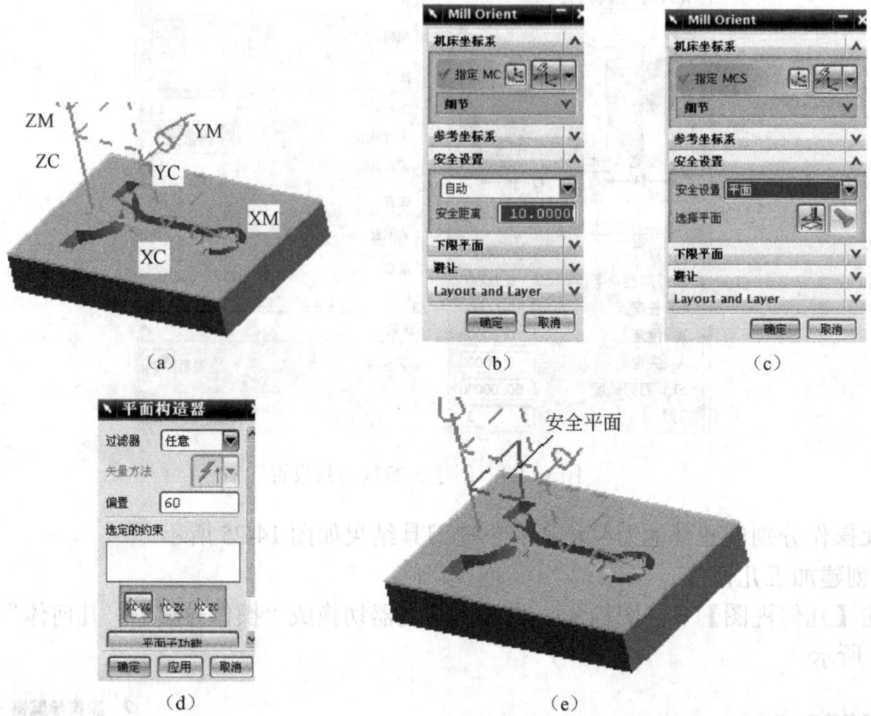

图 14-27 创建加工坐标系和安全平面操作过程

（4）创建毛坯几何体

单击“指定毛坯”右侧的“选择或编辑几何体”图标，弹出“毛坯几何体”对话框，如图 14-28（d）所示，选取过滤方式：“体”，选取长方体为毛坯几何体，如图 14-28（c）所示，单击【确定】按钮，返回“Mill Geom”对话框，此时，右侧电筒高亮显示，表示已选择了毛坯几何体；其他不作选择，单击【确定】按钮，退出“Mill Geom”对话框。

5. 创建加工方法

为简化操作，暂且不作创建加工方法操作，先取默认的加工方法，而在创建操作中对加工方法适当修改。

6. 创建加工刀轨操作

（1）创建粗加工刀轨操作

① 创建程序名称。单击【程序顺序视图】工具图标，将操作导航器切换为“操作导航器—程序顺序”视图，单击【创建程序】工具图标，弹出“创建程序”对话框，选择类型：mill_contour；位置：程序:NC_PROGRAM；名称：langan_mold，如图 14-29（a）所示。连续两次单击【确定】按钮，在操作导航器中出现程序名称，如图 14-29（b）所示。

② 创建型腔铣基本设置。右键单击程序名“langan_mold”，弹出快捷菜单，选择【插入】、【操作】菜单项，弹出“创建操作”对话框，创建操作基本设置如图 14-29（c）所示，单击【应用】按钮，弹出“型腔铣”对话框，如图 14-29（d）、（e）所示。

③ 创建修剪边界。单击“指定修剪边界”图标，弹出“修剪边界”对话框，选择“过滤器类型”：单击【曲线边界】图标，“修剪侧”为“外部”，如图 14-29（f）所示。在模型中选取毛坯体上表面棱边为修剪边界线，单击【确定】按钮，返回“型腔铣”对话框。

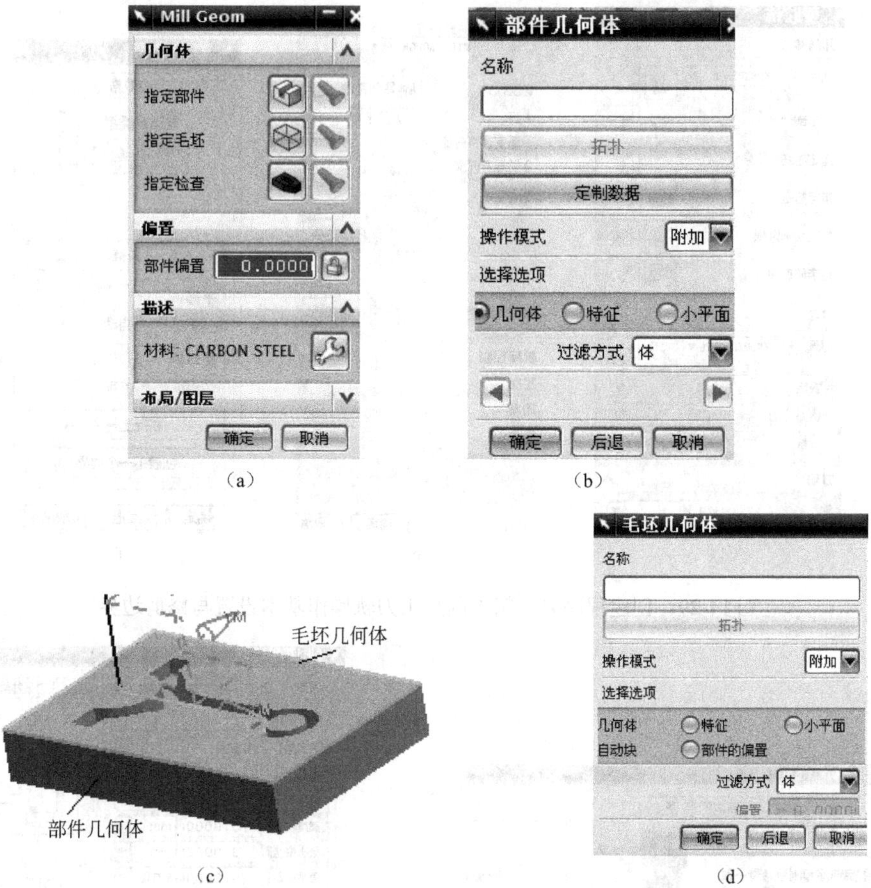

图 14-28　创建部件几何体和毛坯几何体

④ 创建粗加工切削方法、模式、步进量与切削深度。在刀轨设置组框中，直接设置粗加工切削方法、模式、步进量与切削深度，如图 14-29（e）所示。

⑤ 创建切削参数。单击【切削参数】图标，弹出“切削参数”对话框，打开“余量”选项卡，设部件侧面余量为 0.5，其他参数全部取默认设置，如图 14-30 所示。

⑥ 创建非切削参数。单击【非切削参数】图标，弹出“非切削参数”对话框，在“进刀”选项卡中，主要设置封闭区域进刀类型为“螺旋线”，直径为 75%刀具直径，其他全部取默认设置，如图 14-31 所示。

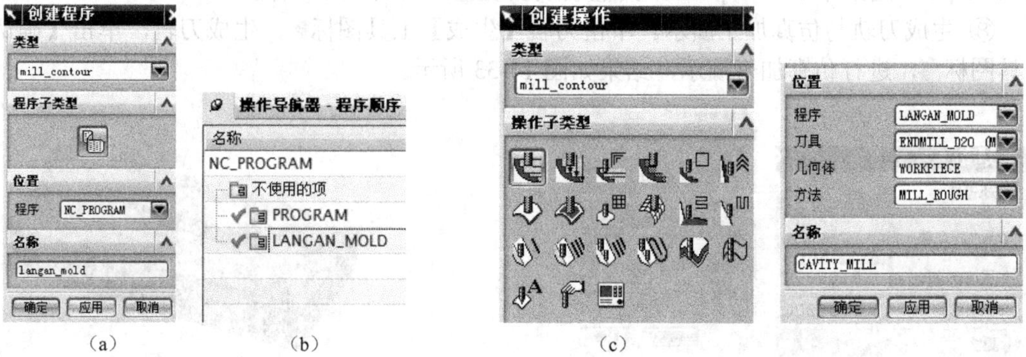

图 14-29

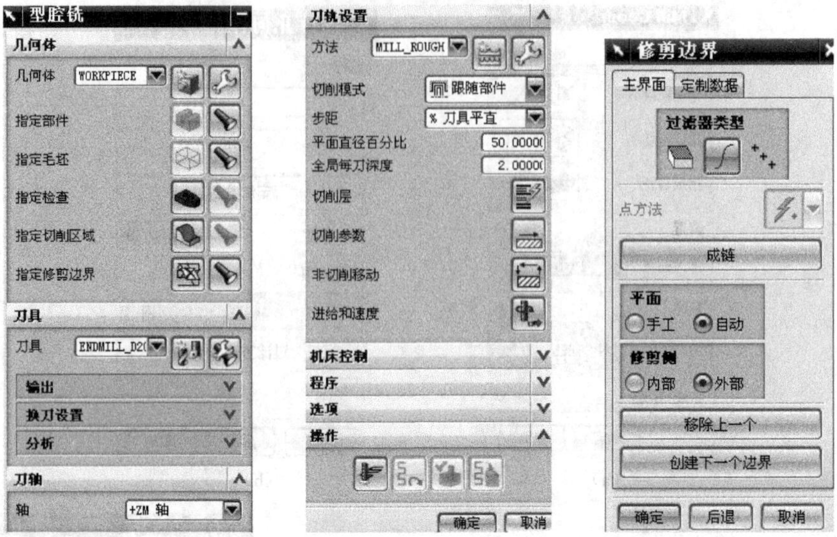

（d）　（e）　（f）

图 14-29　创建程序名、粗铣削加工刀轨操作基本设置与修剪边界

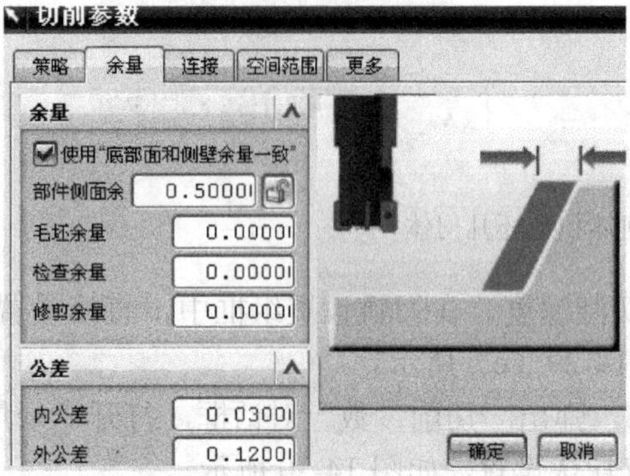

图 14-30　创建切削参数

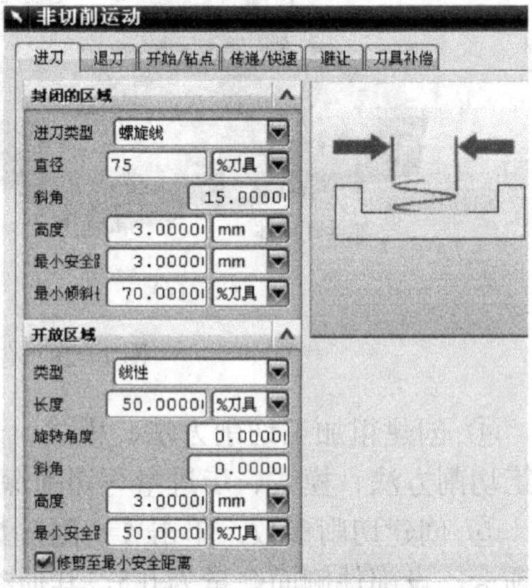

图 14-31　创建非切削参数

⑦ 创建主轴转速与进给率。单击【进给和速度】图标，弹出“进给”对话框，主轴转速 1200rpm，进给率 120mmpmin，其他取默认设置。如图 14-32 所示。

⑧ 生成刀轨与仿真加工演示。单击刀轨【生成】工具图标，生成刀轨，单击【确认】工具图标，进行仿真加工演示，结果如图 14-33 所示。

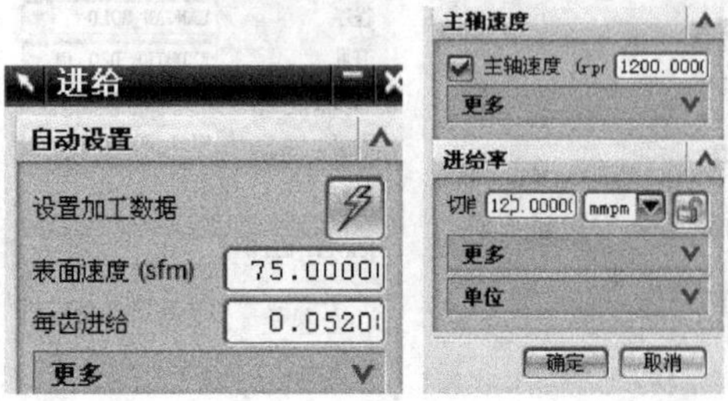

图 14-32　创建主轴转速与进给率

图 14-33　连杆模具粗铣削结果

（2）创建凹面区域部分半精加工刀轨操作

① 创建区域半精加工基本设置。打开“创建操作”对话框，创建基本设置如图 14-34（a）所示。

② 设置区域铣削驱动方式。单击“创建操作”对话框中【应用】按钮，弹出区域型腔铣削“轮廓区域”对话框，如图 14-34（b）、（c）所示。单击“驱动方式”组框右侧编辑图标，弹出“区域驱动方式”对话框，设置选项、参数如图 14-34（d）所示，单击【确定】按钮，返回“轮廓区域”对话框。

③ 创建铣削区域。单击“轮廓区域”对话框中“指定切削区域”右侧图标，弹出“切削区域”对话框，选取“过滤方式”为“面”，如图 14-34（e）所示；在模型中选取曲面部分区域，如图 14-34（f）所示，单击【确定】按钮，返回“轮廓区域”对话框。

④ 创建切削参数。单击【切削参数】图标，弹出“切削参数”对话框，打开“余量”选项卡，设置“部件余量”：0.2mm，如图 14-34（g）所示，其他参数全部取默认设置，单击【确定】按钮，返回“轮廓区域”对话框。

⑤ 创建非切削参数、进给率和主轴转速。非切削参数项全部取默认设置；进给率取 150mmpmin，主轴转速取 1500rpm。如图 14-34（h）所示。

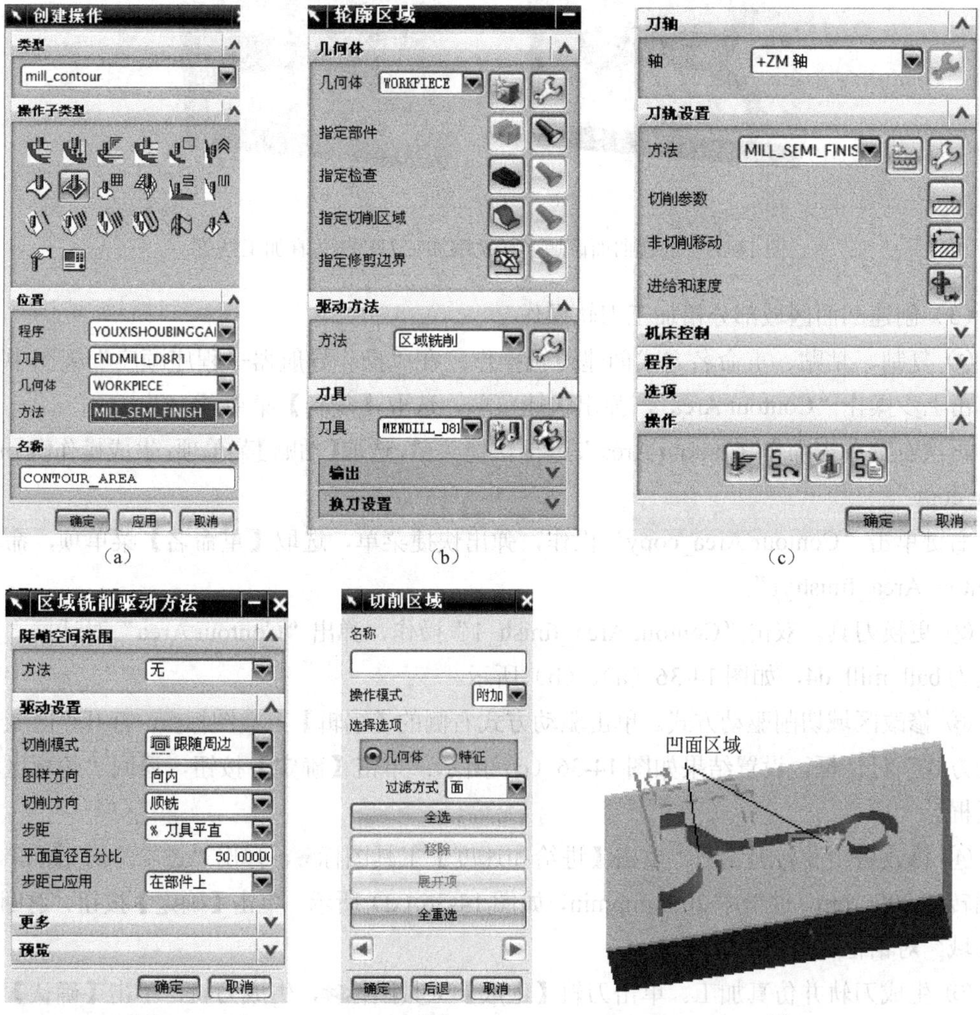

图 14-34

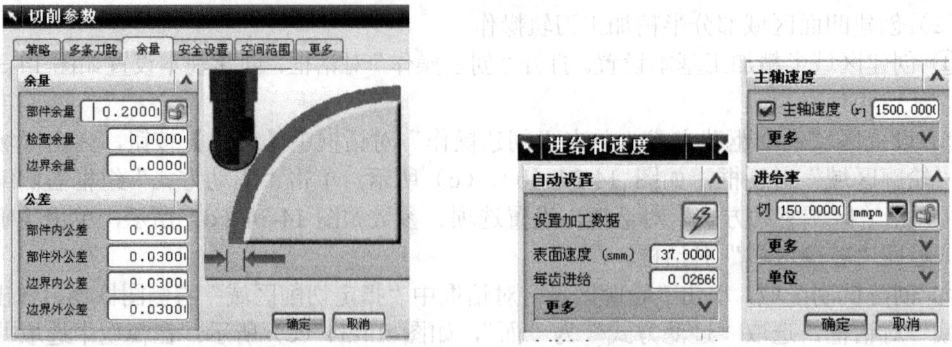

（g）　　　　　　　　　　（h）

图 14-34　创建凹面区域部分半精切削加工基本设置、驱动方式与切削参数

⑥ 生成刀轨仿真加工演示。单击刀轨【生成】工具图标，生成刀轨，单击【确认】工具图标，进行仿真加工演示，结果如图 14-35 所示。

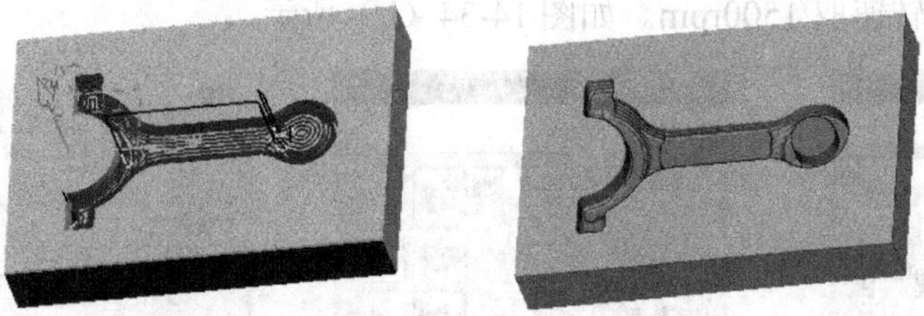

（a）　　　　　　　　　　（b）

图 14-35　创建曲面区域半精铣削加工刀轨与仿真加工结果

（3）创建凹面区域部分精加工刀轨操作

① 复制、粘贴、重命名方式创建刀轨操作。在“操作导航器—程序顺序”视图中，右键单击上步操作“Contour Area”，弹出快捷菜单，选取【复制】菜单项。

再次右键单击操作“Contour Area”，弹出快捷菜单，选取【粘贴】菜单项；生成操作“Contour Area_copy”。

右键单击“Contour Area_copy”操作，弹出快捷菜单，选取【重命名】菜单项，命名为“Contour Area_finish_1”。

② 更换刀具。双击“Contour Area_finish_1”操作，弹出“Contour Area”对话框，将刀具改为 ball_mill_d4，如图 14-36（a）、（b）所示。

③ 修改区域切削驱动方式。单击驱动方式右侧的【编辑】工具图标，打开“区域铣削驱动方式”对话框，设置结果如图 14-36（c）所示；单击【确定】按钮，返回“轮廓区域”对话框。

④ 修改进给和转速参数。单击【进给和速度】工具图标，弹出“进给”对话框，设置主轴转速 2000rpm，进给率 200mmpmin，如图 14-36（d）所示。单击【确定】按钮，返回“轮廓区域”对话框。

⑤ 生成刀轨并仿真加工。单击刀轨【生成】工具图标，生成刀轨，单击【确认】工具图标，进行仿真加工演示，结果如图 14-36（e）所示。

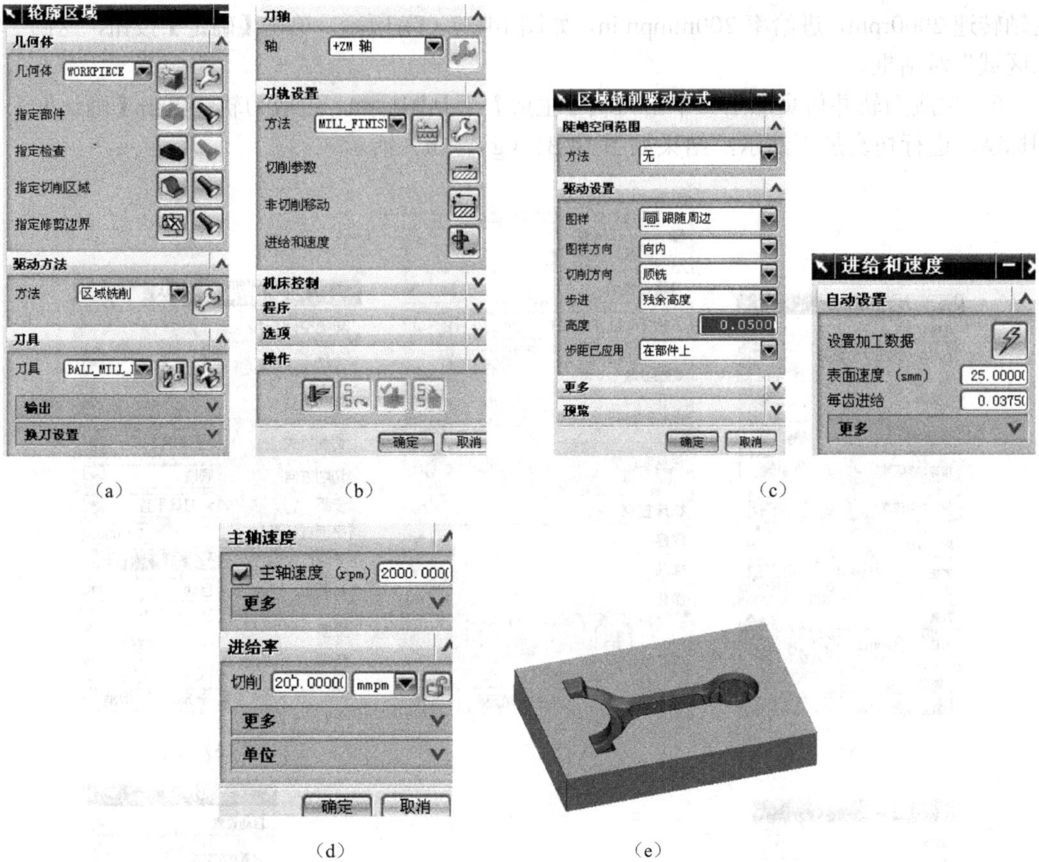

图 14-36　创建凹面区域部分精加工刀轨操作过程

（4）创建平面区域精铣削刀轨操作

① 复制、粘贴、重命名方式创建刀轨操作。在“操作导航器—程序顺序”视图中，右键单击上步操作“Contour Area”，弹出快捷菜单，选取【复制】菜单项。

再次右键单击操作“Contour Area_Finish_1”，弹出快捷菜单，选取【粘贴】菜单项；生成操作“Contour Area_copy”。

右键单击“Contour Area_copy”操作，弹出快捷菜单，选取【重命名】菜单项，命名为“Contour Area_finish_2”。

② 更换刀具。双击“Contour Area_finish_2”操作，弹出“轮廓区域”对话框，将刀具改为 Endmill_D20，如图 14-37（a）、（b）所示。

③ 修改区域切削驱动方式。单击驱动方式右侧的【编辑】工具图标，打开“区域铣削驱动方式”对话框，设置结果如图 14-37（c）所示；单击【确定】按钮，返回“轮廓区域”对话框。

④ 修改切削区域。单击“指定切削区域”右侧图标，弹出“切削区域”对话框，单击【移除】按钮，移去原来的曲面区域，单击【确定】按钮，返回“轮廓区域”对话框；再次单击“指定切削区域”右侧图标，弹出“切削区域”对话框，将操作模式选项换为“附加”，选取模型的分型面区域，由于分型面是由多个扇形区域组成，故要多次选取，如图 14-37（d）、（e）所示，分型面全部选取后单击【确定】按钮，返回“轮廓区域”对话框。

⑤ 修改进给和转速参数。单击【进给和速度】工具图标，弹出“进给”对话框，设置

主轴转速 2000rpm，进给率 200mmpmin，如图 14-37（f）所示。单击【确定】按钮，返回“轮廓区域”对话框。

⑥ 生成刀轨并仿真加工。单击刀轨【生成】工具图标，生成刀轨，单击【确认】工具图标，进行仿真加工演示，结果如图 14-37（g）、（h）所示。

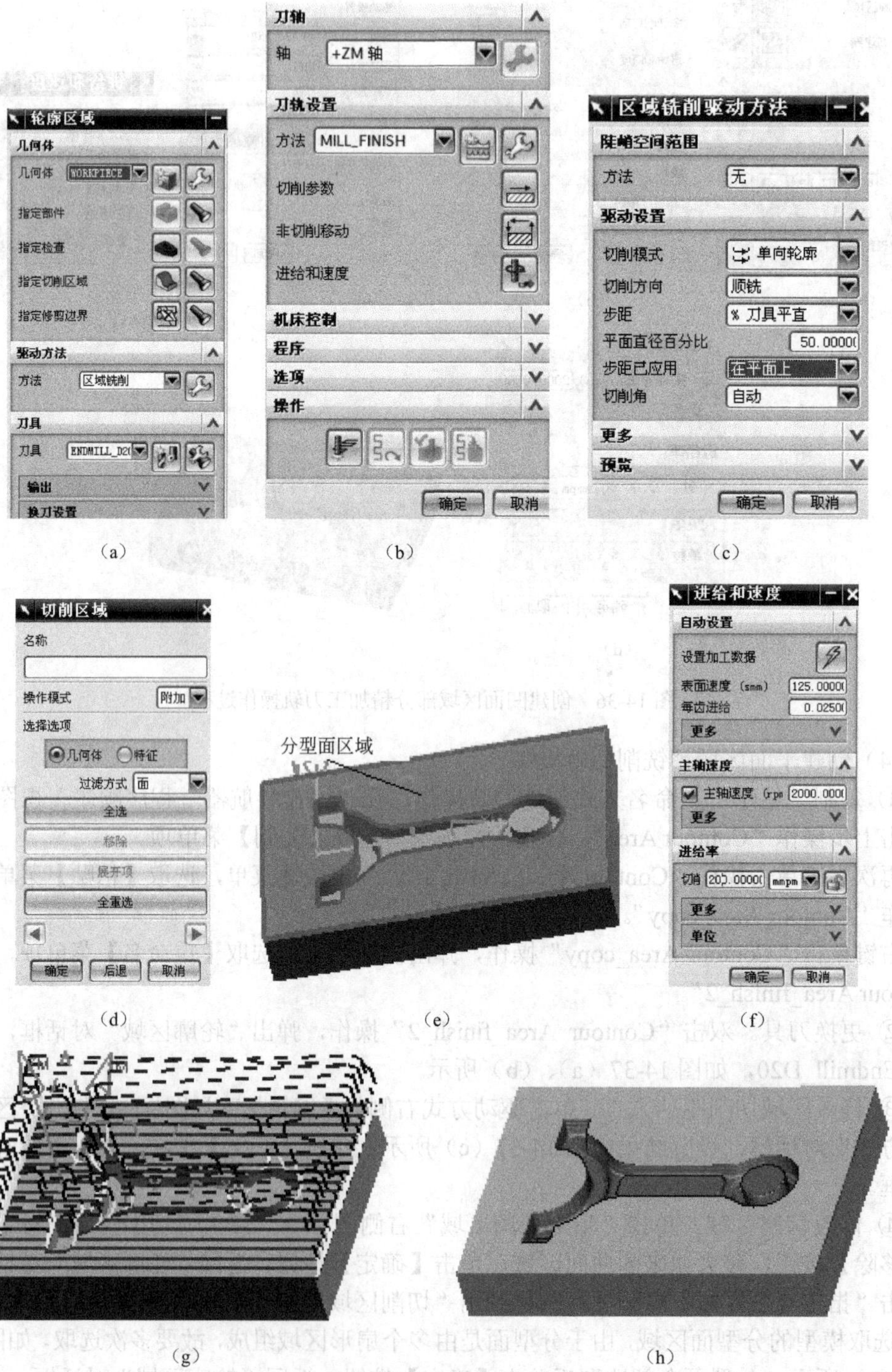

（a） （b） （c）
（d） （e） （f）
（g） （h）

图 14-37 创建平面区域精铣削刀轨操作过程

（5）创建清根刀轨操作

打开“创建操作”对话框，建立基本设置如图 14-38（a）所示。

单击【应用】按钮，弹出“清根光顺”对话框；驱动几何、驱动设置、参考刀具参数如图 14-38（b）、（c）所示。

指定修剪边界为毛坯体上表面棱边线，修剪侧为外部。

单击【进给和速度】图标，设置主轴转速 2000rpm，进给率 200mmpmin，其他设置全部取默认设置。

单击刀轨【生成】工具图标，生成刀轨，单击【确认】工具图标，进行仿真加工演示，如图 14-38（d）、（e）所示。

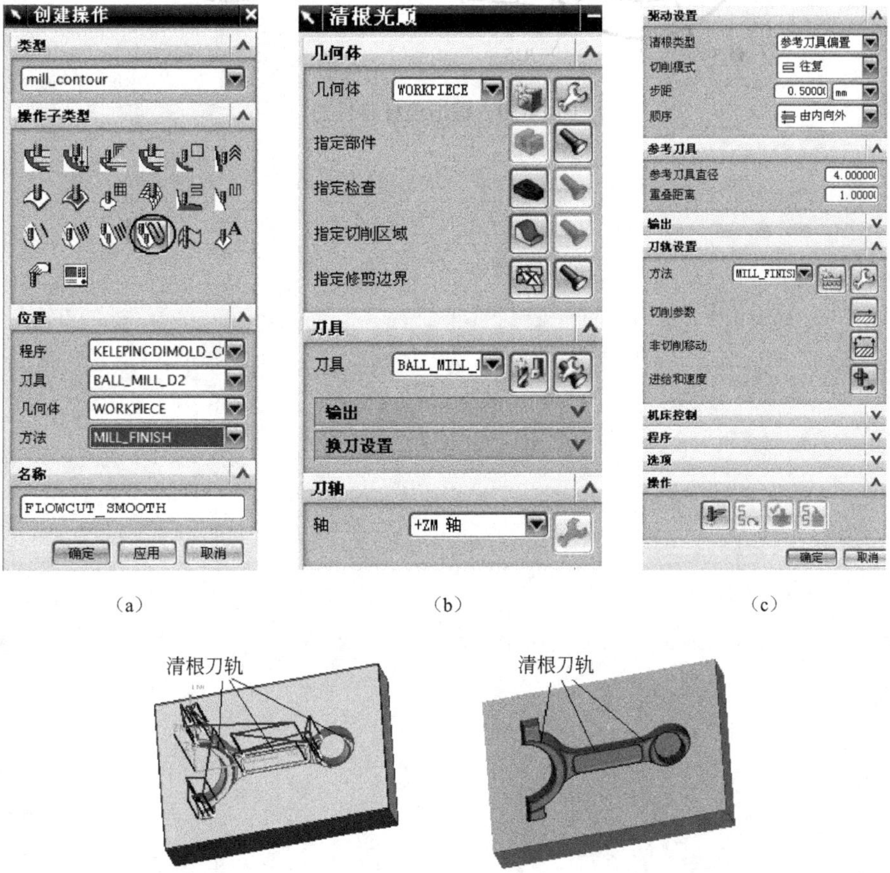

（a）（b）（c）

（d）（e）

图 14-38 创建清根刀轨操作主要过程

连续两次单击【确定】按钮，创建清根铣削刀轨操作。

7. 后处理，生成 NC 代码

从略。

三、拓展训练

构建图 14-39 所示连杆零件及其锻造模具，并对锻造模具进行数控铣削加工编程。

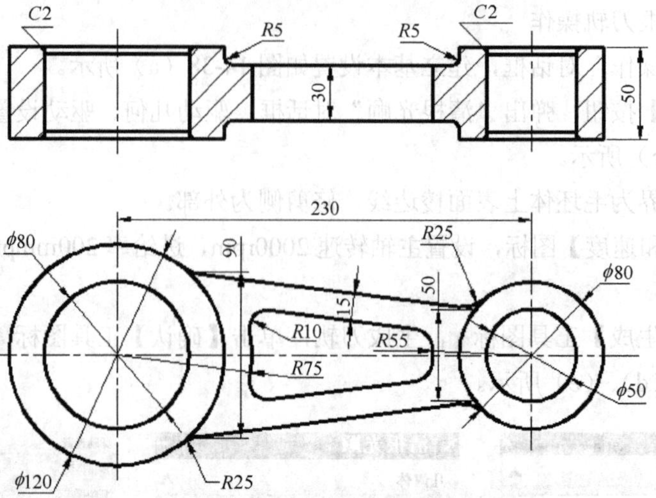

图 14-39　锻造连杆零件图

项目 15

轴类零件的数控车削加工

一、项目分析

如图 15-1 所示的轴类零件为回转体零件，利用旋转实体特征工具或圆凸台特征工具很容易构建其主体部分，轴上细微结构如圆角、倒角、键槽、孔、螺纹都可运用相应的特征工具创建，在此不作详述。本项目主要学习 SIEMENS NX6.0 软件构建数控车削加工刀轨操作的方法与步骤。

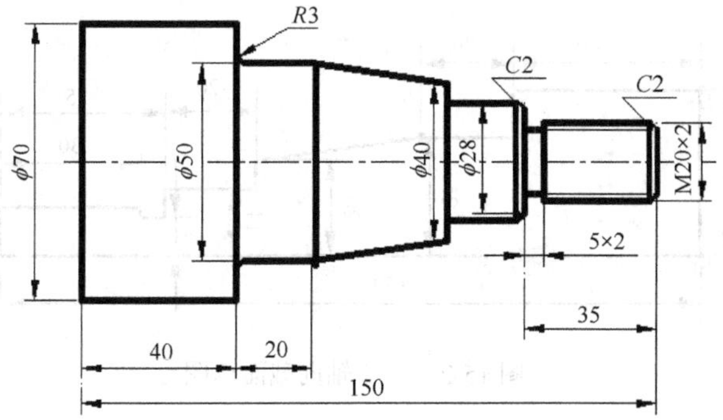

图 15-1　轴头零件图纸

二、相关知识

构建轴类零件的车削刀轨操作与铣削刀轨操作类似，一般需要如下工作步骤。

① 构建轴零件三维实体。

② 创建加工几何体，包括创建加工坐标系、车削截面、毛坯边界、每刀加工的部件边界。

③ 创建刀具，包括创建粗、精车外圆刀具、车槽切断刀具、螺纹刀具等。

④ 创建加工方法，包括粗、精车削方法、车槽切断方法和车螺纹方法等。

⑤ 创建刀具操作，包括创建基本设置、切削模式设置、切削范围修剪、避让设置、进给和主轴转速设置等。

⑥ 生成数控 NC 程序代码，包括生成刀轨、仿真切削演示和后处理，生成 NC 代码，修改 NC 代码等。

三、项目实施

阶段 1：制定轴头零件制造工艺卡

制定轴头零件制造工艺过程卡如表 15-1 所示。

表 15-1　轴头零件制造工艺过程卡

工序	工步	加工内容	加工方式	机床	刀具	端面余量	径向余量
车削	1	粗车端面、外圆	数控车削	数控车床	OD_80_L	0.5	0.7
	2	精车端面、外圆			OD_55_L	0	0
	3	车退刀槽			OD_GROOVE_L	0	0
	4	车螺纹			OD_THREAD_L	0	0
	5	切断			OD_GROOVE_L	0	0
检		检验					

阶段 2：构建轴类零件三维实体

1. 创建“zhoutou.prt”建模文件

启动 SIEMENS NX6.0 软件，在文件夹“…\xiangmu15”中创建建模文件“zhoutou.prt”。

2. 绘制轴向截面草图

在“草图”环境中，以 *XC-YC* 平面为构图平面，绘制轴头轴向截面草图，如图 15-2 所示。

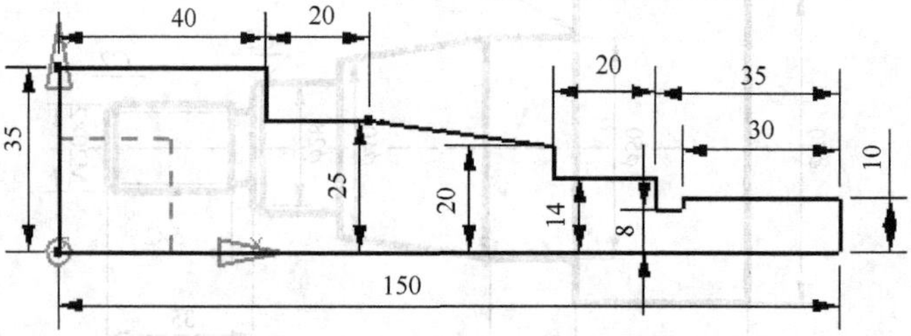

图 15-2　轴头轴向截面草图

3. 构建轴头主体

单击【回转】特征工具图标，选取轴头轴向截面草图，绕 *XC* 轴旋转 360°，构建轴头主要实体，如图 15-3（a）所示。

4. 构建细微结构

进行倒圆角、倒斜角操作，完成轴头实体构建。如图 15-3（b）所示。

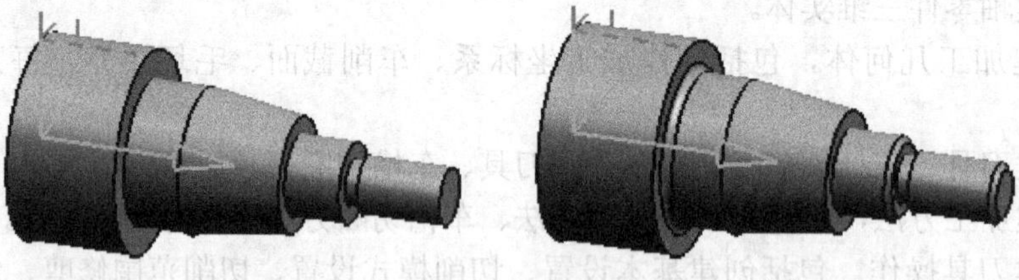

（a）　（b）

图 15-3　构建轴头主体和圆角、斜角

5. 构建螺纹

单击【螺纹】特征工具图标，弹出“螺纹”对话框，选择类型“详细”，在轴头构建螺纹轴段的左侧单击鼠标，“螺纹”对话框中出现螺纹参数，如图 15-4（a）所示；且轴段中有一向右前头，表示螺纹生成方向从左向右，如图 15-4（b）所示；将长度值加大 5~8mm，以确保螺纹线槽贯穿整个轴段，其他不作变动，单击【确定】按钮，完成螺纹段构建，如图 15-4（c）所示。

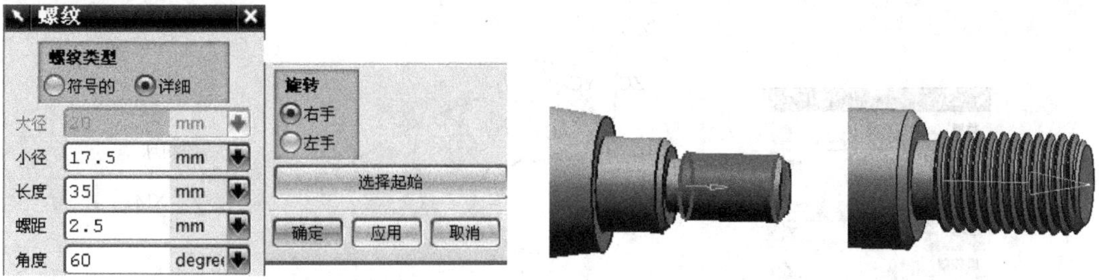

（a） （b） （c）

图 15-4 构建轴头右端螺纹

阶段 3：构建车削加工刀轨操作

为了便于后续操作，先隐藏螺纹特征，减少图形线条。

1. 进入“加工”模块

单击【开始】菜单菜单图标，选取“加工”菜单项，弹出“加工环境”对话框，选择 CAM 加工模块环境中的“turning”，如图 15-5（a）所示，单击【确定】按钮，进入车削加工模块。

2. 创建加工几何体

（1）创建加工坐标系

进入车削模块后，轴头的静态线框显示如图 15-5（b）所示，加工坐标系 *XMYMZM*、建模工作坐标系 *XCYCZC* 和绝对坐标系 *XYZ* 重合，都位于轴头左端几何中心。

而在数控车床上，一般设定轴线方向为 *ZM* 轴，水平半径方向为 *XM* 轴，且可将坐标系原点设定在工件右端面几何中心。

将“操作导航器”切换为“几何视图”，双击“MCS_SPINDLE”图标，弹出“Turn Orien”对话框，如图 15-5（c）所示。

单击“CSYS 对话框”图标，弹出“CSYS”对话框，选择类型“动态”；参考坐标系“绝对”，如图 15-5（d）所示；单击指定方位后的“点构造器”图标，且在轴右端面几何中心点单击，即将坐标系移到该点（150,0,0）处；拖动控制球，使坐标系绕原点旋转，达到图 15-5（e）所示状态，单击【确定】按钮，实现加工坐标系 *XMYMZM* 的设置。

这里要强调的是不能用“WCS 旋转”坐标系工具进行加工坐标系 *XMYMZM* 的旋转设置，要保持默认的 *XCYCZC* 坐标系状态不变，否则会影响刀具默认方位的改变，带来不必要的复杂操作。

（2）创建车削加工截面

打开【工具】下拉菜单，单击【车加工横截面】菜单项，打开“车加工横截面”对话框，如图 15-6 所示。

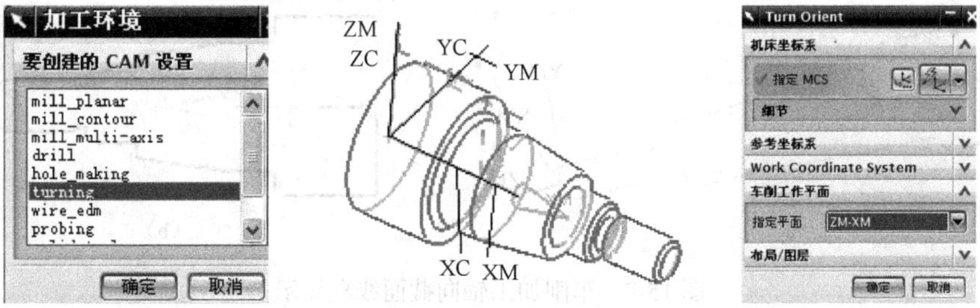

（a） （b） （c）

图 15-5

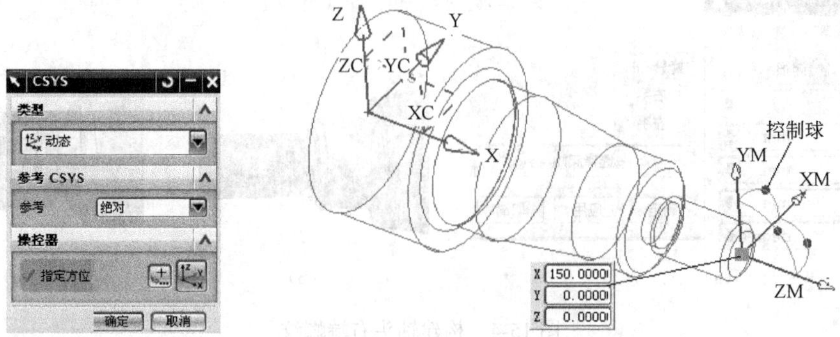

（d）　　　　　　　　　　（e）

图 15-5　创建加工坐标系 *XMYMZM*

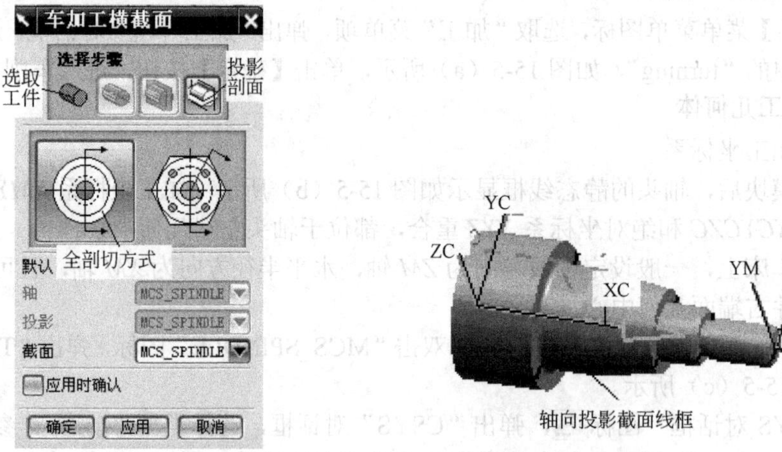

（a）　　　　　　　　　　（b）

图 15-6　车加工截面选择与创建

先选择剖切面形式：单击全剖切方式的【简单截面】图标；选工件：第一个图标“体”，再在轴模型上单击，轴以突出显示，最后单击【剖切平面】图标，则在工件上显示在 *XM-ZM* 平面内的投影线框截面，如图 15-6（b）所示。单击【确定】按钮，完成车削加工截面的创建。

打开“部件管理器”，隐藏轴实体，轴向截面线框如图 15-7（a）（b）所示。

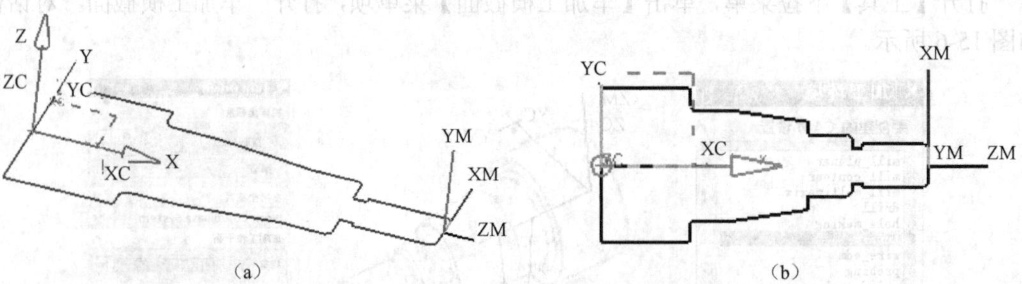

（a）　　　　　　　　　　（b）

图 15-7　车削加工轴向截面线框显示

（3）构建毛坯边界和部件边界

① 构建毛坯边界。双击“操作导航器—几何体”视图中“TURNING_WORKPIECE”，

如图 15-8（a）所示，弹出“Turn Bnd”车削边界对话框，如图 15-8（b）所示。

单击【指定毛坯边界】图标，弹出“选择毛坯”对话框，单击棒料图标，点位置：取单选项“离开主轴箱”；输入棒料长度：200；直径：74，如图 15-8（c）所示。

单击【选择】按钮，弹出“点构造器”对话框，鼠标在轴的右端中心处，出现一突出显示直线端点，单击选定，“点构造器”对话框显示 *X*、*Y*、*Z* 绝对坐标：（150,0,0），将 150 改成 155，即毛坯右端面留 5mm 加工余量，如图 15-8（d）所示。单击【确定】按钮，返回“选择毛坯”对话框。

单击【显示毛坯】按钮，则屏幕中显示毛坯范围线框，此时右端毛坯中心距工件右端 5mm，如图 15-8（e）所示。

单击【确定】按钮，完成毛坯边界的创建，“Turn Bnd”对话框中指定毛坯边界显示图标高亮显示，如图 15-8（f）所示。

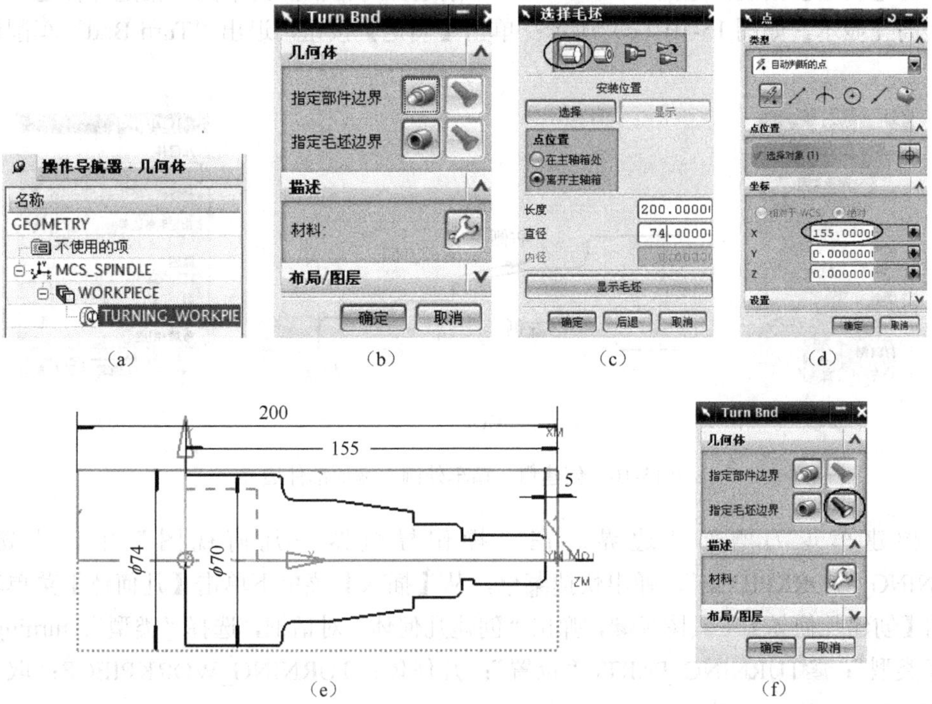

图 15-8　创建车削毛坯

② 构建部件边界。由于车削是分工步进行的，每一工步应有一个车削边界，即部件边界，粗、精车削时，应不选择退刀槽边界线框，也不应选取轴向截面左端的竖直线，故对每步车削操作要建立相应的边界。但现有边界要分为多个加工边界，还应进行必要的线条处理。因此，要先退出“Turn Bnd”车削边界对话框。

退出“加工”模块，进入“建模”模块，对图 15-8（e）补画若干线条，结果如图 15-9 所示。

• 构建粗精车外圆、端面的边界。再退出“建模”模块，进入“加工”模块。再次双击“操作导航器—几何体”视图中“TURNING_WORKPIECE”，弹出图 15-8（f）所示“Turn Bnd”车削边界对话框，单击“指定部件边界”图标，弹出“部件边界”对话框。单击过滤器类型【线边界】图标，选取“材料侧”为“左”，“类型”为“开放的”，如图 15-10（a）所示，在已创建的车削加工截面中自右向左依次选取边界线条，选取线串如图 15-10（b）所示。

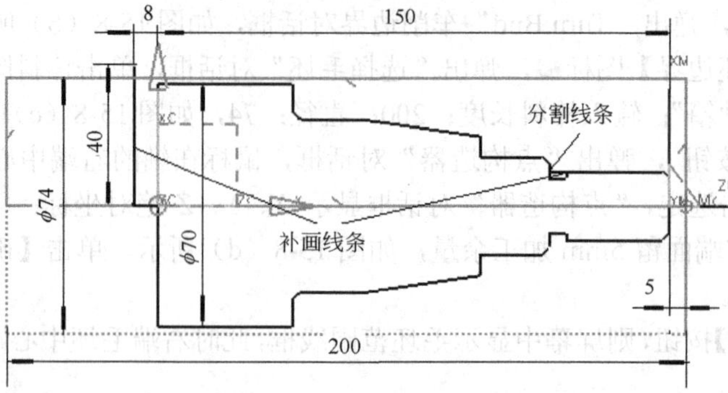

图 15-9　补画轴向截面线条

单击【确定】按钮，返回“Turn Bnd”车削边界对话框，其中的“指定部件边界”显示图标高亮显示，如图 15-10（c）所示；单击【确定】按钮，退出“Turn Bnd”车削边界对话框。

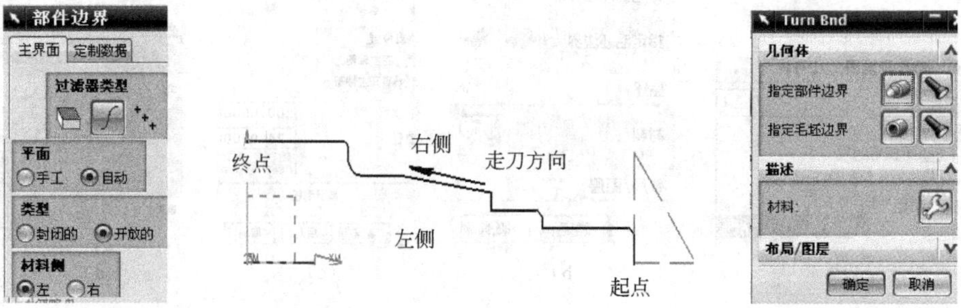

（a）　　（b）　　（c）

图 15-10　创建粗、精车外圆、端面部件边界

• 构建车退刀槽部件边界。在“操作导航器—几何视图”中，右键单击“TURNING_WORKPIECE”，弹出快捷菜单，从【插入】菜单下单击【几何体】菜单项，或者单击【创建几何体】工具图标，弹出“创建几何体”对话框，选择“类型”：turning；“几何体子类型”：TURNING_PART，“位置”：几何体：TURNING_WORKPIECE；取名称：TURNING_PART1，如图 15-11（a）所示。

单击“创建几何体”对话框中【应用】按钮，弹出“车削部件”对话框，如图 15-11（b）所示。单击“指定部件边界”图标，弹出“部件边界”对话框，如图 15-11（c）所示，在轴截面线框中显示已创建的边界，单击【移除】按钮，原边界显示消失；单击【附加】按钮，按如图 15-11（d）所示选择退刀槽边界，连续单击【确定】按钮，返回“创建几何体”对话框，完成退刀槽边界的创建。

• 构建切断部件边界。在图 15-11（a）所示“创建几何体”对话框中，仅将名称改为“TURNING_PART2”，单击【应用】按钮，弹出如图 15-11（b）所示“车削部件”对话框，单击“指定部件边界”图标，弹出如图 15-11（c）所示“部件边界”对话框，且在轴截面线框中显示已创建的边界，单击【移除】按钮，原边界显示消失；单击【附加】按钮，按如图 15-11（e）所示选择切断部件边界，连续单击【确定】按钮，退出“创建几何体”对话框，完成退刀槽边界、切断边界的创建。

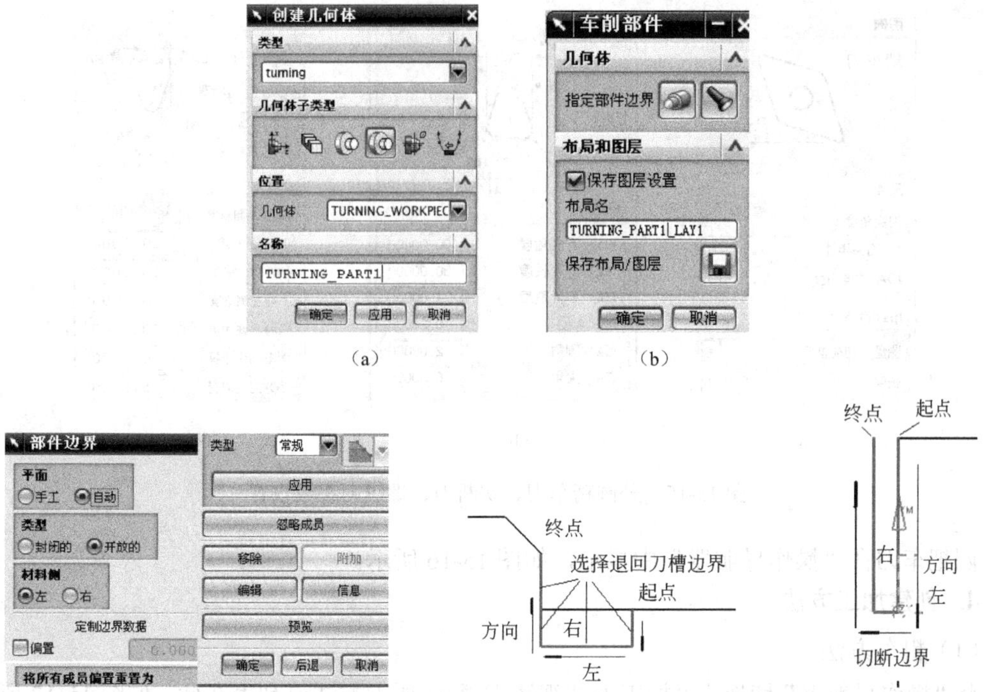

（a）（b）

（c）（d）（e）

图 15-11　创建退刀槽边界、切断边界

在“操作导航器—几何体”视图中出现如图 15-12 所示部件边界名称列表。

3. 创建刀具

将“操作导航器”切换成“机床视图”，单击【创建刀具】图标，弹出“创建刀具”对话框，如图 15-13 所示。选取“OD_80_L”左外圆车刀，单击【应用】按钮，弹出“车刀标准”对话框，设置参数如图 15-14 所示，主要修改参数：刀尖半径 1.2，刀具号：1。单击【确定】按钮，完成第一把车刀的创建。

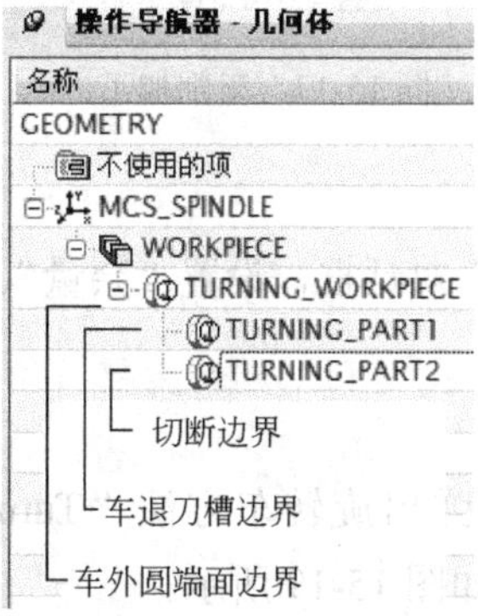

图 15-12　创建边界列表

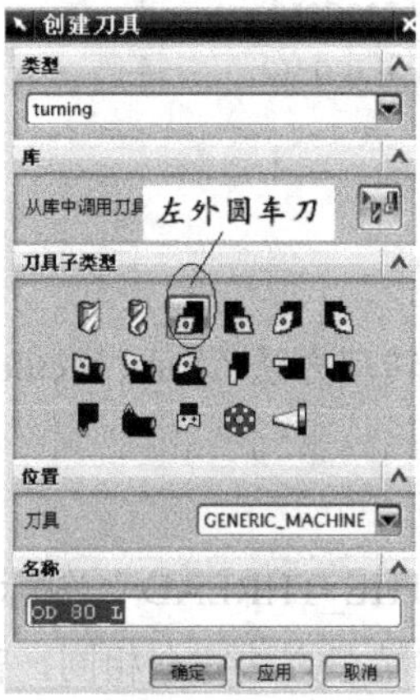

图 15-13　刀具类型选择

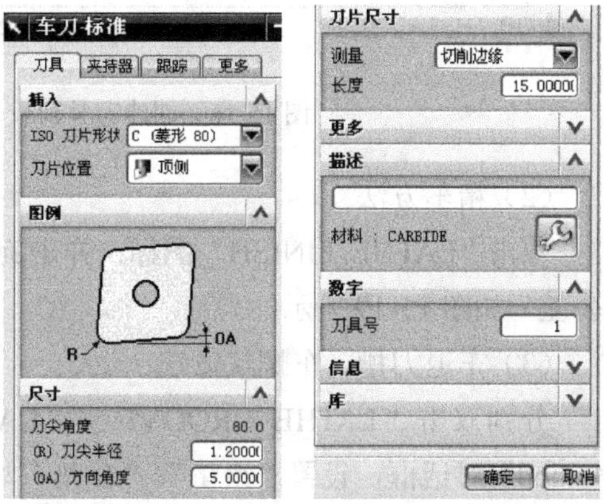

图 15-14　创建外圆粗车刀

同样操作，创建精车外圆刀（刀具名：OD_55_L；刀尖半径：0.5，刀具号：2）、切槽、切断刀（刀具名：OD_GROOVE_L；刀尖半径：0.2，刀具号：3）和车螺纹刀（刀具名：OD_THREAD_L；刀尖半径：0.0，刀具号：4），如图 15-15 所示。

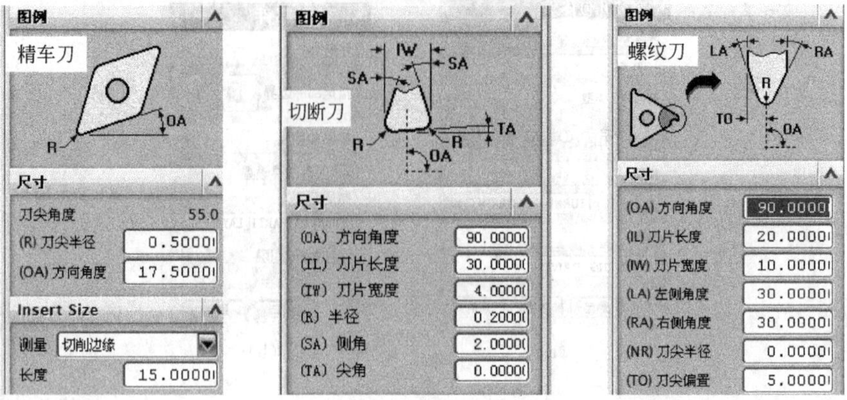

（a）　　　　　　　　（b）　　　　　　　　（c）

图 15-15　外圆精车刀、切断刀、螺纹刀参数设置

四把车刀在“操作导航器”中显示，如图 15-16 所示。

4. 创建加工方法

（1）粗车方法

将“操作导航器”切换为“加工方法视图”，默认加工方法已列表在此，如图 15-17 所示。

双击“LATHE_ROUGH”图标，弹出旋转车方法“Turn Method”对话框，设置余量、公差如图 15-18 所示，其他各项取默认设置。

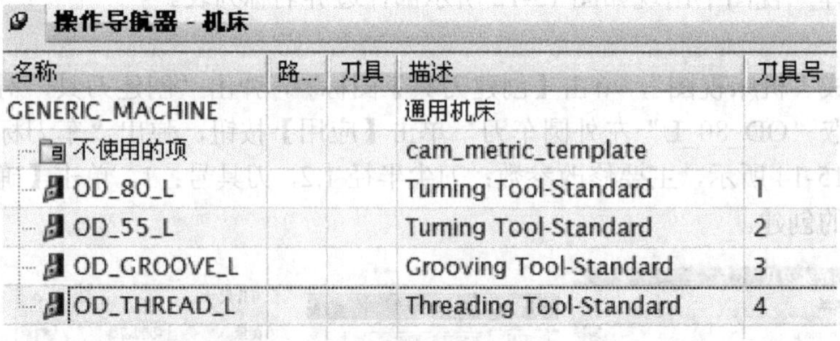

图 15-16　创建刀具列表

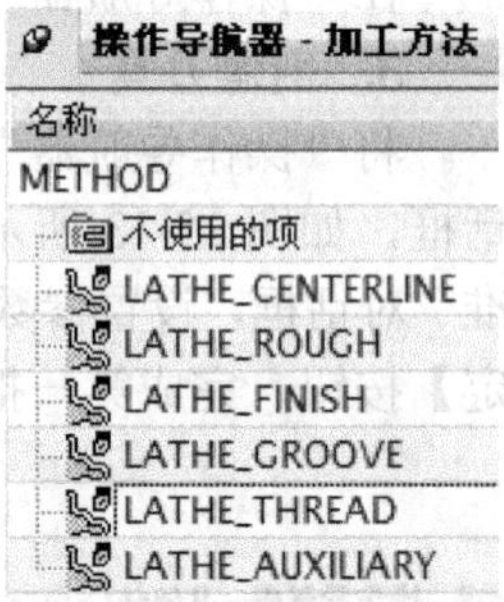

图 15-17　车削加工方法

（2）精车方法

双击“LATHE_FINISH”图标，弹出旋转车方法“Turn Method”对话框，设置“余量”、“公差”如图 15-19 所示。

（3）车退刀槽、车螺纹方法

分别双击“LATHE_GROOVE”、“LATHE_THREAD”图标，弹出旋转车方法“Turn Method”对话框，设置“余量”、“公差”与精车方法完全相同，都如图 15-19 所示。

5. 创建程序和操作

将“操作导航器”切换为“程序顺序视图”，单击【创建程序】图标，弹出“创建程序”对话框，设置如图 15-20 所示，类型“turning”；位置：程序：NC_PROGRAM；名称：ZHOUTOU。连续单击【确定】按钮两次，完成程序名创建。

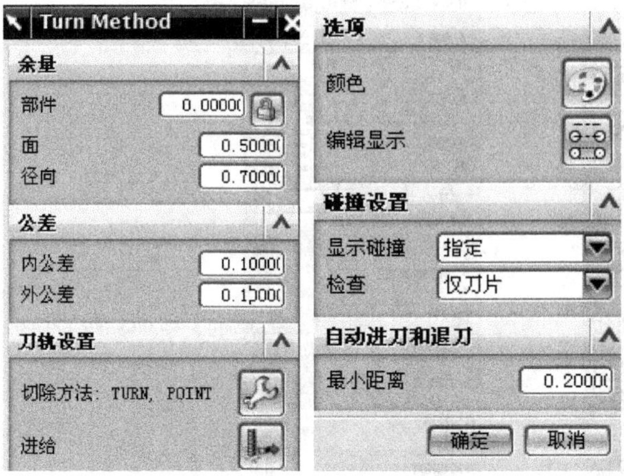

图 15-18 粗车加工方法设置

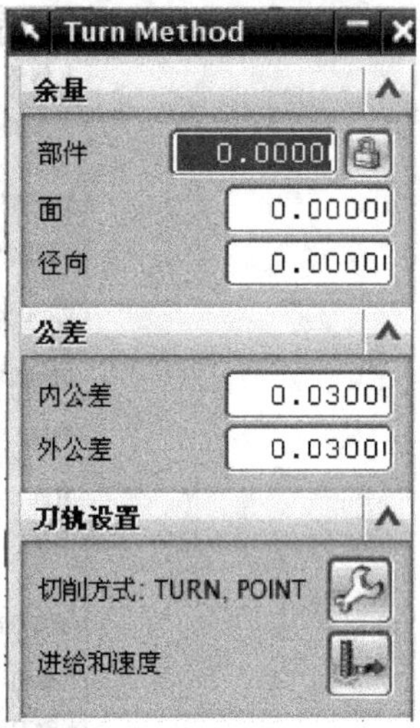

图 15-19 精车加工方法设置

（1）创建粗车外圆端面操作

① 创建基本设置。右击“操作导航器”中“ZHOUTOU”程序名，从快捷菜单单击“插入”菜单下的【操作】菜单项，弹出创建车削操作对话框，选取外圆粗车子类型，其他基本设置如图 15-21 所示。

图 15-20 创建程序名

图 15-21 创建粗车操作基本设置

② 设置切削模式。单击【应用】按钮，弹出“粗车 OD”对话框，如图 15-22（a）、（b）所示，单击“定制部件边界数据”右侧的显示图标，显示出加工边界，单击“切削区域”右侧显示图标，显示出切削区域，如图 15-23 所示。

在切削策略选项组中，选取单向线性切削，即走刀方式为“单向分层切削”。

刀轨设置选项组中，切削深度：层角度：180.0，方向：前进。

步距设置，如图 15-22（b）所示。

③ 设置切削参数。在“粗车 OD”对话框中，单击“切削参数”按钮，弹出“切削参数”对话框，“策略”选项卡设置如图 15-24（a）所示。“余量”选项卡设置如图中【显示】按钮，显示切削区域范围，如图 15-24（b）所示。其他选项卡取默认设置，不作修改，单击【确定】按钮，返回“粗车_OD”对话框。

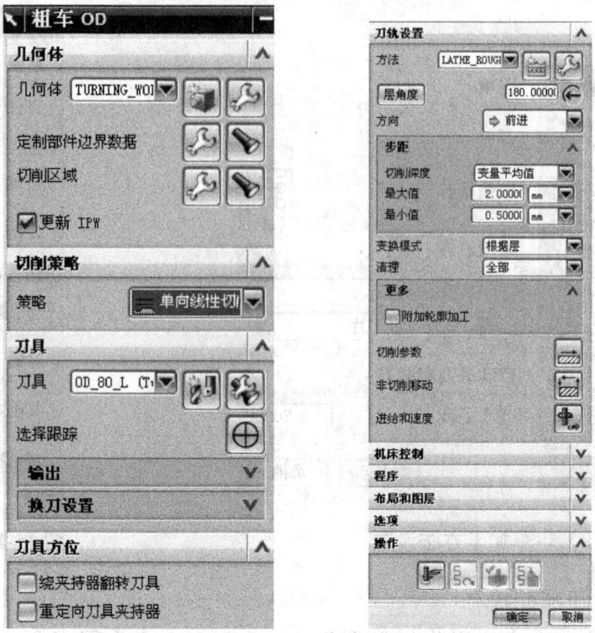

（a）　　　　　　　　　　　　　　　（b）

图 15-22　粗车参数设置

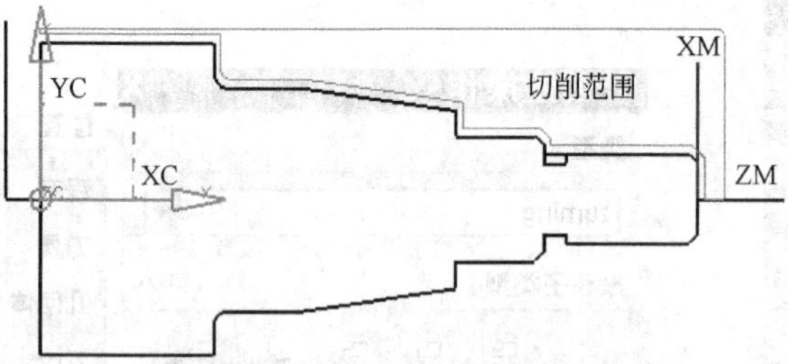

图 15-23　切削范围显示

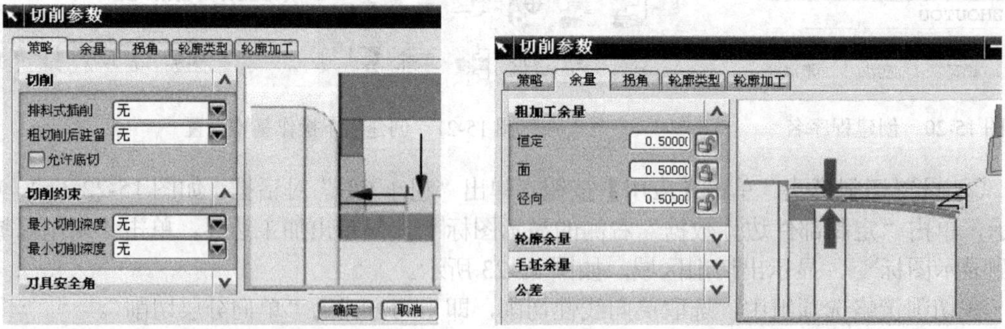

（a）　　　　　　　　　　　　　　　（b）

图 15-24　切削参数“策略”选项设置

④ 设置切削速度与进给率。单击【进给和速度】按钮，弹出“进给和速度”对话框，设置主轴转速输出模式：rpm；主轴速度 1200rpm；

先单击“单位”选项组中“设置非切削单位”和“设置切削单位”右侧下拉列表框，将单位都设置成“mmpmin”，使得进给率单位先统一，免得逐一设置单位；在进给率“切削”栏输入“100”mmpmin；在“更多”选项组中，可设置退刀、第一刀切削、步进等切削速度，其他取默认设置，如图 15-25 所示。

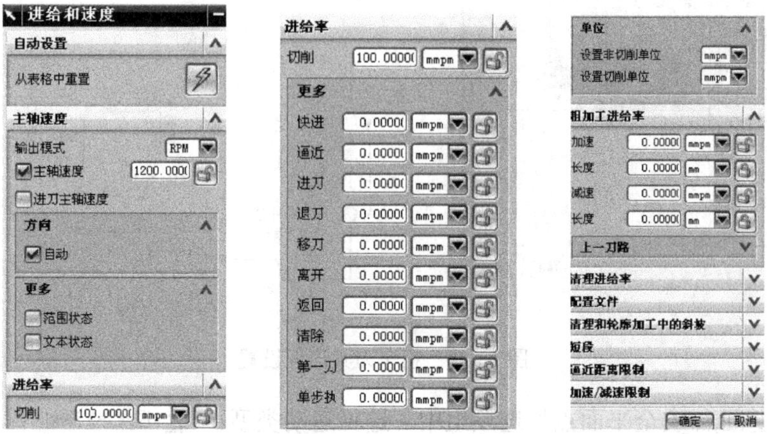

（a）（b）（c）

图 15-25 进给和速度设置

单击【确定】按钮，返回“粗车_OD”对话框。

⑤ 设置非切削移动路径。单击【非切削移动】按钮，弹出“非切削移动”对话框，进刀选项卡设置如图 15-26 所示。

退进刀选项卡设置如图 15-27 所示。

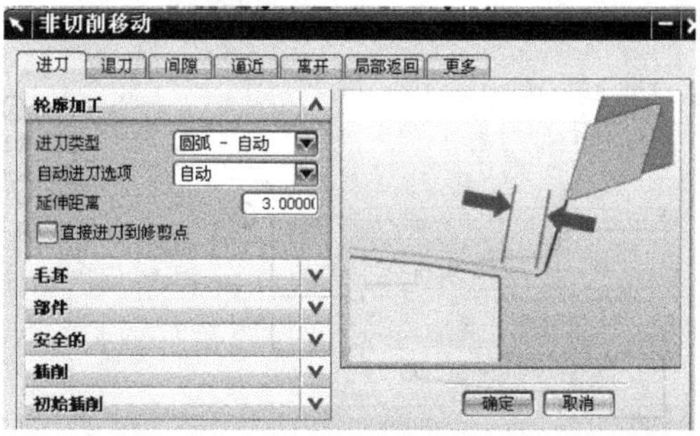

图 15-26 非切削移动“进刀”选项卡设置

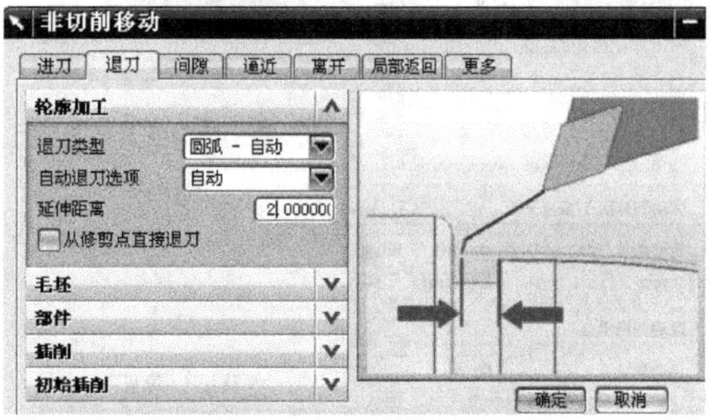

图 15-27 非切削移动“退刀”选项卡设置

在“逼近”选项卡中，勾选“出发点”选项组中，选取“指定”选项，单击指定点右侧的“点构造器”按钮，弹出点构造器，输入坐标（250，80，0）点（这是在 *XCYCZC* 坐标系中）；在工件右上方出现该点所在位置；（250，80，0）点，可定为换刀点，如图 15-28 中（b）所示点 ST（开始）。

在“运动到起点”选项组中，选择运动类型：“直接”；点选项“点”，单击指定点右侧“点构造器”按钮，弹出点构造器，输入坐标（160，40，0）点，可定为粗加工循环起点，如图 15-28（b）中所示 AP（接近）点。

打开“非切削移动”对话框中的“离开”选项卡，设置选项如图 15-29 所示。

单击离开点设置选项组中指定点右侧的“点构造器”按钮，弹出点构造器，输入坐标（160，40，0）点，即离开点（DP）与逼近点相同，DP1=AP1，如图 15-30 所示。

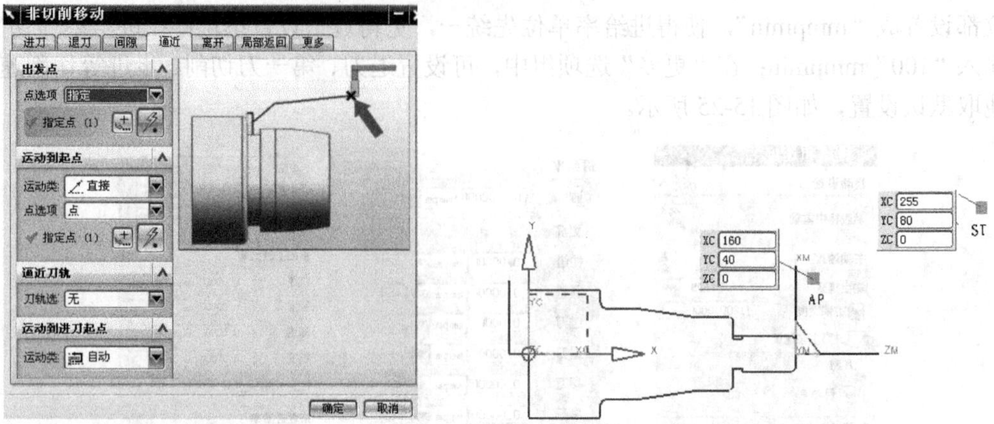

（a）　　　　　　　　　　　　　　　　　　　　（b）

图 15-28　粗车刀具逼近设置

“运动到返回点/安全平面点”选项组中，选择运动类型：“径向 -> 轴向”；点选项：选择“与起点相同”，即返回点（RT）=ST。如图 15-30 所示。

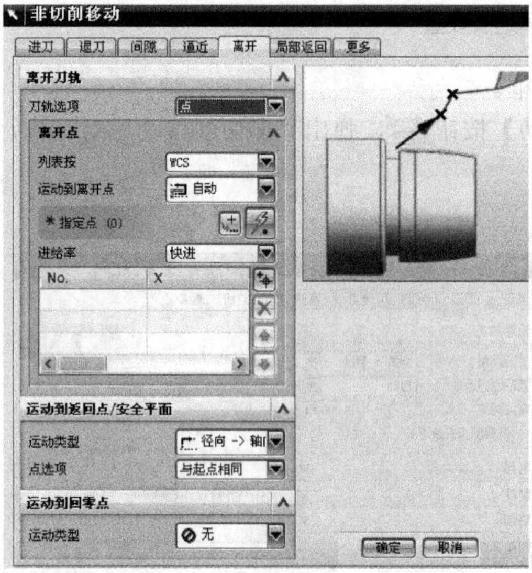

图 15-29　粗车加工“离开”选项卡设置

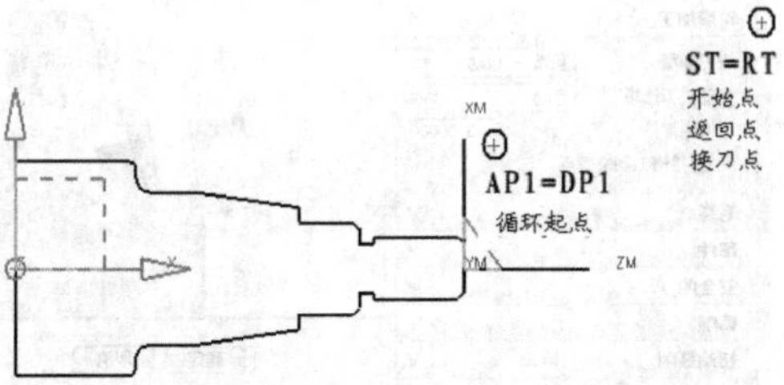

图 15-30　起点与返回点、逼近点与离开点关系

其他参数取默认值，单击【确定】按钮，完成避让参数设置。

⑥ 生成刀轨并仿真车削校验。单击【生成】刀轨图标，生成刀轨并仿真校验，如图 15-31 所示。

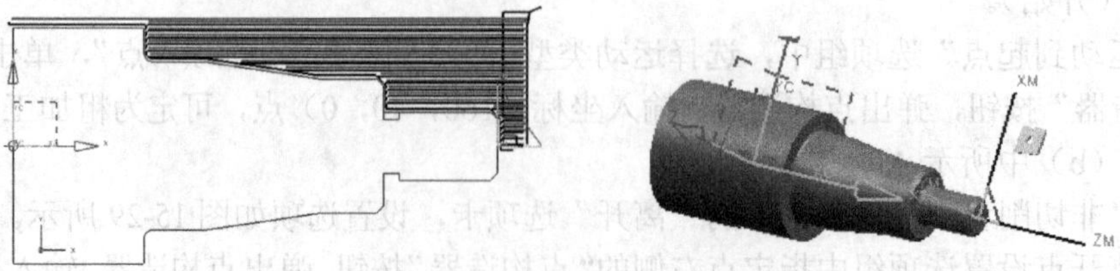

图 15-31　外圆、端面单向轮廓粗车刀轨及仿真车削结果

（2）创建精车外圆刀轨操作

① 创建基本设置。在“操作导航器—程序顺序视图”中，右击程序“ZHOUTOU”，从“插入”菜单下单击【操作】菜单项，打开“创建操作”对话框，精车基本设置如图 15-32 所示。子类型“FINISH_TURN_OD”，刀具取“OD_55_L”。

单击【应用】按钮，弹出如图 15-33“精车_OD”对话框。

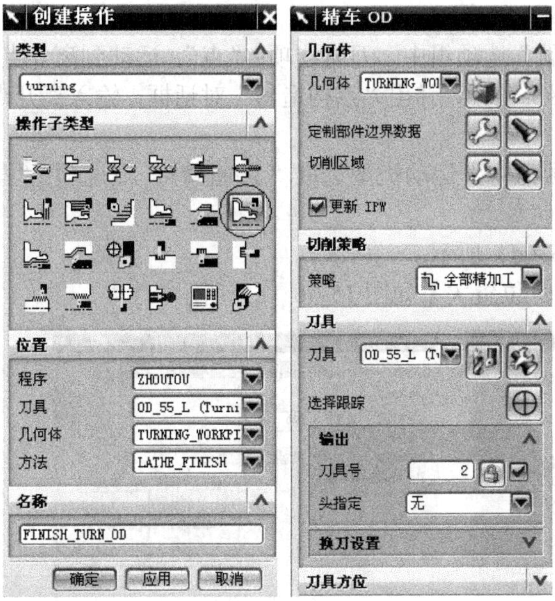

图 15-32　精车轴基本设置

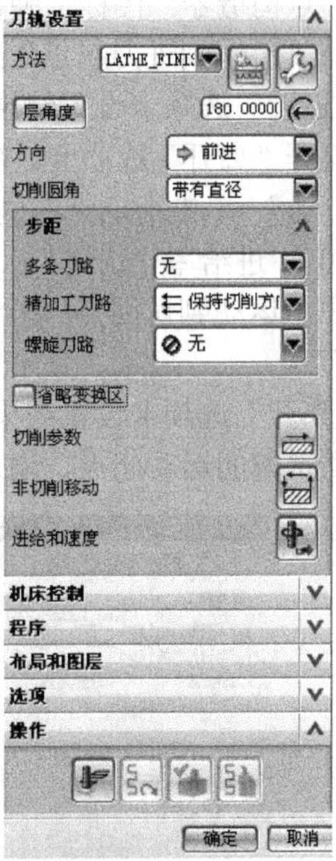

图 15-33　精车模式对话框

② 显示切削区域。单击切削区域右侧【显示】按钮，显示精车切削区域如图 15-34 所示。

③ 设置切削策略。在切削策略选项组中选取默认策略：全部精加工。

④ 刀轨设置。设置刀轨中方法、层角度、切削圆角、步距等选项如图 15-33 所示。

⑤ 设置切削参数。单击【切削参数】按钮，弹出“切削参数”对话框，打开“策略”选项卡，设置如图 15-35 所示，其他选项卡全取默认设置。单击【确定】按钮，返回“精车_OD”对话框。

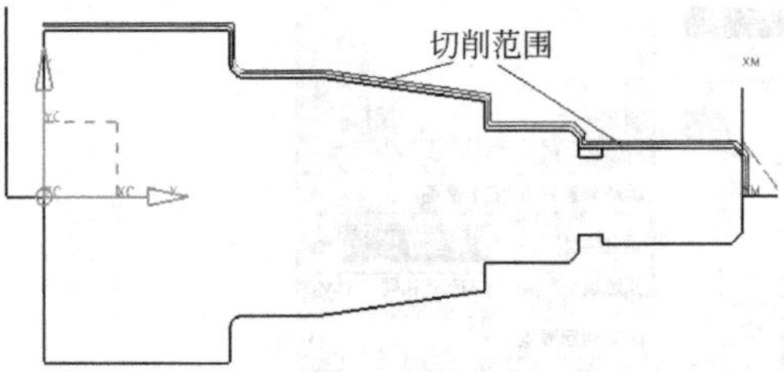

图 15-34　显示切削区域

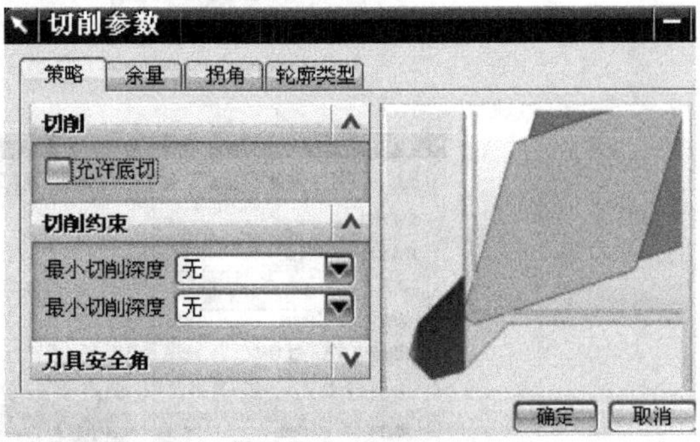

图 15-35　切削参数中“策略”选项卡设置

⑥ 非切削参数设置。单击【非切削参数】按钮，弹出“非切削参数”对话框，打开“进

刀”、“退刀”选项卡，设置如图 15-36（a）、（b）所示。

打开“逼近”选项卡，在“运动到起点”选项组中，选取运动类型“⟋直接”，点选项“点”，单击指定点右侧“点构造器”图标，弹出“点构造器”对话框，输入起点坐标（250,80,0），即与上步操作选取的起点相同，也是换刀点。

在“逼近刀轨”选项组中，刀轨选项“点”；运动到逼近点方式“⟋直接”，单击指定点右侧“点构造器”图标，弹出“点构造器”对话框，输入起点坐标（155,0,0）。

在“运动到进刀起点”选项组中，选取运动类型“⟋直接”。

“逼近”选项卡设置结果如图 15-36（c）所示。

打开“离开”选项卡，在“离开刀轨”选项组中，刀轨选项：“点”，运动到离开点方式：“自动”，单击指定点右侧“点构造器”图标，弹出“点构造器”对话框，输入离开点坐标（0,40,0）。进给率“快进”。

在“运动到返回点/安全平面”选项组中，运动类型选取“⟋直接”。点选项：“与起点相同”。

“离开”选项卡设置结果如图 15-36（d）所示。

所选取的运动起点、逼近点、离开点位置关系如图 15-36（e）所示。

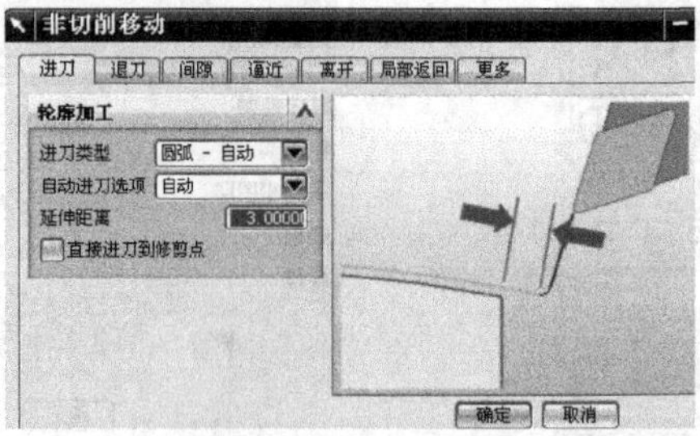

（a）

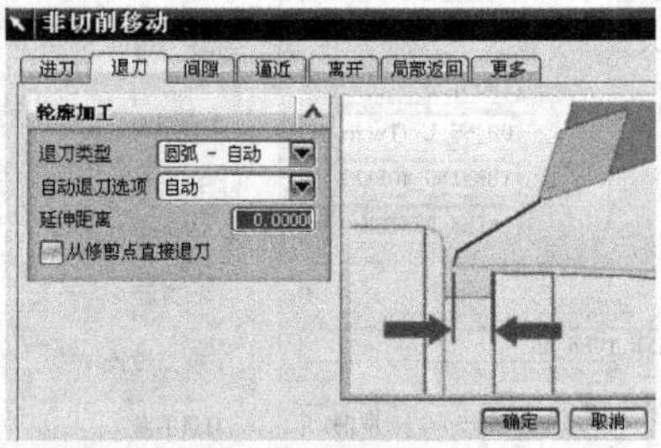

（b）

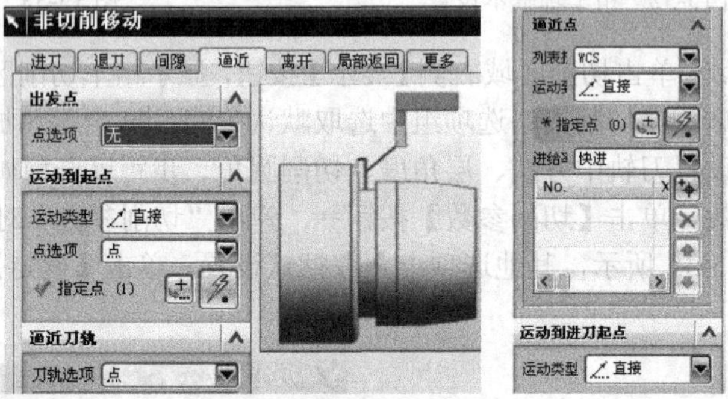

（c）

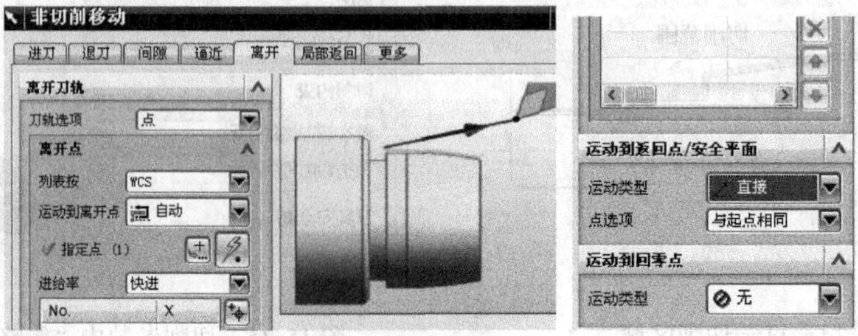

（d）

图 15-36

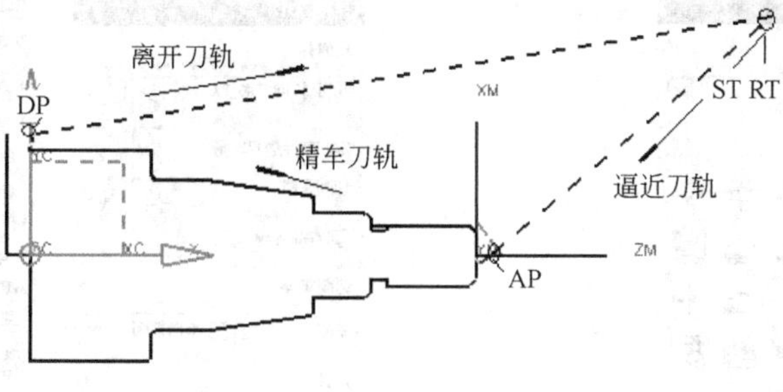

（e）

图 15-36　非切削运动参数设置

其他选项卡全取默认设置，单击【确定】按钮，返回“精车_OD”对话框。

⑦ 设置进给和速度。单击【进给和速度】按钮，弹出“进给和速度”对话框，设置主轴转速输出模式 RPM，主轴速度 2000rpm，进给率单位全部为“mmpmin”，切削进给率 100mmpmin。更多选项中全部设置为 0。如图 15-37 所示。单击【确定】按钮，返回“精车_OD”对话框。

⑧ 生成刀轨、仿真校验。生成刀轨并仿真校验，刀轨如图 15-38 所示。

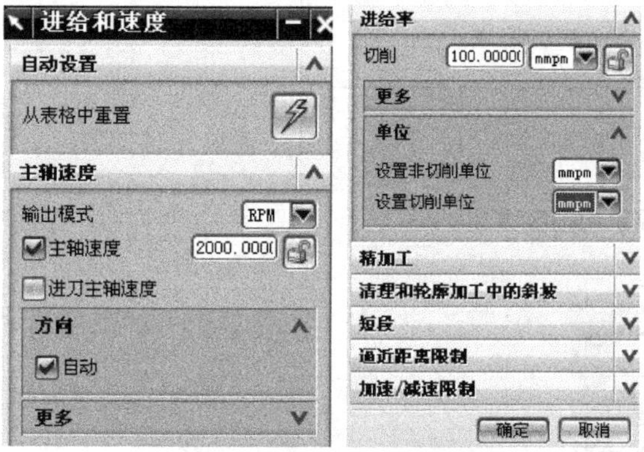

图 15-37　进给和速度设置

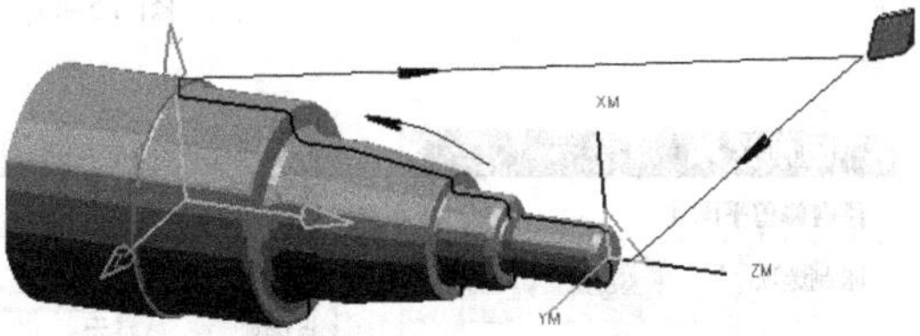

图 15-38　精车刀轨与仿真加工结果

（3）创建车退刀槽操作

① 创建基本设置。打开“创建操作”对话框，选择操作子类型车退刀槽，进行基本设置，如图 15-39 所示。单击【应用】按钮，弹出“槽 OD”车槽参数设置对话框，如图 15-40 所示。

② 设置切削区域。单击“切削区域”右侧的显示按钮，显示切槽区域如图 15-41 所示。显然出现了多余的区域。

单击切削区域右侧的“编辑”按钮，弹出“切削区域”对话框，如图 15-42 所示，在“轴向修剪平面 1”选项组中，限制选项：“点”，单击指定点项，选取退刀槽左侧端点，出现表示平面位置的一点线。

同样，在“轴向修剪平面 2”选项组中，限制选项：“点”，单击指定点项，选取退刀槽右侧端点，出现表示平面位置的一点线；两条点线之间的区域定义为了切槽区域，如图 15-43 所示。单击【确定】按钮，返回“槽 OD”对话框。

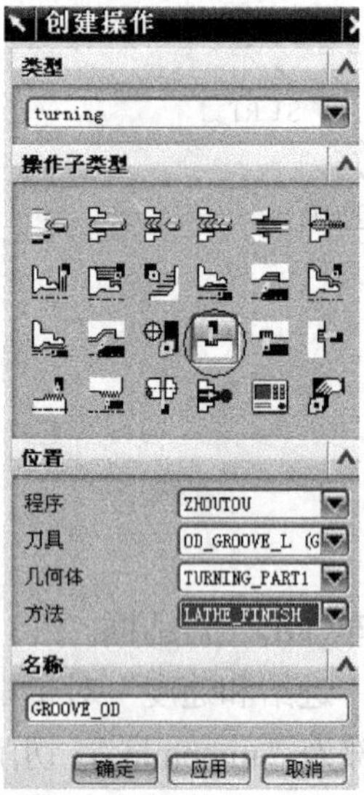

图 15-39　车槽操作基本设置

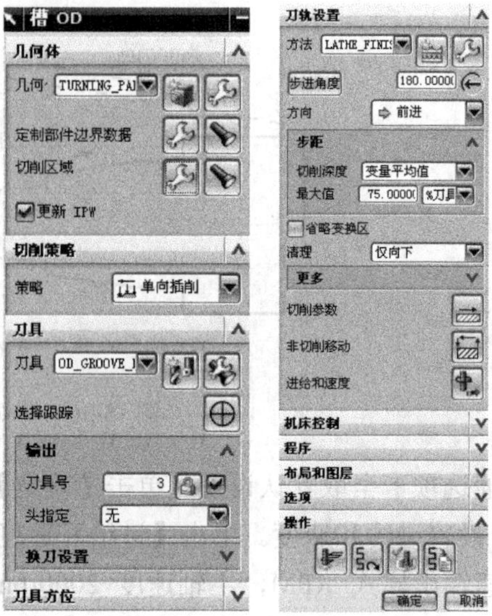

图 15-40　车槽 OD 操作参数设置

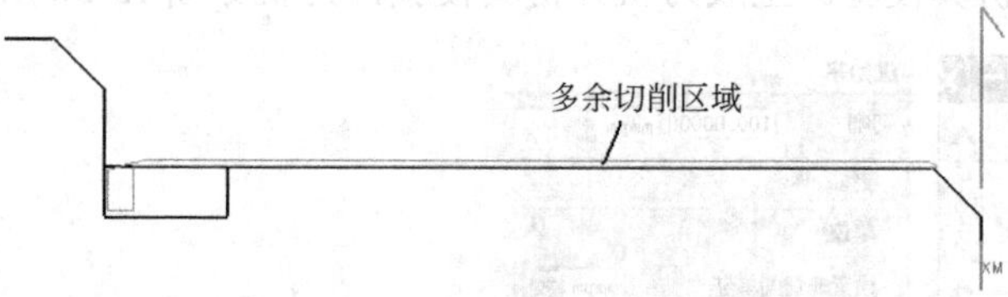

图 15-41　显示切削区域

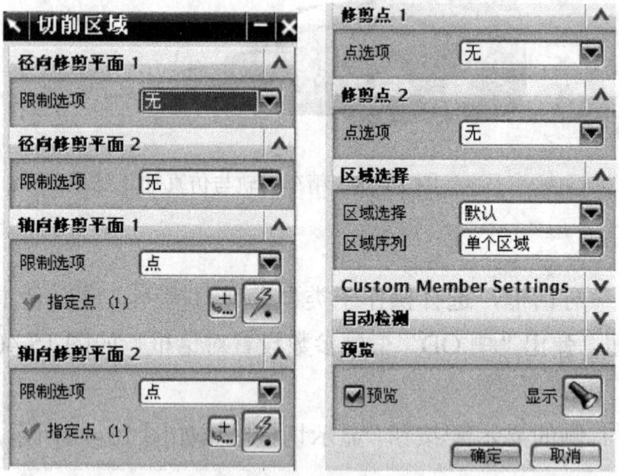

图 15-42　切削区域编辑对话框

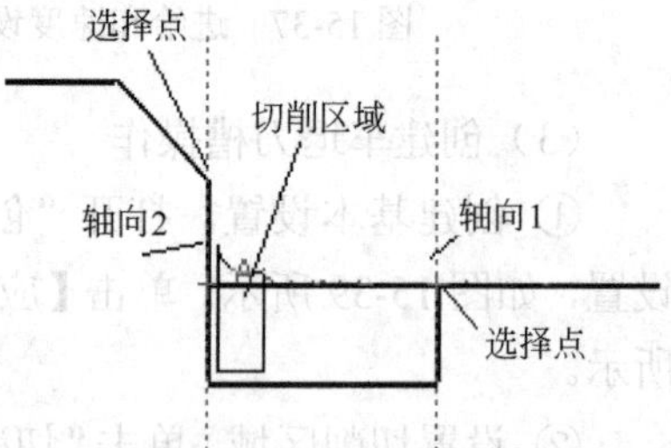

图 15-43　修剪切槽区域

③ 设置切削策略。选择槽车削策略：“单向插削”，如图 15-40 所示。

④ 刀轨设置。在刀轨设置选项组中，设置：方法、步进角度、方向、步距、清理等选项，如图 15-40 所示。

⑤ 设置切削参数。单击“切削参数”按钮，弹出“切削参数”对话框，打开“策略”选项卡，设置如图 15-44 所示。其他各选项卡全取默认设置，单击【确定】按钮，返回“槽 OD”对话框。

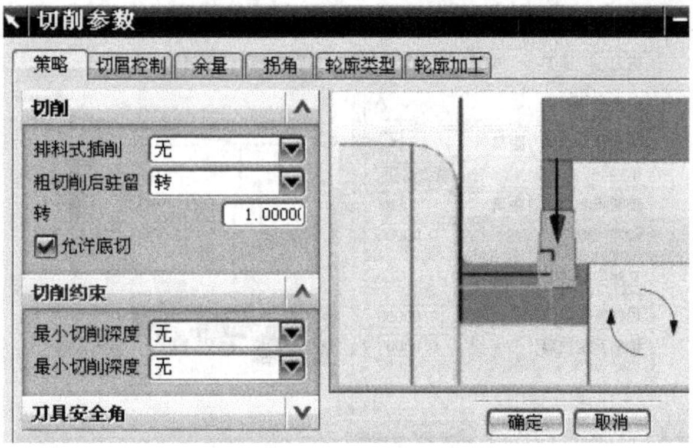

图 15-44 设置切削参数

⑥ 设置非切削移动。单击【非切削移动】按钮，弹出“非切削移动”对话框，在“进刀”、“退刀”选项卡中，设置选项如图 15-45（a）、（b）所示。

在“间隙”选项卡中，设置“工件径向安全距离”10；以确定刀具在接近工件时的安全位置。如图 15-45（c）所示。

在“逼近”选项卡中，取到逼近点运动类型“直接”；指定起点 ST（250，80）、逼近点坐标 AP（116，20），如图 15-45（d）所示。

在离开选项卡中，取到离开点运动类型“直接”；指定离开点 DP（115,20）；返回点 RT 与起点 ST 相同，各点间关系如图 15-46（a）所示；运动类型：“直接”。如图 15-45（e）所示。

在“更多”选项卡中，取消首选直接运动选项组中的“到进刀起始处”、“在上一次退刀之后”两复选项，如图 15-45（f）所示。

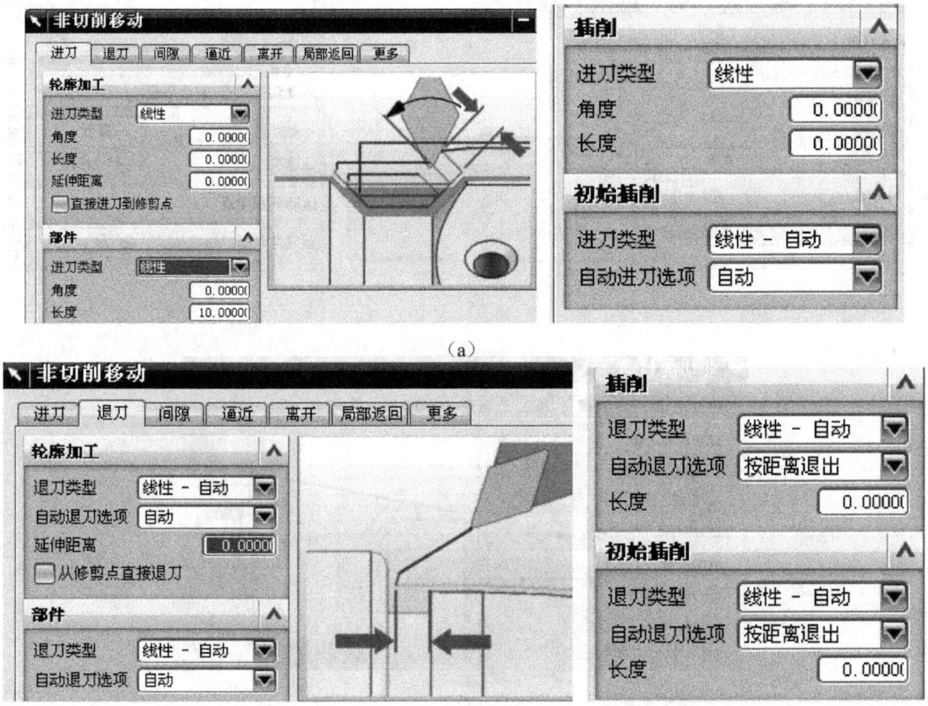

图 15-45

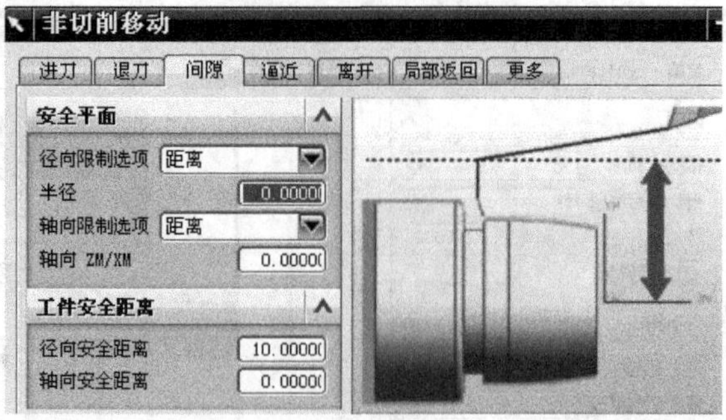

(c)

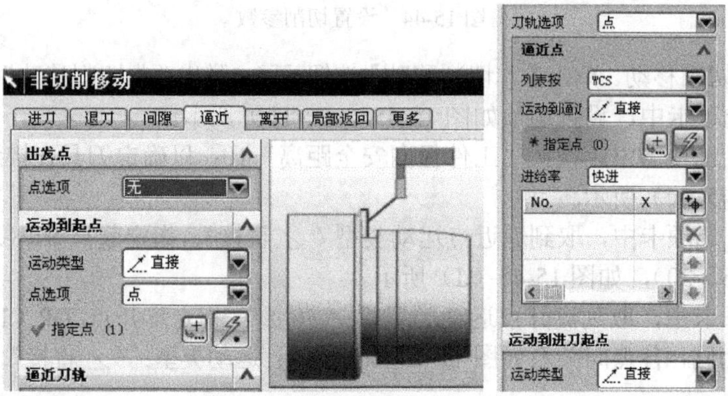

(d)

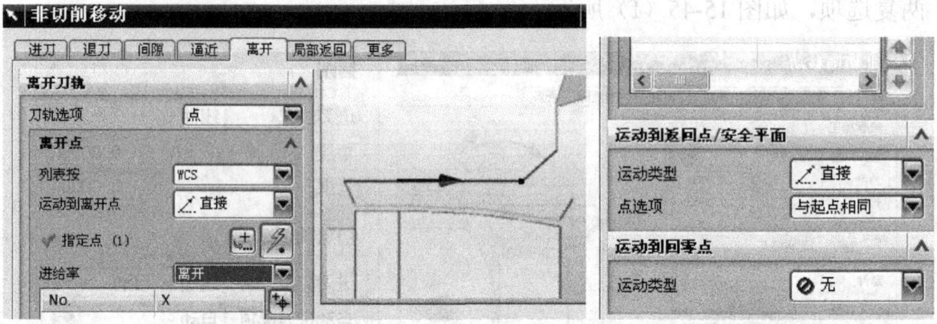

(e)

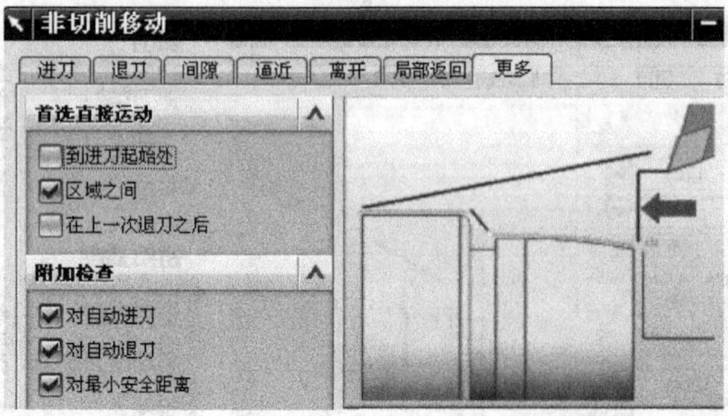

(f)

图 15-45　非切削参数设置

⑦ 设置进给和速度。打开“进给和速度”对话框，设置主轴转速 800rpm，进给率单位全部为“mmpmin”，切削进给率 50mmpmin，“更多”中全部取值 0。

⑧ 生成刀轨并仿真校验。单击【生成】图标，生成刀轨，如图 15-46（a）所示。仿真车削加工，结果如图 15-46（b）所示。

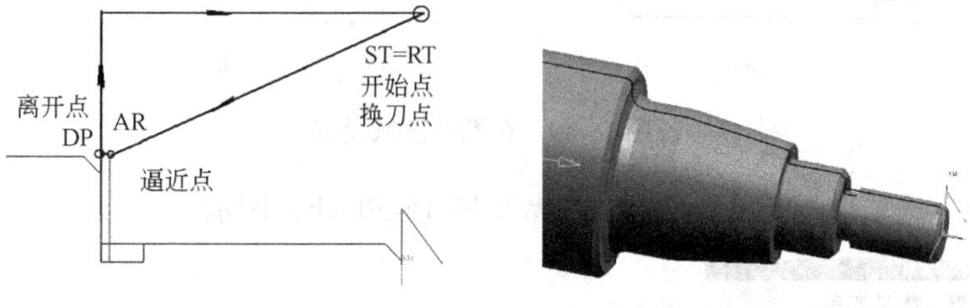

（a）　　（b）

图 15-46　切退刀槽切削避让、刀轨与仿真车削结果

（4）创建车螺纹操作

① 创建车螺纹操作基本设置。打开“创建操作”对话框，设置车螺纹基本设置，如图 15-47 所示；单击【应用】按钮，弹出如图 15-48 所示“螺纹 OD”对话框。

② 创建车削螺纹区域与螺纹形状。单击“螺纹形状”选项组中“Select Crest Line”，并在车螺纹轴段的右端单击，单击【显示起点和终点】按钮，螺纹切削开始、终止点（start、\end），即选取了螺纹切削区域，如图 15-49（a）所示。

在“深度选项”中选取“深度和角度”项，输入“深度”：1.85；“螺纹角”：180。

在“偏置”选项组中，输入“起始偏置”：5；“终止偏置”：2；其他项取默认值：0，如图 15-48 所示。即确定了车削螺纹段的总长度，在车螺纹轴段图形显示如图 15-49（b）所示。

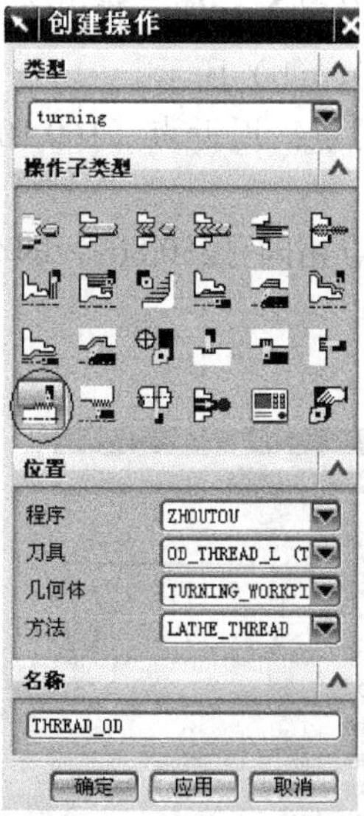

图 15-47　车螺纹基本设置

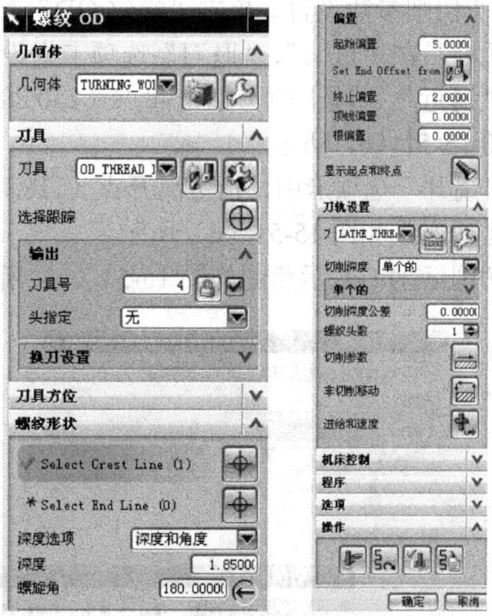

图 15-48　螺纹参数设置对话框

③ 设置车削螺纹参数。在“刀轨设置”选项组中，“车削深度”设置为“单个的”；“螺纹头数”：1。单击【切削参数】按钮，弹出“切削参数”对话框，在“策略”选项卡中，输入“刀路数”：1，切深距离：0.6，单击“添加新集”按钮，要列表中显示第一次切深参数，同样操作，依次输入各次车深参数，如图 15-50（a）所示。

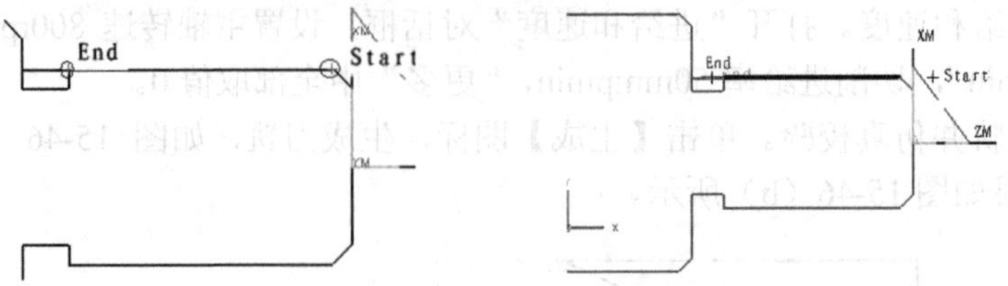

（a）　　　　　　　　　　　　（b）

图 15-49　车螺纹区域设置

在“螺距”选项卡中，设置选项与参数如图 15-50（b）所示。

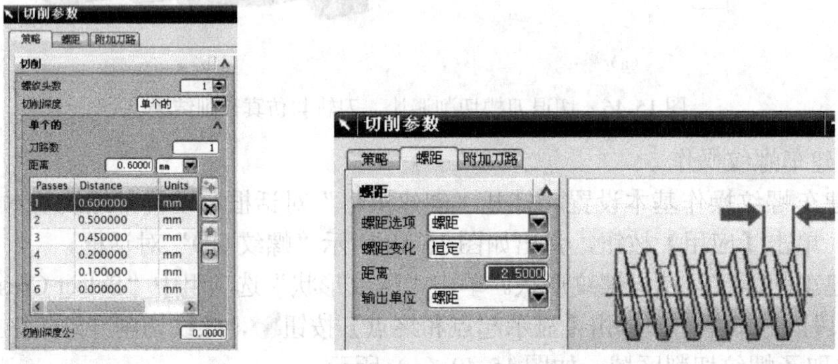

（a）　　　　　　　　　　　　（b）

图 15-50　车螺纹切削参数设置

其他选项取默认设置，单击【确定】按钮，返回“螺纹 OD”对话框。

④ 非切削参数设置。单击“螺纹 OD”对话框中【非切削移动】按钮，弹出“非切削移动”对话框，在“进刀”、“退刀”选项卡中设置如图 15-51（a）、（b）所示。

在“逼近”选项卡中，指定起点（250,80），即车削的换刀点；逼近点（160,10），运动方式如图 15-51（c）所示。

在“离开”选项卡中，指定离开点（118,15），返回点与起点相同（250,80），即车削的换刀点，运动方式如图 15-51（d）所示。

非切削运动刀轨示意图如图 15-51（e）所示。

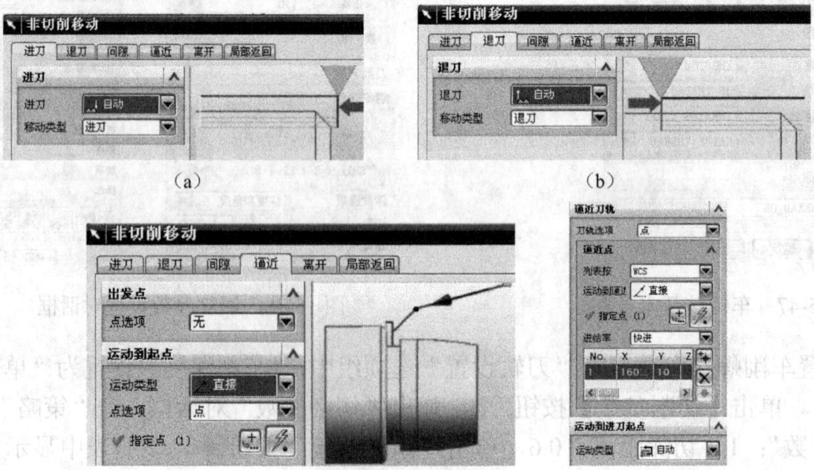

（a）　　　　　　　　　　　　（b）

（c）

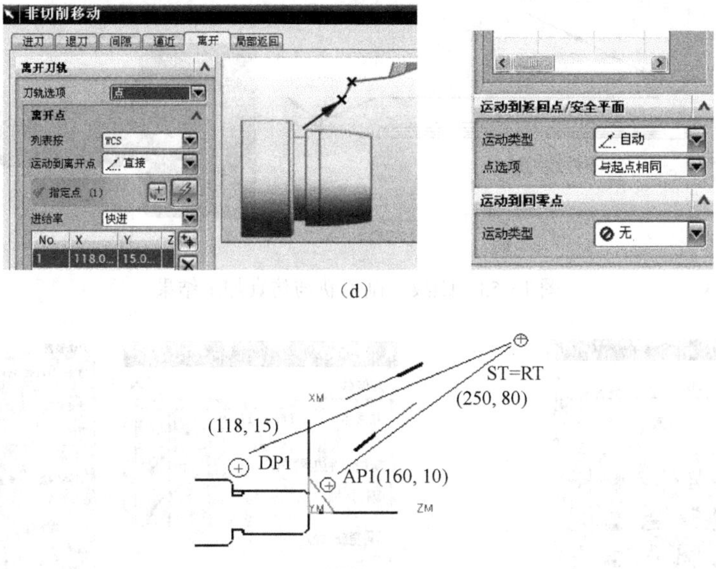

图 15-51　“非切削参数”设置

其他取默认设置，单击【确定】按钮，返回“螺纹 OD”对话框。

⑤ 进给和速度设置。单击“螺纹 OD”对话框中【进给/速度】按钮，弹出“进给/速度”对话框，主轴转速 500rpm，进给率组框单位项中，非切削单位设置为：mmpmin，切削单位设置为 mmpr，切削进给率：2.5mmpr。更多设置如图 15-52 所示。

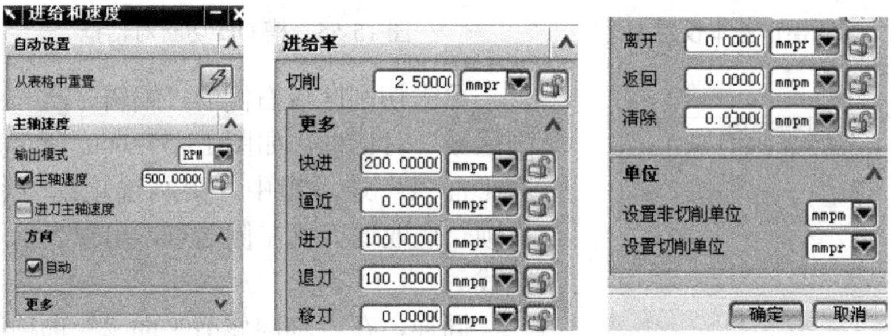

图 15-52　车螺纹进给和主轴转速设置

⑥ 生成刀轨并仿真校验。单击【生成】图标，生成刀轨如图 15-53（a）所示。

单击【确认】图标，仿真切削加工结果如图 15-53（b）所示。显然，仿真显示将螺纹段材料全部切除掉了，这是因为在仿真过程主轴不旋转，只能刀具移动，故呈图 15-53（b）所示状态。而实际上，工件是旋转的，刀具与工件的旋转运动合成结果，才能构成螺纹。

全部操作仿真车削结果，如图 15-54 所示。

（5）创建切断加工操作

① 创建切断加工基本设置。打开“创建操作”对话框，切断操作基本设置如图 15-54 所示。单击【应用】按钮，弹出“槽 OD”车槽参数设置对话框如图 15-55 所示。

② 设置切削区域。单击“切削区域”右侧的显示按钮，显示切槽区域如图 15-56 所示。显然出现了多余的区域。

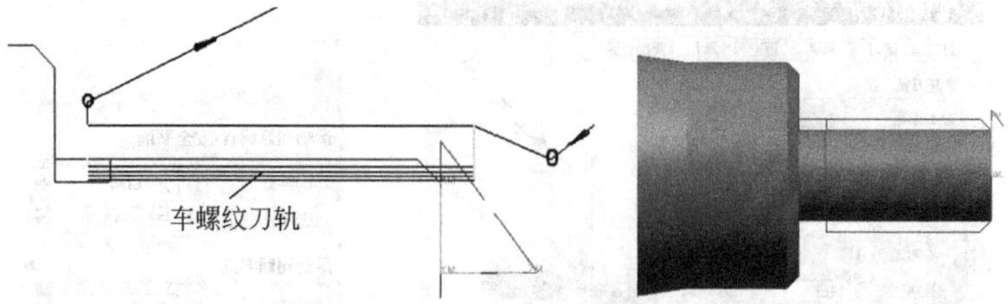

（a）　　　　（b）

图 15-53　螺纹切削刀轨与仿真加工结果

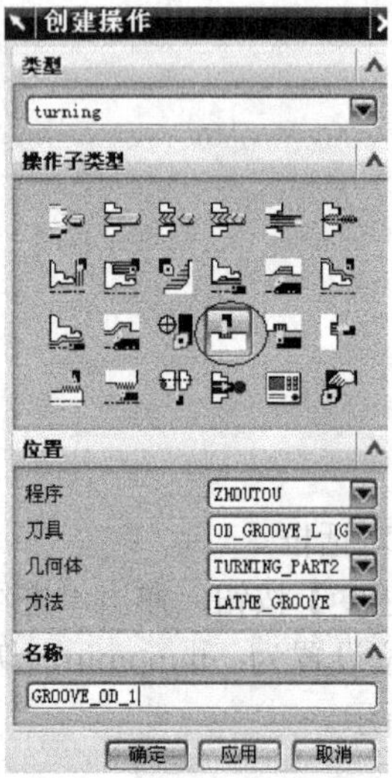

图 15-54　切断操作基本设置

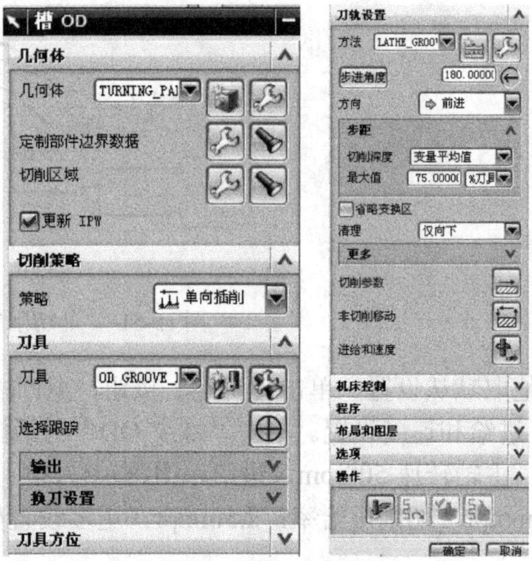

图 15-55　槽 OD 切断对话框

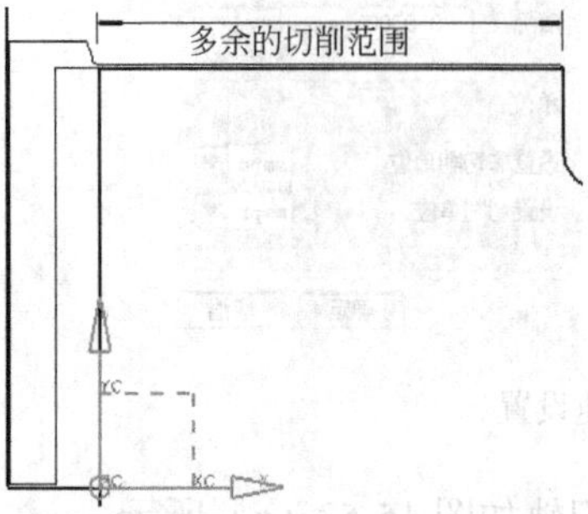

图 15-56　显示切削区域

单击切削区域右侧的“编辑”按钮，弹出“切削区域”对话框，如图 15-57（a）所示，在“轴向修剪平面 1”选项组中，限制选项：“点”，单击指定点项，选取退刀槽左侧端点，出现表示平面位置的一点线。

同样，在“轴向修剪平面 2”选项组中，限制选项：“点”，单击指定点项，选取切断槽左侧端点，出现表示平面位置的一点线；两条点线之间的区域定义为了切槽区域，如图 15-57（b）所示。单击【确定】按钮，返回“槽 OD”对话框。

③ 设置切削策略。选择槽车削策略：“单向插削”，如图 15-55 所示。

④ 刀轨设置。在刀轨设置选项组中，设置：方法、步进角度、方向、步距、清理等选项，如图 15-55 所示。

⑤ 设置切削参数。单击“切削参数”按钮，弹出“切削参数”对话框，打开“策略”选项卡，设置如图 15-58 所示。其他各选项卡全取默认设置，单击【确定】按钮，返回“槽 OD”对话框。

⑥ 设置非切削移动。单击【非切削移动】按钮，弹出“非切削移动”对话框，在“进刀”、“退刀”选项卡中，设置选项如图 15-59（a）、（b）所示。

在“间隙”选项卡中，设置“工件径向安全距离”5，以确定刀具在接近工件时的安全位置。如图 15-59（c）所示。

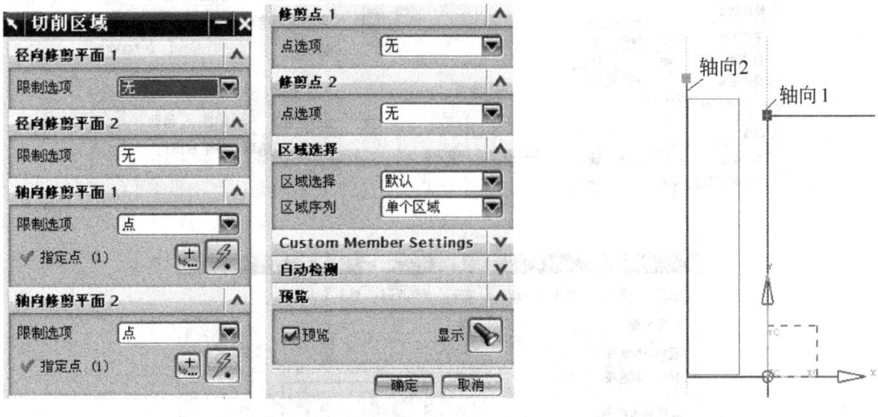

（a）（b）

图 15-57 切削区域编辑

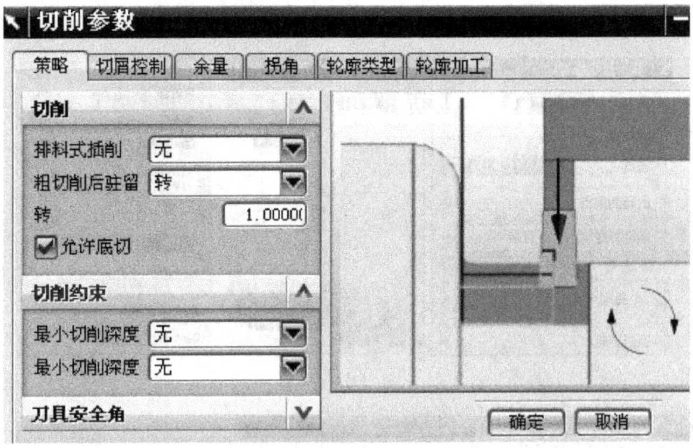

图 15-58 设置切削参数

在“逼近”选项卡中，取到逼近点运动类型“直接”；指定起点 ST（250，80），逼近点坐标 AP（116，20），如图 15-59（d）所示。

在离开选项卡中，取到离开点运动类型“直接”；指定离开点 DP（115,20）；返回点 RT 与起点 ST 相同；运动类型：“直接”。如图 15-59（e）所示。

在“更多”选项卡中，取消首选直接运动选项组中的“到进刀起始处”、“在上一次退刀之后”两复选项，如图 15-59（f）所示。

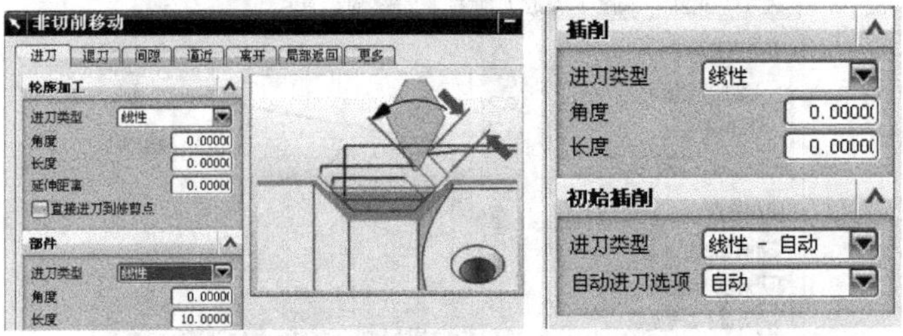

（a）

图 15-59

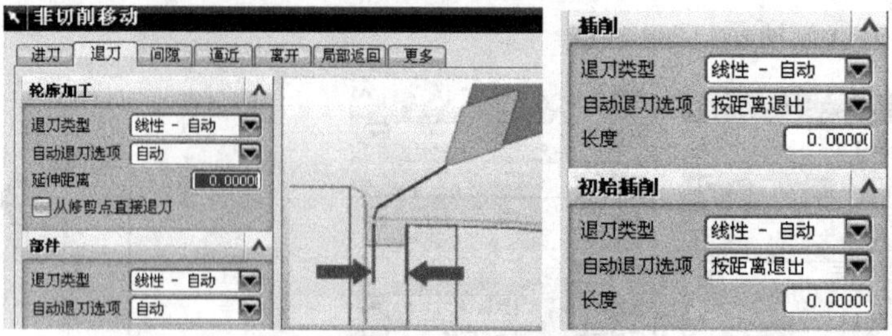

（b）

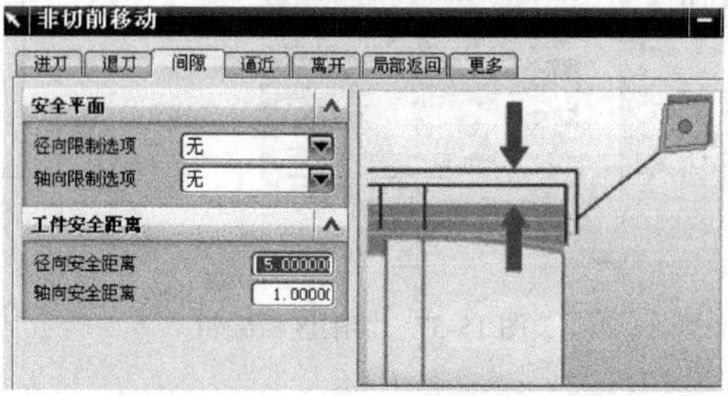

（c）

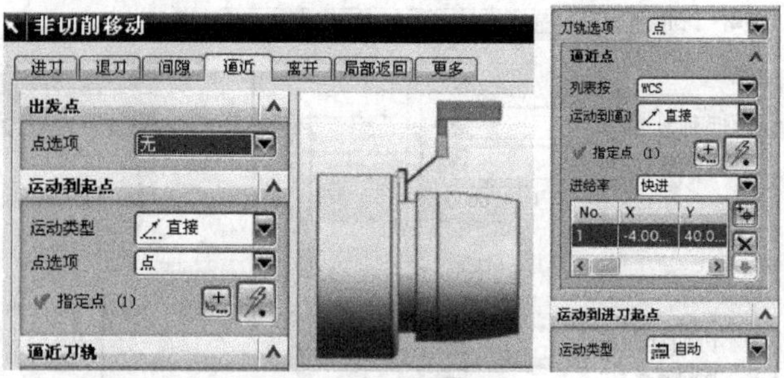

（d）

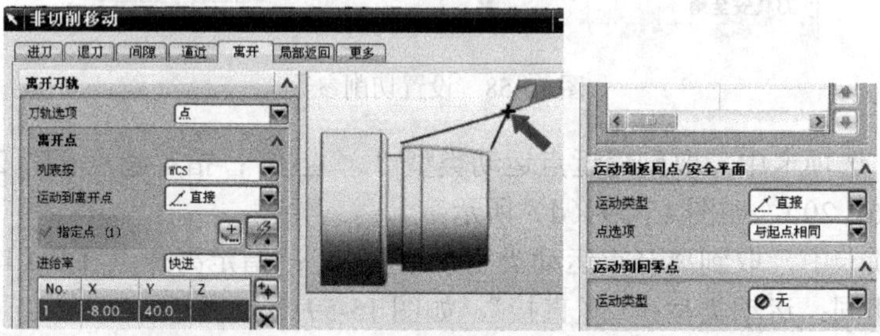

（e）

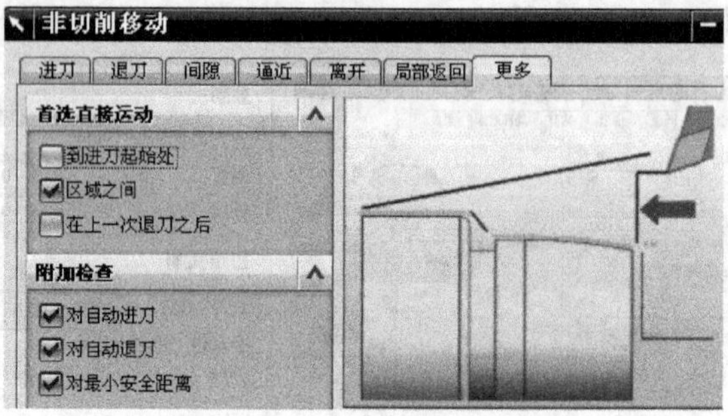

（f）

图 15-59　非切削参数设置

⑦ 设置进给和速度。打开“进给和速度”对话框，设置主轴转速 800rpm，进给率单位全部为“mmpmin”，切削进给率 50mmpmin，“更多”中全部取值 0。如图 15-60 所示。

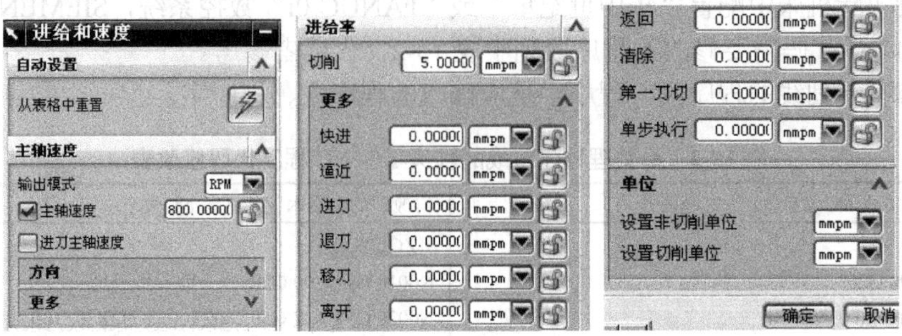

图 15-60 进给和速度设置

⑧ 生成刀轨并仿真校验。单击【生成】图标，生成刀轨，如图 15-61（a）所示。仿真车削加工，结果如图 15-61（b）所示。

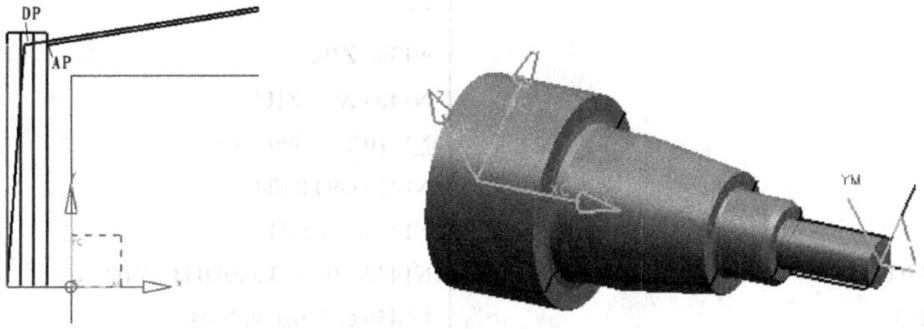

（a） （b）

图 15-61 切断切削刀轨与仿真车削结果

（6）生成数控程序

单击【后处理】图标，弹出后处理对话框，选择后处理程序“LATHE_2_AXIS_TOOL_TIP”，如图 15-62 所示。

单击【确定】按钮，弹出“信息”对话框，即程序，如图 15-63 所示。

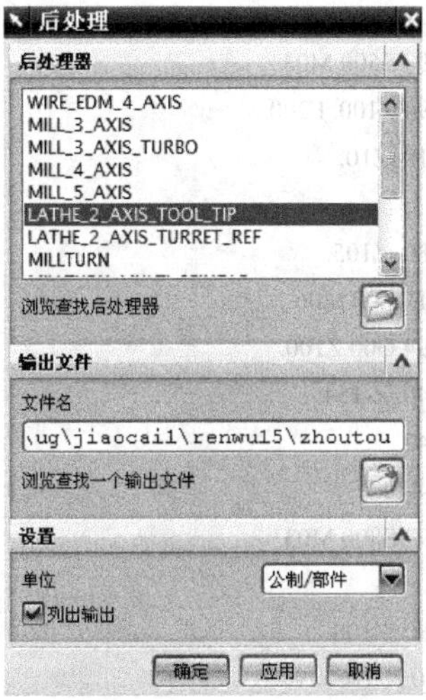

图 15-62 车削后处理对话框

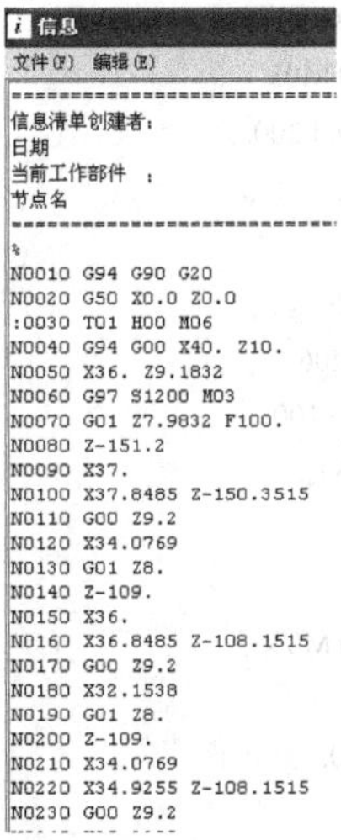

图 15-63 轴头零件后处理信息（NC 代码）

在“信息”的“文件”下拉菜单中选取“另存为”，可存为文体文件，用于传输到数控机床供加工之用。

现假设实际机床中配置“华中世纪星”或“FANUC 0i”数控系统，SIEMENS NX6.0 后处理生成的 NC 代码需要修改的程序段列于表 15-2，供读者参考。

注：带有下划线的程序段、程序字是应修改的程序段、程序字。

表 15-2　后处理程序生成的轴头零件 NC 程序代码修改表

原记事本文件格式 NC 文件	修改后的记事本文件格式 NC 文件
%	%ZOUTOU
N0010 G94 G90 G20	N0010 G94 G90 G20
N0020 G50 X0.0 Z0.0	N0020 G54（或 G50X80Z100，G92X80Z100）
:0030 T01 H00 M06	N0030 T01 H00 M06
N0040 G94 G00 X40. Z10.	N0040 G94 G00 X40. Z10.
N0050 X36. Z9.1832	N0050 X36. Z9.1832
N0060 G97 S1200 M03	N0060 G97 S1200 M03
N0070 G01 Z7.9832 F100.	N0070 G01 Z7.9832 F100.
……	……
N1390 Z10.	N1390 Z10.
N1400 X80. Z105.	N1400 X80. Z105.
:1410 T02 H00 M06	N1410 T02 H00 M06
N1420 G94 Z100.	N1420 G94 Z100.
N1430 X-4.5 Z1.	N1430 X-4.5 Z1.
N1440 G02 X-3.5 Z0.0 I1. F100.	N1440 G02 X-3.5 Z0.0 I1. F100.
N1450 G97 S2000 M03	N1450 G97 S2000 M03
N1460 G01 X7.3964	N1460 G01 X7.3964
……	……
N1660 X80. Z105.	N1660 X80. Z105.
:1670 T03 H00 M06	N1670 T03 H00 M06
N1680 G97 S800 M03	N1680 G97 S800 M03
N1690 G94 G01 Z100. F200.	N1690 G94 G01 Z100. F200.
……	……
N1820 X80. Z105.	N1820 X80. Z105.
:1830 T04 H00 M06	N1830 T04 H00 M06
N1840 G97 S500 M03	N1840 G97 S500 M03
N1850 G94 Z100. F200.	N1850 G94 Z100. F200.
N1860 X10. Z10.	N1860 X10. Z10.
……	……
N2050 X80. Z105.	N2050 X80. Z105.
:2060 T03 H00 M06	N2060 T03 H00 M06
N2070 G94 G00 Z100.	N2070 G94 G00 Z100.
N2080 X40. Z-154.	N2080 X40. Z-154.
N2090 X42.	N2090 X42.
N2100 X40.2	N2100 X40.2
N2110 G97 S800 M03	N2110 G97 S800 M03
……	……
N2340 X80. Z100.	N2340 X80. Z100.
N2350 M02	N2350 M05
	M30

四、拓展训练

构建图 15-64 所示轴类零件实体，并制定车削加工工艺，构建车削加工刀轨操作，生成适用于配有“华中世纪星”或“FANUC 0i”数控系统的数控车床的 NC 程序代码。

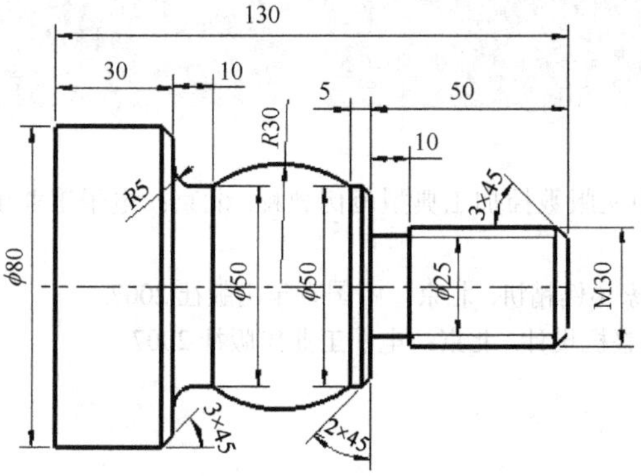

（a）

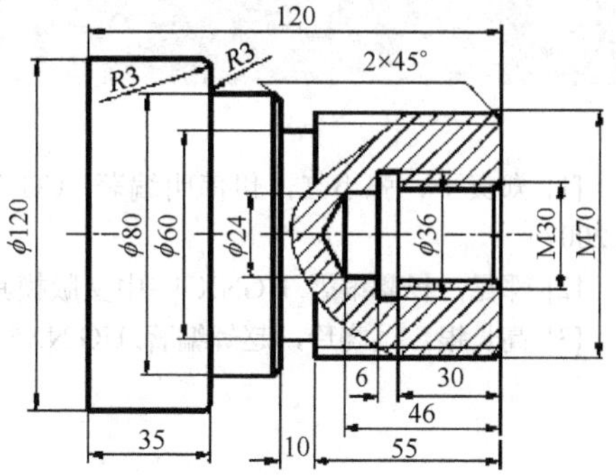

（b）

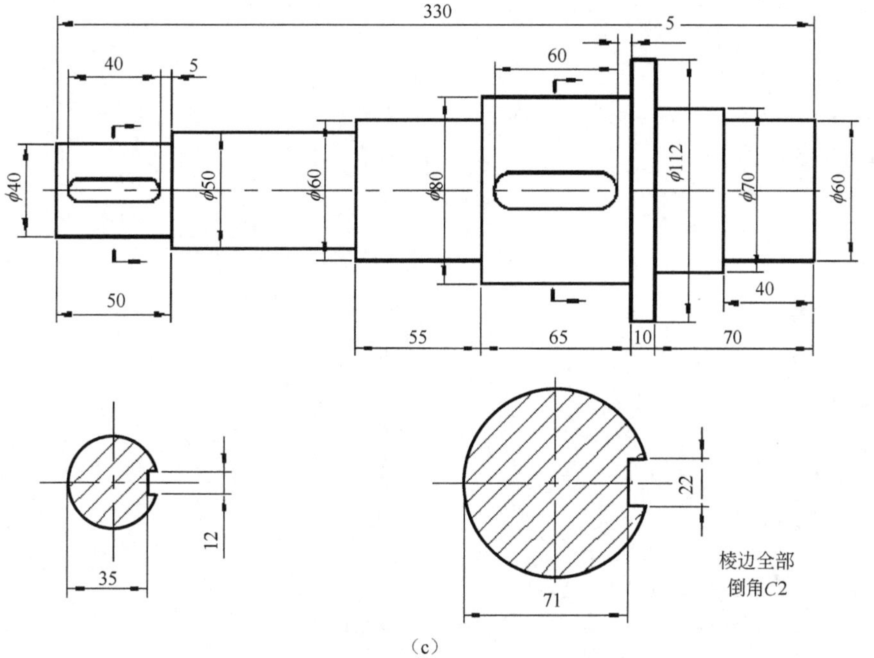

（c）

图 15-64 轴型零件造型与构建车削加工刀轨操作训练题

参 考 文 献

[1] 郑贞平，张小红，伊伟明编著. UG NX4.0 中文版数控加工典型范例教程. 北京：电子工业出版社 2007.

[2] 郑昆，杨攀编著. UGNX 4. 中文版模具设计专家实例精讲. 北京：中国青年出版社 2007.

[3] 高长银，吴晓玲，赵辉编著. UG NX5.0 中文版整机设计. 北京：电子工业出版社 2007.

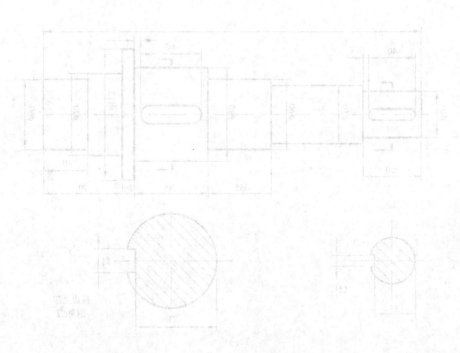